DIE MATHEMATISCHEN ELEMENTE DER ERKENNTNISSTHEORIE.

GRUNDRISS

EINER

PHILOSOPHIE DER MATHEMATISCHEN WISSENSCHAFTEN

VON

O. SCHMITZ-DUMONT.

BERLIN.

CARL DUNCKER'S VERLAG.

(C. HEYMONS.)

1878.

DIE MATHEMATISCHEN

ELEMENTE DER ERKENNTNISSTHEORIE.

DIE

MATHEMATISCHEN ELEMENTE
DER
ERKENNTNISSTHEORIE.

GRUNDRISS

EINER

PHILOSOPHIE DER MATHEMATISCHEN WISSENSCHAFTEN

VON

O. SCHMITZ-DUMONT.

BERLIN.
CARL DUNCKER'S VERLAG.
(C. HEYMONS.)
1878.

Die Möglichkeit der Erfahrung überhaupt ist zugleich das allgemeine Gesetz der Natur, und die Bedingungen der ersteren sind selbst die Gesetze der letzteren.

Kant.

VORWORT.

Die Mehrzahl der Mathematiker betrachtet heutzutage Geometrie und Mechanik als empirische Wissenschaften; nicht weil Leibnitzen's Gedanke, dass dieselben einmal als Glieder der allgemeinen Logik sich herausstellen würden, widerlegt worden wäre, sondern weil es trotz mannichfachster Versuche der beiden letzten Jahrhunderte nicht gelungen ist, die hierzu nothwendigen Verbindungsglieder aufzufinden, speziell, die metaphysischen Fragen des Raumes, der Masse und der Kraft zu lösen. Dass die hier vorliegenden Schwierigkeiten metaphysischer, oder wie man jetzt zu sagen pflegt, erkenntnisstheoretischer Natur sind, wird allgemein anerkannt; desto unbestimmter sind aber die Meinungen über das in diesem Erkenntnisstheoretischen zu Suchende, ob sich darin physiologische, psychische, menschlich intellektuale, oder aber rein logische Bestimmungen verbergen; hauptsächlich in dem vorzugsweise gebrauchten Begriff eines „Intellekts" versteckt sich die all diesen Schwierigkeiten zu Grunde liegende Frage, ob darunter Empirisches oder Logisches zu verstehen sei, oder aber, in welcher Verbindung diese beiden den fraglichen Intellekt zu Stande bringen. Viele haben zwar vermeint, über diese ganze Untersuchung hinwegschlüpfen zu können, mit der Behauptung, dergleichen Fragen hätten überhaupt keine Bedeutung, weil Metaphysik keine Wissenschaft sei; aber obgleich eine solche Behauptung verspricht, das menschliche

Streben ein für allemal von einer gewissen Sorte quälender Gedanken zu erlösen, so gibt es doch immer noch Denker genug, welche eine solche Erlösung für keine Lösung der Sache halten.

Bei dem Unternehmen, diesen Fragen näher zu treten, galt es nun zuvörderst einen festen Ausgangspunkt für die Erkenntnisstheorie zu gewinnen, von wo aus die früheren als Grundbegriffe hingestellten Wörter „Intellekt, Psychisches" etc. analysirt oder beurtheilt werden können. In der hier gegebenen Entwickelung wird dieser Ausgangspunkt in dem Dasein überhaupt, oder vielmehr wie es uns gegeben ist als „Empfinden und Denken", genommen; ein Begriffspaar, dessen wesentlicher Unterschied von dem üblichen Gegensatz „Denken und Sein" im Laufe der Untersuchung zu Tage tritt. Alle folgenden, zuweilen von allen üblichen Bestimmungen der Erkenntnisstheorie abweichenden Ausführungen sind reine Konsequenzen jenes Ausgangspunktes, werden mit ihm stehen oder fallen.

In der Arithmetik führen diese Grundlagen zu einer zweifachen Auffassungsweise, sowohl der Methoden als der Erzeugnisse dieser einfachsten Wissenschaft: der Auffassungsweisen nach dem Begriff der Quantität und demjenigen der Qualität. Die qualitative Betrachtung der arithmetischen Formen ergibt unter Anderem eine allgemein logische Deutung des Imaginären, der Potenzverhältnisse, und in Folge dessen der Infinitesimalmethode unter dem Namen „Formenrechnung", wodurch der Hülfsbegriff des Unendlich Kleinen und Grossen in jedweder Gestalt als unnöthig und paralogisch ausgeschlossen bleibt. Aber auch dort, wo das betreffende Gebilde dem ersten Blick nur einen Inhalt ohne spezifische Form zu bieten scheint, wie bei den positiven ganzen Zahlen, erweist sich die qualitative Betrachtung als anwendbar, und wird hier beuutzt zu einer Lösung des Raumproblems.

Für die Einreihung der Geometrie in die allgemeine Logik durften natürlich keine unbewiesenen und unbeweisbare Axiome benutzt werden, und war hierzu der Nachweis nothwendig, dass der Raumbegriff, in der heutigen Mathematik spezifizirt als Euklidischer dreidimensionaler Raum, ein Produkt logischer Setzung sei, dass ein andersartiger Raum denkunmöglich, dass die Aufstellung eines solchen Begriffes Widersprüche enthalte.

Dieser Beweis wird geführt aus dem Denkgesetze in zweifacher Weise; das einemal aus dem Begriff der Richtung, das anderemal aus dem Begriff der Grösse oder Zahl. Diese Begriffe „Richtung, Grösse" werden selbst aus dem Denkgesetz entwickelt, und zeigt sich dabei, dass jene zwei Beweisarten die einzig möglichen sind, soviel auch ihre Form abgeändert werden mag. Der erstere Beweis S. 68 u. ff. ist seinem Inhalte nach derselbe, welchen ich in „Zeit und Raum" 1875 gegeben habe. Unter den abfälligen Beurtheilungen desselben ist mir nur eine einzige sachgemässe zu Gesichte gekommen (Vierteljahrsschrift für wissenschaftliche Philosophie I. S. 302), welche dadurch auch beigetragen hat zu der korrekteren Gestalt, in welcher der Beweis jetzt vorgelegt wird; auf die Ausführungen jener Rezension wird eingegangen S. 427. Der zweite Beweis, aus dem Begriff der Zahl, welcher in jener ersten Schrift nur angedeutet wurde, ist vollständig gegeben S. 215—225.

In der Geometrie wird als eine weitere Konsequenz des Vorhergegangenen eine Theorie der Kongruenz, mit Lösung der Paradoxien symmetrischer Figuren, eine philosophische Begründung des Prinzips der Dualität, und in Folge dieser Begründung eine generelle Interpretation der Imaginärformen in der Geometrie gegeben.

Ebenso wie die Lösung des Raumproblems die Geometrie, so führt die metaphysische Analyse der Begriffe „Masse, Bewegung, Kraft" die mechanischen Probleme als Glieder in die allgemeine Logik ein. Die Prinzipien der Mechanik erweisen sich als rein logische Sätze, welche ihren Schein von Empirismus nur durch das mangelhafte Verständniss der hier zu Grunde liegenden Begriffe erhielten.

Die weitere Entwickelung der logischen Sätze führt sodann zu einer atomistischen Theorie von absoluter Einfachheit, oder wie man zu sagen pflegt, einer Konstruktion der Körperwelt mit Hülfe einer einzigen Kraft oder Stoffart; welche Theorie sich fähig erweist, alle bisherigen begründeten Spezialerklärungen der Physik in sich aufzunehmen.

Am Schlusse wird der Satz, „dass die Welt sowohl subjektiv als objektiv existirt“, als ein widerspruchsfreier nachgewiesen, wodurch aller Dualismus aus der Weltauffassung verschwindet, ohne dass die Fehler eines starren Monismus zurückblieben.

Dresden, Mai 1878.

Schmitz-Dumont.

INHALT.

Kapitel Seite

B.

Kombinatorik.

C.

Geometrie.

D.

Mechanik.

E.

Metaphysische Konklusionen.

Anmerkungen.

EINLEITUNG.

Unter den Wissenschaften werden die mathematischen gemeiniglich durch den Titel „exakte Wissenschaften“ ausgezeichnet, ohne dass zu heutiger Zeit eine übereinstimmende Ansicht darüber herrscht, welchen inneren Kennzeichen dieser Titel seine Berechtigung verdanke. Gewöhnlich wird gesagt: exakte Wissenschaften sind diejenigen, welche ihre Lehrsätze und Resultate aus einer kleinen Anzahl von Grundwahrheiten abzuleiten im Stande sind. Die Exaktheit ist damit zu einer konventionellen oder relativen Grenze gemacht, während dieser Begriff doch etwas Absolutes verspricht. Bei welcher Anzahl von Grundwahrheiten soll die Grenze gesetzt werden? Bei der Arithmetik, welche je nach der philosophischen Anschauung zwei oder drei Grundbegriffe verwendet, bei der Geometrie, welche dazu noch einiger Axiome bedarf, der Mechanik, welche hierzu noch Prinzipien gebraucht, der Physik, wo einige Kräfte hinzutreten, oder noch weiter? Dass nun eine kleine Anzahl von irreduzibeln Grundsätzen der Exaktheit menschlichen Wissens nicht hindernd entgegenstehe, glaubte man deshalb schon annehmen zu können, weil ja auch die Logik von zwei selbständigen Sätzen, dem der Identität und dem des Grundes ausgehe [1]).

Das Sprachgefühl verwendete obigen Begriff jedenfalls nur zur Bezeichnung absoluter Gewissheit gegenüber Behauptungen von geringerer oder grösserer Wahrscheinlichkeit. Ob der sprachbildende Geist in diesem Glauben an eine absolute Exaktheit der Urtheile gerechtfertigt sei oder nicht, ist gewissermaassen die Gesammtfrage, welche den folgenden Untersuchungen gestellt wird. Die obige Definition der „exakten Wissenschaften“ kann aber als ein misslungener Versuch betrachtet werden, den Sprachgebrauch zu rechtfertigen; und die Einsicht in die

Mangelhaftigkeit einer solchen Interpretation hat wohl mitgewirkt zu dem Ausspruche der empiristischen Geistesrichtung, welche nur noch von Erfahrungswissenschaften wissen will.

Zur Würdigung dieses vielgebrauchten Gegensatzes von „Denken und Erfahrung" oder „Spekulation und Beobachtung der Thatsachen" müssen wir uns stets erinnern, dass Alles, was wir Wissen und Erkenntniss nennen, beziehe sich dies nun auf Kenntniss eines materiellen Gegenstandes, psychische Vorgänge oder irgendwelche Spekulationen — nur dadurch unser Wissen sein kann, dass wir jene Gegenstände und Vorgänge auf irgend eine Art in unser Denken aufgenommen, denkend behandelt, uns zu eigen gemacht haben. Wahrnehmungen und Beobachtungen, seien diese nun sinnlicher oder geistiger Art im Sinne des gewöhnlichen Sprachgebrauchs, werden zu Erfahrungsthatsachen oder Erfahrungsurtheilen erst dadurch, dass wir viele derselben in der Erinnerung miteinander verbunden, durch mannichfache Kombinationen zu Vorstellungen von Dingen, zu Begriffen von Vorgängen gestaltet haben. Die Regeln oder Gesetze unserer Denkthätigkeit werden sich also durch eine geeignete Analyse in allen Vorstellungen und Begriffen von dem, was wir Objekte und Thatsachen unserer Erfahrung nennen, auffinden lassen müssen. Die Lehre von diesen Regeln wird jedenfalls eine absolute exakte Wissenschaft sein, einerlei, ob die Methode ihrer Zusammenstellung von einer oder mehreren sogenannten Grundwahrheiten auszugehen beliebt. Beständen für das Denken nicht solche ausnahmlose Regeln, so könnte eben das nicht stattfinden, was wir Denken nennen.

In den Erfahrungswissenschaften müssen nun ausser den Denkgesetzen noch solche Elemente verwendet werden, welche sich auf die zu untersuchenden Gegenstände beziehen. Die Sicherheit ihrer Resultate wird deshalb abhängen von dem Grade, in welchem diese Elemente — seien es Vorstellungen von Objekten oder Prinzipiensätze — die wahre Natur der Objekte ausdrücken; oder von der kleineren oder grösseren Allgemeingültigkeit, welche diesen Elementarbestimmungen zukommt. Je mannichfacher diese Elemente in einer Wissenschaft sind, desto geringer wird im Allgemeinen die Sicherheit ihrer Resultate sein; aber die absolute Exaktheit ist keinenfalls prinzipiell ausgeschlossen; sie ist vorhanden, sobald das in der Wissenschaft gebrauchte Begriffs- oder Prinzipienelement genau korrespondirt dem objektiven Vorgange. Wie eine solche genaue Korrespondenz oder ob eine solche überhaupt möglich ist, wird Gegenstand der Untersuchung sein müssen. Exaktheit wird aber auch nicht einmal der Mathematik zugesprochen werden dürfen, so lange alle bei ihr zur Verwendung kommenden Begriffe oder Axiome nicht als Ausdruck absoluter Wahrheit nachgewiesen werden können. Insofern dies bisher mit den Axiomen der Geometrie nicht gelungen ist, war es gerechtfertigt, auch diese Wissenschaft vorläufig noch den hypothetischen zuzuzählen; ungerechtfertigt jedoch, dieselbe dieses bisherigen Unvermögens halber definitiv in jene Klasse verweisen zu wollen. Denn die Unmöglichkeit, jene Axiome aus rein logischen Begriffen abzuleiten, ist nie nachgewiesen worden.

Dass nun ausser demjenigen, was wir heutzutage Logik nennen, exakte Wissenschaften möglich sind, erhellt daraus, dass wir die Denkgesetze oder die Kombinationen der denkmöglichen Formen als Begriffe fixiren, konstante Objekte daraus machen können, unbekümmert darum, ob in der objektiven Welt etwas diesen Kombinationen Korrespondirendes vorzufinden ist. So lange solche Begriffsbildungen keine inneren Widersprüche enthalten, werden ihre logisch gebildeten Kombinationen deren ebensowenig enthalten. Dies wäre nun vorläufig eine rein theoretische Wissenschaft; soll sie praktische Resultate zu liefern im Stande, auf Vorgänge der realen Welt anwendbar sein, so müssen eben die verwendeten Grundbegriffe in irgend einer Korrespondenz zu den realen Objekten stehen; oder, die Vorstellungen, welche wir uns von den Dingen machen gemäss unseren Wahrnehmungen, müssen sich theilweise oder ganz in obige Grundbegriffe zerfällen lassen. Insofern kann die praktische Anwendbarkeit eines theoretischen Resultates das Kriterium sein für die logische Richtigkeit der gebrauchten Grundbegriffe; so z. B. die Thatsache, dass die Winkelsumme eines jeden Dreiecks gleich 180°, das Kriterium dafür, dass alle dabei gebrauchten Begriffe Linie, Winkel, Ebene etc. logisch widerspruchsfrei seien. Speziell bei der Geometrie wird sich zeigen, dass die Möglichkeit anschaulicher Konstruktion das Kriterium ist für den logischen Werth oder Unwerth der willkürlich gebildeten Grundbegriffe.. Andererseits werden in den Wissenschaften häufig Begriffe gebraucht, welche zu widerspruchsvollen Resultaten führen, deren Grundfehler man vergebens sucht, weil man gar nicht daran denkt, dass der so klar und selbstverständlich aussehende Grundbegriff einen logischen Fehler enthält. Man denke an die Paradoxien, welche auf den Begriffen „Bewegung, Unendlichkeit, horror vacui, Freiheit des Willens etc.“ aufgebaut wurden. Solche Begriffe wurden vom Sprachgeiste geschaffen für praktische Bedürfnisse, ehe er zum logischen Bewusstsein gelangte; und als dies endlich erwacht war, hielt man alles andere eher für fraglich, als den Werth des vom Sprachgeiste überlieferten Erbtheils.

Inwiefern nun eine solche Begriffsanalyse bei irgend einer Wissenschaft durchführbar ist, wird sich bei Untersuchung über die Entstehung der Begriffe ergeben. Dass sie, wenn überhaupt möglich, am ehesten in den mathematischen Wissenschaften fertig zu bringen sein wird, ist leicht ersichtlich; denn ihrer Grundbegriffe sind wenige; und ihre Objekte, die sogenannten geometrischen und mechanischen Vorstellungen scheinen der oben geforderten Korrespondenz von denkender Betrachtung und realem Objekt am leichtesten zu genügen. Die Mathematik würde sich damit als eine erweiterte Logik ergeben.

Auffallend könnte es nun erscheinen, dass trotz dieses der Logik so nahe stehenden Charakters der Mathematik, so selten philosophische Darstellungsweisen des Ganzen oder auch nur einzelner Theile dieser Wissenschaft unternommen werden. Ihre Fortschritte verdankt sie meist der glücklichen Divination und der technischen Virtuosität, welche sich in Folge praktischer Forderungen entwickelten. Erst in neuerer Zeit untersucht man mehr systematisch alle denkmöglichen Kombinationen, obschon man dieser systematischen Forschungsweise mehr ein algebraisches Schema, als die logische Entwickelung der Begriffe zu Grunde legt. Die Ursachen dieser philosophischen Vernachlässigung sind unschwer auszufinden.

Ein gewisses Material von beobachteten Thatsachen oder von Produktionen des Denkens muss vorliegen, ehe sich das Erkenntnissbedürfniss veranlasst fühlt, eine systematische Gliederung der Beobachtungen auszuführen, oder eine Untersuchung anzustellen über die Art und Weise wie die Denkgebilde entstehen, im Wissen sich ansammeln. So haben die Menschen Jahrhunderte lang über die dunkelsten Fragen — wie Ursache und Zweck der Welt — gegrübelt, Antworten gegeben, Glaubensbekenntnisse aufgestellt, ehe sie daran dachten, die Regeln aufzusuchen, nach welchen überhaupt Begriffe und Urtheile gebildet werden. In der Sprache waren die Wörter „Thier, Pflanze, Gestalt, Organismus“ etc. lange vorhanden, ehe man sich aufrichtig Rechenschaft zu geben suchte, was man eigentlich damit bezeichnen wollte; und eine bewusste Wissenschaft, streng geregelter Gebrauch dieser Begriffe trat wiederum viel früher auf, als die Untersuchung, ob der Sprachgeist die zweckdienlichsten Mittel angewandt hätte, um den gewollten Begriff aus den naturgemässesten Wortelementen zu bilden. Weil man hierin Fehler fand, erklärte man häufig den gesuchten Begriff selbst für fehlerhaft; und L o c k e, in der Meinung, er habe an Begriffen, welche die denknothwendigen Kategorien des Geistes zu bezeichnen bestimmt waren, Fehler entdeckt, zeigte in Wahrheit nur Mängel des sprachbildenden Instinktes und seiner Wortgebilde. Man wäre wohl nie darauf verfallen, eine Wissenschaft der Logik aufzubauen, wenn auf metaphysische Fragen allgemein zufriedenstellende Antworten hätten erlangt werden können.

Aehnlich lag die Sache bis in die neueste Zeit bei den mathematischen Wissenschaften. Die Grundbegriffe, welche von diesen gebraucht werden, erscheinen so klar und selbstverständlich, dass an eine Untersuchung ihrer logischen Richtigkeit gar nicht gedacht wurde. Die Ausstellungen, welche Philosophen etwa an dem Begriffe der Bewegung machten, wurden von den Mathematikern für lediglich sophistische Spielereien erklärt; und als bei Erfindung des Infinitesimalkalkuls Begriffe verwendet wurden, welche offenbar gegen logische Anforderungen verstiessen, so schien ja eben, dass die Resultate den mathematischen Begriff des Unendlichen rechtfertigten, wenn er auch logisch unverständlich blieb. Die ausserordentliche Entwickelung, welche die mathematische Analysis seitdem grade durch die verwegensten und logisch vermeintlich ungerechtfertigten Begriffskombinationen erzielte, sofern man nur der algebraischen Methode getreu blieb, schien diese Ansicht von allen Seiten zu stützen. Man ging allerdings bei solchen Zusammenstellungen lediglich experimentirend vor; wo sich beim Kalkul eine solche zeigte, welche zu praktischer Verwerthung untauglich war, überging man sie einfach mit Stillschweigen, z. B. die divergirenden Reihen; und es bedurfte eines Riemann, um eine schüchterne Verwahrung einzulegen, gegen dieses unmotivirte zu den Todten Werfen. Aber, von vermeintlich ziellosen Fragen müssiger Zuschauer abgesehen, vermochte die Mathematik allgemein befriedigende, nie täuschende Antworten zu geben. Wozu also noch philosophische Entwickelung oder sogenanntes metaphysisches Ergründenwollen des wahren Seins mathematischer Kombinationen? Deshalb denkt auch die Mehrzahl heutiger Mathematiker kaum noch an etwas anderes, als an die weitere Ausbildung des Formelrechnens, und seine Verwendung zur Lösung praktischer Fragen.

Der Menschengeist hat nun glücklicherweise vielseitigere Ziele, wenn auch für eine beschränkte Zeitperiode nur ein Theil derselben strebenswerth erscheint; und so tritt neben dem praktischen Berechnen auch das Bedürfniss nach Einsicht in den inneren Zusammenhang mathematischer Operationen als Theil der Gesammtthätigkeit des Geistes wieder auf. Ausserdem zeigen ja auch alle Wissenschaften, dass eine solche Erkenntniss zu neuen Methoden, mittelbar zu neuen praktischen Resultaten führen kann.

In neuester Zeit wurden nun grade durch die einseitige Bevorzugung formalistischer Entwickelung Fragen angeregt, welche direkt zu einer philosophischen Behandlung der Mathematik auffordern. Es entstanden Formeln, welche die rechnende Methode praktisch zu verwerthen unfähig war, trotz ihrer Aehnlichkeit mit den aus realen Verhältnissen entsprungenen. Die empiristische Geistesrichtung ward gezwungen, diese auf dem ihr ganz heterogenen Boden der Metaphysik ausbeuten zu wollen, wenn jene Formeln nicht den spekulativen Phantasiegebilden gleich zu unbrauchbaren Phantomen gezählt werden sollten; eine Aussicht, bei welcher sich im Hinblicke auf die analytische Eleganz und den für die Geometrie wirklich brauchbaren Resultaten, wenn geeignete Reduktionen vorgenommen wurden, kein für seine Wissenschaft begeisterter Forscher zu beruhigen vermag. Der charakteristische Schluss, welchen der Realismus hier zog, war, dass uns nur ein Theil der möglichen Realitäten zugänglich sei. Es entstand eine transcendente Geometrie und der Empirismus behauptete dem Worte nach sein Prinzip: dass nur die Beobachtung wissenschaftlichen Werth habe.

Vorhin wurden die mathematischen Wissenschaften eine erweiterte Logik genannt, was allerdings den herrschenden Ansichten gegenüber ausführlich gerechtfertigt werden muss. Diese Benennung enthält die ganze Antwort, welche auf die gestellte Aufgabe einer philosophischen Behandlung der mathematischen Wissenschaft im Folgenden entwickelt und begründet werden wird; und hierzu ist der Nachweis erforderlich, dass alle in der Mathematik vorkommenden Begriffe aus rein logischen Elementen kombinirt werden können, dass mathematisch und logisch synonym sind.

Betrachten wir nun die einfachste der hier vorliegenden Wissenschaften, welche (ausgenommen bei jenen, die den Erfahrungsbegriff missdeutend, die Logik eine empirische Wissenschaft nennen) für absolut exakt gilt, die Arithmetik, so wurde ihr dieser Charakter allgemein zugestanden, weil sie nur mit einem einzigen Begriffe, dem der Zahl, sich beschäftige und in diesem Begriff nichts Widersprechendes oder sonstwie Bedenkliches liege. Der Zahlbegriff, als einziges Element des materialen Inhaltes der Arithmetik, sei etwas absolut Bestimmtes, und demgemäss einer weiteren Analyse oder Rechtfertigung weder bedürftig noch fähig. Wesentlich derselbe Gedanke wird in dem Satze ausgesprochen: „in der reinen Mathematik handle es sich nur um Grössen".

Wollte man sich hierbei nun auch für die wirkliche oder positive Zahl beruhigen, so findet sich bei der üblichen Darstellung der Arithmetik, dass dieser Zahlbegriff, ohne weitere Rechtfertigung mit anderen Begriffen verbunden wird, welche ihn wesentlich verändern. Es werden negative Zahlen eingeführt, Verhältnisszahlen, Brüche, irrationale Zahlen, bei welch letzteren das Wort schon darauf hindeutet, dass ihre Erfinder sich einer logischen Gewaltmassregel wohl bewusst waren. Für heutige Generationen hat diese Gewaltthat durch Einfluss der Gewohnheit allerdings schon das Gefühl des Nothwendigen, und demnach selbstverständlich Gesetzmässigen angenommen. Auch hiermit ist die Reihe der Elemente heutiger Arithmetik noch nicht geschlossen; es folgen die imaginären und komplexen, in der Zahltheorie noch die idealen Zahlen. Hierdurch wird eine philosophische Darstellung schon unmittelbar aufgefordert, die Berechtigung dieses Fortschreitens in der Kombination von Begriffen zu erweiterten Zahlbegriffen zu untersuchen. Um dieses ausführen zu können, darf man sich aber mit der blossen Hinstellung auch des positiven Zahlbegriffs nicht begnügen, sondern muss auf die Elemente des Denkens, die Entstehung von Vorstellungen und Begriffen überhaupt zurückgehen.

Dass nun alle anderen mathematischen Disziplinen, einschliesslich der Geometrie, noch weit zusammengesetztere Begriffe als gegeben voraussetzen, die also noch weit mehr einer logischen Begründung bedürftig sind, braucht nicht weiter hervorgehoben zu werden.

Hiermit stehen wir an der ersten Aufgabe aller Erkenntnisstheorie überhaupt: den festen Ausgangspunkt zu suchen, welcher einem jeden Kritizismus gegenüber gültig bleibt. Die übliche Behauptung, dass ein einziger Grundbegriff hinreiche, das ganze Gebäude der Mathematik aufzurichten, erspart einer philosophischen Behandlung nicht die Untersuchung über die Berechtigung und die Entstehungsweise auch dieses einzigen, selbst wenn diese Behauptung richtig wäre; was aber nicht der Fall ist, wie sich zeigen wird.

A.

ALLGEMEINE ERKENNTNISSTHEORIE.

SPEZIELL

THEORIE DER BEGRIFFE.

A. KAPITEL I.

DER AUSGANGSPUNKT

Δός μοι ποῦ στῶ.

Um einen Ausgangspunkt für die Erkenntniss festzustellen, hat man meist einen möglichst einfachen Begriff gesucht, welcher klar und selbstverständlich in seinem Gebrauche, einer weiteren Analyse weder bedürftig noch fähig sein solle. Im Laufe der Zeiten wurden als solche aufgestellt: das Einfache, die Allintelligenz, Seele, der Weltschöpfer, Geist, das Denken, Substanz, das Ich, das Sein, Bewegung, Materie, Wille, das Reale etc. Wenn nun versucht wurde, die Erscheinungen der Welt hieraus abzuleiten, oder vielmehr mit einer solchen Allgemeinvorstellung in Einklang zu bringen, so gelang dies stets mehr oder weniger gut; immer genügend für den Glauben, je nach der Entwickelungsstufe der menschlichen Intelligenz, oder je nach der Empfindungsweise der Anhänger solcher dogmatischer Systeme. Man glaubte eben diesen dogmatischen Begriff als eine weiter nicht erklärbare (weil Grund ihrer selbst) übernatürliche Mitgift der Menschheit annehmen zu dürfen. Es blieb aber die böse Thatsache übrig, dass niemals alle denkenden, die Wahrheit suchenden Menschen über das Zureichende eines solchen Systembegriffes, oder selbst nur über die wahre konstante Bedeutung desselben sich einigen konnten. Was dem einen für selbstverständlich, schien dem andern einer Begründung bedürftig, und das Kriterium, welches hier entscheiden sollte, war nicht aufzufinden. Deshalb entstand nothwendigerweise der philosophische Kritizismus, welcher jenes Kriterium suchen sollte, und demgemäss die Genesis obiger Systembegriffe zu erforschen trachtete. Hierbei stellte sich nun heraus, dass keiner der obigen Begriffe eine übernatürliche Mitgift, sondern eine im Leben gewonnene Anschauungsart oder ein

Produkt der Denkthätigkeit ist, welches verschieden ausfallen mag, je nach der Art der geistigen Entwickelung; und dass die mehr oder minder gute Erklärung der Welt abhing von der mehr oder minder gelungenen Bildung des betreffenden Oberbegriffs. Aus Thatsachen der Erfahrung waren also alle Begriffe abstrahirt. Hiermit schien der Angelpunkt aller Erkenntniss gefunden, und die Erfahrung wurde als der absolut feste Ausgangspunkt gepriesen.

Nun ist allerdings kein Zweifel, dass Erkenntniss ohne Erfahrung unmöglich ist, dass eine solche dem sich selbst bebrütenden Nichts vergleichbar wäre; denn Erkenntniss hat nur einen Sinn, sofern sie sich auf ein Geschehen in der Welt bezieht, und sofern sie Wesen zugeschrieben wird, welche in einer Welt existiren, welche demnach Erfahrungen machen müssen.

Ein grosser Theil der Anhänger des Realismus, welcher nach obigem Ergebnisse neu auflebte, vergass jedoch bei dieser Entdeckung, dass auch Erfahrung ein Begriff ist, und zwar ein nicht weniger komplizirter als die vorher genannten Grundbegriffe anderer Systeme. Man könnte nun, um dieser vermeintlich rein sophistischen Begriffsquälerei zu entgehen, ein anderes Wort versuchen und sagen: Thatsachen sind das absolut Gewisse, woraus Erfahrung und Erkenntniss entstehen. Aber damit ist nichts gewonnen, denn nicht aus Thatsachen wird die Erkenntniss aufgebaut, sondern aus Denkgebilden, welche man mit Recht oder Unrecht jenen Thatsachen substituirt. Was ist denn eine gewisse Thatsache? Früheren Generationen wie heute den Kindern war eine solche, dass der Stein schwer sei, ein Gewicht habe, die Luft aber nicht. Heute ist es eine Thatsache, dass die Luft schwer sei, das Licht aber nicht. Wer verbürgt uns, dass diese Thatsache demnächst nicht von Neuem umgestossen wird? [2]) Was dem einen grün, erscheint einem anderen blau; einem Jeden erscheint der Durchgang eines Sternes am Fadenkreuz eines Fernrohres zu einer anderen Zeit, so dass aus solchen Beobachtungen allein gar nicht festzustellen ist, wann das Ereigniss überhaupt stattfand. Sind wir nun auch zu einem majorisirenden Urtheile gelangt über das, was wir aus den Thatsachen dem wirklichen objektiven Geschehen und dem subjektiven Beobachten zuschreiben, so verbürgt uns doch gar nichts, dass wir nicht dieses Urtheil einer demnächst auftretenden Thatsache zu liebe wieder ändern müssen; eben weil nach dem Prinzip des Empirismus uns ein jedes Kriterium darüber fehlt, was wir objektiv und subjektiv nennen dürfen. Konsequent bezeichnet dieser Empirismus ein jedes Wissen als subjektiv und findet die Aufgabe der Wissenschaft lediglich im möglichst genauen Beschreiben der wahrgenommenen Thatsachen, je nach den dermaligen Beobachtungsfähigkeiten.[3]) Für eine solche Auffassung steht die Heraldik als Wissenschaft auf derselben Stufe wie die Geometrie. Dass in der letzteren häufiger vorkommende Thatsachen beschrieben werden, kann prinzipiell an dem Erkenntnisswerthe derselben nichts ändern. Im Gegentheil, die bunte Mannichfaltigkeit der ersteren müsste Manchem als interessanter und werthvoller erscheinen, als die leeren Schemen der letzteren.

Wie vorhin schon angedeutet, kann also alles Verschanzen hinter „Thatsachen" gar nichts nützen, weil Thatsachen als solche gar nicht in die Erkenntniss übergehen, sondern erst eine Bedeutung für diese erlangen, wenn sie in der Form von Urtheilen von der Denkthätigkeit gestaltet worden sind. An jeder Thatsache, sofern sie im Wissen von Bedeutung ist, muss also ihr materialer Inhalt und die Form, in welcher dieser für die Zwecke der Erkenntniss durch das Denken gestaltet worden ist, unterschieden werden. Hier treten nun gleich die schweren Fragen auf:

1) Wenn auch unsere Erkenntniss zeitlich erst mit den Erfahrungen beginnt, könnte dann nicht die Form, in welcher die Thatsachen in unsere Erkenntniss eingehen, unabhängig sein von jenen Thatsachen; und inwieweit?
2) Welcher Theil des Erfahrungsurtheils ist Inhalt, objektive Thatsache, und welcher ist subjektive Form?

Ehe zur Beantwortung dieser Fragen geschritten wird, kann aber der als Ausgangspunkt der Untersuchung dienende Satz ausgesprochen werden, welcher bei allen Thatsachen und Urtheilen unanfechtbar bleibt, einerlei wie verschiedenartig sie aufgefasst werden mögen. Dies eine Gewisse, die Urthatsache, ist:

Dass Thatsachen wahrgenommen werden,

oder noch unzweideutiger:

Dass Wahrnehmungen gemacht werden,

einerlei was denselben zu Grunde liegen mag, oder mit welchen Beziehungsbegriffen sonst dieselben verbunden werden mögen.

Mit diesem Satze wird nicht von irgend einer Abstraktion ausgegangen, einem Begriffe, dessen Realität oder gar logische Widerspruchsfreiheit erst zu erweisen wäre, sondern von etwas unbestreitbar Realem, einer Thatsache, welche auch bezeichnet werden kann als:

Dasein von Etwas,

Existenz einer Welt überhaupt,

oder:

Etwas existirt,

wobei es ganz dahingestellt bleibt, als was diese Welt sich später herausstellen wird, oder, wie sie näher bestimmt werden muss; ob als Denken, Sein, Denken eines Seins, Erscheinungen, Vorstellungen — oder wie immer sonst.[4])

So einfach und nichtssagend der Satz „Etwas existirt" scheinen mag, so vielsagend ist er in formaler Hinsicht. Er besagt nämlich:

1) Das Dasein von Etwas, welches sich kundgibt als Wahrnehmungen, Empfindungen, oder wie immer man die einfachste Thatsache nennen will, welche unmittelbar gewiss ist.

2) Dass behauptet, gedacht, geurtheilt worden ist; denn ohne dies wäre die Empfindung lediglich Empfindung geblieben, und hätte nicht zu einer Behauptung, einem Urtheil geführt, wie ein solches eben in einem gedachten oder gesprochenen Satze liegt.

Obiger Satz ist also der Ausdruck zweier verschiedener Thatsachen; dass wahrgenommen wird, und dass gedacht wird.

Hiermit ist der ganze, aller Erkenntniss zu Grunde liegende Gegensatz von Wahrnehmung und Denken gegeben, oder, wie er im Folgenden präzisirt werden soll, „**Empfindung und Denken**". Die Begründung dieser Wahl im Gebrauch der Wörter Empfindung und Wahrnehmung wird aus dem Folgenden hervorgehen. Im heutigen Sprachgebrauche sind diese Begriffe und ihre Unterscheidung unbestimmt, und demnach bleibt einem Jeden die Verwendung freigestellt.

Mit „Empfindung und Denken" darf nicht der in der Philosophie vielgebrauchte Gegensatz „Sein und Denken" verwechselt werden; denn nichts berechtigt bis jetzt von einem wahren Sein im Gegensatze zu einem Erscheinen des Seins und einem Denken des Seins zu sprechen; ausserdem wird die ganze Untersuchung hier auf eine Bestimmung des Seins hinauslaufen, welche von der in dem Gegensatz „Sein und Denken" angedeuteten wesentlich verschieden ist. Dieses Sein, vom Ding an sich bis zum objektiven Ding des Empiristen, wird sich als ein sehr verschiedenartiges Produkt erweisen; zuweilen als reines Denkgebilde, in den meisten Fällen aber als ein komplizirtes Erzeugniss aus den beiden hier statuirten einfachsten Elementen „Denken und Empfinden".

Was nun immer Empfinden und Denken sein mögen, wir müssen sie auffassen als ein Geschehen, als Veränderungen. In dem ersten Satze „Wahrnehmungen werden gemacht" ist schon ausgedrückt, dass ein Vieles, ein Verschiedenes existirt, und der diesem substituirte Satz „Etwas existirt" müsste korrekter gesprochen heissen „Vieles existirt". Man könnte sich allenfalls berechtigt glauben vorzustellen: Alle Existenz bestehe in einer einzigen, ewig gleichen Empfindung. Dann würde aber kein Denken auftreten, welches in dem Satze „Etwas existirt" einen Ausdruck fände. Diese eine ewige Empfindungswelt entspricht demnach nicht der für uns gültigen Urthatsache, oder vielmehr Thatsachen. Das für uns gültige „existirende Viele" haben wir demnach aufzufassen als „Veränderung des Vielen", mit anderen Worten „als ein Geschehen", einerlei als was wir diese Veränderung des Existirenden weiter zu bestimmen haben. Die Frage interessirt einstweilen nicht, ob diese Veränderung nur eine Folge unserer speziellen Organisation sei, ob etwa ein sogenanntes reines oder irgendwie anderes Denken möglich sei. Unser Denken, und das ist Denken überhaupt, ist nichts anderes als ein Geschehen, wie es aus unserer gewissen Urthatsache abzuleiten ist. Ein Vieles als konstant vorgestellt wäre wiederum eine ewige Einheit, nur durch einige andere Worte bezeichnet.

Aus der sinnlichen Beobachtung, wie sie uns geläufig ist, lässt sich diese Bestimmung des Existirenden gleichfalls als die einzig mögliche ableiten. Z. B. angenommen die Welt sei eine einheitliche Existenz ohne weitere Unterschiede in sich, so könnten wir sie etwa vergleichen dem unbeschränkten Raume, angefüllt mit Materie. Eine solche Welt wäre aber in nichts unterscheidbar von dem Raume als leer vorgestellt; denn die Vorstellung Materie als Erfüllung eines Leeren kann erst entstehen durch die Unterscheidung von Erfülltem und Leerem, also durch eine Vielheit von unterschiedenen Einzelnen. Diese einheitliche materielle Welt repräsentirt als Gegensatz gegen die einheitliche leere Welt das Hegelsche Sein und Nichtsein; beide sind durchaus gleich, und stehen auch als Dasein in keinem Gegensatz, weil sie eben die letzten leeren Abstraktionen von entgegengesetzten Vorstellungen sind, die trotz dieser Verschiedenheit gleich ausfallen müssen, weil sie beide auf die absolute Leerheit reduzirt worden sind. Nur in den Wörtern Sein, Nichtsein zeigen sie noch, dass die Bildung der beiden Begriffe von verschiedenen Ausgangspunkten ausging; das Resultat ist aber beiderseits dasselbe; sowohl 5 wie 10 können durch allmähliches Substrahiren der Einheit auf 0 reduzirt werden.

Versuchen wir nun eine Welt zu setzen als Vielheit von unterscheidbaren Einzelnen, aber ohne Veränderung unter sich. Von einem Geschehen und einem Denken dieser Welt könnte auch dann keine Rede sein, höchstens wie vorher von vielen einheitlichen, ewigen Empfindungen, die aber von einander nichts wüssten; also jede für sich eine Welt bildeten, für welche alle anderen Welten absolut gar nicht existirten. Diese Welt könnten wir etwa vergleichen einer Welt von ewig starren, gegenseitig unveränderlichen Körpern. Das naive Bewusstsein glaubt sich nun zu dieser Vorstellung berechtigt; der Fixsternhimmel ist ja so etwas Aehnliches. Aber indem man sich diese Welt vorstellt, introduzirt man zu den ewig starren Einzelheiten ein Neues, das Bewusstsein, den Vorstellenden; man hat also die ewig starre Welt verändert, ein Bewusstsein hinzugebracht, und urtheilt von jener Welt durch den Unterschied, welchen dies Bewusstsein erleidet, bevor und nachdem die Welt auf dasselbe eingewirkt hat. Die Gesammtwelt hat also in Wahrheit eine Veränderung erlitten um jene Vorstellung zu ermöglichen.

Das Empfinden müssen wir gleicherweise als ein Geschehen bestimmen; ob verschiedene Empfindungen gleichzeitig möglich sind, aufgefasst werden können, ist eine Frage für sich; jedenfalls werden aber auch Empfindungen nacheinander gemacht, sonst würde nie ein Denken auftreten können, wie später bei dem Kapitel über Vorstellung und Begriff eingehender bewiesen werden wird.

Dieses Geschehen, Veränderung der Empfindungen und des Denkens mag in dem hypothetischen sogenannten wahren Sein gar nicht vorkommen; für unser unzweifelhaftes Dasein ist es jedenfalls eine Wahrheit.

Dieses Dasein würde nicht minder real sein, wenn auch bewiesen würde, dass es einmal angefangen und einmal aufgehört habe; es ist jedenfalls real dagewesen und kann als wirkliches Ereigniss nie mehr vernichtet werden; das Attribut der Ewigkeit und Unveränderlichkeit ist demnach für unsere Realität durchaus nicht erforderlich, fordert vielmehr eine Kritik jener Attribute auf ihre Realität oder logische Richtigkeit heraus. Wir beginnen jedoch hier durchaus keinen Kampf mit philosophischen Systemen, welche an wahres Sein andere Erfordernisse stellen, weil wir eben von unserem Satze aus gar nichts von einem solchen wahren Sein, sondern nur von einem unzweifelhaften Dasein etwas wissen.

Der Ausgangssatz heisst demnach vollständig:

Es existirt eine Welt, als eine Vielheit in Veränderung.

Betrachten wir nun die beiden Arten des Geschehens, der Empfindungen und des Denkens, so ist es erste Aufgabe der Wissenschaften, das Geschehen der Empfindungen genau auszudrücken durch das Geschehen des Denkens; oder, weil diese Aufgabe das Geschehen des Denkens aktiv macht, in eine Thätigkeit verwandelt — den Verlauf der Empfindungen durch Gedanken auszudrücken. Wie ist das nun möglich? Die Empfindungen können nicht in Gedanken eingehen;

sie werden deshalb von diesen durch Elemente ersetzt, welche wir Vorstellungen und Begriffe nennen; und diese Gedankenelemente werden, wie wir an dem ersten gewissen Satze sahen, in der Form von Urtheilen miteinander verknüpft.

Hier treten also die beiden Fragen auf:

1) Was ist Vorstellung und Begriff,
2) Was ist Urtheil.

A. KAPITEL II.

DAS DENKEN IN SATZFORM. DAS URTHEIL.

Betrachten wir zunächst die zweite Frage, so ist ersichtlich aus unserem ersten Satze, dass das Urtheil eine Form des denkenden Geschehens ist, welche uns als Urthatsache mit dem Empfinden und Denken zugleich gegeben ist; dass es also eine nähere Bestimmung des Denkens ist; vielleicht nicht die einzig mögliche Form desselben, jedenfalls aber eine Form, die als Urthatsache in Wahrheit und Wirklichkeit da ist.

Die ausführliche Behandlung dieser Denkform bleibt der formalen Logik überlassen, und liegt diesen Ausführungen insoweit fern, als sich über die richtige Ausbildung dieser Disziplin wohl keine Zweifel mehr erheben, wenigstens insofern sie den Syllogismus betrifft. Die Betrachtung der Denkgesetze, sofern sie das Wesen des Begriffs berühren, folgt in einem späteren Kapitel. Für die hier verfolgten Zwecke ist nur zu erörtern, inwiefern aus dem sprachlichen Ausdruck der Denkthätigkeit irgend eine Folgerung auf das sogenannte wahre Sein der Dinge zu ziehen oder zu unterlassen sei.

Das S e i n d e r D i n g e ist einstweilen für uns ein leeres Wort; wir wissen nur, dass Empfindungen und dass Denken stattfinden. Denken hat eine reale Existenz für uns, und Empfindungen gleichfalls. Ausserdem müssen wir als Thatsache anerkennen, dass das Denken in einer gewissen Form (Satz- oder Urtheilsform) stattfindet, welche uns zwingt ein Subjekt ein Objekt und eine beide verbindende Thätigkeit zu setzen; und diese haben als Thatsachen der Denkform reale Existenz im Denken. Nichts aber berechtigt uns zu der weiteren Hypothese, dass diesen Denkformen und ihren Theilen Theilbestandtheile oder Formen der Empfindungen entsprächen; dies mag der Fall sein oder nicht, wir wissen vorab nichts davon. Noch weniger ist die Annahme für jetzt zulässig, dass es ausser Denken und Empfinden noch ein Drittes gäbe, was Dinge oder wahres Sein genannt werden müsse. Obschon wir nun diese Hypothesen vorläufig alle abweisen, so können wir doch, wollen wir uns das Denken nicht erschweren oder auch ganz unmöglich machen, nicht anders als beständig solche hypothetische Objekte und Subjekte setzen, ohne dass wir damit unser Schlussurtheil aussprechen; weil wir stets den Vorbehalt machen, dass diese grammatischen Dinge vorderhand nur im Denken eine Existenz haben. Sagen wir also in Zukunft statt „Verschiedenes existirt“: — „wir machen Wahrnehmungen — oder — wir nehmen Dinge wahr“, so folgt daraus gar nichts für die Existenz einer denkenden Seele oder eines äusseren Dinges, sondern dies bezeichnet nur eine nicht zu vermeidende Form unseres Denkens, die wir thatsächlich als für den Fortschritt unserer Erkenntniss zweckmässig oder sogar als unumgänglich nothwendig anerkennen müssen; ebenso nothwendig wie gewisse Methoden oder Regeln des Lernens, welche jedoch für das zu Erlernende gar keine weitere Bedeutung haben. So lange wir uns nur empfindend, nicht denkend verhalten, findet die Setzung oder die Erschaffung der Persönlichkeit Wir gar nicht statt; man weiss gar nichts davon so lange man nur empfindet; erst mit der Reflexion auf die Empfindung, mit ihrer Umsetzung in einen Begriff oder Urtheil wird die Setzung des Subjektes nothwendig.

Wie nun diese grammatische Nothwendigkeit verleitet hat, nicht allein unnöthige Begriffe zu erfinden, sondern auch an Wesen Kräfte und Dinge zu glauben, welche diesen Begriffen als nothwendig entsprechend hypostasirt wurden, hierzu gibt die Geschichte der Wissenschaften, wie die Geschichte überhaupt, zahlreiche Belege. Erinnere man sich einiger solcher, welche bei dem hier vorliegenden Problem produzirt wurden. Seele, Geist, Vernunft, Verstand, Instinkt, Naturkräfte, Lebenskraft, Gemüth, Wille etc. wurden in bunter Reihe erfunden und sollten alle im Menschen nebeneinander bestehen, um in Summe etwas Einheitliches, die einfache und unsterbliche Seele zu bilden; den Thieren wurde dagegen wieder eine andere Zusammensetzung zugesprochen. Vor der fortschreitenden Erkenntniss mussten nun mehrere dieser Wesen oder Wesenheiten wiederum verschwinden; so die Lebenskraft, der Instinkt. Verstand und Vernunft wurden zuweilen wieder zu einer Einheit zusammengezogen, ebenso Gemüth und Wille; aber das Kriterium fehlte, an welcher Stelle die Ausmerzung aufhören sollte. Dagegen droht wieder, dass das vermeintlich sicherste einheitliche Subjekt, die Persönlichkeit, physiologischer Gründe halber in eine Vielheit von Einzelindividuen aufgelöst werden muss, und zwar in eine grössere Vielheit als die lange Zeit anerkannte Dreiheit von einer pflanzlichen Seele einer thierischen Seele und einem göttlichen Geiste, welche friedfertig so lange Zeiten im menschlichen Ich zusammen gewohnt hatten.

Und ebenso wie Wesen als Subjekte, ebenso wurden äussere Dinge als Objekte erfunden. Regenbogen, Blitz und Schatten wurden äussere Dinge; und jetzt werden nicht allein diese, sondern sogar alle Körper in ausdehnungslose, stofflose Punkte aufgelöst. Zeigt es sich hierin nun, dass Wesen und Dinge entstanden und vergingen je nach dem grammatischen Bedürfnisse, jenachdem eine gewisse Anzahl von Merkmalen dem Stande der Erfahrung gemäss ein Subjekt oder Objekt erforderten um denkend miteinander verknüpft zu werden, so ist es jedenfalls für die kritische Beurtheilung geboten, vorab gar keine reale Bedeutung diesen grammatischen Wesen beizulegen, bis etwa ein bestimmtes Kriterion aufgefunden wird, welches hier entscheidet. Das Subjekt Ich, oder allgemein das persönliche Fürwort, kann schon deshalb hier gar keine Ausnahme beanspruchen, weil es ja in den meisten Fällen verschiedene der obigen Begriffe, und häufig mehrere zugleich zu vertreten bestimmt ist. Die meisten der Schwierigkeiten welche beim Problem der Inhärenz auftreten, rühren von dem hartnäckigen Streben her, grammatischen Hülfssubjekten Wesenheit zuzusprechen, wodurch es dann nothwendig wird, eine Vielheit solcher zu einer untheilbaren Einheit zu verschmelzen; und diese metaphysische Gewaltthat rächt sich, indem sie Widersprüche in jedem gewonnenen Resultate entstehen lässt.

Wenn von einem Subjekte gesprochen wird, welchem die Empfindungen zugeschrieben werden, so bedient sich der Sprachgebrauch meist des Wortes Seele, bei dem Denken des Wortes Geist; und ist von einem derselben ohne Spezifikation, oder von beidem im Vereine die Rede, so wird gewöhnlich das persönliche Fürwort oder der Begriff Persönlichkeit verwendet. Dieser Sprachgebrauch soll hier beibehalten werden, mit der nochmaligen Verwahrung, dass er nicht andeuten soll, diesen Wörtern entsprächen reale Wesen. Statt Seele etc. wäre eigentlich zu lesen: der nothwendige Subjektbegriff, den unser diskursives Denken erfordert, und welcher eine Denkmarke, als Ding aber einstweilen eine Fiktion ist. Wir müssen das Instrument unseres Denkens hinnehmen, wie es ist; wir müssen uns in vorgeschriebenen Bahnen bewegen, ohne uns dadurch verleiten zu lassen, diesen Bahnen noch irgend eine Bedeutung zuzuschreiben, wenn die Denkthätigkeit selbst, der Planet welcher jene Bahnen beschreibt, fehlt oder aufhören sollte da zu sein. Wir können einstweilen allerdings eben so wenig behaupten, dass jene Denkformen absolute Fiktionen unter jeder

Bedingung seien. Würde es sich z. B. herausstellen, dass alle Welterscheinungen nur Produkte oder Thätigkeitszustände unseres Denkens seien, dass also nach einer bekannten Ausdrucksweise Sein und Denken identisch, so würden alle widerspruchfreien Gebilde des Denkens den Charakter realer Wesen und Objekte erhalten. Auch noch andere Fälle lassen sich ersinnen, wovon später die Rede sein wird.

Das Denken selbst, welches nach konstanten Formen vor sich gehen muss, um überhaupt Denken sein zu können, ist natürlich kompetent, über alle seine Gebilde urtheilen zu können, d. h. deren Richtigkeit den Denkgesetzen gemäss festzustellen. Dass diese Gebilde nun einen Theil von dem ausmachen, was man gewöhnlich wahres Sein der Dinge nennt, so wohl vom Standpunkte der realistischen wie der idealistischen Anschauung aus, wird im Folgenden dargelegt werden. Wie man sieht, beziehen sich die hier zu behandelnden Probleme auf den in allen philosophischen Systemen gebrauchten Gegensatz von „Form und Inhalt" der Erkenntniss; eine Unterscheidung, welche allgemein als nothwendig zugestanden wird, ohne dass jedoch eine Uebereinstimmung darin herrscht, welche Bestandtheile der Erkenntniss dem einen oder anderen dieser Gegensätze zugeschrieben werden müssen. In mancher Hinsicht korrespondirt der Gegensatz Form und Inhalt dem früheren Denken und Sein, und werden dabei dieselben oder ähnliche Probleme auftauchen.

Vor jedem weiteren Eingehen hierauf muss aber die andere im vorigen Kapitel aufgeworfene Grundfrage zur Behandlung kommen: wie es möglich sei, dass das Denken von dem ihm ganz heterogenen Geschehen der Empfindungen etwas Wahres aussagen könne, da es ja doch in der Natur dieser Heterogenität liegt, dass die Empfindungen nicht als solche in den Urtheilen des Denkens auftreten können. Statt der Empfindungen verwendet das Denken Vorstellungen und Begriffe als Elementarbestandtheile. Was sind und wie entstehen also Vorstellungen und Begriffe, wie vermögen sie die Empfindungen unverfälscht auszudrücken und doch die Heterogenität von Denken und Empfinden festzuhalten. Durch die Erörterung all dieser Fragen wird es zugleich möglich sein, das Wesen von Denken und Empfinden näher zu bestimmen und die Natur dieses Gegensatzes klar im Bewusstsein aufsteigen zu lassen. Die Gesammtheit der Ausführungen wird dieses in dem schliesslichen Totaleindrucke besser vermögen, als jede kurze Wortdefinition; besonders da hierdurch erst der Begriff und der Werth einer Definition sich ergeben wird.

A. KAPITEL III.

VORSTELLUNG UND BEGRIFF.

Im gewöhnlichen Sprachgebrauche verwendet man die Ausdrücke „eine Sache ist so und so“ und „ich stelle mir die Sache so und so vor“ ohne wesentlichen Unterschied. Die Philosophie glaubt aber eine feste Unterscheidung treffen zu müssen zwischen diesen Ausdrücken; „die Sonne ist ein Körper“ soll eine andere Behauptung sein, als „ich stelle mir die Sonne als Körper vor“. Was ist nun eine Vorstellung, oder was kann man sich vorstellen? Auch philosophische Schriftsteller stellen sich so ziemlich Alles vor; Körper, Farben, Figuren, Zahlen, Gemüthszustände, sogar Begriffe etc. Aber auch von allen diesen Sachen — und verschiedenem Anderen, was nicht als Sache angesehen wird — werden Begriffe gefasst. Man stellt sich ein Pferd vor, man stellt sich eine geometrische Figur vor; aber man fasst auch den Begriff eines Pferdes, den Begriff eines Dreiecks. Ist ein essentieller Unterschied im Gebrauche dieser beiden Wörter zu konstatiren? Es scheint nicht; es wird dies schon gezeigt durch die zahlreichen Beiwörter, welche der Vorstellung gegeben werden. Man spricht von „konkreten, abstrakten, sinnlichen, intellektualen, idealen, intuitiven etc. Vorstellungen“; als die letzteren treten Kants Formen der sinnlichen Anschauungsformen auf. Dann wird die Vorstellung als ein komplizirter Vorgang speziell im thierischen Gehirn erklärt (Schopenhauer und die Empiristen), aus einer Summe oder einem Produkt von Vorstellungen lässt man Gefühle entstehen (Herbartianer); Gefühle scheinen hier demnach als eine höhere Klasse von Vorstellungen gefasst zu werden.

Ebenso schwankend wird das Wort Begriff verwendet. Zuweilen identisch mit Vorstellung, zuweilen in einem Gegensatze hierzu. Während aber selten eine begriffliche Definition von „Vorstellung“ versucht wird, stellen die verschiedenen philosophischen Systeme Definitionen des

Begriffes auf. Höchst charakteristisch für den schwankenden Gebrauch auch dieses Wortes lautet Schopenhauers Definition: Begriff ist eine Vorstellung von Vorstellungen; also nach obiger Darlegung „eine Unbestimmtheit in unbestimmter Potenz".

Andere Definitionen lauten:

„Die Logik fasst den Begriff als eine Zusammensetzung von Merkmalen und als nichts anderes."

„Die Logik setzt den Begriff als gegeben voraus."

„Der Begriff fasst ein Mannigfaltiges von Merkmalen in sich und ein Mannigfaltiges von Vorstellungen unter sich, deren Merkmal er selbst ist; jenes macht seinen Inhalt, dieses seinen Umfang aus." [5])

(Hier scheint also Begriff aus zwei undefinirbaren Urelementen zu bestehen.)

„Was die Natur des Begriffes sei, kann so wenig unmittelbar angegeben werden, als der Begriff irgend eines anderen Gegenstandes unmittelbar aufgestellt werden kann."

Dieser Resignation schliessen sich die meisten Philosophen an, und versuchen gar keine Definition des Begriffes. Dass aber der Mangel einer solchen und der gleichzeitige Mangel einer Definition der Vorstellung den schwankenden Gebrauch beider Wörter, und damit eine Unzahl von Missverständnissen noch zu den hier vorliegenden schweren Fragen hervorruft, — dass man nicht allein die besondere Terminologie eines jeden Forschers, sondern meist auch die Veränderung dieser Terminologie je nach seiner Gedankenentwicklung studiren muss, ehe man ausfinden kann was er eigentlich sagen will, — ist einem Jeden bekannt, der nach wirklichem Verständniss der Denkprodukte strebt, und nicht etwa nach geschäftsmässiger Kritikerart in diesen Missständen der Sprache das Material sucht, um Widersprüche anderer Denker der eigenen Terminologie gegenüber bloszustellen.

Hält man nun unsere Urthatsache fest mit ihrem Gegensatz von „Empfinden und Denken", so zeigt sich die Möglichkeit einer festen und für alle Fälle bestimmt unterscheidenden Definition von „Vorstellung und Begriff"; Definitionen, welche allerdings Vieles, was der Sprachgebrauch für die eine Klasse beansprucht, der anderen zuweist aber jedenfalls ohne Schwankung.

Verdächtig mag diese Bestimmung am Anfange erscheinen, weil sie gerade den Satz umstösst, welcher in der Neuzeit bei allen Versuchen einer Begriffsdefinition das Einzige war, worin alle Ansichten übereinstimmten. Man betrachtet es gleichsam als Axiom, dass Begriffe nur durch Abstraktion bei einer vorliegenden Vielheit von Wahrnehmungen oder Individualvorstellungen entstehen; und hieraus wird gefolgert, dass es nur Allgemeinbegriffe, aber keine Individualbegriffe gebe, dass eben das Allgemeine den Begriff als solchen charakterisire.

Nun ist es allerdings richtig, dass der Begriff erst entstehen kann, nachdem ein Vieles wahrgenommen worden ist, ebenso wie Denken auch nicht stattfinden kann ohne Auffassen einer Vielheit in Veränderung. Dass aber dieser Charakter der Allgemeinheit nur Bezug hat auf die historische Entwickelung der Begriffe, nicht aber auf die Natur des Begriffes selbst, dass diskursive Entwicklung und konstantes Produkt der Entwicklung verschiedene Dinge, dass obiges vermeintliche Axiom die Ursache war, dass keine konstante Definition der Wörter „Vorstellung und Begriff“ gebildet werden konnte, soll sich aus dem Folgenden ergeben. Hierzu bedarf es der Untersuchung über die Entstehung von Vorstellung und Begriff, ausgehend von der Urthatsache des Wahrnehmens. Wir müssen bei dieser Untersuchung allerdings in Begriffen sprechen, noch ehe wir wissen was sie sind. Die Richtigkeit des zu durchlaufenden Zirkels wird sich ergeben, wenn das letzte Bahnelement nach den gleichen Gesetzen des Fortschrittes gebildet, genau wieder an das Ausgangselement sich anfügt.

Hegel sagt: „Der Begriff eines Gegenstandes kann nicht unmittelbar aufgestellt werden“. Ganz richtig, im Sinne Hegels. Wenn nun Wahrheit, nach der bisherigen Definition der Logiker auf der Uebereinstimmung des Denkens mit dem Gegenstande beruht, so haben wir demnach kein unmittelbares Wissen. Nun — abgesehen von dem dunklen Ausdruck, wonach die Möglichkeit des Uebereinstimmens von Heterogenitäten, wie Denken und Gegenstand vorausgesetzt wird — kann man diese Folgerung wiederum in Bezug auf Gegenstände gelten lassen. Trotzdem haben wir ein unmittelbares Wissen.

Wenn wir Wahrnehmungen machen, z. B. die Empfindung grün haben, so wissen wir ganz und genau, was die Empfindung grün ist. Es ist dazu gar nicht nöthig, dass wir denken, oder schon sagen können, „wir haben die Empfindung grün, oder haben sie gehabt;“ wir brauchen keinen Begriff Grünheit gebildet zu haben, wir brauchen nicht zu wissen was die Empfindung ihrer Natur nach ist; ob wir diese später bestimmen als sinnliches Gefühl, oder Zustand des Befindens unserer Seele, Art eines zu Muthe Seins — einerlei; wir wissen was grün ist, eben weil es unsere Empfindung ist; und ebenso gleichgültig ist es, was wir oder unsere Seele ist, oder was das hypothetische Objekt ist, welches nach irgend einer Ansicht diese Empfindung grün verursacht. Wir können allerdings fragen und vielleicht beantworten, wie diese Empfindung entsteht, welche Faktoren sie erzeugen; ob bei derselben Gelegenheit, bei verschiedenen Individuen, genau dieselbe Empfindung grün stattfindet oder verschiedene — Alles dies hat gar keinen Einfluss auf die Thatsache, dass wir bei der Empfindung unmittelbar wissen was grün ist.

Die Frage nach der begrifflichen Natur des empfindenden Geschehens entsteht nur, weil wir unser unmittelbares Wissen in Worte kleiden wollen; weil wir vermeinen, erst dann etwas wirklich zu wissen, wenn wir es in Begriffen ausgedrückt haben, obschon dann, wenigstens in Bezug auf Empfindungen, die Unmittelbarkeit dieses Wissens aufgehoben worden ist, weil statt des Gegenstandes selbst etwas seiner Natur heterogenes gesetzt worden ist. Nun kann das Urtheil des Denkens allerdings auf die Empfindung bezogen werden; wir können die Empfindung nach Anleitung des Denkens in uns hervorrufen, weil wir ausser denkenden auch empfindende Subjekte sind. Das wirkliche Wissen und die Wahrheit kann aber nie im Denken oder im Ausspruch des Denkens allein gesucht werden. Diese Unmittelbarkeit des empfindenden Wissens ist nun der Grund, weshalb Fragen wie: was die Empfindung denn eigentlich sei — und viele ähnliche andere keinen eigentlichen Sinn haben; sie ist der Grund, weshalb es ein verfehltes Unternehmen ist, in der Philosophie vom Denken allein ausgehen zu wollen. Im Gegentheil, das Denken muss als ein sekundärer Akt betrachtet werden, der erst nach dem Empfinden folgt, wenigstens in der erklärenden Genesis der Vorstellungen. Dieses schliesst aber nicht aus, dass am Ende doch diese Scheidung in primäre und sekundäre Akte selbst wieder als eine nur künstliche, zum Zwecke der Erklärung hervorgerufene Operation sich herausstellt, dass in Wirklichkeit vielleicht nie eine dieser Thätigkeiten isolirt bestehen kann.

Die Nothwendigkeit dieser prinzipiellen Erörterungen wird sich bei den folgenden Definitionen zeigen. Verfolgen wir vorab die möglichen Ergebnisse bei vielen Empfindungen.

Weil die Empfindung ein unmittelbares Wissen ist, muss sie vorab als bewusste Empfindung bestimmt werden; ein sehr selbstverständliches Attribut, weil sein Gegensatz die direkte Negation der Empfindung wäre. Es wird dies nur statuirt, weil im Folgenden vielleicht einmal von unbewusster Vorstellung gesprochen wird; eine jedenfalls sehr schlecht gewählte Wortkombination. Weil aber die Empfindung nothwendig als bewusste charakterisirt werden muss, deshalb braucht sie selbst, oder vielmehr das empfindende Subjekt, von diesem Bewusstsein als einem Gegensatz zu dem Bewusstsein eines anderen Subjektes, oder auch Gegensatz zu einem Bewusstlosen noch nichts zu wissen. Dies letztere wäre schon das erste begriffliche Wissen, woraus das Selbstbewusstsein entsteht, gegenüber dem lediglich empfindenden Wissen (bewusster Empfindung), wovon bis jetzt die Rede war. Damit ein begrifflich denkendes Wissen von einer bewussten Empfindung auftauche, dazu gehört das stattfindende Vergleichen vieler Empfindungen. Wenn gar nichts da wäre, ausser einer einzigen ewigen Empfindung grün, so könnte nie ein Gedanke grün entstehen; denn die denkende Thätigkeit, welche sich in dem Urtheil: „die Empfindung grün ist vorhanden" kundgibt, setzt schon Verschiedenes voraus. Die ganze Welt, als ein einfaches Wesen gedacht, könnte nie von sich selbst denken „ich bin da", weil diese denkende Setzung (Position) eines Daseins zugleich voraussetzt, dass sie unterschiedlich sei oder denkend unterschieden werden könne von einem Nichtdasein; sonst wäre es keine denkende Setzung. Das Nichtdasein könnte aber von jenem Weltwesen nicht gedacht werden, weil wir ja nur eine strenge Einfachheit der Welt voraussetzten. Alles, was einem solchen einfachen, alles umfangenden Wesen zugestanden werden könnte, wäre das Schwelgen oder Leiden in einer einzigen ewigen Empfindung. Diese aposteriori aufgezeigte Denkunmöglichkeit einer strikten Einfachheit, ohne ihren gleichzeitigen Gegensatz zu einer Vielheit, wird bestätigt durch unsere unzweifelhafte Thatsache, dass „Wahrnehmungen" gemacht werden, dass ein Vieles existirt und diese Vielheit durch die denkende Thätigkeit ausgesprochen wird. Es finden also z. B. die Empfindungen grün, blau, kalt, nass etc. statt. Von solchen vielen Empfindungen kann aber wiederum nichts ausgesagt werden, wenn sie nicht unterscheidbar und auch vergleichbar sind; Unterscheiden und Vergleichen setzen einander gegenseitig voraus, einer dieser Begriffe für sich ist sinnlos. Dass die Empfindungen unterschieden werden müssen, ist schon sicher, weil sonst im Plural von Empfindungen nicht die Rede sein könnte. Aber die Existenz einer Welt überhaupt erfordert auch, dass das viele Existirende verglichen werden könne. Wie, von Wem und wodurch, das sind alles spätere Fragen.

Man könnte vermeinen, die Hypothese einer Welt aufstellen zu dürfen in welcher alle Objekte absolut unvergleichbar seien,[6]) so unvergleichbar wie süss und warm, gelb und weich; jedoch beruht die vermeintliche Denkmöglichkeit einer solchen Welt auf einer Täuschung wie sie häufig vorkommt, sowohl in Philosophie wie Mathematik. Diese Täuschung entsteht daraus, dass man das Hinschreiben von vielen Bedingungen in einem und demselben Satze für einen Beweis ansieht, dass die Erfüllung dieser Bedingungen wenigstens denkmöglich sei. Dass die obige Welt von absolut unvergleichbaren Eindrücken niemals eine Welt für unsere Erfahrung sein könnte, ist vorerst klar; denn wir könnten ja nicht einmal zwei verschiedene Eindrücke in unserer

Erfahrung ansammeln, wenn sie nicht wenigstens bei aller sinnlichen Verschiedenheit eine Gleichartigkeit insoferne hätten, dass sie entweder zusammen oder nacheinander auf uns als Eindrücke reagirten. Würde einer solchen Welt nur das abstrakte Dasein als absolut verschiedene Eindrücke zugestanden, so wäre sie höchstens mit dem Namen Chaos, aber nicht Welt einer möglichen Erfahrung zu bezeichnen. Dass aber auch der Gedanke eines Chaos nicht einmal in einer solchen Welt auftauchen könnte, ergibt sich wie vorher daraus, dass jede denkende Setzung, also auch Chaos, die Nothwendigkeit eines gedachten Nicht-Chaos voraussetzt, um überhaupt als Position möglich zu sein. Der Philosoph, welcher obige Welt absolut unvergleichbarer Dinge für denkmöglich hält, vergisst, dass er eine solche barocke Hypothese nur niederschreiben kann, indem er sich zu jener Welt hinzurechnet, und die als unvergleichbar postulirten Dinge wenigstens dem Attribut nach in seinem Denken zusammenfasst, also miteinander vergleicht; in demselben Satze vergleicht er sie also de facto, obschon er sie in Worten auseinander zu halten behauptet.

Als Resultat ergibt sich: dass die Existenz eines Vielen miteinander Vergleichbaren nicht eine thatsächliche Einrichtung der Welt ist, welche Einrichtung aber auch als ein Vieles miteinander Unvergleichbares hätte ausfallen können; sondern dass nur eine **solche** Welt den Bedingungen einer Erfahrungsmöglichkeit überhaupt genügt; dass eine anders eingerichtete Welt eben undenkbar ist. Will man nun, um die Ehre des Wortes zu retten, doch noch andere Welten für möglich halten obschon sie für Erfahrung und Denken unmöglich sind, so spricht man eben einen alogischen Satz aus. Der Satz ist identisch mit dem: ich kann mir eine Welt vorstellen wie ich Worte beliebig zusammenstelle; ich kann sie selbst vorstellen als allen Denkgesetzen zuwiderhandelnd; ich kann Denkunmögliches denken.

Den letzten Satz wird nun nicht leicht Jemand aussprechen, so lange er noch Respekt vor psychiatrischen Untersuchungen hat. Dass der letztere Satz aber dasselbe wie die beiden vorhergehenden aussagt, und dass in diesen Wortverbindungen Vorstellen und Denken genau dasselbe bedeuten, wird aus dem Folgenden hervorgehen. Mit solchen Sätzen hört jedenfalls Wissenschaft und Vernunft auf, wenn auch andere beim Menschengeschlecht vorkommende Verwendungen der Lebensthätigkeit hiermit erst anheben.

Denken und Empfinden wurden aus der Urthatsache als Elementarthätigkeiten abgeleitet. Unterscheiden und Vergleichen stellten sich heraus als nothwendige Funktionen dieser Thätigkeiten. Müssen diese Funktionen beiden oder einer allein zugeschrieben werden?

Die Frage ist nicht so einfach als sie scheinen möchte. Wir machen sicherlich sehr komplizirte Wahrnehmungen und haben sehr gemischte Empfindungen. Wenn wir einen bunten Teppich ansehen, so glauben wir in demselben Momente eine Vielheit von Empfindungen verschiedener Farben und Figuren zu haben, und um diese Vielheit gleichzeitig als eine Vielheit zu empfinden, müssen wir thatsächlich dieselben unterscheiden und vergleichen. Der gewöhnlichen Betrachtungsweise scheint es nun unmotivirt, bei diesem simplen Akt des Anschauens dem Denken irgend eine beeinflussende Thätigkeit zuschreiben zu wollen; wir meinen eben ganz und nur verschiedene Empfindungen zu haben — dem geläufigen Ausdruck zufolge — wahrzunehmen. Wir müssen jedoch die gegebene Definition des Empfindens festhalten. Empfinden nennen wir: sich eines Existirenden unmittelbar bewusst werden. Bei der Beurtheilung, ob lediglich empfindende Thätigkeit stattfindet, müssen wir uns erinnern, dass wir bei alle dergleichen physiologischen oder psychologischen Experimenten meist nur die Aussagen eines Organismus berücksichtigen, welcher eine lange Schule der Gewohnheit und künstlicher Dressur durchgemacht hat, so dass er sich der Einzelheiten des langen Prozesses gar nicht mehr erinnert, welche schliesslich jene Gewohnheiten in ihm zu Stande brachten; der deshalb für momentane unmittelbare Wahrnehmungen hält, was in Wahrheit nur eine Kombination von Urtheilen über zeitlich und räumlich auseinanderliegende Empfindungen ist.

Nehmen wir thatsächlich verschiedene Empfindungen beim Anblicke des Teppichs zugleich wahr, oder durchlaufen wir nicht vielmehr äusserst rasch das Blickfeld, merken uns verschiedene Einzelpunkte, unterscheiden und vergleichen die vielen Einzelempfindungen denkend und bilden uns das Schlussurtheil: der Teppich enthält viele Farben in verschiedenen Figuren? Dass dieses bei den Kindern stattfindet, dass der Säugling nur Einzelempfindungen wahrnimmt, wissen wir; dass nur hierdurch das Urtheil über die körperliche Gestalt, die vermeintliche Wahrnehmung eines empirischen Raumes entsteht, wird sich bei Behandlung des Raumproblems herausstellen. Ausserdem müssen wir aber auch schon wegen der Reinhaltung der Definition von einem Zutheilen der Funktionen Vergleichen und Unterscheiden an die empfindende Thätigkeit absehen; denn sonst bliebe sie nicht mehr reines Empfinden. Findet also ein Wahrnehmen verschiedener Empfindungen zugleich durch unseren Organismus statt, so müssen wir eben diesem die Fähigkeit zuschreiben, dies durch die denkende Thätigkeit zu ermöglichen.

Das Unterscheiden und Vergleichen ergibt sich demnach als sprachliche Zerfällung des Begriffes „Urtheilen“. Keiner jener Theilbegriffe darf als der frühere angesehen werden; Unterscheiden und Vergleichen sind zugleich da; und wenn Verschiedenes beurtheilt werden soll, so muss es eben zusammen der denkenden Thätigkeit vorliegen. Das Denken bestimmt sich demnach als die Funktion des Unterscheidens und Vergleichens, oder beide Begriffe in einen zusammengezogen: als die Funktion des Beurtheilens der wahrgenommenen Empfindungen. Unser Organismus gibt zugleich das Material des Denkens, die Empfindungen, und übt auch die Denkthätigkeit aus. Die Denkthätigkeit muss aber nicht allein auf das Material gleichzeitiger Empfindungen beschränkt sein (vorausgesetzt, dass deren überhaupt stattfinden), sondern muss das Verschiedenartigste zeitlich auseinander Liegende zusammenfassen können; wäre dies nicht, so könnten nur Urtheile über die Empfindungen eines jeden einzelnen Augenblickes möglich sein, und unmöglich wäre es, das Urtheil des einen Augenblicks mit demjenigen eines anderen zu verbinden; mit anderen Worten, Erfahrung könnte nicht stattfinden. Die Welt einer Erfahrungsmöglichkeit überhaupt muss also in solcher Weise gestaltet sein, dass der das „Existirende" wahrnehmende Organismus vermag, die Empfindungen verschiedener Zeiten der denkenden Thätigkeit gleichzeitig zu unterbreiten. Dieses Mittel ist die Bildung von Vorstellungen und weiterhin die Bildung von Begriffen. Die Bildung von Vorstellungen und Begriffen ist demnach Bedingung einer Erfahrungsmöglichkeit überhaupt.

Unser Organismus hat die Fähigkeit zu empfinden. Diese Empfindung bezeichnen wir als Wahrnehmung eines Dinges, wenn wir sie deuten als Einwirkung eines äusseren Objektes auf unseren Organismus. Wir haben gleicherweise die Fähigkeit, eine solche Wahrnehmung, die einmal dagewesen ist, spontan (wie wir annehmen) zu reproduziren als eine ähnliche Empfindung; gewöhnlich von viel schwächerer Intensität als die frühere direkte Wahrnehmung. Wir nennen dies sich der Empfindung erinnern „sich die Empfindung oder das Ding, welches die Empfindung verursacht, vorstellen." Wie unser Organismus dies fertig bringt, ist eine physiologische Frage, die vielleicht einmal gelöst wird. Vorläufig nehmen wir es als Thatsache hin. Wir können uns diese Reproduktion einigermaassen verdeutlichen, indem wir unseren Organismus einer eindruckfähigen (empfindenden) Substanz vergleichen; etwa einem Meere von sehr verschiedenartiger Flüssigkeit oder Eindruckfähigkeit an seinen verschiedenen Stellen. Ein jeder Eindruck erzeugt auf diesem eine Welle, die desto unzerstörbarer sich fortpflanzt oder auf einen kleinen Raum beschränkt bestehen bleibt, je eindruckfähiger eben das Meermittel ist. Viele Eindrücke können nacheinander stattfinden und erzeugen viele Wellen, die je nach den Umständen nebeneinander bestehen bleiben. Die eine mag mehr oder weniger durch die anderen nach der Tiefe verdrängt werden, und neue Eindrücke, neue Wellenbewegungen mögen sie nach langer Zeit wieder an die Oberfläche drängen. Eine absolute Zerstörung kann aber nach logischen Gesetzen nie stattfinden. Was einmal geschehen ist, besteht fort und kann höchstens durch neues Geschehen verändert werden.

Diese wiedererscheinenden Empfindungswellen nennen wir spontan erzeugte Vorstellungen, wenn wir unseren Willen als die Ursache ansehen, welche jene Vorstellungen in das Bewusstsein treten lässt.

Das Wort Vorstellung wird von der Sprache ausserdem noch für eine Menge anderer Sachen gebraucht. Hier soll es jedoch auf den oben beschriebenen Akt beschränkt werden, und wird dadurch aller Irrthum, welcher aus schwankendem Sprachgebrauch entsteht, vermieden. Vorstellung sei demnach definirt als sinnliche, spontan oder durch andere Umstände unfreiwillig wiederhervorgerufene Empfindung einer früheren Wahrnehmung. Die Empfindung, welche durch Vorstellung erzeugt wird, ist demnach nur der Intensität nach unterschieden von der Empfindung, welche wir einer direkten Wahrnehmung zuschreiben. Es hängt nur von dem Organismus ab, in welcher Stärke die Empfindung durch die Vorstellung erregt wird; aus dieser Stärke ist kein Kriterium der absoluten Verschiedenheit von Wahrnehmung und Vorstellung zu ziehen. Bewiesen wird dies am einfachsten durch die Traumbilder, welche wir während des Träumens für reale Wahrnehmungen halten. Durch diese Vorstellungsbildung ist der denkenden Thätigkeit ein Zusammen, eine Vielheit von Empfindungen gegeben, welche jetzt unterschieden, verglichen, beurtheilt werden können.

Es sind nun einfache Vorstellungen möglich — grün, blau, kalt etc. —, und aus vielen Einzelempfindungen zusammengesetzte, Pferd, Baum —; wie bei den Einzelvorstellungen, so wird auch bei den zusammengesetzten stets ein bestimmtes Individualding vorgestellt; denn eine unbestimmte Empfindung hat ja als Empfindung keinen Sinn. Diese Wortkombination ist nur berechtigt, wenn damit angedeutet werden soll, dass wir uns ein Gefühl nicht als eine bestimmte Empfindung zu deuten wissen. In einer zusammengesetzten Vorstellung liegen aber die vielen vorgestellten Einzelempfindungen nicht chaotisch durcheinander, sondern müssen nach gewissen Regeln geordnet sein, um eben jene bestimmte Gesammtvorstellung möglich zu machen. Was und wie jene Regeln des Ordnens beschaffen sind, wird die Untersuchung von Kap. VII und XI bilden. Vorläufig bleibt diese Frage dahingestellt, damit der Vorstellung sofort die Definition des Begriffes gegenüber gesetzt werden kann. Diese heisst vorläufig in einem Vergleiche ausgedrückt:

Ebenso wie die Empfindung das Material der Vorstellungsthätigkeit, ebenso ist der Begriff das Material der Denkthätigkeit. Ebenso wie aus Einzelempfindungen Gesammtvorstellungen, ebenso werden aus Einzelbegriffen Allgemeinbegriffe kombinirt. Einer jeden Gesammtvorstellung steht ein Gesammtbegriff gegenüber. Aus solchen Gesammtbegriffen lassen sich aber durch funktionale Verallgemeinerung weitere Allgemeinbegriffe bilden, welchen keine **deutlichen** Vorstellungen mehr entsprechen. Der Grad dieser Undeutlichkeit ist aber ein sehr relativer. Hauptsächlich diese letzteren Allgemeinbegriffe sind es, denen man vorzugsweise in der heutigen Philosophie den Charakter als Begriff beilegt.

Wenn wir die Stelle des Sonnenspektrums, welche durch die E-Linie bestimmt ist, wahrnehmen, so haben wir eine bestimmte Empfindung grün. Sprechen und urtheilen wir nun über diese Empfindung, so tritt dieselbe nicht als Empfindung grün in unsere logischen Operationen, sondern das Denken setzt statt der Empfindung ein Zeichen, ein Denksymbol, welches verschiedentlich benannt wird; entweder $^5/_{1000}$ Millimeter Wellenlänge, oder 600 Billionen Aetherschwingungen, oder E grün. Weil dieses Zeichen aber in der Denkthätigkeit behandelt wird, und nicht in der Empfindungsthätigkeit, deshalb ist es nicht mehr die Empfindung oder Vorstellung E grün, sondern der Begriff E grün. Dieser Begriff ist grade so etwas einzigartiges, individuelles, wie auch die Empfindung, an deren Stelle dieser Begriff E grün als Denkzeichen gesetzt worden ist.

Man wird nun sagen, dies sei nur ein veränderter Wortgebrauch gegen den allgemein üblichen; die gedachte Vorstellung oder das Merkmal sei dasselbe, was hier Individualbegriff genannt werde; der ächte philosophische Begriff sei jedoch etwas ganz Anderes, Höheres.

Sei das wie es wolle. Durch diesen Wortgebrauch ist erstens alles vage und schwankende in der Verwendung der Wörter, Vorstellung und Begriff, eliminirt; eine Unbestimmtheit, welche den Leser philosophischer und auch naturwissenschaftlicher Werke oft zur Verzweiflung treibt, weil die letzten Konsequenzen und Gedanken des Autors dadurch unwissentlich oder auch absichtlich verdeckt bleiben. Die Höhe der Unbestimmtheit wird erreicht durch Einführung des unbestimmt gebrauchten Wortes Idee, welches mit den beiden hier besprochenen auf die mannigfachste Weise kombinirt und durcheinander geworfen wird. Das wichtigste Motiv jedoch, welches zu dem hier vorgeschlagenen Sprachgebrauch treibt, ist, wie schon aus dem Gange der Erörterung hervorgeht, die Scheidung des Existirenden in unserer Welt (des Geschehens in unserer Welt) in Empfinden und Denken, im Gegensatze zu der Scheidung anderer philosophischen Systeme, in Sein und Denken.

Gewöhnlich wird der Begriff als Vorstellung von Vorstellungen oder als eine Abstraktion von Vorstellungen definirt; und daraus gefolgert, es gebe nur Allgemeinbegriffe. Nun mag aber ein Produkt aus einem Vielen gewonnen worden sein und doch sich als etwas durchaus einheitliches erweisen; ebensowohl bei der Analyse der Gedanken wie bei der chemischen Analyse. Die gewöhnliche Begriffsdefinition ist aber auch für Allgemeinbegriffe nur scheinbar richtig, nämlich so lange man darauf verzichtet, Vorstellung zu definiren. Soll Vorstellung wie oben nur „sinnliche Reproduktion der Empfindungen" bedeuten, so ist klar, dass irgend eine Analyse nur wiederum etwas Sinnliches aus den Gesammtvorstellungen herausschälen kann. Man spricht deshalb lieber von gedachten Vorstellungen und Merkmalen, von Inhalt und Umfang der Begriffe. Aber hier liegt grade der Kern der Frage. Was ist Merkmal, was ist gedachte Vorstellung? Gedachte Vorstellung ist ein hölzernes Eisen; ist überhaupt keine Vorstellung mehr, sondern das ihr gradezu heterogene, nämlich das Denkzeichen für (an Stelle der) Vorstellung; und dieser Charakter als Denkzeichen ist Charakterisirung als Begriff. Nicht die Thatsache dass eine Vielheit von Wahrnehmungen kombinirt wird, konstituirt die Natur des Begriffs im Gegensatz zu Vorstellung, sondern die Thatsache dass die Einzelelemente der Vorstellung total heterogen den Einzelelementen der Denkprodukte sind.

Sobald man den Einzelelementen, und als solchen auch Individualelementen des Begriffs (seinen Merkmalen) gleicherweise begrifflichen Charakter beilegt, ist es möglich alle Allgemeinbegriffe zu entwickeln, wie mathematische Funktionen aus Zahleinheiten.

Die Kombinationen von Begriffselementen, welche im bisherigen Sprachgebrauche vorzugsweise Begriffe genannt werden, sind Kombinationen aus Begriffen, welche Gesammtvorstellungen als deren Denkzeichen entsprechen. Diese aufsteigende Kombination kann folgendermaassen formulirt werden:

a, b, c, ... Denkzeichen = Begriffe der einfachsten Empfindungen.

f (a, b, c, ...) = Begriff einer bestimmten Gesammtvorstellung, welche dadurch entsteht, dass die Elementarbegriffe nach gewissen Regeln geordnet worden. Sei diese Gesammtvorstellung „dieses bestimmte schwarze Pferd".

F (f′, f″, f‴ . . . .) = Begriff des Pferdes überhaupt.

Eine solche Funktion F wäre aber überhaupt unmöglich, wenn die Einheiten a, b, c . . . . . heterogen wären, dem Begriffe nach von der

Funktion F; so lange die Einheiten der Arithmetik Aepfel, Steine etc. bedeuten, hat es gar keinen Sinn, mathematische Funktionen daraus bilden zu wollen; das geht erst an, wenn sie Einheiten als Begriff sind. Deshalb muss jede einfachste Empfindung vorerst als Begriff gefasst werden, wenn eine weitere logische Behandlung derselben stattfinden soll. Soll die Formel F einen Werth in der logischen Bestimmung als Begriff haben, so müssen ihre letzten Elemente diese Bedeutung als Begriff gleicherweise besitzen. F ist ein Begriff, aber 1 nicht minder, wenn die Zahl auch gebraucht wird, um das Material, den Inhalt von F zu bestimmen.

Wir haben allerdings, wahrscheinlich auch bei den abstraktesten Gedankenoperationen schwache Erinnerungen von Empfindungen als unwillkürliche Begleiter bei dem Gebrauche der Begriffe; weil wir eben Organismen sind, in welchen die empfindende und denkende Thätigkeit ausgeübt wird. Dies verhindert jedoch nicht, dass bei der erkenntnisstheoretischen Analyse des Geschehens diese beiden Thätigkeiten geschieden und einer jeden ihre betreffenden Elemente zugewiesen werden müssen; selbst wenn es sich später herausstellen sollte, dass diese Trennung eine künstliche ist, d. h. nur von dem erkennen wollenden Denken für seine Zwecke ausgeführt wird; dass aber in Wirklichkeit nie Empfinden und Denken isolirt möglich sind.

Hiermit verlieren alle weitere Fragen nach der inneren Natur des Begriffs ebenso ihre Bedeutung, wie die vorherige nach dem Wesen der Empfindung. Beides ist uns unmittelbar bewusst, einerlei, ob wir vermögen dieses unmittelbare Wissen in Worte zu kleiden oder nicht.

Aus dem Obigen ergibt sich nun eine Klassifikation der Begriffe, erstens je nach den Elementen welche sie enthalten, und zweitens je nach den Formen, zu welchen diese Elemente kombinirt sind. Als Begriffselemente sind möglich: einerseits die aus der Erfahrung entnommenen einfachsten Empfindungen, oder vielmehr deren Denksymbole; andererseits der Akt selbst der Denk- oder Empfindungsthätigkeit. Demnach Empfindungsbegriffe und Denkbegriffe. Die Ordnung der Begriffe von Gesammtvorstellungen ist wieder ein Akt der Denkthätigkeit. Die charakteristischen Kombinationen, welche sich hieraus ergeben, werden sich am besten erläutern lassen nach einer vorläufigen tabellarischen Uebersicht. Diese Uebersicht stellt die hier zu untersuchenden Fragen im Zusammenhange dar, und lässt gleicherweise schon die Antworten durchblicken, welche sich als Resultat ergeben werden. In den Erläuterungen zu den Tafeln wird der sehr verschiedenartige relative Werth, resp. Wahrscheinlichkeit der richtigen Zusammenstellungen näher angedeutet.

A. KAPITEL IV.

TAFEL DER BEGRIFFE.

I. Denkbegriffe.

A. Beziehungsbegriffe.

Bezeichnung für die Denkthätigkeit in ihren verschiedenen Formen.

Trennende, unterscheidende Denkthätigkeit:

Identität (Satz) und, oder, gleich, mit.	(Gegensatz) Unterschied nicht, gegen.
Quantität, Vielheit als Gleichartiges.	Qualität, Vielheit als Ungleichartiges.
Ganzes, Theil, Einheit, Vielheit.	Innen, aussen, Inhalt, Form, anders, ähnlich, begrenzt, ausgedehnt, nach, neben, plus, minus.

Verbindende, vergleichende Denkthätigkeit:
und, oder, gleich, mit, gegen, nicht, durch, nach.

Funktion = gegenseitige Bestimmbarkeit = Abhängigkeit in mathematischer Bedeutung:
Naturgesetz, Wechselwirkung, Grund — Folge.

B. Anschauungsbegriffe.

Begriffsgebilde, welche entstehen durch die Kombination der Beziehungsbegriffe unter sich; Produkte der reinen Denkthätigkeit.

Nacheinander:	Nebeneinander:
Reihe, Grösse, Zahl in Bestimmungen der Arithmetik.	Grösse, Zahl in geometrischen Bestimmungen.

Bewegung:
als Akt der Denkthätigkeit.

II. Empfindungsbegriffe:

die Zeichen, welche von der Denkthätigkeit an Stelle der empirisch wahrgenommenen Empfindungen gesetzt werden.

A. Sinnesbegriffe.

Bezeichnung der spezifischen Reaktion auf die Sinne.

Gesicht:	dunkel, hell, roth, gelb etc.
Getast:	hart, weich, stumpf, scharf, nass, warm.
Gehör:	laut, leise, hoch, tief, dumpf, hell.
Geschmack: }	{ sauer, süss, beissend, aromatisch, faulig.
Geruch: }	{ holzartig, fleischartig, blumig, erdig.

B. Gefühlsbegriffe.

Bezeichnung des Eindrucks als Werthschätzung für den empfindenden Organismus.

Lust:	artig, wohlig, freudig, seelig.
Unlust:	hässlich, traurig, schrecklich, widerlich, schmerzlich.
Willensgefühl:	stark, kräftig, widerstrebend, hartnäckig.

Kombinationen aus B:

wahr, gut, erhaben, schön, komisch, humoristisch, nützlich.

Kombinationen aus A und B:

blendend, grell, schattig, sattsam, dumpf, matt.

Kombinationen aus I. und II.

A. Kombinationen aus I. und II. A.

a) Begriffe für Dinge:

Mensch, Haus, Meer, Eisen.

b) Begriffe für Naturvorgänge:

Gewitter, Fluth, Wachsthum.

c) Kombination des Denk- und Sinnesaktes:

Zeit, Raum, Masse, Bewegung, Kraft.

d) Funktionalbegriff = Begriff für die verbindende Denkthätigkeit bei ihrer Anwendung auf obige Begriffe a) b) c).

Ursache, Wirkung.

B. Kombinationen aus I. und II. B.

a) Begriffe für Ideen:

Das Schöne, Erhabene . ., Laster, Tugend, Seele, Geist, Vernunft.

b) Begriffe für Vorgänge auf geistigem Gebiet:

Verrath, Geschichte.

c) Kombination des Denk- und Gefühlsaktes:

Kraft, Dauer, Ausdehnung, Materie.

d) Funktionalbegriff = Verbindende Denkthätigkeit in Anwendung auf a) b) c) und ihre Kombinationen mit den vorhergehenden Begriffen:

Motiv, Zweck, Mittel, Plan, Absicht.

Erläuterungen zu den Tafeln der Begriffe. 7)

Systemwerth wird in diesen Tafeln für die Theilung in Denk- und Empfindungsbegriffe, deren Unterabtheilungen — Beziehungs- resp. Anschauungs-, Sinnes- resp. Gefühlsbegriffe, sowie für die entsprechenden Kombinationen in ihren Unterabtheilungen beansprucht; die Einzelbegriffe dienen nur als Beispiele.

Tafel I und besonders die Abtheilung A enthält, wie man sieht, die sogenannten apriorischen Begriffe, die als Kategorientafel zu konstruiren für jeden Denker einen grossen Reiz hat. Obschon eine richtige und vollständige Konstruktion dieser Begriffe nicht zu den Unmöglichkeiten gehören dürfte, so ist sie doch bekanntlich noch Niemandem gelungen. Unmöglich scheint mir jedoch, dass sie in einem Schema nach genealogischem Modus zusammenstellbar sind. Viel eher dürfte ihre Gesammtfigur vergleichbar sein der Gestalt eines Gehirnes mit seinen mannichfachen Verästelungen, aber auch seinen Rückwindungen und unentwirrbaren Verschlingungen, sodass weder ein Anfang noch ein Ende des Labyrinthes aufzuzeigen ist. Nur die Denkthätigkeit überhaupt, in ihren Kardinalbedeutungen als unterscheidende und vergleichende Thätigkeit, oder weiter, als Thätigkeit an sich (Form) und Produkt der Thätigkeit (Inhalt) lässt sich für alle Fälle eindeutig auffassen. Wenn auch obige Konstruktionsmöglichkeit logisch nicht zu verneinen ist, so ist sie dies jedenfalls für den Zustand unserer heutigen Sprachen. Es wäre leicht nachzuweisen, dass der eine oder andere Begriff in verschiedene der in Tafel I gegebenen Abtheilungen hineingehört; und mit Absicht ist bei einigen ein und dasselbe Wort gebraucht worden. Es kann nun sein, dass hier ein Fall der oben angedeuteten Verzweigungen der Begriffe zu Grunde liegt; es wäre jedoch verkehrt, daraus für alle Fälle die logische Existenz eines höheren gemeinsamen Begriffes folgern zu wollen. Sehr häufig liegt eine blose Sprachunvollkommenheit zu Grunde, d. h. der Gebrauch eines und desselben Wortes für viele verschiedene Begriffe; und alle Versuche, diese Mehrdeutigkeit durch hinzugefügte Attribute zu verbessern, erweisen sich nur als unzureichende Palliative. Wir müssen die Sprache eben nehmen wie sie ist, mit allen ihren etymologisch angedeuteten Hypothesen und Spekulationen, falschen wie richtigen; und häufig ist es ganz unmöglich in der Lebensdauer einer Generation die Sprache auch nur von wenigen Fehlern zu emanzipiren. Beispiele hierzu werden bald auftreten. Erstünde heute ein Denker, mit der Geisteskraft ausgerüstet die fragliche Kategorientafel in allen Verzweigungen zu entwerfen, er müsste vorab eine eigene Sprache, d. h. eine streng logische Begriffsprache erfinden; und diese würde wahrscheinlich nicht einmal verstanden werden, keinenfalls dauernden Nutzen für die Wissenschaft stiften; sprungweises Vorrücken ist auch hier unmöglich. Nur in der Gesammtheit können die historisch entstandenen Fehler der Sprache allmählich ausgemerzt und die strenge Begriffsprache fortgebildet werden; ein Jeder, der sich hierüber hinwegzusetzen für berufen hielt, die Metaphysik der Sprache mit einem Ruck umzubilden sich vermass, hat noch Schiffbruch gelitten. Glücklich kann man sich schon schätzen, wenn es möglich ist in einer Sprache zu schreiben, welche wenigstens annähernd der Logik genügt, und durch die Vieldeutigkeit ihrer Wörter nicht in jedem Satze das Denkgesetz verletzt. Was aber dem Einzelnen möglich, das ist strenge Benutzung desselben Wortes für stets denselben Begriff; und strenge Definirung des Wortes einem unbestimmten Sprachgebrauch gegenüber; dazu ehrliches Eingestehen der Unbestimmtheit, wenn die Definition nicht zu geben ist.

In Tafel I, welche wie gesagt, auf Vollständigkeit der Einzelbegriffe keinen Anspruch macht, sind die Hauptbegriffe vorgeführt, die in den mathematischen Wissenschaften gebraucht werden. Dieselben werden bei den einzelnen mathematischen Disziplinen definirt werden. Die Trennung der Abtheilungen A und B zu rechtfertigen, resp. der Nachweis, dass Zeit-, Raum- und Körpergebilde als Gruppirung (nicht als Erschaffung) der Wahrnehmungen reine Produkte der Denkthätigkeit sind, wird Spezialaufgabe einiger folgenden Kapitel sein. Nichts verhindert die Kombination der Denkbegriffe mit Empfindungsbegriffen. Die solcherweise entstehenden Begriffprodukte werden durch uns, weil wir gleichzeitig denkende und empfindende Subjekte sind, wiederum in Vorstellungen umgewandelt; hieraus entstehen die äusseren Objekte vom subjektiven Standpunkte der Betrachtung aus.[8])

Unter Funktionalbegriff, welcher im Allgemeinen (aber nicht immer) übereinstimmt mit der Kategorie Kausalität, sind drei Begriffspaare angeführt, welche das verbindende Verhältniss in seiner Anwendung auf die drei Begriffsklassen (Anschauungs-, Sinnes-, Gefühlsbegriffe) ausdrücken. Schopenhauer behauptete eine vierfache Wurzel des Satzes vom Grunde. Diese Wurzeln stimmen in mehrfacher Hinsicht mit dem überein, was hier „Anwendung des Funktionalbegriffs" genannt wird. Bei den Fundamentalsätzen der Geometrie wird ausgeführt werden, dass Schopenhauers Erkenntnissgrund und Seinsgrund dasselbe sind, und demnach seine vierfache Wurzel auf obige dreifache zu reduziren ist. Dieser dreifachen Anwendung des Kausalitätsbegriffes gegenüber könnte man unter Wechselwirkung, d. h. objektiv konstruirte Kausalität, drei Begriffklassen anführen: Naturgesetz, Stoff und Kraft, Zwang und Freiheit. Es werden in der That alle diese Begriffe in den mathematischen Wissenschaften gebraucht. Aber in solchen Zusammenstellungen liegt mehr eine Andeutung von Verkettung der Begriffe, als die Behauptung einer strikten Korrespondenz und logischen Gliederung. Die übrige Auswahl der Begriffe in Tafel I verzichtet aus obigen Gründen ebensowohl auf Vollständigkeit wie streng logische Gruppirung. In Einzelfällen, bestimmt abgegrenzten Gebieten, werden dagegen dialektisch vollständige Analysen ausgeführt werden. Die hier stellbare Aufgabe übersteigt an Schwierigkeit und Komplikation alle Probleme, welche eine kühne Phantasie der mathematischen Analyse vorlegen könnte; denn die mathematischen Fragen beschränken sich auf den Gebrauch eines Theiles der hier möglichen Begriffe.

Die meisten der in Tafel II aufgeführten Begriffe sind nach der gewöhnlichen Benennung empirische. Hier wird dieser Begriff selten gebraucht werden, weil er nicht eindeutig ist und auch nicht einfach. Denken kann ebenso als empirisches Geschehen bezeichnet werden wie Empfinden oder das noch unbestimmtere Wahrnehmen; das verhindert aber nicht, dass die Produkte des Denkens denknothwendige Formen haben müssen, während die einfachen Bestimmungen der Empfindung nicht als solche nachgewiesen werden können. Während das Denken der Empfindung selbst den Begriff derselben gegenüberstellt, diesen von der Nichtempfindung, als Begriff eines anderen Zustandes, unterscheidet, und eben durch die Setzung eines Subjektes, welches über jene Unterscheidung urtheilt, erst wird, was wir Denken nennen, — diesem ganzen Prozesse mit seinen denknothwendigen Theilen gegenüber ist die Empfindung etwas Einheitliches, ein unmittelbares Innewerden eines Zustandes, und weiss als solche gar nichts von einem Subjekt oder Objekt; sie ist ihrer selbst voll bewusst, hat aber kein logisches Bewusstsein, spricht nicht in Satzform, spricht überhaupt nicht, weil sie ganz und nur Empfindung ist. Dem durch die Schule des Lebens entwickelten Organismus ist es allerdings für gewöhnlich nicht mehr möglich, sich in eine einfache unveränderte Empfindung, auch für nur kurze Zeit, zu versenken. Das Experiment, eine solche herbeizuführen, endet gewöhnlich in Bewusstlosigkeit; so z. B. das ausschliessliche Fixiren eines leuchtenden Punktes in der Nacht; aber die logische Analyse ergibt uns an der Hand solcher unvollkommenen Versuche die abstrakte Statuirung der einfachen Empfindung als Begriff.

Die einfachen Organismen haben jedenfalls solche einfache Empfindungen, wenn ihre Konstruktion so einfach ist, dass sie in jedem Einzelmomente nur auf eine Weise reagiren können. Dass aber auch in sehr komplizirten Organismen einfache Empfindungen auftreten können, lehrt uns die Beobachtung der Neugeborenen.

Wir unterscheiden die Empfindungen je nach den spezifischen Eindrücken, welche unsere Sinne erleiden. Das Denken bildet demnach die verschiedenen Sinnesbegriffe, welche es als Bestimmungen (weshalb, und ob mit Recht oder Unrecht — bildet eine spätere Frage) äusseren Objekten beilegt. Durch diese vom Denken herbeigeführte Scheidung des Geschehens in ein empfindendes Subjekt und äussere Objekte, werden die Bestimmungen — grün, hart, nass etc., etwas dem Subjekte fremdartiges, und ihm in Bezug auf seine Existenz als Subjekt gleichgültig, ob grün oder gelb, hart oder weich; es sind eben nur äussere Objekte.

Die Einzelempfindungen und demgemäss die Einzelbestimmungen, welche wir den Objekten beilegen, werden nun entweder nach gänzlicher Heterogenität, wie roth und nass, oder nach einer Verschiedenheit des Grades unterschieden; roth, orange, gelb etc. Alle Empfindungen haben aber das Gemeinsame, dass sie eben von einem und demselben Subjekte empfunden werden können.

Erkennen heisst nun: Alles Geschehen, ob ähnlich oder heterogen in logische Verbindung bringen, in eine Einheit zusammenfassen, und sich dieser Einheit ihrem Wesen nach unmittelbar bewusst sein. Unmittelbar bewusst sind wir uns des Wesens von gelb, grün etc. und gleicherweise der Denkthätigkeit. Gelingt es nun, jene Verschiedenheiten des Grades oder der Art nach einem einzigen Begriffe logisch miteinander zu verbinden, und wir können gleicherweise jenen Elementarbegriffen die entsprechende Empfindung substituiren, d. h. den Inhalt jenes Begriffes inne werden, so ist die Aufgabe der Erkenntniss gelöst. Das Substituiren einer Empfindung für den Begriff ist uns stets möglich, sobald wir jene Empfindung einmal erlebt haben, uns ihrer vorstellend zu erinnern vermögen. Es ist dies der Elementarakt der Thätigkeit, welche wir in ihren verwickelteren Kombinationen als Phantasie kennen. [8]).

Jene logische Verbindung der scheinbar heterogenen Empfindungen nach wenigen Begriffen ist nun die Aufgabe, welche sich die mechanische Weltauffassung stellt, und aller Wahrscheinlichkeit nach vollständig lösen wird. Dass diese wenigen Begriffe der Mechanik sich auf einen einzigen reduziren lassen, oder vielmehr, dass sie einander nicht heterogen gegenüber, sondern in einem Konnexe stehen, welcher auf dem alleinigen Identitätsatze beruht, dies zu beweisen ist die hier gestellte Aufgabe.

Die spezifische Reaktion der Einzelvorgänge in jener Molekularmechanik, für die Gestaltung unserer Organismen, ihren Sinnenwerth, kennen wir gleichfalls unmittelbar; wir wissen, was grün, gelb etc. ist. Demnach könnte man nach Lösung der hier vorliegenden logischen Aufgabe, und nach vollständiger Entwickelung der Molekularmechanik sagen: die menschliche Erkenntniss ist vollendet; Spekulationen und Fragen, welche ausserhalb des hier vorgeschriebenen Kreises liegen, sind Illusionen ohne Inhalt; in unserem Kreise ist die Welt vollständig wie sie ist, und nichts gibt es ausserhalb dieses Kreises.

Dieser bekannte Schluss des Materialismus ist falsch, weil er nur einen Theil der vorliegenden Thatsachen in Betracht zieht; nicht weil er fehlerhaft die Thatsachen beobachtet hat, sondern mangelhaft. Der wichtigere Theil der Thatsachen ist von dieser Philosophie vollständig vergessen.

Das Eingehen auf diesen Gegenstand liegt allerdings einer Philosophie der mathematischen Wissenschaften eigentlich fern. Jedoch muss schon wegen der Vollständigkeit des hier aufgestellten Systems übersichtlich darauf eingegangen werden. Ausserdem kommen aber auch bei der Mechanik einige Begriffe vor, welche hierhin gehören; und werden diese sich noch vermehren, wenn einmal die Psychophysik in die Reihe der exakten Wissenschaften tritt.

Wenn wir irgend eine Empfindung haben — warm, grün, hart — so ist das nicht allein ein Sinneszeichen, welches einfach einen äusseren Vorgang registrirt, etwa wie die photographische Platte den optischen Theil, die Waage, der Termometrograph, der Elektrometer die anderen Theile eines Dinges oder Prozesses; sondern diese Sinneszeichen werden von dem begleitet, was wir Gefühl nennen. Gefühl ist das Innewerden der Empfindung als nicht indifferent, sondern als eine Werthschätzung für unsere Seele oder Individualorganismus. Wir fassen die Welt nicht allein als einen äusserlichen Vorgang auf, als einen wunderlichen Tanz von an sich empfindungslosen Atomen, deren vielfach verschlungene Bahnen nach einigen einfachen Formelgesetzen zu enträthseln das einzige Ziel der Wissenschaft wäre . . . ., sondern weil diese abstrakt gedachte Atomwelt uns nicht fremd ist, weil wir selbst als Individuen dazu gehören, weil wir als solche Individuen das mannichfache Geschehen gleich optischen Spiegeln auffassen und in einen Brennpunkt der bewussten Empfindung vereinigen können, weil die Dinge der Welt nicht isolirt für sich existiren, sondern für uns solche Dinge sind, — deshalb fassen wir in der Empfindung die Welt nicht allein nach der einseitigen mechanischen Ansicht als Atomenbewegung, auch nicht lediglich als Bewegung von farbigen, tönenden, schweren etc. Körpern, sondern als eine Welt von Wohl und Wehe, von Lust und Schmerz, von Freude und Leid auf. Und diese Gefühle sind ebenso real vorhanden wie die Sinneseindrücke grün, warm etc., ebenso real wie jeder mechanische Prozess, ebenso real (oder vielmehr viel realer) als die harten äusseren Dinge und die hypothetischen Atome. [9])

Die uns unmittelbar bewusste Empfindung ist ein Ganzes, Einheitliches. Erst das trennende Denken scheidet die einheitliche Empfindung in ein Sinneszeichen, als Registrationsmarke für diesen oder jenen Sinn, für diesen oder jenen Vorgang in der vorausgesetzten äusseren Welt, und eine Gefühlsempfindung, von der eben nur die empfindende Seele etwas weiss.

Man glaubt nun gewöhnlich, es seien dies in der That zwei ganz verschiedene Sachen, wir könnten sinnliche Empfindungen haben ohne Gefühle, und umgekehrt; ob dies Buch einen gelben oder rothen Umschlag habe, sei uns völlig indifferent; wir nähmen eben das Faktum als solches sinnlich wahr, ohne dass dies den geringsten Einfluss auf unser Wohl und Wehe habe. Diese Ansicht beruht aber auf mangelhafter Beobachtung. Schon die Intensität, die Dauer, oder die Veränderung der Intensität einer einfachsten Empfindung — grün — ist begleitet von dem Gefühl des Angenehmen oder Unangenehmen in stetiger Reihe, in welcher allerdings ein Indifferenzpunkt Null als denkmöglich nicht ausgeschlossen ist, welcher aber bei der einfachen Empfindung mit der Bewusstlosigkeit korrespondirt. Weil aber thatsächlich immer eine grosse Mannichfaltigkeit von Empfindungen von uns aufgenommen werden, deshalb kann immer *eine* von ihnen als möglichst indifferent den anderen gegenüber aufgefasst werden; und hieraus entsteht das vermeintlich nur objektive interesselose Beobachten, welches für Beweis einer unserem Gefühl indifferenten Sinnesempfindung gehalten worden ist. [10]) In Wirklichkeit existirt aber diese absolute Trennbarkeit gar nicht; mit einer jeden Sinneswahrnehmung ist ein Zustand unserer Seele, genannt *Gefühl*, als eine Intensitätstufe in der Reihe Lust — Unlust verbunden. Dass ein und derselbe äussere Reiz sowohl angenehmes wie unangenehmes Gefühl erregen kann, geht schon aus der Veränderlichkeit des empfindenden Organismus hervor. Weil das empfindende Individuum veränderlich ist, deshalb ist die Reaktion der Aussenwelt auf dasselbe, welche wir in den Gesammtbegriff *Empfindung* fassen, auch eine veränderliche; und wenn wir hieraus einen Theil als Sinneszeichen zum Zwecke einer Erklärung jener Aussenwelt ausscheiden, so muss der andere übrig bleibende Theil, das Gefühl, veränderlich ausfallen.

Manche Philosophen haben versucht, aus den Kombinationen der Vorstellungen, welche letztere als Aggregatbilder von Sinneszeichen aufgefasst wurden, die Gefühle zu erklären; — ein vergebliches Bemühen. Das Gefühl ist etwas dem Sinneszeichen total heterogenes. Ebenso heterogen wie die Sinnesempfindung grün zu den 600 Billion Atomschwingungen, ebenso heterogen ist das Gefühl, welches in einem bestimmten Organismus unter bestimmten Verhältnissen durch die hinzutretende Empfindung grün erregt wird zu der objektiv betrachteten Sinnesmarke grün, wie sie zum Zwecke physikalischer Bezeichnung aufgefasst wird. Wenn nicht in jeder Empfindung, und demnach auch in den reproduzirten Empfindungen, den Vorstellungen, schon das Gefühl steckt, dann ist es auch nicht möglich durch Kombinationen von Vorstellungen das den Sinneszeichen heterogene Gefühl zu erzeugen.

Möglich bleibt nur noch die Auffassung, wonach die Entstehung des Gefühls, oder das Auftreten derselben, gebunden würde an die Art des Wechsels der Vorstellungen; eine Auffassung, welche von einem geistreichen Schriftsteller der Neuzeit vertreten wird. Doch kommt diese Auffassung im Wesentlichen auf die hier vertretene zurück. Es muss dann auch die Entstehung der Empfindungen an einen gewissen Wechsel der in dem Organismus stattfindenden Prozesse geknüpft werden. Dem steht nichts im Wege; es schliesst sich hier sehr leicht die atomistische Erklärung an. Da aber an dieser Stelle der Untersuchung noch von keinen Atomen etc. die Rede ist, so bleibe die gegebene Definition der Empfindung: — als Innewerden eines Gefühls, einer Intensitätstufe in der Reihe Lust — Unlust, begleitet von spezifischen Sinneszeichen.

Es gibt nun stets Geister, für welche die objektive Betrachtungsweise der Welt den grössten Reiz hat, und die es dadurch auch in der objektiven Analyse am weitesten bringen. Es ist auch Aussicht da, dass einmal alle objektiven Registrationsmerkmale (Sinneszeichen), welche bei dem Auftreten der Gefühle zu beobachten sind, in logische Verbindung gebracht werden können. Man nennt das dann erklären der Welt, erklären der Gefühle etc. Aber durch bändegrosses Erklären können wir niemals wissen, was Gefühle sind. Das können wir nur unmittelbar, indem wir sie empfinden; und deshalb hat für das künstlerische Gemüth, welches die Welt in ihrem Werth oder Unwerth für das Individuum oder auch für die Gesammtheit innewerden will, jene objektiv logische Betrachtung etwas dürres, eine unbeschreibliche Leere hinterlassendes. Was nützen ihm die feinsten abstrakten

Kurvenberechnungen, selbst wenn sie aus dem Samenkorn auf die Gestalt des Baumes schliessen, alle Biegungen und Grösseverhältnisse der Blattzellen voraus berechnen lassen. Das bleiben stets und für immer leere mathematische Schemen, weil sie nur das eine Element, den logischen Fortschritt des Denkens enthalten, der aber nie das andere Element, das Empfinden, zu erzeugen vermag.

Der Materialismus behauptet, dass er das Empfinden erklären könne; sei dem so, wenigstens nach seiner Auffassung des Wortes Erklären mag er Recht haben. Aber für den Künstler, wie jeden ganzen Menschen hat das alleinige Erklären durchaus keinen Werth. Er will den Baum nicht zergliedert als ein System von mathematischen Kurven, sondern als ein farbensaftiges Bild; und auch dieses nicht als ein fremdes äusserliches Objekt, sondern will es empfinden in seinem Werthe, in seiner Wechselwirkung mit ihm als Individuum, als Moment in dem ewigen Prozesse des Geschehens von Freude und Leid. In dieser Verschiedenheit der Auffassungsweise liegt auch der Hauptunterschied von Idealismus und Realismus. Der ganze Mensch ist immer Idealist, weil er beide Momente der Welt, Denken und Empfinden umfassen muss. Soll lediglich erklärt werden, so liegt für das vorzugsweise idealistische Gemüth allerdings die Verirrung in Illusionen näher, weil ein etwaiger Alogismus in den Gefühlsbegriffen wegen ihrer grösseren Komplikation viel schwieriger zu erkennen ist, als in den Anschauungsbegriffen. Dasselbe wird ausgedrückt durch den Satz: die Richtigkeit der physikalischen Begriffe wird kontrollirt durch die Anschauung. Der Materialismus kann richtig erklären; aber er wird stets mangelhaft bleiben, weil er vor dem wichtigeren Momente der Welt Halt macht, mit der Behauptung: jenes Moment existire nicht, weil er es erklären könne. Er behauptet, es existire keine Freiheit des Willens, weil er alle objektiven Momente logisch aneinanderreihen kann (kausal verknüpfen), welche auftreten, wenn das Freiheitsgefühl subjektiv vorhanden ist. Aber sein logischer Fehler ist, dass er vermeint, weil er solcherweise das Freiheitsgefühl erklärt habe, deshalb könne es auch durch die richtige Mischung und Bewegung von Atomen, welche lediglich nach den Bedürfnissen und Zwecken der Physik bestimmt worden, erzeugt werden. Will man sich aber mit der atomistischen Fiktion begnügen, so müsste man den Einzelatomen ebensogut Empfindung im weitesten Sinne beilegen wie irgend einem Atomkomplexe, wenn man unternehmen will, aus ihren Bewegungen alles zu erklären. Ist aber das Gefühlsatom dem Gefühle des Physikers zuwider — weil er konsequent behaupten muss, ohne Gefühl zurechtkommen zu können — nun dann sei er ehrlich und sage: hier hörts auf, ignoramus. Für den Denker gilt aber kein ignorabimus; auch wenn darunter die — heutzutage allein als ächt wissenschaftlich anerkannte — Atomvorstellung leiden sollte. Dass das Freiheitsgefühl existirt, ist eine Thatsache, die sicherer konstatirt ist, als alle atomistischen Vorgänge, und ob es objektiv betrachtet mit anderen Vorgängen kausal verknüpft werden kann, ist ganz gleichgültig für seinen Werth als Freiheitsgefühl.

Ebenso wissen wir unmittelbar, dass wir Wollen können. Wir bezeichnen damit das Gefühl, dass wir uns als eine wirkende Ursache in der Welt empfinden. Diese Empfindung wird nicht im Geringsten dadurch gemindert, dass die Veränderungen der Welt durch das Zusammenwirken von äusseren Ursachen erklärt (kausal verknüpft) werden können. Denn wir stehen ja nicht ausserhalb der Welt und betrachten sie durch ein Guckfenster wie ein fremdes indifferentes Objekt — eine Betrachtungsweise, woran aller Materialismus unwissentlich kleben bleibt; sondern wir stehen innerhalb der Welt. Diese Aussenwelt existirt in den Eigenschaften und Verhältnissen wie wir sie bestimmen, nur dadurch, dass wir selbst dabei sind; wir sind ein Inbegriff ganz derselben Weltgesetze, welche auch in der vermeintlich abgesonderten Aussenwelt herrschen; und wir erklären uns nicht allein als ein solches Theil-Agregat von Kräften oder Stoffatomen, sondern wir empfinden uns auch als ein solches, und können deshalb vollberechtigt sagen: das Weltgesetz sind wir als Theil des Ganzen; nicht als ein Theil, welcher dem Weltganzen als anderer Theil heterogen gegenübersteht, sondern als Theil, welcher Denken und Empfinden ebenso gut in sich enthält, wie der Rest des Weltganzen; und deshalb wollen wir und wirken wir grade so wie das abstrakt gedachte Weltgesetz überhaupt. Wir fühlen uns deshalb frei; fühlen, dass wir dies oder auch etwas anderes thun können, wenn wir es wollen. Deshalb aber sind wir nicht frei im Sinne von „kausal unabhängig" in der Verkettung der Ereignisse, wenn wir von einem anderen Individuum als etwas lediglich Objektives betrachtet werden. Weil die Vieldeutigkeit dieses Begriffes frei als Denkbegriff, Sinnesbegriff und Gefühlsbegriff nicht unterschieden wurde, entstand der Widerspruch im Problem der moralischen Freiheit.[10])

Hiermit dürfte die Scheidung der Empfindungsbegriffe in Sinnes- und Gefühlsbegriffe genugsam gerechtfertigt sein. Diese Scheidung entspricht zuweilen der gebräuchlichen von Empfindungen eines sogenannten inneren und eines äusseren Sinnes. Die Attribute innen und aussen geben uns jedoch keine Aufklärung darüber, was damit gemeint ist; und deshalb findet man auch ein sehr schwankendes Urtheil über das, was dem einen oder dem anderen Sinne zugeschrieben werden soll. Zuweilen ist diese Bezeichnung aber auch gradezu fehlerhaft. So bestimmt Kant den Raum als subjektive Form der Anschauung für den äusseren Sinn; Zeit als subjektive Form der Anschauung für den inneren Sinn. Es scheint demnach, dass die Empfindung der Töne dem inneren Sinne zugezählt werden müssen; ebenso die Innervationsempfindungen. In dieser Hinsicht existirt in unserer Tafel gar kein innerer Sinn; alle insgesammt sind äussere; denn auch bei dem Tone wird unterschieden das sinnliche Merkmal hoch, tief, Klang, Farbe etc., insofern alles dies in Anschauungsbegriffe aufgelöst, physikalisch gemessen werden kann, — von dem inneren Eindruck, welchen dieser Ton auf unser Gemüth hervorbringt, als Theilbestandtheil des gesammten Lust- oder Unlustzustandes im empfindenden Organismus. Diese Unterscheidung ist allerdings nur eine logische; weil ein sinnlicher Eindruck ohne zugleich (wenn auch noch so schwach) Gefühlseindruck zu sein, nicht möglich ist. Offenbar entstand die Bezeichnung „innerer und äusserer Sinn" nur aus Betrachtung des Ortes, wo die Empfindung oder das die Empfindung verursachende Ding beobachtet oder nicht beobachtet wurde. Die hier eingeführte Unterscheidung ist also prinzipiell eine ganz verschiedene.

Auf die Schwierigkeit einer eindeutigen Bezeichnung der Empfindungen muss jetzt eingegangen werden.

Das Hauptziel einer Begriffsprache, eindeutige Bezeichnung und Verwendung der Begriffe, ist bei den Anschauungsbegriffen nahezu erreicht; wie ja durch die Zeichensprache der mathematischen Wissenschaften erwiesen. Bei den Empfindungsbegriffen treten der Erreichung dieses Zieles unüberwindliche Schwierigkeiten entgegen, weil die Empfindungen selbst ja von den empfindenden Individuen abhängen; aber nicht zwei gleiche Individuen in der Welt aufzufinden sind. Am ehesten ist dies noch möglich bei den Sinnesbegriffen, dem Theile der Empfindung, welcher als etwas Objektives abgesondert, oder als Eigenschaft einem Objekte zugeschrieben wird. Strenge genommen ist es zwar auch hier unwahrscheinlich, dass bei Nennung des Zeichens grün E zwei verschiedene Individuen genau dieselbe Empfindung vorstellen, oder was dasselbe ist, dass beim Anschauen eines bestimmten grünen Dinges mehrere Individuen genau dieselbe Empfindung haben. Noch weniger findet dies bei anderen Empfindungen, wie: warm, kalt statt. In gewissen engen Grenzen ist jedoch diese Uebereinstimmung bei normalen Individuen vorhanden. Ausserdem bietet uns die physikalische Bestimmungsweise ein Mittel, die Empfindungen zu messen und dadurch für mehrere derselben eine absolute Norm zu bestimmen, welche dem Begriff entsprechen soll; wodurch dann seine Eindeutigkeit erreicht wird.

Messen der Sinneseindrücke beruht auf Auflösung des Sinnesbegriffes in Anschauungsbegriffe, welche ihrer Natur nach eindeutig sind, wie später noch näher nachgewiesen werden wird. Das *E* grün als Begriff wird ersetzt durch den Begriff 600 Billion Schwingungen; in diesem Denkbegriff ist kein empirisches Element mehr, weil die Zeit, in welcher eine Schwingung ausgeführt wird, als Normaleinheit angenommen wird, und es deshalb gleichgültig ist, ob die empirische Zeiteinheit Sekunde im Laufe der Jahrhunderte selbst veränderlich ist. Die Sinnesbegriffe von Gesicht, Gehör, Getast sind in dieser Weise schon durch reine Denkbegriffe ersetzt worden, und nach Analogie zu schliessen, wird dies ebenso bei den übrigen Sinnen möglich sein. Die wirkliche Empfindungsverschiedenheit bei demselben Reiz wird demnach der verschiedenen Konstitution der empfindenden Individuen zugeschrieben.

Ungleich höher wachsen nun die Schwierigkeiten eindeutiger Begriffszeichen bei den Gefühlsbegriffen. Das Material hierzu wird allerdings von einer und derselben Quelle, der Welt, geliefert; aber weil ein jedes Individuum vom anderen verschieden, und gleicherweise ein und dasselbe Individuum nicht zwei identische Lebensmomente durchläuft, deshalb ist die Aufstellung eines Normalgefühls als messende Einheit schon von vornherein unmöglich. Zudem kann man Gefühle nur an sich selbst wirklich beobachten. Aller Ausdruck der Gefühle durch andere Individuen lässt nur einen unsicheren Schluss zu. Daher die Schwierigkeit in den ethischen und ästhetischen Wissenschaften, welche hauptsächlich mit Gefühlsbegriffen operiren, sich den unsympathischen Gemüthern überhaupt verständlich zu machen. Am ehesten gelingt dies noch in der dichterischen Behandlung, welche durch die Kombination, Vertheilungsart und Folge verschiedener Vorstellungen, so wie durch den Klang der Worte und die verschiedenartige rhythmische Bewegung der Sprache in dem Leser das Gefühl des Dichters wieder zu erzeugen versucht; und doch die gerechtfertigte Klage:

Schlimm, dass der Gedanke
Erst in der Worte todte Elemente
Zersplittern muss, die Seele sich im Schalle
Verkörpern muss, der Seele zu erscheinen. (Schiller.)

Doch Erfinder, täusche dich nicht, für dich nur
Ist es gedacht, was zum Laute nicht ward,
Für dich nur, wie tief auch, wie hell,
Wie begeisternd du es dachtest. (Klopstock.)

Ausserdem können wir in dem Entwicklungsstadium des Organismus, wo er sich mit ethischen Fragen beschäftigt, gar keine einfachen Gefühle mehr beobachten; denn unser jedesmaliger Gefühlszustand ist die Resultante einer Unzahl von Vorstellungen, von denen nur die eine oder andere mehr im Vordergrunde des Bewusstseins stehen mag, ohne aber dass die übrigen ganz verschwunden sind. Auf welche Weise eine einfache Empfindung grün, von bestimmter Intensität auf einen vorstellungsleeren Normalorganismus einwirkt, und welcher Grad auf der Skala Lust — Unlust dieser Wirkung entsprechen würde, ist uns nicht möglich auszufinden. Von eindeutigen Begriffsbildungen ist also bei Gefühlsbegriffen nur in mehr oder minder schwankenden Grenzen zu sprechen zulässig; und dass an mathematische Behandlung derselben noch weit weniger zu denken ist, geht zur Genüge aus diesen Betrachtungen hervor. Verständigung überhaupt ist bei diesen Begriffen nur annäherungsweise möglich, insofern das Gemüth — das logisch gesetzte Subjekt der Gefühle — wenigstens bei ähnlichen Organismen auch ähnlich auftreten muss. Daher das sprachliche Ringen nach dem vollständigen Ausdruck des Gemüthes ein ewiges Bemühen nach einem unerreichbaren idealen Ziele; daher die Leichtigkeit der gegenseitigen Verständigung bei geringem Aufwande von Begriffsbildern, sofern nur gleichgeartete Gemüther korrespondiren, und andererseits das vergebliche Bemühen trotz allem Aufwande von Sprachkünsten bei einem Hörenden ein beabsichtigtes Gefühl hevorzurrufen, wenn sein Gemüth (man kann auch ganz materialistisch sagen „seine organische Konstitution") demjenigen des Sprechenden zu unähnlich ist. Daher aber auch die Verachtung, mit welcher der blosse Gefühlsmensch auf alle logischen Beweise herabsieht, die eine Aenderung seiner Gefühlswelt bezwecken oder ihren Werth seiner Meinung nach heruntersetzen. Denn die unmittelbare Auffassung der Welt in der Empfindung ergreift den Menschen gewaltiger als jede mitgetheilte logische Verkettung von Begriffen. In seinem sprachlosen Gemüthe behauptet der naive Mensch eine weit gewissere Wahrheit zu besitzen als in jeder logischen Deduktion; und er hat damit auch vollständig Recht, denn er hat darin ein unmittelbares Wissen. Nur geht ihm das Urtheil ab, als welcher Bruchtheil dieses unmittelbare Wissen in dem grossen Weltganzen zu gelten hat. Dies letztere kann nur durch die logische Analyse ermittelt werden. Die Resultate dieser Analyse sind aber an und für sich leere Formeln; zu einem Werthe für die Welt, zu einem unmittelbaren Wissen können sie nur wieder erhoben werden, wenn das Gemüth sie in ihren Empfindungsinhalt umsetzt.

Hierin liegt die Realität und Wahrheit der Begriffe „Absicht und

Zweck" gegenüber „Ursache und Wirkung" begründet. Weil das Individuum, die organische Einheit, eine empfindende Einheit ist und nicht ein lediglich objektiv zu betrachtendes Durcheinanderschwärmen empfindungsloser Figuren, deshalb muss es den objektiv betrachteten Konnex von Ursache und Wirkung auch empfinden können, grade so gut wie es das objektiv betrachtete Dasein seines Körpers empfindet. Diese innere Auffassung des Konnexes „Ursache und Wirkung" nennt es Absicht und Zweck; denn alles, was nach jenem Konnexe geschieht, ist ihm nicht fremd, indifferent, sondern es ist mit dabei, Theil davon, und als solches hat die äussere Welt Werth oder Unwerth für seine Welt als Gefühl. Eine Kollision dieser Begriffe findet nie statt, weil es ein und derselbe logische Funktionalbegriff ist in seiner Anwendung auf die zwei heterogenen Weltmomente „Denken und Empfinden". Eine Kollision entsteht nur, wenn man dem Denken ein Sein der Welt gegenüberstellt. Denn das Sein der Welt besteht in Wahrheit aus Empfinden und Denken. Diesen Satz für die Sinneswelt nachzuweisen, ist die hier gestellte Aufgabe; ihn für die Gefühlswelt nachzuweisen wäre die entsprechende Aufgabe einer Philosophie der ethischen und ästhetischen Wissenschaften.

Tafel III enthält die Kombinationen, welche aus I und II gemacht werden können. Daraus entstehen durch Kombination von I und II. A die Begriffe für äussere Dinge und Vorgänge der Naturwelt, durch Kombination von I und II. B die Begriffe für Gebilde der Geisteswelt.

Für die hier gestellte Aufgabe kommen also vorwiegend die Kombinationen I und II. A in Betracht. Ob diesen nun ein objektives Dasein entspricht, oder ob sie nur als Begriff Realität haben, ist eine Frage, welche später als kosmologisches Problem zur Sprache kommen wird. Für die mathematische Behandlung ist diese Realität als Ding ganz gleichgültig.

A. KAPITEL V.

DAS DENKGESETZ.

An verschiedenen Stellen wurde erwähnt, dass die einfachen Empfindungen nicht chaotisch zusammengeworfen, sondern in dem Bewusstsein nach gewissen Regeln geordnet werden müssen, wenn daraus eine Gesammtvorstellung entstehen soll; denn dieselbe muss ja eine gewisse Form haben. Ebenso müssen im Begriff der Gesammtvorstellung die einfachen Empfindungsbegriffe nach gewissen Regeln geordnet sein, wenn ein Begriff von bestimmter Form, d. h. ein Gesammtbegriff überhaupt aus dem Denkprozesse hervorgehen soll. In gleicher Weise müssen alle weiteren Kombinationen des Denkens nach einem gewissen Gesetze gebildet sein; wenn nicht etwa die erwähnte hypothetische Welt absolut heterogener Dinge Gegenstand der Betrachtung sein soll; eine Hypothese, die, wie ausgeführt, nichts weiter ist, als eine Selbstanklage wegen Missbrauch der Sprache; denn Denken darf dergleichen nicht genannt werden.

Es stellt sich nun die Frage: welches sind jene Regeln, wer ist der Gesetzgeber, der sie aufstellt, woher stammen sie, wie erkennen wir sie; finden wir sie in unserem unmittelbaren Wissen, aus den Erfahrungen, ähnlich wie objektive Dinge, oder als sogenanntes apriorisches Wissen?

In unserem unmittelbaren Wissen finden wir das Dasein von Empfindungen überhaupt, oder das Bewusstsein von Empfindungen, das Innewerden von dem, was eine spezielle Empfindung ist, sobald wir sie haben, sobald sie uns von der Erfahrung geboten wird. Ausserdem haben wir noch das unmittelbare Wissen von dem Stattfinden des Denkens überhaupt. Von bestimmten Gesetzen des Denkens wissen wir aber Nichts. Bestimmte Gesetze des Denkens können wir a posteriori finden, wenn wir die Grammatik der thatsächlichen Sprachen analysiren; und wir finden bei solcher Analyse, dass das Denken je nach der Sprachgattung verschiedene Arten der Begriffsverknüpfung gebraucht. Wenn wir nun aber in dieser Weise Denkgesetze aus der Erfahrung ableiten, so beweist das durchaus nicht, dass es nicht auch Denkgesetze gibt, die unabhängig von jeder spezifischen Erfahrung sind, die in jeder Erfahrung gefunden werden müssen; und die Nichtexistenz solcher Denkgesetze ist auch nicht dadurch bewiesen, dass wir dieselben in unserem unmittelbaren Wissen direkt nicht vorfinden, denn dies letztere ist kein logisches Wissen, obschon aus ihm ein logisches Wissen hervorgehen kann.

Es kann ja sehr wohl eine Erkenntniss lediglich aus der Erfahrung gewonnen worden sein, Jahrtausende lang allen Bemühungen der Logiker sie als denknothwendig nachzuweisen widerstehen, und dennoch sich schliesslich als eine denknothwendige Wahrheit herausstellen, die durch keine Erfahrung jemals widerlegt werden kann. Man denke nur an die Quadratur des Zirkels. Erfahrungsmässig nimmt man an, dass sie nicht möglich ist; man verlacht jeden, der diesem Phantom heute noch nachjagt; aber der Beweis, dass sie logisch unmöglich, ist noch keinem Mathematiker gelungen. Der Empiriker hat nun ganz Recht, dies ein aus der Erfahrung gewonnenes Resultat zu nennen; aber keinem Mathematiker fällt es ein, deshalb bestreiten zu wollen, dass die Unmöglichkeit der Kreisquadratur doch auf einem Denkgesetze beruhen müsse, oder was dasselbe ist: dass diese Unmöglichkeit einst arithmetisch bewiesen werden könne. Solche Behauptungen, welche weiter nichts sind, als auf unvollständiger Induktion beruhende Analogieschlüsse, sind ursprünglich nur von Philosophen aufgestellt worden. Erst unserer Zeit war es vorbehalten, dass Mathematiker, bezaubert von den geistvollen Ausführungen eines Locke und Hume, und durchdrungen von der Wahrheit, dass einem blossen Erfahrungswissen nur relativer Werth beigelegt werden dürfe, die letzten Konsequenzen jener philosophischen Methode zogen und zu dem Schlusse kamen, apriorische Regeln gebe es überhaupt nicht, folglich sei auch der Satz $2 \times 2 = 4$ ein Erfahrungssatz, der in einer anderen Welt ungültig sein könne.

Wenn wir nun in unserem unmittelbaren Wissen keine Denkgesetze, keine wissenschaftliche Logik vorfinden, es aber doch Regeln geben muss, wenn das Chaos ausgeschlossen werden soll — und dass kein Chaos existirt, bezeugt die thatsächlich stattfindende Erfahrungsmöglichkeit, die Existenz einer Welt — auf welche Weise können wir dann diese Regeln ermitteln? Offenbar nur dadurch, dass wir versuchen, die Bedingungen zu finden, unter welchen das thatsächlich stattfindende

Denken und Empfinden überhaupt möglich sind; oder umgekehrt, dass wir die Bedingungen entwickeln, welche das Denken aufheben, dasselbe unmöglich machen.

Diese Bedingung der Möglichkeit des Denkens kann nun in einem positiv oder negativ formulirten Satze ausgesprochen werden, welcher, wie sich zeigen wird, thatsächlich nichts Anderes aussagt als unser Ausgangssatz, nämlich: dass Denken und Empfinden überhaupt stattfindet. Wenn wir eine bestimmte Empfindung roth haben, so können wir diese Empfindung nur bestimmt roth nennen, wenn wir sie von jeder anderen Empfindung zu unterscheiden, und im Wiederholungsfalle als identisch mit dem früher wahrgenommenen roth anzuerkennen vermögen. Ohne dieses Vermögen hat es gar keinen Sinn, von Empfindungen sprechen zu wollen, auch nicht einmal von Empfindung im Singular; denn wie vorher schon ausgeführt, erfordert das Denken oder Sprechen von Empfindung schon ein Verschiedenes. Wenn nun das Denken für diesen Empfindungsinhalt sein Zeichen setzt, dieser Einzelempfindung einen Namen gibt, sie zum Begriffselement roth stempelt, so ist es selbstverständlich, dass dieses Zeichen stets eindeutig gebraucht werden muss, als Begriff stets identisch oder konstant verstanden werden muss; sonst wäre eben der Empfindungsinhalt durch das Zeichen roth nicht benannt. Würde eine Welt hypostasirt, in welcher ein Inhalt sich selbst ungleich wäre (eine unsinnige Wortzusammenstellung, die geschrieben werden kann und auch ausgesprochen worden ist, aber gedacht kann sie nicht werden), so könnte nie ein Gedanke zu Stande kommen. Roth ist Roth und von allem Anderen was Blau, nicht Roth ist verschieden. Schreibt man statt dessen Zeichen, so ist $R = R$ und nicht $= B$. An dem formalen Ausdrucke dieses Satzes kann man mäkeln, weil man schon ausser R und B noch einige andere Zeichen gebrauchen muss, um sprechen zu können, und demgemäss einwendet: aus der Identität $R = R$ ergebe sich nicht der Begriff des nicht und die Berechtigung seiner Verbindung mit B. Dergleichen Mäkeleien darf man aber pädagogischen Uebungen überlassen.[11]) Dieser Satz der Identität oder des Widerspruchs ist das einzige und alleinige Gesetz im Reiche der Gedanken. Sobald nachgewiesen wird, dass es bei einer Begriffsbildung nicht beobachtet worden ist, dass die Begriffselemente in einer höheren Kombination nicht eindeutig festgehalten worden sind, ist die betreffende Kombination als unzulässig, oder auch falsch von weiterer Verwendung durch das Denken auszuschliessen.

Man hat dieses Gesetz eine unserem Denken gesetzte Schranke genannt, und der ewig mystische Hang des Menschen hat geglaubt, dieser Schranke ein höheres unbeschränktes Denken entgegensetzen zu dürfen, einen Intellekt, welcher über die dem Menschen gesetzten Schranken erhaben wäre. Aber dieser Intellekt ist dadurch als ein logisch falscher Begriff gekennzeichnet, welcher nicht eine höhere Stufe des Denkens, sondern nur die dem Menschen gelassene Möglichkeit anzeigt, das Denken zu negiren oder zu missbrauchen.

Wenn wir nun Gesammtempfindungen haben (Wahrnehmung oder Vorstellung im gebräuchlichsten Sinne), etwa die eines Geldstückes, — so kann dies nur dann eine bestimmte Gesammtempfindung sein, wenn ihre Einzelelemente gelb, hart, schwer, gleichfalls bestimmte Einzelempfindungen, und diese Einzelempfindungen durch eine bestimmte Verbindungsweise zu der Gesammtempfindung verschmolzen sind. Das Denken kann wiederum dieser Gesammtempfindung einen Namen geben, den Gesammtbegriff Pfennig bilden, muss aber das Denkgesetz beobachten, dass in diesem Gesammtbegriff die Einzelbegriffe eindeutig bleiben, und der Verbindungsmodus der Einzelempfindungen gleichfalls im Gesammtbegriff ausgedrückt ist. Wird hiergegen gesündigt, so entstehen falsche Begriffe, welche ihres verführerischen Aussehens oder Klanges halber lange Zeit als Fortschritt in der Erkenntniss figuriren. Solche falsche Kombinationen sind: hölzernes Eisen, Subjekt — Objekt; Subjekt im Sinne eines isolirten selbständig existirenden Dinges, unendlich kleine Grösse, imaginäre Zahl etc. Dabei kommt es häufig vor, dass ein logischer Begriff nur durch eine alogische Wortverbindung ausgedrückt wird, wie imaginäre Zahl. Bei den übrigen angeführten Beispielen ist aber der Begriff selbst falsch, wenn er auch, wie bei unendlich kleine Grösse lediglich als Rechenmarke behandelt werden kann, die man schliesslich durch geeignete Operationen wieder in vernünftiges Geld umzuwechseln versteht. Das Denken bezeichnet also jene Vorstellung durch: Funktion von (gelb, hart, schwer....) und gibt ihm den Namen Pfennig. In diesem Gesammtbegriff (Pfennig) $= \varphi\ (g,\ h,\ s, \ldots\ldots)$ ist alles gegenseitig bestimmt. Irgend eine Aenderung der $g,\ h,\ s\ \ldots$ oder der Verbindungsart φ würde eine Aenderung des Gesammtbegriffes erfordern. Die Einzelheiten sind, wie wir sagen, in dem Gesammtkomplexe durch einander bedingt; ein jedes Einzelmerkmal ist innerhalb der Kombination der **Grund**, dass das andere Merkmal so sein muss, wie es eben ist, damit der Gesammtbegriff dem Gesetz der Identität, d. h. der eindeutigen Bezeichnungsweise, genüge. Hiermit ist die einfachste Art der sogenannten kausalen Verknüpfung dargestellt, welche sich ausweist als ein und dasselbe mit der Bedingung des Denkens überhaupt, wie sie im Satze der Identität ausgesprochen ist. Bestimmtheit,

Eindeutigkeit, und Bedingtheit des Einen durch das Andere im Vielen, ist ein und derselbe Begriff, oder wie man auch sagen kann, sind verschiedene Begriffe, die sich aber gegenseitig ins Dasein fordern. Sei $A = \varphi\ (a, b, c, d)$ und $B = \varphi\ (a, b, c)$, so ist der Unterschied von A und B bestimmt durch das fehlende Glied d in der Funktion. A wäre dasselbe wie B, wenn bei dem letzteren auch d wäre; der Unterschied von A und B ist also bedingt durch d, ist eine gewisse Funktion von d. Wie man sieht, ist der Begriff einer Verbindung überhaupt von vielen Einzelnen zu einem Ganzen ganz dasselbe wie der mathematische Funktionenbegriff; der Kausalitätsbegriff in seiner allgemeinsten Gestalt sagt weiter nichts als: Verbindung überhaupt.[12])

Der Funktional- (oder allgemeinster Kausal-)begriff zeigt sich demnach als ein denknothwendiger. Auch von denjenigen, welche die geometrischen Begriffe als empirische bezeichnen, ist dies nie bestritten worden: die Diskussion hätte sonst im Anfange schon aufhören müssen. In der Philosophie scheint man an die enge Verbindung des Funktional mit dem Kausalbegriffe noch wenig gedacht zu haben,[11]) hauptsächlich wohl, weil man sich nur mit den empirischen Anwendungen dieses Begriffes beschäftigte; und hierbei war es nicht schwierig nachzuweisen, dass diese Anwendung als Ursache und Wirkung, oder gar als Motiv und Zweck erst a posteriori erfolgte, woraus der irrige Schluss gezogen wurde: der Kausalbegriff selbst sei ein empirischer. Ebenso irrig ist aber auch der Schluss, dass der Satz des zureichenden Grundes (in rein logischem Sinne genommen) zu dem Identitätsatze als etwas Neues hinzutrete, um formale Logik möglich zu machen.

Wie ausgeführt, es gibt keine Denkgesetze, sondern nur ein Denkgesetz; und dieser einheitliche Ausgangspunkt allen Denkens ermöglicht es, dass Logik als exakte Wissenschaft κατ᾽ ἐξοχήν überhaupt besteht. Wären dazu zwei von einander unabhängige Sätze nothwendig, so wäre die Behauptung einer exakten Wissenschaft, ja eigentlich die Möglichkeit einer Wissenschaft überhaupt, ein Widersinn.

Die nächste Aufgabe wird sein, zu untersuchen, ob diese Verbindung vieler Einheiten zu einem Ganzen durch das Denken oder Empfinden gewisse Hauptformen bildet, welche sich charakteristisch voneinander unterscheiden. Es soll also die Natur obiger Funktion φ näher bestimmt werden.

Bevor zu dieser Untersuchung übergegangen wird, seien die bisher gewonnenen Definitionen übersichtlich zusammengestellt.

A. KAPITEL VI.

DEFINITIONEN.

Die Empfindung

ist ein Zustand des Bewusstseins, oder bewusster Zustand, welcher grammatisch dem Subjekt Seele zugeschrieben wird. Was[13]) dieser Zustand ist, wissen wir unmittelbar, da dieser Zustand ein und dasselbe ist mit dem Wissen von unserem Dasein. Dieser Zustand erfordert demnach keine weitere Erklärung in Worten oder Begriffen, so lange wir nur uns selbst von diesem Zustande Rechenschaft geben wollen. Er fordert Einkleidung in Begriffe, sobald wir einer anderen Seele Mittheilung davon machen wollen. Diese Mittheilung ist nur möglich an eine gleichartige Seele, weil nur eine solche die Möglichkeit hat denselben Zustand in sich hervorzurufen, gemäss der begrifflichen Vorschrift.

Dieser Bewusstseinszustand Empfindung findet thatsächlich in unserer Welt in sehr verschiedenen Arten statt; oder, sehr viele Empfindungen können erlebt und unterschieden werden.

Durch und wegen dieser Unterscheidungsmöglichkeit können wir die einheitliche Empfindung logisch zerlegen in:

1) ein Sinneszeichen als Unterscheidungsmerkmal der verschiedenen Empfindungen, wenn wir dieselben objektiv betrachten, indifferent gegen uns selbst, lediglich unsere Unterscheidungsfähigkeit interessirend. Die Sinneszeichen der Empfindungen sind das Material des rein kombinirenden Verstandes (Denkthätigkeit); demgemäss der Wissenschaften der äusseren Natur.
2) ein Gefühlszeichen, gemeiniglich gedeutet als Lust oder Unlust; weil eben die Empfindung nur künstlich (logisch abstrahirend) zu einem uns interesselosen Sinneszeichen gemacht

wird; die Empfindung ist aber in Wahrheit unsere Empfindung, und dieser subjektive Werth wird abgeschätzt nach Lust und Unlust.

Wenn das grammatische Subjekt des Gefühls als eine wirkende Ursache einer Aussenwelt gedacht wird, so gibt man ihm den Namen Wille; wodurch diese Auffassungsweise hervorgerufen wird, darüber s. Kap. X. Der Seele werden deshalb gewöhnlich verschiedene Vermögen zugeschrieben; den Sinneszeichen als grammatisches Subjekt das Vorstellungsvermögen, den Gefühlszeichen das Willensvermögen. Weil aber diese Unterscheidung eine lediglich logische Abstraktion ist, die Empfindung in Wahrheit — wie uns unmittelbar bewusst — ein einheitlicher Zustand, weil ein Sinneszeichen ohne Gefühl thatsächlich nie vorkommt, deshalb muss auch der empfindenden Seele Einheit (wenigstens als grammatisches Subjekt) zugeschrieben werden.

Das Bewusstsein

ist ein anderer Ausdruck für die Thatsache, dass Empfindung überhaupt da ist. Es ist keine von Gefühl oder Empfindung isolirt mögliche apriorische Kraft, sondern sobald Gefühlszeichen oder Sinneszeichen sich bemerklich machen, ist Bewusstsein da; ohne das aber nicht.

Unbewusster Wille ist deshalb eine ebensolche contradictio in adjecto, wie unbewusste Empfindung und Vorstellung. Man hat zwar häufig gesagt: „Wir haben Gefühle ohne uns ihrer bewusst zu sein", aber in dieser Behauptung findet eine Verwechselung des empfundenen Zweckes mit dem formalen Wissen von diesem Zwecke statt, von Bewusstsein mit Aufmerksamkeit (Richtung des Denkens auf bestimmte Ziele) und Denken des Bewusstseins, Denken der Empfindung. [13])

Die Wissenschaft, welche diese Gefühlszeichen und ihre Kombinationen erforscht, ist die Psychologie. Sie betrachtet also diese Gefühlszeichen selbst als Material.

Die Wissenschaften, welche jedoch den subjektiven Werth der Gefühle für die empfindenden Individuen betrachten, sind die ethischen und ästhetischen.

Die (sinnliche) Vorstellung

ist eine Reproduktion der Empfindung in einem gewöhnlich schwächeren Grade. Die Vorstellung enthält demnach ebensowohl Sinneszeichen als

Gefühl. Die Untersuchung der Ursachen, welche es bewirken, dass eine Empfindung in unserem Organismus scheinbar verschwinden und dann wieder auftauchen kann, fällt der Physiologie und in beschränkterem Maassstabe auch der Psychologie zu. Logisch gewiss ist, dass nie eine Empfindung vorgestellt werden kann, die man nie gehabt hat; logisch möglich ist es, dass der Organismus so konstruirt ist, dass die Bewegung, welche in ihm durch die Uebermittelung der Empfindung hervorgerufen wurde, nie mehr verschwindet. Aus erfahrenen Elementarempfindungen können sich im Organismus allerdings Kombinationen bilden, als Vorstellungen auftauchen, die als solche in der Erfahrungswelt nicht vorkommen, oder sogar unmöglich sind.

Das Denken

ist synthetische Thätigkeit, lediglich als Akt betrachtet, dem Inhalte dieses Aktes, den Empfindungen, gegenüber. Dass es da ist, wissen wir ebenso unmittelbar, wie dass Empfindungen da sind; und was das Denken ist, wissen wir gleichfalls unmittelbar, wenn wir zwei Empfindungen unterscheiden, ohne dass es zu diesem Wissen nöthig wäre, diesen Denkakt in Worten ausdrücken zu können; ebenso wie bei den Empfindungen. Denken als Thätigkeit, die sich in ihrer Synthesis stets gleich bleibt, kann demnach auch fortschreitende Thätigkeit oder Denkbewegung genannt werden. Von der Denkbewegung zur zeitlichen und räumlichen Bewegung ist's ein grosser Sprung, und wir müssen nicht zu viel an dem gemeinsamen Worte Bewegung deuteln wollen. Die Sprache wurde vorerst zu praktischen Bedürfnissen erfunden und bildete das Wort Bewegung ohne logische Skrupel.

Dass wir nun in den Individuen Empfindungen und auch Denken, das unmittelbare Auffassen eines Inhaltes, und das Kombiniren vieler Inhalte, Reflektiren über dieselben, vorfinden, ist eben eine Thatsache; die Gewisseste oder absolut Gewisse, die sich im Anfange nachweisen liess. Wir vermögen durch das Denken eben die Thätigkeit von dem zu behandelnden Materiale logisch zu trennen. Dass deshalb aber ein isolirtes Dasein von reinem Denken oder reinem Empfinden möglich sein könne, ist hieraus keineswegs zu folgern. Dass ein solches isolirtes Dasein nicht denkmöglich ist, dass das Hinschreiben eines solchen Satzes ein Missbrauch der Sprache ist, wird sich noch an vielen Stellen zeigen. Dem Denken wird als grammatisches Subjekt gewöhnlich der Geist oder der Verstand zugeschrieben, weil man schon sehr früh wahrnahm, dass es etwas der sinnlichen Empfindung Heterogenes sei; wenigstens, dass man etwas Heterogenes mit diesem Worte bezeichnen wollte. Da nun die Seele schliesslich doch etwas Einfaches sein sollte, so wurde auch das Denken ihr zugeschrieben, und so entstand die Trinität von Erkennungs-, Empfindungs- und Willensvermögen als Grundvermögen der menschlichen Seele; ein Zeichen einer historischen Entwickelungsstufe der Philosophie.

Die Veränderung und das Sein,

alles Existirende überhaupt, kann nur als Veränderung einer Vielheit, ein Geschehen, aufgefasst werden. Die Definitionen von Empfindung und Denken als Thätigkeiten besagen ganz dasselbe; ein ruhendes Sein wäre identisch mit dem Nichtsein. Dieses Sein als Ding und seine Attribute dürfen **an diesem Punkte der Untersuchung** nur als die grammatischen Ruhe- oder Grenzpunkte aufgefasst werden, zwischen denen das Geschehen als thatsächliche Existenz begrifflich ausgesprochen werden kann. Ob dem Sein ausser seiner Verwendung als grammatischer Hüfsbegriff noch ein realer Werth zugestanden werden kann, muss sich aus dem Schlussresultate dieser Untersuchungen ergeben. Deshalb wird in der ganzen Entwickelung von dem Substanzbegriffe keine Rede sein.

Der Begriff

ist das Zeichen, welches die Denkthätigkeit an Stelle einer Empfindung oder zur Bezeichnung des Denkaktes selbst oder Kombinationen beider setzt, um weitere Kombinationen der synthetischen Thätigkeit möglich zu machen. Der Begriff ist deshalb nicht etwas Gegebenes, als was die formale Logik ihn betrachtet, sondern etwas Gemachtes, und es muss eben von der Logik bei jedem einzelnen Begriffe untersucht werden, ob dieses Produkt nicht einen inneren Fehler enthält; ob die Formel eine Deutung zulässt, ehe ein solcher Begriff dem Gebrauch in der wissenschaftlichen Analyse oder Synthese zugewiesen werden kann. Kein Begriff wird daher in den mathematischen Wissenschaften eingeführt werden dürfen, ehe er diese logische Zulässigkeit aufgewiesen hat; und damit werden alle unbewiesenen Axiome aus der Methode verschwinden.

Das Wort

ist die Abbreviatur für die Begriffsformel; etymologisch schlecht oder falsch konstruirten Wörtern können richtige Begriffe zu Grunde liegen.

Die Wahrnehmung

im weiteren Sinne, d. h. nach gewöhnlichem Sprachgebrauch, ist ein sehr komplizirter Akt. Wir glauben im vorgerückten Alter z. B., die

Wahrnehmung eines Pferdes sei ein einheitlicher momentaner Akt der Seele. Aber in dem Alter, wo wir dergleichen Beobachtungen zu machen pflegen, können wir uns gar nicht mehr der langen Prozesse erinnern, welche uns vielleicht aus tausenderlei Vorstellungskombinationen mit mannichfachen Urtheilen und Denkprozessen verknüpt, allmählich die Möglichkeit boten, in einer kurzen Zeit jene Wahrnehmung Pferd im Bewusstsein festzustellen. Ebenso möchte der Klaviervirtuose den Anschlag eines zehnfingerigen Akkordes gleichzeitig mit dem Erblicken der betreffenden Noten für eine einfache Seelenreaktion halten, welche eine nicht weiter analysirbare Grundeigenschaft seiner Seele bilde, etwa eine intuitive Thätigkeitsform seiner Sinnlichkeit; diese klaviaturmässige Ausbreitung seiner Gefühle sei ebenso gegeben wie die dreidimensionale Anschauungsform des Pferdes. Aus solchen Wahrnehmungen ziehen wir allerdings das Material zu unseren Urtheilen; Einzelwahrnehmungen sind fast unmöglich. Dies darf aber nicht verleiten, das unseren jeweiligen Mitteln nicht weiter Analysirbare auch schlechtweg für ein Gegebenes, Einfaches zu halten; ebensowenig in der logischen Analyse wie in der Chemie.

Erkennen

heisst gewöhnlich ein Seiendes erkennen; denn mit diesem Begriffe, sei er klar oder nicht, gebe es Seiendes oder nicht, wird von dem Denken stets ein Subjekt und ein Objekt gesetzt. Es setzt ja das Denken als reflektirende Thätigkeit stets diese beiden Theile, und damit selbstverständlich auch die Forderung, dieselben zu verbinden; im Einzelbegriffe sowohl als im Urtheil stecken diese beiden Theile. Ob diesen beiden logischen Theilen des Urtheils nun Dinge entsprechen, bleibt dahingestellt; jedenfalls ist durch Setzung von Subjekt und Objekt, und durch die Unmöglichkeit, einen dieser Begriffe für sich allein zu denken, die Natur des Denkens ausgedrückt; möglich, dass die grammatischen Subjekte und Objekte sich dadurch charakterisiren als von relativer Realität, oder gar als Scheinwesen.

Das Seiende im Gegensatze zu dem „Denken des Seienden" ist also vorläufig nur eine grammatische Forderung, die allerdings grammatisch berechtigt ist, deshalb aber noch keinen realen Werth beanspruchen darf, um als Erkenntnissprinzip an die Spitze eines philosophischen Systems gesetzt werden zu können. Sodann liegt es im gewöhnlichen Sprachgebrauche des Wortes „Erkennen", dass das Sein in das Denken des erkennenden Subjektes gewissermaassen aufgenommen werde; sowie ja auch Wahrheit definirt wird als Uebereinstimmung des Denkens von der Sache mit der Sache selbst. Nun kann aber von Uebereinstimmung oder Aufnahme des Seins in das Denken schon nicht die Rede sein wegen der Heterogenität von Denken und Sein; höchstens könnte man fordern, das Sein soll formähnlich im Denken ausgedrückt werden. Man setzt deshalb eine stille Harmonie von Sein und Denken voraus; unterscheidet formale und materiale Wahrheit, und beansprucht wenigstens im Denken dieselbe formale Wahrheit erringen zu können wie im Sein. Man überlässt einer künftigen Metaphysik den weiteren Zusammenhang aufzufinden; für jetzt glaubt man schon sehr weit gekommen zu sein mit Aufstellung des Prinzips der Erkenntniss. Aber welche Gesetze sind dabei zu beobachten? Niemand hat bis jetzt dergleichen Gesetze aufgestellt und als der Natur der Sache angemessen begründet. Die Schwierigkeit ist gegeben mit der prinzipiellen nicht hinreichend motivirten Aufstellung des Gegensatzes „Denken und Sein", wozu die grammatische Methode den Anlass gab. Nun vermögen wir aber gar nicht anzugeben, was dieses Sein ist, welches wir erkennen wollen. Dieses Sein ist einstweilen eine reine Hypothese, die nicht einmal klar ausgedrückt werden kann; sie ist ähnlich und veranlasst durch die Hypothese von der Existenz äusserer Objekte im Gegensatz zu uns selbst als Subjekt; aber jene Hypothese hat nicht einmal die sinnliche Klarheit wie das naive Bewusstsein von äusseren Dingen. Vermögen wir nun so wenig Bestimmtes von dem Sein auszusagen, so ist klar, dass eine Definition des Erkennens vorab nicht gegeben werden kann. Sollte sich aber schliesslich herausstellen, dass dieses Sein ein logisch unzulässiger Begriff ist, so würde auch alle Definition des Erkennens sich als verlorene Mühe herausstellen.[14])

Es empfiehlt sich demnach von dem Begriffe des Erkennens in dem schwankenden unbestimmten Sinne des Sprachgebrauches vorläufig ganz abzusehen; dagegen aber die Begriffe wissen, begreifen, erklären genau zu definiren.

Wissen

ist Etwas im Bewusstsein haben. Wir wissen von einer Empfindung roth was sie ist, sobald wir die betreffende Empfindung haben, und sobald wir verschiedene Empfindungen gehabt haben und uns deren erinnern, wissen wir, dass sie und was sie sind. Ebenso wissen wir von unserem Denken, wenn wir gedacht haben und reflektiv dieses gedacht haben wieder zum Gegenstande unseres Denkens machen. Wir haben demnach ein unmittelbares Wissen von Empfindungen und dem denkthätigen Verbinden dieser Empfindungen. Alles weitere Wissen ist Kombination aus diesem Elementarwissen. Sprechen wir nun von Dingen, sagen „wir wissen von dem Gegenstande, wie oder was er ist", so heisst das: wir wissen alle die Begriffskomplexe zu bilden, welche vermittelst Vorstellungen in uns die Empfindungen hervorrufen, welche gleicherweise die Wahrnehmung des Gegenstandes in uns hervorrufen würde oder könnte. Die Kenntniss oder das Wissen von dem Gegenstande wird also immer insofern mangelhaft sein, als wir nie wissen können, ob unter Umständen — etwa anderen Sinnen gegenüber — jener Gegenstand nicht noch neue Empfindungen hervorrufen könnte, die wir bis dahin noch nicht wahrgenommen, also auch noch keine Veranlassung hatten begrifflich zu bezeichnen. Bezieht sich jedoch dieses Wissen nicht auf das Dasein möglicher Empfindungen, sondern auf die Form ihrer Verbindung durch das Denken, auf die Art ihrer Ordnung im Denken — und wir werden sehen, dass alles, was sich auf Gestalt der Körper bezieht, hierhin gehört — oder bezieht sich dieses Wissen auf reine Denkgebilde, welche als solche in letzte Denkakte auflösbar sind, so kann das Wissen ein absolutes sein. Zu diesen letztgenannten Denkgebilden gehören alle Anschauungsbegriffe. Hieraus bestimmt sich dann

Erklären.

Das Zurückführen von Unbekanntem auf unmittelbar Bekanntes. Als dies unmittelbar Bekannte gilt nur: die Empfindungen in ihrer einfachsten Gestalt und der Akt der Denkthätigkeit selbst. Ein jeder Vorgang, der in diese letzten Elemente aufgelöst worden, ist erklärt. Alle Gültigkeit des Erklärens durch Begriffe etc. beruht darauf, dass jene Begriffe selbst wieder auf die unmittelbar gewussten Elemente zurückgeführt werden können.

Begreifen

ist subjektives Erklären; Erklären an sich selbst im Gegensatz zum Erklären einem Anderen. Begriffen ist ein Vorgang, wenn wir ihn als eine Kombination von Elementarbegriffen darzustellen vermögen. Das Suchen nach Naturgesetzen ist identisch mit dem Versuche die Naturvorgänge durch Begriffe aufzufassen, in Elementarbegriffe aufzulösen. Diese letzteren sind unmittelbar verständlich; für einfache Empfindungsbegriffe versteht sich das von selbst, für Denkbegriffe wird dies im Folgenden nachzuweisen sein; ebenso für die möglichen Kombinationen. Deshalb widerspricht die Hypothese von einer Vielheit höchster Erkenntnissprinzipien dem Begriff des Begreifens; deshalb das Bestreben einen jeden Dualismus durch ein monistisches System zu ersetzen.

Wenn nun eine Wissenschaft existirt, in welcher ein jeder Vorgang oder Gegenstand auf ein absolut Einfaches zurückgeführt werden kann, so ist ein absolutes Begreifen der Gegenstände dieser Wissenschaft möglich. Dann muss es aber ebenso gut möglich sein, ein jedes Objekt dieser Wissenschaft aus jenem Einfachsten synthetisch aufzubauen. In den mathematischen Wissenschaften ist dieses Einfache das formale Setzen der Denkthätigkeit, der Akt selbst des Denkens.

Definition

ist Erklären durch reine Begriffe, Auflösen eines Begriffes in einfachere oder bekanntere. Die Definition ist vollständig, wenn ihre Hülfsbegriffe als logische oder unmittelbar bekannte Empfindungsbegriffe nachgewiesen worden sind. Wir vermögen dann nach Anleitung der Definition aus jenen einfachsten Elementen die Kombination herzustellen, welche uns eine Vorstellung von dem definirten Gegenstande ermöglicht; oder falls die Definition sich auf einen Denkbegriff bezieht, diesen synthetisch durch unsere Denkthätigkeit zu konstruiren.

A. KAPITEL VII.

DIE DENKFORMEN.

In Kapitel V wurde der Gesammt- und Allgemein-Begriff als die funktionale Verbindung vieler Elementarbegriffe erläutert, wobei jedoch die Verbindungsweise, das Wesen der Funktion, dahin gestellt blieb. Diese muss jetzt untersucht werden, und die Frage stellt sich als folgende: Können aus der Thatsache des Denkens, und dem Satz der Identität als Bedingung eines Denkens überhaupt, Formen abgeleitet werden, nach welchen die Begriffe verbunden werden müssen; kann die Funktion φ so bestimmt werden, dass sie denknothwendig in gewisse Unterarten von Funktionen zerfällt?

Wenn dies möglich ist, so versteht es sich von selbst, dass ebendieselben Formen, welche den Begriffsverbindungen eigen sind, auch den entsprechenden Gesammtvorstellungen als Form der kombinirten Sinneszeichen zugeschrieben werden können; denn der Gesammtbegriff soll ja das von dem Denken an Stelle der Gesammtvorstellung gesetzte Symbol sein.

Diese Denkformen sollen vorab in die zwei Abtheilungen „äussere und innere Form“ geschieden werden, insofern die Denkgebilde $\varphi\ (a, b, c \ldots)$ das einemal als Ganzes betrachtet werden können, das anderemal je nach den Beziehungen, welche zwischen den einzelnen Theilen innerhalb des Ganzen stattfinden können; denn die einzelnen Elemente $a, b, c \ldots$ können ja ebensowohl indifferent gegeneinander als auch unter sich wiederum funktional verbunden sein. Im Allgemeinen wird jedem Begriff eine solche innere und äussere Form zukommen; nur in Spezialfällen kann die eine aus der Betrachtung verschwinden, und dadurch ein höherer (unbestimmterer) Allgemeinbegriff erzeugt werden, wie sich jetzt zeigen wird. Es gliedert sich dadurch folgendes Schema der Denkformen; der Funktion φ.

I. Die äusseren Denkformen.

a. Das Nacheinander; Einzeln, Reihe.

Wir haben bis jetzt stets gedacht und gesprochen von dem Einen, dann von dem Anderen, sodann beides verbunden. Alles Denken und Urtheilen war nur möglich durch die Trennung des Einzelnen (in Gedanken) und sodann Verbinden desselben. Es wird an dieser Nothwendigkeit des Trennens und Verbindens als Kardinalfunktionen oder nothwendige Bestimmungen des Denkens durchaus nichts dadurch geändert, dass die Empfindungen der Seele es waren, welche diese Denkthätigkeit hervorriefen; die Möglichkeit, zwei Empfindungen zu unterscheiden, ist identisch mit der Möglichkeit, dieselben (denkend) zu setzen, identisch mit der Möglichkeit des Denkens überhaupt. Dieses Resultat kann nun ausgedrückt werden als:

Denken kann nicht anders stattfinden als nacheinander, in Reihenform.

Die einzige Alternative wäre ein Denkakt, welcher zugleich zwei Denkakte als einen setzt, und deshalb weder zu trennen noch zu verbinden braucht; also ein einheitlicher Denkakt, der doch ein vielheitlicher wäre — was nichts anderes heisst, als einen vollkommenen Widerspruch zum Abzeichen eines höheren Denkens stempeln. Dergleichen höhere Denkarten muss man aber mystischen Verirrungen überlassen; für die Wissenschaft gilt nur das Denken nach dem Satz des Widerspruchs, und in Folge dessen — successiv. Von einer Bestimmung der Reihenform als Zeit ist hier nicht die Rede; im Gegentheil, es wird sich zeigen, dass zur Umwandlung einer Reihe als arithmetische Form in das, was wir empirisch wahrgenommene Zeit nennen, noch ein anderes Element hinzutritt. Deshalb ist jedoch die Reihenform nicht minder die nothwendige (apriorische) Form des Denkens, und zugleich die Form der empirisch wahrgenommenen Veränderungen.

Diese Reihenform bezeichnen wir auch mit dem Begriffe Nacheinander, und hat dieser Begriff als Denkbegriff gar keinen materialen (Empfindungs-)Inhalt. Das Denken ist unbeschränkt in dem fortlaufenden Setzen dieser Reihe; der Begriff Nacheinander ist demnach als Reihe unbeschränkt. Reflektirt das Denken über seine eigenen Formakte, seine Reihensetzung, so kann es diese Reflexion auf einen bestimmten Theil seiner Akte ebenso wie auf seine ganze Thätigkeit wenden; es kann also einen bestimmten Setzungsakt im Nacheinander als Ausgangspunkt seiner Reflexion festsetzen. Dadurch wird aber die Reihe nicht irgendwie begrenzt, weil jener Ausgangspunkt durchaus gleichartig allen anderen Stellen der Reihe ist, eine Stelle von den unbeschränkt vielen; wäre eine Stelle Grenzstelle, so wäre sie ja etwas Anderes als alle anderen Setzungen oder Stellen (oder Denkakte). Diese Unterscheidung ist aber ausgeschlossen durch die unbeschränkte Setzung einheitlicher Denkakte. Weil dieser Begriff des Nacheinander nun weiter gar nichts bedeuten soll, als das Stattfinden der Denkthätigkeit, so kann von ihm auch Weiteres nicht ausgesagt werden; er verträgt keine weiteren Bestimmungen.

b. Das Nebeneinander.

Ist nun die erstere Kardinalfunktion des Denkens, das Trennen oder Unterscheiden, als wiederholtes Setzen (Ausüben des Denkaktes) bestimmt worden, und die Denkthätigkeit demnach als successiv stattfindend (als Nacheinander, allgemeinste Reihenform) — so sehen wir in der zweiten Kardinalfunktion, dem Verbinden des Einzelnen, die Nothwendigkeit, das Einzelne zugleich, nebeneinander zu setzen; oder vielmehr viele Einzelne als eine Gesammtheit bildend, anderen Einzelnen gegenüber, welche wiederum eine andere Gesammtheit ausmachen.

Dieses Verbinden einer Mehrheit zu einem Ganzen, in demselben Denkakte, bezeichnen wir mit dem Begriff Nebeneinander in jener

Mehrheit. Hier ist nicht vom räumlichen Nebeneinander die Rede, sondern vom Nebeneinander überhaupt, und dies erweist sich im obigen Falle, wo die Vielen nichts Anderes bedeuten als unterschiedlose Setzungen der Denkthätigkeit, als ein Zusammen ohne weitere Bestimmungen, wie es sich zunächst in der Zahl darstellt.

Eine jede Setzung des Denkens als unbestimmter Denkakt überhaupt, ist abstrakte Einheit; eine Vielheit solcher Einheiten als Gesammtheit ist Zahl. In der Zahl als Begriff φ $(a, b, c \ldots\ldots)$ sind die Einzelbegriffe alle ein und dasselbe; für den ganzen Komplex ist nur die Anzahl der Einheiten von Bedeutung. Die Einzeltheile sind alle gleichberechtigt, die Verbindung derselben ist nur eine Funktion der Anzahl; und weil die Anzahl das einzige Bestimmende in diesem Komplex ist, deshalb ist die Funktion φ selbst lediglich als Anzahl bestimmt. Der einfachste Verbindungsmodus eines Gesammtbegriffes erweist sich demnach als

φ zusammen $(a, b, c \ldots\ldots) = \varphi\,(1, 1, 1, \ldots\ldots) =$ Zusammen, Summe, Zahl;

oder etwa, $\varphi\ (1, 1, 1,) = 3 =$ Dreiheit als Denkbegriff,

Produkt des Denkens, eine Gesammtheit, welche durch das denkende Verbinden von drei Einheiten gebildet worden ist.

Wollen wir dem gegenüber den Begriff des synthetischen Setzens selbst ausdrücken, so müssen wir obige Funktion interpretiren als:

φ reihe $(a, a, a) = a + a + a =$ dreimaliges Setzen im Nacheinander.

Zahl heisst also ein Denkgebilde, Komplex von gedachten Theilen, das dadurch entsteht, dass viele Theile nacheinander gesetzt werden, und deren Vielheit sodann als einheitlicher Komplex, als ein Nebeneinander, ein Zusammensein von Vielen gedacht wird; dessen Bedeutung durch nichts anderes als das mehr oder weniger häufige Setzen eines Theils bestimmt ist: Diese Leistung des Denkens wird als Zahl bezeichnet, weil seine Leistung nur nach einem mehr oder weniger sich unterscheidet — als Quantum.

Bei dem Gefühl ist eine solche Zahlbildung oder Zahlempfindung nicht möglich, weil Gefühl ein Einheitszustand ohne trennbare Theile ist; seine Verschiedenheiten werden demgemäss als Qualitäten bezeichnet, und wenn diese Qualitäten von der Reflexion in Reihenfolge geordnet werden können, als Intensität einer bestimmten Qualität.

Bei dem Denken jedoch kann von Qualitäten keine Rede sein, weil es nur die unterschiedlose, stets gleiche Setzung eines Denkaktes ist; die Zahl ist insofern qualitätslos. In anderer Hinsicht kann man aber auch bei Zahlen von Qualitäten sprechen, wie sich bei der Arithmetik zeigen wird. Es wird sich damit Zahl als in einer gewissen Hinsicht mehrdeutiger Begriff herausstellen.

Der hier gewonnene Zahlbegriff wird als materialer Inhalt in der Arithmetik verwendet; alle möglichen Bildungen innerhalb dieser Denkform werden dort konstruirt und untersucht. Hier kann also zu der weiteren Untersuchung fortgeschritten werden, ob noch andere charakteristische Denkformen, Hauptarten der denkenden Verbindung Funktion φ, aufgestellt werden können.

II. Die inneren Denkformen.

In den Denkformen Reihe und Zahl, oder Nacheinander und Nebeneinander, kam nur das äussere Ganze in Frage, oder auch das Ganze als Gegensatz zu den konstituirenden Theilen. In Gegensatz zu dieser Betrachtungsweise lassen sich die Beziehungen der Einzelelemente zu einander **innerhalb** des ganzen Denkgebildes stellen. Solche Beziehungen oder Betrachtungsweisen lassen sich offenbar in jeder Vielheit als denkmöglich aufstellen; in den beiden Denkformen Reihe und Zahl wurden sie aber mit Absicht nicht aufgestellt, weil jene Begriffe ganz allgemein bleiben sollten und, dadurch grade der gewünschte allgemeine Reihen- und Zahlbegriff entstand. Untersuchen wir demgemäss die jeder Reflexion offenbleibende Frage:

> Was für Beziehungen können zwischen den Einzeltheilen eines Ganzen stattfinden? Inwiefern lassen sich also noch weitere Hauptarten der Funktion φ aufstellen?

a. Die Beziehungen im Nacheinander.

Betrachten wir zu diesem Zwecke die Reihe als Gebilde, wie sie vorhin bestimmt wurde; unbeschränkt successives Setzen des Denkaktes als Einheit, so können wir dies symbolisiren durch

$$\ldots\ldots + a_1 + a_2 + a_3 + \ldots\ldots\ldots\ldots$$

Ein jedes Glied ist ein und dasselbe seiner Bedeutung nach; es erhält jedoch einen Stellenwerth, weil die Reflexion irgend ein beliebiges Glied als Ausgangspunkt ihrer Thätigkeit festsetzen kann.

Bei der Reflexion über diese Reihenform sind folgende zwei verschiedene Betrachtungsweisen möglich:

$$\ldots\ldots + a_1 + a_2 + a_3 + \ldots\ldots \text{ und}$$

$$\ldots\ldots + a_3 + a_2 + a_1 + \ldots\ldots$$

Der Unterschied besteht darin, dass innerhalb desselben identischen Gebildes die Einzelelemente in einer verschiedenen Weise betrachtet werden; objektiv zu reden, dass sie in eine verschiedene Verbindungsweise gesetzt worden sind, dass die Beziehung des einen auf das andere die entgegengesetzte Richtung genommen hat.

Von einer anderen Art der Verbindungs- oder Beziehungsweise der Einzelelemente der Reihe kann nicht gesprochen werden, weil ein jedes Element in der Reihe eine feste Stelle zwischen dem vorhergehenden und nachfolgenden hat. a_1 kann nicht auf a_3 bezogen werden, denn es ist nicht da, wenn a_3 da ist; die Reihe besteht nur dadurch als schlechtweg Nacheinander, dass nur Beziehungen zwischen dem unmittelbar Vorhergehenden und Folgenden existiren. Eine andere Annahme würde dem gebildeten Reihenbegriff widersprechen. Das Resultat ist demnach:

In dem Nacheinander als diskursiver Reihe lassen sich zwei verschiedene Beziehungsformen der Einzelglieder bestimmen; wir nennen dieselben Richtung der Reflexion, des Fortschrittes der Denkbewegung, nach vorwärts und nach rückwärts. Diese beiden Richtungen sind absolut einander entgegengesetzt; denn das Gebilde $a_1 + a_2$ wird das einemal durch die vollkommen entgegengesetzte Thätigkeit, wie das anderemal hergestellt. An dem ganzen Gebilde gibt es nur identische Theile; sodann Anfang und Ende. Was der Anfang in dem einen, ist Ende in dem anderen; ein vollständigerer Gegensatz der Bildung ist nicht denkbar. Mit diesen zwei Beziehungsformen, vorwärts, rückwärts, sind aber alle denkbar möglichen Beziehungen des Reihengebildes φ_r $(a, a, a, \ldots.)$ erschöpft, ausgenommen die Entfernung, welche im Folgenden unter b. β. behandelt wird.

b. Die Beziehungen im Nebeneinander.

Setzen wir nun ein Denkgebilde von einer Vielheit im Nebeneinander, also φ_z $(a, b, c \ldots\ldots)$ und untersuchen, welche oder wie viele Beziehungen zwischen den Elementen möglich sind. Wir setzen wiederum den einfachsten Fall, dass die Einzelemente alle dieselbe Bedeutung oder Werth haben, jedoch als Individuen selbständig sind; demnach

$$\varphi\text{zusammen} = \varphi_z\ (a_1,\ a_2,\ a_3,\ \ldots\ldots) = \text{Summengebilde}$$

alle komplizirteren Bildungen lassen sich auf diesen einfachsten Fall zurückführen.

α) Die innere Beziehung als Grösse der **Richtung**.

Sind in diesem Komplexe innere Beziehungen überhaupt möglich, so sind sie zwischen allen einzelnen Gliedern möglich, denn eine Beschränkung auf gewisse Glieder liegt bei dem Zusammen als φ_z nicht vor. Wir können also die Beziehungen zwischen je zwei Elementen bilden

$$a_1\ a_2 \quad a_1\ a_3 \quad a_1\ a_4 \ldots\ldots$$
$$a_2\ a_1 \quad a_2\ a_3 \quad a_2\ a_4 \ldots\ldots \text{ u. s. w.}$$

Durch diese Beziehungen werden demnach in einem grösseren Komplex wiederum Einzelkomplexe gebildet, und die Frage entsteht: inwiefern können die Einzelkomplexe $a_1\ a_2$ $a_1\ a_3$ $a_1\ a_4$ voneinander unterschieden sein? Und des weiteren: Können die möglichen Verschiedenheiten nach Hauptgruppen geordnet werden, ... u. s. w. alle die Fragen einer folgerecht fortschreitenden Kombinatorik.

Wir sahen im vorhergehenden Paragraphen schon, dass eine solche Verschiedenheit eines Komplexes $a_1\ a_2$ möglich ist, jenachdem man die Art der denkenden Thätigkeit betrachtete, welche diesen Komplex erzeugt. Es ergab sich $a_1 + a_2$ als der totale Gegensatz von $a_2 + a_1$ dem Beziehungsbegriff Richtung nach; das Denkgebilde selbst war ein und dasselbe Produkt, sofern wir es nach seiner Fertigstellung betrachteten; die Art seiner Erzeugung war aber die absolut entgegengesetzte.

Die ihrem Werthe nach gleichen Komplexe $a_1\ a_2$ $a_1\ a_3$ $a_1\ a_4$ . . . . können demnach in ähnlicher Weise unterschieden werden nach den Beziehungsverschiedenheiten ihrer Elemente; oder wie vorher, nach der Verschiedenheit des Modus der Denkthätigkeit, welcher sie erzeugt hat, welcher Modus in dem Gegensatz von $a_1\ a_2$ und $a_2\ a_1$ seinen Grenzen nach bezeichnet ist. Wir sehen deshalb von den Komplexen $a_1\ a_n$ als inhaltliche Gebilde ganz ab, und bezeichnen durch den Gebrauch dieser Buchstaben nur die innere Beziehung der Elemente, d. h. die Richtung ihrer Verbindung im Unterschiede zu den Richtungen anderer Verbindungen. Richtungsunterschiede überhaupt müssen also zwischen zwei absolute Unterschiede als Grenzen ihrer Bestimmbarkeit fallen, und können nur verschieden sein nach einem mehr oder weniger dieses Richtungsunterschiedes, d. h. quantitativ.

Denkmöglich sind demnach eine unbeschränkte Anzahl verschiedener Richtungen, welche quantitativ gemessen werden können und in die Grenzen des absoluten Gegensatzes eingeschlossen sind.

Hier stellt sich nun gleich die Frage, wieviele Richtungen von einem Elemente aus möglich sind; oder ob die möglichen Richtungen nach Unterabtheilungen klassifizirbar, oder ob gewisse Richtungsunterschiede in unbegrenzter oder nur in begrenzter Zahl möglich sind?

Wie man sieht enthält diese Frage als eine Anwendung jene nach der Anzahl der räumlichen Dimensionen. Sie ist jedoch viel allgemeiner als diese letztere, und irgend ein Begriff von anschaulichem Raum ist durchaus nicht nothwendig zu ihrer Beantwortung. Es werden successive nur logische Bestimmungen aneinandergereiht und ein Resultat erreicht werden, welches allerdings auf den Raum anwendbar ist, diesen jedoch keineswegs schon enthält. Auch der Richtungsbegriff hat in der Weise, wie er hier gebildet und gebraucht worden, durchaus nichts Räumliches an sich. Eher könnte man sagen, er habe schon die Zeitform an sich; aber auch dies ist unstatthaft, denn zum Wahrnehmen der empirischen Zeit ist noch etwas Anderes als logische Bestimmung nothwendig. Richtig ist nur, dass wir, um diesen Begriff zu denken, eine Bewegung des Denkens in der Zeit vornehmen müssen, insofern also der zeitlose Begriff — innere Beziehung, Richtung — von einem zeitlichen Subjekte gebraucht werden muss, um zu logischem Bewusstsein zu gelangen. Alle diejenigen aber, welche diese Unterscheidung nicht zu fassen vermögen, werden wenigstens zugeben, dass der obige Richtungsbegriff nicht einer räumlichen Anschauung entsprungen ist, wenn sie dann auch desto fester darauf bestehen, dass er wenigstens auf die sogenannte empirische Zeit gegründet sei, sofern zuerst a_1 und dann a_2 gedacht werden müsse, um den Unterschied mit dem: „zuerst a_2 und dann a_1" — auszufinden. Das letztere ist durchaus richtig; aber mit dem Denken: „zuerst a_1, dann a_2", ist noch gar nicht die Zeitdauer „von a_1 **bis** a_2" postulirt noch gegeben.

Unser Problem ist also: die verschieden möglichen Richtungen zu bestimmen — oder die einfachste innere Beziehung — welche ein und dasselbe Element zu allen anderen denkmöglichen Elementen in einem Zusammen von unbegrenzter Vielheit haben kann.

Zu diesem Zwecke bezeichnen wir dieses Ausgangselement durch den Buchstaben I. Ein jedes beliebige andere Element bestimmt nun, wie ausgeführt, zwei verschiedene Richtungen als denkmöglich, und diese zwei Richtungen stehen zu einander im Verhältnisse des absoluten Gegensatzes. Diese beiden Richtungen zweier Elemente können bezeichnet werden durch I, a und a, I. Besser ist jedoch die Symbolisirung durch $I, + a$ und $I, - a$ weil dadurch das Ausgangselement auch graphisch stets als Ausgangselement bezeichnet ist. Das + und — haben natürlich gar keine arithmetische Bedeutung, sondern dienen nur als Bezeichnung der entgegengesetzten Richtung. Zur Bezeichnung des quantitativen Unterschiedes diene 0 als Bezeichnung der Identität, 1 als Totalität des Gegensatzes. Alle anderen Richtungen werden also eine zwischen 0 und 1 liegende Maasszahl als Bezeichnung ihres Unterschiedes zur Ausgangsrichtung $I, + a$ im Verhältniss zum Unterschiede des totalen Gegensatzes 1 erhalten. Alle Richtungen von I nach $+ a_1$, $+ a_2$ etc. werden nun einen um so grösseren Unterschied zu $I, - a$ haben, je kleiner ihr Unterschied zu $I, + a$ ist, und umgekehrt. Es wird also auch eine Richtung möglich sein, welche ebensoviel von $I, + a$ wie von $I, - a$ verschieden ist, und ihre Maasszahl wird $\frac{1}{2}$ sein.

Nun ermöglicht aber eine jede Richtung $I, + a_n$ zwischen $I, + a$ und $I, - a$ eine entgegengesetzte Richtung $I, - a_n$. Hieraus folgt, dass die denkmöglichen Richtungen sich stetig aneinanderschliessen und eine geschlossene Reihe bilden, in welcher das letzte Glied mit dem ersten zusammenfällt. Diese Reihe kann symbolisirt werden durch

$$I, + a \;\ldots\; I, + a_n \;\ldots\; I, - a \;\ldots\; I, - a_n \;\ldots\; I, + a$$

oder kürzer durch

$$+ a \;\ldots\; + a_n \;\ldots\; - a \;\ldots\; - a_n \;\ldots\; + a$$

und ihre Maasszahlen

$$0 \;\ldots\ldots\; \frac{1}{n} \;\ldots\ldots\; 1 \;\ldots\ldots\; \frac{1}{n} \;\ldots\ldots\; 0$$

Die Maasszahlen bezeichnen nur den Richtungsunterschied in arithmetischer Folge, sind also wirkliche oder positive Zahlen, können deshalb nie negativ sein; ebensowenig bedeutet ja auch das $- a$ etwas Negatives. Wir sind nun durchaus nicht berechtigt, diese stetige Folge von Richtungen für identisch mit dem Begriff Ebene zu halten. Im Gegentheil, geometrisch gesprochen, können diese Richtungen durch alle möglichen Dimensionen unduliren; denn alles, was wir bis jetzt bestimmt haben, war, dass diese Richtungen arithmetisch unterschieden werden können; also arithmetisch ein kontinuirliches, aus zwei homologen Theilen bestehendes Gebilde ausmachen, ebenso wie die geschlossene Reihe $0 \ldots \frac{1}{n} \ldots 1 \ldots \frac{1}{n} \ldots 0$

Es stellt sich jetzt die Frage: Können viele Richtungen zu einer bestimmten alle dieselbe Maasszahl haben?

Es ergibt sich zuvörderst aus dem Richtungsbegriffe selbst, dass zu einer gegebenen Richtung nur eine einzige den Unterschied 1 haben kann; eben weil der Richtungsbegriff ein logisch richtiger ist, und als solcher den Satz der Identität, das reine Denkgesetz, in Form der Kombination von zwei Elementen zu einem Ganzen ausspricht. Dagegen sieht man schon bei Inspektion der geschlossenen Reihe oben, dass alle anderen Maasszahlen (also 0 und 1 ausgeschlossen) je zwei verschiedene Richtungen nach ihrem quantitativen Unterschiede bezeichnen; und ausserdem besagen jene Maasszahlen durchaus nicht, dass es nicht noch viele andere Richtungen geben könnte, welchen dieselbe Zahl im Verhältniss zu $I, + a$ zukomme.

Fassen wir deshalb **alle** Richtungen, welche zu dieser Ausgangsrichtung $I, + a$ eine und dieselbe Maasszahl $\frac{1}{n}$ haben, zusammen, und sehen, was wir davon aussagen können. Die einzige uns mögliche Aussage ist: dass diese vielen hypothetischen Richtungen sich alle von einander unterscheiden müssen, wenn sie eben verschiedene Richtungen sein sollen. Unterscheidungsmerkmal der Richtungen gibt es aber kein anderes als dasjenige, was quantitativ durch Zahlen zwischen 0 und 1 nach obiger Symbolik ausgedrückt werden kann. Der Schluss ist demnach: Wenn zu einer Ausgangsrichtung $I, + a$ viele andere Richtungen $I, + b \ldots I, + b_n \ldots . I, - b \ldots .$ denkmöglich sind, welche alle zu $I, + a$ denselben Richtungsunterschied $\frac{1}{n}$ haben, so müssen sich alle diese Richtungen I, b durch entsprechende, zwischen 0 und 1 liegende Maasszahlen von einander unterscheiden. **Andere** von I ausgehende Richtungen sind aber überhaupt nicht denkmöglich, weil eben alle Verschiedenheit der Richtung nur im Richtungsunterschiede liegt.

Der letztere Satz ist allerdings eine Tautologie, die jedoch viel häufiger angewandt wird, als man gemeiniglich glaubt; und deren Anwendung eben durch den Satz der Identität gerechtfertigt ist.

Auf Grund dieses Ergebnisses lassen sich nun alle denkmöglichen Richtungen — alle Verschiedenheiten der inneren Beziehung je zweier Elemente in einem Zusammen — als stetige geschlossene Reihen darstellen, welche ohne Lücke, nach jeder Richtung hin zusammenhängen, und eben dadurch bilden, was wir allseitiges oder absolutes Kontinuum eines Zusammen nennen können.

Es ergibt sich direkt eine Begrenzung für alle Richtungen, welche zu $I, + a$ die Maasszahl $\frac{1}{n}$ haben. Je zwei solcher Richtungen I, b_1 und I, b_2 können nämlich unter sich keinen grösseren Richtungsunterschied als $2 \times \frac{1}{n}$ haben; denn sonst würde der Unterschied einer jeden einzelnen zu $I, + a$ ja grösser als $\frac{1}{n}$ sein müssen, was gegen die Annahme $= \frac{1}{n}$ wäre. $2 \times \frac{1}{n}$ ist also die Maximalgrenze dieser Richtungen.[15])

Eine Minimalgrenze kann aber für diese Richtungsunterschiede nicht angegeben werden, da keine Zahl

$$< \frac{1}{n} = (I,\ b_1) : (I,\ b_n)$$

der Bedingung $(I,\ b_1) : (I,\ +\ a) = (I,\ b_2) : (I,\ +\ a) = \frac{1}{n}$ widerspricht.

Weil nun eine solche Minimalgrenze durch die Bedingung $(I,\ b) : (I,\ +\ a) = \frac{1}{n}$ nicht gesetzt ist, deshalb ist die einzig mögliche Minimalgrenze jenes Gebildes die Grenze des Unterschieds überhaupt, das heisst die Identität der Richtungen, deren Symbol hier 0 ist.

Die von I ausgehenden denkmöglichen Richtungen können demnach als kontinuirliche geschlossene Gebilde betrachtet werden, die, ausgehend von der Einzelrichtung $I,\ +\ a$, eine kontinuirliche Folge von Richtungen enthalten, welche zu $I,\ +\ a$ alle Maasszahlen von 0 bis 1 durchlaufen; und ein jedes dieser Gebilde von der Maasszahl $\frac{1}{n}$ zu $I, + a$ enthält in sich eine kontinuirliche Folge von Richtungen, deren Unterschiede zwischen den Grenzen 0 und $\frac{2}{n}$ eingeschlossen sind. Das Gebilde, welches die Maasszahl 1 zu $I,\ +\ a$ hat, ist aber nur eine einzige Richtung, weil es identisch ist mit $I,\ -\ a$.

Weil diese Gebilde in sich selbst zurücklaufende Reihen sind und gleichfalls als Folge von Gebilden eine in sich zurücklaufende (geschlossene) Reihe darstellen, deshalb ist das allgemeinste Kontinuum dieser Beziehungen vollendet, und ausser dem hierdurch Bestimmten gibt es keine denkmögliche Bestimmung innerer Richtungsbeziehungen; ein Resultat, was in verschiedenen Formen sowohl der Arithmetik wie Geometrie wiederkehren wird. [16])

Es erübrigt nur noch die weitere Fortsetzung des algebraischen Schematismus abzuschneiden; oder, nachzuweisen dass einer solchen Fortsetzung eine analoge logische Deutbarkeit nicht zukommt.

Bekanntlich hat man gesagt, ebensogut wie durch drei Koordinaten könne auch eine Funktion durch 4 und mehr bestimmt werden; woraus dann gefolgert wurde, dass ein Raum, der erst durch 4 Koordinaten bestimmt würde, in sich nichts Widersinniges enthalte. Ebenso könnte man versucht sein zu sagen:

Da die Beziehungen

$$1)\quad (I,\ +\ a) : (I,\ +\ b_1) = \frac{1}{n}$$

$$2)\quad (I,\ +\ b_1) : (I,\ +\ b_2) = \frac{1}{m}$$

gegeben worden sind, um den Raum zu bestimmen, so steht nichts im Wege weitere schematische Bedingungen hinzuschreiben, wie

$$3)\quad (I_r + b_2) : (I_r + c_1) = \frac{1}{p}$$

und so weiter.

Deshalb können weitere Räume von mehr Dimensionen durch algebraische Gleichungen veranschaulicht werden.

Die ganze Widersinnigkeit eines solchen Fortschrittes, wie auch oben bei den Raumkoordinaten, entsteht aber dadurch, dass der Grössenbegriff vom Richtungsbegriff nicht getrennt wird, weil — für beide Begriffe identische Symbole angewandt werden; dies letztere ist aber nur zulässig, wenn man sich auf drei veränderliche Grössen beschränkt. Hierüber wird bei der Mathematik gesprochen werden.

Der Alogismus des obigen Fortschrittes ist sofort klar, wenn man bedenkt, dass die Gegenrichtung von $I_r + b_2$ bezeichnet ist durch $I_r - b_2$. Sollen also noch andere Richtungen möglich sein, welche durch die Formel 3) bestimmt werden, aber auch 1) und 2) genügen, nun so müssen $I_r + b_2$ und alle $I_r + c$ verschiedene absolute Gegenrichtungen zu $I_r - b_2$ sein; ein und derselbe Begriff müsste dann viele kontradiktorische Gegensätze haben.

Dass der Raum nur drei Dimensionen hat, beruht also darauf, dass jede Richtung nur eine Gegenrichtung haben kann; und dies darauf, dass das Denken nur durch successives Setzen seine Gebilde erzeugt, und dies darauf, dass das Gesetzte das Gesetzte ist, oder — dem Identitätssatze.

Wie man sieht läuft die Bestimmung der Richtungsverschiedenheiten parallel einer Konstruktion der Kugel durch von dem Halbmesser aus sich allmählich ausbreitende Kegelflächen, bis der entgegengesetzte Halbmesser erreicht ist. Deshalb hat aber die obige Bestimmung durchaus nichts Räumliches an sich, sondern verbleibt in der Analyse

$$\text{von } \varphi_z\,(a_1\,,\ a_2\,,\ a_3\ \ldots\ldots)$$

oder vielmehr in ihrer einfachsten Bestimmung als:

$$\varphi_z\,(a_1\,a_2\,,\ a_1\,a_3\,,\ \ldots;\ a_2\,a_1\,,\ a_2\,a_3\ \ldots\ldots)$$

Deshalb ist auch hiermit nicht der empirische Raum deduzirt; aber Kants intellektuale Anschauung „absoluter Raum“ ist hiermit logisch entwickelt, als logischer Prozess nachgewiesen. Gleicherweise ist nachgewiesen, dass von einer empirischen Welt, sei sie wie sie wolle, seien die wahrnehmenden Sinne, welche uns Kunde geben von jener Welt. wie sie nur sein mögen, Wahrnehmungen nur in obiger Raumform gemacht werden können; denn sie ist die einzige, welche dem Identitätssatze konform ist; und dies ist gleichbedeutend mit Denken, mit der Möglichkeit einer Erfahrung überhaupt.

β) Die innere Beziehung als **Entfernung**.

Im vorigen Abschnitte wurden die zwischen je zwei Elementen möglichen Beziehungen betrachtet. Der einfache Fortschritt der Analyse stellt jetzt die Beziehungen vieler Elemente $a_1\ a_2\ a_3\ \ldots.$ als Frage; und als einfachsten Fall den Konnex $a_1\ a_2\ a_3\ \ldots.$ dergestalt, dass die Richtungsbeziehung aller Elemente dieselbe sei. Hiermit ist zugleich der Richtungsbeziehung gegenüber der einzig noch mögliche Fall einer charakteristisch anderen Beziehungsweise in einem Zusammen von vielen Elementen gekennzeichnet.

Wir betrachteten vorher den Konnex $I, + a$. Derselbe war als Richtungsbeziehung identisch mit $- a, I$. Die Symbolisirung deutet jedoch an, dass andere Elemente in dem zweiten Konnex die identische Richtung bilden, der Konnex also in Hinsicht auf die Elemente ein verschiedener von dem ersten ist. Wir können nun gleichfalls den Konnex $- a, I, + a$ bilden, und seine Richtung ist identisch mit den beiden vorigen. Es liegt nun gar kein logisches Hinderniss vor, diesen Konnex durch weitere Elementarglieder zu vergrössern, unter der Bedingung, dass je zwei Elemente stets die identische Richtungsbeziehung $I, + a$ haben sollen. Aber die Konnexe als Ganze sind deshalb doch verschieden von einander in Hinsicht einer anderen Beziehung als derjenigen der Richtung. Wir nennen diese charakteristische Beziehungsweise eine solche der Grösse des Gebildes $\varphi_z = (- a, I, + a, \ldots..)$ oder der Entfernung seiner Grenzelemente.

Ein solches Gebilde als eine neue Art der Funktion φ_z überhaupt,

$$\text{als } \varphi_z = (- a, I, + a, + a_1, + \ldots...)$$

ist eine durch die Summe der Einzelentfernungen gemessene Grösse; dieselbe hat nur eine Grenze, und diese ist das Einzelelement. Die Grösse des Gebildes ist Null, solange nur ein Element, eine einzige Setzung des Denkens da ist, weil damit noch gar keine φ_z gesetzt ist; zu einer solchen gehören mindestens zwei Glieder. Weil aber eine beliebige Reihe durch logische Reduktionen auf ein isolirtes Glied zurückgeführt werden kann, deshalb darf wie das Einzelglied ebenso auch die arithmetische Null als Stelle in der Reihe betrachtet werden. Als Grösse hat diese φ_z keine Maximumgrenze; sie kann unbeschränkt vergrössert werden. Man nennt deshalb die Zahlreihe und die gerade Linie unendlich; ein Attribut, welches einer mystischen, nicht einer logischen Sprachentwickelung seine Entstehung verdankt, und welches aus dem mathematischen Sprachgebrauche am besten ganz verschwände.

Man wird hier einwenden, dass mit der Grösse der φ_z keineswegs schon räumliche oder zeitliche Entfernung konstruirt worden sei; dass zwischen je zwei Elementen vielmehr ein leerer Raum, aber keine Ausdehnung stattfindet. Dies ist richtig; die Ausdehnung ist mit obiger Funktion φ_z noch nicht geschaffen. Es ist aber von ihr auch gar nicht die Rede, sondern nur von logischen Beziehungen, wie sie sich in den arithmetischen Konnexen zunächst darstellen. Deshalb sprechen wir nicht von räumlichen Entfernungen, sondern von Entfernung der Grenzelemente oder Grösse der φ_z, einem Zusammen von einheitlicher Richtungsbeziehung. Dass aber diese logische Beziehung die Basis ist, auf welcher die räumliche Entfernung als gradlinige Ausdehnung erzeugt wird, soll sich im Kapitel über die Entstehung der Aussenwelt zeigen.

Dass diese innere Beziehungsform Entfernung auch bei der Reihe φ_r betrachtet werden kann, wurde schon bemerkt.

γ) Kombinationen.

Es liegt nun nahe, weitere Beziehungsweisen zwischen neuen Konnexen aufzusuchen; entweder durch Gegenüberstellung von grösseren Elementarverbindungen gleichartiger Natur, wie

$$a_1\, a_2\, a_3 \ldots\ldots a_n \text{ zu } b_1\, b_2\, b_3 \ldots\ldots b_n$$

oder aber von solchen ungleichartiger Zusammensetzung

$$a_1 \text{ zu } a_2\, a_3 \text{ oder } a_2\, a_3 \text{ zu } b_1\, b_2\, b_3 \ldots . b_n.$$

Es wird sich jedoch bei Entwickelung der Mathematik zeigen, dass alle diese formalistisch neuen Setzungen nur scheinbar neue sind, und sich auf jene typischen zwei Beziehungen α) Richtung und β) Entfernung zurückführen lassen; dass alle weiteren Bildungen demnach nur Kombinationen aus diesen zwei logischen Elementarbildungen sind. Diese Kombinationen werden in der Arithmetik unter dem Namen Konnexe, in der Geometrie unter dem Namen Figuren behandelt, und sind als logische Gebilde ein und dasselbe.

Hier liegt die Wurzel des Grundes, welcher diese beiden Wissenschaften auf das innigste verbindet, und welche besonders in der neuesten Entwickelung dieser Wissenschaften so auffällig und vielseitig zu Tage getreten ist. Die wahre Natur dieses Zusammenhanges musste jedoch verborgen bleiben, solange es nicht gelungen war, das logische Element aus der Anschauung des Raumes, aus der empirisch wahrgenommenen Ausdehnung auszuscheiden. Die Bezeichnung als „Form unserer Sinnlichkeit“ war allerdings ein grosser Fortschritt in dieser logischen Analyse, aber es war noch nicht die Reduktion auf ein wahrhaftes Element; das zeigte sich schon darin, dass dieser Begriff nicht unmittelbar verständlich war, wohl auch seinem Erfinder stets dunkel geblieben ist.

Die logische Verschiedenheit der Typen α) und β), welche beide als Grössen entwickelt wurden, zeigt sich am charakteristischsten in der Reihenbildung, zu welcher sie Veranlassung gaben; α) als geschlossene, bestimmte, in sich zurücklaufende, β) als unbegrenzte der Möglichkeit nach. Thatsächlich, empirisch, subjektiv können allerdings in beiden Reihen beliebige Grenzen gesetzt werden; aber dies beeinträchtigt nicht ihren typischen Charakter.

A. KAPITEL VIII.

DIE ENTSTEHUNG DER AUSSENWELT.

Empfinden und Denken sind als Thatsachen, als das wirkliche Geschehen der Welt dargestellt worden, und was sie sind wissen wir unmittelbar. Vorstellungen und Begriffe wurden daraus gebildet. Logische Formen des Nacheinander und Nebeneinander mit ihren Abstufungen und Kombinationen. Aber die abstrakte Reihe des Nacheinander ist noch keine Zeit, die wir als geistige Erfüllung oder auch als Langeweile wahrnehmen; die Konnexe des Nebeneinander sind noch keine Ausdehnung, wie wir sie bei jeder Gliedbewegung empfinden. Trotzdem haben jene logischen Konnexe die Formen, welche wir auch der empirischen Zeit und dem Raume zuschreiben; dass die Hypothese einer Zeit von zwei, eines Raumes von vier Dimensionen logische Widersprüche in sich schliesst, ist nachgewiesen worden. Aber was treibt uns dazu, ausser logischen Kombinationen und subjektiven Empfindungen auch noch einer sogenannten äusseren Welt von Dingen Existenz zuzuschreiben, und zu sagen: jene Dinge seien die Ursache, dass wir Empfindungen hätten, dass wir zum Bilden logischer Kombinationen gebracht würden?

Die bekannte Antwort des naiven Bewusstseins, über welche der Empirismus nicht hinauskommen kann, ist: nun weil eben äussere Dinge da sind, weil die Existenz einer Aussenwelt sich ja bei jeder Gelegenheit kundgibt, ihre Existenz für den gesunden Menschenverstand die allergewisseste Thatsache ist.

Dass diese Antwort ungenügend ist, selbst wenn die darin enthaltene Behauptung einer äusseren Welt nach Auffassung jenes naiven Bewusstseins richtig wäre, wird durch eine jede Sinnestäuschung gezeigt; seien dies nun optische oder Täuschungen des Tastgefühls bei ganz normalen Sinnes- und Lebenszuständen, seien es Halluzinationen oder Traumbilder. Bei allen diesen Gelegenheiten beurtheilen wir unsere Sinneserregungen als verursacht durch äussere Dinge, und fällen erst ein anderes Urtheil, nachdem wir diese äusseren Dinge mit anderen äusseren Dingen, die wir unter anderen subjektiven Verhältnissen wahrnehmen, verglichen haben.

Die räumliche Ausdehnung der Traumwelt ist ganz dieselbe wie diejenige der im wachen Zustande beobachteten Welt; sie hat eben dieselbe sinnliche Frische und Lebendigkeit, und ist durchaus verschieden von den Erinnerungsbildern des wachen Zustandes. Der Grund, weshalb wir im Wachen jene Traumbilder für nicht real erklären, unser während des Traumes geltendes Urtheil umstossen, liegt nicht in der anderen Aeusserlichkeit einer anderen räumlichen Ausdehnung, sondern darin, dass die Traumvorgänge weder unter sich noch mit den Vorgängen des wachen Zustandes in kausalen Zusammenhang gebracht werden können. Mit anderen Worten: im Traume geschehen Wunder; das vernünftige (wache) Denken lässt aber kein Wunder zu, kann es nicht zulassen, weil es sonst sich selbst aufheben, für nichtig (nicht real) erklären müsste; deshalb muss das vernünftige Denken jene Traumbilder für nicht real erklären. Hieran wird durchaus nichts dadurch geändert, dass wir während des Traumes gewöhnlich (aber nicht immer) jenen kausalen Zusammenhang nicht fordern, ihm nicht nachforschen, sondern ohne streng logische Urtheile jene Traumwelt über uns ergehen lassen. Das geschieht ebensogut im wachen Zustande bei dem grössten Theile der Menschheit.

Hieraus folgt, dass wenn auch eine äussere Welt in dem sogenannten empirischen Raume existirt, diese äussere Welt doch durchaus nicht unbedingt nothwendig ist, um in uns die Anschauung einer räumlichen Ausdehnung zu erzeugen; die nothwendige Bedingung dieser letzteren muss also ganz wo anders liegen.

Jene empiristische Antwort ist aber nicht allein ungenügend, sondern geradezu falsch; ihr Fehler wird charakterisirt durch die neue Frage: Wenn nun auch äussere Dinge existiren, wie geschieht es dann, dass ein äusseres Ding auf ein anderes äusseres Ding wirkt, wenn es doch lediglich ein äusseres Ding sein soll? Die Dinge wirken doch auf uns, wenn sie uns zu ihrer Wahrnehmung als äusserliche Dinge bringen; warum bleibt diese Wirkung nicht blosse innere Empfindung? Muss, um dieses zu bewirken, nicht das eine Ding aus seiner reinen Aeusserlichkeit herausgehen, in das andere übergehen? Mit einem solchen Uebergang aber, einerlei was seine begleitenden Momente seien, wäre grade die Aeusserlichkeit, die Ausgedehntheit aufgehoben; denn zwei Dinge oder Bestimmungen irgend welcher Art, die ineinander übergegangen, sind nicht mehr äusserlich zueinander.

Die Aussenwelt bleibt also eine reine Hypothese, die zwar immerhin Wahrheit enthalten kann, die aber auch unter Voraussetzung ihrer Richtigkeit das Raumproblem nicht zu beantworten vermag. In jedem Falle, bestehe realiter eine Aussenwelt oder seien die Dinge nach Aussen projizirte Phantome, muss die Seele jene Anschauung der räumlichen Ausgedehntheit selbstthätig erzeugen.

Kant gab die Antwort: Raum und Zeit sind die Formen unserer Sinnlichkeit; also eine Mitgift unseres menschlichen Intellekts, eine Bestimmung der wesentlichen Natur dieses Intellekts, und als eine solche nicht weiter ableitbar.

Der Knoten war zerhauen, nicht gelöst; die Frage war in aller Schärfe einmal gestellt worden; aber es entwickelte sich aus jener Antwort eine neue Reihe Fragen, weil die Antwort mangelhaft war. Unser Intellekt war das Zauberwort, welches die Frage lösen sollte. Die Folge aber war, dass man frug: was ist denn dieser unser Intellekt; gibt es deren verschiedene, die sich alle mit dem Denken nach dem Satz des Widerspruchs vertragen, und wie können dieselben sich voneinander unterscheiden? Oder ist etwa Intellekt ein drittes dem Denken und Wahrnehmen oder dem Denken und Sein koordinirtes Element? In diesem letzteren Falle müsste er ein durch sich selbst verständlicher Begriff sein, gleichwie Denken und Empfinden, und es müsste sich gleicherweise bei jeder Empfindung die nothwendige Koordination dieses dritten Elementes dem Gefühle aufdrängen. Von alledem ist aber nicht die Spur vorhanden; das beweist schon die Unzahl von Attributen, die dem Intellekt verbunden werden, um den Begriff verständlicher erscheinen zu lassen. Bei Kant und seiner Schule wird gehandelt von dem — erkennenden, Grenzen setzenden, empirisch sinnlichen, vorstellenden, erkennenwollenden, psychologischen, indifferenten .... etc. — Intellekt. Eine einheitliche Definition dieses Begriffs ist nirgendwo auch nur versucht; der Begriff selbst war aus der alten Metaphysik als sprachliches Erbtheil herübergenommen in der Meinung, er bilde die Mitgift des *νοῦς* für den Menschen.

Die Frage spitzte sich also dahin zu: Ist dieser Intellekt etwas Spezifisches, was der Menschheit zukommt, neben dem es aber noch andere Intellektarten geben kann, die andere ursprüngliche Anschauungen als Zeit und Raum haben können — sind alle diese Arten von Intellekt im logischen Denken möglich? Nun dann ist der menschliche Intellekt als etwas Gegebenes in unserer Welt, etwas empirisch Gegebenes, was auch anders sein könnte.

Wie es nicht anders sein konnte, wurde trotz Kants Antwort diese Natur des Intellekts entweder auf logischem oder auf sinnlichem Gebiete zu ergründen gesucht; denn nur bei den beiden Begriffen Denken und Empfinden vermag das Erkennenwollen Halt zu machen, weil diese Begriffe bei jedem Akt des Denkens und Empfindens unmittelbar verständlich sind; weil dies in Wahrheit letzte Elemente des Geschehens sind. Es wurde entweder logisch oder sinnlich jene Natur des Intellektes zu erforschen gesucht, ohne dass man methodisch jene beiden Elemente der Existenz überhaupt aufgestellt hätte — weil es eben nicht anders möglich war; weil kein anderes Gebiet der Existenz vorhanden ist, weil deshalb das fiktiv aufgestellte dritte Gebiet „der menschliche Intellekt" auf die beiden wirklich **daseienden** Gebiete hinübergebracht werden musste.

In dem Verlaufe der bisherigen Entwickelungen ist der Kantische Intellekt dargelegt als entweder ein unnöthiger oder aber ein paralogischer Begriff. Unnöthig ist er, weil wir denselben gar nicht in den Untersuchungen zu verwenden brauchten; unnöthig zeigt er sich schon dadurch, dass alle seine erklärenden Attribute entweder in das Gebiet des Denkens oder des Empfindens verwiesen werden können. Paralogisch ist der Begriff aber, wenn er ein neues selbständiges Gebiet bedeuten soll; denn ein Denken nach dem Satz des Widerspruchs verträgt ein solches nicht, und die Hypothese eines anderen Denkens, einer höheren Vernunft, ist ein Missbrauch der Sprache und der Schrift; ein Missbrauch des Denkens kann eine solche Hypothese nicht einmal genannt werden, weil es eben kein Denken ist, sondern gedankenlose Negation des Denkens.

Nach Darlegung der Fehler obiger Antworten auf das Anschauungsproblem stehen wir wieder an der Frage selbst.

Welche Kombinationen das Denken möglicherweise machen konnte, ist gezeigt worden; aber wie kommen wir dazu, das logische Zusammen der Elemente in φ $(a, b, c \ldots.)$ zu einem Zusammen zu gestalten, welches ein **Zwischen** a und b enthält, welches aus a und b eine Ausdehnung von a **bis** b schafft; denn a und b einzeln als isolirte Glieder einer Reihe betrachtet, sind lediglich Nullen der Ausdehnung, wie in Kapitel VII gezeigt worden ist. Und wie kommt es, dass wir eine doppelte Art dieses Zwischen, als Zeitausdehnung und als Raumausdehnung, subjektiv produziren? Denn subjektiv müssen wir ja produziren auch für den Fall, dass es äussere Dinge gibt.

Die einzig mögliche Antwort auf diese Frage ist durch den Gang der logischen Analyse schon angedeutet, und steht als die einzige bis jetzt noch nicht verwendete Kategorie in der Tafel der Begriffe.

Wenn die logische Kombination, nur die Elemente als Denkpunkte zusammenstellen, aber nicht das Zwischen den Denkpunkten herstellen kann, nun so muss Letzteres eben dem anderen Gebiete, dem Empfinden zugeschrieben werden.

Die Empfindung selbst wurde logisch geschieden in ein Sinneszeichen und ein Gefühl. Die Sinneszeichen sind es nun, welche als Eigenschaften den Dingen der Aussenwelt zugeschrieben werden. Entsteht demnach mit der Wahrnehmung der Sinneszeichen die Aussenwelt? Dann müsste das begriffliche Setzen der Funktion

φ (a, b, c . . . . .), wobei unter a, b, c . . .

die Merkmale gelb, warm, hart etc. verstanden werden, einen Begriff erzeugen, welcher die Vorstellung des ausgedehnten Körpers ermöglichte. Das kann aber durchaus nicht der Fall sein, denn hiermit geschah anders nichts, als dass an Stelle der mathematisch allgemeinen Einheit verschiedene heterogene Einheiten in jener Funktion verbunden wurden. Die Sinnesmerkmale sind also nicht die nothwendigen Elemente zur subjektiven Produktion der Aussenwelt; und es bleibt von allen Kategorien nur das Gefühl als solches übrig, welches prinzipiell zur Gestaltung der Ausdehnung mitwirken könnte.

Hiergegen wird sich nun gleich die gewöhnliche Auffassung wenden, welche das Gefühl als etwas Sekundäres betrachtet, welches möglicherweise die Sinnesmerkmale begleiten könnte oder auch nicht. Dieser Auffassung wurde schon im Vorhergehenden einmal entgegengetreten. Dieselbe allgemein überzeugend zu widerlegen ist deshalb so schwierig, weil der Grad des Gefühls eine so schwache Intensität haben, sowenig vom Nullpunkt verschieden sein kann, dass er überhaupt für Null angesehen wird. Seitdem man jedoch eine Bewusstseinsschwelle kennt, wo die Schwäche des Reizes keine Reaktion der Sinne mehr bewirkt, muss auch ein entsprechender Punkt auf der Skala von Lust und Unlust prinzipiell zugestanden werden. Lust und Unlust sind das prinzipiell Beständige in der Empfindung, und die spezifische Art, wie sie erregt werden, nennen wir ihr Sinnesmerkmalzeichen, wobei man von der Stufe des Gefühls absieht. Eine bestimmte Intensität des Roth mögen wir als indifferent für unser Gefühl bezeichnen; wenn wir jedoch diese Intensität steigern oder schwächen, durchläuft das Gefühl verschiedene Stufen, welche wir als „matt, lebendig, satt, feurig, bis schmerzhaft, grell“ bezeichnen; und diese Attribute sind Bezeichnungen des Grades von Lust und Unlust, nicht aber der indifferenten äusseren Merkmale. Soll nun erst bei einer gewissen physikalischen Stufe des Roth dieses Gefühl überhaupt auftreten? Das wäre gegen das Gesetz der Kontinuität; das wäre eine Neuschöpfung des äusseren Reizes bei seiner Wirkung auf den Organismus. Bei einer gewissen grösseren Geschwindigkeit der Lichtwellen müsste Schöpfung eines neuen Existenzelementes aus dem Nichts stattfinden, ein Wunder in der physischen Erklärung der Welt angenommen werden. Wohl aber mag das Gefühl auf der Skala Lust — Unlust sich allmählich dem Nullpunkte nähern, ebenso wie auch die Wahrnehmung des Sinneszeichens ganz verschwinden kann, ohne dass der äussere Reiz dazusein aufgehört hätte. Wenn dieser Null- oder Indifferenzpunkt überhaupt eintritt, dann ist die Seele todt für das eigene Bewusstsein, und der betreffende Organismus kann nur noch Objekt für andere Seelen sein, wo jener Indifferenzpunkt nicht erreicht ist, in welchen jener empfindungslose Leib noch Empfindung erweckt. Auch werden ja Empfindungen, z. B. leise Geräusche, welche unter normalen Umständen vom Organismus gar nicht wahrgenommen, oder wenigstens für indifferent dem Gefühle gegenüber gehalten werden, unter anderen sogenannten krankhaften Verhältnissen nicht allein wahrgenommen, sondern als schmerzhaft beurtheilt. Soll nun das Gefühl überhaupt, welches sich dabei als Schmerz kundgibt, erst auf einer gewissen Stufe der Reizstärke entstanden sein? Die Ansicht ist unlogisch, weil gegen das Gesetz der gegenseitigen Bedingtheit allen Geschehens.

Werde nun die Antwort auf die Frage nach Entstehen des Ausgedehnten überhaupt formulirt.

Ausdehnung entsteht, oder ist da, sofern Empfindung da ist, oder vielmehr Empfindungen; und diese letztere speziell bestimmt als Lebensgefühl, welches von dem Organismus empfunden wird als ein Werth für seine Individualexistenz, als Lust oder Unlust. Oder in subjektiver Formulirung des Satzes:

Ausdehnung ist da, weil die Individualseele nicht indifferent einem Anderen oder einer Aussenwelt gegenüberliegt, wie etwa eine photographische Platte, welche deren Merkmale registrirt; sondern weil sie ein aktives Prinzip ist (als aktives Prinzip aufgefasst, determinirt werden muss), welches fühlt, begehrt, will, welches Empfindungen erleidet als eine Werthschätzung für ihr Dasein, und dadurch von diesem Dasein weiss als einem Individualdasein einem Anderen gegenüber; und deshalb auch dieses Individualdasein zu behaupten strebt dem Anderen gegenüber. Wäre statt dessen die ganze Welt nichts Anderes als eine Bewegung fühlloser Atome, so könnte nie in einem Komplex solcher Atome Gefühl auftauchen, nie könnte ein solcher Komplex, wenn auch in der organischen Anordnung als Mensch, zu der Anschauung einer Ausdehnung, weder einer zeitlichen noch einer räumlichen, gelangen.

A. KAPITEL IX.

DIE FORMEN DER AUSSENWELT.

Die Zeit.

Empfindung überhaupt muss also nicht bestimmt werden als ein einmaliger Akt, als momentane Marke eines Sinneszeichens, sondern als beständiges Bewusstwerden der Empfindung, als Gefühl spezifizirt durch Sinneszeichen. Bewusstsein ist kein ruhendes Ding an sich, sondern unmittelbares dauerndes Wissen von einem Geschehen; um keine Verwirrung anzurichten, soll dieses Geschehen hier nie als Sein bezeichnet werden. Als Wissen von einem Geschehen bestimmt sich die Empfindung als allgemeinste Form der Ausdehnung; wir nennen sie als solche Zeit.

Insofern kann man die Zeit empirisch nennen; nur muss man sich hüten, dieses Empirisch für gleichwerthig allem sonstigen Gebrauche dieses Wortes zu halten. Im Allgemeinen bezeichnet man mit „empirisch" Etwas, was auch anders sein könnte, ohne deshalb unsere Auffassungsfähigkeit oder unser Denkgesetz unmöglich zu machen. Deshalb haben ja auch die „Empiriker aus System" andere Welten mit anderen Zeiten hypostasirt, wo etwa die Zeit sprungweise vorwärts rückt, oder in mehr als einer Art der Ausdehnung, in zwei Dimensionen, oder gar in sich selbst zurücklaufend. In diesem Sinne nun ist die Zeit nicht empirisch sondern eher apriorisch zu nennen, obschon auch dieses Wort nicht logisch gebildet ist und zu einer Unzahl von Missverständnissen Anlass gibt.. Die Zeit darf nur insofern empirisch gegeben genannt werden, wie das Dasein einer Welt überhaupt auch empirisch gegeben genannt wird. Dies Dasein ist weiter gegeben als Denken und Empfinden, oder wie wir jetzt sagen können, als Ausdehnung überhaupt. Ausdehnung wird demnach wahrgenommen, nicht weil eine ausgedehnte objektive Welt existirt, — das mag richtig sein oder auch nicht — sondern weil ein jedes denkende, empfindende Individuum beständig Ausdehnung erzeugt; und diese Erzeugung der Ausdehnung findet nicht statt, weil die Individualseele einzelne Denkakte setzen kann und auch nicht, weil sie die Sinneszeichen gelb, warm, hart etc. zu registriren vermag, sondern weil sie ein aktives Prinzip des Fühlens, Strebens, Wollens, oder wie immer man dies nennen mag, ist, und als solches nicht dem grammatischen Subjekt in seiner Daseinsruhe und auch nicht dem Ding an sich, sondern dem **Geschehen** entspricht. Denken ist auch ein Geschehen; aber die Reflexion fasst nur die einzelnen Denkakte als bestimmend für das Denkprodukt, und es ist ihr gleichgültig, inwiefern diese Denkakte durch Ausdehnung, d. h. objektivirte Empfindung, verbunden sind.

Diese Ausdehnung muss nun als eine stets identische Einheit bei allen Denkakten stattfinden; und deshalb kann von ihr ganz abgesehen werden, weil es ja eben die überall vorhandene Einheit ist. Die Welt als Existirendes überhaupt ist aber nicht allein ein empirisch Gegebenes, sondern es kann auch gar nicht ihr Gegentheil gedacht werden. Dass Nichts sei, kann nicht gedacht werden; in dem Satze widersprechen sich ja schon das Nichts und das Sei. Von allem in der Welt kann abstrahirt werden, alle Dinge können wir aus dem Raum hinausdenken, vielleicht auch den leeren Raum hinwegdenken, aber immer und ewig bleiben wir selbst zurück; wir haben nur eine andere, auf uns reduzirte Welt gedacht, aber niemals das Nichts. Die Hypostase eines Nichts ist also unserem Denkgesetz entgegen — und somit ist das Gegebene überhaupt eine Denknothwendigkeit, und nicht etwas Empirisches im Sinne des gewöhnlichen Sprachgebrauchs.

Man könnte nun noch eine Welt des reinen Denkens oder der alleinigen Empfindung als Hypothese setzen; aber auch ein solches Gegebenes widerspricht sich, wie schon in Kapitel I nachgewiesen.

Reines Denken entsteht als logischer Kunstgriff, indem wir, wie oben gesagt, nur die einzelnen Denkakte ohne ihre denknothwendige Verbindung als Ausdehnung betrachten, weil eben das beständige Mitberücksichtigen der Ausdehnung für diese oder jene Frage von keiner Bedeutung ist. Deshalb ist sie aber doch da, ebensogut wie kein Subjekt und Objekt isolirt bestehen kann, sondern nur insofern sie zusammen d. h. verbunden da sind; welche Verbindung durch die Kopula bezeichnet wird. Viel eher könnte man sagen, die Kopula (die Ausdehnung) existirt und das Subjekt und Objekt sind Scheinwesen. Die chinesische Sprache nennt das Zeitwort „ho tseu" d. h. lebendiges Wort;

und hier dürfte die Metaphysik des Sprachgeistes das Richtige getroffen haben; denn fürwahr alles Leben, alles reale Existiren liegt vielmehr in dem Geschehen als in dem Sein der grammatischen todten Wesen — Subjekt und Objekt.

Mystische Gemüther mögen sich darin gefallen, irgend einem höheren Wesen ein solches reines Denken zuzuschreiben; das wäre aber in Wahrheit ein Unwesen. Wir sind allerdings nicht zu dem Ausspruche berechtigt „es kann nichts Anderes existiren als eine Welt von Denken und Empfinden", aber eine solche andere Welt für möglich zu halten, ist widersprechend einem Denken überhaupt. Möge immerhin ausser Denken und Empfinden noch etwas Anderes existiren; darauf wären jedenfalls irgendwelche unserer Begriffe, eingeschlossen desjenigen von einer Existenz überhaupt, nicht anwendbar; also darf es auch nicht möglich genannt werden. Wenn der Mystizismus dieses möglich für ein höheres Wesen ausspricht, so ist das einfach ein Eingeständniss seiner beschränkten Denkkraft; wenn aber der Kritizismus durch dieses möglich vermeint, einen höheren Standpunkt zu signalisiren dem Attribut denkunmöglich gegenüber, so muss ihm vorgehalten werden, dass statt einen höheren kritischen Standpunkt erlangt zu haben, er einfach das Fundament Denken überhaupt weggestossen hat, und in die bodenlose Leere hineinfällt, wie der an seinem Zweifel verzweifelnde Skeptiker.

Setzen wir nun noch die Welt des reinen Empfindens.

Wäre ein Wesen nur einer einzigen Empfindung fähig, so würden wir seinem Dasein (objektiv betrachtet) Dauer zusprechen, aber diese seine zeitliche Ausdehnung könnte ihm durchaus nicht zu Bewusstsein gelangen; es selbst als eine einheitliche in sich abgeschlossene Welt würde kein Aussen kennen. Dasselbe würde stattfinden, wenn dieses Wesen verschiedener Empfindungen fähig wäre, die sich aber einander absolut ausschlössen, sodass die eine die andere ablöste, ohne eine Erinnerung irgend einer Art zu hinterlassen. Das reine Empfinden bringt also für sich auch keine Ausdehnung hervor; eine Welt des reinen Empfindens wäre keine Welt, hätte auch keine zeitliche Ausdehnung; denn wir müssen bedenken, dass indem wir jener reinen Empfindungswelt zeitliche Dauer zusprechen, dies nur dadurch nicht in sich widersprechend ist, dass wir jene Empfindungswelt durch unser Denken vermehren, also die erstere Hypothese aufheben.

Wird aber jenem empfindenden Wesen die Fähigkeit beigelegt, mehrere Erinnerung hinterlassende Empfindungen zu haben, dann entsteht für dasselbe, oder auch, es erzeugt für sich, eine Aussenwelt.

Wir können uns diesen Vorgang folgenderweise interpretiren:

Das Empfindungswesen hat die Empfindung *a*, sodann die Empfindung *b* und vermag sich ausserdem noch der Empfindung *a* zu erinnern, d. h. dieselbe von *b* zu unterscheiden und mit ihr zu vergleichen. Dies Unterscheiden und Vergleichen ist ein Urtheil, und der ganze Vorgang dieser synthetischen Zusammenstellung ist nichts Anderes, als was wir mit dem Begriff Denken bezeichneten; näher, denkende Setzung und Verbindung der Empfindungen *a* und *b*.

Werden nun verschiedene Reihen von Empfindungszuständen durchlebt, und kann das Wesen aus dieser Vielheit einen Zustand aussondern, welcher sich annähernd gleich bleibt, so wird es diesen beurtheilen als einem stabilen Subjekt entsprechend, gegenüber einer Vielheit von Attributen; weil die Natur des Denkens überhaupt, charakterisirt durch die Funktionen „trennen, vergleichen", sich in diesen grammatischen Formen bewegen muss. Eine eingehendere Betrachtung dieses Urtheils, welches die logische Funktionalverbindung in Verbindung nach „Ursache und Wirkung" umwandelt, folgt unter Kausalität. Diese wechselnden Zustände bilden seine Aussenwelt, weil es sie beurtheilt als verschieden von dem Subjekt Ich.

Diese Aussenwelt entsteht auch wenn gar keine äusseren Objekte (im gemeinen Sinne) diese Zustandsänderungen bewirkten; irgend welche subjektive Phantasien würden diese Aussenwelt gleicherweise erzeugen, sofern nur das Urtheil des Subjekts, einerlei ob mit Recht oder Unrecht, dieselben als etwas Fremdes, nicht stabil seinem Wesen Verbundenes bezeichnet. Diese Aussenwelt ist aber noch nicht geschieden in eine zeitliche und räumliche; sie kann rein zeitlich gedeutet werden, solange noch keine näheren Bestimmungen über die Art jener Empfindungen gemacht worden sind. Das Geschehen oder Wahrnehmen von Empfindungen ist demnach identisch mit zeitlicher Ausdehnung und denkender Setzung dieser Ausdehnung. Die Zeit ist also nicht etwas Empirisches, was ohne „Geschehen von Denken und Empfinden" nebenher ablaufen könnte; ebensowenig entsteht sie durch das isolirte Denken, den abstrakten logischen Prozess, ebensowenig durch das Geschehen von isolirter reiner Empfindung; sondern sie entsteht durch (oder: ist zugleich da mit) das denkende Setzen verschiedener Empfindungen. Durch dieses denkende Setzen kommt das empfindende Wesen zum Bewusstsein seiner Empfindungen als von Dauer, von zeitlicher Ausdehnung; es hat die Verschiedenheit der zeitlichen Ausdehnungen kennen gelernt, und ist dadurch zu der Möglichkeit gelangt, die Ausdehnung als Etwas wahrzunehmen, ihr entsprechend den Begriff Zeit zu bilden.

Diese Wahrnehmung ist rückwärts gewandte Erinnerung, vorwärts gerichtetes Begehren; und aus dieser Wahrnehmung wird weiterhin der Subjektbegriff konstruirt, Seele als aktives Prinzip; das Subjekt Seele ersetzt das Zeitwort „Geschehen, Empfinden."

Diese Ausdehnung nun ist ganz allgemein, ohne irgend welche näheren Bestimmungen. Einzelne Stellen können darin entsprechend dem Geschehen der Denkakte bezeichnet werden, aber die Ausdehnung als solche zwischen den Stellen a und b ist durchaus gleichartig der von b nach c oder irgend einer andern, weil sie ja nichts anderes bedeutet, als Stattfinden der Empfindung überhaupt. Der Verbindungsmodus der einzelnen Stellen ist demnach überall derselbe. In der Funktion

$$\varphi_r\ (a,\ b,\ c\,.\,.\,.\,.\,.) = \text{Nacheinander} = \text{Reihe}$$

kann das a nicht anders mit dem c verbunden werden als durch b; der Verbindungsmodus von a, b; a, c; b, c; c, a; c, b ist überall ein und derselbe, weil Empfindung schlechtweg. Deshalb kann die Zeitreihe φ_r auch symbolisirt werden durch die Funktion des Zusammen $(a, b, c\,.\,.\,.\,.\,.)$, wobei dann die Bedingung gestellt ist, dass die innere Beziehung Richtung zwischen den Einzelgliedern überall ein und dieselbe sei. Dies wird auch ausgedrückt durch:

die verlaufende Zeit kann als gerade Linie ohne Begrenzung dargestellt werden.

Die Repräsentation der Zeit als Reihe durch

$$\varphi_z\ (a,\ b,\ c\,.\,.\,.\,.) = \ldots 1 + 1 + 1 + 1 \ldots\ldots$$

wäre demnach falsch; denn in dieser arithmetischen Reihe als Summe liegt nicht die Einheit der inneren Beziehung im Zusammen ausgedrückt. Diese Symbolik ist jedoch brauchbar, wenn das Zeichen + in diesem Sinne gedeutet wird. Die Nichtbeachtung der logischen Zweideutigkeit der Zeichen + und — ist verhängnissvoll für manche Schlüsse der Pangeometrie geworden, wie in der Folge ausgeführt werden wird.

Deshalb kann es auch keine verschiedene Zeiten geben, obgleich ein jedes Subjekt seine eigene Zeit produzirt; denn diese vielen Zeiten haben alle dieselbe Richtung oder alle die Abstraktion von jeder Richtungsverschiedenheit. Ebenso haben sie nicht verschiedene Stellen, sondern die Stellen einer jeden fügen sich in die Stellen einer jeden anderen ein, sind nicht verschieden davon, weil die Stellen der Reihe wohl voneinander verschieden sind, die Reihe selbst als Begriff aber stets dieselbe ist, einerlei von welchem Subjekt sie produzirt wird. Ein jedes Subjekt produzirt seine eigene Zeit; wenn dieselben aber über dieses Produkt urtheilen, sich miteinander über dieses Produkt unterhalten, so setzen sie ja dieses Produkt als Begriff, nicht als subjektive Empfindung; und dieser Begriff ist ein und derselbe, einerlei von wem produzirt, ebenso wie der Begriff und die mathematische Konstruktion des Regenbogens ein und derselbe ist, obgleich ein jedes Individuum seinen eigenen Regenbogen sieht.

Noch ist zu bemerken, dass es eine leere Zeit nicht geben kann, weil dies die direkte Negation des Zeitbegriffs wäre, der Erfüllung, des Daseins von Gegebenem als Empfindung (Dauer der Empfindung des Daseienden). Diese Erfüllung, objektiv betrachtet, kann eine mannichfaltige sein; deshalb bleibt aber Zeit der Begriff des Daseins überhaupt, was zu negiren ein Ungedanke ist. Wesentlich verschieden hiervon wird sich die Möglichkeit der Begriffskombination „leerer Raum" herausstellen.

Weiter ist von der Zeit nichts auszusagen, weil sie eben ihrer Form nach nichts ist als die absolut allgemeine Ausdehnung ohne irgend welche innere Unterschiede.

Die Frage, ob die Zeit ausserdem noch als etwas Objektives realen Werth habe, was gewöhnlich mit Hinweis auf die geologisch beglaubigten Zeiten, in denen es noch keine empfindenden Organismen gegeben habe, vorgehalten wird — bleibt einstweilen unerörtert; im Schlusskapitel wird diese Frage mit anderen ähnlichen nach der Realität der Welt behandelt werden. Hier sollte nur ausgeführt werden, dass die Zeit jedenfalls auch subjektiv von jedem denkenden Individuum produzirt werden muss.

Der Raum.

Ebenso wie die Funktion φ_r zur Zeit wurde, wenn an Stelle ihrer logischen Elemente Empfindungen traten, ebenso wird aus der Funktion φ_z Raum, wenn ihre Elemente Empfindungen sind. Dieser Raum ist der angeschaute sogenannte empirische Raum, wenn wir uns des Komplexes dieser Empfindungen φ_z $(a, b, c \ldots)$ bewusst sind als Folge dessen, was wir Wahrnehmung oder Vorstellung nennen; es ist der begriffliche oder geometrische Raum, wenn wir in der Reflexion nur den Begriff der Einzelempfindungen $a, b, c \ldots$ und den Gesammtbegriff φ_z setzen.

Diese Einzelempfindungen erzeugen aber nicht den angeschauten Raum, insofern sie verschieden von einander sind — gelb, warm, nass etc., sondern insofern eine jede noch so verschiedene Empfindung, für die Seele ein einheitliches Element enthält. In alle den $a, b, c \ldots\ldots$

muss etwas Einheitliches stecken, wodurch die Kombinationen $a_1\ a_2$ $a_1\ a_3$ $a_1\ a_4$ etc. zu Ausdehnungen, und die logische Beziehung ihrer Elemente auf einander zu räumlicher Richtung, die Ordnung dieser Richtungen durch das Denken zu einem allseitig zusammenhängenden Kontinuum wird.

Die empirische Bedingung dafür, dass die Seele räumliche Unterschiede setze, ist: dass sie mehrere Empfindungen zugleich habe, die einer gewissen Hinsicht nach gleichwerthig sind, aber doch unterschieden werden können, weil sie der Annahme gemäss zugleich als $\varphi_z\ (a,\ b,\ c,\ \ldots.)$ da sind. Sei z. B. das Einzelelement $a =$ gelb, so hat die Funktion die Gestalt $\varphi_z\ (a_1\ a_2\ a_3\ \ldots..)$; ein jedes Element ist ein und dasselbe gelb, und doch müssen sie von der Seele als Einzelindividuen anerkannt werden. Tritt diese Anerkennung ein — einerlei wie dies möglich ist (von den Bedingungen dieser Möglichkeit wird bald die Rede sein), so muss die Seele jene Einzelelemente a in einer bestimmten Weise, den behandelten Denkformen gemäss, ordnen; denn dieselben chaotisch liegen lassen wäre gleichbedeutend mit Nichtunterscheiden der Einzelelemente.

Wie es nun zugeht, dass solche gleichwerthige Empfindungen auf die Seele eindringen — wie es möglich ist, dass die Seele, oder wie immer das Subjekt genannt wird, diese verschiedenen, gleichwerthigen Empfindungen zugleich auffassen kann — was die innere Natur oder Konstruktion dieses Subjektes sein muss, um so etwas überhaupt möglich zu machen — dies sind alles Fragen, welche uns hier nicht beschäftigen. Die ersten jener Fragen zu beantworten ist Aufgabe der Physik, die letztere Aufgabe der Physiologie; es sind rein empirische Fragen. Ob ein solches Zugleich von Empfindungen stattfindet, welches zur subjektiven Erzeugung des Raumes Anlass gibt, ob ein so konstruirtes Subjekt existirt, welches jene gleichwerthigen Empfindungen auffasst, das ist nur aus dem Empirischen zu entnehmen. Und ebenso, welcher Theil des Raumes als Körpergestalt oder wirklich angeschauter Raum bei einem Subjekt auftritt, hängt nur von den empirischen Verhältnissen ab. Aber möglich ist die Anschauung einer Linie, einer Fläche und eines Körpers, und die Möglichkeit der Ausdehnung dieser Gestalten ist unbegrenzt; unmöglich ist aber etwas thatsächlich oder in der Vorstellung anzuschauen, was hiervon qualitativ verschieden wäre, wie man sich etwa vier dimensionale Ausdehnungen imaginirt.

Es wäre z. B. ganz gut möglich, dass eine Welt existirte, in welcher gar keine solchen gleichwerthigen Empfindungen aufträten, und in welcher demnach auch keine äusseren Objekte vorhanden wären. In einer solchen Welt würden weder Körper noch ein leerer Raum angeschaut werden. Das Denken würde aber immerhin die Funktion $\varphi_z\ (a_1, a_2, \ldots.)$ bilden können, ebenso wie der Geometer auch Begriffe bildet, die keinem Gegenstand in der Natur entsprechen. Aber auch in einer solchen Welt müsste man von einem Subjekt, und einer dem Subjekt koordinirten objektiven Welt sprechen, wenn auch diese Bestimmungen durchaus nicht dem korrespondiren, was man gemeiniglich Innen- und Aussenwelt nennt. Denn das Selbstbewusstsein als grammatische Bildung eines Subjektes den vielen aufeinanderfolgenden Empfindungen gegenüber, kann auch in einer solchen Welt auftreten.

Stellen wir uns z. B. einen im Starrkrampf liegenden Menschen vor, dem alle Erinnerung an sein früheres Leben entschwunden ist, dessen Gehörsinn jedoch noch funktionirt. Solche Zustände kommen bekanntlich vor. [17])

Wenn nun ein solcher Mensch ein Musikstück hört, so hat er viele verschiedene Empfindungen; er empfindet im Nacheinander, er empfindet (oder schaut an) aber kein räumliches Nebeneinander, weil die verschiedenen Töne qualitativ verschiedene Empfindungen sind; zwei ganz gleiche Töne, von zwei Instrumenten gleichzeitig erzeugt, werden vom Gehörsinn nicht unterschieden, sondern als ein einziger Ton empfunden. Für einen solchen Menschen existirt also kein Raum, sondern die Tongruppen folgen sich wie eine Reihe von Bildern, wie eine Innenwelt, welche solange reine Innenwelt bleibt, als er keine Veranlassung hat, in derselben ein Ich und ein dem Ich Fremdes zu unterscheiden. Wie vorher ausgeführt, tritt diese Veranlassung erst ein, wenn er eines jener Bilder oder Empfindungen als beständig allen anderen sich gegenseitig ablösenden gegenübersetzen kann. Dies ist nun auf sehr mannichfaltige Weise möglich. Wenn ihm z. B. ein Grundakkord beständig durchklingt, einerlei ob noch andere Töne mitklingen oder nicht, so wird schon die empfindende Seele, weil sie zugleich auch denkt und urtheilt, geneigt sein, jene stabile Empfindung den wechselnden als Subjekt einem Fremden (oder Anderen) als gegenüberstehend zu beurtheilen. Viel stärker noch wird sie zu diesem Urtheile geneigt sein, wenn die stabile Empfindung eine den wechselnden gegenüber ganz anderartige ist, wenn sie z. B. einen stechenden Gefühlschmerz während jener Töne und auch während dieselben nicht erklingen, wahrnimmt. Je grösser nun die Anzahl dieser stabilen Empfindungen ist, oder je stärker ihre Intensität, desto mehr wird das logische Urtheil auf der Setzung eines stabilen Subjektes bestehen, eines Ich, einem vom Ich verschiedenen Geschehen einer objektiven Welt gegenüber. Je länger die Dauer, je grösser die Anzahl dieser Gegenüberstellungen, mit einem Wort — je vielseitiger die Erfahrungen der Seele, desto mehr wird sich die grammatische Subjektsetzung der Seele als Glaube an ein stabiles Ich, eine Persönlichkeit, einbürgern. Auf diesem Wege wird das lediglich empfindende Bewusstsein zu dem, was wir Selbstbewusstsein nennen. Vollständig wird dies Selbstbewusstsein und damit der Glaube an die Persönlichkeit erst durch Anwendung der Kategorie Kausalität; wovon später.

Vervielfältigen wir nun die Bedingungen, wie sie in den Denkformen φ_r und φ_z vorgezeichnet sind, so können wir gleicherweise die Entstehung einer räumlichen Aussenwelt verfolgen.

Empfinde z. B. die Seele nicht allein qualitativ ganz verschiedene Töne, sondern auch qualitativ gleichartige, etwa den Ton a von derselben Klangfarbe, aber in stets wachsender Intensität, während die anderen Töne eine und dieselbe Intensität beibehalten; dann wird die Seele die Empfindungsqualität a nach ihren Intensitätsstufen a^1 a^2 a^3 ..... unterscheiden, und demnach die Empfindungen a^1 a^2 a^3 in eine Reihe ordnen können und müssen.[18]) Diese stätig aufsteigende Reihe der Empfindungen a kann nun beurtheilt werden als Lage der drei gleichen Töne a in grader Linie, Ausdehnung der Tonwelt (Tonursachen) in einer Dimension. Natürlich kann dies Urtheil auch anders ausfallen, wenn gleichzeitige andere Empfindungen die Ausdehnung der Lage nach schon vorweggenommen haben, sodass den Empfindungen a^1 a^2 a^3 eine und dieselbe Stelle, aber ein Unterschied der Intensität zugeschrieben wird. Thatsächlich beurtheilen wir ja die Intensitätssteigerungen der Töne auf beide Arten; entweder als verursacht durch grössere Nähe der Ursache a, oder durch eine stärkere Ursache, grösseres Quantum der Ursache, an ein und derselben Stelle; es hängt dies eben von den begleitenden Empfindungen ab. Die Seele wird nun thatsächlich den Empfindungen a_1 a_2 a_3 niemals eine räumliche Lage in grader Linie zuschreiben, sondern nur auf Intensitätsunterschiede schliessen, wenn sie nicht schon Gelegenheit gehabt hat, in wenigstens zwei Dimensionen ordnen zu müssen. Das Warum wird aus dem Folgenden hervorgehen.

Auf welche Weise kann nun eine zweite Dimension entstehen, oder welche Empfindungen können das Urtheil hervorrufen, die Ursachen der Töne müssten noch nach einer zweiten Dimension geordnet werden? Drei Dimensionen stehen ja dem Urtheile zur Disposition.

Einfach dadurch, wie sich aus Inspektion der Denkform φ_z ergibt, dass irgend ein zweiter Sinn viele a von derselben Intensität — welche deshalb dem ersten Sinn als nicht unterscheidbar vorkamen — nach

Unterschieden $\alpha_1\ \alpha_2\ \alpha_3 \ldots$ zu trennen vermag, welche Unterschiede eine ebensolche Intensitätsreihe bilden, wie die $a_1\ a_2\ a_3 \ldots.$ des ersteren Sinnes. Die Summen der Empfindungen, welche bei dieser Annahme dem Urtheil unterbreitet werden, erhalten also die Form:

$$\begin{array}{cccccc} \ldots & .. & .. & .. & \\ a_1\ \alpha_1 & a_1\ \alpha_2 & a_1\ \alpha_3 & .. & .. \\ a_2\ \beta_1 & a_2\ \beta_2 & a_2\ \beta_3 & .. & \\ a_3\ \gamma_1 & a_3\ \gamma_2 & a_3\ \gamma_3 & .. & \\ .. & .. & .. & .. & \end{array}$$

Weil nun in diesen Empfindungssummen alle die Konnexe $a_2\ \beta_1\ \ a_2\ \beta_2\ \ a_2\ \beta_3$ die mittlere Stellung (mittlere Proportionale) zwischen den Empfindungen a_1 und a_3 dem Empfindungswerthe nach haben müssen, deshalb kann das Urtheil ihnen nur eine mittlere Lage der logischen Beziehung zusprechen; — und weil Empfindung stattfindet, nicht lediglich abstraktes Denken, deshalb wird diese logische Beziehung empfunden (angeschaut) als räumliche Ausdehnung, weil diese Empfindungen auf etwas Anderes als Ursache der Empfindung gedeutet werden. Warum diese Deutung auf eine Ursache stattfindet, von der Seele ausgeübt werden muss, wird im folgenden Abschnitte unter Kausalität erörtert.

Die Umstände, welche ein solches Unterscheiden der Empfindungen a_2 als $a_2\ \beta_1$, $a_2\ \beta_2$ veranlassen, können sehr verschiedenartige sein. Wir können diese Unterschiede aufgefasst denken durch einen zweiten Sinn, etwa den Tastsinn oder ein Innervationsgefühl; aber auch durch ein zweites Gehörorgan, welches gleichzeitig der Seele Rapport erstattet über seine Empfindungen.

Der im Starrkrampf liegende Mensch erlange z. B. theilweise die Funktion des Gefühles zurück, in der Weise, dass die vielen, von dem Tonsinne als gleichwerthig aufgefassten a_2 von diesem als $\alpha_1\ \alpha_2\ \alpha_3 \ldots.$ empfunden würden; nicht etwa dadurch, dass der Ton a_2 verschiedene Stellen der Gefühlsnerven treffe, sondern durch irgend welche Umstände das einemal stärker als das anderemal den Gefühlssinn errege; nur muss die Regel dieser verschiedenen Erregungen eine unveränderliche sein, sonst wäre ja überhaupt kein logisches Urtheil möglich.

In diesem Falle würde die Seele einerseits

die Tonempfindungen $a_1\ a_1\ a_1$, und diesen korrespondirend zugleich
die Gefühlsempfindungen $\alpha_1\ \alpha_2\ \alpha_3$ erhalten.

Ein und dieselbe Empfindung des einen Sinnes würde also von dem anderen Sinne als verschieden bezeichnet. Ein und dasselbe soll also auch verschieden sein. Dieses Dilemma darf die Seele in ihrem Urtheil nicht ungelöst lassen, weil dadurch der Satz der Identität, jedes

Urtheil überhaupt, unmöglich gemacht würde. Und wie löst die Seele dieses Dilemma? Einfach dadurch, dass sie die Hypothese eines äusseren Dinges X setzt, welches Ursache der Empfindungen a_1 bei dem einen Sinne, $\alpha_1\ \alpha_2 \ldots$ bei dem anderen sei.

Wie nun die Seele zum Verwenden der Begriffe Ursache und Wirkung, d. h. des Satzes vom zureichenden Grunde kommt — was aussieht wie das plötzliche Auftreten eines neuen Denkgesetzes — wird im Abschnitt über die Kausalität erörtert werden. Durch dieses äussere Ding X können nun die gleichzeitigen Empfindungen $a_1\ \alpha_1 \quad a_1\ \alpha_2 \quad a_1\ \alpha_3$ auf zweierlei Weisen erklärt werden; entweder dadurch, dass dem Ding successive verschiedene Eigenschaften beigelegt werden, dass also eine Veränderung des Dinges X vor sich geht, korrespondirend den drei Rapporten $a_1\ \alpha_1 \quad a_1\ \alpha_2 \quad a_1\ \alpha_3$, oder aber dadurch, dass das Ding ein und dasselbe bleibt, aber drei verschiedene äussere Beziehungen, ortverschiedene Stellen im Verhältniss zu dem empfindenden Subjekte I annimmt. Welche von diesen Erklärungen adoptirt wird, hängt von dem Ausfindigmachen anderer Empfindungen, das heisst anderer äusserer Verhältnisse ab.

Wenn wir ein Orchester aus weiter Entfernung mit geschlossenen Augen und ohne Bewegung des Kopfes anhören, so fehlt uns bei geeigneten Vorsichtsmaassregeln ein jedes Urtheil über die Lage des Orchesters im Raume, weil alle Töne nahezu gleichwerthige Empfindungen hervorrufen, und nur das eine Tonorgan reagirt. Jene Musik erscheint uns dann sozusagen als ein Ereigniss der Innenwelt, ohne Existenz irgend welcher äusserer Dinge.

Stellen wir uns jetzt aber mitten in das Orchester, so wird es nicht lange dauern und wir urtheilen über die örtliche Lage der Instrumente, welche die verschiedenen Töne bewirken; und warum? Weil jetzt mehrere Sinnesorgane wirken, ein jedes Ohr erhält seine verschiedenen Empfindungen von einem und demselben Tone; dazu kommen die Schallwellen, welche auf die Gefühlsnerven verschieden wirken; kurz, die Seele muss verschiedene Empfindungen einheitlich erklären, in logischen Konnex setzen, und das geht nicht anders als durch die Hypothese eines Dinges, welches Wirkungen verursacht.

Ebensogut wäre aber auch diese zweidimensionale Ordnung der Töne möglich, wenn zwei verschiedene Gehörorgane der Seele die Empfindungen zum Urtheil unterbreiten, etwa zwei Ohren; nur müssen dann die zwei Organe nicht genau harmoniren, sodass was von dem einen Ohr als konstantes a_1, von dem anderen als $\alpha_1\ \alpha_2 \ldots$ empfunden wird. Dies kann durch eine geringe Verschiedenheit im Bau der Organe, unsymmetrische Stellung der Ohren etc. bewirkt werden; dadurch erlangen auch die Thiere mit beweglichen Ohren ein so genaues Urtheil über die Verschiedenheit der Geräusche, die örtliche Lage ihrer Ursachen. Dass durch eine unsymmetrische Verschiebung der zwei Augen eine Linie oder Punkt sofort als zwei verschiedene beurtheilt wird, und die zwei Brillengläser als eins bei normaler Augenstellung, ist bekannt.

Verfolgen wir z. B. die Annahme zweier verschiedener Gehörorgane, welche ein jedes für sich nur den spezifischen Klang a und seine Intensitätstufe 1, 2, 3, 4, ... auffassen kann. Wenn der Ton a als $a.1$, $a.2, \ldots$ auftritt, so liegt darin noch kein Grund, ihn als verursacht durch ein Instrument zu beurtheilen, welches nach Distanzen 1. 2. . . . . sich nähert. Ganz anders aber wird die Sache, wenn der Seele zugleich gemeldet wird:

Ohr 1) empfindet $a.1$,
Ohr 2) „ $a.2$.

Wenn hierauf die neue Meldung folgt:

Ohr 1) empfindet $a.1$,
Ohr 2) „ $a.3$,
u. s. f.

Diese Gesammtheit der Empfindungen soll erklärt werden, geordnet dem Denkgesetze gemäss; und dies kann nur geschehen nach der Funktion φ_z, welche hier die Form erhält

$$\varphi_z = [(a.1,\ a.2);\ (a.1,\ a.3);\ (a.1,\ a.4) \ldots\ldots]$$

oder wie wir auch schreiben können

$$(a.1,\ a.2)\ldots(a.1,\ a.3)\ldots\ldots$$
$$(a_1.1,\ a_1.2)\ldots(a_1.1,\ a_1.3)\ldots\ldots$$
$$(a_2.1,\ a_2.2)\ldots(a_2.1,\ a_2.3)\ldots\ldots$$

d. h. die Töne a müssen nach zwei Dimensionen geordnet werden, und ein Ding X hypostasirt, welches die Töne verursacht; dann ist es mit dem Denkgesetz vereinbar, zu sagen: das Ding X bringt auf Ohr 1) die Wirkung $a.1$, auf Ohr 2) die Wirkung $a.2$ hervor; und hat demnach im Raume die und die Stelle. Ebenso, wenn solche verschiedene Rapporte nacheinander zu einem Ganzen vereinigt werden: das Ding X bewegt sich in der und der Linie.

Wenn sich nun die Sinne oder vielmehr die Quellen vermehren, welche uns die Empfindungen $a_1\,\alpha_1 \quad a_1\,\alpha_2 \ldots\ldots$ weiter differenziren in $a_1\,\alpha_1\,\mathfrak{a}_1 \quad a_1\,\alpha_1\,\mathfrak{a}_2 \quad a_1\,\alpha_1\,\mathfrak{a}_3 \ldots\ldots$ so steht dem Urtheil eine dritte Dimension zu Gebote, um die Ursachen der Empfindungen zu einem Kontinuum zu ordnen.[19]) Aber hier ist die Grenze, wo aus logischen

Gründen keine weitere analoge Ausbreitung möglich ist. Den hypothetischen Fall gesetzt, dass vier verschiedene Reihen von gleichzeitigen Empfindungen dem Urtheil der Seele unterbreitet werden, so wird die Seele nicht eine vierte Dimension hypostasiren, weil das den Satz der Identität aufheben müsste, sondern die Ursache der vierten Empfindungsreihe einer verschiedenen inneren Qualität der Ursache zuschreiben.

Wenn wir z. B. einen Würfel von einem Centimeter Seite, durch das alleinige Tastgefühl bewogen, als nach drei Dimensionen ausgedehnt beurtheilen, so geschieht dies nach dem vorigen dadurch, dass das System der vielen Tastnerven sozusagen nach drei unharmonisch funktionirenden Organen der Seele Empfindungen zugehen lässt, wobei die konstanten Empfindungen a_1 des Organs 1) von dem Organ 2) als α_1 α_2 .... von dem Organ 3) eine jede Empfindung α des Organs 2) oder Empfindung a_1 des Organs 1) als $\mathfrak{a}_1$ $\mathfrak{a}_2$ $\mathfrak{a}_3$ unterschieden wird, und dadurch die Summe der dem Urtheil unterbreiteten Empfindungen beständig die Form a_1 α_1 $\mathfrak{a}_1$ hat. Kommen nun noch neue Empfindungen — schwer, warm etc. alle in steigenden Reihen vor, so können diese nicht einer neuen Dimension, sondern nur dem Würfel selbst als innere Qualitäten zugeschrieben werden. Dies letztere ist nun in diesem Falle schon dadurch geboten, weil die Empfindungen warm, schwer etc. nicht gleichwerthig den Tastempfindungen, also nicht beliebig mit den Reihen derselben vertauschbar sind.

Der Empirist wird hier nun einwenden wollen: „also drei unharmonische Tastorgane werden analog unserer empirischen Welt vorausgesetzt; und zugegeben, dass dieselben die dreidimensionale Ausdehnung subjektiv erzeugen, so müssten doch vier unharmonisch gebaute Tastorgane auch vier Dimensionen subjektiv produziren können.“ Dies ist der ewige Circulus vitiosus, oder auch Missbrauch des schematischen Fortschrittes, welches in der Mathematik gleicherweise die vierte Dimension erzeugte.

Jene Dreizahl der hypostasirten Tastorgane ist nichts Empirisches, sondern hervorgegangen aus einem logischen Schlusse. Das Tastorgan selbst ist etwas Empirisches, und es können deren hundert und tausende verschiedene empirisch vorhanden sein; aber es können nur d r e i solcher vorhanden sein, deren Reaktionen oder Empfindungen a α $\mathfrak{a}$ unter sich beliebig vertauschbar sind, sodass sobald a an die Stelle von α gesetzt wird, α und $\mathfrak{a}$ beliebig die Stellen von a und $\mathfrak{a}$ austauschen können; wie im Kapitel über die Denkformen in aller logischen Strenge nachgewiesen worden ist. Thatsächlich wird unser System der Gefühlsnerven bei einer jeden Muskelbewegung nicht nur d r e i verschiedene

Empfindungsrapporte abstatten, sondern vielleicht zehn und noch mehr; alle diese werden und können durch die Seele aber nur zu einem dreidimensionalen System von Verschiedenheiten geordnet werden.

Das Resultat also ist kurz:

Einerlei wie viele verschiedene Sinne oder wie viel unharmonische Stellungen ein und desselben Sinnesorganes empirisch vorkommen; und einerlei, wie viele Empfindungen durch eine beliebige Zahl von Sinnen von einer Seele zu einem einheitlichen Urtheil zusammengestellt werden mögen, alle diese Vielheit von Sinnen vermag nur drei von einander nach der mittleren Proportionale (dimensional) unterscheidbare Empfindungsreihen zu liefern,[20]) welche demgemäss miteinander vertauschbar sind; und deshalb ist die dreidimensionale Ausdehnung des Raumes eine logische Nothwendigkeit; die Thatsache der Ausdehnung selbst aber, sowohl der zeitlichen wie räumlichen, ist die Folge der Existenz eines nicht allein sinnlich markirenden, sondern eines fühlenden, wollenden, strebenden . . . . . d. h. aktiven Prinzips.

Mit diesem Resultate verschwinden auch alle Schwierigkeiten in der Erklärung des physiologischen Lebens. Ob dem Gesichtssinn als solchem die Fähigkeit zugeschrieben wird, eine, zwei oder drei Dimensionen aufzufassen, oder ob derselbe, wie dies jetzt meist geschieht, auf die Fläche beschränkt und der Muskelbewegung (also dem kombinirten Tast- und Innervationssinne) die Auffassung der dritten Dimension zugeschrieben wird, ist ganz gleichgültig für das Zustandekommen der räumlichen Anschauung. Es ist dies eine physiologische Frage. Ich würde befürworten, dem isolirten Gesichtssinne gar keine Auffassung von Dimensionen zuzuschreiben, sondern ihn zu definiren als die Fähigkeit, Farben ihrer Intensität und dem Farbentone nach aufzufassen; jedenfalls würde daraus eine schärfere, logische Fassung der Begriffe Gesicht und Getast hervorgehen, ohne dass damit irgend ein Nachtheil für die physiologische Erklärung entstände. Ebenso irrelevant ist es, ob die Sehempfindungen uns in graden, durch das optische Zentrum des Auges laufenden Linien, oder als Kurven, oder als windschiefe Kegel zugehen; ob das Bild auf der Netzhaut aufrecht oder auf dem Kopfe oder in irgend einem Winkel steht, ob die Augen symmetrisch korrespondiren oder nicht. Denn die betreffende Gestalt des Körpers ist ein Urtheil der Seele; und alles was hierzu nothwendig damit dies richtig ausfalle, ist, dass einem und demselben Gegenstande immer eine und dieselbe Empfindung korrespondire. Der zweckmässige symmetrische Bau der Sinnesorgane kann dieses Urtheil allerdings erleichtern, aber nicht bedingen. Dies wird nicht allein bewiesen durch

7

Krüppel, welche richtig fühlen, Schielende, welche richtig sehen, Mikroskopiker, welche ihre Handbewegungen unwillkürlich umkehren, sobald sie an ihrem Instrumente sitzen, sondern im Grossen auch durch das Fürwahrhalten des Kopernikanischen Weltsystems durch das einheitliche Hinzeichnen der elliptischen Bahn eines Planeten, einerlei ob dies Urtheil aus den Empfindungen hervorging, welche die Betrachtung einer Schlinge des Merkur oder der geraden Linie, welche vom Jupiter beschrieben wird, hervorrief. Das rasche Sehen der Kurve des Eies und das langsame Sehen der Planetenbahn, beides sind Urtheile der Seele. [21])

Hier wird nun das naive Bewusstsein seine Auffassung der Dinge wieder verfechten wollen und sagen: „aber es ist doch ein gewaltiger Unterschied, ob ich das Ei und seine begrenzende Linie anschaue oder über das Urtheil der Merkurbahn reflektire; bei diesem gibt mir die Anschauung nur ein kreisrundes Scheibchen an verschiedenen Stellen des Himmels, und durchaus nicht die Anschauung einer leuchtenden Linie.

Ein Unterschied ist gewiss da, aber kein prinzipieller, der auf das Auftreten eines neuen Elementes „sinnliche Anschauung" zurückgeführt werden müsste. Dieser Unterschied liegt nur in der jeweiligen Konstitution unseres Organismus; in der Schnelligkeit seiner Lebensbewegung, in der relativen Geschwindigkeit, mit welcher er Wahrnehmungen der Sinne an das Zentralorgan, an die Urtheilskraft der Seele überliefert, und an der Dauer, mit welcher er die Empfindungen in ungeschwächter Stärke festhält. Wären diese Bedingungen, die Konstruktion des Organismus verschieden, so würde auch das Urtheil über das, was angeschauter Körper, und was berechnete Bahn ist, verschieden ausfallen. Bewegt ein Körper sich langsam im Kreise, so heisst das naive Urtheil: „wir sehen einen Körper sich in kreisförmiger Bahn bewegen." Bewegt er sich rasch, so heisst es: „wir schauen ein körperliches Band." Wäre unsere Lebensgeschwindigkeit millionenfach verlangsamt, so würden wir keine Sonne, sondern ein feuriges Band am Himmel sehen. Hielte unser Sehorgan die Lichteindrücke stundenlang fest, anstatt wie jetzt nur etwa $^1/_{10}$ Sekunde, so würden wir gleichfalls ein beständiges feuriges Band am Himmel sehen. Wäre unsere Lebensgeschwindigkeit millionenfach rascher, unsere Sehfähigkeit mikroskopischer, so würden wir nicht ruhende Körper anschauen, sondern an Stelle eines solchen ein Durcheinanderschwärmen von vielen kleineren Körperchen. Die naive empirische Anschauung hat also nur relativen Werth für das logische Schlussurtheil, und löst sich auf in eine Reihe ihm durchaus gleichartiger Akte; die sinnliche Anschauungsform als etwas

Elementares, dem menschlichen Intellekt Zugehöriges, ergibt sich als Attribut eines Pseudobegriffs.

Wenn aber die Organe der Seele jeden Augenblick in ihrer Reaktion sich veränderten, dann wäre ein konstantes, d. h. ein Urtheil überhaupt, nicht möglich; ebenso wenig, wie der Schielende richtig sehen könnte, wenn seine Augen ihre korrespondirende Stellung jeden Augenblick und ohne Regel änderten.

Das Ding.

Die Aussenwelt nehmen wir im Allgemeinen wahr als eine Vielheit von Dingen. Das Ding entsteht, indem wir die nach den Funktionen φ_r und φ_z gruppirten Sinneszeichen unserer Wahrnehmungen als Attribute einer von uns verschiedenen Individualität (Substanz) zuschreiben. Zu dieser Konstruktion werden wir gezwungen durch die denknothwendige Anwendung des Satzes vom Grunde. So lange wir uns lediglich empfindend verhalten, existiren für uns keine äusseren Objekte, sondern Alles ist sogenannte innere Empfindung. Sobald wir aber diese Empfindungen denkend setzen, d. h. sie nach dem Satz der Identität und des Grundes verbinden, werden dieselben in verschiedene Komplexe geschieden, welche wir je nach ihrer Bedeutung für das Leben bald äusseres Ding, bald Bestandtheil unseres Organismus, bald Prozesse unseres Geistes, oder Aeusserungen unseres Ich nennen. Die Scheidungen obiger Empfindungs-(Vorstellungs-)Komplexe nach diesen Unterbegriffen hängt zum Theil ab von der physischen Natur des denkenden Organismus, und von der Ansammlung von Vorstellungen in diesem Individuum, d. h. von einer Erfahrung; — aber nicht etwa von seiner Natur oder Art und Weise des Denkens, weil nur eine einzige Art des Denkens denkmöglich d. h. logisch ist. Bei den Kindern ist dies leicht zu beobachten. Das Ding des Naturforschers wurde oben definirt als Gruppirung der aus den Empfindungen isolirten Sinneszeichen. Damit bleibt die Gruppirung der Gefühle nach konstanten oder veränderlichen Funktionen als Material übrig, um das Objekt „Persönlichkeit, Ich" zu bilden; ein Objekt, welches wir vom subjektiven Standpunkte aus Subjekt nennen. s. S. 113 u. ff.

A. KAPITEL X.

KAUSALITÄT.

I. Der Funktionalbegriff als Ursache und Wirkung.

In den beiden letzten Abschnitten sind die Begriffe „Ursache und Wirkung“ häufig gebraucht worden, ohne dass vorher eine Definition derselben gegeben worden wäre. Es war dies nicht möglich, ohne den Fortschritt der Darstellung zu stören, und wird die prinzipielle Erörterung des Kausalitätsbegriffes deshalb erst jetzt vorgenommen. Unter den Denkformen wurde aufgezeigt, wie der einzig denknothwendige Verbindungsmodus derjenige der mathematischen Funktion sei. Aus derselben ging hervor, dass in φ_r, später als abstrakte Zeit gedeutet, nur eine Verbindungsart des „vor und nach“, also der Folge, möglich sei; in der Form φ_z dagegen auch eine solche der gegenseitigen Beziehung, wie es sich etwa dadurch erläutern lässt, dass durch die Bestimmung dreier Linien als Seiten eines Dreiecks auch die Winkel des Dreiecks nothwendig bestimmt sind. Diese funktionale Bestimmung ging aus dem Identitätssatze hervor, war also rein logischer Natur. Nun wurden zur Konstruirung der Aussenwelt auf einmal die Begriffe „Ursache und Wirkung“ verwendet, d. h. der Satz vom zureichenden Grunde. War das nicht etwas Neues, lediglich aus der Erfahrung Herübergeholtes, was also auch anders sein könnte? ist demnach nicht die Kausalität ein empirischer Begriff?

Mit Nichten:

Der Kausalitätsbegriff in seiner Fassung als „Ursache und Wirkung“ zur Erklärung der Naturvorgänge ist gar kein anderer, als der logische Funktionalbegriff in seiner Anwendung auf das Nacheinander und Nebeneinander als denknothwendige Formen der Aussenwelt, d. h. in seiner Anwendung auf eine Welt überhaupt, die nicht anders gedacht werden kann, denn als eine Vielheit in Veränderung, ein Geschehen.

Findet nur ein Geschehen im Nacheinander statt, wie beim Anhören einer einfachen Melodie, so ist ein jeder einzelne Ton x bestimmt durch seine Stellung in der Reihe der Töne, als Folge des vorhergehenden; und ebenso ist sein nächstfolgender bestimmt als Folge von x. Die Melodie wird, sofern sie in einer späteren Periode wiederum auftritt, nur als die gleiche erkannt, oder vielmehr sie wird als gleich der früher gehörten bezeichnet, wenn die funktionale Bestimmung ihrer Einzeltöne im Ganzen der Melodie dieselbe ist; also hier, wenn die Töne der Melodie dieselbe Reihenfolge haben.

Wird nun ein Komplex des Nebeneinander betrachtet, so ist in diesem gleicherweise ein jeder Einzeltheil funktional bestimmt durch alle übrigen. Sind in einem bestimmten Dreieck zwei Seiten bekannt, so ist dadurch das fehlende Stück in der Gesammtheit, die dritte Seite, funktional durch die übrigen Stücke bekannt; anders kann es nicht sein, wenn das Dreieck als Komplex ein bestimmtes sein soll. Ebenso ist es in jedem grösseren Komplex. Sobald nur einem einzigen Elemente ein Spielraum, eine veränderliche Bestimmung zugelassen wird, ist die Gesammtheit nicht eindeutig bestimmt.

Verbinden wir nun das Nacheinander und Nebeneinander, d. h. betrachten wir einen Komplex, welcher gebildet ist durch nacheinanderfolgende Einzelkomplexe, die ein jeder ein Zusammen von vielen Elementen ausmachen, so haben wir ein Stückchen Welt. In diesen kombinirten Komplexen haben wir aber weiter nichts als eine Wiederholung der verbundenen früheren Betrachtungen, und deshalb muss im Ganzen der Zustand eines jeden Elementes zu irgend einer Zeit funktional bestimmt sein durch die Zustände der anderen Elemente zu den verschiedenen Zeiten, wenn das Ganze eindeutig bestimmt sein soll. Insofern kann ein jedes Element zu irgend einer Zeit die Ursache genannt werden, dass die anderen Elemente zu irgend welcher Zeit so und so sein müssen, ebenso wie in irgend einer mathematischen Funktion ein jedes Element genannt werden kann: Ursache davon dass die ganze Funktion so und so aussieht. Verwirrung entsteht nur dadurch, dass zur Bezeichnung dieser funktionalen Verbindungen in den Naturvorgängen Begriffe verwendet werden wie „Ursache, Wirkung, Kraft," welche sämmtlich ursprünglich Gefühlsbegriffe sind, und dadurch die rein funktionale Verbindung der dem Gefühl indifferenten Sinneszeichen, welche wir äussere Welt nennen, verschleiern. In Wahrheit sind diese Sinneszeichen allerdings mit Gefühl verbunden; wenn wir jedoch von Erklärung der äusseren Welt sprechen, so abstrahiren wir absichtlich von dem thatsächlich mit vorhandenen Gefühl, weil wir lediglich objektiv von den Naturvorgängen sprechen wollen.

Wenn wir zum Beispiel sagen: der Funke ist Ursache, dass die Wirkung „Explosion des Pulvers" stattfindet —, so haben wir uns phantasiemässig den Funken als eine lebendige, wollende Persönlichkeit vorgestellt, welche auf ein Ding „Pulver" eine Wirkung durch seine Kraft ausgeübt hat.

Stellen wir die Vorgänge jedoch auch in Worten vollständig als indifferent jedem Gefühle dar, so müssen wir sagen: wir reflektiren über eine nacheinanderfolgende Reihe von Komplexen des Zusammen; und in dieser Reihe ist nicht zuerst Pulver da, und dann kommt der Funke hinzu, und dann gibts Explosion — sondern, es ist der ganze Vorgang in folgendem Komplex einbegriffen:

Pulver^1 und Wärme^1 in gewisser Vertheilung,
Pulver^2 und Wärme^2 in anderer Vertheilung,
Gase und Wärme^3 in anderer Vertheilung.

In dieser Gesammtheit, wo die Querlinien die gleichzeitigen Komplexe des Nebeneinander, und die Vertikalausdehnung die Reihe des Nacheinander darstellt, ist ein jedes Einzelelement — sei es Pulver^2 oder Wärme^3 oder Gase etc. funktional bestimmt durch alle übrigen; sobald eins der Elemente zu irgend einer Zeit anders wäre, als es eben ist, würde der ganze Vorgang ein anderer sein.

Bei der üblichen Erklärungsweise (der naiven noch viel mehr als der physikalischen), wird jedoch ein bestimmtes Element, welches uns gerade wegen irgend eines weiteren Zweckes hervorragend interessirt, als ein Einzelding *Funke* bestimmt, und wieder ein anderes Element „*Gase*" als ein anderes Einzelding aus dem ganzen Vorgang herausgesucht; und diese beiden uns vorwiegend interessirenden Einzeldinge mit den Gefühlsbegriffen „Ursache und Wirkung" *vorzugsweise* in kausale Verbindung gebracht, obschon alle anderen Elemente in ganz derselben funktionalen Verbindung stehen; was uns aber entgeht, weil diese anderen, aus dem ganzen Vorgange auszusondernden Elemente nicht unserem Gefühl und unserer naiven Auffassungsweise ebenso unmittelbar auffallen wie „Funke, Pulver, Gase".

Dass nun von den zwei in kausale Verbindung gesetzten Einzeldingen das *frühere* stets Ursache, das *spätere* Wirkung genannt wird, ist wiederum eine Folge davon, dass wir unwissentlich unsere Gefühlsbegriffe in die objektive Welt hinein tragen.

In der arithmetischen Reihe, dem von allem Gefühl abstrahirenden

Denkprozess, ist eine jede Position Ursache einer jeden anderen. In der Reihe

$$\frac{1}{2} + \frac{1}{4} + \frac{1}{8} + \frac{1}{16} + \ldots\ldots$$

ist $\frac{1}{8}$ ebensogut Ursache von $\frac{1}{4}$ wie von $\frac{1}{2}$, sobald das Gesetz des Fortschrittes gegeben ist. Ebenso ist es in der rein logisch durchgeführten physikalischen Entwickelung. Wenn wir aber nicht nur über den Begriff Dauer (zeitliche Ausdehnung) reflektiren, sondern die Dauer der Zeit **empfinden, erleben,** dann empfinden wir die Einzelmomente dieses Verlaufs verschiedenartig, weil das Empfinden eine vorwärtsstrebende Thätigkeit, ein aktives Prinzip des Geschehens, weil es eben Gefühl ist, dessen Skala Lust und Unlust entgegengesetzte Qualitäten hat; wogegen die arithmetische Zeitreihe dieselbe Qualität nach vorwärts wie nach rückwärts besitzt. Dem Gefühl jedoch hat der Zeitmoment, der vor ihm liegt (in der Zukunft), eine ganz andere, innere Werthbedeutung, wie derjenige, der hinter ihm liegt (in der Vergangenheit). Der erstere ist Ziel des Strebens, der verflossene ist höchstens Erinnerung oder Mittel zum Ziel; und das ist so, weil das Leben überhaupt ein Leben **nach Vorwärts** in die Zukunft hinein ist, und nicht etwa ein Leben nach zwei entgegengesetzten Richtungen, was die Hypothesensucht vielleicht als neue, denkmögliche Art des Lebens vorschlagen könnte.

Weil nun dem Gefühl der vergangene und zukünftige Moment einen so durchaus verschiedenen Werth für sein Dasein hat, deshalb unterscheidet es dieselben durch die Gefühlsbegriffe „Ursache und Wirkung"; nennt niemals den verflossenen Zustand die Wirkung des zukünftigen. In der rein logischen Abstraktion haben diese Momente als zeitliche Ausdehnung ganz denselben Werth; ein jeder ist funktional verbunden und bestimmt durch irgend einen anderen; und in der rein physikalischen Erklärung dürften die Begriffe Ursache und Wirkung ganz verschwinden, ersetzt werden durch die funktionale Bestimmung zu einer bestimmten Zeit; wie es ja auch thatsächlich in der mathematischen Physik geschieht.

Deshalb gebrauchen Philosophen auch häufig instinktiverweise den Begriff Wechselwirkung, obschon sie ihn für einen höchst schwierigen und undefinirbaren erklären. Der Begriff ist logisch vollkommen richtig, und drückt im Bilde des Gefühls die funktionale, gegenseitige Bestimmtheit des objektiven Weltganzen aus, wonach zwei beliebige Komplexe, zu gewissen Zwecken ausgesondert, in Verbindung durch die Reflexion gebracht, unterschiedlos der eine Ursache oder Wirkung des anderen benannt werden können.

Wenn nun auch hier der Ursprung der Begriffe Ursache und

Wirkung nachgewiesen ist, und demgemäss gezeigt, wie Ursache stets einen vorhergehenden Zustand bezeichnet, so ist doch der gewöhnliche Sprachgebrauch sehr vage, und es wäre leicht zu zeigen, wie die Wörter Ursache und Wirkung auch bei ganz anderen Gelegenheiten verwendet werden. Z. B. spricht man von dem Ofen als Ursache der Stubenwärme, obschon beide Zustände gleichzeitig da sind. Es liegt hier eben eine unvollkommene Beobachtung und eine mehrdeutige Verwendung obiger Wörter für ganz verschiedene Begriffe vor. Diese mannigfaltigen Schwankungen des Sprachgebrauchs, seine die Logik auf den Kopf stellende Etymologie, seine Beobachtungsfehler und dergleichen nachzuweisen — damit kann sich ein systematischer Grundriss der Erkenntnisstheorie nicht abgeben.[22]) Genug, wenn hier die Begriffe in der beabsichtigten Bedeutung genau fixirt worden sind; Spezialarbeiten muss es dann überlassen bleiben, auszufinden inwiefern die Sprache oder Beobachtung hiergegen Fehler macht, oder abweicht, oder auch ob sie Elemente kennzeichnet, welche in dem hier gegebenen System keine Stelle finden. Das Letztere wird hier verneint.

Hier erweist sich also wiederum die Scheidung der Begriffe überhaupt in Denkbegriffe einerseits, Sinnes- und Gefühlsbegriffe andererseits, als die geeignete Methode um alle im Begriff der Kausalität bei Naturvorgängen liegenden Schwierigkeiten zu lösen. Ein Streit über die Apriorität des Kausalitätsbegriffes ist hier gar nicht möglich.[23])

Sehen wir nun zu, wie es bei der letzten noch möglichen Anwendung dieses Begriffes sich verhält.

II. Der Funktionalbegriff als Motiv und Zweck.

Wurde im Vorigen der Kausalitätsbegriff als Ursache und Wirkung angewendet zur Verbindung der Einzelgruppen von Sinneszeichen, welche das Denken aus dem Verlaufe der Empfindungen ausgesondert hatte, so bleibt jetzt noch die Betrachtung dieser Empfindungen als Zuständen des Gefühls, der Stufen von Lust und Unlust, Wohl und Wehe, Vergnügen und Schmerz.

Für die mathematischen Wissenschaften dürfte diese Betrachtung überflüssig erscheinen; doch ist sie schon der Vollständigkeit halber geboten. Auch zeigte sich ja schon, wie eine Analyse der Gefühlsbegriffe durchaus erforderlich war, um die Begriffe Ursache und Wirkung besser zu präzisiren; und es werden noch eine ganze Anzahl solcher auftreten, welche ihre Entstehung aus der Gefühlswelt datiren.

Dahin gehören: Kraft, Abstossen, Anziehen, Widerstand, Durchdringlichkeit, Festigkeit, Zwang, freie Bewegung etc. Meist sind dieselben allerdings schon ersetzt durch mathematische Definitionen, d. h. Denkbegriffe. Dadurch wird aber gleichzeitig bewirkt, dass die mathematische Behandlung von dem wirklichen Leben vollständig losgelöst wird, und die befruchtende Einwirkung auf andere Wissenschaften, der sie fähig sein kann, ausfällt. Dies kann nur gut gemacht werden, wenn der innere Konnex der Denk- und Gefühlsbegriffe logisch hergestellt wird; dann wird auch eine mathematische Behandlung dieser Begriffe in gewissen Grenzen möglich. Es wurde ausgeführt, wie die Zusammenfassung der Empfindungen durch Unterscheiden eines Beständigen von dem Veränderlichen, zur Bildung des grammatischen Subjektes Persönlichkeit, empfindendes Individuum, führte. Die Individualseele empfindet sich demgemäss als eine gleichberechtigte Existenz allem Anderen gegenüber, was sie als äussere Welt gestaltete. Ihre Existenz als solche, als empfundenes Geschehen, „Leben nach Vorwärts, Streben nach Vorwärts" wird Empfindung als **Wille** genannt. Die Seele empfindet eben, dass sie will, dass sie wollen kann, weil sie als eine Theilexistenz ebensogut eine Ursache des Geschehens sein muss, wie eine jede andere Existenz. Dieses Selbstbewusstsein muss von materialistischem Standpunkte ebensogut als gerechtfertigt zugegeben werden, wie von irgend einem idealistischen; denn die Atome, welche dieses oder jenes Individuum bilden, sind eben schöpferische Ursachen im Geschehen der Welt, ebensogut wie alle übrigen.

Wurde nun Geschehen überhaupt, als ein der Zukunft sich entgegen bewegendes Geschehen, Leben nach vorwärts, bestimmt, so muss dem entsprechend die Empfindung des Geschehens als treibende Ursache, wirkende Kraft oder Wille, näher bestimmt werden als Etwas Wollen oder Streben nach einem Ziele. Dieses Ziel selbst kann nur wieder ein Gefühlszustand sein; das Streben demnach die Richtung nach vorwärts auf der Reihe der Zustände „Unlust-Lust". Diese Richtung nach vorwärts muss derjenigen nach Lust korrespondiren, sonst wäre es ja eine Verneinung des als wirkende Ursache des Geschehens empfundenen Willens; dieser Wille als Streben nach Unlust wäre eben eine der Logik widersprechende Bestimmung von Streben überhaupt.

Allerdings kann in dem Einzelindividuum das Urtheil über die Art und Weise, wie der Zustand des Wohls zu erreichen sei, sehr verschieden ausfallen, sogar dahin, dass das grösstmögliche Wohl durch Vernichtung der Empfindung überhaupt zu erreichen sei. Dies ändert aber an dem Charakter des Gefühls überhaupt, dem empfundenen

Geschehen durchaus nichts; dies letztere bleibt Streben, d. h. Streben einem Ziele zu, genannt Lust.

Auch darf aus der Thatsache des Bewusstseins als Wille nicht zuviel geschlossen werden. Der Schluss auf eine konstante Persönlichkeit oder die Ersetzung dieses grammatischen Subjektes Wille durch irgend ein anderes, genannt „reales Wesen“, ist durchaus ungerechtfertigt. Um dies zu begreifen brauchen wir nur die verschiedenen psychologischen Zustände des Menschen zu beobachten. Während des tiefen, traumlosen Schlafes, auch während jeder Ohnmacht, hört das Selbstbewusstsein, die Empfindung als persönlicher Wille, durchaus auf. In diesem Zustande müsste nun nach der vorigen Schlussweise auf Aufhören des wollenden Subjektes geschlossen werden. Wir pflegen dies jedoch nicht zu thun, weil der schlafende Mensch dem wachenden Menschen durchaus als das nämliche Objekt erscheint. Wenn aber diese ganz heterogenen Prämissen „empfundene Individualität und äusserlich angeschaute Individualität“ zu einem logischen Schlusse sich gegenseitig stützen sollen, so sind noch ganz neue Nachweise der Verbindung erforderlich.

Aber auch die empfundene Individualität des Selbstbewusstseins schwankt häufig in ihrem Urtheil, ob sie sich als Individuum empfindet oder nicht. Geisteskranke sprechen von ihrem früheren Leben häufig als von einer ganz fremden Persönlichkeit; der Fieberkranke verweigert das Wasser zu trinken, welches er gefordert hat, weil er behauptet, dass er nicht er selbst sei, sondern dass der durstige Er dort hinten in der Zimmerecke stehe. Man darf über solche Schwierigkeiten nicht mit dem Worte krank oder anormal hinwegschlüpfen wollen; denn alles Geschehen ist thatsächlich, einerlei ob wir es von einem relativen Standpunkte aus als normal oder anormal bezeichnen.

Alles was also aus der Thatsache des Bewusstseins als Wille geschlossen werden darf, ist, dass Wille existirt in dem Momente, wo er empfunden wird als solcher; dass über die Identität dieses Willens in den verschiedenen Momenten nichts behauptet werden kann; dass die Setzung einer Persönlichkeit mit verschiedenen Willensäusserungen als Attribut eben die geläufige grammatische Methode ist, um über solche Fragen hinweggehen zu können.

Wir müssen nun auch die Zustände des Gefühls als Wille — auf eine Persönlichkeit bezogene Lust und Unlust — miteinander verbinden, weil wir eben alle thatsächlich wahrgenommenen Phasen des Geschehens zu einem logischen Ganzen gestalten. Zu diesen Thatsachen gehört ebensogut das nach einem Ziele strebende Wollen, als irgend ein Vorgang in der äusseren Natur; nur die einseitige materialistische Auffassung beliebt die Produkte des Gefühls und Geistes als eine phantastische Idealwelt den sogenannten Naturvorgängen als der einzig wahrhaften und wirklichen Welt gegenüberzustellen.

Diese Verknüpfung der Willenszustände kann aber wiederum keine andere sein als die logische, d. h. die mathematisch funktionale, weil es eben eine andere logische Verbindungsweise nicht gibt. Diesem neuen Material Wille entsprechend, erhält die funktionale Verbindung einen neuen Namen; sie wird genannt Beweggrund, Motiv, Absicht, Plan. Alle diese Begriffe haben das Gemeinsame, dass sie für die Gefühlsempfindungen denselben Funktionalbegriff ausdrücken, welcher bei den Sinnesempfindungen schlechtweg durch Ursache (causa efficiens) bezeichnet wurde. Ihre sprachlichen Unterschiede darzulegen oder gar logisch zu rechtfertigen würde hier zu weit führen.

Zuweilen nehmen wir Veranlassung, die Phasen des Geschehens, auch die in der Zeit ablaufenden Naturvorgänge als direkte Repräsentationen des Willens aufzufassen; wir sagen dann: „wir haben jenes gewollt, durch unseren Willen bewirkt.“ In diesem Falle findet eine ähnliche Gegenüberstellung zweier Begriffe für die Gefühlswelt statt, wie durch „Ursache und Wirkung“ in der Sinneswelt. Diese verschiedene Auffassung des Funktionalbegriffs spricht sich aus in den Wörtern „Mittel und Zweck“. Man kann demnach „Mittel und Zweck“ die empfundene „Ursache und Wirkung“ nennen; jedoch ist äusserste Vorsicht in diesen Gegenüberstellungen geboten, weil der Sprachgebrauch mehrfach schwankend ist, der Sprachinstinkt durchaus nicht konsequent verfährt, geschweige dass er sich in diesen Begriffen schon zu einem logischen Bewusstsein durchgearbeitet hätte.

Aber nochmals sei darauf aufmerksam gemacht, dass diese ganze Scheidung des thatsächlichen Geschehens in eine Sinnes- und Gefühlswelt nur ein logischer Kunstgriff ist, um die Analyse des Wissens durchzuführen, das Bewusstsein zu einem logischen Selbstbewusstsein zu erheben; dass aber in Wirklichkeit weder eine isolirte Sinneswelt, noch eine reine Gefühlswelt existirt, noch denkmöglich ist; dass deshalb auch die Begriffe Ursache, Wirkung, Motiv, Zweck etc. nur als logische Abstraktionen einen Sinn haben, wenn sie vereinzelt angewandt werden sollen; und dass sie in dieser Vereinzelung alle identisch sind mit dem mathematischen Begriffe der funktionalen Verbindung.

Man hat nun immer eine Kollision zwischen den beiden Begriffspaaren „Mittel-Zweck, Ursache-Wirkung“ finden wollen; oder was dasselbe sagt, man behauptet, dass causae efficientes und causae finales nicht neben einander bestehen könnten. Dies konnte nur geschehen, weil die gänzliche Heterogenität der Elemente, welche jenen Begriffen zu Grunde liegen, nicht zum Bewusstsein gelangte. Gemeinsam ist beiden Begriffspaaren nur die funktionale Verbindung. Dieses funktionale (logische) Verbinden der Elementarbegriffe nennt man Erklären. Versucht man aber heterogene Elemente, wie Sinneszeichen und Gefühle unmittelbar zu verbinden, so sündigt man gegen das Elementargesetz aller Logik ebenso, als wenn man Aepfel mit Birnen multipliziren wollte. Einen Zweck kann man nur aus dem Motiv erklären, und eine mechanische Wirkung nur aus einer mechanischen Ursache. Einen Zweck aber aus physikalischen Ursachen erklären wollen, ist ebenso widersinnig, wie eine physikalische Wirkung aus Absichten. Man kann allerdings die physikalischen Ursachen angeben, welche die Wirkung herbeiführten, welche als Zweck von einem Individuum empfunden werden. Damit ist aber der Zweck als Empfindung nicht erklärt, denn eine Empfindung kann ebensowenig als Empfindung erklärt werden, wie eine Ursache als Ursache. Beides sind letzte Elemente; und ebenso wie die Ursache ihrer selbst (causa sui) eine contradictio in adjecto, ebenso ist auch Ursache der Empfindung (als Empfindung überhaupt im Gegensatz zu Empfindung einer bestimmten Art) als Alogismus zu bezeichnen. Als abgekürzte Redensart ist es aber ganz zulässig aus Zweckursachen zu erklären. Die Sprachmetaphysik ging meist diesen Weg bei ihren Wortbildungen, weil er dem naiven Bewusstsein als der natürlichste, zweckdienlichste erscheint.

Wenn wir sagen: dem Vogel wachsen Flügel weil er fliegen soll, so lässt sich natürlich an diesem Ausdrucke nicht mäkeln; denn wir versetzen uns in die Vogelseele, in die Empfindung ihres Lebens, und empfinden das Fliegen als einen Zweck. Dieser Zweck kann nur dnrch die Flügel verwirklicht werden; das Fliegen und das Mittel zum Fliegen stehen in logischem Konnex, und insofern ist der Zweck der Flügel erklärt durch die Absicht des Fliegens. Sagt nun der Naturforscher: dem Vogel wachsen die Flügel, weil im Embryo desselben die betreffende Anlage vorhanden ist, so kollidirt das durchaus nicht mit der ersteren Erklärung „sie wachsen, weil er fliegen soll". Denn der Naturforscher betrachtet den Vogel rein objektiv; ihm ist Vogel ein Kombinationsbegriff aus Denk- und Sinnesbegriffen, und diese kann er auch logisch nur verbinden durch den betreffenden Funktionalbegriff Ursache-Wirkung im physikalischen Sinne; dem Jäger jedoch ist Vogel eine Kombination aus Denk- und Gefühlsbegriffen, ein fühlendes Wesen; und demnach muss er die Zustände desselben nach Mittel-Zweck in logischen Konnex bringen. Fehlerhaft jedoch werden die beiderseitigen

Erklärungen, wenn diese Scheidung nicht aufrecht erhalten worden ist. Soll der Funktionalbegriff Zweck auf Sinnesbegriffe angewandt, das physische Wachsen durch Absichten erklärt werden, so ist das ebenderselbe logische Fehler, als wenn die materialistische Anschauung das Gefühl mit Sinnesbegriffen direkt verbinden, aus physischen Ursachen die Empfindung eines Zweckes erklären will.

Man kann deshalb ebensogut sagen: die Natur entwickelt nach physikalischen Ursachen, als — die Natur verfolgt gewisse Zwecke. Empfindende, wollende Wesen existiren in der Natur; und deshalb existiren auch Zwecke, welche als solche nur mit Absichten, Motiven etc., nicht aber mit atomistischen Bewegungen in unmittelbaren logischen Konnex gebracht werden können. Die Naturwissenschaft darf aber hiervon keinen Gebrauch machen, weil sie nur die Veränderung der Sinneszeichen in den Kreis ihrer Betrachtung ziehen will.

Es ist heutzutage eiue geläufige Vorstellung, sich eine Welt zu denken, in welcher die sinnlichen Veränderungen vor sich gehen, wie wir sie jetzt beobachten, ohne dass aber irgend welche empfindende Wesen vorhanden wären; man weist auf die geologischen Zeiten hin und glaubt damit eine solche Hypothese bewiesen. Für die Jetztzeit wird die Existenz empfindender Wesen zugestanden; da dieselben aber nach obiger Hypothese etwas Zufälliges sind, so bürgerte sich die Meinung ein, aus physikalischen Ursachen sei überhaupt alles zu erklären. Stellen wir nun die andere Hypothese auf, dass in jedem Weltzustande Empfindung vorhanden sei — eine Hypothese, die zum allermindesten ebenso berechtigt ist, wie die vorherige — nun so müssen auch stets Zwecke vorhanden sein, und alle Veränderungen können demnach betrachtet werden als Veränderung von Mitteln zu gewissen Zwecken. Hieraus müsste sich eine durchaus logische Teleologie ergeben; womit aber der gleicherweise logische Satz durchaus nicht aufgehoben wird: dass die objektive Betrachtung jener Zwecke als Veränderungen der sinnlichen Merkmale nicht nach Zweck und Absicht, sondern nach physikalischer Wechselwirkung zu erklären hat.

Bei der teleologischen Erklärung, welche in dieser letzteren Hypothese parallel einer physikalischen Erklärung laufen könnte, ist aber die grosse Schwierigkeit nicht zu eliminiren, dass die Zweckbegriffe je nach der Konstruktion des empfindenden Organismus eine verschiedene Gestalt haben, und wir nicht wissen können, inwiefern die menschliche Struktur ein Abbild des Naturganzen ist; inwiefern der menschliche Organismus als Normaltypus, das Menschengemüth als Empfindungsresultante des Weltgeschehens gelten darf. Für bestimmt nach Zeit und Raum abgegrenzte Gebiete des Weltgeschehens dürfte dies zwar richtig sein; jedoch der strikte Beweis fehlt.

Dem gegenüber kann die rein objektive Weltbetrachtung bei ihrer Beschränkung auf Sinneszeichen solche normale Maasseinheiten aufweisen. Schwere, Temperatur, Licht etc. können gemessen, Gefühle aber nur geschätzt werden. Strikte Konstanz ist allerdings auch bei den physikalischen Maasseinheiten nicht zu behaupten; sie ist aber auch nicht nothwendig, weil unsere Welt nicht ein ruhendes Sein, sondern ein Geschehen ist.

Hieraus ergibt sich auch, warum die teleologische Betrachtungsweise, abgesehen von ihren logischen Verirrungen, wenn sie physikalische Veränderungen erklären wollte, so vielen Unsicherheiten ausgesetzt ist, im Vergleiche zu dem Versuche einer physikalischen Verbindungsweise der Thatsachen. Nicht allein die Maasseinheiten fehlen ihr, sondern auch ihre nothwendigen Begriffe sind überaus komplizirt, mit den wenigen physikalischen Begriffen verglichen. Dies verhindert aber nicht, dass der wahre Genius weit auseinanderliegende Erscheinungen teleologisch in der Divination richtig zusammenfasst, während die objektive, sicher vorwärtsschreitende Betrachtung erst nach unsäglicher Arbeit die vollständige Reihe der Zwischenglieder auffindet, welche die jener dichterischen Ahnung parallel laufende, kausal verknüpfende Kette der Sinneszeichen bilden. Wer denkt hier nicht an Goethe und den Darwinismus. Man hat mit Recht bemerkt, dass Goethe die Entwickelungslehre aufstellte, aber kein Darwinianer sei. Wenn die Mängel und Einseitigkeiten der heutigen Entwickelungslehre überwunden sind, wird man vielleicht finden, dass Goethe's Anschauungen richtiger waren, als diejenigen des heutigen Darwinismus. [24])

Die Wahrheit des Zweckbegriffes und die Wirklichkeit der Empfindung schliessen sich gegenseitig zu dem bedeutungsvollsten Moment des Weltgeschehens. Hieraus ergibt sich auch das Fehlerhafte der gewöhnlichen Gegenüberstellung einer Welt der Wirklichkeit (äussere Natur) zu einer Idealwelt, welche letztere aufgefasst wird als mehr oder weniger ein dichterisches Vergnügen, welches die Menschen aussinnen zur Befriedigung gewisser psychischer Bedürfnisse. Diese Idealwelt ist die empfindende Auffassung des Weltgeschehens, und deshalb von derselben Wirklichkeit wie ein jedes äussere Ding; ja noch viel grösser ist die Realität ihrer Gebilde, so lange der Beweis einer isolirten Existenzmöglichkeit jener äusseren Dinge fehlt. Die Gebilde jener Gemüthswelt haben allerdings nicht die starre Form der Naturobjekte, wegen der Veränderlichkeit und Verschiedenheit der Empfindungsorganismen; dies beeinträchtigt aber nicht ihre Wirklichkeit als Ganzes. Auch die

Naturobjekte ändern sich ja je nach der Reife unseres Urtheils und den Fähigkeiten unserer Sinne. Versuchen wir von der objektiven Welt alles abzustreifen, was in Beziehung hierauf relativ ist, uns darauf zu beschränken, was nach unserem heutigen Urtheil unveränderlich bleiben wird, so reduziren wir bekanntlich diese hochgeschätzte objektive Wirklichkeit auf ausdehnungslose Atome, reine Schemen, welche ebenso allen Inhaltes ermangeln wie irgend ein Idealgebilde, welches wir von dem empfindenden, veränderlichen Individuum loszulösen versuchen. Die Kulturgeschichte aller Zeiten zeigt aber, dass in den begrifflich dargestellten Gebilden des Gemüthes ewige Idealformen von Allen anerkannt werden, welche nicht im Gemüthe verkrüppelt sind; auf die Ansichten dieser letzteren darf aber keine Rücksicht genommen werden, wenn die Wirklichkeit und Wahrheit der Gemüthswelt diskutirt wird, ebensowenig wie der Physiker den Sinneskrüppel zu Rathe zieht, wenn er über die Wirklichkeit eines äusseren Naturvorganges sich zu vergewissern sucht. Dass die Wirklichkeit und der Werth jener Idealwelt durchgängig von der Menschheit sogar höher geschätzt wird als die Wirklichkeit der äusseren Natur zeigt schon die Thatsache, dass man sich für eine Idee wohl todtschlagen lässt, aber nicht wegen eines physikalischen Experimentes oder mathematischen Beweises. Nur die Verständigung über die Wahrheit auf physikalischem Gebiete ist soviel leichter zu erzielen als auf dem Gebiete des Gefühls, weil die Thatsachen dort unendlich viel einfacher sind.

Wenn man sich einmal von dem vagen Gebrauche der vieldeutigen Wörter Ursache und Wirkung emanzipirt und für jeden speziellen Fall ausgefunden hat, ob von der rein logischen Funktion, oder aber den durch Abstraktion gewonnenen Sinneszeichen, aus welchen die objektive Welt konstruirt wird, oder aber von der durch eine ebensolche nach der anderen Sphäre gewandten Abstraktion einer reinen Gefühlswelt die Rede ist, so ist es nicht schwer, sich von dem Nichtstattfinden einer Kollision obiger Begriffe zu überzeugen.

Hierin liegt auch der Schlüssel zur Lösung des Problems von der moralischen Freiheit der physikalischen Nothwendigkeit gegenüber. Zu dieser Lösung ist jedoch vorab die Lösung des Problems der Persönlichkeit erforderlich, welche wieder in engster Verbindung steht mit der Frage nach der Realität der Aussenwelt, und der Realität der grammatischen Subjekte und Objekte; Gegenstände, welche dem Hauptobjekte dieser Untersuchungen fern liegen, vielleicht aber in Verbindung mit dem kosmologischen Probleme am Schlusse markirt werden können.

Hiermit ist die Untersuchung der logischen Verbindungsform der Elementarbegriffe des Denkens und Empfindens in den charakteristisch möglichen Verschiedenheiten geschlossen. Zur Erleichterung einer späteren Prüfung der in den mathematischen Wissenschaften gebrauchten Begriffe auf ihre logische Richtigkeit wird es zweckmässig sein, hier einige allgemeine Betrachtungen über mögliche Begriffskombinationen folgen zu lassen.

A. KAPITEL XI.

DING UND VORGANG.

Alle allgemeineren Begriffe sind funktionale Bildungen aus Individualbegriffen. Ist der betreffende Elementarbegriff der reine Denkakt, so sind seine Kombinationen zu höheren Begriffen das, was arithmetische Konnexe genannt wurde. Das Denken kann ausserdem noch die Empfindung als reine Dauer setzen, abstrahirend von jedem spezifischen Empfindungsinhalte. Dieser Begriff des Geschehens überhaupt heisst dann Ausdehnung allgemein; und durch Verbindung dieses zum Denkbegriff Ausdehnung gestempelten Empfindungsbegriffs Dauer mit den arithmetischen Konnexen entstehen die geometrischen Figuren. Hieraus durch weitere Kombination der Begriff der körperlichen Bewegung. Durch einfache Subsumtion und Synthese entstehen alle Kombinationen; fehlerhafte Bildungen können nur durch Unachtsamkeit entstehen und ihre Fehler machen sich alsbald dadurch kenntlich, dass sie mit einer anderen Kombination in Konflikt gerathen. Bedeutend schwieriger wird das Urtheil über die logische Richtigkeit eines Begriffes, sobald er Sinneselemente (Begriffe für einfachste Sinneszeichen) enthält. Hat die Empfindung mehrere solcher Sinneseindrücke erlebt, so ist das Denken befähigt, mit Hülfe der Denkbegriffe eine Unzahl Kombinationen zu entwickeln, und diesen Begriffskombinationen entsprechend Vorstellungen zu bilden, von denen es ganz dahin gestellt bleibt, ob dieselben auch durch eine unmittelbare Wahrnehmung gegeben werden, d. h. ob es äussere Gegenstände gibt, welche jenen Phantasievorstellungen entsprechen. Logisch möglich bleiben aber solche Phantasievorstellungen, so lange ihr Begriff nicht Einzelelemente enthält, die sich gegenseitig ausschliessen. Wenn ihre Verbindung nicht in eindeutiger funktionaler Form hergestellt ist, wird der Begriff ein mehrdeutiger, unbestimmter; wenn er einander ausschliessende Elemente enthält, ist er logisch falsch. Trocken und nass sind gegenseitig sich ausschliessende Attribute; ein trocken-nasses Ding also ein unmögliches Ding, ein alogischer Begriff.

Sprechen wir von einem Thiere und definiren es als einen Organismus, der sich bewegt, ernährt und reproduzirt, so sind diese drei Attribute nicht hinreichend, um sich funktional gegenseitig zu bestimmen zu dem, was wir mit Thier bezeichnen wollen. Bekanntlich kommen diese Attribute ebenso gut den Schleimpilzen zu, welche wir nicht zu den Thieren rechnen. Der Begriff:

Thier = Funktion von (Bewegung, Ernährung, Reproduktion)

ist also unvollständig insofern er Thier ausdrücken soll; er kann aber vollständig gemacht werden durch Einfügung der fehlenden Elemente, welche die Funktion in dem beabsichtigten Sinne eindeutig machen.

Ebenso wäre es, wenn wir eine Linie im Raume durch die Bestimmung von nur zwei Koordinaten definiren wollten.

Diese unbestimmten Begriffe werden auch allgemeinere Begriffe genannt; und alle Wissenschaft besteht in der systematischen Gruppirung der Begriffe nach funktionaler Bestimmung. Die Naturwissenschaften speziell haben die Aufgabe, im Gegensatz zu den mathematischen Wissenschaften, nicht die logisch möglichen Begriffe zu gruppiren, sondern Begriffskomplexe klassifizirt nach Ober- und Unterbegriffen zu bilden, welche thatsächlichen Wahrnehmungen entsprechen. Ihre Hauptfrage stellt sich deshalb in der Form:

Haben wir uns den richtigen Begriff von diesem oder jenem Ding oder Naturvorgang gebildet? (Gewöhnlich sagt man: haben wir uns die richtige Vorstellung gebildet.) Z. B. ist der Blitz ein geschleudertes glühendes Ding, die Wolke ein Luftfisch, oder ist ersterer eine Reihe von Erhitzungen kleinerer Dinge (Lufttheilchen), letztere eine stete Auflösung und Neubildung von Dampfbläschen?

Diese Frage enthält als Theilfrage diejenigen nach der Realität der Dinge überhaupt, obschon es Anfangs so aussieht, als könne man hier nach zwei scharf geschiedenen Klassen von Begriffen „Dingen und Naturprozessen“ urtheilen. Es wurde schon bei Behandlung der Gesichtswahrnehmungen ausgeführt, dass diese Begriffsklassen nur relativ verschieden sind; dass bei verschiedener organischer Konstitution des urtheilenden Individuums einmal für einen stabilen Gegenstand erklärt, was das anderemal für veränderlichen Vorgang gehalten wird.

Vorläufig wird die Richtigkeit eines solchen Urtheils abgeschätzt werden nach dem Grade der Tauglichkeit, in welchem der betreffende

Begriff den Lebenszwecken der Seele dieses oder jenes Individuums zu dienen vermag. Dem Schiffer dient der Begriff auf- und untergehender Lichtpunkt; und dieser ist für seine Zwecke vollständig ausreichend. Der heutige Astronom gebraucht die Bewegung des Körpers, Stern, und die Drehung der Erde. Einer unserer vorerwähnten hypothetischen Organismen würde das Ding „feuriges Band" seinen Zwecken entsprechender finden. Für alle Fälle aber ist es richtig, von jener Lichterscheinung zu sprechen als einem Geschehen, einem Prozesse, „innerhalb dessen Einzelperioden unter dem Namen Dinge" durch die Reflexion ausgesondert werden können.

Sobald man sich auf den absoluten Standpunkt des Urtheils stellt, zerrinnen alle objektiven Dinge und es bleibt nur ein Prozess, ein Geschehen; damit zerrinnt aber auch zugleich das urtheilende Individuum als stabiles Subjekt. Der Empirist wird allerdings sagen: ausgenommen hiervon sind unsere materiellen Atome und Zeit und Raum. Wie es mit dieser Ausnahme steht, davon später;[25]) hier sollten nur übersichtlich die verschiedenen Arten der Begriffsbildung erwähnt werden.

Als Resultat ergiebt sich, dass alle Denk- und Sinnesbegriffe logisch miteinander verbunden, als mathematische Funktionen entwickelt werden können; nur muss man nicht wähnen, die drei heterogenen Abstraktionen Denkakt, Sinnesakt, Gefühlsakt durch Rechnungsoperationen ineinander verwandeln zu können; das geht ebensowenig wie die Verwandlung der Einheit $\sqrt{-1}$ in 1 durch Summation einer der beiden Einheiten.

Mit den Gefühlsbegriffen II. B., also den ethischen und ästhetischen, ist es im Grunde nicht anders; nur wächst die Schwierigkeit ihrer Gruppirung in geometrischer Progression mit der Anzahl der möglichen Kombinationen und der Schwierigkeit das fühlende in jedem Augenblicke veränderliche Subjekt auf einige relative Normaltypen zu reduziren. Eine mathematische Behandlung dieser Begriffe kann deshalb nicht prinzipiell ausgeschlossen werden; in der Psychophysik werden die ersten Versuche hierzu gemacht werden müssen.

Rückblick.

Die Umrisse einer allgemeinen Erkenntnisstheorie, selbstbewusstes Auffassen des Existirenden in seinen gegenseitigen Bedingungen, sind hiermit geschlossen. Es wurde nicht ausgegangen von einem Oberbegriffe, der seine Wirklichkeit und Wahrheit erst zu dokumentiren hätte, auch nicht von einem allgemein acceptirten Gegensatze wie Denken und Sein — materielle und geistige Welt, sondern von der Thatsache, dass:

ein Gegebenes da ist;
dass empfunden und gedacht wird.

Die Empfindung, oder objektiv gesprochen, die Wahrnehmungen konnten bei der Reflexion als das Primäre, oder vielmehr als Ausdruck eines Gegebenen überhaupt aufgefasst werden, insofern das Unterscheiden und Vergleichen der Wahrnehmungen Denken derselben genannt wird; Denken also nur stattfindet, wenn Empfindungen da sind, oder dagewesen sind. Umgekehrt aber kann auch von Empfindungen nicht gesprochen werden, wenn kein Denken stattfinden soll; denn Bewusstwerden von Empfindungen (im Plural) erfordert synthetisches Setzen derselben; sich Bewusstwerden der Empfindung als einer von vielen, ist Setzung dieser einen, Inslebentreten des Denkaktes. Von einer Welt, einem Geschehen als reiner Empfindung darf man also gar nicht sprechen, da, sobald man davon spricht, sie auch schon denkend gesetzt, durch einen diskreten Denkakt von jeder anderen Empfindung als diese Empfindung geschieden ist. Von einer Welt als reinem Denken zu sprechen, wäre ähnlich, als wenn man von den Grenzen eines Körpers sprechen wollte, die jedoch auch an sich existiren könnten, ohne dass ein Körper vorhanden zu sein brauche. Eine dialektische Selbstentwickelung wäre die Selbstvermehrung eines Punktes, oder irgend einer abstrakten Grenze zu vielen Grenzen, und die schliessliche Summirung der Grenzen zu einem realen Ding.

Die synthetische Thätigkeit des Denkens oder Empfindens — denn als ursprüngliche Synthesis ist es ein und derselbe Begriff — muss eine regelmässige Thätigkeit sein, oder anders ausgedrückt: nur durch eine regelmässige, in jeder Beziehung denknothwendige Thätigkeit ist ein Wissen davon, eine Erfahrung überhaupt, möglich. Diese Möglichkeit erfordert aber nur „**Regel**", ein Denkgesetz überhaupt, nicht eine spezifisch bestimmte Regel. Diese Bedingung einer Erfahrungsmöglichkeit überhaupt wird ausgedrückt durch den Satz der Identität, wenn von einem Einzelnen, durch die funktionale Bestimmtheit, wenn von einem Vielen die Rede ist. Die Formen der Setzung, welche bei einer Regel des Geschehens denkmöglich sind — ohne welche es alogisch ist, von einem Geschehen überhaupt zu sprechen — wurden vollständig bestimmt als die Funktionen φ_r und φ_z mit ihren betreffenden Unterabtheilungen. Wurde in diese Funktionen statt der abstrakt gesetzten Denkakte (der diskreten Elemente) der Begriff des wirklichen Geschehens gesetzt, Dauer der Empfindung, so verwandelten sich obige Funktionen in die Begriffe „Zeit, Raum, Bewegung.“ Alle Veränderungen der Empfindung (Wahrnehmungen) müssen deshalb bestimmt werden als in Zeit oder in Zeit und Raum stattfindend.

Weil die Formen Zeit und Raum nur aus der Regel überhaupt, nicht aus einer spezifischen Regel hervorgingen, deshalb konnten sie apriorisch näher bestimmt werden als eindimensionale Zeit und dreidimensionaler Raum. Es sind hiermit die weitesten Grenzen einer erfahrungsmöglichen Welt überhaupt gesteckt; die empirische Welt, als Theil dieser Möglichkeit überhaupt, mag sich auf einen Theil dieser Grenzen beschränken, kann aber nicht darüber hinausgehen — etwa als mehrdimensionale Zeit vierdimensionaler Raum — ohne dem Begriff der Grenze und der logischen Regel überhaupt zu widersprechen. Von der Art der Empfindungen hing es nun ab, ob sie räumlich oder zeitlich unterschieden wurden. Ein Zusammen von heterogenen Empfindungen kann in seinen Elementen unterschieden werden, eben weil sie einander heterogen sind. Ein Zusammen von homogenen Elementen wird aber als einheitliche Summe aufgefasst, wenn das empfindende Subjekt als Einheit gedacht wird. Wenn also das Urtheil des Subjektes jenen Einzelelementen im Zusammen homogenen Sinneswerth beilegt, die Elemente aber dennoch zu unterscheiden vermag, so gruppirt das Subjekt diese dem einen Sinneswerthe nach homogenen Elemente den Regeln der Funktion φ_z gemäss. Diese Konstruktion hängt von dem Urtheile des Subjekts ab, ist also abhängig von dem Stadium des subjektiven Wissens. Was in dem einen Stadium als Fläche angeschaut wird, mag in einem anderen als Körper konstruirt werden. Deshalb konstruirt das Subjekt seine räumlichen Ausdehnungen und Körper ebenso gut, wenn nach dem majorisirenden Urtheile anderer Subjekte wirkliche Körper, als wenn Täuschungen vorliegen. Weil die logische Möglichkeit einer Gruppirung nach drei Dimensionen gegeben ist, so bezeichnen wir im Allgemeinen die Körper als nach drei Dimensionen ausgedehnt. Da aber aus dem Geschehen sich Körper als absolute Dinge nicht ausscheiden lassen, wenigstens ein jedes absolute Kriterium über das, was Körper oder Naturprozess ist, fehlt, so können wir auch nicht definitiv darüber entscheiden, ob ein Naturprozess in einer, zwei oder drei Dimensionen abläuft, wenn die naive Beobachtung uns einen stabilen qualitativ veränderlichen Punkt zeigt; oder was dasselbe ist, wir können nicht entscheiden, ob es stabile Dinge gibt, ob alle Dinge nicht unter den Begriff des Geschehens, des Werdens subsumirt werden müssen.

Dass Denken und Empfinden da sind, wissen wir, oder subjektivirt: wir wissen von der Existenz empfindender Subjekte. Dass es aber auch empfindungslose Dinge gibt, davon wissen wir unmittelbar gar nichts. Die Annahme todter empfindungsloser Dinge, oder rein materieller Atome, ist eine Hypothese, welche durch einen auf unvollständiger Induktion beruhenden Analogieschluss entsteht; an diese Hypothese wird geglaubt, weil sie den heutigen Zwecken unserer Individualorganisation dienlich ist, ähnlich wie auch der Begriff eines absolut vollkommenen Wesens; der erstere Begriff dient den Bedürfnissen unseres materiellen Lebens, der letztere dem Bedürfnisse des Gemüthes. Sollen solche Hypothesen nicht allein einen Werth haben als logische Abstraktionen, welche wir zum Zwecke des Erklärens bilden, sondern auch als Behauptung selbständiger Existenzen, welche von keiner subjektiven Konstruktion abhängig sind, so muss der Beweis für solche Realitäten noch gefunden werden. Hierüber s. „Realität der Aussenwelt", am Schlusse.

A. KAPITEL XII.

DIE ANALYTISCHE FORMELSPRACHE
IN IHRER ANWENDUNG AUF RAUMBEGRIFFE.

Die bahnbrechenden Untersuchungen Kants sind schon hinlänglich hervorgehoben worden, und waren die gegebenen Entwickelungen sozusagen eine Lösung der Frage, welche Kant ungelöst liess, nämlich: ob sein neu hingestelltes irreduzibeles Element „sinnliche Anschauungsform des menschlichen Intellekts“ schliesslich doch als reduzibel sich erweisen würde, einer gemeinsamen Wurzel mit dem logischen Denken entspringe.

Den ersten Versuch diese Frage zu lösen machte Herbart, indem er trachtete, diese sinnlichen Anschauungsformen aus logischen Begriffen zu konstruiren. Er scheiterte bei diesem Versuche; seine Konstruktionen tragen denselben Charakter wie die Hegelschen. Er nahm unbewusst aus der Erfahrung die Begriffe auf, welche erst durch die logische Bewegung entstehen sollten. Gibt man auch seine Konstruktion der Zeit und ihre Darstellung durch die gerade Linie zu, so ist doch alles Bemühen aus der geraden Linie herauszukommen vergeblich. Deshalb bedient er sich des Kunstgriffs, auf der geraden Linie die Richtungen „vor- und rückwärts“ durch die neuen „rechts und links“ zu ersetzen, und damit bringt er die Ebene fertig. Nun könnte aber das Rechts und Links gar nichts nützen, wenn es identisch mit vor- und rückwärts wäre; jene Begriffe bringen die Ebene nur zu Stande, weil bei ihnen schon das Vorhandensein von etwas ausserhalb der geraden Linie Existirendem gedacht wird — was später bei der Geometrie ausführlicher zu behandeln ist. Nach derselben Methode substituirt er dann dem „rechts und links“ die Begriffe „auf- und abwärts“, die gleicherweise von „vor-, rückwärts, links, rechts“ nicht verschieden wären, nichts Neues hervorzubringen vermöchten, wenn sie das Neue nicht schon in sich enthielten. Es sind eben mehrdeutige Begriffe, in denen das Einemal nur die Deutung auf die allen sechs gemeinsame entgegengesetzte Richtung, das Anderemal aber die Deutung auf eine begriffliche Verschiedenheit benutzt wird. Dieser logische Fehler der Anwendung eines Begriffes entgegen dem Satze der Identität wird hervorgerufen durch die nicht logisch aufgebaute Etymologie, welche mit einem Worte viele verschiedene Begriffe bezeichnet; wieder ein Beispiel, wie eine Unvollkommenheit der Sprache zu dem Glauben an ungerechtfertigte, vermeintlich höhere Begriffskategorien verleitete.

Ausserdem fehlt auch bei Herbart der Nachweis, dass mit diesen sechs Begriffen der Cyclus möglicher Bildungen abgeschlossen, obschon er sich bemüht zu zeigen, dass ein solch stringenter Beweis ganz unnöthig sei. Zudem bleibt Herbart nur im diskreten Setzen; hätte er auch die denkmöglichen Unterschiede vollständig entwickelt, das Zwischen, die Ausdehnung von einer Position zur nächsten, würde immerhin fehlen. Wie tief er selbst diesen Mangel fühlte, ergibt sich aus seiner Protestation, in welcher er sich gegen eine solche neue Forderung verwahrt; stellenweise auch von einem intelligiblen im Unterschiede von einem empirischen Raume spricht, sodass man kaum weiss, ob er beide je nach Bedürfniss für identisch erklären will, oder ob er das Kantische Intelligibel für die zweckmässige Finsterniss hält, um seine Verschanzung den Blicken der Angreifer zu entziehen.

Die Einsicht in die Fehler des Herbartschen Versuchs, verbunden mit dem Bestreben, eine philosophische Grundlage für mehrere fremd nebeneinanderstehende Stammbegriffe der mathematischen Wissenschaften zu finden, führten Riemann zu den Untersuchungen, welche zu einer algebraischen Raumtheorie sich entwickelten; einem Schema, innerhalb dessen unser Weltraum eine Stelle finden sollte.

Riemanns Verdienst in der Stellung neuer Fragen in dieser Beziehung, in der Aufzeigung neuer Wege zur Lösung des hartnäckigen Problems, oder auch in der begleitenden Aufforderung, solche neue Wege zu suchen, lässt sich vergleichen der berühmten Frage Kants: wie sind synthetische Urtheile a priori möglich? In der richtigen Stellung der Frage liegt häufig schon die halbe Lösung. Aber selbst wenn diese Fragen Kants und Riemanns unrichtig gestellt waren (was das Resultat vorliegender Untersuchungen ist), so wird doch das nicht hoch genug anzuschlagende Verdienst auch dieser Fragestellungen von jedem anerkannt werden, der sich in den Gedankengang jener Forscher einzuleben vermag.

Riemanns Gedankengang muss hier etwas eingehender betrachtet werden, weil er die Basis einer Raumtheorie bildet, welche unter den Mathematikern zahlreiche Anhänger hat, und bei der empiristischen Schule für die Lösung aller hierauf bezüglichen Probleme gehalten wird, seien dieselben mathematischer oder allgemein erkenntnisstheoretischer Natur. Sogar viele Philosophen, welche nicht dieser Geistesrichtung angehören, halten mit dem Urtheil über den logischen Werth jener Spekulationen zurück, geblendet durch die analytischen Resultate, welche mittelbar aus den metamathematischen Untersuchungen hervorgingen. [26])

Es wird sich nun zeigen, dass in diesen metamathematischen Raumtheorien Herbarts logische Erschleichung mit analytischen Zeichen wiederholt wurde; dass hierdurch aber bei dem unbeschränkten analytischen Schematismus ein *n*facher Raum entstehen musste, während Herbart bei dem dreifachen stehen blieb, weil er nur Begriffe verwandte, die logisch waren, obschon deren Richtigkeit aus Herbarts Deduktion nicht zu folgern ist. Jener *n*fache Raum wurde nicht als Erschleichung erkannt, weil man über die logische Natur der analytischen Symbolik im Unklaren war, und sie nur empirisch je nach den vorliegenden Bedürfnissen handhabte.

Seit Euklids Zeiten unterscheidet die Geometrie bekanntlich ihre Ausgangsbegriffe als Axiome und Nominaldefinitionen. Zu den Axiomen zählt sie Sätze wie: „wenn zwei Grössen einer dritten gleich sind, so sind sie unter sich gleich;“ zu den Definitionen die Sätze, welche die Bedeutung der räumlichen Anschauungsbegriffe klar machen sollen. Die innere Verbindung dieser Axiome und Definitionen blieb aber stets dunkel; man vermochte nicht die verschiedenen Grundbegriffe auf einen Ausgangspunkt zurückzuführen, und besass kein Kriterium, um einen Lehrsatz von einer obiger Nominaldefinitionen zu unterscheiden; man hielt einige dieser letzteren deshalb gleichfalls für Lehrsätze und suchte sie nach der bekannten Methode aus den Axiomen zu beweisen; man suchte die Bedingungen festzustellen, unter welchen zwei in einer Ebene gelegene gerade Linien sich in einem Punkte schneiden, oder aber, sich nicht schneiden können, resp. parallel sind.

Einem einzigen Geometer (Legendre) wurde hier ein partieller Erfolg zugestanden. Dass dieser aber vollständig illusorisch ist, wird bei der Geometrie näher ausgeführt werden. Die Fruchtlosigkeit aller Versuche auf diesem Gebiete ist nun von unserem Standpunkte aus darin zu suchen, dass das erkenntnisstheoretische Instrument nicht untersucht wurde, was hier allein helfen konnte; mit kurzen Worten: man war sich nicht klar über die Bedeutung des Wortes **Begriff**, und wusste deshalb auch nicht genau, was man Axiom, oder Nominaldefinition oder Lehrsatz nennen sollte; eine mehr als zweitausendjährige Geschichte hatte hier einen Wortgebrauch eingeführt, an dem zu rütteln man sich wohl hütete, weil das Kriterium vollständig fehlte, welches hier zu entscheiden hatte.

Die Geometrie erschien in Folge dessen den Neueren als eine Wissenschaft, welche neben apriorischen auch wenigstens ein empirisches Element enthalte; und diese Ansicht erhielt neue Zustimmung durch die That Bolyais und Lobatschewskys, welche eine rein theoretische Wissenschaft, die sogenannte Pangeometrie schufen, welche gar nicht einer durch Anschauung zu beglaubigenden Definition bedurfte, aber in ihren formalistischen Sätzen eine solche Aehnlichkeit mit Sätzen der Geometrie bekundete, dass diese letztere als ein Spezialfall der neuen Wissenschaft angesehen wurde. Wenn man die Wissenschaft in ihrem formalistischen Ausdruck sucht, so war diese Ansicht vollständig berechtigt. Wenn man den Inhalt der Wissenschaft aber in der begrifflichen Deutung der Formeln sucht, so war erst zu beweisen, dass die Formelsprache in jeder Hinsicht eindeutig blieb. Dies wurde vorausgesetzt, aber nicht bewiesen. Diese prinzipielle Untersuchung glaubte man sich ersparen zu dürfen auf Grund des „Permanenzgesetzes der formalen Beziehungen", ein Gesetz, welches logisch betrachtet nichts Anderes bedeutet, als „Verwendung des Identitätsatzes in der analytischen Formelsprache." Wie aber in der Logik ein jeder Begriff auf seine Widerspruchfreiheit und Eindeutigkeit geprüft werden muss, so ist dies auch in der Formelsprache nothwendig. Diese letztere Untersuchung ist also nothwendig, wenn uns das Permanenzgesetz beruhigen soll. Auf Grund einer historischen Entwickelung der mathematischen Symbolik, welche bisher allen Anforderungen genügt hatte, wird angenommen, dass die Formeln jener logischen Bedingung genügen. Dass dies aber nicht der Fall ist, dass in der Geometrie sowohl mehrdeutige Begriffe durch eine und dieselbe Formel, ein eindeutiger Begriff aber zuweilen auch durch verschiedene Symbole ausgedrückt wird, soll im Folgenden bewiesen werden; und daraus werden sich gewisse Bedingungen (Vorsichtsmaassregeln) ergeben, welche bei dem logischen Schlusse aus analytischen Formeln zu beobachten sind. Das Nichtbeachten dieser inhaltschweren Vorfrage war die Ursache all jener spekulativen Irrwege, welche zwischen den Formeln der Pangeometrie durchwandert wurden. [27]) Gar so unähnlich war dies nicht der Methode einer dogmatisch hingestellten Behauptung, woraus die früheren Metaphysiker ihre Resultate zu folgern sich für berechtigt hielten. Wurde doch schon die ganze Frage, „ob die Geometrie empirische

Elemente enthalte", dadurch für entschieden gehalten, weil es gelungen war, eine widerspruchsfreie Pangeometrie zu schaffen, ganz unabhängig von allen Anschauungselementen. Die Widerspruchsfreiheit einer rein theoretischen Wissenschaft beweist aber nichts weiter, als dass hypothetische Prämissen widerspruchsfrei miteinander verbunden worden sind; und deshalb mag die Pangeometrie einer Geometrie so unähnlich sein, wie das Gespensterschiff des fliegenden Holländers einem ehrlichen Kauffahrer. Sei eine Prämisse noch so phantastisch oder gar in sich widerspruchsvoll, sobald sie zum elementaren Bausteine gestempelt worden, kann man in logischem Fortschritte aus dergleichen Elementen Gebilde zusammenfügen; aber diese Gebilde vertragen ebensowenig eine logische Deutung wie die Elementarprämisse.

Es ist nicht wahrscheinlich, dass Riemann dieser Widerspruchsfreiheit der Pangeometrie irgendwelche Bedeutung zugeschrieben habe. Aber er unternahm es, diese Phantasiegebilde der Pangeometrie mit den anschaulichen Gebilden der gemeinen Geometrie in logischen Konnex zu bringen, oder wenigstens die Möglichkeit ihrer anschaulichen Konstruktion glaubhaft zu machen; die Unmöglichkeit der realen Ausführung konnte dann immerhin unseren subjektiven menschlichen Beschränkungen zugeschrieben werden.

Was Riemann nun thatsächlich fertig brachte oder Andere in seinem Sinne, war die anschauliche Konstruktion der Verbindungsart verschiedener pangeometrischer Gebilde, aber nicht die Gebilde selbst. Dies ist auch ganz erklärlich, weil die Verbindung derselben logisch ist; die Gebilde selbst aber, mit Ausnahme des durch unsere gemeine Geometrie markirten Spezialfalles sind alogisch, und blieben deshalb aller mathematischen Künste ungeachtet unkonstruirbar.

Riemann suchte auch die logische Grundlage zu finden für eine denkmögliche Deutbarkeit der pangeometrischen Gebilde. Diese Grundlage schien angezeigt in dem unbeschränkt aufsteigenden Schematismus der algebraischen Formen, deren erste drei Potenzen anschaulichen Raumgebilden korrespondirten. Dies stellte an sein philosophisches Streben die Aufforderung, einen Oberbegriff zu suchen — oder nöthigenfalls neu zu konstruiren — welcher die verschiedenen Potenzen als Spezialbegriffe in seinen Umfang einschlösse. Riemann definirte (konstruirte) demgemäss den Begriff der *n* fach ausgedehnten Grösse. Da seine Deduktion eine geschlossene ist, so muss dieselbe satzweise verfolgt werden, um die darin enthaltenen unbewiesenen Postulate von dem logischen Fortschritte zu sondern. Riemanns Gedankengang ist auch insofern interessant, als derselbe seinen eigenen Andeutungen nach durch Herbarts mündliche Aeusserungen über diesen Gegenstand angeregt worden war.

„Geht man bei einem Begriffe, dessen Bestimmungsweisen eine stetige Mannigfaltigkeit bilden, von einer Bestimmungsweise auf eine bestimmte Art zu einer anderen über, so bilden die durchlaufenen Bestimmungsweisen eine einfach ausgedehnte Mannigfaltigkeit, deren wesentliches Kennzeichen ist, dass in ihr von einem Punkte nur nach zwei Seiten, vorwärs oder rückwärts, ein stetiger Fortgang möglich ist. Denkt man sich nun, dass diese Mannigfaltigkeit wieder in eine andere völlig verschiedene übergeht, und zwar wieder auf bestimmte Art, d. h., so dass jeder Punkt in einen bestimmten Punkt der anderen übergeht, so bilden sämmtliche so erhaltenen Bestimmungsweisen eine zweifach ausgedehnte Mannigfaltigkeit. In ähnlicher Weise erhält man eine dreifach ausgedehnte Mannigfaltigkeit, wenn man sich vorstellt, dass eine zweifache in eine völlig verschiedene auf bestimmte Art übergeht, und es ist leicht zu sehen, wie man diese Konstruktion fortsetzen kann.“

Der erste Fehler liegt hier in der unmotivirten Voraussetzung, dass ein Begriff, der verschiedene Bestimmungsweisen zulasse, überhaupt unbestimmt viele zulasse. Weil hier vermeintlich nur von Grössenbegriffen die Rede ist und deren Repräsentation durch das Zeichen a^n vorschwebt, nimmt man keinen Anstoss daran. Versteht man aber unter diesem Zeichen seine arithmetische Bedeutung, so hat es gar keinen Sinn, innerhalb des a^n von verschiedenen Bestimmungsweisen zu sprechen. Die Ausdehnung von a^2 zu a^3 trägt ganz dieselbe Qualität (Bestimmungsweise), wie die Ausdehnung von a^3 zu a^4. Hat man jedoch nicht den ganz allgemeinen (arithmetischen) Grössenbegriff im Sinne, sondern eine bestimmte Art von Grössen — Farbengrössen (Intensität), Gewichtgrössen, Flächengrössen etc. — dann können möglicherweise Arten der Bestimmungsweise einer Ausdehnung unterschieden werden; aber wie viele verschiedene möglich sind, das muss einer besonderen Untersuchung zu bestimmen überlassen bleiben. Diese verschiedenen Arten sind möglicherweise nur empirisch beschränkt, logisch unbeschränkt, möglicherweise aber auch nicht. Der Beweis der logischen Unbeschränktheit war hier vor jedem weiteren Fortschritt zu liefern.

Sodann ist gar nicht ersichtlich, was man sich unter „Uebergehen in völlig verschiedene Arten“ denken soll, oder wie die verschiedenen Bestimmungsweisen sich begrifflich unterscheiden sollen. Die Vorstellung ist allerdings aufgefordert, sich dies durch Uebergehen des Punktes zur Linie, Fläche, Körper annehmbar erscheinen zu lassen; aber beim

Körper sagt die Vorstellung plötzlich halt, während obige Vorschrift sagt: „es ist leicht einzusehen, wie man diese Konstruktion fortsetzen kann.“ Bleibt man bei streng logischer Begriffsdeutung, so kann völlig verschiedene Art nur als absoluter Gegensatz aufgefasst werden; dann ist aber die völlig verschiedene Art der Ausdehnung eines Punktes zur Linie die Reduktion der Linie zum Punkte. So verführerisch demnach auch der Begriff der *n*fach ausgegehnten Grösse klingt, so ist er doch logisch werthlos. Grösse ist nur dadurch Grösse, dass sie durchaus einfach in ihrer Bestimmungsweise als Ausdehnung bleibt, sobald ihre Ausdehnung, oder Vermehrungsweise, eine vielartige sein soll, ist sie nicht mehr Grösse überhaupt, sondern eine Grösse von spezifisch bestimmter Art; und durch blosse Vergrösserung kann nie aus einer Art eine andere Art hervorgehen, ebensowenig in der Arithmetik, wie in der Geometrie, wie in den Farben und Tönen. Die Geometrie betreffend, wird dies bei dieser Disziplin näher erläutert werden. Riemann geht aber nach jenem Begriff an die Zerlegung algebraischer Formeln, und findet, in der Meinung, dass er dieselben in Flächen zerlegt habe, thatsächlich, dass er sie in quadratische Formen auflösen kann.

Waren die logischen Grundfehler des Begriffes von der *n*fach ausgedehnten Grösse nun auch nicht sofort erkennbar, so hätte Riemann sich doch über das Bedenkliche und Ungenügende der ganzen Konstruktion nicht täuschen können, wenn nicht eine Betrachtung ganz anderer Art jenen Begriff zu rechtfertigen geschienen hätte. In Riemanns Worten: „In die Auffassung der Flächen mischt sich neben den inneren Maassverhältnissen, bei welchen nur die Länge der Wege in ihnen in Betracht kommt, immer auch ihre Lage zu ausser ihnen gelegenen Punkten. **Man kann aber von den äusseren Verhältnissen abstrahiren,** indem man solche Veränderungen mit ihnen vornimmt, bei denen die Länge der Linien in ihnen ungeändert bleibt, d. h. sie sich beliebig — ohne Dehnung — gebogen denkt, und alle so auseinander entstehenden Flächen als gleichartig betrachtet. Es gelten also z. B. beliebige cylindrische oder konische Flächen einer Ebene gleich, weil sie sich durch blosse Biegung aus ihr bilden lassen, wobei die inneren Maassverhältnisse bleiben, und sämmtliche Sätze über dieselben — also die ganze Planimetrie — ihre Gültigkeit behalten; dagegen gelten sie als wesentlich verschieden von der Kugel, welche sich nicht ohne Dehnung in eine Ebene verwandeln lässt.“

In dem „man kann aber von den äusseren Verhältnissen abstrahiren“ liegt eine weitgehende petitio principii. Man kann das allerdings, wenn man sich mit einer Theilbetrachtung der Flächen begnügen will; man kann das aber nicht, wenn man die ganze Natur der Flächen verstehen will; und dies ist nicht immer möglich, wenn man sich auf die Betrachtung der analytischen Formel einer Fläche beschränkt, anstatt die Fläche selbst zu studiren. Weil in der grossen Mehrzahl der Fälle diese Formeln als vollständige Repräsentanten von geometrischen Gegenständen angesehen werden dürfen, deshalb wurde dies übersehen.

Wenn man die von Riemann geforderte Abstraktion vornimmt, dann betrachtet man lediglich Grössenverhältnisse, und diese Betrachtungsweise lässt sich gleichmässig durch alle Potenzordnungen der Formeln fortsetzen. Es galt nun als Dogma, dass die Mathematik sich nur mit Grössenverhältnissen beschäftige, und deshalb glaubte man diese Wissenschaft erst durch jene geforderte Abstraktion zu einer rein deduktiven gemacht zu haben; mit anderen Worten: die Analyse schreite rein deduktiv vor, die Geometrie aber enthalte empirische Voraussetzungen.

Alles, was der Analyse in ihrer heutigen Gestalt noch hinzugefügt werden musste, um ihre Anwendung auf räumliche Objekte und Raumbegriffe zu ermöglichen, fühlte man sich befugt, einer subjektiven Auffassung des menschlichen Intellekts oder auch den empirischen Objekten selbst zuzuschreiben.

In jener analytischen Abstraktion verschwindet nun der Unterschied von gerader Linie nach unserem gewöhnlichen Verständnisse und den geradesten oder kürzesten Linien unter gewissen Bedingungen, z. B. den geodätischen Linien auf Flächen. Fügt man zu dem analytischen Ausdruck einer Längenausdehnung ein Symbol, welches die Krümmung derselben bezeichnet, so wird die Formel, welche einen grössten Kreis der Kugel misst, homolog demjenigen einer geraden Linie; das Krümmungssymbol ist im ersteren Fall eine bestimmte Grösse, im zweiten die arithmetische Null. In diesem Krümmungsmaas glaubte man deshalb ein empirisches Element der Raumgebilde entdeckt zu haben. Wurde nach derselben petitio principii das vermeintlich empirische Element „Krümmungsmaass“ anderen Gebilden als Flächen, etwa dem Körper, beigelegt, so zeigte sich in den daraus entstehenden Formeln kein Widerspruch, weil man dieses Krümmungsmaass je nach Bedürfniss das einemal als mathematischen Ausdruck eines Grösseverhältnisses, das anderemal als symbolischen Ausdruck für ein empirisches Element benutzte. Hiermit ist aber das Permanenzgesetz der formalen Beziehungen schon verletzt, weil ein bestimmter analytischer Ausdruck nicht in stets derselben Bedeutung verwendet wird. Diese Inkonsequenz kam aber nicht zum Bewusstsein in Folge des Glaubens an die alleinige Herrschaft des Grössebegriffs in der Mathematik.

Dem gegenüber haben wir in Kapitel VI entwickelt, dass die rein logisch wiederholte Setzung zwei ganz **heterogene Begriffe** erzeugt, sowohl im Nacheinander als Nebeneinander, sowohl in Arithmetik als Geometrie; nämlich den Begriff der inneren Beziehungen, Entfernung oder Grösse, und Richtung; dass beide Begriffe durch dieselben analytischen Symbole ausgedrückt werden können; dass aber, während der Grössenbegriff keine weitere Einschränkung durch die Symbolik nöthig hat, der Richtungsbegriff einer solchen bedarf, und wenn man dies vernachlässigt, der Richtungsbegriff als solcher zerstört und eine Deutung der betreffenden Formel auf innere Beziehungen des Nebeneinander unmöglich wird. Diese Zweideutigkeit mancher Symbole ist wohl einem jeden Pädagogen schon unbequem geworden, aber man gab sich keine Rechenschaft über den Sitz der Schwierigkeit. Der gewandte Analytiker geht darüber hinweg, weil er sich bewusst ist, im geforderten Falle keine Formel widersinnig zu deuten; eine philosophische Betrachtung, wie diejenige Riemanns, musste aber den Fehler nothwendigerweise durch ihre Konsequenzen bloslegen, eben weil derselbe nicht erkannt wurde.

Betrachten wir nun einige dieser analytischen Zweideutigkeiten.

Wenn wir in der Arithmetik fragen, was bedeutet: $1, 1^2, 1^3 \ldots\ldots 1^n$; oder wem ist es gleich? So ist die beständige Antwort: die Einheit, und nichts weiter als die Einheit.

Fragen wir aber in der Geometrie, so heisst es:

1 ist die Einheit unseres Längenmaasses,

1^2 bedeutet das daraus gebildete Flächenquadrat,

1^3 bedeutet das daraus gebildete Körpervolumen,

$1^4 \ldots\ldots 1^n$ bedeuten gar nichts; wir können aber häufig das 1^n — oder um ein zweckmässigeres Beispiel zu wählen — a^n in der Weise deuten, dass wir es in ein Produkt $a^3 . a^{n-3}$ oder $a^2 . a^{n-2}$ oder $a . a^{n-1}$ umschreiben; dann können wir den einen Faktor geometrisch deuten, und es bleibt uns für den anderen Faktor die Möglichkeit arithmetisch d. h. als reine Grösse zu deuten.

Man hat zwar schon gesagt: die a, a^2, a^3 sollen nur die reinen Maasszahlen bedeuten, welche jene geometrischen Körper mit einander vereinigen; also bei der Linienlänge $4 = a$, ist $a = 16$ Anzahl der Quadrate, welche sich über die Linie a konstruiren lassen. Aber diese Antwort ist ungenügend; sie sagt einen Theil der Wahrheit, aber nicht die ganze. a^2 bedeutet durchaus nicht immer die reine Maasszahl, wenn eine analytische Form geometrisch konstruirt wird; denn dadurch würde die spezifische Einheit, welche sie repräsentiren soll, ob Länge oder Fläche oder Körper, aufgehoben, statt dessen die allgemeine arithmetische Einheit gesetzt und dadurch eine geometrische Deutung der Formel für viele Fälle unmöglich gemacht. Dieses a^2 muss häufig nicht 16 Einheiten überhaupt, sondern 16 Einheiten von der spezifischen Qualität Fläche bedeuten; und auch dieses letztere nicht in einer beliebigen Gestalt der Flächenausdehnung, sondern je nach der Natur des Problems zuweilen in der ganz bestimmten Gruppirung dieser 16 Einheiten als ein Quadrat. Wenn nun irgend eine Anwendung der Rechnung uns dazu veranlasst, das a^n umzuschreiben in $a^3 . a^{n-3}$ oder $a^2 . a^{n-2}$, so sind dies weder $n$fach, noch 3fach, noch 2fach, sondern ganz ehrliche einfach ausgedehnte Grössen; als $a^3 . a^{n-3}$ ein Würfel, welcher a^{n-3}mal gesetzt wird. In $a^2 . a^{n-2}$ bleibt das a^2 die einfach ausgedehnte Fläche und wird durch die Multiplikation mit a^{n-2} weder Würfel noch irgend ein Unding, sondern bleibt Fläche, so lange es dem Rechner beliebt; möglich auch, dass es demselben in Kombination mit neuen Zeichen zweckmässig erscheint eine neue Deutung zu versuchen und ein neues praktisches Resultat zu erzielen.

Hieraus geht es zur Genüge hervor, dass schon so einfache geometrische Begriffe, wie Quadrat, Würfel durch die arithmetischen Zeichen a^2, a^3 für gewisse Fälle durchaus nicht hinreichend repräsentirt sind; und umgekehrt, wie es nicht für alle Fälle erlaubt ist, dieselben auf jene Begriffe zu deuten; am allerwenigsten aber den höheren Potenzen entsprechend analoge Begriffe intellektuiren zu wollen. Diese vermeintliche Generalisation von Spezialfällen ist in Wahrheit keine solche, sondern ein Missbrauch der Formelsprache; denn die gemeinsame Eigenschaft der Ausmessbarkeit der Gebilde — Fläche, Würfel — ignorirt vollständig ihren qualitativen Charakter, welcher doch die Hauptsache ist. Die Ausmessbarkeit kann man wohl nach Zahlpotenzen klassifiziren; aber die Potenzen werden dadurch nicht zu Dimensionen. Der Sprachinstinkt ging diesmal richtig vor, und die mathematische Generalisation, welcher nur ihre historisch entwickelte und mit vielen Unvollkommenheiten behaftete Symbolik maassgebend war, ging irre. Bei der synthetischen Geometrie werden wir richtig entwickelte analytische Ausdrücke finden, welche sich nicht einmal in $n$fache Ausdehnung verlieren, sondern innerhalb der 3 Dimensionen bleiben und trotzdem, als geometrische Begriffe gedeutet, absolut sinnlos sind. Auch die Arithmetik wird Beispiele solcher symbolischer Unvollkommenheiten liefern, welche frühere und auch heutige Analytiker noch zu falschen Schlüssen verleitet.

Aber nicht allein das analytische Symbol für die Grössenelemente ist mehrdeutig, je nach den praktischen Bedürfnissen, sondern auch die Verbindungszeichen sind es.

Die Zeichen + und — heissen in der gewöhnlichen Arithmetik weiter nichts, als Verbindung der Grössen in additiver oder subtraktiver Weise. In der Geometrie werden aber diese Zeichen ausser in diesem Sinne noch als Bezeichnung der Richtung verwandt, so dass $(+ a - a)$ zuweilen gleich Null, zuweilen aber auch gleich $2a$ werden kann. Zwei ganz heterogene Beziehungsbegriffe werden also durch dasselbe Zeichen ausgedrückt, ganz entgegen dem Satze der Identität, ganz entgegen dem Permanenzgesetz formaler Beziehungen. Es bleibt lediglich der richtigen Divination des Mathematikers überlassen, welche Deutung er diesen Zeichen beilegen will, um aus den richtig gerechneten Formeln ein brauchbares Resultat zu erzielen.[28])

Durch diese Doppeldeutigkeit der Zeichen + und — geschieht es auch, dass das Zeichen $\sqrt{-1}$, welches in der Arithmetik, so lange es isolirt steht, nur eine Forderung anzeigt, welche ebenso alogisch ist, wie die Forderung, eine Primzahl in zwei ganzzahlige Faktoren zu zerlegen, in der Geometrie eine ebenso reale Bedeutung haben kann, wie jedes einfache positive Grössensymbol. Ebendeshalb kann eine Form wie $-a^3$ zuweilen reine Maasszahl, zuweilen ein Würfel in gewissen Lagen bedeuten, obschon diese Lage nicht vollkommen bestimmt werden kann, schon wegen der verschiedenen Faktoren, welche alle ein und dasselbe Produkt $-a^3$ erzeugen können.

Es wird nun grade durch diese Zwei- resp. Mehrdeutigkeit der Symbole eine merkwürdige Vereinfachung der Formeln erzielt, und der Grund, wodurch dies ermöglicht wird, liegt eben in der logischen Verbindbarkeit der zwei heterogenen Begriffe „Grösse und Richtung", wie dieselbe in Kapitel VI nachgewiesen ist. Um nun trotz dieser Vieldeutigkeit logische Resultate zu erzielen, ist es durchaus nothwendig, die Regeln aufzufinden, welche für die logische Verwendung jener Zeichen gelten, oder was dasselbe ist — die erkenntnisstheoretische Entwickelung der Begriffe „Grösse, Richtung" und die Gesetze ihrer Kombination zu höheren Begriffsgebilden. Wird jene Verbindung geleugnet, der Abstraktion erlaubt ganz davon abzusehen, nun dann entstehen Formeln, welche in der Arithmetik ihre eindeutige Geltung besitzen, aber angewendet auf ein Nebeneinander sinnlos sind; und diese Sinnlosigkeit wird nicht vernünftig dadurch, dass man sie mit dem Worte „*n*fache Mannigfaltigkeit" bezeichnet.

Hiermit werden alle Stützen des Begriffs der *n*fach ausgedehnten Grösse hinfällig, welche man aus der scheinbar gestatteten Vermehrung der Koordinatenanzahl zur Bestimmung eines Ortes im Nebeneinander abzuleiten versucht hat. Man glaubte sich dazu berechtigt, weil die Koordinaten von einander unabhängige Grössen seien. Diese geläufige Bezeichnung ist aber unrichtig, sobald ihre Zahl über 3 vermehrt wird. Es sind dann noch Grössenbestimmungen in arithmetischer Bedeutung, aber keine Koordinaten mehr, weil diese in einem gegenseitigen Abhängigkeitsverhältnisse der Richtung stehen, einerlei ob sie als Grössen bei der Anzahl 3 abhängig oder unabhängig von einander sind. Bei der Arithmetik wird dies aus der Natur der Zahlen entwickelt werden.

Wenn man also, um die mögliche Einmischung empirischer Elemente zu vermeiden, von geometrischen Betrachtungen absehen und sich auf rein arithmetische Analyse beschränken wollte — eine Vorsicht, welche gerechtfertigt war, so lange man die Natur geometrischer Elemente nicht kannte — so versperrte man sich aber auch die Möglichkeit, aus den analytischen Formeln etwas über Raumverhältnisse aussagen zu können. Statt dessen wurde die kühne Hypothese gesetzt: jene analytischen Formeln dürften auf den Begriff eines Raumes überhaupt gedeutet werden. Die richtig gestellte Frage musste lauten: wie kommt es, dass die verschiedenen gebräuchlichen Zeichen der Mathematik nicht allein in ihrer Vereinzelung, sondern auch in ihren arithmetischen Kombinationen auf Begriffe oder gar sinnliche Vorstellungen gedeutet werden dürfen; und welche Regeln, welche Beschränkungen gelten bei solcher Deutungsweise?[27])

Ein Theil dieser Frage wurde hier gelöst; andere Theile derselben werden bei den mathematischen Disziplinen zu lösen sein.

Der logische Fehler von Riemanns Raumtheorie dürfte hiermit genugsam dargelegt worden sein und zugleich nachgewiesen, dass die richtige Interpretation der analytischen Formeln allerdings den richtigen Raumbegriff ergibt. Es bleibt der Kombinatorik deshalb immerhin unbenommen, die *n*fache Mannigfaltigkeit als „terminus technicus“ beizubehalten; nur muss sie eingedenk bleiben, dass sie auch trotz eines derartigen Namens nie etwas Anderes als Kombinatorik werden kann.

Nothwendig ist es nun noch, auf die empirischen Anwendungen einzugehen, welche man von obigem Begriffe gemacht hat, und wodurch die Meinung entstand, es sei etwas jenem Begriffe entsprechendes anschaulich konstruirt worden.

Je dunkler der Begriff einer *n*fachen Mannigfaltigkeit war, desto vielversprechender erschien er der Spekulation, welche nicht allein von Metaphysikern, sondern auch von Empiristen unwillkürlich kultivirt wird. Man suchte nach Gegenständen, auf welche jener Begriff anwendbar wäre; hier musste sein praktischer Werth sich erweisen. Wurden solche Gegenstände oder Vorgänge gefunden, welche nach einer *n* fachen Verschiedenheit einigermaassen gruppirt werden konnten, so lag es nahe, da eine einfache und erschöpfende Definition des Raumbegriffs zur Zeit nicht bekannt war, unseren Raum als eine Vorstellung jenen anderen Vorstellungen zu koordiniren, einem Gattungsbegriffe Raum überhaupt oder auch *n*fache Mannigfaltigkeit zu subsumiren.

Es sei darauf aufmerksam gemacht, wie lediglich der Mangel einer scharfen und für alle Fälle richtigen Definition der Wörter „Vorstellung, Anschauung und Begriff" einen solchen Gedankengang unverdächtig erscheinen lassen konnte, und den irrigen Satz aufstellte, „dass der Raum der Geometrie ebenso wie der Raum der Physik und Astronomie zunächst eine Vorstellung sei von demselben Bewusstseinsgehalt wie jede beliebige andere Vorstellung. [29])

Solche dem Raumbegriffe vermeintlich koordinirbare andere Vorstellungsreihen waren nun bald gefunden. Schon Riemann hatte in dieser Beziehung auf die Farben hingewiesen. Obschon die physikalische wie physiologische Beobachtung nur von bestimmten Farben etwas weiss, so ist doch der gewöhnlichen Auffassung ein stetiger Uebergang einer Farbe in die andere geläufig; und es liegt auch in der That kein logischer Widerspruch in der Denkmöglichkeit eines solchen stetigen Uebergangs: nur hätte die empirische Auffassung davon absehen sollen, eine solche apriorische Stetigkeit aus dem Beobachtungsmateriale folgern zu wollen. That sie es, so lieferte sie damit den Beweis apriorischer Elemente in ihren Schlüssen und — Vorstellungen.

Weiterhin schien die stetige Farbenreihe mit der Raumvorstellung (es wird hier dem empiristischen Gedankengange entsprechend Raumvorstellung gesetzt statt des logisch richtigen Wortes Raumbegriff) auch darin eine Analogie zu besitzen, dass sich drei Mannigfaltigkeiten bei ihnen unterscheiden liessen, nämlich: Farbenton, Sättigungsgrad und Lichtstärke. Das undefinirte Wort Dimension, welches bei Riemann durch „ganz andere Bestimmungsart" ersetzt worden war, subsumirte man unter den Gattungsbegriff Mannigfaltigkeit, und so lange keine genaue Rechenschaft gefordert wurde über diesen Klassifikationsakt, durfte die Auffindung einer solchen Analogie nicht allein für geistreich, sondern auch für zweckentsprechend, vielleicht gar für logisch richtig gelten.

Dass nun die Verschiedenheit der Dimensionen durchaus nichts mit dem Begriff einer Mannigfaltigkeit zu thun hat, ist schon nachgewiesen worden. Aber die Qualitäten „Linie, Fläche, Körper“ sind Mannigfaltigkeiten von Qualitäten der Ausdehnung; weil die Erzeugung dieser Qualitäten durch Bewegung in Dimensionen so vielfältig dem geometrisch geschulten Bewusstsein geläufig ist, deshalb fand man keinen Anstoss an der steten Verwechslung der Begriffe „Dimension“ und „Mannigfaltigkeit der Qualität“.

Eine jede qualitative Mannigfaltigkeit lässt sich durch voneinander unabhängige Variable analytisch ausdrücken, und da etwas Aehnliches bei der Bestimmung des Ortes im Raume stattfindet, so liegt auch kein Hinderniss vor, eine Mannigfaltigkeit (dieses Wort im definirten logischen Sinne gebraucht als total verschieden von Dimension) von einer, zwei oder drei Variablen räumlich zu konstruiren. Ist jene empirische Mannigfaltigkeit in ihrer Ausdehnung beschränkt, so wird die räumliche Konstruktion ein begrenztes Volum umfassen; sind jene empirischen stetigen Qualitäten unbeschränkt, nun so erlaubt der unbeschränkt fortgehende logische Prozess Raum genug für eine jede Konstruktion. Dass aber die räumlichen Variabeln ausser dieser Analogie mit den Variabeln einer Mannigfaltigkeit noch etwas ganz Eigenartiges besitzen, dass es ein logischer Fehler ist, die Raumkoordinaten schlechtweg unabhängige Variable zu nennen, ja dass es ein logischer Fehler ist, aus der willkürlichen Subsumtion dieser beiden Arten von unabhängigen Grössen unter den Oberbegriff „Variable“ auf die Natur jener Unterbegriffe schliessen zu wollen, wurde übersehen; und der Hauptgrund dieses Fehlers lag in dem Mangel einer strengen Definition von „Vorstellung und Begriff“.

Ein zweites Beispiel einer stetigen Ausdehnung von drei Mannigfaltigkeiten bieten die Tonempfindungen, und diese wurden demgemäss mit gleicher Verwechslung der Begriffe wie vorher stetige Grössen von drei Dimensionen genannt. Höhe, Intensität und Klangfarbe werden qualitativ unterschieden, können demnach auch durch drei Abmessungen graphisch gruppirt werden. Diese graphischen Darstellungen können zu allerhand interessanten geometrischen Vergleichen die Hand bieten. Die graphisch gruppirten Farbenabstufungen können als Kegel, deren Spitzen, durch imaginäre Linien verbunden, geschlossene Flächen oder auch mehrfach zusammenhängende Flächen bilden (mehrfach verbundene Körper) — die Töne dagegen ins Unendliche sich erstreckende Figuren; denn die empirischen Grenzen der Tonreihe existiren nicht für den logischen Fortschritt. Aber alle solche graphischen Anschauungsmittel beweisen nichts für die Identität einer qualitativen Mannigfaltigkeit mit einer dimensionalen; beweist doch auch die graphische Konstruktion statistischer Tafeln nicht die Räumlichkeit der Statistik. Es wäre für Liebhaber nicht allein möglich, sondern es wird auch für die psychophysische Analyse vielleicht einmal sehr zweckmässig werden, eine solche höhere Mannigfaltigkeit zu betrachten.

Als allgemeines Ausdehnungselement kann man nämlich die Empfindung als solche betrachten, d. h. ihre Stelle auf der Skala „Lust Unlust" für einen bestimmten Organismus. Diese Stelle für einen bestimmten Moment muss sich als Resultat aller Einzelempfindungen fixiren lassen, welche in jenem Momente auf den Organismus einwirken, entweder als direkte Wahrnehmung (Reiz) oder als Vorstellung. Diese Einzelempfindungen sind bestimmbar nach Sinnesmerkmalen, drei Tonvariablen, drei Farbenvariablen, x Innervationsvariablen etc. Alle diese veränderlichen Grössen hängen mehr oder weniger nach stetigen Abstufungen zusammen, eben weil sie alle eine Reaktion auf die Empfindung als Gefühl ausdrücken. Der Fortschritt empirischer Beobachtung rückt vielleicht einmal Ton- und Farbengrenzen noch viel weiter hinaus, als es schon der gewöhnlichen Beobachtung gegenüber durch physikalische Mittel ermöglicht worden ist. Wer wollte die Unmöglichkeit behaupten, dass schliesslich einmal Ton- und Farbenempfindung ineinander übergehen? Eine Veränderung unseres Organismus bringt das vielleicht rasch fertig; man denke nur an Halluzinationen und Traumbilder, wo zuweilen dergleichen Vorgänge stattfinden; wer weiss ob das weniger differenzirte Nervenorgan niederer Thiere dies nicht schon zu Wege bringt oder auch das beobachtete Vikariren der Sinne bei gewissen Zuständen des menschlichen Organismus.

Da hätten wir eine n fache Mannigfaltigkeit, mit der sich analytisch rechnen lässt; eine ähnliche besteht schon in der mathematischen Physik. Aber hat diese Mannigfaltigkeit das geringste Gemeinsame mit dem Begriff der Dimensionen, obschon sie ebenso das Element der Ausdehnung (Empfindungsdauer) hat, wie jede andere ausgedehnte Grösse? Ihre einzige Gemeinsamkeit besteht darin, dass analytische Symbole unter Beobachtung gewisser Regeln auf beide Arten von Reihen angewandt werden können; eine Gemeinsamkeit, welche abstrakt genommen nicht mehr bedeutet, als wenn zwei verschiedene Begriffe in dieser oder jener Sprache mit einem und demselben Worte bezeichnet werden. Dass aber die Anwendung mathematischer Symbole weiter reicht als solche etymologische Bildungen, liegt daran, dass durch Zahlen, oder allgemein durch Kombinatorik, die ganze Reihe der formalen Bestimmungen, d. h. der verschiedenen Denkbegriffe, ausgedrückt werden kann. Der Raum als Begriff ist aber weiter nichts als die Möglichkeit der Ordnung eines Zusammen, und der sogenannte empirische Raum ist die empfundene Ordnung, geordnete Empfindungen, als solche Ausdehnung der Gruppirung; Verbindung der Elemente der Kombination durch ein empfundenes Zwischen den Elementen. Ebenso heterogen wie demnach die Empfindung als Inhalt ihrer formalen Bestimmung, als begrenzter Inhalt nach dieser oder jener Kombination des Denkens, ebenso heterogen ist der empirische Begriff einer $n$fachen Mannigfaltigkeit dem rein formalen Begriff einer allseitigen Raummöglichkeit, dem Raume als allseitiges Kontinuum formalen Setzens.

Will man den Begriff des allseitigen Kontinuums analytisch definiren, so geschieht dies durch die Bezeichnung: Bestimmbarkeit des Ortes durch Koordinaten, welche der Grösse aber nicht der Richtung nach von einander unabhängig sind — oder: durch der Grösse wie der Richtung nach von einander unabhängige Variable, deren Zahl jedoch 3 nicht überschreitet — oder: der Grösse wie Richtung nach unabhängige Variable, deren Gebilde das Krümmungsmaass Null haben. Alle diese Bezeichnungen sind identisch; sie haften aber an rein arithmetischen Merkmalen, und diese Merkmale dürfen nicht unmittelbar für logische Begriffe gelten. In diesen isolirt betrachteten Merkmalen ist der logische Grund und die Regel ihrer Verbindbarkeit nicht direkt erkennbar; deshalb ist es auch nicht erlaubt, mit ihnen allgemeine Generalisationen oder Subsumtionen aufzustellen. Wenn man deshalb von einer analytischen Berechtigung spricht, unseren Grössenbegriff vom Raum zu dem Begriff einer $n$fachen Mannigfaltigkeit mit konstantem Krümmungsmaass zu erweitern, so trennt man Analytik von Logik, und versteht unter ersterer nur noch die Berechtigung, gewisse mathematische Zeichen nach gewissen, willkürlich ersonnenen Kunstgriffen konsequent zu behandeln.

Die letzte und hauptsächlichste Stütze fand jener Begriff einer Ausgedehntheit von n Dimensionen in geometrischen Betrachtungen, welche eine anschauliche Darstellung der darin vorhandenen Verhältnisse geben oder deren mögliche Darstellung wenigstens glaubhaft machen sollten.

Durch die von Riemann behauptete Zerlegbarkeit einer $n$fachen Ausgedehntheit in Flächen, und geometrische Betrachtungen der Flächen überhaupt, wurden nämlich Gebilde analytisch bestimmt, welche so recht die empirische Beschränktheit unserer Anschauung vor Augen führen sollten; Gebilde, deren Grenzen wir unter gewissen Verhältnissen wirklich konstruiren könnten, und von welchen Grenzen wir dann eine Ahnung über das Gebilde selbst zu fassen vermöchten, dessen Existenz durch das Dasein einer analytischen Formel beglaubigt sei. Je glänzender die geometrischen Entdeckungen auf diesem Gebiete ausfielen, desto verführerischer waren sie auch in Irreleitung des Urtheils, und deshalb muss die Nichtigkeit der gezogenen Konsequenzen, ihrer Anwendung auf Flächenwesen und die Männer im Konvexspiegel, geometrisch nachgewiesen werden.

Die krummen Flächen lassen sich bekanntlich am Zweckmässigsten nach dem Krümmungsmaasse klassifiziren; einer Zahl, welche durch das Produkt der reziproken Werthe von zwei Hauptkrümmungsradien an einem Punkte der Fläche entsteht; ihr Zeichen ist demnach $\frac{1}{r_1} \cdot \frac{1}{r_2}$. Diese Zahl bezeichnet innerhalb eines arithmetischen Gebildes einfach einen Bestimmungsfaktor (Parameter); ist aber das arithmetische Gebilde (der betreffende analytische Ausdruck) deutbar auf ein Raumgebilde, so hat jene Zahl auch eine Bedeutung als Raumbegriff.

Wir nennen nämlich gekrümmt, Etwas was stetig seine Richtung ändert; die einfache Ausdehnung in stetiger Richtungsänderung nennen wir krumme Linie, Kurve. Kurve ist also ein Denkbegriff, nichts mehr noch weniger; von aller Anschaulichkeit als gezeichnete Kurve kann abstrahirt werden, und dabei doch die Art und Weise ihrer Krümmungsänderung, ihre Gestalt überhaupt, der denkenden Analyse oder Synthese unterworfen werden; in der analytischen Formel der Kurve können alle Betrachtungen derart angestellt werden. Ist nun Krümmung bei normalem Gebrauche ein Begriff, der bei Linien verwendet wird, so spricht doch sowohl die Sprache von krummen Flächen, wie auch die Abstraktion der Mathematik, weil die Eigenschaften einer jeden krummen Fläche aus einem System von krummen Linien abgeleitet werden können; und zwar für jeden Punkt der Fläche, durch zwei in jenem Punkte sich schneidende krumme Linien. Krümmung der Fläche ist also ein Denkbegriff, eine Kombination aus den vielen Denkbegriffen verschiedener krummer Linien. Die Flächen können nun klassifizirt werden in solche, wo die auf der Fläche durch einen Punkt rechtwinklig zueinander gezogenen Kurven nach derselben Seite hin gekrümmt sind wie auf der Kugel, oder nach entgegengesetzten Seiten wie auf einem Serviettenbande; in dem ersteren Falle wird die Zahl $\frac{1}{r_1} \cdot \frac{1}{r_2}$ positiv, im zweiten negativ; beide Klassen von Krümmungen haben als arithmetische Verbindungsgrenze die Krümmungszahl Null, d. h. wo gar keine Krümmung stattfindet, welche die Fläche ohne Krümmung oder Ebene ist. Es gibt nur zwei Flächen, welche an jedem Punkte eine konstante Krümmungszahl haben; die Kugelfläche mit konstanter positiver und die einem lilienförmigen Champagnerglase ähnliche Pseudosphäre mit konstant negativer Krümmungszahl. Bei den hierauf bezüglichen Untersuchungen zeigte sich eine enge Verbindung des Parallelenaxioms mit den geometrischen Formeln, wenn sie anstatt auf Figuren der Ebene, auf solche gedeutet wurden, die man auf die Sphäre und Pseudosphäre zeichnen kann. Während das Dreieck der Ebene stets zwei rechte Winkel enthält, hat die Figur, welche wir sphärisches Dreieck nennen, mehr, die entsprechende Figur auf der Pseudosphäre, weniger als zwei rechte Winkel. Hier schien also ein indirekter Beweis gefunden, dass der Satz von der Summe der Dreieckswinkel gleich zwei Rechten, apriorisch nur deshalb unbeweisbar war, weil eben Verhältnisse vorliegen konnten, unter denen er thatsächlich nicht statt hatte. Man brauchte sich ja nur Flächenwesen vorzustellen, in deren Welt eine körperliche Ausdehnung nicht bestand; sollten diese nicht auch nur in zwei Dimensionen vorstellen? Die empiristische Auffassung forderte dies apriorisch; weil ja alle Vorstellung nur durch Wahrnehmung entstehen sollte.

Es wurde hier wieder einmal Vorstellung und Begriff verwechselt, verleitet durch das alte Erbtheil der Sprachmetaphysik, welche von „geometrischen Vorstellungen" spricht.

Allerdings, wenn solche Wesen nur Wahrnehmungen in zwei Dimensionen machen, so wird auch die einfache sinnliche Reproduktion nur diesen gleiche Vorstellungen erzeugen; denken werden sie jedoch wie jedes denkende Wesen überhaupt, nämlich nach drei Dimensionen, und je nach Veranlassung auch die zweidimensionalen Wahrnehmungen zu dreidimensionalen Vorstellungen kombiniren können. Eine einfache geometrische Betrachtung ergibt dies.

Denken wir uns, dass jene Kugelflächenwesen eine Karte ihrer Welt anfertigen. Ihre Maassstäbe sind natürlich krumm, ihre Gesichtslinien (Winkel) gehen in Kreislinien, ihr Zeichenpapier ist wie sie selbst ein kleines Stückchen Kugeloberfläche.

Die Flächenwesen messen und zeichnen zuerst eine Standlinie, den Kreis *agbh* mit dem Zentrum *c*, wandern sodann von *c* über *b* stets in gerader Richtung vorwärts. Sie finden, dass sie über *a* nach *c* zurückgelangen. Bei einer zweiten Wanderung in gleicher Richtung werden ausser der direkten Längsmessung des Weges zur Kontrole die Distanzen der Wegetappen von dem rechts gelegenen Punkte *g* gemessen. Bei der Aufzeichnung des Weges auf der Karte ergibt sich etwa die Linie *c*, *b*, *zg*, *a*, *c*. Der Punkt *z* sei die Mitte des Weges. Es wird sich nun finden, dass keine Distanz genau aufgezeichnet werden kann. Zur Kontrole wird die Reise nochmals unternommen und

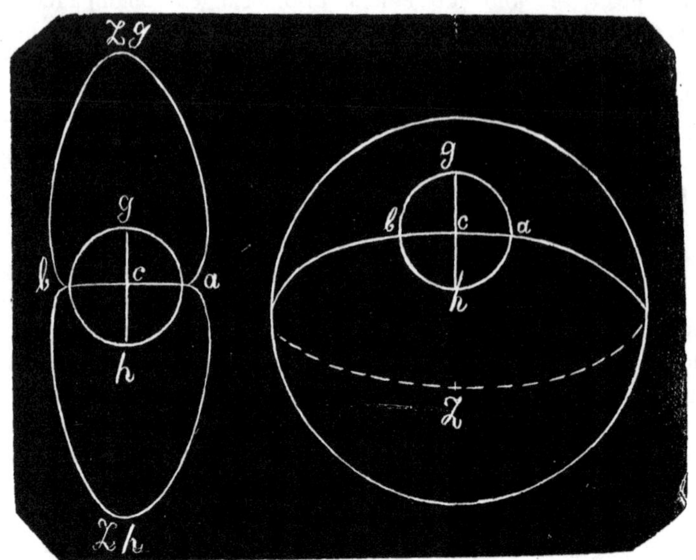

Geographische Karte. Planet (der Kugelflächenwesen).

dabei die Distanzen der Wegetappen vom Punkte *h* links von der Richtung der Reise gemessen. Die Aufzeichnung ergibt ungefähr die Linie *c*, *b*, *zh*, *a*, *c*.

Hier ergibt also die empirische Beobachtung und Aufzeichnung eines und desselben Gegenstandes, eines grössten Kreises des Planeten, ein total verschiedenes Resultat. Wo sucht nun der Empiriker die Hülfe, um einen solchen Widerspruch der Erfahrung zu lösen? Offenbar können neue Beobachtungen zu nichts führen; eine jede andere würde denselben Widerspruch ergeben. Eine Lösung kann nur das von Einzelerfahrungen unabhängige Denkgesetz geben, indem es die sich widersprechenden einzelnen Beobachtungen (Wahrnehmungen) durch eine dem Identitätssatze entsprechende Hypothese zu einem Gedankendinge vereinigt. Machen wir deshalb Anwendung von den gegebenen Definitionen, so heisst die obige gewöhnliche Ausdrucksweise in streng logischer Sprache:

Der gemessene Kreis *acbz* ist kein Gegenstand, sondern ein Begriff, und ebenso sind die gezeichneten Linien *acbzg*, *acbzh* keine graphischen Repräsentationen von Vorstellungen, sondern von Begriffen; denn eine geometrische Vorstellung ist unmöglich. Was man gemeiniglich geometrische Vorstellung nennt, hat weder Farbe noch sonst ein sinnliches Merkmal, weil die Geometrie vorschreibt, von allen solchen zu abstrahiren. Wir können die Vorstellung eines Körpers, eines Stückes Papier, Holz, oder feurige Linien in dieser oder jener geometrischen Figur fassen; die geometrische Figur als solche ist aber nie etwas Anderes als die leere Form jener Vorstellung, eine Kombination von Denkbegriffen; und lässt sich deshalb nicht vorstellen, sondern nur denkend bestimmen. Das übliche „ich stelle mir eine Figur anschaulich vor" heisst logisch gesprochen: ich stelle mir einen Gegenstand vor, konstruirt aus sehr dünnen Drähten oder leuchtenden Bändern, oder ein Raumvolum, begrenzt von sehr dünnen Blättern; aber so, dass deren Begrenzungen möglichst genau den geometrischen Begriffen von der geforderten Figur entsprechen.

Tritt nun an unsere Flächenwesen die Aufgabe heran, jene sich scheinbar widersprechenden Beobachtungen zu erklären, so ist das ähnlich der Aufgabe den scheinbaren Widerspruch zu erklären, dass ein gespiegelter Gegenstand nicht dort gefunden wird, wo man ihn sieht. Das logische Urtheil wird einfach lauten: jener Widerspruch liegt nicht in dem Gegenstande, sondern in der verkehrten Zeichnung; und die zwei verschiedenen Beobachtungen sind logisch erklärbar durch die Hypothese, dass der Kreis $acbz$ senkrecht auf dem Kreise $agbh$ steht, dass also die Fläche des Planeten auf dem Papier überhaupt nicht darstellbar ist. Sind wir Erdenbewohner doch auch nicht durch unmittelbare Wahrnehmung der Erde als Kugel, sondern durch dem vorigen ähnliche Schlüsse zu der Hypothese von dieser Kugelgestalt gelangt. Die Kugelbewohner werden also eine ideelle Planimetrie entwickeln, welche sich nirgendwo auf die ihnen wahrnehmbaren Gegenstände anwenden lässt. Diese ideelle Planimetrie wird ihnen jedoch ermöglichen, aus ihren Karten, welche die wirkliche Ländergestalt gar nicht ähnlich wiederzugeben vermögen (grade wie auch unsere auf ebenes Papier gedruckten Karten), die richtigen Distanzen abzuleiten. Sie werden nicht ein anderes System von geometrischen Axiomen aufstellen als das unsrige, sondern ein von ihrer Wahrnehmung verschiedenes ideelles, nämlich dasselbe wie unser ideelles (das Euklidische), welches ja auch nicht auf unsere Wahrnehmungen genau, sondern nur annähernd passt, eben weil es ein ideell konstruirtes, nicht aber ein aus der Natur kopirtes (nach dem empiristischen Ausdruck „ein lediglich aus der Erfahrung gewonnenes") System ist.

Weil demnach der Richtungsbegriff gar nicht von den spezifischen Wahrnehmungen abhängt, sondern ein reiner Denkbegriff ist, deshalb werden ebene Flächenwesen ganz den identischen Begriff bilden, wie die auf sphärischen und pseudosphärischen Flächen lebenden. Eine gerade Linie wird in ihrer Welt allerdings nicht vorkommen; aber eine solche existirt auch nicht in der unsrigen. Es wird jenen sphärischen Wesen aber ebensowenig einfallen, eine geodätische Linie für eine solche von identischer Richtung zu erklären wie wir eine als Gerade wahrgenommene geodätische Linie des Himmelsgewölbes; und sie werden sich in diesem Urtheil nicht dadurch irre machen lassen, dass ein Gelehrter ihnen eine Formelsprache mittheilt, in welchen für diese verschiedenen Begriffe dasselbe Symbol gebraucht wird — wie in unserer Pangeometrie. Jene sphärischen Wesen werden deshalb einen Flächenausschnitt mit drei Ecken durchaus nicht für ein geradliniges Dreieck erklären, weil, wie sie durch Beobachtung ausfinden, jene geodätischen Linien durchaus nicht eine absolut konstante Richtung haben, sondern nur eine relativ konstante in Bezug auf eine gewisse Ebene. Auch die Identität der logisch gebildeten Begriffe von „Linie konstanter Richtung“ mit der „absolut kürzesten Linie“ werden jene Flächen empirisch konstatiren können; denn messen sie Kreise von verschiedener Grösse auf ihrem Planeten sowohl nach Länge des Umfanges wie Länge des geodätischen Durchmessers, so werden sie finden, dass das Verhältniss von Durchmesser zu Umfang sich ändert mit der Grösse des Kreises; und diese empirisch gefundenen Verhältnisse lassen sich in eine Reihe bringen, welche ein arithmetisches Gesetz der Aenderung aufweist. Die gewöhnlichen arithmetischen Operationen werden zwei Grenzfälle in dieser Reihe erkennen lassen, den einen, wo das Verhältniss von Umfang zu Durchmesser wie 2 zu 1, den anderen, wo jenes Verhältniss wie 3,14 zu 1 ist; und das letztere wird als das Verhältniss der Linie konstant *geänderter* Richtung zur Linie konstant *identischer* Richtung erkannt werden.

Das Parallelenaxiom wie auch der Satz von der Summe der Dreieckswinkel hat also nichts mit sphärischen oder pseudosphärischen Flächen zu thun, sondern nur mit der gewählten Formelsprache. *Parallelen* existiren nicht auf jenen Flächen und ebensowenig *Dreiecke* in eindeutiger Anwendung dieser Worte; denn Linien, die sich trotz beliebiger Verlängerung nach dem ihrer Ausdehnung zu Grunde gelegten Gesetze nicht schneiden, sind deshalb noch keine Parallelen; und Figuren, welche drei Ecken besitzen, z. B. drei durch Ecken verbundene Spiralen, sind dieser Eigenschaft halber noch keine Dreiecke. Es ist schon zum allerwenigsten eine Unvorsichtigkeit der Mathematiker, wenn sie philosophiren wollen, von *Winkeln* zu sprechen, welche durch gekrümmte Linien gebildet werden. Bei den geometrischen Definitionen ist dies Thema eingehender zu behandeln.

Das Suchen nach Anwendung der pangeometrischen Formeln ging aber noch weiter. War die Formel, welche eine Deutung als doppelgekrümmte Fläche zuliess, durch den Ausdruck $\frac{1}{r_1} \cdot \frac{1}{r_2}$ bestimmt, so hinderte ja nichts weitere Gebilde arithmetisch aufzustellen, welche durch ein höheres Produkt $\frac{1}{r_1} \cdot \frac{1}{r_2} \cdot \ldots \cdot \frac{1}{r_n}$ analog bestimmbar wären; und warum sollten diese Formeln nicht auch eine geometrische Bedeutung haben, etwa dreifach gekrümmte Flächen oder — krummer Raum etc.; es war ja kein logisches Prinzip entdeckt, welches hier eine Grenze der Begriffsbildung gezogen hätte; warum also nicht analoge Raumgebilde imaginiren, die wir nur nicht anschaulich darzustellen wüssten, weil in unserer empirischen Welt eben keine vorhanden wären? Hauptsächlich der gekrümmte Raum schien sich den geläufigen Vorstellungen anzupassen; hatte doch Gauss die krummen Flächen als solche gekrümmte Räume imaginirt, an denen nur die eine Dimension unendlich klein geworden, aber deshalb doch nicht verschwunden war; ähnlich wie die Differenzialien ja auch nicht radikal verschwinden.

Der alogische Begriff des unendlich Kleinen, und die trotz aller Behauptung des Gegentheils ungelöste Frage nach der logischen Berechtigung des Infinitesimalkalkuls erhielten in diesem Gedankengange einen prägnanten Ausdruck.

Eine optische Erfahrung stützte vorgeblich diesen Gedankengang. Bei der Beliebtheit und vermeintlichen Anschaulichkeit dieses Falles sei das Beispiel in Worten seines Erfinders gegeben.

„Jede Grössen vergleichende, sei es Schätzung, sei es Messung räumlicher Verhältnisse, geht von einer Voraussetzung über das physikalische Verhalten gewisser Naturkörper aus, sei es unseres eigenen Leibes, sei es der angewendeten Messinstrumente...., welche über das Gebiet der reinen Raumanschauungen hinausgreift. Ja es lässt sich ein bestimmtes Verhalten der uns als fest erscheinenden Körper angeben, bei welchem die Messungen im Euklidischen Raume so ausfallen würden, als wären sie ausgeführt im pseudosphärischen oder sphärischen Raume... Um dies einzusehen, erinnere ich zunächst daran, dass, wenn die sämmtlichen linearen Dimensionen der uns umgebenden Körper und die unseres eigenen Leibes mit ihnen im gleichen Verhältnisse vergrössert würden, wir eine solche Aenderung durch unsere Mittel der Raumanschauung gar nicht würden bemerken können. Dasselbe würde aber auch der Fall sein, wenn die Dehnung oder Zusammenziehung nach verschiedenen Richtungen hin verschieden wäre, vorausgesetzt, dass unser eigener Leib in derselben Weise sich veränderte und vorausgesetzt ferner, dass ein Körper, der sich drehte, in jedem Augenblick, ohne mechanischen Widerstand zu erleiden oder auszuüben, denjenigen Grad der Dehnung seiner verschiedenen Dimensionen annähme, der seiner zeitigen Lage entspricht... Ein gut gearbeiteter Konvexspiegel (die versilberten Kugeln in den Gärten) von nicht zu grosser Oeffnung zeigt das Spiegelbild jedes vor ihm liegenden Gegenstandes scheinbar körperlich und in bestimmter Lage und Entfernung hinter seiner Fläche. Aber die Bilder des fernen Horizontes und der Sonne liegen in begrenzter Entfernung, welche der Brennweite des Spiegels gleich ist, hinter dem Spiegel. Zwischen diesen Bildern und der Oberfläche des Spiegels sind die Bilder aller anderen vor letzterem liegenden Objekte enthalten, aber so, dass die Bilder um so mehr verkleinert und um so mehr abgeplattet sind, je ferner ihre Objekte vom Spiegel liegen... Jede gerade Linie der Aussenwelt wird durch eine gerade im Bilde dargestellt. Das Bild eines Mannes, der mit einem Maassstab eine von dem Spiegel sich entfernende gerade Linie abmisst, würde immer mehr zusammenschrumpfen, jemehr das Original sich entfernt; aber mit seinem ebenfalls zusammenschrumpfenden Maassstabe würde der Mann im Bilde genau dieselbe Zahl von Centimetern herauszählen, wie der Mann in der Wirklichkeit... Alle geometrischen Messungen... alle Kongruenzen würden in den Bildern bei wirklicher Aneinanderlagerung der betreffenden Körper ebenso passen, wie in der Aussenwelt..."

Dass dieses optische Experiment durchaus nicht zu dem Vordersatze berechtigt „jede Messung räumlicher Verhältnisse gehe von einer Voraussetzung über das physikalische Verhalten gewisser Naturkörper aus", wird sofort klar, wenn wir statt diesen etwas fremdartigen Abstraktionen ein unseren Verhältnissen näher liegendes analoges Beispiel wählen; es gibt ein solches, welches ganz dieselben zu einem Schlusse auffordernden Elemente enthält wie jene Konvexspiegelwelt.

Wenn wir die Entfernung eines Gestirnes zu messen unternehmen wollten, ohne Kenntniss zu haben von der Veränderung unserer Maassstäbe durch die Temperatur, so würden wir jene Entfernung am Pole grösser als am Aequator finden, weil der empirische Maassstab durch Abnahme der Temperatur kleiner wird. Dies könnte man in pangeometrischen Formeln ausdrücken, und jene Thatsache dadurch erklären, dass wir uns in einem gekrümmten Raume bewegen. Warum ist nun Niemandem eingefallen, eine solche Erklärung zu geben? Einfach weil Niemand, auch der Empirist nicht, trotz seiner Behauptung des Gegentheils, den Begriff einer M a a s s e i n h e i t mit dem Objekt M a a s s s t a b verwechselt; weil bei einer logischen Erklärung nicht Wahrnehmungen lediglich beschrieben oder synthetisch zusammengesetzt werden, grade in der Folge wie unser Cerebralapparat dieselben zufällig zusammenhäuft, sondern weil wir die Wahrnehmungen in logischen Konnex dem apriorischen Denkgesetze gemäss bringen müssen, um das zu Stande zu bringen, was vernünftige Menschen Erklärung nennen. Deshalb lautet der Schluss aus obiger Wahrnehmung nicht:

Wir bewegen uns in einem krummen Raume; unser Maassstock ist aber ein konstantes Ding, weil wir zusehen, dass Nichts davon weggeht und Nichts hinzukommt — sondern —:

„Wir bewegen uns in einem Raume, und dieser Raum als logisches Kontinuum oder Ausdehnung überhaupt, ist überall gleichartig wo oder wann er betrachtet, als Begriff angewandt wird; weil sonst der Begriff nicht identisch, nicht logisch wäre; aber irgend eine Ursache muss unsere Maassstäbe bei unserer Reise vom Aequator zum Pol verändern, weil der Maassstab etwas empirisches Veränderliches ist, was nicht mit dem stets identischen Begriff Maasseinheit verwechselt werden darf."

Bei diesem Schlusse ist uns auch nicht die Alternative zweier Erklärungsweisen gelassen, wie mehrere Autoren glauben; dass nämlich jene verschiedenen Beobachtungen ebensowohl durch eine Verschiedenheit der Objekte als auch durch eine Verschiedenheit des Raumes erklärt werden könnten. Nein, **nur** durch die Verschiedenheit der Objekte; im anderen Falle wird der Begriff einer Maasseinheit zu einem empirischen Ding gemacht, und damit hört die Möglichkeit des Erklärens überhaupt auf.

Der Grund, warum diese Alternative nicht besteht, liegt darin, dass Krümmung des Raumes ein ebenso alogischer Begriff ist wie hölzernes Eisen. Es wurde vorhin gezeigt, wie Krümmung als Aenderung der Richtung nur dort einen Sinn als Attribut haben kann, wo von Richtungen die Rede ist. Deren sind aber bei dem Raumvolum keine vorhanden. Das Raumvolum kann als ein bestimmter Körper begrenzt werden, und an solchen Grenzen lassen sich Richtungen bestimmen; deshalb wird auch bei bestimmt abgegrenzten Körpern der Begriff des „Flächenkrümmungsmaasses" durch dieselbe Formel ausgedrückt, wie der aus einer ganz anderen Sphäre hervorgeholte Begriff „Strahlendichtigkeitsmaass". Wenn aber an einem Körper nur die Eigenschaft des kontinuirlichen Volums betrachtet wird, oder was dasselbe ist, „der Raum als allseitiges Kontinuum", nun dann ist von keinen Richtungen die Rede, und der Begriff eines mit Krümmungsmaass behafteten Raumes steht auf derselben Stufe von Widersinn wie krummer Ton, krumme Farbe etc. Es ist also wie bei den vorigen Beispielen auch hier; die analytischen Formeln lassen keine Anwendung auf die postulirten Begriffe zu; als arithmetische Gebilde behalten sie deshalb immer ihre Bedeutung.

Riemann hat nun, um seinen Formeln eine weitere metaphysische Bedeutung geben zu können, die Begriffe unbegrenzt und unendlich als verschiedene gesetzt, und hat diese Aufstellung grossen Anklang gefunden, weil charakteristisch verschiedene Formelarten sich darnach klassifiziren lassen. Logisch ist diese Unterscheidung aber **nichtig**. Eine Kreislinie (nach Riemann unbegrenzt) ist ebenso begrenzt, wie eine gerade Linie; um diese Begrenzung zur Anschauung zu bringen, braucht man auf der Kreislinie nur eine, auf der geraden zwei Grenzen zu setzen. Nach einem anderen Modus der Klassifikation könnte man also im Gegentheil behaupten, eine Kreislinie sei doppelt so stark begrenzt wie eine Gerade.

Wenn wir eine algebraische Funktion finden, welche bei dem Versuche, dieselbe geometrisch zu deuten, sich darstellt als eine unendlich oft wiederholte Ausdehnung über eine und dieselbe geschlossene Curve, so bleibt diese Curve deshalb doch eine ebenso begrenzte Linie wie vorher, ehe wir sie zu Hülfe nahmen, um uns das Anwachsen obiger Funktion anschaulich zu machen; und diese Funktion bleibt eben eine solche sogenannte unendliche Reihe wie vorher; sie ist nicht durch die Veranschaulichung zu einer nur unbegrenzten Funktion geworden (diese Begriffe im Sinne Riemann's genommen). Es ist also wieder wie vorher bei den Potenzen die Verkennung des Unterschiedes bei algebraischer und geometrischer Deutung einer und derselben Formel, welche zu der vermeintlichen Entdeckung eines unbegrenzten aber nicht unendlichen Raumes führte. s. C. Geometrie.

Hiermit dürfte der Gegenstand genügend beleuchtet sein; als Resultat hat sich ergeben, dass der Begriff einer $n$fachen Ausgedehntheit alogisch ist, weil eine jede Ausdehnung nur einheitlicher Natur sein darf, wenn sie überhaupt weiter nichts als Ausgedehntheit sein soll. Die $n$dimensionale Ausgedehntheit ist ebenso alogisch, was sich zeigt, sobald man versucht Dimension zu definiren. Will man aber unter jener $n$dimensionalen Ausgedehntheit allgemeinste allseitigste Ausdehnungsmöglichkeit verstehen, so wurde nachgewiesen, dass hierbei drei und nicht mehr als drei Modi der Ausdehnung unterschieden werden können, die unter sich in einem logischen (konstanten) Abhängigkeitsverhältnisse stehen. Den Ausdruck $n$fache Mannigfaltigkeit kann man gebrauchen; er bezeichnet aber weiter nichts als $n$fache Abmessung nach n verschiedenen Qualitäten, während die Abmessungen im Raume qualitätsgleich sind. Für die Betrachtung analytischer Gebilde empfiehlt sich demnach nach wie vor die Bezeichnung: Form von der $n$ten Potenz.

Wurden nun alle die Schlüsse aus Beispielen, welche uns die Möglichkeit einer Anwendung der allgemeinen analytischen Formeln auf Raumgebilde anschaulich glaubhaft machen sollten, als mit logischen Fehlern behaftet nachgewiesen, so kann man doch den Erfindern solcher Beispiele dankbar für deren Aufstellung sein: Das Fingiren solcher Verhältnisse darf man nicht kurzweg als Märchenerfindung abweisen wollen, obschon ein daraus gezogener widerspruchsfreier Schluss noch nicht für Beweis gelten könnte. Im Grunde sind unsere Fiktionen von Atomen, Aether etc. auch dergleichen Märchen, wenigstens solange man sie nach Art des Materialismus naiv sinnlich auffasst. Werden aber die logischen Fehler des Schlusses aufgezeigt, so ist der Gegenbeweis geliefert, und eine Anzahl solcher relativer Gegenbeweise können zur Aufstellung eines allgemein logischen Schlusses führen. Ist aus einer fingirten Prämisse logisch richtig geschlossen worden, dann muss erst die Widerspruchsfreiheit der Prämisse bewiesen werden, weil die Existenz einer widerspruchsfreien Kombinatorik noch nichts beweist für den logischen Werth ihrer Formeln.

Die bei obigen Flächenwesen vorläufig gestattete Prämisse war „die empfindende Existenz einer Fläche, welche in ihrem naiven Bewusstseinszustande die Wahrnehmung einer bestimmten Krümmung für identisch mit dem Richtungsbegriff hält.“ Dass die Aufstellung einer solchen Prämisse aber schon einen inneren Widerspruch enthält, lässt sich leicht zeigen, wenn man diesen Gedanken etwas weiter ausführt. Schon der Erfinder desselben hat auch von Flächenwesen auf unregelmässig oder nicht konstant gekrümmten Flächen gesprochen. Suchen wir uns also einmal auszudenken, welche Vorstellung dieselben von einer kürzesten Linie oder einer Richtung bilden können, wenn der empiristische Satz richtig wäre, dass nur ihre Wahrnehmungen Raumvorstellungen erzeugen. An einem jeden Punkte ihres Leibes ist das Krümmungsmaass ein anderes; welches soll nun gültig sein für ihre Vorstellung von Flächenkrümmung überhaupt? Vielleicht ein Produkt aus allen Punkten ihrer Leibesoberfläche? Aber auch das ändert sich, sobald sie sich bewegen! Und noch mehr; an jedem Punkte ihres Leibes schneiden sich unzählige Linien von verschiedener Krümmung; welcher von diesen soll nun ein Vorzug gegeben werden von den übrigen und gerade Linie heissen? Es liegt doch auf der Hand, dass von einem vernünftigen Denken, von einem Unterscheiden der Wahrnehmungen bei diesen Wesen nicht anders die Rede sein kann, als wenn sie sich im Gegensatz zu empirischen Wahrnehmungen eine ideelle gerade Linie konstruiren, auf welche alle die verschiedenen Krümmungen bezogen, mit welcher sie verglichen werden können; und diese ideelle gerade Linie wird dieselbe sein wie die unsrige, weil sie allein dem logischen Begriffe identische Richtung genügt.

Das Aufstellen einer idealen Geometrie ist also die Aufgabe aller vernünftigen Wesen, seien sie auf Punkte, Flächen oder Körper als Behausung angewiesen; und eben weil die Geometrie ideal sein muss, lässt sie sich a priori entwickeln. Was werden die Grundsätze dieser Entwickelung sein? Keine anderen als die eines jeden Denkens, nämlich der Satz der Identität. Was sollte auch überhaupt geometrische Konstruktion heissen, wenn es sich nur um empirische Gebilde handelte, wenn die letzten Elemente wie in Lobatschewsky's Stellardreieck empirisch aufgesucht werden müssten? [30]) Wenn die Aufgabe gestellt wird, in einen Kreis ein Fünfeck zu beschreiben, so kann dies durch Probiren jedenfalls ebenso genau als durch eine geometrische Konstruktion fertig gebracht werden. Trotzdem nennen wir die letztere absolut genau gegenüber der Methode des Zirkelrückens; und warum? weil wir in der letzteren mit empirischen, in der ersteren mit idealen d. h. rein logischen Elementen operiren; mit Begriffen, welche nicht der empirischen Kontrole ihre Existenz und Genauigkeit verdanken. Im Gegentheil, es ist sehr gleichgültig, ob die gezeichneten Linien der geometrischen Konstruktion aufeinander passen; nur ist erforderlich, dass, was einmal als Punkt — Gerade — Kreisbegriff bestimmt worden ist, identisch diese Bestimmung behält, einerlei, ob es uns je möglich ist, zwei identische Linien zu zeichnen; aber die Linie der Ebene darf nicht wie die Linie auf der Kugel mit demselben Begriff „Gerade" bezeichnet werden, weil es die unter den gegebenen Bedingungen kürzest mögliche ist. Die Euklidische Geometrie ist nun die Kombination der einfachst möglichen solcher Begriffe; es steht frei, komplizirtere Elementarbegriffe zu ersinnen, wie dies ja für planimetrische Betrachtungen auf Flächen und Kurven zweckmässig ist. Wenn nun die Begriffe der Geometrie symbolisirt werden sollen, um damit rechnen zu können, so ist es wieder erste logische Bedingung, dass jedes Symbol eindeutig einem Begriffe entspricht. Deshalb ist schon Riemanns Ausdruck für das Element aller Ausdehnung [ein nothwendig einfacher Begriff] als $F\sqrt{\Sigma\, dx^2}$ unzulässig, sofern das F in Riemanns Sinn keine ganz bestimmte Funktion bedeutet. Auch $\sqrt{\Sigma\, dx^2}$ ist allgemein unrichtig, insofern die Anzahl der verschiedenen dx unbestimmt ist. Will man logisch vorgehen, so darf für das Element der Ausdehnung nur ein absolut einfaches Zeichen gesetzt werden; etwa s_1 oder ds, wenn man von der Infinitesimalmethode Gebrauch machen will. Nun liefert die Geometrie den Beweis, dass die Symbole $\sqrt{dx_1^2 + dx_2^2}$ und $\sqrt{dx_1^2 + dx_2^2 + dx_3^2}$ ganz denselben Begriff ausdrücken wie ds, und deshalb dürfen jene Symbole unterschiedlos für den Begriff Ausdehnungselement gebraucht werden; ihre Wahl hängt von der Zweckmässigkeit der Rechnung ab. Zugleich liefert aber die Geometrie den Beweis, dass vier zu einander senkrechte Koordinaten unmöglich sind, und deshalb ist es sinnlos, den Ausdruck $\sqrt{dx_1^2 + dx_2^2 + dx_2^3 + dx_4^2}$ auf einen Begriff der Ausdehnung deuten zu wollen. Wir sehen hier eine Eigenschaft der analytischen Symbolik, welche im Gegensatze zu der vorher behandelten Mehrdeutigkeit oder Doppelsinnigkeit ihrer Symbole steht; nämlich ein Beispiel von Theildeutigkeit, wo analytisch verschiedene Symbole denselben Begriff repräsentiren, wenn sie auf Ausdehnung gedeutet werden. Der grosse Respekt vor den Resultaten der Analyse hat es mit sich gebracht, dass man ihren Zeichen gleichsam als höheren Wesen gegenüberstand, und in ihnen absolutere Wahrheit finden wollte als in logischen Begriffen. Man sagte: „Die analytische Untersuchungsweise operirt nur mit abstrakten Grössebegriffen und hat die Fesseln der konkreten Lagevorstellung von sich abgestreift."

Aber diese Fesseln sind die Gesetze des vernünftigen Denkens, und wohin das Abstreifen derselben geführt, haben wir genugsam gesehen.

Das Resultat dieses Kapitels können wir demnach folgendermaassen formuliren:

Die Geometrie operirt mit den Beziehungsbegriffen des Nebeneinander, d. h. mit den beiden heterogenen Begriffen Entfernung und Richtung. Entfernung oder Grösse ist allgemein durch die arithmetischen Zeichen symbolisirbar, die Richtung aber nur unter bestimmten Bedingungen. Der Mangel dieser Erkenntniss führte zur Aufstellung einer widerspruchsfreien Pangeometrie — und die Resultate der Pangeometrie führten zu Aufstellung und Beweis obigen Satzes.

B.

KOMBINATORIK.

Nach dieser allgemeinen Theorie der Begriffe ist es möglich, und erste Aufgabe aller exakten Wissenschaft, die Kombinationen der Denkbegriffe synthetisch aufzustellen. Das allgemeine Schema hierzu wurde gegeben in den Denkformen; S. 64 und 76.

Alle exakten Wissenschaften können demnach unter der Bezeichnung „Kombinatorik" einbegriffen werden. Die allgemeinste hiervon ist diejenige, welche die Einzelsetzung des Denkens ganz abstrakt (nicht näher bestimmt) lässt als Zahl oder φ (1, 1, ...) d. h. Funktion diskreter Setzungen des Denkens. Die spezielleren Wissenschaften geben dieser Zahl eine mehr oder minder bestimmte Deutung.

Diese allgemeinste Kombinatorik erhielt nach dem Stande oder der zur Zeit hervorragenden Methode des Fortschrittes die Namen: Arithmetik, Algebra, Analysis etc., Unterscheidungen, die im gegenwärtigen Zustande der Wissenschaft sich nicht mehr aufrecht erhalten lassen. Sogar die Zahltheorie, welche von einem bestimmt abgegrenzten Gegenstande — den ganzen Zahlen — ausging, verwandelt sich allmählig in eine Theorie von Formen, deren Hauptbestandtheile Zahlen sind.

Der Titel Kombinatorik wird hier für diese allgemeinste Kombination der Denkbegriffe als Ganzes gewählt; dabei aber die Attribute arithmetisch, algebraisch etc. bei Einzelausführungen der üblichen Terminologie gemäss verwendet.

B. KAPITEL I.

SYMBOLE UND BEGRIFFE.

---

§ 1.

Die Zeichensprache.

Eine Eigenthümlichkeit bei der jetzt geläufigen Darstellung der mathematischen Wissenschaften ist die Zeichensprache, ohne deren Gebrauch eine Uebersicht der stets komplizirter werdenden Kombinationen ziemlich unausführbar werden dürfte. Besonders ist in der von jeder speziellen Deutung abstrahirenden, also ganz allgemeinen, Kombinatorik diese Hülfe ganz unerlässlich; denn hier werden Gebilde konstruirt aus willkürlichen Zusammensetzungen der Denkbegriffe, welche als Ganzes keinem logischen Begriff entsprechen und deshalb in der Sprache auch nicht durch Wörter fixirt wurden. Die Kombinatorik in ihrer heutigen Ausbildung durch die Zeichensprache nennt man gemeiniglich „analytische Behandlung mathematischer Fragen, Analysis"; die Resultate derselben gelten für ebenso beweiskräftig wie Zahlenbeweise.

Trotzdem ist jene Darstellungsweise nicht vollkommen, und nichts ist verkehrter als die ziemlich häufige Meinung, dass sie der direkte Ausdruck logischer Schlüsse sei, dass die Logik sozusagen in der mathematischen Analytik einen apriorischen Thatbestand zu finden habe. Die Sache verhält sich grade umgekehrt. Einige der hieraus gezogenen falschen Schlüsse wurden in A. XII. aufgezeigt. Wir haben deshalb die Bildung und Berechtigung der Zeichensprache prinzipiell zu untersuchen.

Bei den analytischen Formeln unterscheidet man gewöhnlich:

Grössen $m, x, dx, o, \infty \ldots.$

Verbindungs- und Vorzeichen $= + - : \times , \ldots..$

Symbole $f()\,, \sqrt{\ }\,, \frac{o}{o}\,, \frac{\infty}{o}\,, \ldots.$

mit Abweichungen je nach der philosophischen Anschauung. Wir werden jedoch nur von Symbolen sprechen, d. h. von Zeichen, welche Begriffe bedeuten sollen, grade wie auch die Worte, oder vielmehr ihre alphabetischen Zeichen.

Es geschieht dies vorerst aus dem logischen Grunde, weil sie ja auch nichts Anderes sind; sodann aber auch als eine Vorsichtsmaassregel gegen eine weitgehende petitio principii, welche sich gewöhnlich schon in diesem Anfangsstadium einschleicht. Weil nämlich verschiedene dieser Symbole objektiv angewendet, auf wirkliche Grössen gedeutet werden können, deshalb glaubte man sich allgemein berechtigt, solchen symbolischen Kombinationen überhaupt den Charakter als Grösse beilegen zu dürfen und stellte den Satz auf: die reine Mathematik beschäftige sich nur mit dem Grössenbegriff — eine Behauptung, deren Fehler schon in Buch A. zum Vorschein kamen.

Die Zeichensymbolik der analytischen Sprache hat nun zur Wortsymbolik der Lautsprache den grossen Unterschied, dass sie nach einem bestimmten System konsequent entwickelt ist, während die Lautsprache sich als ein sehr komplizirtes Gebilde aus unbewusst ausgeübten logischen Gesetzen, empirischen Wahrnehmungen und Täuschungen, metaphysischen Hypothesen, kritiklosen Ueberlieferungen, Nachahmungen etc. ausweist, jenachdem der Volksgeist die hieraus entstandenen Produkte als wahr oder auch nur als zweckmässig adoptirt. Eins der klarsten Beispiele für die Systemlosigkeit der Wortsprache bietet die Zahlbildung bei den verschiedenen Völkern; eine Aufgabe, wobei doch mehr als bei irgend einer anderen die reine Logik und Systematik als bestimmende Faktoren auftreten müssten [31]). Auf einer gewissen Kulturstufe wird zwar auch die Wortsymbolik sich ihrer prinzipiellen Aufgabe mehr und mehr bewusst; da sie aber auf einem historisch angewachsenen Untergrunde fortbauen muss, so kann sie nicht einem strengen System folgen und gibt so Anlass zu den mannigfachsten Streitigkeiten in den Geisteswissenschaften; denn die stillschweigende Voraussetzung aller Sprechenden ist: einem jeden Worte müsse auch ein logisch eindeutiger Begriff entsprechen.

Dem gegenüber war sich die analytische Symbolik einer konsequenten Entwickelung ihrer Gebilde — wenigstens der Idee nach — beständig bewusst. Als ausserdem eine Anwendbarkeit ihrer Kombinationen auf die objektive Welt sich auch in vielen Fällen als möglich erwies, wo der logische Konnex ihrer Gebilde mit den Grundbegriffen sich nicht ausfinden liess, glaubte man in diesem analytischen Schematismus nicht allein eine weitgreifende Methode, sondern auch eine höhere Erkenntniss aufgefunden zu haben, als sich durch den Fortschritt logischer Begriffe erlangen liess; eine Ueberschätzung, welche sich durch die Produktion metaphysischer Abnormitäten rächte. Man glaubte sich berechtigt, verschiedene Symbole, weil sie in gewissen Zusammenstellungen Resultate geliefert hatten, auch zu einem jeden anderen Komplex nach analytischem Modus vereinigen zu dürfen; man frug dann, was dergleichen bedeute; wie etwa

$$\log.\,(-a),\ \log. \text{ bei negativer Basis, } d\,(-1)^x,\ (-1)^{\sqrt{-1}} \text{ etc.;}$$

denn dass sie eine Bedeutung hätten, bezweifelte man nicht, wenn man diese auch nicht ausfindig machen konnte.

Statt dessen hätte man fragen müssen, auf welche Weise sie entstanden seien, und ob ihre Genesis durch die Feder des Mathematikers nicht ein Missbrauch der synthetischen Thätigkeit sei. Die hieraus hervorgehenden Paradoxien des Kalkuls wurden allerdings nach und nach praktisch abgegrenzt, aber nicht prinzipiell gelöst. Deshalb bestehen dergleichen auch heute noch und verleiten zu falschen Schlüssen. Hieraus entstand auch das Phantom geometrisch anders gestalteter Welten als der unsrigen. Der Werth solcher Formen und der ihnen zugeschriebenen korrespondirenden Dingformen stehen auf derselben Stufe wie die Sprüche einer Metaphysik, deren logisch unverbindbare Worte für den Ausdruck oder wenigstens das Zeugniss eines höheren Wissens angerufen werden.

Grundgesetz einer jeden Symbolik muss nun sein, dass ein jedes Zeichen einem bestimmten Begriff entspreche. Ein jedes Zeichen muss deshalb geprüft werden, in Betreff der Widerspruchsfreiheit des bezeichneten Begriffs, und sodann in Betreff der logischen Zulässigkeit seiner mehr oder weniger ausgedehnten Verbindbarkeit mit anderen Zeichen.

Faktisch werden nun in der heutigen Analysis Zeichenkomplexe verwendet, welche, wenn sie als Ganzes auf einen Begriff gedeutet werden sollen, das Kennzeichen des Widerspruchs an sich tragen. Dass trotzdem durch ihre Handhabung richtige Resultate erzielt werden, kann sehr verschiedene Ursachen haben. Meistens verschwindet aus dem Resultat jener falsche Begriff durch zweckmässige Elimination oder entgegengesetzte Anwendung. Man hat dann im Gebiete des Denkens eine Reise auf einem unmöglichen Ungeheuer gemacht; aber die Reisebeschreibung kann richtig sein, weil das Reitthier dabei nicht in Betracht kommt. Oder zwei dergleichen Ungeheuer werden von ihren Reitern gegeneinander geführt, fressen einander auf, und es bleiben zwei wirkliche Menschen in einem gewissen Bewegungszustande übrig. Dies ist der Fall, wo imaginäre Grössen als Durchgangsstufe zu realen Grössen benutzt werden. Zuweilen wird auch instinktiv oder zufällig ein werthvolles Symbol gefunden, dem man nur nicht den richtigen Namen zu geben weiss; es handelt sich darum, den logischen Begriff zu entdecken, den es repräsentiren kann. Die unendlich Kleinen gehören zu dieser Klasse von Symbolen. Eine Ahnung von dieser Sachlage drückt der alte Satz aus: Die Mathematik erlange deshalb stets richtige Resultate, weil sie ihre Begriffe selbst bilde, nicht anderswoher entnehme, wie andere Wissenschaften.

Die philosophische Mathematik darf sich aber hierbei nicht beruhigen, sondern muss untersuchen, inwiefern ihre selbstgebildeten Begriffe Lebensfähigkeit und Anwendbarkeit versprechen. Hier wird sich nun zeigen, dass der häufigste Fehler bei der philosophischen Rechtfertigung mathematischer Begriffe darin besteht, dass hartnäckig versucht wurde, einen Zeichenkomplex, wenn auch zuweilen unter der Maske eines einfachen Symbols, als Ganzes zu deuten, gewöhnlich als sogenannte Grösse; denn wie schon in den Begrifftafeln entwickelt, beschäftigt sich die Synthese des Denkens, hier die Kombinatorik, nicht nur mit Anschauungs-, sondern auch mit Beziehungsbegriffen.

§ 2.

Der Denkakt und die Zahl.

Die Symbole + =

Den Hauptbegriff der Arithmetik, Zahl, entnehmen wir aus der Theorie der Begriffe als die logisch gerechtfertigte und bestimmte Funktion φ_z.

Das Element dieser Funktion war der Akt denkender Setzung überhaupt, ohne Rücksicht auf den spezifischen Inhalt desselben; demnach der Denkakt als reine Form. Dieser elementarsten Einheit gibt man das Zeichen 1. Die wiederholte Setzung (Ausübung) des Denkaktes als reine Form kann man Bewegung oder Fortschritt des Denkens nennen; weil aber mit diesen letzteren Begriffen noch verschiedene andere Deutungen gemeiniglich verbunden werden, so bleiben wir bei dem ersteren Wortlaut der Zahldefinition:

in Worten: eins und eins und eins und .....
in Zeichen: 1 + 1 + 1 + .. = φ_z

Das Verbindungszeichen + ist hier reine Konjunktion, was der verkannten Vieldeutigkeit dieses Zeichens gegenüber deutlich hervorgehoben sei.

Das Zeichen = ist ebenfalls Konjunktion, und heisst: oder. Der Begriff gleich, welcher diesem Zeichen gewöhnlich gegeben wird, hat zuweilen allgemeinere, zuweilen auch beschränktere Bedeutung wie das oder. Es ist Zeichen der Identität, wenn eine Gleichung sich auf die Form A = A reduziren lässt, wie in der Logik; es heisst in den meisten Fällen jedoch gleich in einer gewissen Hinsicht, einer gewissen Eigenschaft nach, welche Eigenschaft dann ausdrücklich bezeichnet werden muss, oder aber stillschweigend als bekannt oder anerkannt vorausgesetzt wird. Dass diese stillschweigend gemachten Voraussetzungen häufig zu Paradoxien führen, weil das Urtheil meist ganz vergisst, dass eine ungerechtfertigte Voraussetzung gemacht worden, davon wurden schon Beispiele in A. XII. gegeben; es werden deren noch viele andere sich zeigen.

Betrachten wir die wiederholte Setzung φ_z ihrer Entstehung nach als ein Erzeugniss in der Zeit, so ist dieses Erzeugniss ein Gebilde als Reihe; in Zeichen φ_r. Wir können dies Gebilde aber auch betrachten als unabhängig von seiner Entstehungsweise, lediglich als ein Zusammen von Elementen, seinem materialen Inhalte nach. Diese beiden Betrachtungsweisen werden symbolisirt durch:

φ_r = 1 + 1 + 1 = Reihe (deren arithmetischer Werth die 3 ist)
φ_z = 3 = Zahl.

Mit den Reihen beschäftigen wir uns vorläufig nicht, sondern mit ihren arithmetischen Werthen als Zahlen, also mit dem, was materialer Inhalt der Funktion genannt wurde. Es wird sich zwar zeigen, dass die Zahlen des gewöhnlichen Sprachgebrauchs noch in mannigfach anderer Hinsicht betrachtet werden können; z. B. als Stellen in Reihen, als Ort im Raume, als Elemente eines Koordinatensystems, als Ausdruck einer Qualität etc. In allen diesen Fällen ist die Zahl aber nicht mehr das hier definirte gleichgültige Zusammen vieler Elemente als rein formale Setzungen, sondern diesen Elementen ist dann schon eine spezielle (qualitative) Deutung gegeben worden, wenn auch diese Qualität aus Denkbegriffen d. h. aus Kombinationen des Denkaktes hervorgegangen ist.

§ 3.

Die Zahl als Grösse.

Alles Qualitätgleiche kann nur der Grösse nach unterschieden werden. Die reine Zahl abstrahirt von aller Qualität, und diese Qualitätslosigkeit ist ihre spezifische Qualität anderen Begriffen gegenüber. Zahlen (in dem obigen abstraktesten Sinne) können deshalb nur der Grösse nach unterschieden werden; Grösse ist demnach der Beziehungsbegriff verschiedener qualitätgleicher Bestimmungen. Man nennt deshalb die Zahlen auch diskrete Grössen, insofern sie in jeder Hinsicht absolut bestimmte, d. h. als von einander verschieden bestimmt sind; und diese ihre Verschiedenheit gestattet durchaus keinen Uebergang von der einen zur anderen, ohne dass eben ihre Bestimmung als diese oder jene Zahl zerstört würde. Diese Setzung des Beziehungsbegriffes Grösse als vieler unterscheidbarer Individuen, ein jedes bestimmt für sich, ist seine Setzung als Anschauungsbegriff im Sinne von A. IV. Die Grösse ist also Setzung eines Beziehungsbegriffes als Anschauung, Setzung der formalen Beziehung als materialer Inhalt eines Begriffes. Im Folgenden wird deshalb Grösse kurzweg Anschauungsbegriff genannt, weil die Art seiner Entstehung von keinem weiteren Interesse für die Kombinatorik ist.

B. KAPITEL II.

DIE QUANTITATIVE DEUTUNG ARITHMETISCHER OPERATIONEN.

§ 1.

Der Summirungsbegriff.

Der Zahlbegriff als blosses Zusammen, φ_z, besagt, dass ein jedes Element in dem Gebilde φ_z durchaus von gleicher Berechtigung und Bedeutung sei; ein Stellenwerth der konstituirenden Elemente existirt nicht, weil sie eben nur als ein zusammen Da, als eine Summe betrachtet werden sollen. Wird nun eine solche Summe in Form einer Reihe geschrieben

$$\varphi_z \text{ geschrieben } (1 + 1 + 1 \ldots\ldots)$$

was für Zwecke der Rechnung vortheilhaft sein kann, so ist es ganz gleichgültig, an welchen Stellen der Reihe die einzelnen Einheiten stehen.

Da nun keine Schranke logischerweise besteht für die Wiederholung des Denkaktes, und demnach für die Anwendung des Summenbegriffs, so kann man auch weitere Zahlen bilden aus Einzelzahlen φ'_z, φ''_z .... ebensogut wie aus einzelnen Einheiten; denn alle zusammen — Einheiten, Einzelzahlgebilde, Vielheit von Einzelzahlen etc. — besagen weiter nichts als die Verbindung von Einheiten zu einem Zusammen. Dies wird symbolisirt durch

$$\Phi_z = \varphi'_r + \varphi''_r + \varphi'''_r + \ldots\ldots$$

das heisst: die Einzelgebilde in Reihenform geschrieben und zu einem Ganzen verbunden, sind ihrem materialen Inhalt (arithm. Werth) nach identisch mit der Zahl Φ_z; und es ist in Bezug auf diesen materialen Inhalt der Formel ganz gleichgültig, an welcher Stelle die Einzelzeichen φ_r in der Gesammtreihe $(\varphi'_r + \varphi''_r + \ldots.)$ stehen; ebenso wie es gleichgültig ist, wo die unterschiedlosen Einheiten in dem Symbol $\varphi_r = (1 + 1 \ldots.)$ stehen. Wir legen bei dem Summenbegriff gar keinen Werth auf die Zeit, wann die eine oder andere Einheit gedacht oder hingeschrieben worden ist, sondern abstrahiren ausdrücklich von allen diesen möglichen Betrachtungsweisen, wenn wir von einer Zahl als Summe (als von bestimmtem materialen Inhalte) sprechen. Die Entstehungsweise jener Summen ist von Bedeutung, wenn von dem Reihenbegriff gehandelt wird, nicht aber beim Summenbegriff.

Der Summirungsbegriff erweist sich hier als identisch mit dem, was man symmetrische Funktion nennt; es ist der einzige Begriff, welcher bei quantitativer Deutung arithmetischer Operationen nothwendig und überhaupt logisch möglich ist. Die quantitative Deutung analytischer Formeln wird deshalb gerade so weit reichen — aber nicht weiter — wie die durch diskrete Summirung erzeugbaren Gebilde. Die Konsequenzen dieses Satzes werden in der Formenrechnung hervortreten.

§ 2.

Die direkten Operationen.

Summiren, Multipliziren, Potenziren.

Um das Zählen übersichtlicher zu machen, ist es zweckmässig, die Summen nach einem System zu klassifiziren. Man wendet dazu eine Symbolik nach aufsteigendem Maasstabe an, und unterscheidet:

einfache Summen . . . $\varphi_z = 1 + 1 + 4 + 2 + \ldots..$
vielfache Summen, auch
Produkte genannt . . $n.\varphi_z = \varphi_z + \varphi_z + \ldots. \varphi_z$
Potenzsummen . . . . $n^{m}.\varphi_z = n.\varphi_z \,.\, n\varphi_z \ldots.. n\varphi_z$

Für alle diese gilt das gleiche dem Summenbegriff entsprechende Gesetz: die Stellung der Einzelgebilde in der hingeschriebenen Reihe ist gleichgültig für den arithmetischen Werth der Summen.

In dieser Symbolisirung als „zwei verschiedenartige Seiten verbunden durch das Zeichen =“, heisst dies letztere allgemein: die beiden Seiten sind nicht identisch, aber gleich gross, wenn sie als Summen betrachtet d. h. der Grösse nach gemessen werden.

Ist der Zweck der Aufstellung einer Gleichung kein anderer als eine Summe auszumessen, so wird durch diese arithmetische Interpretation der Sinn derselben erschöpft. Es kommen jedoch Fälle vor

— und dies sind grade die allerwichtigsten sowohl der niederen wie höheren Mathematik — wo die Grösse der Summe Nebensache ist, wo es hauptsächlich auf die Form der Gleichung ankommt, mit anderen Worten „auf die Bildung eines neuen Begriffes". In diesen Fällen heisst das Gleichheitszeichen: dass zwei durch die Seiten der Gleichung symbolisirte verschiedene Denkoperationen zu demselben Resultate führen. In dieser Gegenüberstellung zweier verschiedener Formen von demselben Inhalte liegt der ganze Werth analytischer Methoden, sowohl bei mathematischen wie allgemein philosophischen Untersuchungen der Denkbegriffe; denn all den unendlich vielen Gebilden jedweder Kombination liegt ein und derselbe Modus der Erzeugung zu Grunde: Verbindung von Satz und Gegensatz; wobei als letzterer zuweilen die Wiederholung des Setzens gilt.

In den Lehrbüchern gefällt man sich, den Satz

$$a \,.\, b = b \,.\, a$$

wie gesagt wird „anschaulich zu beweisen", indem man die Zahlen in Einheiten aufgelöst neben einander schreibt, und dann zeigt, dass das Resultat gleich ausfällt, einerlei, in welcher Reihenfolge gezählt wird. Den Empiristen gilt dieser Schulbeweis für eine Bestätigung ihrer metaphysischen Ansichten. Für Kinder, welche erst denken lernen sollen — aber nicht, wie der Empirist meint, das Denken der Lehrer nachahmen — haben dergleichen Anschaulichkeiten ihr Zweckmässiges. Sobald aber ein Bewusstsein vorhanden ist, welches den Sinn eines durch Worte definirten Begriffes aufzufassen fähig ist, darf man so etwas nicht mehr Beweis nennen. Ist der Summenbegriff einmal festgestellt — wozu die Anschaulichkeit auf dem Papier dienen mag, die aber ganz entbehrt werden kann, weil wir die Fähigkeit der Erinnerung haben, weil wir eben denkende Wesen sind — dann gilt dieser Begriff eben für jede Kombination von Summen, weil die einfache Summe eben auch nichts Anderes als Kombination ist. In der logischen Deduktion der Mathematik haben dergleichen historische Rückblicke auf die Entwickelung der Denkthätigkeit im menschlichen Organismus keine Stelle; das wäre Verwechslung der Geschichte einer Begriffsentwickelung mit dem Begriffe selbst. Das ganz naive Bewusstsein begeht diese Verwechslung nicht, weil es eben den Unterschied nicht kennt, ein jedes Existirende nur als Daseiendes anerkennt, ohne an eine mögliche objektive oder subjektive Entwickelung desselben zu denken. Der spätere Kritizismus, welcher zum Bewusstsein von objektiv und subjektiv gelangte, verwies in der Freude über diese Entdeckung Alles in das Gebiet des Relativen; Alles sollte empirisch sein, auch die Art des menschlichen Zählens. Der streng durchgeführte

Kritizismus muss aber das Gebiet des Relativen wieder beschränken, wenn er nicht sein eigenes Prinzip negiren will; denn mit der Frage, was etwa sein könnte, wenn Nichts wäre, selbst kein Kritiker, damit mag sich eine empiristische Metaphysik beschäftigen, aber keine Philosophie.

Der Unterschied des Gedankenwerthes eines Begriffs von seiner allgemeinsten genetischen Entwickelung ist in einfachster Form durch die beiden Funktionen φ_z φ_r gekennzeichnet; dieselben werden bei vielen Anlässen auftauchen und Gelegenheit geben, die Nichtigkeit des Schliessens aufzudecken, welche sich gegen den Apriorismus der Denkformen wenden. Der bei solchem Schliessen beständig begangene Fehler ist die apriorisch aufgestellte Behauptung: was a posteriori entdeckt werde, könne nicht a priori vorhanden sein.

§ 3.

Die umgekehrten Operationen.

Subtrahiren, Dividiren, Wurzelziehen.

Die Denkthätigkeit wurde bestimmt als Anwendung der beiden koordinirten Funktionen „Trennen, Verbinden“ oder „Setzen, Vergleichen des Gesetzten“. Andere Kardinalfunktionen kann es nicht geben, und deshalb müssen die umgekehrten Operationen der Arithmetik ebensogut wie die direkten aus diesen beiden Begriffen gerechtfertigt werden. Man bringt in den Lehrbüchern dies gewöhnlich sehr rasch zu Stande, indem man neue Begriffe einführt, z. B. „negative Grösse, Quotient etc.“, um deren logische Rechtfertigung man sich weiter nicht kümmert. Bei einer philosophischen Entwickelung sind aber dergleichen Sprünge nicht erlaubt.

Wenn wir die Gebilde 4, 5, 6 mit einander vergleichen, so finden wir, dass sowohl 4 wie 6 sich um die Einheit von 5 unterscheiden, dass also beide durch eine Verbindung der 5 und 1 dargestellt werden können. Da aber 4 und 6 verschieden sind, so muss diese Verbindung von (5, 1) von verschiedener Art sein. Es kann aber nur zwei verschiedene solcher Arten geben, nämlich die kontradiktorisch entgegengesetzten, wenn nur zwei verschiedene Gebilde betrachtet werden. Die Konjunktion und, welche vorhin allgemein durch + symbolisirt wurde, erfordert demnach bei arithmetischen Gebilden zwei verschiedene Deutungen nach zwei kontradiktorisch entgegengesetzten Begriffen. Seien die bezüglichen Symbole $+$, $-$.

Dasselbe Resultat wurde in A. VII. gewonnen, indem nachgewiesen wurde, dass in φ_r nur diese beiden Verbindungsarten (innere Beziehungen) vorkommen können.

Wir können also das Gebilde $\varphi_z = 5$ auf zwei verschiedene Weisen entstehen lassen; entweder als

$$\varphi_r = (4 + 1)$$

oder als $\varphi_r = (6 - 1)$

was besagt, dass die Genesis des Gebildes φ_z aus zwei anderen Gebilden erfolgen kann — und nur aus zwei anderen — welche zu $\varphi_z = 5$ denselben Unterschied haben.

Wir können aber die genetische Betrachtungsweise der φ_r durch φ_z ersetzen, wenn es nur auf den materialen Inhalt (das arithmetische Resultat) ankommt, und hierdurch wird die Formulirung des Gedankenganges merklich vereinfacht.

Zu diesem Zwecke übertragen wir die verschiedene Verbindungsart der Einzelgebilde (die Richtung der Denkthätigkeit) auf den arithmetischen Werth der Gebilde, und fingiren statt der faktisch vorhandenen kontradiktorisch entgegengesetzten Richtung der Denkthätigkeit kontradiktorisch entgegengesetzte Daseinsarten, d. h. die arithmetischen Werthe $+ 1$, $- 1$.

Diese Substituirung der φ_z an Stelle von φ_r durch Ignorirung des thatsächlichen Vorgangs ist zulässig, weil es in den meisten Fällen nur auf den Werth von φ_r ankommt, welcher mit φ_z identisch ist; kommt es aber auf andere Sachen an, so muss man suchen aus der Gestalt des φ_z auf das frühere φ_r zurückschliessen zu können; wenn das nicht gelingt, so steht man vor vieldeutigen Formen, und will man diese durch rein technische Rechnung bewältigen, so entstehen die bekannten Paradoxien des Kalkuls.

Ein anderes Motiv für die Einführung der zwei Daseinsarten $+ 1$, $- 1$ liegt darin, dass nach der naiven Naturauffassung wirklich Dinge oder Vorgänge existiren, welche in diesem kontradiktorischen Gegensatze stehen und auf welche demnach diese Einzelheiten direkt angewendet werden können. Kälte Wärme, Anziehung Abstossung, Lust Schmerz, Süd-Nord, Magnetismus, hoch tief, links rechts, Vergangenheit Zukunft etc.; alle diese Dinge und Begriffe tragen den Richtungsbegriff in sich, oder vielmehr nach Buch A.: werden als jene Vorgänge von uns nach dem Begriff der Richtung gestaltet.

Als selbständig Reales kann ein negatives (negirtes) Etwas nicht existiren, weil der Gegensatz von Etwas das Nichts ist; nicht aber ein negatives Etwas. Von negativen Grössen handelt es sich also eigentlich nicht, sondern von Grössen, welche negativ d. h. rückschreitend verwendet werden. Die Denkthätigkeit soll einen Theil ihrer Setzungen als aufgehoben betrachten, durch rückschreitende Wiederholungen vernichten. Wird nun diese rückschreitende Thätigkeit selbst als der materiale Inhalt von Gebilden gesetzt — wie etwa bei Anwendung der Formeln auf einen zeitlichen Vorgang — dann können die Verbindungszeichen als qualitative Symbole der zeitlichen Veränderung betrachtet werden, und bestimmen als solche in beiden Fällen wirkliche Grössen.

Die Bedeutung der negativen Grösse wird also durch die Regel festgestellt, dass allemal + 1 mit — 1 sich zur arithmetischen Null ausgleicht; dass im Falle das ganze Schlussresultat sich auf eine negative Grösse reduzirt, diese eine Anweisung auf die Zukunft oder andere φ_z ist, mit welchen verbunden sie wieder etwas Reelles werden kann; dass sie aber auch den qualitativen Charakter eines Objektes oder Vorgangs bei Anwendung der Rechnung auf die Natur ausdrücken kann, und in diesem Falle auch isolirt etwas Reelles bedeutet, ebensogut wie die Grössen positiver Qualität.

Von der Möglichkeit ihrer Anwendung kann aber die theoretische Rechnung überhaupt abstrahiren, weil es sich bei ihr nur um die Kombinationen der Denkthätigkeit handelt, und deshalb ist für sie die negative Einheit eine ebenso berechtigte Rechenmarke wie die positive. Der arithmetischen Klassifikation des Summenbegriffs als „Summe Produkt Potenz" lässt sich deshalb in entgegengesetzter Richtung die Abstufung „negirende Summe, Divisionssumme, Wurzelsumme" gegenüberstellen. In dieser quantitativen Auffassung ist das Divisionszeichen: eine Abkürzung des vervielfachten Minuszeichen; und das Wurzelzeichen ähnlich das weiter vervielfachte Minus nach dem gleichmässig aufsteigenden Fortschritt des Systems arithmetischer Operationen. Ob diese Operationen in jedem Falle zu einem bestimmten Resultate führen, davon wird vorläufig ganz abgesehen; wie gesagt, schlimmsten Falls sind diese Zeichen eine Anweisung auf die Zukunft oder andere φ_z.

Auf der konsequent systematischen Abstufung

der Zeichen $+ \quad \times \quad \times^{\times}$

und ihrer Gegensätze $- \quad : \quad \sqrt{\ }$

oder vielmehr, auf dem logischen Aufsteigen der durch diese Zeichen angedeuteten Beziehungsbegriffe und ihrer kontradiktorischen Gegensätze, beruht die absolute Sicherheit arithmetischer Operationen, die apriorische Gewissheit des sogenannten Zahlenbeweises. Voraussetzung dabei ist natürlich, dass die betreffenden Gegenstände überhaupt eine Beziehung nach dem Zahlbegriffe zulassen, was nicht immer der Fall war und ist bei Behauptungen, zu deren Bekräftigung der Zahlenbeweis angerufen wird.

Nach den gegebenen Definitionen lassen sich nun die Regeln aufstellen, welche sich bei vielfacher Zusammenstellung von Zahlen mit jenen Verbindungszeichen (Beziehungsbegriffen) ergeben.

Die Zusammenstellung $+ a . - b$ ist Abkürzung von

entweder 1) $+ \mathrm{a} . (- 1, - 1, \ldots . - 1_b)$

oder 2) $(+ 1, + 1, \ldots . . + 1_a) . - \mathrm{b}$

heisst also nach 1): a soll einmal negativ gezählt und die negative a Zählung b mal wiederholt werden,

oder nach 2): das negative b soll a mal gezählt werden.

In beiden Fällen ist das Resultat als φ_z dasselbe,

die negative Einheit b mal a mal gezählt,

also $+ a . - b = - a . + b = - (a . \mathrm{b})$

Ebenso ergibt sich

$$- a . - b = (- 1, - 1 \ldots . . - 1_b) (- 1, - 1, \ldots . . - 1_a)$$

In Worten: das negativ gezählte b soll einmal negativ gesetzt werden, oder, der Gegensatz des negativen b soll gesetzt, und dieser Gegensatz $+ b$ soll a mal gezählt werden.

also $- b . - a = + b . + . b + a = + (a b)$

Als eine weitere Regel ergibt sich, dass vielfache Summen bei einer unpaarigen Anzahl negativer Einzelsummen als Ganzes ein negatives Vorzeichen, bei paariger Anzahl von Einzelsummen ein positives Vorzeichen erhalten; dass also vielfache Summen aus sehr verschiedenartigen Aggregaten von Einzelsummen dasselbe φ_z als Werth ergeben; dass also bei der umgekehrten Operation „Division und Wurzelziehen" diese verschiedenartige Genesis wieder zum Vorschein kommen kann; was aber bei der Elementararithmetik ignorirt wird, weil es sich hier nur um Werthe, nicht um Formen handelt.

Die weitere übersichtliche Darstellung der arithmetischen Regeln gibt zu keinen logischen Bemerkungen Anlass, weil sie alle aus dem Summenbegriff und den Symbolen $+$, $-$ nach der obigen Regel hervorgehen.

§ 4.

Die Bruchzahlen.

Es wurde vorhin schon bemerkt, dass bei der formalen Zusammenstellung der arithmetischen Operationen davon abstrahirt werden kann und muss, ob diese Zusammenstellung zu einem Zahlresultate führt, wenn alle möglichen Kombinationen der Denkbegriffe aufgestellt werden sollen. Schon bei der Subtraktion zeigte sich, dass die Forderung eine solche sein kann, dass ihr keine wirkliche Zahl als Lösung zu entsprechen vermag. Die vielseitige Anwendbarkeit der arithmetischen Operationen wird erst dadurch möglich, dass auch diese Wissenschaft nach dem Kreditsysteme arbeitet; eine Forderung nur von ihrer logischen Zusammenstellung, nicht aber als Frage davon abhängig macht, ob eine Befriedigung der Forderung, eine Lösung der Frage durch die zur Zeit vorhandenen Mittel möglich ist. Zum Zweck der konsequenten Durchführung des adoptirten Systems der Fragestellung begnügt man sich deshalb mit einer formalen Lösung statt einer realen; d. h. man stempelt die irreduktibele Form zu einem mathematischen Ding, einem neuen mathematischen Begriff, und nennt damit die Frage gelöst durch den neuen Begriff. So ist z. B. 2 nicht durch 3 theilbar; nichtsdestoweniger wird die Forderung gestellt, eine Zahl zu finden, welche dreimal gesetzt die zwei als Werth gibt, in Symbolen $x = \frac{2}{3}$; und weil dies nicht möglich ist, wird jene unerfüllbare Forderung formal durch den neuen Begriff der Bruchzahl befriedigt. Die Mathematik nimmt sich ja das Recht, ihre Begriffe selbst zu machen, nicht einem empirischen Gegenstande zu entnehmen. Dieses Recht steht ihr auch vollkommen zu; nur muss man dabei nicht die Logik verwirren mit der Behauptung, dass man bei Ausübung dieses Rechtes nur den Grössenbegriff benutze. Als reine Grösse existirt der Bruch ebensowenig wie die negative Zahl oder das Symbol $\sqrt{-1}$, welches vorzugsweise mit dem Attribut „imaginär“ bezeichnet wird. Dem letzteren Attribut wird alogischerweise noch das Substantiv „Grösse“ hinzugefügt, weil das Symbol $\sqrt{-1}$ ja ganz unentbehrlich ist, aber kein Mathematiker zugeben darf, mit etwas Anderem als Grössen zu operiren, wenn er nicht in den Verdacht eines unexakten Metaphysikers kommen soll.

Sei das Wesen der Gebilde der Kombinatorik also nochmals kurz dargelegt.

Alle arithmetischen Gebilde entstehen durch Kombination der Denkbegriffe, d. h. durch Zusammenstellung des Anschauungsbegriffes Zahl oder Grösse in arithmetischem Sinne, und der verschiedenen Beziehungsbegriffe (s. S. 34). Sind diese Formen reduktibel ihrem Inhalte nach, so erhalten wir, was wir reale Grössen nennen; sind die Formen irreduktibel, so werden sie imaginäre Grössen (besser Formalkomplexe) im weitesten Sinne genannt.

Diese fiktiven Grössen unterscheiden sich je nach der geringeren oder grösseren Anzahl von Beziehungsbegriffen, welche mit dem Zahlbegriff zu einem Formalkomplex verbunden sind. Die negative Zahl war die Verbindung des Anschauungsbegriffes Zahl mit dem Beziehungsbegriff Richtung.

Der rationale Bruch.

In dem rationalen Bruch ist die Zahl verbunden mit dem rückschreitenden Summenbegriff und dem Begriff verschiedener Einheiten. Der Bruch $\frac{2}{3}$ als rationales Maass einer realen Grösse gedacht, fordert eine Reihe von Einheiten, deren zweite und dritte Stelle durch Zähler und Nenner des Bruches, und eine ganz andere Reihe von Einheiten, in welcher sie die vierte und sechste Stelle einnehmen. In dem rationalen Bruch sind also schon drei oder vier (je nach der Auffassung) verschiedene Begriffe vereinigt, und für die Zwecke des Rechners zu einem einheitlichen Ganzen gestempelt. Man muss nur nicht glauben, dass $\frac{2}{3}$ mit demselben Recht Grösse wie 1 genannt werden könne, weil man in der Natur ein Stück von einem Fuss und eins von 8 Zoll aufzeigen könne. Objektiv ist das eine wie das andere ein bestimmtes Individuum, eine Einheit; die 8 Zoll liegen nicht als $\frac{2}{3}$ Fuss da, sondern das $\frac{2}{3}$ entsteht erst in unseren Gedanken als ein Komplex von 4 oder 5 verschiedenen Begriffen.

Dass die Form $\frac{2}{3}$ im ganz allgemeinen Sinne kein Grössenbegriff ist, zeigt sich, wenn dieselbe etwa in der Zahltheorie vorkommt; sie ist dort ebenso imaginär wie die sogenannten idealen Zahlen, welche durch Formgleichungen die Bedingungen angeben, die vorhanden sein müssten, damit eine Primzahl in gewisse Zahlformen arithmetisch auflösbar wäre. Nur wegen der häufigeren Anwendungsfähigkeit einer Bruchform hält man dieselbe für weniger fiktiv in Bezug auf den Zahlbegriff als andere solcher irreduktibeler Formen; nennt sie sogar schlechtweg Grössen, ohne auf die Beziehungsbegriffe aufmerksam zu werden, welche in jener Form mit dem Grössenbegriff kombinirt sind, und dadurch eben jenen spezifischen Bruchbegriff gestalten. Es wäre aber immerhin möglich, dass die in der Zahltheorie ganz imaginäre Bruchform, oder gar jene idealen Primzahlfaktoren auf irgend einem Gebiete der Begriffe einmal eine reale Anwendung fänden und dadurch ebenso reale Symbole würden, wie es $\sqrt{-1}$ für den

Richtungsbegriff, und die rationale Bruchform ist für den Begriff der Zahlreihen von verschiedenen Einheiten, deren gegenseitiges Grössenverhältniss durch Zahlen angegeben werden kann, d. h. dem Begriffsgebiete des quantitativen Messens.

Die Irrationalzahl

fügt zu dem vorhin besprochenen Begriffskomplex den weiteren Beziehungsbegriff „unbegrenztes Fortschreiten der Bildung von Zahlreihen oder Einheiten".

In demselben Maasse wie die einfache Division als Forderung der Entsummirung nach beliebigen Faktoren nur bei denjenigen Summen wirklich ausgeführt werden konnte, welche durch jene Faktoren entstanden waren, in allen übrigen Fällen jedoch zu der rationalen Bruchform führte, in demselben Maasse aufsteigend entstehen bei der vervielfachten Division neue Forderungen, welche auch nicht durch den rationalen Bruch formal gelöst oder „bestimmt symbolisirt" werden können. Eine jede einfache Division führt im Falle der Unlösbarkeit zu einem rationalen Bruche. Deshalb bestimmt aber auch eine jede Stelle der unbegrenzt fortgesetzten Bruchreihe nur eine Forderung der einfachen Division, nicht aber die neuen Forderungen der vervielfachten Divisionen. Wenn wir also aus diesen letzteren Forderungen des Wurzelziehens alle Fälle ausscheiden, welche identisch sind mit den ganzen und den Bruchzahlen dem arithmetischen Inhalte nach, so bleibt uns noch eine Anzahl irreduktibeler Formen übrig, welche durch das aufsteigende Verhältniss der Vervielfachung in den Forderungen des Wurzelziehens angegeben wird. Je höher die Wurzel, desto mehr irreduktibele Formen werden zwischen die rationalen Bruchformen eingeschaltet werden müssen. Diese irreduktibelen Formen bleiben aber in aufsteigender Reihe klassifizirbar, und demnach streng quantitativ beurtheilbar, weil die geforderte Operation zahlenmässig bestimmt wird, einerlei ob dies mit einer bestimmten Zahlenreihe fertig gebracht werden kann oder nicht; es kann ihr wenigstens die Stelle angegeben werden, welche sie in irgend einer Zahlreihe einzunehmen hat. Diese Stelle wird natürlich stets zwischen zwei Stellen einer wirklichen Zahlreihe fallen; da aber durch Setzung neuer (kleinerer) Einheiten der Zahlreihe diese Stellen beliebig nahe aneinander gerückt werden können, so kann auch der arithmetische Werth eines irreduktibelen Wurzelausdrucks mit einem beliebigen Grade von Genauigkeit in ganzen Zahlen einer Zahlreihe angegeben werden.

Die transcendente Zahl.

Man kann die Irrationalzahlen nach Stufen ordnen, indem man mit der Forderung des Wurzelziehens unbegrenzt fortschreitet. Dieser Fortschritt muss nach einem bestimmten Gesetze fortgehen. Der einfachste Fall wäre $\sqrt{\sqrt{\ }}$, also nach Verdoppelungen der ersten Wurzelzahl. Bei jeder höheren Stufe wird nach Ausscheidung der Formen, welche dem arithmetischen Werthe nach identisch sind mit ganzen Zahlen, rationalen Brüchen oder einer niederen Stufe der Irrationalität, eine Anzahl Formen übrig bleiben, welche durch die vorhergehenden nicht repräsentirt (lösbar) sind, deren Werthe also an gewisse und durch das betreffende Wurzelsymbol vollständig bestimmte Stellen der Formreihen zu liegen kommen. Wird dieser aufsteigende Modus der vervielfachten Divisionsforderung als unbegrenzt (∞) vorausgesetzt, so entsteht die transcendente Zahl. Die transcendente Zahl wird also symbolisirt durch eine unbegrenzt fortschreitende Reihe von Wurzelforderungen.

Die näherungsweise Auswerthung solcher Forderungen in arithmetischen Zahlen geschieht nach derselben Methode, wie die von Irrationalzahlen überhaupt. Um also eine Zahl als transcendente nachzuweisen, wird es nothwendig sein aufzuzeigen, dass das Gesetz der unbegrenzt fortschreitenden Forderungen ein solches ist, welches nicht identisch sein kann mit einem durch begrenzte Reihen ausdrückbaren. In der Forderung des u n b e g r e n z t e n Fortschrittes liegt dann schon die Unmöglichkeit, dass bei Anwendung jener Symbole auf eine bestimmte Zahl die Forderung der ganzen Reihe zusammenfallen könnte mit der Forderung, welche durch eine niedere Stufe der Irrationalität gestellt wird. Die Formen $\sqrt[4]{16}$, $\sqrt[2]{4}$, 2 sind gleich dem Werthe nach; sobald aber die Wurzelforderung bei einem bestimmten Quantum den u n b e g r e n z t e n Fortschritt erheischt, kann keine Form niedriger Stufe mehr dasselbe Resultat liefern, einerlei wie viele Resultate solcher Stufen verschiedener Quanta zusammenfallen. Anders wäre es, wenn die umgekehrte Aufgabe gestellt würde: unbegrenzt viele Potenzformen aufzustellen, welche alle demselben Werthe entsprechen.

Die allgemeine Form der transcendenten Zahl kann demnach dargestellt werden durch $\sqrt[\infty]{f\,(\alpha)}$. Diese Form würde keinen Sinn haben, wenn $f\,(a)$ ein bestimmtes Quantum wäre; diese Funktion muss so gestaltet sein, dass bei jedem neuen Wurzelziehen zu dem vorherigen Wurzelausdrucke eine neue Zahl additiv hinzukommt; also das allgemeine Glied dieser Reihe wird die Gestalt $\sqrt[n\,.\,m]{b + \sqrt[(n-2)\,m]{a}}$ haben; hierdurch kann die in unbegrenzter Form gegebene Reihe gegen einen bestimmten Zahlwerth konvergiren. Transcendente Zahlen können natürlich auch in anderer Form z. B. als unbegrenzte Summenreihe von rationalen Bruchzahlen gegeben werden. In obiger Form ist aber ihre Genesis am deutlichsten ausgedrückt. Der Fortschritt des Wurzelziehens kann natürlich auch ein anderer als derjenige der Quadratwurzel sein. Jene Zahl wird eine transcendente sein, wenn die Funktion $f(a)$ eine solche ist, dass die neu hinzutretende Zahl b von einer Stufe der Irrationalität ist, welche im Verein mit $\sqrt[(n-2)\,m]{a}$ nicht eine niedere Stufe erzeugt.

§ 5.

Das Symbol $\sqrt{-1}$

(sog. imaginäre Zahleinheit).

So lange die Arithmetik wirkliche Grössen (Zahlen) behandelt, sind ihre Forderungen stets in Grössenwerthen lösbar, wenn auch, wie bei der irrationalen Zahl, dieser Werth nur durch beliebig nahe gerückte Grenzen angegeben werden kann. Diese Lösbarkeit musste auch logisch vorausgesetzt werden, weil ja nur richtige Begriffe logisch verbunden worden waren. Anders wird es aber, wenn die arithmetischen Operationen nicht auf Grössen beschränkt, sondern auf beliebige arithmetische Formen, willkürliche Komplexe von Beziehungsbegriffen ausgedehnt werden, in welchen ganz davon abgesehen wird, ob in diesem graphisch zusammengestellten Komplex verschiedene jener Beziehungsbegriffe einander widersprechen. Die Arithmetik gelangte zu solchen Komplexen durch ihre konsequent fortgesetzte Methode der Kombination, und insofern entstanden nicht müssige Phantasiestücke, sondern nothwendige Produkte der Kombinatorik.

Zu diesen an sich sinnlosen Formen gehört, wie ausgeführt, schon die negative Zahl. Im weiteren Fortschritt der Kombinationen tauchte nun das Symbol $\sqrt{-1}$ auf, als absolut nothwendig um die Kontinuität der Operationen durchzuführen, denn alle paarigen Wurzeln erlaubten nicht die weitere Reduktion einer negativen Zahl; mit Hülfe dieses Symbols konnte man aber die Form $\sqrt{-2}$ wenigstens umschreiben in $1,\ 4\ ..\ \sqrt{-1}$, was für viele Zwecke so dienlich war. Auf das Symbol $\sqrt{-1}$ wurde man gleicherweise bei dem Versuche geführt, allgemeine Gleichungen höherer Grade als des ersten zu lösen, d. h dieselben in Faktoren ersten Grades, unmittelbar verständliche Symbole, aufzulösen. Ebenso zeigte sich das Symbol zweckmässig und hinreichend, viele der Analysis bis dahin widerstehende transcendente Funktionen zu bewältigen. Was noch mehr das Ansehen dieser imaginären Einheit hob, war die Thatsache, dass es beim besten Willen nicht gelang, ein weiteres ähnliches Symbol zu entdecken oder zu erfinden.

Vom logischen Standpunkte aus muss, wie gesagt, auch die -1 eine imaginäre Einheit genannt werden; denn dass die negative Einheit sich durch Addition in etwas Wirkliches verwandelt, während bei $\sqrt{-1}$ die Multiplikation hierzu erforderlich ist, kann auf das Prinzip der Begriffsaufstellung keinen Einfluss haben. Beides sind Summirungen, solange an der quantitativen Deutung festgehalten wird; wir finden ja Begriffe, auf welche das $\sqrt{-1}$ als Grössenmaass ebenso anwendbar ist, wie das -1 auf andere.

Die quantitative Auffassung steht der logischen Erklärung des $\sqrt{-1}$ rathlos gegenüber, wie die Geschichte der Mathematik neuester Zeit hinlänglich zeigt; sie muss das Auftreten heterogener Einheiten im Laufe der konsequent durchgeführten Kombinatorik einfach als ein Faktum aufnehmen, welches sie weiter nicht zu erklären vermag. Warum grade 4 solcher Einheiten, $+1$, -1, $+\sqrt{-1}$, $-\sqrt{-1}$, nicht mehr noch weniger zum Vorschein kommen, ist von ihrem Standpunkte aus unersichtlich. Deshalb hat man auch versucht, analog der Zweckmässigkeit jenes Symbols $\sqrt{-1}$ bei Betrachtungen zweier Dimensionen, ein solches zu erfinden, welches denselben Dienst bei drei Dimensionen leiste. Hier zeigte es sich nun, dass eine solche neue Einheit sich den elementaren Rechnungsoperationen nicht fügen wollte. Die hieraus hervorgehende Frage nach dem logischen Warum dieser empirisch konstatirten Unmöglichkeit schien den Empiristen sogar müssig, obschon doch grade ihr Prinzip die Möglichkeit solcher neuer Einheiten in Verbindung mit eigens zu ihrer Verwendung neu zu erfindenden Elementaroperationen der Arithmetik (neue Spezies) nicht in Abrede stellen dürfte. Vielleicht hat der Erfinder des Quaternionenkalkuls ähnliche Gedanken gehabt. In den Versuchen eines Logikkalkuls hat man ja wirklich eine solche neue Art von Spezies herausgekünstelt. S. [32]).

Allerdings wenn es eine apriorische Logik gibt, dann können alle empirischen Erfindungen und Weltarten nicht über eine gewisse Grenze hinaus und es lassen sich alle denkmöglichen Gebilde der Kombinatorik in eine begrenzte Anzahl von Gattungen unterbringen; die analytischen

Einheitsbegriffe werden sich dann als auf eine bestimmte Zahl beschränkt ausweisen; dann kann aber auch die hier vorliegende Frage gelöst werden, wie im nächsten Kapitel geschehen wird.

§ 6.
Der Infinitesimalkalkul.

Auch diese Rechnung lässt sich quantitativ entwickeln, wenn man die Methode Leibnitzens befolgt und von allen Operationen weiter nichts verlangt, als einen beliebig grossen Grad der Annäherung. Alle anderen Methoden, welche man ersonnen hat, um diese Rechnung zu rechtfertigen, enthalten logische Fehler, insofern sie einzig von dem Grössenbegriff auszugehen behaupten. Das Richtige, was in den Fluxionen, Grenzverhältnissen etc. liegt, ist eben nicht quantitativer Natur. Hierüber s. Formenrechnung B. Kap. VI.

Wenn man an der ausschliesslich quantitativen Deutung mathematischer Symbole festhält, so kann man allerdings alle praktischen Resultate finden; aber die Wege, welche dazu führen, sind häufig so weitläufige und trotzdem verwickelte, dass einen meist das Gefühl beschleicht, als ob man mit schlecht konstruirten Krücken über einen wahrscheinlich ebenen Weg humpele. Es fehlt dazu die geistige Anregung, weil man in den interessanteren Fällen gar keinen Einblick in den logischen Zusammenhang der verschiedenen Gebilde erlangt. Die ganze Analysis präsentirt sich als ein todter Rechenknecht, dessen Maschinerie allerdings höchst künstlich, zuweilen taschenspielermässig sinnreich oder auch verblüffend ersonnen, aber immer etwas Abstossendes für die volle Geistesthätigkeit hat, welche sich fühlen will als selbstbewusst handelnd, nicht im Joche eines Mechanismus. Daher die bekannte Erscheinung, dass sich Vorliebe zu mathematischen und ethischen Wissenschaften gewöhnlich ausschliessen. Schon die ewig wiederholte Eintönigkeit des Grössenbegriffs wirkt auf die Dauer ebenso abstumpfend wie die Konstruktion der Natur aus einheitlich in grau-grau uniformirten Atomen, oder um ein Beispiel anderer Gebiete anzuführen: die versuchte Konstruktion der lebendigen Welt aus dem ewigen Gegeneinanderklappern der leeren Abstraktionen „Sein und Nichtsein". Eine philosophische Darstellung der Mathematik kann aber zeigen, dass diese gefürchtete Trockenheit nicht der Natur dieser Wissenschaft, sondern der pädagogischen Methode anhaftet.

B. KAPITEL III.

DIE QUALITATIVE DEUTUNG ARITHMETISCHER OPERATIONEN.

§ 1.

Allgemeiner Gebrauch des Begriffs der Qualität in der Mathematik.[33]

Einführung des Begriffes der Qualität in die exakten Wissenschaften! Gar Mancher wird hierbei einen gelinden Schauer verspüren; denn man denkt dabei an Qualitäten wie „gut, böse, grün, nass, hart etc.“, was könnte also unexakter sein als der Qualitätsbegriff. Nun von solchen Qualitäten wird hier auch nicht die Rede sein, wohl aber von der ganz abstrakten Qualität, von demjenigen, was seinem Begriffe nach ungleich ist; und dies ist ein ebenso exakter Begriff wie sein denknothwendiges Korrelat: das seinem Begriffe nach Gleiche, das dem Quantum nach Vergleichbare (messbare).

Das Unterscheiden des Gleichen (dem Oberbegriffe nach) ist quantitatives, das Unterscheiden des Ungleichen qualitatives Unterscheiden; und deshalb enthält die Urthatsache der Existenz eines Vielen schon den Begriff der Qualität ebensogut, mit demselben Grade von Gewissheit (Exaktheit) wie denjenigen der Quantität. Dieses (existirende) Viele als ein Ganzes betrachtet, ist qualitativ verschieden von dem Ganzen, wenn es als eine Vielheit, Zusammen von Theilen, betrachtet wird. Die Betrachtung 5 als Fünfheit ist eine qualitativ verschiedene von der Betrachtung $1 + 1 + 1 + 1 + 1$; in diesem Sinne wird ausgeführt werden, dass schon einer jeden Zahl eine ganz bestimmte Qualität (als zahltheoretischer Charakter) zuzuschreiben ist. Der Satz: das Ganze ist als Begriff ungleich dem Theil als Begriff oder: Ganzes und Theil sind verschiedene d. h. qualitätverschiedene Begriffe, muss auch auf die Zahlen angewandt werden können, weil es ein allgemein logischer Satz ist; und dies wird gar nicht dadurch geändert, dass eine jede Zahl und ihre Einheiten auch nach einem Begriff der Gleichheit, d. h. der Quantität, betrachtet werden können.

Wenn wir uns nun vorurtheilsfrei in der reinen Mathematik umsehen, so finden wir, dass eine neue Einführung des Begriffes der Qualität in diese Wissenschaft durchaus nicht stattzufinden braucht, dass er schon in den verschiedensten Gestalten angewandt wird, aber durch die Fachsprache beständig maskirt dem herrschenden Grössendogma zuliebe. Ohne seine Anwendung wäre die heutige Ausbildung der Mathematik gar nicht möglich gewesen. Entschliesst man sich zu seiner offiziellen Anerkennung, so wird sich der Nutzen seines unverblümten Gebrauchs bald ausweisen, ohne dass die Wissenschaft das Geringste an ihrer Exaktheit einzubüssen hätte. So handelt es sich in der Geometrie um verschiedene Figuren, deren Natur durchaus nicht ausschliesslich durch die Grösse ihrer Linien oder Flächen vollständig bestimmt ist. Das Dreieck ist verschieden vom Viereck, auch wenn ihre Flächen oder Umfangslinien gleich gross sind. Man wird hier zwar einwenden wollen: „aber durch die Grösse von Umfang und Inhalt von so und soviel geraden Linien, also durch Grössen, werden diese Figuren bestimmt". Aber darin liegt es ja eben; Umfang, Inhalt, gerade oder krumme Linien, sind qualitative Verschiedenheiten; und darin wird nichts dadurch geändert, dass eine jede dieser Qualitäten Abstufungen nach der Grösse zulässt. Die sogenannte Subsumption verschiedener Dinge unter einen Begriff bedeutet gar nicht, dass diese Dinge verschiedene Erzeugnisse des Oberbegriffs seien, ähnlich wie eine genealogische Stammfolge, sondern dass verschiedene Begriffskomplexe gebildet worden sind, in welchen sich unter anderen Elementen auch der Faktor „Grösse" befindet in dem Falle, wenn qualitätgleiche Dinge verglichen werden.

Man spricht auch von ähnlichen Figuren, und grade in diesem Begriff der Aehnlichkeit ist ihre Qualität ausgesprochen. Aehnliche Dreiecke können nur der Grösse nach verschieden sein, eben weil sie genau dieselbe Qualität haben; diese letztere wird bestimmt durch einen gewissen Komplex von Verhältnissbestimmungen der Seiten und Winkel; ein solcher Komplex ist nicht mehr derselbe, ist seiner Qualität nach geändert, sobald eine Bestimmung in seinen Elementen geändert wird. Dass diese Aenderung seiner Elemente nach Grössenverhältnissen vor sich geht, verhindert gar nicht, dass der Komplex als Ganzes seiner Qualität nach geändert wird. Zudem werden in der

Geometrie die heterogenen, d. h. qualitativ verschiedenen Begriffe „Entfernung und Richtung" gebraucht. Der Versuch, diese Heterogenitäten durch allerhand Kunstgriffe auf einen homogenen Grössenbegriff zurückzuführen, erzeugte die in A. XII. behandelten metamathematischen Irrungen. Und weiter nun die Begriffe „Linie, Fläche, Körper, gerade, krumm etc." sind doch so qualitativ verschieden, wie nur Etwas sein kann. Ein sog. Beweisverfahren gefällt sich zwar darin, aus vielen Linien unter dem Namen „unendlich enge Flächen" eine wirkliche Fläche zu summiren; dass eine solche kindliche Methode, um die Phantasiethätigkeit anzureizen, für eine niedere Bewusstseinsstufe hingehen mag, aber durchaus nicht in die Logik gehört, darüber brauchen wohl keine weiteren Worte verloren zu werden.

Aber auch in der Arithmetik begegnet man dem Begriff der Qualität; er zeigt sich schon in vielen vom instinktiven Sprachgeiste geprägten Wörtern „Produkt, Faktor, Quotient, Verhältniss, Potenz (potestas, dignitas)"; an deren Stelle erst spät in künstlicher Abstraktion der vervielfachte Summenbegriff gesetzt wurde. Und nun gar die Begriffe des unendlich Kleinen und Grossen! Man stutzte nur bei der Schwierigkeit, jene instinktiv richtig gefundenen Qualitätsbegriffe in einen logischen Konnex zu bringen, weil man die sogenannten Vorzeichen, die Symbole der arithmetischen Thätigkeit, nicht anerkannte als Beziehungsbegriffe, welche in dem Komplex des Ganzen (der arithmetischen Form) von derselben Bedeutung sind, wie die in jenen Formen gleicherweise vorhandenen Grössenbegriffe. Deshalb wurde in der leichter konsequent durchführbaren quantitativen Auffassungsweise das Produkt ersetzt durch Summensumme; der Quotient definirt als ein S c h r e i b z e i c h e n, welches die Eigenschaft hatte, durch das Summensummenzeichen ersetzt werden zu können, wenn es eine gewisse Anzahl mal auftrat! Die Potenz sollte nicht mehr eine Stufe sein, zu welcher eine Zahl erhoben wurde, weil bei dieser Definition angeblich Ausnahmen stattfanden, und man allerdings in der Logik die Existenz von Ausnahmen nicht anerkennen darf. Demzufolge wurde auch die Potenz definirt als eine S c h r e i b w e i s e, um gewisse Summen für die Rechnung übersichtlicher darzustellen (sogar der philosophisch denkende M. Ohm beruhigte sich hierbei). Hiermit war allerdings der strenge Fortschritt in der symbolischen Kombination gerettet und alle Einzelfälle eliminirt, welche sich einer qualitativen Deutung nicht sofort fügen wollten; aber diese Exaktheit war nur gewonnen um den Preis des geistigen Todes mathematischer Begriffe durch ihr Herabsinken zu technischen Kunstfertigkeiten.

§ 2.

Grössen und Einheiten.

Die vollständig durchgeführte logische Analyse zeigt uns die Formen der Arithmetik im Allgemeinen als Komplexe der verschiedenen Beziehungsbegriffe mit dem einen Anschauungsbegriff der Grösse. Die einzelnen Buchstaben dieser Formen können demnach analog betrachtet werden den Massenatomen der Mechanik. Bei dieser Parallele stehen den Verbindungszeichen der Analyse die Kräfte der Mechanik gegenüber. Die Atome sind Träger der Kräfte, die analytischen Grössen Träger der Gedankenoperationen. Auch die Kräfte der Mechanik sind solche Beziehungsbegriffe (Gedankenoperationen s. D. Mechanik); dieser Gegensatz von statischen Elementen und dynamischen Kräften lässt sich in beiden Disziplinen durchführen. Will man aber durchaus die Auffassung beibehalten, dass man nur Grössen in der Arithmetik behandelt, will man also gewisse Komplexe von Denkbegriffen G r ö s s e n nennen, nun dann muss man sich zu q u a l i t a t i v v e r s c h i e d e n e n Grössen d. h. den vier ganz heterogenen Einheiten $+1$, -1, $+i$, $-i$ bekennen, und damit ist die letzte Ausflucht abgeschnitten, den Begriff der Qualität aus der Arithmetik verbannen zu wollen.

Vollständig korrekt ist es, wenn man von qualitativ verschiedenen Einheiten der Kombinatorik spricht. Die vielfachen dieser Einheiten sind dann Grössen von bestimmter Qualität; es bleibt dabei immerhin die Möglichkeit, dass die Denkoperationen, welche diese Elementarqualitäten erzeugten, dieselben auch durch neue Denkoperationen wieder ineinander verwandeln können; ebenso wie der Chemiker durch chemische Operationen die Qualitäten seiner Stoffe verwandelt. Der reine Grössenbegriff erlaubt kein weiteres Attribut, weil er nur dem Qualitätgleichen entsprungen ist. Man kann deshalb von keiner schweren oder farbigen Grösse sprechen, und ebenso wenig von einer mannigfach ausgedehnten; wohl aber von einer mehr oder minder grossen Schwere, Farbe, Ausdehnung. Fläche, Körper, Farbenintensität etc. sind Ausdehnungsqualitäten, Ausdehnungen (Grössen) von spezifisch verschiedener Qualität. Deshalb kann man durch Vergrösserung einer Fläche ebensowenig einen Körper wie eine Farbe erzeugen; oder in einer schon mehrfach erwähnten Wortverbindung: durch Vergrösserung einer zweifach ausgedehnten kann nie eine dreifach ausgedehnte Mannigfaltigkeit entstehen.

Bestimmte und unbestimmte Grössen.

Man spricht häufig von bestimmten und unbestimmten Grössen. Der Ausdruck „unbestimmt“ ist jedoch kein Attribut der Grösse, sondern dahin zu verstehen, dass man zur Zeit oder mit den zur Verfügung stehenden Mitteln noch nicht vermag, die Grösse bestimmt anzugeben, etwa in Zahlen anzugeben; aber nicht dahin, dass die Grösse keine feste Bestimmung ihrer Natur nach zulasse. Eine Grösse, welche die Bestimmung wie gross nicht zulässt, ist überhaupt keine Grösse, sondern eine Qualität unter dem Deckmantel der Quantität. Das unendlich Grosse und Kleine und die sogenannten veränderlichen Grössen gehören in diese Klasse. Weil man hier an der etymologischen Definition des Sprachgebrauchs festhielt, deshalb entstanden die bekannten Widersprüche.

Veränderliche Grössen.

Ist in einer komplizirten Gleichung ein unbekanntes x vorhanden, so ist dies dennoch eine vollständig bestimmte Grösse, sofern nur die Gleichung richtig aufgebaut, und nicht blosse Formgleichung ist. Hat man eine Gleichung, welche sog. veränderliche Grössen enthält, so sind auch diese für bestimmte Fälle vollständig bestimmt. Hat man aber einen solchen analytischen Ausdruck, in welchem absichtlich von jedem Einzelfall abstrahirt wird, so muss derselbe auf etwas ganz anderes als Grösse gedeutet werden; was aber nicht verhindert, dass diese Deutung als formale Lösung wieder auf Grössen angewendet werden kann.

Man hat zuweilen Grössen, welche man nicht genau bestimmen kann, weil man ihre ziffermässige Bestimmung auf eine spezifisch gewählte Einheit bezieht, als soviel Fuss, Zoll, Kreisgrad etc. Hierzu gehören die irrationalen Zahlen. Dies liegt aber nicht daran, dass die Grösse nicht etwa eine bestimmte, d. h. logisch bestimmbare, wäre, sondern an der gewählten Einheit, zuweilen sogar an dem gewählten Zahlsystem oder einer Unvollkommenheit der analytischen Technik. Nach geometrischer Methode ist $\sqrt{2}$ bestimmbar, nach arithmetischer aber nicht; (besser gesagt: nach geometrischen Begriffen, welche ebenso logisch richtig sind wie die arithmetischen). Wenn man aber eine solche problematische Grösse zwischen zwei bestimmte Grenzen (nach beiden Richtungen der Ausdehnung) einschliessen kann, so darf man sicher sein, mit einer wirklichen Grösse zu thun zu haben. Kann man aber nur eine Grenze angeben, wie bei dem unendlich Kleinen oder Grossen, so darf man auf die Deutbarkeit des symbolischen Ausdrucks als eine Grösse nicht schliessen; in den meisten Fällen dieser Art ist wirklich keine Grösse vorhanden; der Ausdruck kann deshalb doch auf einen logischen Begriff gedeutet werden.

Stetige und diskrete Grössen.

Man unterscheidet stetige und diskrete Grössen; doch sind dies keine Attribute, welche einer bestimmten Grösse zukommen als einer Art des so und soviel Einheiten gross Seins, sondern entweder eine qualitative Bestimmung des Gegenstandes, welcher so und so gross ist, oder im abstrakten Sinne eine Bestimmung der Art, wie wir uns die Grösse erzeugt (zu Stande gekommen) denken.

Eine jede Grösse als Produkt der Denkthätigkeit entsteht vorab diskret, d. h. durch Wiederholung der Einheit, synthetische Setzung des Denkaktes. Weil wir aber beliebig synthetisch setzen können, so steht uns auch die logische Forderung zu, viele Einheiten zu einem Ganzen d. h. einer neuen Einheit (qualitativ verschieden von der ersten) zu vereinigen. Bilden wir nun zwei Reihen aus zwei verschiedenen Einheiten, bestimmen z. B. dass n Einheiten der einen Reihe m Einheiten der anderen korrespondiren sollen, so ist diese logisch berechtigte und deshalb denkend ausführbare Forderung nichts Anderes, als die Bestimmung neuer Stellen zwischen den Einheiten der ersten Reihe (genetisch dargestellten Grösse). Die Bestimmung solcher Stellen ist nun ganz willkürlich, weil die logische Synthesis unbeschränkt ist. Weil nun dieser Unbeschränktheit der Synthesis gegenüber es ein logischer Widerspruch wäre, anzunehmen, dass zwischen zwei beliebige Stellen nicht neue Stellen eingeschaltet werden könnten, so nennen wir die Reihe in dieser Hinsicht kontinuirlich. Es ist demnach ganz unrichtig, wenn gesagt wird: Das Diskrete und Kontinuirliche seien zwei heterogene unvereinbare Begriffe, welche auf verschiedene Thätigkeiten der Seele zurückgeführt werden müssten. Verschiedene Begriffe sind es allerdings; sie sind aber nicht unvereinbar, sondern im Gegentheil korrelativ, fordern sich gegenseitig ins Dasein und werden erzeugt durch ein und dieselbe synthetische Denkthätigkeit, welche nur der wissenschaftlichen Uebersicht halber — man kann auch sagen der satzmässigen Darstellung durch Subjekt, Objekt und Kopula halber — bezeichnet wird durch die beiden dem Wesen nach von einander nicht trennbaren Zeitwörter (Kardinalfunktionen der Taf. I. S. 33) „trennen—verbinden“. Die Empfindung nun, als die vorhandene Wirklichkeit, liefert die Gegenstände, auf welche wir jene beiden Erzeugungsarten des Grössebegriffs anwenden. Als zeitliche Empfindung ist sie Ausdehnung, Verbindung der diskreten Setzungen durch ein Zwischen.

und deshalb stetige Ausdehnung, sei diese nun gefühlt, gesehen, gehört etc. Sei ein Organismus so konstruirt, dass er nur intermittirend empfinde, während von einem anderen die leeren Empfindungszeiten des ersteren gleichfalls als Ausdehnung empfunden werden, so wird deshalb doch der Begriff der Stetigkeit bei beiden Organismen ganz derselbe sein; ein Streit wird bei beiden nur in der Erklärung der Objekte entstehen, weil der erstere gewisse Zeiträume, welche der letztere wahrnimmt, für nicht existirend erklärt. Es müssen dann begleitende Umstände mit in das Urtheil aufgenommen werden, um die Wahrnehmungsfehler zu erklären; denn beide können sich nur derselben logischen Begriffe von Getrenntheit und Stetigkeit bedienen.

§ 3.

Das Produkt.

Produkt ist ein Erzeugniss, hervorgebracht durch die gegenseitige Einwirkung erzeugender Elemente (Faktoren); werden diese nun bestimmt als „Stoffe, Kräfte, Begebenheiten, Formen oder auch Zahlen“. Das Produkt als bestimmtes Resultat seiner Faktoren, ist seiner Natur nach (Qualität nach) vollständig bestimmt durch die Natur der Faktoren; deshalb aber auch der Qualität nach verschieden von der Qualität der Faktoren. (Der Qualitätsbegriff in dem § 1 definirten allgemeinsten Sinne zu nehmen.) Funktional sind Produkt und Faktoren verbunden, und demnach vollständig gegeneinander bestimmt. Nun ist dies schon eine geläufige Bezeichnung in der Geometrie; man lässt einen Körper entstehen als Produkt aus einer Linie und Fläche und spricht bei solchen Beispielen von der qualitativen Verschiedenheit des Produktes und seiner Faktoren. Bei Zahlenprodukten gleicherweise von solchen qualitativen Verschiedenheiten zu sprechen, wird Manchem unzulässig vorkommen. Es wurde aber schon in B. I. 2 die Zahl nachgewiesen als Erzeugniss der einfachen Setzung des formalen Denkaktes und der Wiederholung dieser Setzung. Setzung und Wiederholung sind aber verschiedene Begriffe, und deshalb ist ihr Produkt, ihre funktionale Verbindung zu einem Ganzen, Zahl, wiederum etwas (qualitativ) Verschiedenes von jenen einfachsten Begriffsfaktoren. Man wird einwenden: „zugegeben, dass die Zahl als Produkt verschiedener Begriffe definirt werden kann, so sind doch die verschiedenen Zahlen als Grössen von einheitlicher Qualität; müssen demnach nur der Quantität nach unterschieden werden; Zahlprodukte dürfen also nicht als verschiedene Qualitäten bestimmt werden." Dass die Zahlen quantitativ aufgefasst und dass nach dieser Auffassungsweise alle arithmetischen Operationen gerechtfertigt werden können, ist Kap. II. nachgewiesen worden. Dass aber ausserdem auch die Zahlen nach qualitativen Verschiedenheiten betrachtet werden können, wird in B. Kap. V. gezeigt. Damit nun Niemand an dieser noch unerörterten Qualität der Zahlen Anstoss nehme, sollen vorläufig nur arithmetisch unbestimmte Formen Gegenstand der Betrachtung sein; die Bedeutung, welche später den in diesen Formen gebrauchten Buchstaben beigelegt wird, bleibe dahingestellt.

Wir definiren ein Produkt, in Zeichen $a \,.\, b$, als Erzeugniss, welches entstanden ist als ein Ganzes durch die gegenseitige Wirkung von a und b. In dem Produkte $a \,.\, b$ sind die Elemente a und b funktional verbunden. Es entsteht jetzt die Frage: wie ist das Produkt zu bestimmen, wenn die Elemente a und b mit kontradiktorisch entgegengesetzten Qualitäten auftreten können? in Zeichen: wenn die Bestimmungen

$$-a, +a, -b, +b, -(ab), +(ab)$$

möglich sind.

Die ideale Setzung solcher Werthe ist ja logisch erlaubt, und zugleich das einzige Mittel der logischen Entwickelung.

Die logische Antwort ist: Es können nur q u a l i t ä t g l e i c h e Faktoren (nach dem technischen Ausdruck der Arithmetik, homogene Faktoren) ein r e a l e s Produkt erzeugen. Das Produkt ist aber in diesem Falle immer ein reales, sei jene Qualität welche sie wolle. Werden demnach die Einheiten -1, $+1$ als qualitative Bestimmungen aufgefasst, so ergibt sowohl $+a \,.\, +b$ wie $-a \,.\, -b$ ein reales Produkt, und dies ist zu bezeichnen durch $+(ab)$, weil diesem Zeichen ausser der Bedeutung des Gegensatzes zu dem negativen, auch die Bezeichnung des realen Vorhandenseins gegeben wird.

Heterogene Faktoren erzeugen aber nur ein virtuelles Produkt, ein solches, welches unter gewissen Bedingungen in ein reales umgewandelt, aber isolirt keine selbständige Existenz haben kann. Diese Heterogenität ist sowohl im Falle $-a \,.\, +b$ als $+a \,.\, -b$ vorhanden; das Produkt kann deshalb nur $-(a \,.\, b)$ sein, wobei das Minuszeichen den bei dem kontradiktorischen Gegensatz einzig möglichen virtuellen Fall anzeigt. Zudem stehen die beiden Produkte $-(a \,.\, b)$ und $+(a \,.\, b)$ als W e r t h e in kontradiktorischem Gegensatz. Oder nach der anderen Ausdrucksweise: diese Produkte bezeichnen zwei entgegengesetzte Qualitäten nach gleicher Grösse bemessen; oder, die Produkte $-ab$, $+ab$ können benutzt werden als die quantitativen Symbole von 2 Gegenständen entgegengesetzter Qualität, welche ein jeder eine gleiche Anzahl von Maaseinheiten dieser Qualitäten enthält.

Bleiben wir bei der ersteren Auffassung des Produktes — $(a\,b)$ als eines lediglich virtuellen, so können wir wiederum sagen: der Faktor, welcher dieses virtuelle Produkt zu einem realen umzuwandeln vermag, muss selbst ein virtueller sein, weil er ja sonst dem — $(a\,b)$ heterogen wäre, also mit ihm kein reales Produkt erzeugen könnte; und weil es nach dem Satz des Widerspruchs in der Funktion φ_r gar keine anderen gegenseitigen Beziehungen als das — und + geben kann.

Der Quotient ist häufig nur ein anderer Name für Faktor, nämlich in den Fällen, wo dieser Faktor unbekannt ist. Da z. B. das Produkt $A = a \,.\, b$ möglicherweise auf sehr verschiedene Weise erzeugt werden kann, so stellt man die Aufgabe, den Faktor x zu bestimmen, wenn nur der eine Faktor m von den zweien bekannt ist, welche A erzeugen sollen. Also $A = mx$ oder $\frac{A}{m} = x$. Die veränderte Schreibweise ändert den Begriff des Faktors nicht. Demnach bestimmt sich auch die Zeichenregel bei solchen Quotienten ebenso wie bei Faktoren. Ausserdem ist die Form des Quotienten aber auch das Symbol eines neuen Begriffes, „das Verhältniss“.

§ 4.

Das Verhältniss.

Wenn wir die verbindende Denkthätigkeit auf irgend welche Gebilde der Natur oder unseres Denkens ausüben, dieselben vergleichen, so sagen wir: Wir setzen dieselben in ein Verhältniss zueinander. Damit diese Verhältnisssetzung überhaupt möglich, müssen dieselben wenigstens eine gemeinschaftliche Qualität haben. Die einfachen Zahlen haben Verhältnisse zu einander, oder zur Einheit, insofern bei ihnen von aller weiteren Qualität abstrahirt wird. Sobald wir aber die Zahlen in ihre logischen Elemente auflösen, oder sobald wir sie als Komplexe von Begriffen symbolisch darstellen, so kann man von der verschiedenen Form solcher Komplexe, also von ihrer qualitativen Verschiedenheit sprechen, ganz abgesehen davon, dass sie als Zahlen alle dieselbe abstrakte Qualität, d. h. die Qualitätslosigkeit, haben.

Betrachten wir die Komplexe

$$(4:2),\quad (8:4),\quad (16:8)$$
$$(6:2),\quad (12:4),\quad (24:8)$$

so besagen diejenigen der ersten Reihe als Quanta (quantitativ gedeutet) alle ein und dasselbe, nämlich die Zahlgrösse 2; als Formen sind dieselben aber alle verschieden. Diese drei Formen haben aber eine gemeinsame Eigenschaft; nämlich die beiden Glieder, aus welchen eine jede Form zusammengesetzt ist, haben ein und dasselbe Verhältniss, die Einzelglieder als Zahlengrössen gedeutet. Wir haben also die gemeinsame Qualität dieser Formen durch eine Zahl symbolisirt; und ebenso ist die gemeinsame Qualität der Formen der zweiten Reihe durch die Zahl 3 angegeben.

Diese Betrachtungsweise wird definirt durch den Satz: Arithmetische Gebilde können sowohl ihrem Inhalte wie ihrer Form nach betrachtet werden. Der materiale Inhalt derselben ist Gegenstand der quantitativen, die Form Gegenstand der qualitativen Deutung.

Die Bedeutsamkeit dieses unscheinbaren Satzes wird erst in der Formenrechnung zur vollen Erscheinung kommen; sie musste aber hier schon angeführt werden, weil der Quotient auch in den Elementargebilden als Symbol des qualitativen Verhältnissbegriffes gedeutet werden kann. Es zeigt sich hier vorerst die Möglichkeit alle Denkgebilde, also einschliesslich der arithmetischen, nach den beiden koordinirten Beziehungsbegriffen „Quantität und Qualität" zu deuten, wenn auch davon Gebrauch zu machen in der Elementararithmetik kein Bedürfniss vorliegt. Es zeigt sich aber zweitens die Möglichkeit, die etwaigen Qualitätverschiedenheiten arithmetischer Gebilde durch quantitative Symbole zu repräsentiren; oder was dasselbe besagt, es zeigt, dass die Qualitäten solcher Gebilde nach quantitativen Abstufungen geordnet, nach Zahlen benannt, und in Folge dessen synthetisch entwickelt werden können.

In dieser logischen Verbindung der Begriffe Quantität und Qualität, sofern sie auf Denkbegriffe angewandt werden, liegt die wahre Macht der neueren analytischen Methoden, und der einzige Weg sie logisch zu rechtfertigen. Hierin liegt auch die logische Verbindung der heterogenen Begriffe „Grösse (Entfernung) und Richtung", welche als die einzig denkmöglichen im Neben- und Nacheinander nachgewiesen worden sind.

Wenn wir nun die Faktoren eines Produktes $A = a\,.\,b\,.\,.$ einzeln symbolisch darstellen wollen, so ist die Bezeichnung als a, b, ... nicht zweckmässig, weil dabei nicht ausgedrückt wird, dass sie Faktoren jenes Produktes A sind, dass sie in einem Verhältnisse zu A

stehen. Dieses letztere wird aber vollständig erreicht, indem wir sie als Quotienten schreiben; nämlich $\frac{A}{b}$ statt a, und $\frac{A}{a}$ statt b. Nach dieser Definition stehen Produkt und Quotient in demselben logischen Gegensatz wie Summe und Differenz, und es ergibt sich die technische Regel, dass die durch Zwischenzeichen ausgedrückten Beziehungsbegriffe $\times$ und : sich ebenso ausgleichen (gegenseitig aufheben) wie + und —. Der qualitative Ausdruck der Zeichenregel bei den Kombinationen $\frac{-b}{+a}$ etc. heisst demnach:

Bei dem Verhältniss der Grössen zueinander muss von den Vorzeichen ganz abgesehen werden, denn das Verhältniss als qualitativer Begriff ist immer etwas Reales; als solches (isolirt stehend) hat es gar keine Grösse, sondern erlangt eine solche nur durch Vergleich mit anderen Verhältnissen. Homogene (d. h. vergleichbare) Grössen haben demnach immer ein wirkliches Verhältniss, heterogene ein virtuelles, welches durch weitere Kombinationen allerdings real werden kann, als virtuell aber durch das Minuszeichen charakterisirt wird. Die Virtualität eines arithmetischen Komplexes ist aber nichts Unbestimmtes, weil die logische Beziehung der Denkbegriffe nur eine einzige Art der Virtualität zulässt; und deshalb kann die Synthesis (Rechnung) mit solchen Gebilden ebenso sicher operiren, wie mit realen (widerspruchfreien) Begriffen.

§ 5.

Die Potenz.

Die Wörter „elevatio, dimensio, potestas, dignitas“ und ihr heutiges Synonym „Potenz“ zeigen, dass man dieser Form einen von der vielfachen Summe und auch dem vielfachen Produkte verschiedenen Begriff instinktiv beilegte. Darauf deuten gleichfalls die verschiedenen Definitionen, welche man diesem Begriffe gab, und die sich nicht auf alle von der Symbolik geforderten Fälle anwenden lassen. Meistens drückten diese Definitionen die Stufen- oder Rangerhöhung einer Zahl aus, wodurch die Anwendung solcher Formen auf geometrische Dimensionen eingeschlossen wurde; oder Potenz wurde allgemeiner als ein Produkt bestimmt, welches dadurch entsteht, dass eine Basis so oft als Faktor gesetzt wird, wie der Exponent angibt. Ein philosophischer Gedanke liegt unverkennbar in diesen Definitionen; aber sie waren nur richtig für ganze positive Zahlen, während die Rechnung das Zulassen aller möglichen Ziffern forderte.

Wir sind in der Mathematik gewohnt, eine solche Forderung erweiterten Begriff der Potenz oder Zahl zu nennen; wobei man sich nicht darum kümmert, ob eine solche Generalisation etwa einen Widersinn einschliesst, wenn sie nur dem technischen Bedürfnisse gewisse Dienste leistet. In der Praxis wird dann ausgefunden, ob jene Generalisation der Symbole — nicht der Begriffe, wie fälschlich behauptet wird — zweckmässig ist. Wenn dem so ist, so bleibt eine allgemeine Methode als Rechnungsregel festgestellt; im entgegengesetzten Falle stellt man eine Supplementregel auf und sagt: in dieser Verbindung (etwa $\frac{n}{o}$ oder o^n etc.) dürfen die Zeichen nicht gebraucht, oder wie in einem anderen bekannten Falle: mit divergirenden Reihen darf nicht gerechnet werden; das Warum dieser Regeln überlässt man müssigen Grüblern. So fand Newton empirisch, dass man statt Wurzeln Bruchexponenten, und statt der reziproken Werthe der Potenzen ihre negativen Exponenten benutzen könnte. Der logischen Entwicklung jener Schreibzeichen nachzusinnen, daran dachte er nicht; seine Geistesbedürfnisse waren befriedigt, wenn er die Erscheinungen in einem Schema der Rechnung eingeschlossen hatte; dass eine weitere Aufgabe darin zu suchen sei, ein solches Schema auf Begriffe zu deuten, Vernunft in die Natur zu bringen oder daraus herauszulesen, oder aber ein verändertes Schema begrifflich zu rechtfertigen — dergleichen Fragen blieben seinem Bedürfnisse des Ordnens fremd. Höchst charakteristisch lauten seine Worte: „Nam sicut Analystae pro aa, aaa, ... scribere solent a^2, a^3 ... sic ego pro $\sqrt[1]{a}$ scribo $a^{\frac{1}{2}}$ et pro $\frac{1}{a}$ ... scribo a^{-1}...

Jene empirischen Erfolge, die praktischen Dienste solcher Zeichen, wären aber nicht möglich, wenn nicht eine logische Begriffsentwickelung jener Generalisation von Symbolen entspräche. Der Begriff der Quantität, oder das ihm entsprechende alles nivellirende Grössendogma zeigt nur den logischen Konnex bei wirklichen Summen, verbürgt die Richtigkeit, wenn das Resultat in einem realen Werthe ausmündet. Wenn das aber nicht der Fall ist, so bleibt der logische Werth eines solchen Resultates ebenso problematisch wie die vielfältigen Uebergangsstufen, welche sich in einen imaginären Nebel verhüllen. Wenn nun der Begriff der Quantität nicht die durchsichtige logische Erkenntniss zu geben vermag, so muss der Qualitätsbegriff versucht werden, denn eine dritte Möglichkeit gibt es nicht.

Bei der quantitativen Reihe (Zahlreihe) wurden Einzelglieder gebildet, welche als Individuen betrachtet verschiedene Eigenschaften haben, die in B. V. betrachtet werden. Eine dieser Eigenschaften bezieht sich auf ihr Quantum; ihr Individualgewicht kann man sagen. In Bezug auf diese Eigenschaft hat ein jedes Glied von seinem Nebengliede denselben Unterschied, gemessen durch die Einheit. Dieser Unterschied ist demnach ganz unabhängig von dem Individualwerth eines Einzelgliedes, oder einer sonst etwa möglichen Qualität desselben.

Man kann aber auch eine Reihe bilden, in welcher man gleicherweise nur quantitative Unterschiede der Einzelindividuen berücksichtigt, wo man diese Unterschiede aber abhängig macht von dem Individualwerthe der Glieder, welcher verschieden ist an den verschiedenen Stellen der Reihe. Das Gesetz einer solchen Reihe wäre also: ein jedes Individualglied bestimmt den Unterschied zu seinem Nebengliede durch seinen quantitativen Werth, sein Gewicht. Der einfachste Fall einer solchen Reihe wäre derjenige, in welchem diese Bestimmung des Gliedunterschiedes bei allen Gliedern derselbe wäre; dass also, das Gewicht der Individuen als bestimmende Eigenschaft derselben betrachtet, die Abstufung dieser Eigenschaften eine absolut regelmässige, das Gesetz dieser Abstufungen ein konstantes für jede Stelle der Reihe wäre. Es ist dies die einfachste qualitative Reihe, welche in der Natur häufig zum Vorschein kommt und gemeiniglich Reihe der Intensität genannt wird. Auch Riemanns Stufenfolge der $n$fach ausgedehnten Grössen entsprang dem logisch richtigen Grundgedanken einer solchen Reihe. Sein Fehler war die unbegründete petitio principii, dass die Verbindung einer solchen qualitativen Reihe mit dem Grössenbegriff gar keinen logischen Beschränkungen unterliege; Riemann merkte nicht, dass er die beiden verschiedenen Begriffe „Quantität und Qualität“ anwendete, hielt sie für identisch, weil er sie in gewissen Fällen durch dieselben analytischen Symbole ausdrücken konnte.

Wenn wir also den Begriff der qualitativen Zahlreihe (Intensitätsreihe) dahin bestimmen, dass der Werth des Gliedes der $n$ten Stelle den Werth der Stellen $n + 1$ und $n - 1$ nach demselben Gesetze bedinge, so heisst dies mit anderen Worten: das Verhältniss (s. B. III. 4) der Werthe zwei aufeinander folgender Glieder soll ein konstantes sein.

Wenn also an den Stellen	1	2	3	4	5	
die quantitativen Werthe	a	b	c	d	e	stehen,
so müssen die Verhältnisse	$\frac{a}{b}$	$\frac{b}{c}$	$\frac{c}{d}$	$\frac{d}{e}$		

arithmetisch gleich sein; d. h. durch ein und dasselbe quantitative Symbol eine gewisse Qualität der Reihe a, b, c, d, e repräsentiren. Diese Qualität ist das Gesetz des Fortschrittes in jener Reihe, das Gesetz der qualitativen Abstufung der Individualglieder — sei dies nun nach Rang, Vermögen, Gewicht oder ganz abstrakt nach Zahlengrösse gemessen.

Jener Verhältnisswerth, welcher die Qualität des Reihengesetzes anzeigt, ist als Basis der Reihe anzusehen, auf welcher sie aufgebaut wird. Dieselbe lässt sich wie eine jede arithmetische nach zwei Richtungen ins Unbegrenzte erstrecken, und ihre Einzelglieder werden geschrieben:

$$a^{-\infty} \ldots\ldots a^{-1}\ a^{-\frac{1}{n}}\ a^{0}\ a^{+\frac{1}{n}}\ a^{+1} \ldots\ldots a^{+\infty}$$

Hier ist keine Schwierigkeit, weder 0 noch ∞ noch Bruch und negative Stellenwerthe in demselben Reihenbegriff zu deuten.

Bei der quantitativen Reihe bedeutete die Nullstelle das Nichtvorhandensein einer Quantität, d. h. der Eigenschaft, welche bei den Gliedern der quantitativen Reihe überhaupt nur betrachtet werden, existiren sollte. Ebenso bedeutet in der qualitativen Reihe die Nullstelle a^0 das Nichtvorhandensein einer Qualität, d. h. des bestimmenden Charakters der Reihe, eines qualitativen Inhaltes, eines Verhältnisses. $\frac{a}{a}$ ist kein Verhältniss mehr, weil die beiden Glieder identisch sind. Die arithmetische Eins ist die Null des Verhältnisses, quantitatives Symbol der Abwesenheit von Qualität, weil auch die Eins noch keine Zahl (Anzahl) ist, sondern nur Einheit.

Der im arithmetischen Sprachgebrauch Ergraute wird allerdings Einwendungen hiergegen machen, weil man auch von dem Verhältniss der Gleichheit spricht. Es ist dies aber lediglich arithmetischer Sprachgebrauch, welcher alle Symbole Verhältnisse nennt, wenn sie durch das Divisionszeichen zusammengeschrieben worden sind, und sich nicht darum kümmert, ob in allen solchen Fällen logischerweise noch von einem Verhältnisse die Rede sein kann; das ist aber bei $\frac{a}{a}$ ebensowenig der Fall, wie auch die Form $a = a$ eine algebraische Gleichung genannt werden kann. Solchen Einwendungen gegenüber sei noch darauf hingewiesen, dass auch die Zahltheorie sich genöthigt sieht, um mit ihren anderen Definitionen nicht in Konflikt zu kommen, der Zahl 1 den Charakter als Primzahl abzusprechen. Das heisst aber nichts Anderes, als ihr den Charakter als Zahl überhaupt absprechen, denn eine zusammengesetzte Zahl ist sie doch wahrhaftig nicht. Dieses Resultat der Zahltheorie ist in jeder Beziehung philosophisch richtig. Die 1 ist wohl Ausgangspunkt der Zahlreihe, d. h. eine Stelle in derselben, aber sie ist noch keine Anzahl, hat noch keinen zahltheoretischen d. h. qualitativen Charakter, und ist demnach quantitatives Symbol der Qualität Null. Es werden überhaupt viele ähnliche Betrachtungen der neueren Zahltheorie in der hier entwickelten qualitativen Auffassung wiedergefunden werden, und sich dieselbe auch auf diese Weise rechtfertigen als die logische Fuge, welche ziemlich auseinanderliegende Disziplinen und Methoden der mathematischen Wissenschaften zu verbinden fähig ist.

Ebenso wie nun die 1 in der quantitativen Reihe die Statuirung der Sache ist, wovon die Rede sein soll, nämlich von Einheiten, so ist die erste Stelle in der qualitativen Reihe a^{+1} die Statuirung des spezifischen Charakters a, wovon in der a Reihe die Rede ist. Aus diesem selben Grunde seiner Qualitätlosigkeit kann auch die arithmetische Eins nie Basis einer qualitativen Reihe sein. Die Eins als qualitätlos kann Nichts erzeugen durch Setzung dieser Nullqualität als Modus des Fortschrittes. Das Hinschreiben einer Reihe 1^2, 1^3, $1^4 \ldots$ ist also sinnlos. Man darf daraus aber Nichts folgern wollen für das allgemeine Symbol $\sqrt{1}$, welches mit dieser Reihe durchaus nichts zu thun hat; hierüber B. III. 6. 7.

Alle Glieder einer qualitativen Reihe müssen einen realen Inhalt haben, einerlei ob ihr Stellenzeichen $+$, 0, oder $-$, ist; denn eine Qualität kann durch Verhältnissbestimmung nie zum Nichts oder gar zu etwas Negativem werden. In der quantitativen Reihe dient das Stellenzeichen zugleich zur Bezeichnung des Inhaltes jener Stelle; in der qualitativen hängt dieser Inhalt von Stelle und Gesetz des Fortschrittes ab; ihre arithmetischen Werthe werden durch die gewöhnlichen Rechnungsregeln gefunden.

Die Wurzel.

Die Wurzel ist identisch mit einer Bruchstelle in der Reihe; wenn es also auf arithmetische Resultate ankommt, ersetzt man sie durch den gebrochenen Exponenten; soll aber speziell eine Wurzeloperation angedeutet werden, steht eine genetische Betrachtungsweise im Vordergrunde, so ist es zweckmässig, sich des Zeichens $\sqrt{}$ zu bedienen.

Der Logarithmus.

Die Stellenwerthe (Stellenindex) der Quanta in einer bestimmten qualitativen Reihe nennt man Logarithmen; es sind also Verhältnissvielheiten oder Qualitätstufen, welche Quanta in jener Reihe einnehmen.

Die Logarithmirung darf nicht, wie das häufig geschieht, zu den einfachen Rechnungsoperationen gezählt werden, denn sie ist wesentlich Lösung einer Gleichung; und hieran wird dadurch Nichts geändert, dass diese Lösungen schon in graphischen Tabellen ebensogut wie das Ein mal Eins zusammengestellt worden sind. Von dem was man ausserdem noch Wurzelziehen und Logarithmiren nennt, nach der technisch generalisirenden Ausdehnung dieser Operationen auf analytische Formen überhaupt, wodurch dann die vieldeutigen Ausdrücke entstehen, wird § 7 gehandelt. Dass von Logarithmen keine Rede sein kann, wenn die Logarithmanden 0, oder wenn die Basis 1, 0, oder negativ vorausgesetzt werden sollte, versteht sich von selbst aus dem Begriff der qualitativen Reihe.

Das Ganze der entwickelten Betrachtungen lässt sich zusammenfassen, indem wir den arithmetischen Satz: dass eine jede Zahl sowohl als bestimmte Potenz einer zu suchenden Zahl, oder auch als zu suchende Zahl einer bestimmten Potenz ausgerechnet werden kann, — dem Vorigen gemäss aussprechen:

Ein jeder quantitativ bestimmte Werth kann sowohl als eine bestimmte Stelle in einer qualitativen Reihe eines zu suchenden Modus des Fortschrittes, wie auch als eine zu suchende (eindeutig bestimmbare) Stelle einer qualitativen Reihe von bestimmtem Charakter (Modus) aufgefasst werden.

Ein Satz von höchster Bedeutung bei einer jeden Anwendung des arithmetischen Formalismus; denn hierdurch wird eine und dieselbe Zahl, je nach Belieben des Rechners, das quantitative Symbol für verschiedene Stadien verschiedener gesetzmässiger Entwickelungen. Der Begriff stetiger Veränderungen, welcher im Differenzial beabsichtigt wird und sich zu dem alogischen Unendlich Kleinen fortgesponnen hat, kann hieraus seine logische Berechtigung schöpfen, und ist in dem hier entwickelten Potenzbegriffe schon angedeutet.

§ 6.

Die Allziffer.

Auf die Frage nach dem inneren Grunde, welcher das Auftreten fiktiver Begriffe verursacht, mögen dieselben nun als sogenannte imaginäre Grössen der Arithmetik, als imaginäre Gebilde der neueren synthetischen Geometrie, oder als Idealzahlen in der Zahltheorie zum

Vorschein kommen, hat man die allgemeine Antwort gegeben: dieselben entspringen dem Bestreben, Ausnahmefälle zu eliminiren.

Aber Ausnahmefälle von was? von logischen Begriffen? solche vertragen keine Ausnahmen; und welcher höheren Berechtigung sollen die logischen Begriffe geopfert werden?

Riemann sagt: „die Einführung komplexer Grössen in die Mathematik hat ihren Ursprung und nächsten Zweck in der Theorie einfacher durch Grössenoperationen ausgedrückter Abhängigkeitsgesetze zwischen veränderlichen Grössen. Wendet man nämlich diese Abhängigkeitsgesetze in einem erweiterten Umfange an, indem man den veränderlichen Grössen, auf welche sie sich beziehen, komplexe Werthe gibt, so tritt eine sonst versteckt bleibende Harmonie und Regelmässigkeit hervor." G. W.; S. 37.

Eliminirt man hieraus die dem Grössendogma entsprungene Terminologie, so bleibt der richtige Schlusssatz übrig: dass eine gewisse Harmonie, d. h. die absolute Regelmässigkeit des Rechnungsmechanismus einen höheren Werth hat, als derjenige des Grössenbegriffs; dieser letztere also geändert, umgewandelt, oder nach euphemistischer Ausdrucksweise *erweitert* werden muss. Der Grössenbegriff ist aber ein logischer, und verträgt keine Aenderung, ohne damit zugleich aufzuhören jener Begriff zu sein. Deshalb ist er nicht der *einzige* Begriff, welcher in jener erstrebten Harmonie verwendet wird; dies ist die einzig logische Lösung des Konfliktes, wenn jener Mechanismus des Rechnens die allwaltende Macht sein soll, welcher sich alles Uebrige zu fügen hat. Und was ist denn diese Macht, diese geforderte absolute Harmonie? Nichts Anderes als der konsequente Fortschritt der Denkthätigkeit, welche Denkbegriffe resp. deren Symbole nach allen Möglichkeiten der Kombination zusammenstellt; nach Satz und Gegensatz, ohne sich vorläufig darum zu kümmern, ob irgend ein hieraus hervorgegangener Komplex auf einen logischen Begriff gedeutet werden kann; denn nur die Schlusskomplexe (Resultate) interessiren in den meisten Fällen der Arithmetik, die Zwischenstufen werden als die an sich bedeutungslosen Wege betrachtet, auf welchen jene Schlussformen erreicht werden.

Wenn nun der logische Fortschritt der Kombination gewahrt wird, so kann wohl eine ganz sinnlose (bedeutungslose) Form zu Stande kommen (diese Form als ein selbständiges Gebilde betrachtet), nie aber ein *falsches* Resultat, d. h. eine Form, welche auf ein falsches Resultat gedeutet werden könnte. Sobald eine solche an sich sinnlose Form wieder durch weitere Kombinationen eine deutbare Gestalt erlangt, muss die Deutung absolut richtig sein. Jene Zwischenformen können demnach als Durchgangsstufen betrachtet werden, um von dem einen realen Gebilde zu einem andern zu gelangen; sie bezeichnen ebenso eine Denkthätigkeit, wie auch diejenige, welche nothwendig ist, um von der Setzung 1 durch Wiederholung des Denkaktes zur Setzung 2 zu gelangen. Das 1 und das 2 nennt man die realen Grössen, die zwischen ihnen ausgeübte Denkthätigkeit imaginirte Beziehung; sie lässt sich eben nicht greifen, wie die erste und die zweite Kugel, oder hingeschriebene Ziffer, aber ihre Wirklichkeit lässt sich denkend verfolgen (imaginiren).

Bei sehr vielen Fragen der Analyse ist es nun gar nicht Ziel der Aufgabe, irgend einen arithmetischen Werth auszurechnen, ein reelles Schlussresultat, sondern irgend eine Form (Formel) zu finden, welche den Uebergang (Durchgangsstufe, Zwischenform) zur Verbindung zweier verschiedenartiger Formen herstellt; z. B. wenn aus zwei oder mehr real bestimmten Zuständen das dieselben beherrschende oder produzirende Gesetz abgeleitet werden soll. In diesem Falle ist es also nothwendig, einen neuen Begriff zu bilden und in der Formel symbolisch auszudrücken; ein Begriff also, welcher gar kein Grössenbegriff ist, der Grösse nach imaginär. Wenn dessen Symbolisirung durch logische Zeichen möglich, so ist es ganz gleichgültig, ob diese auch auf Grössen deutbar sind, wenn sie nur den richtigen Komplex der zur Herstellung des geforderten Anschauungsbegriffes nothwendigen Beziehungsbegriffe darstellen; dieser Komplex mag dann der Grösse nach imaginär oder real sein, das trägt Nichts zu seinem Werthe bei.

Man hat nun bei Ausbildung der Arithmetik auf induktive Weise die einfachsten Beziehungsbegriffe (Vorzeichen) und deren einfachste Komplexe (Riemanns obige Grössenoperationen) gefunden und stellt dieselben ihrer Bedeutung nach mit Recht höher als viele in der Sprache vorgefundene Begriffe, deren logischer Werth erst nachgewiesen werden muss. Die blosse Induktion kann aber nie sicher sein, dass sie im vollständigen Besitze des Denkmöglichen ist. Gauss hat in seinen Disquisitiones sehr mit Recht bemerkt, dass uns weder im jetzigen Zustande der Wissenschaft eine Behauptung der Vollständigkeit zustehe, noch dass wir den allgemeinen Funktionalbegriff als in die gebräuchlichen arithmetischen Operationen auflösbar a priori annehmen dürften. Es ist dies wenigstens der allgemeine philosophische Ausdruck seines in mathematischer Terminologie gegebenen Gedankens.

Werde diese Frage hier nun in voller Allgemeinheit gestellt:

Welches sind die heterogenen Formen (qualitativ verschiedene Einheiten), die durch unbeschränkte Kombinatorik erzeugt werden können?

Ein jedes Gebilde hat Form und Inhalt; eine andere diesen koordinirbare Bestimmung ist aber logisch ausgeschlossen. Ein jedes Gebilde als Produkt, ob empirisch oder begrifflich, ist eine Vielheit zu einem Ganzen geformt. Bei den Gebilden der Kombinatorik besteht aller Inhalt in letzter Instanz aus einfachen Setzungen des Denkaktes, einheitlichen Elementen. Im Setzen des Denkaktes gibt es aber gemäss dem Satze vom Widerspruch immer und ewig nur zwei Alternativen:

gleich — ungleich, homogen — heterogen,
quantitativ — qualitativ.

Ein jedes Gebilde der Kombinatorik kann dieser Alternative analog zwei Auffassungen zulassen, und nur diese zwei gleich wie die obigen kontradiktorisch entgegengesetzten, also

1) als Element (Ausgangsform), woraus etwas gebildet werden soll,
2) als Produkt (Resultat), welches aus zu suchenden (geforderten) Elementen besteht; nach quantitativer Auffassung durch successive Setzungen homogener Einheiten, oder nach der qualitativen Auffassung, durch aufeinander wirkende Faktoren, welche ein jeder aus einer bestimmten Art solcher Einheiten gebildet worden.

Diese beiden Auffassungsweisen werden arithmetisch ausgedrückt durch die Begriffe — Einheit und Produkt.

Ebenso wie nun die Setzung logisch die Gegensetzung erlaubt und fordert, die sich gegenseitig aufheben, wenn sie zu einem Ganzen zusammengefasst werden, ebenso fordert die Kombinatorik die Setzung ihrer Gebilde

als Einheit $+1$ versus -1
als Produkt $+(a.b)$ $-(a.b)$

In diesen vier Forderungen sind alle Möglichkeiten der Kombination enthalten, eben wegen der logischerweise nur zweifach möglichen Setzung. Das Produkt ist hier durch zwei Faktoren symbolisirt, weil das hinreichend ist für diesen Begriff. Ein Hinschreiben von mehr Faktoren ist ganz unnöthig, solange nur von Produkt überhaupt die Rede ist.

Die gegen das Resultat gleichgültige Kombinatorik kann nun wiederum bei Betrachtung des Produktes zwei entgegengesetzte Forderungen stellen:

1) Das Produkt sei entstanden aus gleichartigen (homogenen, qualitativ gleichen) Faktoren.

2) Das Produkt sei entstanden aus ungleichartigen Faktoren.

Diese Gleich- oder Ungleichartigkeit der Faktoren kann sich natürlich nur auf die zwei Qualitäten positiv und negativ der Einheit beziehen, woraus sie gebildet werden. Aus diesen einzig denkmöglichen Fällen entstehen die Forderungen:

1) ein reales Produkt $= + \Pi$ soll gebildet werden aus

$+ a \,.\, + b$ oder $- a \,.\, - b$ oder $+ a \,.\, - b$ oder $- a \,.\, + b$

2) ein virtuelles Produkt $= - \Pi$ soll gebildet werden aus

$+ a \,.\, - b$ oder $- a \,.\, + b$ oder $- a \,.\, - b$ oder $+ a \,.\, + b$

Die dritten und vierten Fälle dieser beiden Reihen widersprechen dem Begriff des Produktes, weil ein solches nur aus homogenen Faktoren erzeugt werden kann. Die Kombinatorik jedoch, welche sich mit der **Deutung** ihrer Gebilde durchaus nicht zu beschäftigen hat, erkennt sie für formal ebensogut aufstellbare Komplexe wie irgend welche andere. Denn die Unmöglichkeit ist in der Logik ein ebenso berechtigter Begriff wie die Möglichkeit, die Ausführbarkeit. Wenn nun diese formale Kombination mit einem Begriffe verbunden wird, welcher ihrer Ausführung widerspricht, wie mit dem Grössenbegriff, so kommt eben nichts Anderes zu Stande als eine sinnlose Form. Aber die analytischen Symbole sind nicht auf den Grössenbegriff beschränkt, weil sie allgemein logische Kombinationen darstellen. Findet man aber einen Begriff, welcher sich als Produkt heterogener Einheiten auffassen lässt, wie das schon in der Geometrie stattfindet, so ist auch eine reale Deutung jener Kombinationen möglich.

Es ist aber nothwendig, diesen Widerspruch beständig in der Symbolik auszudrücken. Weil man auf induktivem Wege zuerst bei dem Wurzelziehen auf diese Möglichkeit der Fragestellung aufmerksam wurde, markirt man dieselbe durch $\sqrt{-m}$, symbolisirt also obige Produkte als

$$+ \Pi = + a \sqrt{-1} \,.\, - b \sqrt{-1}$$ [34])

$$- \Pi = + a \sqrt{-1} \,.\, + b \sqrt{-1}$$

Besser aber ist die bekannte Bezeichnung durch den Buchstaben i, weil damit die Meinung zurückgedrängt wird, als wenn jene Form nur durch das Wurzelziehen entstehen könne; denn diese Form bezieht sich auf jedes Gebilde, welches nicht als Einheit, sondern als Produkt betrachtet wird. Dieser Gedanke leitete allerdings nicht bei dem Vorschlage des Zeichens i; dieses Zeichen kann aber von jenem Gedanken aus acceptirt werden.

In der Neuzeit ist auch die Idee aufgetaucht, das Symbol $\sqrt{-1}$ sei vielleicht philosophisch richtiger als ein Vorzeichen ähnlich wie $+$ und $-$ denn als eine Grösse aufzufassen. Das klingt allerdings schon logischer als der Begriff imaginäre Grösse, und enthält eine Ahnung von dem wahren Sachverhalt. Das Wesen des Vorzeichens wird bei jener Ansicht allerdings nicht definirt, und der Versuch einer solchen Definition wäre wohl auch gescheitert an der gewöhnlichen Meinung, nach welcher diese Zeichen eindeutige Symbole sind (s. B. III. 7.).

Nach der hier gegebenen Entwickelung sind $+$ und $-$ Symbole von Beziehungsbegriffen, jedoch von elementaren, während das $\sqrt{-1}$ schon ein Komplex von mehreren Beziehungsbegriffen mit dem Zahlbegriffe ist. Wenn man sich also etwa entschliessen wollte zu schreiben $\sqrt{-}$ (1) statt $\sqrt{-1}$, so könnte man von einem kombinirten Vorzeichen sprechen; es wäre dies aber immer nur eine rein technische Benennung, nicht eine logische Definition; was am besten gezeigt wird durch die aequivalente Schreibart $(-)^{\frac{1}{2}}$ (1), welche dann auch zugelassen werden müsste.

Das Resultat des Vorhergehenden ist also: Alle möglichen Kombinationen der Denkbegriffe nach Satz und Gegensatz führen zu vier heterogenen Bestimmungsweisen. Diese sind also Qualitäten der gebildeten Komplexe, und weil ein beliebiger arithmetischer Komplex nur eine zu einem Ganzen verbundene Vielheit von Elementen ist, so kann man der Abkürzung halber von qualitätverschiedenen Einheiten sprechen. Die Verbindung solcher Einheiten geschieht in der arithmetischen Symbolik allgemein durch die Zeichen $+$ und $-$, also in der Form $(a_1 \pm a_2 \pm a_3 \ldots.)$, wobei die Vorzeichen vorab nur die Bedeutung der Konjunktion und haben, weil wir in dieser allgemeinen Form nicht wissen, ob qualitätgleiche oder verschiedene Einheiten vorhanden sind, bei welchen letzteren von Summirung keine Rede sein kann. Bei allen Formen jedoch, die nach der Methode der Gleichungen aufgestellt werden (welches nicht, wie häufig gesagt wird, die einzige Methode der Kombination ist), wird den Zeichen $+$ und $-$ auch die Bedeutung mehr und weniger beigelegt, und deshalb lassen sich in solchen Gleichungsformen die 4 qualitätverschiedenen Komplexe nach der Summirungsoperation auf die beiden Qualitäten ± 1, $\pm i$ reduziren. Ein jeder Komplex, welcher in Gleichungen vorkommen kann, lässt sich demnach auf die Form bringen:

$$\pm m \,.\, 1 \pm n \,.\, i)$$

werde dieselbe als ein Produkt oder als eine fiktive Einheit für die

Bildung weiterer Produkte angesehen. In dieser Hinsicht heisse sie die

Allziffer.

Wenn hier ein neues Wort für den gebräuchlichen Ausdruck „komplexe Grösse“ eingeführt wird, so geschieht das wiederum wie bei früheren Gelegenheiten nicht um dessen praktische Adoptirung vorzuschlagen, sondern weil es die Aufgabe einer philosophischen Behandlung ist, nach strenger Definition der Begriffe auch ein logisch gebildetes Wort dafür zu prägen, soweit das überhaupt möglich ist, wenn der Sprachgebrauch hierin gegen die Logik sündigt. Das ist aber bei „komplexe Grösse“ in jeder Beziehung der Fall. Die beiden Glieder der Allziffer sind gar nicht additiv verbindbar, also keine Summe, wenn es auch in den Gleichungen so aussieht, als wenn dem so wäre; und ausserdem ist ja das zweite Glied gar keine Grösse. Auch das Attribut „komplex“ ist unzureichend zur Bezeichnung der Natur der Sache; komplex ist der Ausdruck schon, aber ein jeder Bruch oder Wurzel ist ebenfalls ein Komplex von Begriffen. Die Hauptsache ist, dass jene Form der allgemeinste Komplex von Einheiten ist, welchen die Kombinatorik aufstellen kann; und deshalb ein allgemeines Symbol des Rechnens, nicht allein der Zahlen und Grössen; also allgemeine Ziffer; kürzer — Allziffer.

Wenden wir jetzt auf dieses Symbol den Schlusssatz der Potenztheorie (§ 5) an, so können wir den allgemeinsten Gesichtspunkt aufstellen, unter welchem irgend ein analytischer Ausdruck betrachtet werden kann; derselbe wird geschrieben

$$\varphi_z = (m + n\,i)^{\mu + \nu i} \text{ oder kürzer } O^{\omega}$$

das heisst: eine jede Funktion kann als eine Intensitätstufe einer Allziffer betrachtet werden; diese Stufen geordnet nach Reihen einer anderen Allziffer.

Man muss nicht einwenden wollen, dass dieser Satz wie auch die vorhergehenden für transcendente Funktionen möglicherweise keine Geltung habe; denn eine transcendente Funktion hat nur insofern Werth für die logische Betrachtung, als sie sich arithmetisch darstellen lässt; entweder als geschlossener Ausdruck oder als durch einen so grossen Theil einer unbegrenzten Reihe, dass ihr Bildungsgesetz erkennbar ist. Eine sogenannte transcendente Funktion, welche dies nicht zulässt, ist eben gar keine Funktion, sondern eine unlogische Zusammenstellung von Forderungen und Begriffen, vulgo Hirngespinnst einer vorgeblichen Metaphysik, wenn auch in analytischem Gewande. Weiteres hierüber folgt unter „Gleichungen“.

§ 7.

Die vieldeutigen Symbole.

Man spricht gewöhnlich von vieldeutigen Ausdrücken, wie $\sqrt[n]{a}$, log a, und vieldeutigen Symbolen, wozu $\frac{0}{0}$, $0 . \infty$, 0^0 und ähnliche andere gerechnet werden. Die Zeichen 0 und ∞ werden für eindeutig angesehen. Jene vieldeutigen analytischen Ausdrücke können aber nur der Symbolik diese Vieldeutigkeit verdanken, denn diese Symbole entstanden unwillkürlich; Niemandem würde es eingefallen sein mit Absicht ein vieldeutiges Symbol zu konstruiren. Das wäre eine bewusste Verletzung eines jeden logischen Prinzips bei Ausbildung der Zeichensprache. Wenn nun aber unabsichtlich im konsequent logischen Fortschritt solche vieldeutige Symbole entstanden, so muss in ihnen ein logischer Grund wirksam gewesen sein, welcher diesen scheinbaren Fehler gegen das Identitätsprinzip unvermeidlich machte, und hierdurch anzeigt, dass jene vieldeutigen Werthe eines und desselben Symbols in einem logischen Konnexe stehen, welcher durch logische Entwickelung erkannt und zur weiteren Kenntniss der unwillkürlich entstehenden Gebilde der Kombinatorik verwandt werden kann. Wie schon an anderer Stelle bemerkt, ist in diesem Falle das Aufgeben des Identitätsprinzips nur ein scheinbares; in Wirklichkeit ergibt sich eine grosse Vereinfachung der Symbolik, und kein Fehler, wenn man es nur versteht, die Zusammensetzungen derselben richtig zu deuten.

Bei der philosophischen Erörterung dieser Frage dürfen wir aber nicht bei den Formen stehen bleiben, welche induktiv als vieldeutig erkannt worden sind, sondern müssen radikal vorgehen dem in B. I. 1 für jede Zeichensprache aufgestellten Prinzip zufolge.

Die Symbole $+$, $-$, $=$,

Bei den Zahlziffern sowie einer jeden Bezeichnung eines bestimmten Anschauungsbegriffes durch Buchstaben ist jede Vieldeutigkeit ausgeschlossen; die sog. Vorzeichen, welche zu ihrer Verbindung aufgewandt werden, welche also die verbindende Denkthätigkeit ausdrücken sollen, sind uns aber schon in verschiedenartiger Bedeutung begegnet, der Natur dieses Beziehungsbegriffes **Verbindung** gemäss. Diese Bedeutungen lassen sich zusammenstellen als:

1) reine Konjunktion	und, oder
2) Verbindung dem Summenbegriff nach .	plus, minus
3) Verbindung dem Richtungsbegriff nach	vorwärts, rückwärts
4) Setzung der Qualitäten	positiv, negativ reell, virtuell.

Die Unbestimmtheit, welche nach Deutung 1) mit den Zeichen + — verbunden, ist eigentlich auf Rechnung der Vieldeutigkeit des Zeichens = zu schreiben. Man schreibt nämlich Vieles der Bequemlichkeit halber in Form einer Gleichung, was keine Gleichung ist. Hierhin gehören schon solche Gleichungen, welche von geometrischen Betrachtungen ausgehen und durch die analytische Behandlung Glieder von ungleichem Grade erhalten. Man sagt dann: die Gleichungen, welche nicht homogen sind, haben keine geometrische Bedeutung. Das ist nicht philosophisch sondern technisch gesprochen. Solche Ausdrücke können sehr wohl noch geometrische Bedeutung haben, aber es sind dann keine Gleichungen mehr, sondern Agregate von solchen, deren jede Einzelne sich aus den respektiv homogenen Gliedern des ganzen Ausdrucks zusammensetzt.

Deutlicher tritt die Vieldeutigkeit des Gleichheitszeichens bei Gleichungen hervor, welche heterogene Einheiten enthalten. Eine Allziffer in Form einer Gleichung geschrieben, $m + ni = o$ ist sinnlos, weil die Einheiten 1 und i nicht, wie das Zeichen + fordert, addirt werden können. Dieser Ausdruck spaltet sich aber in die beiden logischen Gleichungen

$$m = o; \; n.i = o$$

Es versteht sich von selbst, dass diese Bemerkung auch für alle Kongruenzgleichungen der Zahltheorie gilt; in diesem Falle besser Zifferformtheorie zu nennen.

In den verschiedensten Abstufungen tritt schliesslich die Vieldeutigkeit des = in den Differentialgleichungen auf. Eine jede solche ist streng genommen zu betrachten als ein Agregat von Gleichungen, deren eine jede nur Glieder einer bestimmten Differentialordnung, Potenz einer solchen Differentialordnung oder Potenz reeller Grössen enthalten darf. Dies hindert aber nicht, dass in Spezialfällen viele solcher Gleichungen nicht allein einzeln, sondern auch als Agregat (Ganzes) logisch gedeutet werden können. Hieraus ist schon zu ersehen, wie nutzlos es häufig ist, die Integration einer sogenannten Gleichung zu versuchen. Anstatt zu sagen: „diese oder jene Gleichung lässt sich nicht integriren“, müsste es heissen: „es ist keine Gleichung vorhanden, kein in sich als Funktion seiner Elemente vollständig bestimmter

Ausdruck" — und dann ist es eben sinnlos, die Integration eines solchen Komplexes zu fordern. s. Formenrechnung. B. VI.

Die Deutung der Vorzeichen nach 1) ist also dahin zu präzisiren, dass das Gleichheitszeichen ein vieldeutiges ist, und bei dieser Anwendung die + — nach den Deutungen 2) 3) 4) gebraucht werden können.

Die Deutung 2) ist die allgemein arithmetische, wobei nur von Grössen die Rede ist, welche als eine Vielheit von Gliedern in Zusammenhang stehend gedacht werden.

Die Deutung 3) ist die speziell geometrische, auf den Begriff der Lage oder Richtung sich beziehende. Man kann nicht häufig genug aufmerksam machen auf die gänzliche Heterogenität von 2) und 3). Wie ausgeführt beruhen auf ihrer Verkennung zum grössten Theil die spekulativen Irrthümer, welche sich aus der Ueberschätzung der Analyse und den pangeometrischen Formeln entwickelten.

Deutung 4) wird jedesmal angewandt, wenn ein Ausdruck isolirt mit einem Vorzeichen steht; also als Individuum angeführt wird, nicht als Theilglied eines zusammengesetzteren Ausdrucks. In der rein quantitativen Auffassung arithmetischer Operationen dürfte sie eigentlich gar nicht vorkommen. Sobald eine Rechnung auf ein negatives Resultat führt, ist die qualitative Auffassung schon verschämterweise gebraucht, wie sich B. II. 3 gezeigt hat. Man darf also sagen, dass schon mit Einführung der negativen Einheit die Alleinherrschaft des Begriffs der Quantität aufhört.

So verschieden nun auch die Deutungen von + — sich unter 2) 3) 4) herausgestellt haben, so müssen diese doch in einem logischen Konnexe stehen, einem gemeinsamen Oberbegriffe untergeordnet sein; denn sonst wäre ihre gelegentliche Vertauschung, ihr Uebergehen aus einer Deutung in die andere nicht möglich. Dieser Oberbegriff ist wie man sieht

„das kontradiktorisch Entgegengesetzte"

wie es sich schon in den am Anfang unter 2) 3) 4) gegebenen Benennungen ausspricht. Es entsteht jetzt aber die Frage, ob es nicht solcher Gegensätze noch mehrere geben könnte, welche also in der bisherigen Analyse noch nicht gebraucht oder noch nicht entdeckt worden sind? Identisch mit dieser Frage ist diejenige nach dem Zusammenhange der Unterbegriffe 2) 3) 4) unter dem Oberbegriffe „kontradiktorische Gegensetzung", d. h. ihre funktionale Verbindung als Elemente in diesem Ganzen.

Die Antwort auf diese Frage können wir nicht in weiterem empirischen Durchstöbern der analytischen Formen suchen, sondern nur in der Tafel der Denkbegriffe, in der dialektischen Zerlegung jenes Oberbegriffs.

Dieselbe ist gegeben worden in dem Schema der Denkformen A. VII. Es wurde dort gezeigt, dass es nur eine bestimmte Anzahl von Denkformen geben kann, welche als die inneren Beziehungen der Denkgebilde „Grösse und Richtung“, und als die äussere Form des Ganzen, als Individuum von bestimmter Gestalt d. h. Individualqualität, aufgezählt wurden. Diesen Begriffen entsprechen nun vollständig die Deutungen von $+$ $-$, der kontradiktorischen Gegensetzung in allgemeinster Symbolik. Die Grössenbeziehung ist repräsentirt durch 2), Richtung durch 3), Qualität durch 4). Die Qualität führte zu zwei Unterabtheilungen, jenachdem das Gebilde als Element (Einheit) oder als Gewordenes (Produkt) betrachtet wurde

als Element zu den analytischen Einheiten $+1$, -1
als Gewordenes „ „ „ $+i$, $-i$.

Hiermit ist der Kreis dieser Begriffe geschlossen, ein jeder hat seine Stelle im Ganzen, und eine Lücke zwischen ihnen existirt nicht.

Die Allziffersymbole O^ω, $\sqrt[n]{O^\omega}$, $\log O^\omega$.

Die arithmetischen Operationen auf wirkliche Grössen angewandt, lieferten eindeutige Resultate; ihre Symbole waren demnach eindeutig. Wesentlich verschieden hiervon ist das Ergebniss, wenn statt der Grössen beliebige analytische Formen jenen Operationen unterworfen werden. Schon das Produkt aus zwei Faktoren ergibt sich als zweideutig insofern in dem gemeinsamen Vorzeichen die der Faktoren verschwinden. Die Vieldeutigkeit solcher Produkte wächst mit der Anzahl der konstituirenden Faktoren. Dies ist zwar gleichgültig, wenn ein solches Produkt nur seinem Inhalte, nicht seiner genetischen Entstehungsweise nach betrachtet wird. Ist aber der einer arithmetischen Operation zu unterwerfende Ausdruck eine Allziffer, so kann von einem Gesammtinhalte derselben nicht mehr gesprochen werden; es ist dann wesentlich eine Form, welche einer Operation unterworfen werden soll, und verschiedene Formen können hierbei zu demselben Resultate führen; diese Vieldeutigkeit zeigt an, dass es sich nicht um Grössen handelt. Man muss also unterscheiden, den reellen Werth einer Potenz, Wurzel, Logarithmus, von der Zifferform, in welcher diese Funktionen bei der Rechnung erscheinen können. Als Ziffer ist das Symbol O^ω

unbegrenzt vieldeutig. Ebenso werden die Wurzel und der Logarithmus von Grössensymbolen schon vieldeutige, wenn als Lösung dieser Operationen eine Allziffer, also eine blosse Form, zugelassen wird. Wurzel heisst dann nicht mehr die Qualitätstufe, welche durch eine Bruchzahl gekennzeichnet wird, sondern eine beliebige analytische Form, welche der Formalgleichung $\sqrt{m} = x$ genügt. Logarithmus gleicherweise ist nicht mehr Stellenangabe einer qualitativen Reihe, sondern die Allziffer, welche der Gleichung

$$a^x = 1 + x + \frac{x^2}{1.2} + \frac{x^3}{1.2.3} + \ldots\ldots \text{ genügt.}$$

Es findet hierbei also eine vollständige Umänderung (fehlerhaft Erweiterung genannt) der Begriffe statt, welche allerdings gerechtfertigt ist, weil den letzten Aufgaben der Analyse die Form von weit höherem Werthe ist als der materiale Inhalt. Die qualitative Auffassung der aufsteigenden Reihe

$$(m + n.i)^{\mu + \nu i}$$

erleidet aber hierdurch keine Veränderung, weil sie eben wesentlich formal ist, und nur in Spezialfällen Deutung auf realen Inhalt zulässt. Das $(m + n.i)$ ist ein ebenso qualitativ bestimmtes Individuum wie die positiven Zahlen; und ihre Stufenreihe, sei sie geordnet nach μ oder νi oder nach einem gesetzmässigen Wechsel derselben, ist in jeder Hinsicht qualitativ eindeutig bestimmt.

Die 0 und ∞

gesprochen Null (Nichts) und Unendlich Gross; gelten gewöhnlich für eindeutige Symbole, sind es aber nicht. Die Null muss schon etwas Anderes als das Nichts sein, weil es sich in der Kombinatorik immer um Etwas handelt; das reine Nichts aber weder erwähnt wird, noch ein Symbol verlangt. Die Null ist ein Gebilde der Arithmetik, an welchem wie an jedem anderen, Inhalt und Form unterschieden wird. Der Inhalt dieses Gebildes ist das Nichts, seine Form aber ist eine ebenso bestimmte wie diejenige jeder anderen Zahl. Diesem Formalwerth nach kann die Null eine Stelle der ideellen Zahlreihe $-\infty$, 0, $+\infty$ bezeichnen; als solche ist sie ein eindeutiges Symbol. Ausserdem kann die Null noch Resultat einer arithmetischen Operation sein, und in diesem Falle ist sie vieldeutig. In letzterem Sinne kann die Null an Stelle von $+a-a$ oder auch von $+b-b$ stehen. Handelt es sich in den betreffenden Formeln nur um das Ausrechnen des Grösseninhaltes, so ist dieser in beiden Fällen das Nichts. Handelt es sich aber um eine genetische Betrachtung — z. B. um die Symbolisirung eines Gesetzes, eines periodischen Vorgangs in der Natur, oder um das Auffinden irgend einer funktionalen Verbindung arithmetischer Gebilde — so ist es Hauptziel, bei der Deutung der Formel zu wissen, auf welche Weise die Null entstanden ist; es müssen demnach Methoden ersonnen werden, diese ∞ vieldeutige Genesis ausfindig zu machen.

Genau ebenso verhält es sich mit dem Zeichen ∞. Man setzt dieses Zeichen an Stelle der Quotienten mit dem Divisor Null, und nennt es Unendlich gross. Als technischer Terminus mag der Ausdruck hingehen, logisch ist er aber nicht. Das Unendliche hat kein Verhältniss zum Endlichen, also auch kein Verhältniss als Grösse; das ∞ ist also keine Grösse, ebensowenig wie die Null. Wenn man diesem ∞ den Namen Grenzbegriff gibt, so muss man bedenken, dass diese Grenze ganz anderer Art ist als die Grenze von etwa einer irrationalen Zahlbestimmung; bei dieser wird ein Quantum begrenzt, bei dem ∞ soll aber ein Quale begrenzt werden, nämlich die Qualität „Quantum". In allen Fällen der Anwendung dieses Begriffes und Verwendung seines Symbols auf Vorgänge in der Natur kann man sich allerdings mit dem quantitativen Näherungswerthe „Unbegrenzt gross, so gross, dass ein beliebig Grosses dagegen nicht in Betracht kommt" begnügen; man überzeugt sich jedoch bei solchen Anwendungen leicht, dass es sich in Wahrheit um die Aufstellung eines neuen (qualitativ verschiedenen) Begriffes handelt. Betrachtet man z. B. den Stoss zweier Massen a und b, so wird die Geschwindigkeit der einen Masse um so weniger geändert, je mehr ihre Masse verschwindet gegen die andere; behält sie nach dem Stosse dieselbe Geschwindigkeit, so sagt man, die andere Masse ist unendlich gross; obschon unendliche Grösse ein falscher Begriff ist. Der richtige Begriff, welchen man unter der Maske von Grösse dem ruhenden Gegenstande beilegen will, ist „Undurchdringlichkeit, oder absolute Starrheit oder Ruhe", also ein von der Grösse qualitativ verschiedener Begriff. Wir legen dem Körper die Qualität Starrheit, Undurchdringlichkeit oder absolute Ruhe, der Qualität Beweglichkeit des anderen Körpers gegenüber bei, und bedienen uns dazu des analytischen Symbols „∞ Masse"; durch welchen rein technischen Kunstgriff diese neue Qualität scheinbar in die Zahlreihe der alten Qualität eingereiht wird, und homogene Glieder für die Rechnung erhalten bleiben.

Zu allen Zeiten haben die ersten Mathematiker durch Verkennung der Vieldeutigkeit des Symbols ∞ falsche Schlüsse gezogen. Ein Beispiel aus der Neuzeit, welches in mehrfacher Beziehung instruktiv ist, werde etwas eingehender analysirt, um die Tragweite dieser Bemerkungen zu illustriren.

Bei Beurtheilung des Weberschen Kraftgesetzes in seinem Unterschiede zum Newtonschen hat man aus einer mathematischen Formel den Vorzug des ersteren vor dem letzteren folgendermaassen demonstriren zu können geglaubt:

„Das unterscheidende Merkmal des Newtonschen von dem Weberschen Gesetz besteht darin, dass das Potential des Newtonschen unabhängig von der lebendigen Kraft, dasjenige des Weberschen aber abhängig von der lebendigen Kraft ist, also auch von der Geschwindigkeit, und zwar in folgender Weise. Bezeichnen m und m^1 die beiden durch eine actio in distans in Wechselwirkung stehenden trägen Massen r ihre Entfernung, und v ihre relative Geschwindigkeit in der Richtung ihrer Verbindungslinie, so wird die Wechselwirkung zwischen diesen beiden Massen durch folgende Potentiale ausgedrückt:

$$\text{nach Newton: } \frac{m \, . \, m^1}{r}$$

$$\text{nach Weber: } \frac{m \, . \, m^1}{r} \left(1 - \frac{v^2}{c^2}\right)$$

Wenn man über die Dimensionen der beiden Massen m und m^1 keine besondere Annahme macht, sondern dieselben, wie in der mathematischen Theorie allgemein üblich ist, als Punkte, d. h. als Kraftcentra betrachtet, die sich prinzipiell bis zu jedem beliebigen Abstande (r) einander nähern können, sodass also z. B. prinzipiell auch $r = o$ werden kann, so ist klar, dass das Newtonsche Potential zu Widersprüchen mit der Erfahrung führen muss. Dasselbe würde nämlich ausdrücken, dass in einer begrenzten Menge von atomistisch konstituirter Materie, z. B. in einem Kubikmillimeter Wasser, eine unbegrenzte, d. h. jeden beliebigen endlichen Werth überschreitende Summe von potentieller Energie vorhanden sein könne. . . . .

Man überzeugt sich aber leicht, dass die physikalische Bedingung — dass die durch Wechselwirkung zweier Massenelemente in Form von lebendiger Kraft erzeugte Arbeitsgrösse nur eine endliche, und von der Quantität der wirkenden Massen abhängig sein soll — von dem Potentiale des Weberschen Gesetzes in einfachster Weise erfüllt ist. Denn sobald die relative Geschwindigkeit r, welche sich die beiden Massen m und m^1 durch ihre Wechselwirkung ertheilen, den Werth c erreicht hat, so wird der Werth $1 - \frac{v^2}{c^2} = o$; d. h. von nun an sind die beiden Massen nicht mehr im Stande, sich durch gegenseitige Einwirkung eine grössere Beschleunigung zu ertheilen, sodass hierdurch die von ihnen überhaupt erzeugbare Arbeitsgrösse eine endliche und nicht überschreitbare wird. Das Webersche Gesetz drückt daher nur analytisch diejenige Bedingung aus, welche jenes Kraftgesetz erfüllen muss, wenn es nicht in Widerspruch mit dem Prinzip von der Erhaltung der Kraft treten soll."

In dieser Ausführung liegt entweder ein Fehler in Verwendung der Begriffe, oder in der Deutung der mathematischen Symbole, jenachdem man das Potential als analytische Form auffassen will.

Das Potential ist eine Formel, welche auf dem Begriff der Wechselwirkung beruht. Wechselwirkung ist aber nur möglich, wenn getrennte Elemente vorhanden sind; für den fiktiven Fall, dass zwei Elemente in eins zusammenfallen, hat es gar keinen Sinn mehr von Kraftgesetz, Wechselwirkung und Potential zu sprechen. Deshalb widerspricht das Newtonsche Potential auch nicht der physikalischen Erfahrung, weil gar keine Erfahrung über diesen unmöglichen Fall des $1 = 2$ gemacht werden kann; diese vermeintliche physikalische Erfahrung ist nur ein unstatthafter Analogieschluss aus einer möglichen Erfahrung auf eine unmögliche.

Ebensowenig wie das Newtonsche Kraftgesetz von der logischen Betrachtung aus durch sein Potential angefeindet wird, ebensosehr ergibt sich die Unzulässigkeit des Weberschen Kraftgesetzes aus seiner Potentialformel, wenn man diese nur vom logischen Standpunkte aus betrachtet; denn nach Weber wird bei einer gewissen Entfernung die Wechselwirkung unabhängig von dieser Entfernung; das Gesetz von dieser Kontinuität der Wirkungen, d. h. das Gesetz der logisch funktionalen Verbindbarkeit der Erscheinungen, soll mit einemmale aufhören. Das ist aber kein Gesetz mehr, sondern ein Wunder[35]). Die Formel des Weberschen Potentials mag immerhin eine Reihe von Thatsachen richtig ausdrücken, aber es kann kein Ausdruck eines Kraftgesetzes sein, kein Ausdruck für die Verbindung einfach logischer Begriffe oder Atomkräfte. Wird das Webersche Gesetz bei gewissen Thatsachen als mathematischer Ausdruck physikalischer Beobachtungen verifizirt, so müssen wir eben schliessen, dass was wir bis dahin für Atom, Einzelelement, hielten, kein solches ist, sondern ein Komplex von mehreren solcher; denn jeder logische einfache Begriff fordert absolute Kontinuität in allen seinen Kombinationen, konstanten Werth, kontinuirliche Wirkung in allen Produkten wo er als Faktor auftritt, und nicht ein plötzliches Verschwinden an einer bestimmten Stelle.

Dass aber das logisch richtige Potential noch nicht die Richtigkeit des Newtonschen Gravitationsgesetzes verbürgt, darüber s. Buch E. Physik.

Die Veranlassung, obigen Fehler zu begehen, lag darin, dass man vermeinte, ebensogut wie die Dimensionen der Körper in der Potentialformel annullirt werden könnten, ebensogut dürfe man auch die Entfernung derselben auf Null reduziren. Dies sind aber zwei ganz verschiedene Sachen. Der Körper wirkt nicht, insofern er ausgedehnt ist, sondern insofern er Masse hat. Geometrische Körperfiguren sind ausgedehnt, haben aber keine Masse, und deshalb können sie auch in keiner Potenzialformel figuriren; die wirkende Masse hat aber gar keine Ausdehnung als Massenbegriff, und deshalb kann man sie räumlich als ausdehnungslos, als in Punkte konzentrirt fingiren. Ganz anders aber ist es mit der Entfernung. Die Entfernung ist reine Ausdehnung, und sobald ihr dieses Attribut genommen wird, bleibt gar Nichts übrig. Eine Wechselwirkung zwischen zwei unendlich entfernten Massen, d. h. die gar nicht zusammen existiren, ist ebenso widersinnig wie eine Wechselwirkung eines Massenpunktes mit sich selbst, oder zweier Massenpunkte, die einen bilden; denn solche wären ebenfalls nicht als zweie zusammen da. Ebenso alogisch wie eine Kraft, die isolirt bestände, ohne ein Objekt (welches deshalb noch kein Ding zu sein braucht), an dem die Kraft ausgeübt wird, ebenso alogisch wie die Ursache seiner selbst, ist die Wechselwirkung zweier zusammenfallender Elemente.

Nun kann man aber von allen logischen Betrachtungen absehen wollen mit der Behauptung, dass eine richtige mathematische Formel — und als solche gilt doch das Potential — auch die Grenzfälle umfassen müsse, obschon sie aus realen Vorgängen abgeleitet worden sei; und zur Rechtfertigung dieser Behauptung kann man ja viele andere Ausführungen der Mathematik vorbringen, wo in ähnlicher Weise der Erfolg die unlogische Begriffszusammenstellung gerechtfertigt habe. Und in der That, die Potentialformeln lassen sich in dieser Beziehung rechtfertigen, auch für den Fall $r = o$; nur ist es dann erforderlich, das Symbol $\frac{m.m^1}{o} = \infty$, richtig zu deuten; was vorhin eben nicht geschah.

Wie vorhin erwähnt, ist ∞ in der Analyse ein vieldeutiges Zeichen, und hat nur in einem Spezialfalle die Bedeutung, welche man ihm gewöhnlich beilegt, nämlich: so gross, dass eine jede andere beliebig gross gedachte Form dagegen in der praktischen Rechnung vernachlässigt werden darf. In dem Falle $\frac{m.m^1}{r}$ würde dies eintreten, wenn nicht allein $r = o$, sondern auch das Produkt $m.m^1$ schon als ∞ sich ausweisen würde. Solange aber $m.m^1$ eine endliche d. h. bestimmte

Grösse bedeutet, muss man, um $\frac{m.m^1}{o}$ richtig zu interpretiren, die gesetzmässig bestimmte Reihe aufsuchen, welche durch die Formen $\frac{m.m^1}{r}$ bei veränderlichem r gebildet wird. Ist die Form dieser Reihe gefunden, so kann man den arithmetischen Werth des Gliedes $\frac{m.m^1}{r}$ ausrechnen für die Nullstelle dieser Reihe; und dieser Werth ist die Bedeutung des Symbols ∞ für jenen Fall. Das Symbol ∞ ist demnach sehr häufig der unbestimmte Ausdruck für einen ganz bestimmten Werth. Es zeigt sich hier also, wie man häufig eine Formel genetisch betrachten muss, um ihr eine logische Bedeutung geben zu können, während dieselbe als fertige Grösse betrachtet, rein sinnlos wäre; also wieder ein Beleg dafür, dass es auch in der Arithmetik sich nicht allein um Grössenbestimmungen handelt.

Um den Paradoxien der Symbole 0 und ∞ zu entgehen, stellen viele Schriftsteller die Regel auf, dass 0 als Divisor überhaupt nicht zulässig sei, dass eine Form $\frac{n}{0}$ in der Rechnung nicht vorkommen dürfe. Mit dieser Radikalkur schützt man sich allerdings gegen Missgriffe; man amputirt aber auch ein widerspenstiges Glied des Rechnungsorganismus, welches unter zweckmässiger Behandlung ausserordentliche Dienste leisten kann. Man unterbricht mit einer solchen Satzung die Kontinuität der arithmetischen Operationen, die doch grade durch die Kühnheit, mit welcher sie allen entstehenden imaginären Grössen zum Trotz konsequent durchgeführt wurden, einen grossen Theil ihrer Erfolge erzielen. Vorhin wurde nun gezeigt, dass diese Verzichtleistung auf den Gebrauch eines nothwendig entstehenden Symbols durchaus nicht erforderlich ist, wie das logische Gewissen sich vollkommen beruhigen, richtig rechnen und schliessen kann, sobald man den wahren Werth jener Formen zu beurtheilen, logisch zu deuten, gelernt hat; diese richtige Deutung haftet aber nicht am Symbol, sondern ist gegeben durch den Begriff, durch das Denken. Der logische Begriff ist die Hauptsache, das analytische Symbol mag sinnlos sein.

Zu den bekanntesten Beispielen, wo die Symbole 0 und ∞ einen bestimmten Werth anzeigen, gehören die trigonometrischen Funktionen. Sie markiren hier die Stellen in der Reihe arithmetischer Werthe, ohne dass sie selbst solche wären; sie sind nicht einmal eindeutig, sondern markiren unendlich viele verschiedene Werthe in einer fortlaufenden Reihe; aber diese Werthe stehen in einem periodischen

Konnexe und deshalb sind diese als Grösse sinnlosen Zeichen 0 und ∞ als Symbol qualitativ verschiedener Formen werthvoll.

Der Kalkul kann die Symbole 0, ∞, auch in kombinirten Formen ergeben, als $\frac{0}{0}$, $\frac{\infty}{\infty}$, $\frac{0}{\infty}$, $\infty - \infty$. In all diesen Fällen muss wie vorhin auf die Genesis dieser Form zurückgegangen und dadurch ausgefunden werden, ob die durch o oder $\frac{m}{o}$ markirte Stelle in den betreffenden Reihen einen Werth (oder überhaupt eine logische Bedeutung) haben; ist dies der Fall, dann hat auch das zusammengesetzte Symbol einen solchen; ist es nicht der Fall, dann hat meistens schon ein logischer Fehler in der Zusammensetzung des analytischen Ausdrucks stattgefunden.

Bekanntlich werden von der Analyse nur diese kombinirten Formen $\frac{0}{0}$ etc. vieldeutige Symbole genannt, und hat die Differenzialrechnung auf induktive Weise die Regeln ausgefunden, nach welchen man hierbei zu verfahren hat; die bestimmte Form, welche man dem vieldeutigen $\frac{\infty}{\infty}$ für einen gegebenen Fall zu substituiren hat, wird „wahrer Werth jener Symbole“ genannt. Der logische Ausdruck heisst „Genesis jener Form“ und die logische Entwickelung zeigt, dass eine vielgestaltige Genesis schon den Elementen 0 und ∞ zukommt; wäre das nicht, so könnten auch viele ihrer Kombinationen keine Vieldeutigkeiten erzeugen.

B. KAPITEL IV.

DIE GLEICHUNGEN.

§ 1.

Begriff der Gleichungen.

Die Gleichung ist die Hauptform der analytischen Entwickelung. Im Allgemeinen werden zwei verschiedene Aussagen (Seiten der Gleichung) durch die Zeichen der Gleichheit = oder Ungleichheit < > verbunden; Es werden also zwei oder mehrere Setzungen in einem einheitlichen Akte verglichen; die trennende (setzende) und verbindende (vergleichende) Thätigkeit ausgeübt; jene Kardinalfunktionen oder Doppelthätigkeit, welche man eben Denken nennt. Die Parallele des Denkens überhaupt in Satzform und des Denkens der Kombinatorik in Gleichungen, lässt sich durchgehends verfolgen. Ebensowenig wie im allgemeinen Satze (Spezialfälle ausgenommen) eine Identität statuirt wird, ebensowenig in der Gleichung. Im Satze ist das Subjekt Oberbegriff, und die Kopula bezeichnet einen durch das Prädikat bestimmten Unterbegriff, als im Subjekte enthalten. In der Gleichung ist ein und derselbe Inhalt in zwei verschiedenen Formen (gegeben durch die zwei verschiedenen Seiten der Gleichung) dargestellt. Dieser arithmetische Inhalt steht parallel dem Merkmal, welches in der Satzform direkt durch das Prädikat bezeichnet wird, und gleicherweise in dem Subjektbegriffe (der anderen Begriffsform) enthalten ist. In dem Satze „das Eisen ist schwer“ wird der identische Inhalt schwer sowohl in der Subjektform Eisen, wie in der Prädikatform schwer statuirt.

Die Wahl, Was in den Gleichungen als Form oder als Inhalt betrachtet werden soll, ist von der grössten Bedeutung für die Entwickelung analytischer Gedanken; diese Wahl steht vollständig im Belieben des Analysten, weil ein jeder arithmetischer Inhalt eine Form des Denkens ist; in der Analysis kann deshalb ein jeder Inhalt als Form der Entwickelung, und eine jede Form als materialer Inhalt betrachtet werden. In der richtigen Wahl, dem zweckmässigen Wechsel dieser beiden Betrachtungsweisen liegt die schöpferische Kraft des Analysten, welche bei dem Einen instinktiv divinatorisch auftritt, während bei einem Anderen eine solche Synthesis vieler Gedanken nicht erscheint, wenn auch beide über dieselben technischen Hülfsmittel und Fertigkeiten verfügen. Der schöpferische Mathematiker muss deshalb ebenso über eine gewisse deduktive Phantasie verfügen können, wie ein jeder Denker auf anderen Gebieten. Der logisch richtige Schluss und die induktiv gelernten Formeln, mit sammt den sogenannten analytischen Künsten bringen ohne Phantasiethätigkeit keine neuen Resultate zu Stande.

Wenn wir überhaupt Etwas von zwei verschiedenen Gesichtspunkten aus betrachten können, und diese beiden Betrachtungsweisen sind dem Funktionalbegriffe nach vollständig, so können sie als die beiden Seiten einer Gleichung mit einander verbunden werden. Man kann dann häufig die Begriffe, welche auf beiden Seiten maassgebend waren, ihrem logischen Konnex nach durch die Vermittelung jenes Oberbegriffs „Etwas, von bestimmtem Inhalte“ erkennen, was direkt nicht möglich war.

Wird z. B. ein Kreis Gegenstand der Betrachtung, so kann er definirt werden als Gebilde, bestimmt durch einen konstanten Radius; und auch, als bestimmt durch ein gewisses Verhältniss zweier Koordinaten. Die bestimmte Länge des Radius ist ein Grössenbegriff, das Koordinatenverhältniss aber eine Bestimmung der Lage (Richtungsbegriff). Die Konstanz des betrachteten Etwas — Kreis (einerlei ob wir ihn Begriff oder Ding tituliren) — ermöglicht nun den Grössenbegriff zum Richtungsbegriff in logischen Konnex zu bringen, aus welchem wir sodann auf alle weiteren Anwendungen dieser Begriffe auf Dinge apriorisch schliessen.

Um an das berühmte noch beständiger Kontroverse dienende Beispiel Kants anzuknüpfen, sei die Zahl 12 der Gegenstand. $7 + 5 = 12$ ist eine Gleichung. Werden ihre beiden Seiten nur dem Inhalte nach betrachtet, so ist sie eine Identität, also kein synthetischer Satz. Wird sie der Form nach betrachtet, so sagt sie aus, dass ein Ganzes als Summe in sehr verschiedene Theile zerlegt werden kann. Man kann aber noch weitergehen und die Einzelzahlen als Repräsentanten zahltheoretischer Qualitäten ansehen; in welchem Falle die Gleichung aussagt, dass gewisse Eigenschaften der Zahlen einen gewissen Zusammenhang haben, denen aber die Zahlen als reine Summen betrachtet, sehr fremdartig sind. Vielleicht führten ähnliche Gedanken Kant zu seiner betreffenden Behauptung, die aber, wie in Buch A. ausgeführt, nicht zutreffend ist. Hier sollte nur an einem ganz einfachen Beispiele gezeigt werden, wie auch ein jedes arithmetische Gebilde symbolische Form qualitativer Unterschiede sein kann; die aber nach dem Satze der Identität behandelt — welcher Satz in den mathematischen Operationen die Form erhält „Gleiches gleich behandelt erzeugt Gleiches" — den logischen Konnex zwischen den verschiedensten Fomen (Qualitäten der Denkbegriffe) erkennen lässt.

§ 2.

Das Gesetz der Homogenität.

Dem Identitätsatze gemäss muss sowohl bei Aufstellung wie bei Deutung einer Gleichung der Einheit bei allen Einzelgliedern derselbe Begriff beigelegt werden, denn qualitativ Verschiedenes lässt sich nicht nach Einheiten vergleichen; natürlich kann der Begriff, welcher bei Deutung der Gleichung jener Einheit beigelegt wird, ein anderer sein, als derjenige, welcher bei Aufstellung der Gleichung zu Grunde gelegt wurde. Weil man in der Geometrie gewohnt ist, den verschiedenen Potenzen verschiedene Einheitsbegriffe (Linie, Fläche, Körper etc.) beizulegen, deshalb sprach man obiges Gesetz in dem Satze aus: „nur homogene Gleichungen haben geometrische Bedeutung". Es ist dies ein Spezialfall des schon B. III. 7 ausgeführten allgemeinen Satzes. Aus der logischen Berechtigung bei Aufstellung einer Gleichung die Einheit anders zu deuten, als bei einer späteren, aus dieser Gleichung entwickelten neuen Form, entspringt auch die Berechtigung mit nicht homogenen Gleichungen zu operiren; dieselben erweisen sich hierbei nicht allein als eine abgekürzte Manier, viele qualitätverschiedene Gleichungen als Agregat in eine einzige zusammenzuschreiben, sondern auch als zweckmässiges Mittel, um die inneren Konnexe dieser Qualitäten zu erkennen.

§ 3.

Fundamentalsätze der Gleichungen.

Soll ein unbekannter Faktor a eines Gebildes φ_z $(a, b, c, \ldots.)$ bestimmt werden, so ist dazu nothwendig, dass sowohl das Ganze φ_z wie alle übrigen Bestimmungsstücke b, c, d, ... desselben bekannt seien. In diesem Falle kann a den übrigen Faktoren des Gebildes in einer Gleichung als Unbekanntes dem Bekannten gegenübergestellt und arithmetisch ausgewerthet werden. Die ganze Gleichung ist eine Darstellung des funktionalen, d. h. logischen Gebildes φ_z. Sind mehrere Elemente des Gebildes unbekannt, so ergibt sich eine Gleichung mit mehreren Unbekannten, die deshalb nicht eindeutig bestimmt werden können, sondern Systeme von Bestimmungen als sogenannte Lösung zulassen, nach den allgemeinen Sätzen, welche zwischen logischen Produkten und ihren Faktoren gelten. Dass bei der algebraischen Schreibweise der Gleichungen die Bestimmungsstücke nicht immer in der arithmetischen Faktorenform, sondern auch als additive Glieder etc. vorkommen, ändert hieran Nichts; denn in logischem Sinne ist ein jedes Gebilde ein **Produkt**; keine richtige Gleichung macht hiervon eine Ausnahme.

Mehrere solcher Systeme von Lösungen dargestellt durch verschiedene Gleichungen (verschiedene Gesammtgebilde, welche aus den bekannten und unbekannten Elementen erzeugt werden) ergeben die eindeutige Bestimmung der Unbekannten, wenn die Anzahl der verschiedenen φ_z gleich der Anzahl der Unbekannten ist; aus dem einfachen Grunde, weil in diesem Falle das System der vielen Gleichungen mit mehreren Unbekannten in einer jeden nur eine andere Schreibart ist für ebensoviele neue φ_z mit je einem unbekannten Faktor.

Man ordnet die Gleichungen nach Potenzen des unbekannten Faktors. Nur diejenigen Gleichungen, welche denselben einfach (in der ersten Potenz) enthalten, sind bestimmte Gleichungen, in welchen der arithmetische Werth jenes Faktors (nach üblichem Ausdruck der unbekannten Grösse x) ausgerechnet werden kann; denn eine höhere Potenz der x ist ein arithmetisches Produkt (zu unterscheiden von einem logischen Produkt) und als solches nicht eindeutig. Gleichungen höherer Grade sind deshalb im Allgemeinen nur Formalgleichungen, d. h. ihnen kann durch gewisse Formen (algebraische Komplexe) genügt werden, abgesehen von jedem materialen Inhalt, welcher diesen Komplexen gegeben wird. Ist es Zweck der Gleichungen, arithmetische Werthe auszurechnen, so muss das x schliesslich in eine Gleichung ersten Grades gebracht werden — wenigstens dem logischen Sinne nach. Eine Gleichung ersten Grades in logischem Sinne ist aber auch $x = \sqrt[n]{m}$, wenn unter jener Wurzel die positive Zahl $m^{\frac{1}{n}}$ verstanden wird.

Logischer Beweis des Satzes, dass jede Gleichung eine Wurzel hat.

Aus der Definition der allgemeinen (algebraischen) Gleichung als Darstellung eines Gebildes der Kombinatorik durch eine symmetrische Funktion bekannter und unbekannter Glieder (Formen) ergibt sich sofort der Satz, dass „jede Gleichung eine Wurzel haben muss, deren allgemeine Form die Allziffer ist".

Wurzel nennt man einen arithmetischen Ausdruck, welcher, an Stelle des unbekannten x gesetzt, sich mit den bekannten Theilen der Gleichung zu einer Identität beider Seiten auflöst.

Die allgemeine Gleichung wird geschrieben:

$$Ax^m + Bx^{m-1} + Cx^{m-2} + \ldots . Px + Q = o$$

In dieser Gleichung kann ein jeder Buchstabe nichts mehr noch weniger bedeuten, als eine arithmetische Form, also durch eine Allziffer darstellbar.

Auch das x kann gar nichts Anderes bedeuten, wenn es überhaupt einen Sinn haben soll. Das Hinschreiben einer symmetrischen Funktion wie oben hat also zur Voraussetzung, dass x und ein jeder andere Buchstabe eine Allziffer bedeutet. Die Frage der quantitativen Betrachtungsweise — ob eine jede Gleichung eine Wurzel habe — ändert sich nach dem Vorherigen in:

> Ist es für alle Fälle erlaubt, eine solche Verbindung von Allziffern wie oben, der Null gleichzusetzen?

Zu ihrer Beantwortung dient der früher gefundene Satz, dass der Nexus einer symmetrischen Funktion durch zwei ihrer Glieder vollständig bestimmt ist, obige Frage reduzirt sich dadurch auf die einfachere:

Ist $$(m + n.i)^r + (\mu + \nu.\iota)^\varrho = o$$

oder vielmehr, können ihre homogenen Bestandtheile

$$A^a + B^b = o$$

$$(C.i)^c + (D.i)^d = o$$

für alle Fälle richtige Gleichungen sein? Dass dies der Fall ist ergab B. III. 5.

Dieser logische Beweis ist ebenso streng wie die komplizirten analytischen Beweise von Gauss, Cauchy u. A.; er hat aber vor diesen den Vortheil, einen unmittelbaren Einblick in den logischen Zusammenhang arithmetischer Formen zu gewähren, währenddem die analytischen Beweise auf ihren verwickelten Umwegen wohl den Zusammenhang technischer Operationen, aber nicht denjenigen der auch diesen letzteren zu Grunde liegenden Begriffe verfolgen lassen.

Das Gauss mit diesem Beweise zufrieden gestellt worden wäre, dürfte sich aus seinen eigenen Betrachtungen als wahrscheinlich ergeben [36]).

Durch obigen logischen Beweis wird natürlich das analytische Interesse an den technischen Beweisen nicht im Geringsten geschmälert, und ebensowenig die weiteren Erfolge der Analytiker, welche sich an jene Beweise anschlossen, in ihrem Werthe herabgesetzt.

Man hat mehrfach die vorliegenden Fragen unnöthigerweise komplizirt dadurch, dass man von transcendenten Gleichungen sprach, auf die möglicherweise die obigen Schlüsse nicht anwendbar seien. Dem ist zu erwidern, dass transcendente Gleichungen, welche keine Wurzel haben, eben dadurch aller Logik gemäss den Beweis liefern, dass sie keine Gleichungen sind, sondern ein willkürliches Zusammenschreiben heterogener Ausdrücke. Ebensowenig entsteht durch das der Null Gleichsetzen eines solchen Schriftzuges eine Gleichung, wie durch das Hinschreiben von „schwarz ist weiss" ein logischer Satz entsteht, obschon Subjekt, Prädikat und Kopula zusammengebracht wurden.

Anzahl der Wurzeln einer Gleichung.

Der Satz, dass eine Gleichung genau so viele Wurzeln hat wie die Zahl des Grades der Gleichung angibt, dass die Gleichung vom Grade m sich darstellen lässt als ein Polynom von m Faktoren, wird in den Lehrbüchern bewiesen durch successive Division der Gleichung, und den Nachweis, dass nach $m$maliger Division kein Rest bleibt. Diesen analytischen Beweis kann man durch eine synthetische Betrachtung ersetzen, welche wie die des vorhergehenden Satzes den Vortheil hat, einen unmittelbaren Einblick in die Natur der Gleichungen zu gestatten.

Während die analytische Technik die Betrachtung der Gleichungen unternimmt, als wenn es möglicherweise geheimnissvolle Schriftzüge oder vom Himmel gefallene Thatsachen wären, muss die logische Auffassung stets voraussetzen, dass es symbolische Darstellungen eines Komplexes von Denkoperationen sind, die wir nur deshalb analysiren können, weil wir sie vorher synthetisch aufgebaut haben. Alles, was nicht apriori konstruirt werden kann, ist kein Gegenstand der Kombinatorik; von einer logischen Untersuchung solcher in Formeln gebrachter Behauptung kann also keine Rede sein. Die Frage ist also:

Wie kann das Gebilde

$$Ax^m + \ldots\ldots + Q = o$$

entstanden sein; welches sind seine einfachsten Elemente, und durch welche Denkoperationen gruppirten dieselben sich zu obiger Form?

Die formale Bedingung, welche diese Gleichung stellt, ist, dass x ein irreduzibles Bestimmungsstück in dem Ganzen sei, man also von dem x als einem Elemente des Gebildes ausgehen muss; und weiter sagt die Gleichung, dass wenn an Stelle dieses x eine gewisse Allziffer gesetzt wird, sich das Ganze zu einer Identität auflösen muss. Dieses Element finden wir nun als Potenzen von x in der Schlussform der synthetischen Konstruktion. Es gibt aber keine andere Art, um aus x ein x^m zu konstruiren als durch $m$fache Multiplikation mit ihm selbst. Jede andere Operation, welche aus x das x^m erzeugt, muss sich auf diese $m$fache Multiplikation zurückführen lassen. Wir brauchen auf alle anderen Operationen, welche ausser dieser $m$fachen Multiplikation möglicherweise noch stattfanden, gar keine Rücksicht zu nehmen; mögen deren stattgefunden haben oder nicht, jedenfalls m u s s t e auch die $m$fache Multiplikation ausgeführt worden sein. Ausgehend von dieser conditio sine qua non können wir die anderen noch möglichen Operationen in Betracht ziehen, welche gleichzeitig mit jener $m$fachen Multiplikation stattfinden konnten.

Die allgemeinste Form aller möglichen begleitenden Operationen wird ausgedrückt, indem man bei jeder der m Multiplikationen einen von x a b h ä n g i g e n und einen von x u n a b h ä n g i g e n Operationskreis mitwirken lässt; oder kurz algebraisch gesprochen, indem man statt m einfache Multiplikationen von x, m Binome von der Form $(\pm\, ax \pm b)$ voraussetzt, welche diese Multiplikation zu Stande gebracht haben. Ein jedes in Form der Gleichung bestimmte, analysirbare Gebilde, welches die m^{te} Potenz eines irreduziblen Bestimmungsgliedes enthält, ist demnach konstruirbar als Produkt von m Faktoren binomischer Form, welche ein jeder einen von x abhängigen und einen von x unabhängigen Theil enthält, welche beiden Theile symmetrisch verbunden sind. Diese Binome können identisch sein, und in diesem Falle enthält die Gleichung gleiche Wurzeln. Wenn blos mit einem x multiplizirt wird, ohne ein begleitendes Glied b, so entsteht keine höhere Gleichung.

Andere Wurzeln als die durch eine bestimmte Anzahl Binomien gegebenen, kann die Gleichung nicht haben, weil ein jedes Produkt nur durch eine bestimmte Anzahl Faktoren erzeugt werden kann, sofern das Produkt selbst ein bestimmtes sein soll.

Wenn man nach dieser genetischen Betrachtungsweise die Bildung der Gleichungen verfolgt, so sieht man nach einander alle die Sätze der Theorie der Gleichungen, die Bedeutung der einzelnen Koeffizienten, entstehen.

B. KAPITEL V.

QUALITATIVE BETRACHTUNG DER ZAHLEN.

§ 1.

Leitprinzip.

Es wurde B. III. 2 angedeutet, dass auch einfache Summen, als Individualganze aufgefasst, einer qualitativen Betrachtung unterworfen werden können. Die Zahlen sind solche Summen. Die Elementar-arithmetik sieht in ihnen weiter nichts als Anzahlen, quantitative Summen, und benutzt sie demgemäss zur Bestimmung des materialen Inhaltes kombinatorischer Gebilde. Aber schon die heutige Zahltheorie betrachtet sie auch von einem qualitativen Standpunkte, indem sie dieselben auffasst als Produkte von Faktoren. Hierbei gelangt sie schliesslich zu irreduziblen Faktoren, den Primzahlen. Die Primzahlen sind also die letzten Elemente der Zahlgebilde, und machen sich dieselben in zusammengesetzten Zahlen in ähnlicher Weise bemerklich, wie die chemischen Elemente in zusammengesetzten Körpern. Man wird deshalb die Eigenschaften der zusammengesetzten Zahlen schon in der heutigen Kongruenzentheorie erklären müssen aus den konstituirenden Primzahlen und ihrer Verwendung als Faktoren zur Bildung der zusammengesetzten Zahlen. Die Eigenschaften der Primzahlen sind bisher nicht untersucht worden; hauptsächlich weil hierbei nur qualitative Betrachtungen gefordert werden können, zu welchen sich die Mathematiker bis jetzt nicht entschliessen konnten in der Meinung, dass dies Gebiet der exakten Wissenschaft fern liege.

In der Arithmetik wurde aber schon der Begriff der Qualität bei den verschiedenen Einheiten angewendet; dieselben werden B. III. 6, 7 vollständig definirt und durch qualitative Verbindung ineinander übergeführt. Ganz dieselbe Aufgabe steht auch der Zahltheorie bevor; sie wird aber hier unendlich weit komplizirter und mannigfaltiger ausfallen, weil statt der vier einzig möglichen Einheiten der Arithmetik eine unendliche Anzahl von irreduziblen Elementen, den Primzahlen, auftreten.

Der Inbegriff aller Eigenschaften einer Zahl — einerlei ob dieselben sich durch quantitative Zerlegung nach Faktoren, Angabe der konstituirenden Primzahlen, begriffliche Auslegung der Primzahlen, oder wie immer sonst sich angeben lassen — werde **zahltheoretischer Charakter** der betreffenden Zahl genannt, im Gegensatze zur arithmetischen Definirung der Zahl als Summe von Einheiten.

Eine jede Zahl stellt sich in dieser Betrachtungsweise als ein spezifisches Individuum dar, ungleich (qualitativ verschieden) zu jedem anderen Zahlindividuum. Bei dieser Betrachtung der Zahl kann man unterscheiden ihre (äussere) Form als Ganzes anderen Zahlformen gegenüber, und ihren Inhalt als Gesammtheit von vielen Einheiten oder sonstigen irreduziblen Elementen (etwa Primzahlen), welche sich zu vielfachen Unterkomplexen gliedern können, und solcherweise in vielfältiger Kombination diesen Inhalt darstellen, ohne doch die Gleichwerthigkeit der Einheiten aufzuheben. Eine jede Zahl wird kraft ihres bestimmten Inhaltes nur eine bestimmte Anzahl von Unterkomplexen zulassen.

Diese Betrachtung der Zahl ihrem Inhalte nach werde genannt **als Zahlkörper;** ein Ausdruck, welcher in ähnlichem, wenn auch vorläufig viel speziellerem Sinne schon in der Zahltheorie gebraucht wird. Diese qualitative Betrachtung des Inhaltes eines Zahlkörpers ist also wohl zu unterscheiden von dem quantitativen Inhalt der Zahl.

Man wird nun fragen, was denn unter weiteren Eigenschaften als denjenigen der heutigen Zahltheorie zu denken sei, ob vielleicht die Pythagoräischen Zahlideen in weiterer Ausdehnung vorgeschlagen werden sollten? Das letztere wird nicht beabsichtigt, obgleich es möglich ist aus dieser Zahlmystik einen logischen, wenn auch sehr spärlichen, Kern herauszuschälen. Das Pythagoräische Prinzip war, „dass die Zahl das Wesen aller Dinge, und die Organisation des Universums überhaupt in seinen Bestimmungen ein harmonisches System von Zahlen und deren Verhältnissen sei. Zur Aufstellung dieses Prinzips wurden die Pythagoräer veranlasst durch die vorhergegangene unbewusste Annahme eines anderen Prinzips, was ebenso der Begründung ermangelte; nämlich eines Gegensatzes von „Sinnlich und Geistig“. Weil zwischen diesen beiden Entitäten die vermittelnde Brücke fehlte, wurde versucht, dieselbe durch das Mathematische herzustellen, welches sowohl Geistiges wie Sinnliches zu enthalten, von dem Einen in das Andere übergehen zu können schien. In den Entwickelungen hier ist dagegen jedes dogmatisch hingestellte Prinzip, und besonders der Gegensatz von „Geistig-Sinnlich“ abgelehnt worden. Was aber gesagt werden darf und muss, ist, dass alles Wirkliche nach den beiden korrelativen Begriffen „quantitativ-qualitativ“ bestimmt wird, und dass aus solchen Bestimmungen sich erst richtige oder falsche Prinzipien entwickeln. Ueberall nun, wo eine dialektische Analyse eines logischen Begriffes durchführbar ist, d. h. wenn verschiedene logische Begriffe in begrenzter Anzahl ein Ganzes bilden, kann unter gewissen noch zu erörternden Bedingungen, jene Anzahl der verschiedenen Begriffe als Zahl Repräsentant des logischen Ganzen sein, oder vielmehr als quantitativer Ausdruck einer Qualität verwendet werden.

Das Attribut logisch wird hier zu Begriff gesetzt um anzudeuten, dass nur solche Begriffe mit Zahlen in Verbindung gesetzt werden dürfen, welche eine jede Kritik der Logik bestehen können. Hieraus ist schon ersichtlich, dass nur formale Bestimmungen (durch Denk- und Beziehungsbegriffe ausdrückbare) zur Anwendung gelangen dürfen. Alles aber, was den Empfindungsinhalt betrifft (Gefühls- und Sinnesbegriffe) lässt sich nicht apriorisch entwickeln, bleibt demnach von einer jeden Repräsentation durch Zahlen, Deutung auf Zahlen, ausgeschlossen. Das Mathematische ist demnach durchaus nicht Verbindungsbrücke zwischen Geistig und Sinnlich, selbst nach Pythagoraeischer Interpretation; deshalb mussten sich auch die richtigen Gedanken des Systems in Mystik verlieren.

Der leitende Grundsatz bei der Zahlenanalyse kann nach dem Vorigen ausgesprochen werden:

> Wenn ein Begriff aufstellbar ist, dem als Oberbegriff eine bestimmte Anzahl von Unterbegriffen solchergestalt zugeordnet werden können, dass diese letzteren dem Oberbegriffe gegenüber denselben qualitativen Werth haben, so sind diese Unterbegriffe als Einheiten dem Oberbegriff als Zahlindividuum zugeordnet; jene bestimmte Anzahl ist eine Zahl der Zahlreihe, und jener Oberbegriff bezeichnet die Eigenschaft jener Zahl, ihren zahltheoretischen Charakter.

Die Analyse der Zahl als Zahlkörper erfordert jedoch, dass nicht allein dieser eventuelle Oberbegriff gefunden werde — in den meisten

Fällen lässt sich gar nicht erwarten, dass ein solcher aufstellbar ist — sondern dass auch alle Komplexe betrachtet werden, welche innerhalb der Zahl aus einer kleineren Anzahl von Einheiten und ihren gegenseitigen Beziehungen gebildet werden können; also alle Kombinationen, welche innerhalb eines φ_z denkbar sind, sodass aber diese Kombinationen den ganzen Inhalt der φ_z aufbrauchen. Diese Kombinationen können keine anderen als die in A. VII. S. 76 angedeuteten sein.

§ 2.

Die Zahlen 1, 2, 3, 4, 5.

Sehen wir hiernach, was sich von den einfachsten Zahlen aussagen lässt.

Ausser als Summen von Einheiten, haben die Zahlen eine Bedeutung als Stellen in den Zahlreihen. Diese Stellenwerthe sind sehr verschieden je nach der **Art** der Reihe; sei es die Reihe der natürlichen Zahlen 1, 2, 3, ... oder die Reihe der summirenden Operation $-\infty, 0, +\infty$ oder die Reihe der qualitativen Abstufungen als Potenz und Logarithmus. Die Betrachtung der Zahlen als Stellenwerthe fällt also zusammen mit der qualitativen Analyse jener Reihen selbst. Diese bildet den Hauptgegenstand von B. VI. Formenrechnung; wenn auch unter anderer Benennung.

Von dem Individualcharakter der Zahlen können wir etwa Folgendes aussagen:

Die Eins

trägt den Begriff der Einheit; ist quantitativer Repräsentant dieses Einheitbegriffs der Vielheit und dem Theil gegenüber, als Setzung des einheitlichen Ganzen.

Deshalb eben ist aber Eins auch noch keine Anzahl; drücken wir diese letztere Eigenschaft arithmetisch aus, so müssen wir sagen, dass die Eins noch keine Zahl ist, weder eine ungrade noch grade, weder eine zusammengesetzte noch eine Primzahl; ein Resultat, welches anzuerkennen die Zahltheorie sich genöthigt sieht.

Die Zwei.

Wie die Eins Symbol des Setzens überhaupt, des Denkaktes, der Identität etc., ist die Zweiheit als Oberbegriff Ausdruck der (einfachen) Wiederholung, der Denkbewegung, des Satzes und Gegensatzes, der kontradiktorischen Differenzirung (Gestaltung), des Unterschieds überhaupt, der Denkthätigkeit als trennende und verbindende Funktion.

Plus — minus, rechts — links, auf — ab, vor — rückwärts, multipliziren — dividiren, differenziren — integriren, Produkt — Faktor, krumm — gerade, Form — Inhalt ..... all dies sind Spaltungen einer Einheit in eine Vielheit (einerlei ob diese Vielheit durch die kleinste Anzahl ausgedrückt ist) gleichwerthiger Elemente (Unterbegriffe). Diese Vielheit wird bei obigen Begriffen nur durch die kleinstmögliche Anzahl bestimmt, weil kontradiktorische Gegensätze bestimmt werden sollen. Deshalb gibt es nur zwei reale Einheiten $+1$, -1, und zwei Rechnungsqualitäten 1 und i. Dass in der Kombinatorik nur doppelperiodische Funktionen (deren bekanntestes Beispiel die elliptischen Funktionen), nicht drei oder noch vielfachere Perioden möglich sind, folgt unmittelbar aus der logischen Unmöglichkeit von mehr als zwei Rechnungsqualitäten; ein Satz, an dessen weitläufigen sogenannten analytischen Beweis unnöthiger Scharfsinn verschwendet wird.

Die Zwei ist als kleinste Anzahl auch erste Primzahl, erste paarige Zahl, einzig mögliche paarige Primzahl. Deshalb sind auch keine anderen Kombinationen ihrer Einheiten als eben zu dem Komplex zwei möglich; eine weitere Betrachtung der Zwei als Zahlkörper demnach ausgeschlossen. Es ist die einzige Zahl, bei welcher sich Form und Inhalt vollständig decken, sowohl in allgemein philosophischer wie in zahltheoretischer wie in arithmetischer Auffassung.

Die Drei

ist die Anzahl der logischen Theile im Satze, und als solche zuweilen ganz instinktiv, zuweilen mit mehr oder weniger logischem Bewusstsein, als ein personifizirtes Prinzip in die meisten mythologischen und mystischen Bildungen übergegangen. Stellen wir diese logischen Bestimmungen in ihrer abstraktesten Gestalt zusammen als:

1. Setzung des Einen
2. Setzung des Anderen
3. Verbindung beider Setzungen,

so zeigt sich, dass die dritte vermeintliche Einheit ungleichartig den beiden ersten ist, dass also von einer Satzqualität als zahltheoretischer Charakter der Drei nicht die Rede sein kann.

Versuchen wir die Drei als Zahlkörper zu analysiren und schreiben sie zu diesem Zwecke

$$\varphi_z = a_1\ a_2\ a_3$$

womit ausgedrückt werden soll, dass jede Einheit in der Zahl denselben Werth dem Ganzen gegenüber haben soll, aber auch gleichzeitig individual bestimmt bleibt bei etwa möglichen Unterkomplexen innerhalb der Drei.

Bilden wir nun alle Veränderungen und Unterkomplexe, welche aus dieser φ_z hervorgehen können, so erhalten wir:

$$\left.\begin{matrix} a_1\ a_2\ a_3 & a_2\ a_3\ a_1 & a_3\ a_1\ a_2 \\ a_3\ a_2\ a_1 & a_1\ a_3\ a_2 & a_2\ a_1\ a_3 \end{matrix}\right\}\text{ als Permutationen,}$$

$$\left.\begin{matrix} a_1\ a_2 & a_2\ a_3 & a_1\ a_3 \\ a_2\ a_1 & a_3\ a_2 & a_3\ a_1 \end{matrix}\right\}\text{ als Unterkomplexe.}$$

Diese vollständige Aufzählung der in einer Anzahl von Einheiten möglichen Beziehungen und Formkomplexe möge heissen:

„synthetische Darstellung des Zahlkörpers".

In diesem graphischen Bilde sind alle Bewegungen des Gedankens (Denkmöglichkeiten) dargestellt, welche der Zahlkörper Drei beherbergen kann.

Dieses Bild können wir wesentlich vereinfachen, übersichtlicher machen, indem wir es in Form einer cyclischen Permutation schreiben, als:

$$\begin{matrix} & a_1 & \\ / & & \backslash \\ a_2 & — & a_3 \end{matrix} = \varphi_z\ (3)$$

in der Form eines gleichseitigen Dreiecks.

An dieser Figur können wir alle Einzelheiten ablesen, welche in der ausführlichen synthetischen Darstellung des Zahlkörpers 3 aufgezeigt werden. Wir bemerken dabei als charakteristische Eigenschaft der Zahl Drei, welche keiner anderen Zahl zukommt (ausgenommen die Zwei, von der man in beschränkterem Sinne dasselbe sagen könnte)

> dass in allen Variationen eine jede Einheit auf dieselbe Weise, nämlich unmittelbar, in jede andere Einheit übergehen kann — oder in anderer Ausdrucksweise: dass in allen Variationen zwischen je zwei beliebigen Einheiten nie eine andere stehen kann.

Die vorher geschriebenen Permutationen müssen natürlich als cyclische gelesen werden; denn nur in einer solchen, worin von dem Endgliede zum Anfangsgliede zurückgekehrt wird, kann der Charakter der Zahlen ausgedrückt werden; nämlich als der eines Ganzen, innerhalb dessen eine jede Einheit denselben Werth und dieselbe Beziehung zum Ganzen hat; wo also jeder Einheit der Charakter als Individuum zukommt, anerkannt durch einen Zifferindex; worin aber keine Einheit auch etwa einen Stellenwerth hat, der Zifferindex also nicht auf einen solchen zu deuten ist.

Graphisch wird diese Natur der Zahlen ganz gut ausgedrückt durch Setzung der einzelnen Einheiten einer Zahl auf eine Kreisperipherie in gleichmässigen Distanzen. Dem Ganzen der Zahl gegenüber, werde nun als Repräsentant dieses Ganzen die Kreislinie, die Kreisfläche oder der Mittelpunkt angesehen, hat eine jede Einheit als Distanzpunkt oder auch als Kreisliniensegment, Polygonalseite, Kreisflächensegment, denselben Werth. Während nun bei der Zwei und Drei alle Distanzen gleich ausfallen — alle direkten Beziehungen zwischen je zwei Einheiten — findet dies bei allen anderen Zahlen nur für eine bestimmte Folge derselben statt.

Dieser Charakter des unmittelbaren Uebergangs von einer Bestimmung in die andere ist Nichts Anderes, als was wir Stetigkeit der Veränderungsmöglichkeit nennen; den Oberbegriff solcher Stetigkeiten bezeichnen wir als

„absolutes oder allseitiges Kontinuum".

Suchen wir nun unter den vermeintlich empirischen Wahrnehmungen Etwas heraus, was dieser formalen Bestimmung des absoluten Kontinuums entspricht, so begegnen wir gleich dem Raum und seinen drei Dimensionen, als dreier gleichwerthiger Unterbegriffe, welche in ihrem Verein den Raum als Ganzes konstituiren, sich ihm als Oberbegriff subsumiren. Ein jeder dieser Unterbegriffe a_n a_m hat in dem absoluten Kontinuum neben seiner Gleichwerthigkeit noch die Bedeutung einer mittleren Stellung zwischen seinen Nebenbegriffen, und als Komplex von je zwei Elementen a_n und a_m trägt er auch das Merkmal des kontradiktorischen Gegensatzes; einer Beziehung von a_n auf a_m, und einer entgegengesetzten von a_m auf a_n. Die synthetische Darstellung der (3) ist also identisch mit vollständiger Analyse des Raumbegriffes.

Die Thatsache, dass die Zahl 3 die einzige ist, deren synthetische Darstellung sich in einer Figur auf ebenem Papier wiedergeben lässt, zeigte schon ihre enge Verbindung mit dem Raumbegriffe.

Nun könnten zwar die Anhänger des n Dimensionen-Raumes sagen: ja wenn wir einen anderen Raum empirisch hätten, so würde uns auch ein anders konstruirtes Papier zu Gebote stehen, auf welchem wir dann hoffentlich noch höhere Zahlen in derselben Weise figuriren könnten wie in unserem jetzigen dreidimensionalen Raume die Zahl (3).

Dieser formale Einwand zugegeben, so würde eine solche Raumgestalt aber gar nichts an der Natur der Zahl Drei ändern, welche, wie dargelegt, die Möglichkeit des unmittelbaren Uebergangs, oder Verbindbarkeit, der konstituirenden Einheiten aussagt; jener n dimensionale Raum würde gar nichts an der logischen Thatsache ändern, dass nur eine einzige solche Zahl existiren kann, d. h. logisch gebildet werden kann; denn der Raum konstruirt nicht die Zahlen, sondern die denkende Setzung konstruirt dieselben, die Wiederholung des Denkaktes dem Satze der Identität gemäss. Die Künsteleien eines sog. Logikkalkuls glauben zwar die Aufstellung einer neuen Sorte arithmetischer Spezies fertig gebracht zu haben; sie würden sich aber vergeblich abmühen, eine neue Art Zahlen zu schaffen, wobei etwa zwischen 2 und 4 mehr als eine Zahl läge, welche zu jenen denselben Unterschied 1 hätten. Solange nicht bewiesen wird, dass der n dimensionale Raum den Satz des Widerspruchs aufhebt und zugleich eine andere Manier des Denkens möglich macht, wird ein solcher Raum auch nicht die Natur der Zahl 3 verändern, oder was dasselbe sagt, „den logischen Begriff des absoluten Kontinuum." Dass die n dimensionale Hypothese den Satz des Widerspruchs, damit aber zugleich alle Möglichkeit des Denkens, alle Möglichkeit richtiger und falscher Hypothesenbildung aufhebt, ist schon in Buch A. bewiesen worden.

Die Vier.

Die Vier kann vorab betrachtet werden als

$$\begin{aligned} &= 1 + 1 - 1 + 1 &&= \text{Summe} \\ &= 2 \,.\, 2 &&= \text{Produkt} \\ \varphi_z\,(4) &= 2^2 &&= \text{Potenz} \\ &= \begin{Bmatrix} a_1 & & a_2 \\ & \times & \\ a_4 & & a_3 \end{Bmatrix} &&= \text{cycliche Permutation.} \end{aligned}$$

In der cyclischen Permutation stellt sie sich dar als ein Gebilde, dessen Elemente in zwei gleiche und entgegengesetzte Paare geschieden werden können; Paare, welche je nach ihrer Zusammenstellung sich aneinanderschliessen, gegenüberstehen oder durchkreuzen. Hierdurch ist die logische Natur des kombinatorischen Einheitsbegriffes ausgesprochen; der Symbole $+1$, -1, $+i$, $-i$. Weil diese Einheiten (qualitativ) von einander verschieden sind, deshalb müssen sie Stufen in einer qualitativen, also Potenzreihe sein können[37]).

Weil dieser Einheiten nur eine bestimmte Anzahl logisch möglich sind, und eine jede eine mittlere Stellung (mittlere qualitative Bedeutung) zwischen zwei anderen Einheiten hat, deshalb muss diese Potenzreihe zugleich eine cyclische sein. Dies Resultat muss ihre arithmetische Potenzirung ebenso ergeben wie ihre logische Definition. Wir erhalten:

Stufe	$-\infty$ ... 5	4	3	2	1	0	1	2	3	4	5 .... $+\infty$
Zahlqualität od. Basis						$+i$					
quantit. Werth	$-i$	$+1$	$+i$	-1	$-i$	$+1$	$+i$	-1	$-i$	$+1$	$+i$

Man könnte nun fragen, ob nicht die Aufstellung des $+ i$ als Basis der Potenzreihe eine willkürliche Wahl sei? Dem ist nicht so. Vorab kann nur eine positive Einheit als wirkliche Qualität gelten; sonst würde man gleich die reale Konstruktion negiren. Es handelt sich also nur um $+ 1$ oder $+ i$ bei jener Wahl. Ebenso nun wie nur die Allziffer das allgemeine Symbol der kombinatorischen Gebilde sein kann, weil sie alle logischen Gegensätze in sich enthält, ebenso kann auch nur das $+ i$ als Basis der qualitativen Einheitsreihe gesetzt werden, weil es die logischen Gegensätze in sich enthält. Aus der absoluten ewig unveränderlichen Einheit kann nie etwas Anderes werden als sie ist; soll eine Verschiedenheit durch Stufensetzung zum Vorschein kommen, so muss schon eine Verschiedenheit in der Basis, und in der Einheit der Stufensetzung dieser Basis liegen. Die einzig möglichen Verschiedenheiten in der Kombinatorik sind aber die logischen Gegensätze; wird demnach eine Einheit als qualitative Basis gefordert, so muss diese symbolische Einheit obige Gegensätze schon enthalten. Deshalb kann nur $+ i$ als Basis der Potenzreihe nach den Stufen $- \infty$, 0, $+ \infty$ gelten, wenn der Cyclus $+ 1 + i - 1 - i$ erzeugt werden soll.

Gehen wir zur synthetischen Darstellung des Zahlkörpers Vier: so erhalten wir, indem im Folgenden statt a_n einfach n geschrieben wird

Die Einheiten 1, 2, 3, 4,
die zweigliedrigen Komplexe 1, 2, 1, 3, 1, 4, 2, 3, 2, 4, 3, 4,
die dreigliedrigen „ 1, 2, 3, 1, 2, 4, 1, 3, 4, 2, 3, 4,
den viergliedrigen „ 1, 2, 3, 4
und deren verschiedene Permutationen.

Da dieser Darstellung keine geometrische Figur mehr entsprechen kann, so müssen wir auf ein Mittel sinnen, dieselbe übersichtlicher zu machen. Es scheint mir, dass dieser Anforderung am Besten entsprochen werden kann durch Schreiben der cyclischen Permutation als

1, 2, | 2, 3, | .... | n, 1,

eine Form, welche „geschlossene Reihe“ heissen soll. Diese Reihe ist zusammengesetzt aus einer Anzahl von Gliedern, welche die einfachsten Unterkomplexe des Gebildes darstellen; und hierdurch ist es möglich, die aufsteigende Reihe der höheren Komplexe nach demselben System gleichfalls durchzuführen. Man könnte statt eines Gliedes auch einen einzigen Buchstaben wie gewöhnlich in der Arithmetik bei cyclischen Permutationen setzen. Bei der hier angewendeten Schreibart übersieht man jedoch viel rascher, ob man wirklich verschiedene Reihen hat, und ob man auch bei dem ersten Gliede wieder angelangt ist.

Die synthetische Darstellung des Zahlkörpers (3) stellt sich in dieser Schreibweise als

$$\varphi_z\,(3) = 1\,2 \mid 2\,3 \mid 3\,1 = \begin{matrix} 1\,2 \mid 2\,1 \\ 1\,3 \mid 3\,1 \\ 2\,3 \mid 3\,2 \end{matrix}$$

Der Zahlkörper 4 als

$$\varphi_z\,(4) = \begin{matrix} 1\,2 \mid 2\,3 \mid 3\,1 & \alpha. \\ 1\,2 \mid 2\,4 \mid 4\,1 & \beta. \\ 1\,3 \mid 3\,4 \mid 4\,1 & \gamma. \\ 2\,3 \mid 3\,4 \mid 4\,2 & \delta. \end{matrix}$$

Alle Permutationen einschliesslich derjenigen des viergliedrigen Komplexes können aus diesem Schema abgelesen werden.

Die Unterkomplexe von je zwei Gliedern sagen Nichts aus zufolge des Charakters der Zahl Zwei, und werden deshalb im Folgenden weggelassen.

Hier begegnen wir einer Eigenschaft, welche wiederum keinem anderen höheren Zahlkörper zukommt, wie man sich bald durch Versuch überzeugen kann. In den bei φ_z (4) sich ergebenden geschlossenen Reihen ist nämlich bei einer jeden Reihe, ein jedes Glied zugleich auch Glied einer anderen Reihe; und nicht mehr als je **ein** Glied für je eine **jede** der anderen Reihen. Von der α Reihe steht das erste Glied in β, das zweite in δ, das dritte in γ; und ebenso verhält es sich mit den Gliedern der anderen Reihen. Weiter lassen sich aus 4 Einheiten drei viergliedrige Reihen bilden

$$\begin{matrix} 1\,2 & 2\,3 & 3\,4 & 4\,1 \\ 1\,2 & 2\,4 & 4\,3 & 3\,1 \\ 1\,3 & 3\,2 & 2\,4 & 4\,1 \end{matrix}$$

welche denselben Charakter der Begrenzung haben.

Wir können dies so ausdrücken, dass wir sagen:

Eine jede Reihe ist vollständig begrenzt durch die Summe der anderen Reihen; es finden also weder **Lücken** (freie unbegrenzte Seiten der Reihen) in der gegenseitigen Begrenzung, noch doppelte oder **mehrfache Begrenzungen** statt.

Dies ist wieder ein Ausdruck des *allseitigen Kontinuums*, aber in anderer Weise als sie durch den Zahlkörper (3) zum Ausdruck kam. Bei (3) war es die allseitige *Ausdehnung*, welche durch drei Elementarsetzungen zu Stande kam; bei (4) ist es die allseitige *Begrenzung*.

Dem gegenüber gibt die (3) als

$$\varphi_z\,(3) = \begin{array}{cc|cc} 1 & 2 & 2 & 1 \\ 1 & 3 & 3 & 1 \\ 2 & 3 & 3 & 2 \end{array}$$

keine andere Begrenzung, als der Einzelglieder in sich selbst; kein Einzelglied begrenzt eine der anderen Reihen. Die (5) dagegen ergibt vielfältige Begrenzungen, d. h. mehr Bestimmungsarten, als zu einem logischen Kontinuum nothwendig wären. Als logischer Körper versucht, wäre die (5) demnach ebenso fehlerhaft wie eine Bestimmung im dreidimensionalen Raume vermittelst eines Dutzend unabhängiger Koordinaten.

Das allseitig Begrenzte nennen wir „geometrischer Körper"; das einfache Korrolar aus dem vorigen ist also:

„vier Elementarsetzungen machen durch ihre gegenseitigen Beziehungen einen Körper denkbar"

woraus natürlich noch nicht folgt, dass 4 Setzungen durch irgendwelche *beliebige* Beziehungen einen Körper denkbar machen *müssen*.

Bei der obigen Darstellung der (4) war keine Voraussetzung gemacht über die spezielle Natur der Unterkomplexe. Die einfachste Verbindung zweier Elemente können wir uns deshalb als einfachste Ausdehnungsart denken; und demgemäss die verschiedenen Arten der Unterkomplexe als verschiedene Arten der Ausdehnung. Des Weiteren müssen wir uns die Ausdehnungen der einzelnen Komplexarten als gleich der Grösse nach denken, weil dies der Forderung der Gleichwerthigkeit der Unterbegriffe im Zahlkörper entspricht. Durch die Substituirung einer kontinuirlichen Ausdehnung an Stelle der diskreten Zahleinheit in den Zahlkörpern gewinnen wir die logischen Gebilde, zu welchen wir das vorhandene Kontinuirliche — die Empfindungen — gruppiren können.

Hieraus folgt, dass — ein Einzelglied der geschlossenen Reihen als einfache Ausdehnung gedacht — ein logischer Körper möglich ist, zwischen dessen 4 Elementen gleiche Distanzen stattfinden.

Des Weiteren können wir aber auch der Verbindung zweier Glieder in einer geschlossenen Reihe einen korrespondirenden Begriff beilegen; derselbe ist wie schon in Buch A. „die Art des Gegensatzes, konträre Verschiedenheit der Beziehungs- oder Verbindungsweise der Gliederelemente.“ Ist 1, 2 der Gegensatz von 2, 1 der Beziehung nach, so muss 2, 3 von den beiden Ersteren der inneren Beziehung nach (Richtung) verschieden sein. Diese Verschiedenheit nennen wir „Neigung der Ausdehnungen 1, 2 zu 2, 3 in der Verbindung 1 2 | 2 3, oder geometrisch Winkel“. Der Analyse des Zahlkörpers entsprechend müssen nun auch diese Verbindungen der Unterkomplexe absolut gleichwerthig sein. Wenn wir den Zahlkörper (4) also auf einen geometrischen Körper deuten, wozu wir nach dem vorherigen berechtigt sind, so ist der Schluss:

Es gibt einen geometrischen Körper, bestimmt durch vier Punkte, deren gegenseitige Distanzen gleich sind, und deren durch die Verbindung je zweier Distanzen gebildete Winkel gleich gross sind. Dieser Körper ist zu nennen der absolut regelmässige Zahlkörper, geometrisch das Tetraeder.

Man wird hier gleich an die Kugel als regelmässigsten Körper denken. Dieselbe entspricht aber keinem Zahlkörper, welcher letztere eine Anzahl von diskreten Einheitbestimmungen voraussetzt.

Insofern nun kein anderer Zahlkörper den hier gestellten Anforderungen logischerweise entsprechen kann, dürfen wir weiter sagen:

Es ist nur ein einziger durch **diskrete Setzungen** erzeugter absolut regelmässiger Körper möglich, weil nur ein Raum von drei Dimensionen logisch, weil nur der Satz vom Widerspruch Prinzip der Logik sein kann.

Die Fünf.

Die synthetische Darstellung der höheren Zahlkörper bietet keine prinzipielle Schwierigkeit. Die (5) würde sich schreiben als fünf Komplexe analog dem φ_z (4), in welchem die resp. Elemente

1 2 3 4
1 2 3 5
1 2 4 5
1 3 4 5
2 3 4 5

zu figuriren haben. Aus diesen in Form des regulären Fünfseit geschriebenen Komplexen von je 4 Reihen von je drei Gliedern, wären die viergliedrigen Reihen (Komplexe) durch einen als algebraische Funktion des Gebildes ausdrückbaren Rösselsprung abzulesen. Man erhält dabei folgende geschlossene Reihen.

4 sechsgliedrige
12 fünfgliedrige
15 viergliedrige
20 dreigliedrige.

Die einzelnen Glieder sind im Allgemeinen fünffach begrenzt; d. h. ein jedes findet sich in sechs verschiedenen Unterkomplexen derselben Ordnung; also zuviel des Guten, um eine logische Begrenzung auszuführen. Mit der Aufstellung solcher Schemata wird man allerdings warten bis eine bestimmte Aufgabe vorliegt, welche dieselbe erfordert. Dergleichen stehen in naher Aussicht bei der Betrachtung der regelmässigen Körper und der damit zusammenhängenden algebraischen Gleichungen höherer Grade. Die hier vorliegende Aufgabe war das Raumproblem, und dem entsprechend die Betrachtung der Zahlen 2, 3, 4.

§ 3.

Die allgemeinen Gleichungen und der Zahlcharakter ihres Grades.

Der logische Charakter der Zahlkörper (2) (3) (4) — im Sinne einer eindeutigen Bestimmtheit der Elemente in einem Ganzen — zeigt sich auch bei den algebraischen Gleichungen. Bekanntlich sind die allgemeinen Gleichungen der ersten vier Grade lösbar, die höheren aber nicht; oder vielmehr nur in Spezialfällen, welche im logischen Sinne heissen: in den Fällen, wo die formal höhere Gleichung auf eine allgemeine niedere reduzirt werden kann; im algebraischen Sinne: wenn die Resolvente einer Gleichung von niederem Grade als die vorgelegte ist. Es handelt sich darum, den technischen Ausdruck: „die Gleichungen der vier ersten Grade sind lösbar“, in einen philosophischen umzuwandeln.

Die Lösbarkeit einer Gleichung wie einer jeden Frage ist dadurch bedingt, dass uns nicht allein Unbekanntes, sondern auch Bekanntes in einem gewissen Gegenstande (hier einem arithmetischen Komplexe) zur Erklärung vorgelegt wird. Die allgemeine Gleichung

$$x^m + Ax^{m-1}_{+} \; \ldots\ldots \; Px + Q = o$$

erfüllt nun die zu einer logischen Bestimmung zureichenden Bedingungen nicht; denn die ausser dem x noch gegebenen Buchstaben (genannt Koeffizienten) sind keine unzweideutigen Bestimmungen, arithmetische Werthe, sondern dieselben bedeuten nur bestimmte symmetrische Verbindungen der möglichen Wurzeln, wie in der Arithmetik nachgewiesen wird.

Wie B. IV. ausgeführt ist nur die Gleichung ersten Grades eine bestimmte dem Werthe nach; es ist die Aufsuchung eines Faktors aus einem bestimmten Produkte, dessen übrige Faktoren bekannt sind — diese Ausdrücke in qualitativem Sinne zu verstehen. Eine reine Gleichung, in welcher der Form nach x potenzirt vorkommt, in welcher aber nur reale Werthe (positive Zahlen) als Lösung acceptirt werden, ist ebenso eine Gleichung ersten Grades. Werden aber arithmetische Formen überhaupt (Allziffern) als Lösung zugelassen, so heisst dies: nicht W e r t h e, sondern F o r m e n sollen gesucht werden. Werden 4 Zahlen gesucht, deren Summe einer gewissen Zahl A gleich ist, so bleibt die Aufgabe sehr unbestimmt, weil nicht der Werth dieser 4 Zahlen gesucht wird, sondern 4 Formen, welche die durch jene Zahl A begrenzte Form ausfüllen sollen. Wird ausserdem noch die Bedingung gestellt, dass jene 4 Zahlen als Produkt einer anderen Zahl B gleich sein sollen, so wird die Aufgabe schon bestimmter. Nun liegt es in der Konstruktion des Gebildes, welches wir allgemeine Gleichung nennen, dass nur solche formale Bedingungen gestellt werden, denen die gesuchten Formen (Wurzeln der Gleichung) genügen sollen. Es wird in der Arithmetik bewiesen, dass die gesuchten Allziffern durch obige Koeffizientenbedingungen vollständig bestimmt werden können, wenn ihre Anzahl nicht die Zahl 4 überschreitet. Der logische Grund, weshalb ein solcher Beweis aber überhaupt geführt werden kann — also sozusagen, der Nerv des Beweises — liegt darin, dass 4 in jeder Beziehung formal gleichberechtigte Bestimmungen sich zu einem Ganzen zusammenschliessen können, dass aber dieses Ganze Unbestimmtheiten enthält, nach einem vorher gebrauchten Ausdrucke: n i c h t a l l s e i t i g e i n f a c h b e g r e n z t i s t, wenn mehr als 4 gleichberechtigte Elemente zusammengefügt werden. Oder umgekehrt: weil, wenn mehr als 4 Formen zu einem allseitig begrenzten Ganzen zusammengefügt werden, diese n Formen nicht mehr gleichberechtigt (gleichwerthig der Form nach) in Beziehung auf das ganze Gebilde sein können, nicht denjenigen Charakter tragen können, welcher „Wurzel der Gleichung" genannt wird.

Hiermit ist die Natur des Tetraeders gekennzeichnet, und so barock es klingen mag, sind wir vollständig zu dem Satze berechtigt:

„Die Unmöglichkeit eines regelmässigen Körpers von 5 gleichen Bestimmungen ist identisch mit der Unmöglichkeit der Lösung der allgemeinen Gleichung fünften Grades. Der Raum kann nur drei Dimensionen haben, weil die Gleichung fünften Grades nicht lösbar ist; oder besser gesagt: weil eine Gleichung fünften Grades kein bestimmtes Ganzes ist.“

In dem arithmetischen Beweise von der beschränkten Lösbarkeit der Gleichungen tritt auch der Charakter der Zahl 3 wiederholt und als nächste Veranlassung des Charakters der Zahl 4 zu Tage.

Seien $a_1\ a_2\ a_3\ a_4 \ldots$ die Wurzeln einer allgemeinen Gleichung, so zeigt jener Beweis, dass die Lösbarkeit der Gleichung dritten Grades dadurch bedingt ist, dass der Ausdruck

$$(a_1 + \varrho^2\, a_2 + \varrho\, a_3)^3$$

bei allen möglichen Vertauschungen der Elemente $a_1\ a_2\ a_3$ nur zwei von einander verschiedene Allziffern ergeben kann; und dies ist so, weil eine cyclische Permutation von 3 Elementen nichts an dem Gebilde (3) ändert; weil der Natur der (3) gemäss ein jedes Element unmittelbar in irgend eines der anderen übergehen kann.

Die Lösbarkeit der Gleichung 4. Grades hängt in ähnlicher Weise davon ab, dass der Ausdruck

1) $(a_1 + a_2 - a_3 - a_4)\,(a_1 - a_2 + a_3 - a_4)\,(a_1 - a_2 - a_3 + a_4)$

ein bestimmter, eindeutiger bleibt, trotzdem seine Elemente permutirt werden. Dies findet in diesem Falle statt, weil, wenn bei den betreffenden Permutationen die drei Faktoren des obigen Ausdrucks vertauscht werden, ein jeder in den nächstfolgenden übergeht; was eben nur bei den Zahlen 2 und 3 möglich ist. Bei den anderen beiden Ausdrücken, welche die Lösbarkeit der biquadratischen Gleichung bedingen

2) $(a_1 + a_2 - a_3 - a_4)^2 + (a_1 - a_2 + a_3 - a_4)^2 + (a_1 - a_2 - a_3 + a_4)^2$

3) $(a_1 + a_2 - a_3 - a_4)^2\ \ (a_1 - a_2 + a_3 - a_4)^2$
$+ (a_1 + a_2 - a_3 - a_4)^2\ \ (a_1 - a_2 - a_3 + a_4)^2$
$+ (a_1 - a_2 + a_3 - a_4)^2\ \ (a_1 - a_2 - a_3 + a_4)^2$

zeigt sich ihre Bestimmtheit ebenso als Folge des Zahlcharakters 3.

Lösbarkeit höherer Gleichungen in Spezialfällen.

Weiter zeigt sich der logische Grund der Lösbarkeit einer jeden reinen Gleichung

$$x = \sqrt[n]{O}$$

Eine solche sagt aus, dass ein reines Produkt aus formal gleichberechtigten Elementen gebildet werden soll, in welcher aber ein jedes

Element nicht allein gleichberechtigt dem ganzen Gebilde gegenüber, sondern auch in einer arithmetischen Stufenfolge der Beziehungen zu seinen Mitelementen liegen soll; während in der allgemeinen Gleichung die absolute Gleichberechtigung der Wurzeln, also sowohl in Beziehung auf das Ganze wie in Beziehung zu den Mitelementen gefordert wird. Durch diese Beschränkung wird im geometrischen Bilde die Gleichung von einem regelmässigen Körper zu einer regelmässigen ebenen Figur, welche zuweilen als Projektion des Zahlkörpers auf eine Ebene betrachtet werden kann, reduzirt. Dadurch bleibt die logische Lösung der Aufgabe bestimmt, einerlei wie hoch der Grad der Gleichung, wie gross die Anzahl gleichberechtigter Elemente im Ganzen ist.

Die nächsten Beispiele von Gebilden, die eine bestimmte Anzahl formal gleichberechtigter Elemente enthalten, bieten uns die regelmässigen Körper, welche Anlass geben zur Aufstellung von Gleichungen des so vielten Grades als sie gleiche Flächen, Ecken, Kanten, Winkel, Diagonalen oder sonstige Bestimmungen enthalten[38]).

Wenn die jetzt ziemlich allgemeine Ansicht über die atomistische Konstitution der Molekeln chemischer Elemente begründet ist, wonach alle Elemente nur Gruppirungen einer Vielheit von qualitätgleichen Atomeinheiten wären, so würde sich die Zahlqualität dieser Vielheiten auch in dem physikalischen Verhalten der verschiedenen Elemente bemerkbar machen; es würde dann an zahlreichen Anlässen nicht fehlen, die hier begonnenen Betrachtungen fortzusetzen.

§ 4.

Die Zahlcharaktere e und π.

Als Beispiel der Repräsentation qualitativer Begriffe durch transcendente Zahlen seien π und e erwähnt.

Die Begriffe gerade—krumm in der bestimmteren logischen Definition: Konstanz der Richtung, konstant veränderte Richtung —, sind qualitative Heterogenitäten; was nicht verhindert, dass diese beiden Bestimmungen auf einen anderen logischen Begriff „die Ausdehnung" angewendet, begrifflich mit ihm kombinirt werden können. Die gewöhnliche Bezeichnung aber als Grössenbegriffe, weil wie man sagt, eine gerade und auch eine krumme Linie unter den Begriff der Grösse subsumirt werden können, ist zweideutig, d. h. logisch unzulässig. Dieser inkorrekten Subsumtion der Begriffe entstammt der unfruchtbare Logikkalkul. Die neuen Spezies, welche dieser Kalkul erfand, zeigt schon, dass seinem Prinzip ein Fehler zu Grunde liegt, und dieser ist der Begriff der Subsumtion, welcher in der logischen Klassifikation zulässig ist, bei der mathematischen Behandlung aber durch den Begriff der Kombination ersetzt werden muss[39]).

Ebenso wie Identität und stetige Veränderung absolut heterogen, ebenso müssen „es ihre quantitativen Symbole 1 und π sein; mit anderen Worten π muss eine transcendente Zahl sein". Man wird einwenden, dass es auch rektifizirbare Kurven gibt. Allerdings, aber das sind keine Kurven von stetig und konstant, d. h. absolut regelmässig veränderter Krümmung. Ebensogut wie das Produkt zweier Irrationalzahlen die Stufe der Irrationalität erniedrigen oder gar eine rationale Zahl herstellen kann, ebensogut kann die nicht gleichmässig, konstant veränderte Richtung, als Produkt zweier Modi der Veränderung ein rationales Maass der Ausdehnung ergeben. Diese philosophische Betrachtung macht die noch ungelöste Forderung eines arithmetischen Beweises für die Transcendentalität der Zahl durchaus nicht überflüssig[40]).

Die Zahl e wird bestimmt durch die Gleichung

$$e^x = 1 \,.\, x^0 + \frac{1}{1}\, x^1 + \frac{x^2}{1.2} + \ldots .$$

geschrieben $(\varphi_1)^x = \varphi_x$ fordert sie: man solle eine Zahl suchen und als Funktion der Einheit bestimmen in solcher Weise, dass sie zu einer beliebigen Potenz erhoben, dasselbe Resultat ergibt, als wenn jener Bestimmungsmodus φ auf die Potenzzahl statt die Einheit angewendet wird.

Diese Zahl e ist also quantitativer Repräsentant einer Funktion, eines Gesetzes kombinatorischer Bildung, welches Gesetz den logischen Konnex ausdrückt zwischen den aufsteigenden Potenzwerthen und den arithmetischen Stellenwerthen der Zahlen; sie ist das beständige Behaupten des logischen Zusammenhanges, welcher zwischen quantitativer und qualitativer Deutungsfähigkeit der Zahlen stattfindet, — und kann deshalb nur eine einzige bestimmte Zahl sein, weil ja sonst der Begriff dieses Zusammenhanges nicht ein identischer, d. h. logischer, eindeutiger, wäre.

Dass diese Zahl als Ausdruck eines absolut der Quantität heterogenen Begriffs in quantitativem Gewande eine transcendente sein muss, scheint mir nothwendig. Denn eine Abstufung der Qualitäten untereinander wie in den Potenzen ist eine Verhältnissetzung homogener Begriffe. Hier dagegen ist die heterogene Verhältnisssetzung gefordert.

Das Entwickelungsgesetz e wird ausgedrückt durch

$$e = 1 + \frac{1}{1} + \frac{1}{1.2} + \frac{1}{1.2.3} + \ldots\ldots$$

Wir bemerken hier einen regelmässig diskreten Fortschritt verbunden mit einer stetigen Aenderung dieses Fortschrittes nach demselben aufsteigenden Qualitätsverhältniss. Unwillkürlich denkt man hier an eine gewisse Verbindung der beiden Begriffe gerade und konstant gekrümmt.

B. KAPITEL VI.

DIE FORMENRECHNUNG.

§ 1.

Dynamische Arithmetik als Aufgabe.

Die Rechnung der Alten beschränkte sich auf die Behandlung fester, diskreter Gebilde, wie sie die Natur der naiven Beobachtung darzubieten scheint; Gebilde, welche durch eine in sich abgeschlossene Kombination des Elementarbegriffs Denkakt mit Beziehungsbegriffen erzeugt werden. Die Behandlung der Irrationalbrüche machte hiervon keine Ausnahme, denn sie geschah lediglich nach quantitativer Betrachtungsweise.

Als aber die dynamischen Fragen der Mechanik eine Lösung forderten — wodurch auch die dynamische Betrachtung geometrischer Gebilde angeregt wurde — konnte man sich nicht mehr auf jene unveränderlichen Gestaltbestimmungen beschränken; nicht allein die diskret verschiedenen Erscheinungen mussten betrachtet werden, sondern auch die Wandlung derselben, die Veränderung selbst. Es stellte sich also das Bedürfniss ein, eine Methode zu ersinnen, welche die stetig sich verändernden Gestalten der **Rechnung** zugänglich macht, was nur durch diskrete Symbole möglich ist.

Im Vorherigen wurde gezeigt, wie es möglich ist, die qualitativ verschiedenen Begriffe „Produkt, Verhältniss, Potenz“ durch Ziffern, d. h. durch Symbole des rein quantitativen Summenbegriffs auszudrücken. Die Lösung war dort ziemlich einfach, weil nur bestimmte (unveränderliche) Verhältnisse stetiger und diskreter Grössen in Betracht kamen. Jetzt aber soll das diskrete Symbol den Begriff der stetigen Veränderung selbst ausdrücken; sozusagen den Seinsgrund, wodurch eine Grösse sich als stetig charakterisirt, ab und zunimmt, entsteht und vergeht. Die Aufgabe erscheint dem zu Gebote stehenden Mittel diskreter Symbolisirung so heterogen, dass manche Philosophen den Erfolg einer hierzu ersonnenen Methode daraus erklären zu dürfen glaubten, weil gerade der Widerspruch der gewaltigste Alles beherrschende Begriff sei, demzufolge alles Werden nur durch die Wechselwirkung solcher Heterogenitäten wie „Sein und Nichtsein“ zu Stande komme. Die Empiristen bezeichnen zwar eine solche (Hegels) Philosophie für die ungenügendste. Dennoch steht das metaphysische Dogma, auf welchem sie unbewust stehen, obgleich sie behaupten gar keine Metaphysik zu treiben, ihre Konstruktion der Unendlich kleinen Grössen auf einer ganz ähnlichen Basis; denn ob das Sein aus dem Nichtsein, oder das Stetige aus dem Diskreten entstehen soll, ist ziemlich Dasselbe; dieser Widerspruch wird weder gehoben noch gemindert durch Einführung eines Zwischendinges „Unendlich Kleines“. Dem sinnlichen Vorstellen ist dieses Wort allerdings eine Hülfe, als Begriff ist es aber ein Bastard, ein Produkt heterogener Verschmelzungen, die in der Naturgeschichte am Platze sind, aber nicht in der Logik.

Die Aufgabe ist also:

> Der Begriff Veränderung, welcher historisch aus den dynamischen Problemen hervorging — von dem ganz dahingestellt bleibt, ob er in der Natur eine objektive Existenz hat insofern Dinge sich wirklich verändern, welcher aber ein logischer Begriff unserer Auffassungsweise ist — dieser Begriff soll durch Zeichen diskreten Setzens, d. h. quantitative Symbole, ausgedrückt und dadurch der Rechnung dienstbar gemacht werden.

Wir müssen fest im Auge behalten, dass alles Rechnen auf diskreter Setzung beruht; alle Ziffern und Verbindungszeichen arithmetischer Operationen sind diskret; sog. transcendente Bezeichnungen können in die Rechnung nur eintreten, sofern sie diskrete Gestalt (gewöhnlich in Form unbegrenzter Reihen) annehmen. All dies geschieht aus dem logischen Grunde, weil zur Ausrechnung bestimmter Resultate unserem Urtheil **bestimmte** Ober- und Untersätze unterbreitet werden müssen; dies letztere geschieht in der Zeichensprache durch diskrete Symbole, gemeiniglich Grössen genannt. Wenn nun an dem Dogma von der Alleinherrschaft des Grössenbegriffs in der Mathematik festgehalten wird, so ist obige Aufgabe ein Widerspruch. Man muss dann in den Gleichungen die stetige Veränderung einer Summe von diskreten Aenderungen gleichsetzen; — was nichts Anderes heisst als Behaupten, dass ein logischer Begriff (Stetigkeit) durch eine sehr grosse Anzahl von Wiederholungen seines Gegentheils (Diskretion) erzeugt werden könne.

Bei dieser Aufgabe ist nun wie bei so vielen anderen Gelegenheiten die Praxis der Theorie vorausgeeilt, und hat eine zu richtigen Resultaten führende Methode ersonnen, ohne sich Rechenschaft von dem Grunde dieser Richtigkeit geben zu können. Die wichtigsten dieser Methoden entstanden durch die Vergleichung der Theilstücke grösserer Gebilde, die man um so ähnlicher werden sah, je weiter die Zertheilung der primären Gebilde getrieben wurde. Man bemerke in dem gebrauchten Ausdrucke — ähnlicher werden sah — die Verwendung des nicht quantitativen Begriffs ähnlich und des anderen „werden sah“, welches ein Empfindungs- und nicht ein Denkbegriff ist, welche letztere doch ausschliesslich in der Mathematik gebraucht werden sollen Der in der Sprache vorhandene und für den Ausdruck des Empfindungslebens durchaus berechtigte mystische Unendlichkeitsbegriff bot sich dabei als das Medium um die rein technische Methode des Differenzirens in eine begriffliche Form zu kleiden.

§ 2.

Kritik des Unendlich Kleinen.

Die sprachlichen Elemente kennzeichnen diesen Begriff schon als einen negativen, der also nicht eine Bestimmung, sondern das Absprechen einer solchen ausdrückt. Die negative Definition ist allerdings der positiven ebenbürtig, wenn es sich um korrelative Begriffe innerhalb eines Oberbegriffs handelt. Die Einheit z. B. kann ebensogut positiv definirt werden als „bestimmte Setzung“ wie negativ als „Setzung ohne innere Unterschiede“. Das Unendliche steht aber als Denkbegriff nicht in einem solchen Gegensatz gegen das Endliche, denn beide liegen nicht zu einem Ganzen abgeschlossen. Das Gemüth spricht allerdings von Endlich und Unendlich innerhalb der Welt inclusive Himmel; in der Logik handelt es sich aber um Denkbegriffe. Das Endliche hat nur einen Gegensatz, insofern es als das Existirende aufgefasst wird; dieser Gegensatz ist aber nicht das Unendliche, sondern das Nichts. Für die Denkbewegung (Kombinatorik) ist die Anwendung des Unendlichkeitsbegriffs schon deshalb unzulässig, weil er die Bestimmbarkeit negirt. Verbindet man ihn nun noch mit dem Grössenbegriff, welcher aussagt, dass Etwas als grösser oder kleiner bestimmt werden könne, so hat man das hölzerne Eisen fertig. Das unendlich Grosse oder Kleine heisst „unbestimmte Bestimmtheit" — nicht endlich, aber dennoch endlich Bestimmtes. Da zwei verschieden tönende, aber in diesem Sinne synonyme Wortwurzeln in der Sprache vorhanden waren, endlich und bestimmt, so wiegte man sich in dem Glauben, mit der lautlichen Aenderung eines wiedersinnigen Begriffs einen logischen Begriff konstruirt zu haben. Etwas ganz Anderes ist das Unbegrenzt, wie in B. III. 7 definirt. Dies galt dort, um das uneingeschränkte Fortschreiten der Denkbewegung zu signalisiren; gibt es auch keine unendlich grosse Grösse, so gibt es doch eine unbegrenzt fortschreitende Denkthätigkeit, welche wohl eine grössere als jedwede bestimmte Grösse, aber nie eine im metaphysischen Sinne unendliche Grösse erzeugen kann. Insofern war das Symbol ∞ berechtigt, sowohl mit dem negativen wie positiven Richtungszeichen. Weiterhin war das ∞ ein zweckmässiges Symbol zur Kennzeichnung, dass ein qualitativer Begriff durch einen anderen ersetzt werden müsse; Biegsamkeit durch Starrheit, Beweglichkeit durch Ruhe. Diesem unbegrenzt grossen Fortschritt steht aber kein Unendlich Kleines gegenüber, denn bei dem kleiner werden gibt es eine ganz bestimmte Grenze und diese ist die Null, Grenze aller Grösse, aber selbst keine Grösse. Wollte man das ∞ und $d(x)$ für Grössen nehmen, so entstände für die Logik das drollige Schauspiel, dass zwei kontradiktorische Gegensätze $+\infty$ und $-\infty$ genau in ihrer Mitte zwei andere solcher Gegensätze $+d()$ und $-d()$ hätten, welche letzteren wiederum für identisch erklärt werden müssten. Das wäre so ziemlich die chinesische Dreieinigkeit.

Jedes noch so wenig von der Null Verschiedene ist eine endliche Grösse. Hiernach gestaltet sich die Kritik der bisherigen philosophischen Begründungsversuche des Infinitesimalkalkuls folgendermaassen.

§ 3.

Erklärungsversuche der quantitativen Mothoden.

Leibnitz.

Leibnitz erfand eine abgekürzte Differenzenrechnung. Als solche war seine Methode durchaus logisch, um Veränderungen mit jedem gewünschten Grade von Genauigkeit zu berechnen. Er suchte nie durch logische Gewaltstreiche die absolute Genauigkeit zu behaupten, obschon sie thatsächlich stattfand. Als geschulter Logiker konnte er die Newtonsche Fluxionserklärung nicht für eine philosophische Lösung des Problems halten. Sein Unendlich Kleines war ein sehr Kleines, ein Sandkorn am Meere. Es ist nur konsequent, wenn auch unter den Neueren viele zu dieser Auffassung zurückkehren und die Differenzialien für redliche endliche Grössen erklären; hiermit ist wenigstens die Logik gewahrt, und jeder Sprung vom Endlichen zum Unendlichen, von der Grösse zur Ungrösse als falsch anerkannt; denn die Geringfügigkeit des Sprunges, seine relative Grösse, vermindert nicht seine Fehlerhaftigkeit als logisches Auskunftsmittel. Man kann sich ja immerhin dabei beruhigen, dass die bei Differenzirung und Integrirung gemachten Fehler sich gegenseitig aufheben, und die Differenzialien etwa eine Durchgangstufe wie die Imaginärziffern darstellen. Allerdings ist hier der grosse Unterschied, dass die absolute Kompensation bei den Imaginärziffern logisch bewiesen wird; aber nicht bei den Differenzialien. Ausserdem hinkt diese Parallele auch noch in anderer Beziehung.

Newton

führte den logischen Sprung vom Diskreten zum Stetigen aus, mit Verwendung des Begriffs der Bewegung. Er erreichte damit eine anschauliche Darstellung mathematischer Ausdrücke; durch seine demonstratio ad oculos konnte man sich schon veranlasst fühlen, an die absolute Genauigkeit der Rechnung zu glauben, aber deshalb blieb dieselbe doch ebenso unbewiesen wie unbegriffen. Die diskrete und stetige Bewegung blieben als disparate Begriffe einander gegenüber, und nur dem oberflächlichen Denken schien dieser Gegensatz gemildert dadurch, dass bei beiden Begriffen dasselbe Hauptwort stand. Fliessende Symbole zur Darstellung der Stetigkeit zu gebrauchen, ist nun einmal nicht möglich, weil dadurch aller Zweck der Symbole vereitelt würde. Newton brachte auch keine brauchbaren Symbole zu Stande. Es ist alogisch zu sagen: die Geschwindigkeit, welche ein Punkt an einem gewissen Punkte der Bahn hat, soll ausgedrückt werden durch „Fluxion x“; denn an einem bestimmten Orte der Bahn hat ein Punkt oder Körper gar keine Geschwindigkeit, wie schon die Eleaten wussten. Der Begriff „Geschwindigkeit“ setzt eine Zeit und eine Ausdehnung voraus, welche während jener Zeit durchmessen wird. Der Ausdruck „Geschwindigkeit an einem Punkte“ ist zwar in der Mechanik allgemein üblich geworden, und mag als abgekürzte Redensart gelten; nur darf man mit solchen Redensarten keine Logik konstruiren wollen. Schon Lagrange sah dessen Fehlerhaftigkeit,

„il faut avouer qu'on na pas même une idée bien nette de ce que c'est que la vitesse d'un point à chaque instant, lorsque cette vitesse est variable".

Es liegt aber hier ein grösserer Fehler als eine unklare Idee vor, nämlich die unlogische Verbindung von Geschwindigkeit und Punkt. Einen Sinn kann diese Zusammenstellung nur haben, wenn man den Punkt als Repräsentant einer gewissen Ausdehnung ansieht, welche mit jener Geschwindigkeit durchmessen wird. Ist aber die Bewegung stetig veränderlich, so ist auch diese Interpretation der Redensart unmöglich.

Grenzmethode.

Die in der Neuzeit beliebte Grenzmethode stellt den Begriff eines Verhältnisses der Zuwachse (Inkremente) zweier veränderlicher Grössen auf für den Fall, wo diese Zuwachse selbst Null werden.

Es wird hier derselbe logische Fehler begangen wie bei der Fluxion, welche nicht allein eine Geschwindigkeit, sondern sogar eine variable Geschwindigkeit an einem Punkte fordert. Zwei bestimmte Grössen haben ein quantitatives Verhältniss, und bestimmte Funktionen können gleichfalls ein solches haben, solange ihnen der Begriff der Quantität noch zukommt. Werden die Inkremente aber auf Null zurückgeführt, so heisst das: die Quantität wird ihnen abgesprochen, und damit hört alle Berechtigung auf, dieselben nach arithmetischen Operationen zu behandeln und zu beurtheilen. Es macht hierbei gar keinen Unterschied ob, wie man sagt, in nächster Nähe der Null jenes quantitative Verhältniss noch stattfindet. Die sinnliche Vorstellung mag sich hierbei beruhigen, aber nicht der logische Begriff; dieser letztere aber ist es, was vom mathematischen Beweise gefordert wird.

Um diese Grenzmethode plausibler zu machen, hat man eine ausgedehntere Definition der Unendlich kleinen Grösse versucht, welche bei Neueren lautet: „Unendlich klein oder gross werden veränderliche Grössen genannt, wenn die ihrer Veränderlichkeit gesteckten Grenzen derart sind, dass sie über resp. unter jede willkürlich vorgelegte ein für allemal gleichbleibende Zahl hinausgehen kann".

Diese Definition ist die ängstlich an das Grössendogma sich anklammernde Auslegung der schon von Ohm gegebenen Definition:

> „Die unendlich kleine Zahl ist nie im Sein vorhanden, sondern nur im Werden begriffen; ihre Existenz kann aber nicht bezweifelt werden."

Glaubt man denn wirklich, dass ein Begriff, welcher allen diesen verschiedenen Bedingungen genügen soll, noch ein reiner Grössenbegriff ist, ein einfaches Quantum? Und wenn es ein solches wäre, wie kommt denn die quantitative Unterscheidung all der verschiedenen Unendlich Kleinen, ihrer Ordnungen etc. zu Stande, da sie doch eigentlich allesammt am Rande der Null liegen. Oder wenn sie alle insgesammt unter jede beliebige Grenzzahl gebracht werden können, wodurch sollen sie sich denn noch unterscheiden? doch wahrhaftig nicht durch ihre Grösse!

Etwas ganz Anderes ist es, wenn man von einer Funktion von Grössen spricht, die in ihrem quantitativen Inhalte sich ändert, wenn jene Grössen sich ändern. Ein Baum bleibt ein Baum, mag er klein oder gross geworden sein; seine Grösse darf aber nicht absolut verschwinden, nicht Null werden, sonst hört er sowohl auf, Baum als Grösse zu sein. Oder nehmen wir ein mathematisches Ding; zwei Zylinder, eine gewisse Art geometrischer (qualitativer) Formen, können ihrem Volumverhältnisse nach durch einen arithmetischen Quotienten verglichen werden; dieser Quotient kann derselbe bleiben, wenn auch die Volumina durch alle Grössenstadien wachsen; werden sie aber Null, so hören sowohl Zylinder wie Quotienten auf.

Noch haltloser wird die Rechtfertigung der Grenzmethode, wenn Imaginärziffern als Grössen eingeführt werden; denn hier verliert sogar der reale Grenzbegriff, das Quantum, welches ideal erreicht aber nicht überschritten werden kann, seinen Sinn. Ueber die prinzipielle Frage, ob denn hier der Imaginärfaktor so ganz gleichgültig für seine Verbindung mit einer veränderlichen, werdenden etc. Grösse sei, ging man hinweg, weil der Erfolg das zu erlauben schien. Für Lagrange war allerdings auch diese letztere Betrachtung hinreichend, um der Grenzmethode jeden logischen Werth abzusprechen. Alle späteren Deuteleien haben hieran nichts verbessert. Was vorerst zu beweisen war: dass bei allen arithmetisch konstruirbaren Funktionen auch für die Fälle $\frac{0}{0}$ arithmetische Operationen angewendet werden dürfen, wurde vorausgesetzt, weil — man jenes $\frac{0}{0}$ ein Grössenverhältniss nannte. Im besten Falle wäre die Methode eine Rechtfertigung der Technik zu nennen gewesen; einen Einblick in den logischen Zusammenhang konnte sie nimmer gewähren.

Interessant ist es aber, den Gründen nachzuspüren, welche die Mathematiker bewogen, sich bei dieser Methode zu beruhigen; denn hiermit wird schon die logische Lösung des Problems angedeutet.

Vorerst war es die Erscheinung, dass bei der Ausrechnung gefunden wurde, dass jedesmal, wenn die Inkremente Null werden, der Quotient derselben doch noch in Gestalt einer Ziffer erhalten werden kann. Man nannte das den mathematischen Beweis von der Richtigkeit der Methode. Sodann die Leichtigkeit, womit die sinnliche Vorstellung durch sogenannte Grenzanschauungen von einem Begriffe zu einem qualitativ verschiedenen überzugehen sich bewogen fühlt; vom Polygon zum Kreise, von der konstanten zur variablen Geschwindigkeit. Weil alles dies in quantitativen Symbolen verfolgt werden konnte, und der Erfolg die Richtigkeit nachwies, deshalb glaubte man mit dem anerkannten greif- und messbaren (deshalb exakt in jeder Beziehung) Grössenbegriffe zu operiren, währenddem ganz andere in diesen Symbolen verdeckt liegende Begriffe jene Erfolge erzielten. In einem Zeichen wurde gesiegt, aber nicht mit der Grösse.

Lagrange

endlich fand den Generalbeweis von der absoluten Richtigkeit der Infinitesimalformeln, indem er die Identität der Differenzialkoeffizienten mit gewissen arithmetischen Funktionen nachwies. Dem metaphysischen Bedürfnisse nach Einblick in den logischen Zusammenhang jener Operationen war damit allerdings nicht gedient. Die Mathematiker klagten, dass man sich nicht vorstellen könne, wie das zugehe; warum gerade die derivirten Funktionen jene Resultate erzielten, ob nicht eine unentdeckte Funktion noch Bedeutenderes leisten würde. Diese letztere Frage hat Riemann in einer Studie: „Versuch einer allgemeinen Auffassung der Integration und Differentiation“ G. W. 331 — behandelt, und damit die Lagrange'sche Theorie in Hinsicht ihrer praktischen Bedeutung erweitert. Aber Lagrange liess nicht allein die logische Frage ungelöst, sondern er griff wieder zurück auf die Symbolik Leibnitzens, weil sein eigener Mechanismus zu mühsam arbeitete; und warum?

§ 4.

Logische Lösung des Problems.

Die logische Lösung wird nahe gelegt, wenn wir im Auge behalten, was eigentlich die Natur der Aufgabe ist. Diese ist, nicht Grössen zu bestimmen — das geschieht in der Elementararithmetik — sondern

Veränderungen; z. B. in einem Spezialfalle, nicht die Ausdehnung einer durchlaufenen Bahn des Planeten soll gemessen werden, sondern die Art und Weise des Durchlaufens jener Bahn, das Gesetz der Bewegung soll logisch dargestellt, nicht gemessen werden. Dies schliesst nicht aus, dass der Ausdruck jenes Gesetzes zum späteren Ausmessen der Bahn dienen kann. Die Veränderung ist ein Begriff ganz anderer Art wie die Grösse, qualitativ verschieden von ihm. Die beiden Begriffe können aber verbunden werden, und dann erhält man verschiedene Qualitäten, die sich verändern. Die qualitativen Veränderungen sollen nun durch quantitative Zeichen ausgedrückt werden, und das ist in gewissen Grenzen möglich nach B. III.

Es können zwei Wege zur Lösung des Problems eingeschlagen werden. Entweder muss der Begriff Veränderung in logischen Konnex zum Begriff Grösse gebracht werden, ähnlich wie etwa in A. VII. die Begriffe „Richtung, Entfernung“, oder aber die logische Bedeutung der arithmetischen Funktion überhaupt und der derivirten Funktion insbesondere muss ergründet werden. Beide Wege führen zu demselben Resultate und erweisen darin ihre logische Verbindung.

§ 5.

Qualität arithmetischer Formen.

Nach den gegebenen Definitionen, speziell Ausführungen B. III. 2, ist, was man gemeiniglich veränderliche Grösse nennt, keine reine Grösse mehr (in quantitativem Sinne). Irgend eine Zahl kann sich nicht verändern, ohne aufzuhören, jene Zahl zu sein. Der Grössenbegriff kann aber mit qualitativen Begriffen verbunden werden; ein Stein, ein Pferd kann seine Grösse verändern, und solche Begriffsverbindungen sind auch die veränderlichen Grössen der Analyse. Es sind im Allgemeinen Funktionen, Formen, welche eine spezifische Qualität als diese oder jene Form haben, welche Qualität als Einheit gesetzt wird in weiteren formalen Verbindungen; ist aber die abstrakte arithmetische Eins jene Einheit, so hört alle Qualität auf und damit zugleich die veränderliche Grösse. Eine der einfachsten arithmetischen Formen, welche als eine solche spezifische Qualität gesetzt wird, ist der Quotient als quantitatives Symbol des Verhältnissbegriffes. Dies Symbol ist seiner Struktur (arithmetische Form) nach die Verbindung zweier Grössen durch einen Beziehungsbegriff (das Divisionszeichen), welcher aussagt, dass jene beiden Grössen als Spezialbegriffe sich gegenseitig determiniren, in einem Ganzen funktional einander bestimmen. Diese Qualität der arithmetischen Form $\frac{a}{b}$ bleibt nun ganz dieselbe, ob sie einmal oder unbegrenzt viele male gesetzt wird, ob es heisst 1. $\frac{a}{b}$ oder $\infty . \frac{a}{b}$; ganz verkehrt wäre es aber, den letzteren Ausdruck

$$\infty . \frac{a}{b} \text{ gleich setzen zu wollen dem } \frac{\infty}{b}$$

nach den gewöhnlichen arithmetischen Regeln, wenn man den Ausdruck zu begrifflichen Deutungen benutzen will. Soll quantitativ gedeutet werden, so ist jene arithmetische Regel

$$\infty . \frac{a}{b} = \frac{\infty}{b} = \infty$$

richtig. Aber in verhältnissmässig wenigen Fällen wird eine solche Deutung gefordert.

Wenn wir in der Zahltheorie Zahlen suchen, welche in dem gegenseitigen Verhältniss 2 : 3 stehen, so dürfen wir in dem Ausdruck $f\left(\frac{2}{3}\right)$ den eingeklammerten Bruch nie nach arithmetischen Regeln verändern, um irgend einen einfacheren Ausdruck hervorzubringen, weil das die ganze Aufgabe zerstören würde; weil wir es hier nicht mit Zahlgrössen, sondern mit Zahlqualitäten zu thun haben. Die Grösse 8 kann ein Symbol für ganz verschiedene Begriffe sein; sie kann heissen $2 . 4$, $8 . 1$, $4 + 4$, $2 . 2^2$, 2^3, — Deutungen, welche alle identisch werden, solange es nur auf quantitative Ausmessung ankommt, welche aber eine jede heterogen der anderen bei Fragen der Zahltheorie sind.

Gehen wir zu einigen komplizirteren Formen über; vorerst der einfachst möglichen funktionalen Bestimmung, dem arithmetischen Konnex ersten Grades zwischen zwei Elementarformen

$$y = ax + c$$

Dieser Ausdruck gibt uns zunächst die Möglichkeit, einzelne Bestimmungen des Gebildes

$$\varphi_z (y, x, c) \equiv [y = ax + c]$$

nach Zahlwerthen auszurechnen, also eine gewisse Reihe von Zahlen anzugeben.

Der Ausdruck als Ganzes ist aber zugleich Symbol eines von dem Quantum ganz verschiedenen Begriffs, wenn wir ihn schreiben

$$\varphi_z \left(\frac{y}{x}\right) = a$$

und damit aussagen, dass in einem Gebilde der qualitative Verhältnissbegriff der beiden Elementarbestimmungen ein konstanter sein soll. Dies sagt aus, dass zwei Elemente zu einem Ganzen systematisch verbunden sind, dass ihr Verhältnissbegriff ein konstanter ist, und die logische Deutung dieser arithmetischen Form ist der Begriff **Gerade.** Die Buchstaben y, x, a haben ihrerseits auch Qualitäten; y und x bedeuten räumliche Ausdehnung, die Einheit des a dagegen ist die abstrakte Zahleinheit. Durch die Verbindung dieser durch die Buchstaben bezeichneten verschiedenen Begriffe entsteht jetzt als logische Deutung des ganzen φ_z ein neuer qualitativer Begriff, welcher heisst **Geradheit.** Von Grösse der geraden Ausdehnung ist hier gar nicht die Rede; ob die Buchstaben y, x, a etwas Grosses oder Kleines bedeuten, ist einerlei; aber die Qualität der Form ist bestimmt durch die Verbindung von y und x zu einem Quotienten, und die weitere Bestimmung, dass der quantitative Werth (der materiale Inhalt) dieser Form ein konstanter sein soll. Hierdurch ist der Charakter obiger Form als Begriff Gerade bestimmt zum Unterschiede von Allem, was nicht Gerade ist, nicht zum Unterschiede von Etwas, was klein oder gross ist.

Betrachten wir die Form

$$\varphi_z = [x^2 + y^2 = r^2]$$

und suchen den Charakter derselben auszufinden, logisch zu deuten, ganz abgesehen von dem materialen Inhalt, welcher in dieser Form vorgefunden werden kann.

Abstrakt ausgedrückt sagt jene Form:

Ein Begriff soll dadurch charakterisirt werden, dass von vielen in ihm enthaltenen Unterbegriffen die Summe zweier immer statt eines dritten gesetzt werden können, wenn eine quantitative Deutung stattfinden soll. Die Buchstaben x, y, r mögen reine Zahlen bedeuten, Vielheiten der arithmetischen Eins. Statt der arithmetischen Eins können wir aber auch eine qualitative Einheit wählen, z. B. die räumliche Ausdehnung.

Die Gleichung bleibt bei dieser veränderten Einheitsetzung absolut homogen und sagt aus:

„Die verschiedenen Ausdehnungen x, y, r bestimmen durch ihre formale Verbindung als

$$\varphi_z = [y^2 + x^2 = r^2]$$

einen Oberbegriff φ_z, welcher heisst „rechtwinkeliges Dreieck“. Durch ihre spezielle Verbindungsweise in obiger arithmetischer Form,

d. h. durch ihre Verbindungsweise als Summe zweier Quadrate einem dritten Quadrate gegenüber, demnach als **binär quadratische Form**

bezeichnen sie nicht allein Verhältnisse der Grösse, sondern gewisse innere Beziehungen der Elemente in φ_z; also Beziehungen der Richtung sowohl als der Entfernung, und von jenen Beziehungen der Richtung (der Lage) darf durchaus nicht abstrahirt werden (wie Riemann vermeinte), wenn nicht die wahre Natur jener Form, ihre Qualität, zerstört oder absichtlich ignorirt werden soll.

Dadurch, dass zwei verschiedene Ausdehnungen in Form eines Quotienten zusammengestellt werden, ist auch der Begriff Ebene schon konstruirt oder postulirt. Dieser Begriff hat keinen ziffermässigen Ausdruck in dem Gebilde $y = ax$; aber wie wiederholt bemerkt, die Symbole der Addition, der Gleichsetzung, der Faktorenverbindung etc. sind ebensogut Begriffskonstruktionen wie die Buchstaben und Ziffern. Die Qualität der additiven Verbindung von Quadraten ändert sich ihrerseits wieder mit der Anzahl der Quadrate, welche verbunden werden, in allen Fällen, wo der Einheit jener Quadrate eine andere Bedeutung beigelegt wird als diejenige der diskreten arithmetischen Eins. Heisst die Deutung wie vorher „kontinuirliche Ausdehnung", so involvirt die additive Verbindung dreier Quadrate, wenn diese als unabhängig vorausgesetzt werden, den Begriff Volum. Werden aber mehr als drei Quadrate von der Einheit „kontinuirliche Ausdehnung" additiv verbunden, so kann die Forderung der gegenseitigen Unabhängigkeit nicht mehr aufrecht erhalten beiben zufolge des zahltheoretischen Charakters der Zahl (4) wie bewiesen B. V. 2.

Wenn die Pangeometrie vermeint durch ihr Krümmungsmaass Null die Ebene auf Grössen, die Lageverhältnisse auf Grösseverhältnisse reduzirt zu haben, so vergisst sie, dass ihr Begriff „allgemeine Fläche" durch die Form einer Kombination zweier veränderlicher Grössen schon symbolisirt ist. Die neueren Studien über binäre, ternäre etc. Formen, komplexe Zahlen der Zahltheorie etc. sind der Anfang eines induktiv gefundenen Systems, dessen Leitprinzip im Obigen sowie in der ganzen Entwickelung der qualitativen Auffassungsweise ausgesprochen ist.

Je nach der Natur der arithmetischen Formen kann nun die konstante Ziffer (gewöhnlich Parameter genannt), die eine solche arithmetische Form zu einem materialen Inhalte bestimmt, sehr verschiedene Qualitäten ausdrücken; denn es wird ja immer stillschweigend vorausgesetzt, dass die Zahleinheit des Parameters sich auf eine spezifisch bestimmte arithmetische Form bezieht. In der Kreisgleichung heisst diese Qualität „regelmässige Krümmung" und die verschiedenen Abstufungen (Grade) dieser Qualität werden angegeben durch die Zahlgrösse des Halbmessers. Wenn wir also die Zahlen 1, 2, 3 .... nennen und damit deren qualitative Bedeutung als Halbmesser verbinden, so denken wir uns unter jenen Zahlen eine Reihe von ähnlichen Figuren, deren Grösse des Umfangs wie jene Zahlen, deren Fläche wie das Quadrat derselben wächst.

Verbinden wir dagegen mit jenen Zahlen die Bedeutung des Parameters der Form $x^2 = py$, so denken wir uns eine Reihe von unähnlichen Figuren, deren Grad der Unähnlichkeit aber regelmässig wächst (Abstufungen durchläuft), wie die Stellen der arithmetischen Zahlreihe; sie bilden eine Reihe von Parabeln von stufenmässig fortschreitender Oeffnung. In dieser Unähnlichkeit der Figuren der vorherigen Aehnlichkeit gegenüber, ist der qualitative Unterschied der arithmetischen Formen

$$(\sqrt{x^2 + y^2}) \text{ versus } \left(\frac{x^2}{y}\right)$$

ausgesprochen, wenn ihre Ziffereinheit dieselbe Bedeutung in beiden Formen hat.

Schliesslich werde noch das bekannteste Beispiel von Qualität arithmetischer Formen erwähnt: Darstellung der Qualitäten Linie durch einfache Zahl, Fläche durch Produkt aus zwei, Körper durch Produkt aus drei Zahlfaktoren. Das Resultat der Multiplikation dieser Zahlfaktoren gibt eine gewisse Maasszahl an; die Qualität dieser Maasszahl aber wird gleichzeitig durch die Form jenes arithmetischen Komplexes eindeutig und nach logischen Regeln bestimmt. Das letztere wird begründet in B. VI. und C. I. 8. 9 vergleiche auch A. XII. S. 128.

Wenn Jemand hartnäckig behauptet, nichts Anderes als Zahlgrössen in der Kreisgleichung sehen zu wollen, so bleibt ihm das unverwehrt; ein solcher kann dann aber auch nie zum Begriff eines Kreises gelangen. Zur weiteren Verdeutlichung dieses Grundprinzips in der Verwendung der Zahlen zum Ausdruck qualitativer Unterschiede diene die Hinweisung auf die „charakteristische Zahl" einer jeden Fläche oder Kurve, welche sich nicht ändert, wenn das betreffende Gebilde durch eine lineare Substitution umgeändert wird; auf das durch einfache Zahlen ausgedrückte Geschlecht der Kurven etc. Bei all diesen Fragen dient eine jede Zahl als Ausdruck eines bestimmten Charakters der Kurven, als Symbol eines qualitativen Begriffs;

diese Zahl ist die möglichst vereinfachte Repräsentation eines gewissen analytischen Formkomplexes.

So finden wir schon an allen Ecken und Enden der mathematischen Forschungen den Begriff der Qualität auftauchen, wenn auch maskirt; die öffentliche Anerkennung desselben wird dazu dienen, das stellenweise Auseinandergehen jener Einzelforschungen wieder zu einem geschlossenen System zu vereinigen.

§ 6.

Ausdruck der Qualität kombinatorischer Gebilde durch Symbolisirung des Begriffs „Veränderung“.

Die analytische Formel eines Gebildes der Kombinatorik soll

1) eine begriffliche Definition des Gebildes, eine vollständige Darlegung seiner Elementarbegriffe und ihrer Verbindungsweise geben;
2) ermöglichen, eine jede Einzelbestimmung für jeden Fall auszumessen, wenn dem betreffenden Gebilde eine bestimmte Grösse gegeben wird.

Die erste Aufgabe ist die theoretisch wichtigste; denn bei den prinzipiellen Untersuchungen geben wir den Buchstaben der Formeln gar keine Bestimmung der Grösse nach. Untersuchen wir die Natur der Kreislinie, so bleibt es ganz gleichgültig, wie gross der betrachtete Kreis ist. Die obigen Zwecke einer Formel können nun auf sehr mannigfache Weise erfüllt werden, welche eine jede für bestimmte Fälle die zweckmässigste ist. Wenn wir z. B. den Kreis definiren als:

a) $$y^2 + x^2 = r^2$$

so sagt diese Gleichung in rein quantitativer Deutung nur aus:

man solle das Quadrat einer bestimmten Zahl ausdrücken als Summe zweier beliebiger anderer quadrirter Zahlen, und alle möglichen Zahlen aufsuchen, welche dieser Bedingung zu entsprechen vermögen.

Diese quantitative Gleichung lässt sich als Definition des Kreises deuten, wenn wir den einzelnen Buchstaben neue Begriffe beilegen. Erstens, soll eine jede Zahl räumliche geradlinige Ausdehnung bedeuten; ausserdem wird der binären arithmetischen Form, dieser spezifischen Verbindungsart zweier Quadrate durch das Additionszeichen, der Begriff Ebene — oder was hiermit gleichbedeutend ist — die rechtwinklige Stellung der Ausdehnungen y und x untergelegt. Das versteht sich weder von selbst noch ist es nothwendig; man könnte diesen Verbindungsmodus noch ganz anders deuten. Wenn man ihn aber in dieser Weise deutet, so ergibt sich aus den A. VII. dargelegten logischen Gründen eine konsequente Konstruktion der Gebilde der ersten drei Potenzen.

Dem Anschein nach viel einfacher ist die Definition des Kreises durch die Gleichung

b) $\varrho = C$ in Worten: der Radius ist von konstanter Grösse.

Doch um diese Gleichung als vollständige Definition gebrauchen zu können, muss in dem Begriff Radius oder seinem Symbol ϱ schon der Begriff Ebene und Winkel enthalten sein. Diese Gleichung wird deshalb nur für einige Spezialfälle wirklich zweckmässiger sein als die frühere.

Die beiden Definitionen a) und b) können als statische bezeichnet werden, insofern sie immer nur für einen bestimmten Fall, wenn die eine Bestimmung y so und so gross gesetzt wird, angeben wie gross in diesem Falle die andere Bestimmung ist; also feste (ruhende) Bestimmungspunkte innerhalb des Gebildes kennzeichnen.

Man kann aber auch eine dynamische Definition der Gebilde versuchen; und dieses ist nach logischem Gesetz die einzige neben der statischen noch mögliche. Die dynamische Definition kommt darauf hinaus, dass wir angeben, auf welche Art und Weise sich die Bestimmungsstücke verändern, wenn wir das Gebilde seinem ganzen Umfang (im logischen Sinne) nach entstehen lassen. Dass der Begriff der Veränderung auf alle Funktionen anwendbar ist, geht aus dem Begriff dieser hervor, definirt als:

Ein Produkt von Faktoren; oder ein bestimmtes Gebilde, welches mannigfaltige Bestimmungen innerhalb seiner zulässt, welche Bestimmungen aber alle von einander abhängig sind, in Wechselwirkung stehen, eben weil sie ein logisches Ganzes bilden.

Dass diese genetische Betrachtungsweise der Gebilde ebenso berechtigt ist wie die statische, geht daraus hervor, weil die Gebilde der Kombinatorik, werden dieselben als arithmetische oder als geometrische Formen gedeutet, durchaus keine vom Himmel gefallene Thatsachen sind, die wir nachträglich vermittelst einer, man weiss nicht woher uns übermachten Brille betrachten, sondern weil eine jede solche Form selbstthätig von uns erzeugt werden muss, damit sie überhaupt ins Dasein gelange; ein Satz der des Weiteren in Buch A. bewiesen wurde. Wenn zwar der Mathematiker mit seiner Feder ein willkürliches Konglomerat von Symbolen aufbaut, so kann etwas herauskommen, was nicht logisches Gebilde heissen darf, was also durch logischen Prozess nicht genetisch verfolgt werden kann; so z. B. das Differenzial von $(-1)^x$, oder Logarithmus von $-\infty$ bei imaginärer Basis. Von dergleichen Spässen der Zeichenkunst, die mathematischen Technikern vielleicht als polygene Funktionen vorschweben, ist aber hier nicht die Rede, sondern nur von logischen Gebilden.

Wenn wir in obigem Sinne die Veränderungen der analytischen Formel betrachten, welche die statische Definition des Kreises gibt, so erhalten wir

$$(y + \Delta y)^2 + (x + \Delta x)^2 = r^2$$

wobei Δy als die Veränderung (Zuwachs) gilt, wodurch ein bestimmtes y zu einem anderen wird, wenn der Prozess der Erzeugung des ganzen Kreisgebildes vor sich geht. Es wird also nach der allgemein üblichen Bezeichnung

$$y \text{ zu } (y + \Delta y) \text{ wenn } x \text{ zu } (x + \Delta x) \text{ wird.}$$

Dieses Werden heisst hier also sowohl Zunehmen wie Abnehmen. Der Begriff der Veränderung bleibt derselbe bei additiver wie subtraktiver Verbindung.

Die Bestimmungen werden in diesen Symbolen nicht als feste Ausdehnungen, sondern als Etwas betrachtet, was sich verändert hat, gewachsen ist. Wenn wir aus dieser Gleichung nun den Ausdruck $\frac{\Delta y}{\Delta x}$ herausschälen und ihm ein bestimmtes Symbol als aequivalent entgegenstellen, so haben wir den Begriff der gegenseitigen Veränderung von x und y, wie diese im Kreise stattfindet, durch ein quantitatives Symbol ausgedrückt, welches demnach in allen weiteren Rechnungen als Repräsentant der Natur des Kreises auftreten darf und muss. Führen wir die angedeutete Rechnung aus, welche sich sehr einfach bewerkstelligen lässt durch die Betrachtung, dass die Art der Veränderung unabhängig davon sein muss, ob dieselbe als Zuwachs oder Abnahme arithmetisch ausgedrückt wird; dass also die Gleichungen

$$(y + \Delta y)^2 + (x + \Delta x)^2 = r^2$$
$$(y - \Delta y)^2 + (x - \Delta x)^2 = r^2$$

zusammen bestehen müssen, so erhalten wir

$$\text{c)} \qquad \frac{\Delta y}{\Delta x} = -\frac{x}{y} = -\frac{\sqrt{r^2 - y^2}}{y}$$

Diese Gleichung ist eine ebenso korrekte Definition des Kreises wie die a) und b). Sie kann ebenso wie jene quantitativ und qualitativ gedeutet werden.

Bei der letzteren Deutung, welche hier hauptsächlich interessirt, sagt sie aus: dass das arithmetische Verhältniss der korrespondirenden Veränderungen Δy und Δx, wenn es durch eine arithmetische Form von x und y ausgedrückt werden darf, ganz unabhängig ist von der **Grösse** dieser Veränderungen; dass dies Verhältniss für alle Stellen des Kreises und alle Grössen der Veränderungen durch das konstante Symbol $-\frac{x}{y}$ repräsentirt, resp. durch die diesem Symbol zu Grunde liegenden Begriffe definirt wird.

Betrachten wir nun die Struktur des Symbols $-\frac{x}{y}$, so sagt dies in der Gleichung

$$\frac{\Delta y}{\Delta x} = -\frac{x}{y}$$

Die Verhältnisse der Elementarbestimmungen x, y stehen reziprok den Verhältnissen ihrer Veränderungen gegenüber; und weil in dem Ausdruck $-\frac{x}{y}$ kein fremder Faktor mit den x und y verbunden ist, weil demnach der Ausdruck der Veränderung ganz unabhängig von der Stelle ist, an welcher das x und y sich ändert, deshalb ist der Veränderungsprozess, welcher das Gebilde erzeugt, ein absolut regelmässiger, uniform an allen Stellen des Gebildes; dieser uniforme Prozess heisst, weil es sich hier um eine binäre arithmetische Form handelt, „regelmässige ebene Krümmung". Diese Krümmung wird durch das Minusvorzeichen als eine konkave definirt.

Will man die Veränderungen quantitativ berechnen, so braucht man statt der allgemeinen Symbole nur bestimmte Grössen in die Gleichung zu bringen. In ähnlicher Weise lassen sich die Gleichungen von Ellipse und Hyperbel diskutiren.

Die gestellte Aufgabe, die Natur eines Gebildes durch den Begriff der Veränderung in analytischer Weise zu definiren und demnach eine jede Bestimmung oder Betrachtung der Gebilde der Rechnung zu unterwerfen, ist hiermit für Formen zweiten und ersten Grades gelöst. Man spricht das Resultat in der Mathematik durch den logisch unverständlichen Satz aus: „die unendlich kleinen Inkremente einer Funktion zweiten Grades haben ein endliches Verhältniss".

Für Formen höherer Grade scheint die Lösung schwieriger zu werden, ist es aber nicht, wenn man nur logisch fortschreitet, und in den Symbolen nicht andere Sachen sucht als was sie sagen können; aber auch Alles was sie aussagen können.

§ 7.

Dialektische Analyse der Funktionen nach dem Begriff der Veränderung.

Der in B. III. 6 allgemein bewiesene Satz war, dass eine jede Eigenschaft der kombinatorischen Gebilde (arithmetischer Funktionen) durch eine Allziffer ausgedrückt werden kann. Zu diesen Eigenschaften gehört ebensowohl die Grösse der ganzen Funktion, oder Ausdehnung irgend eines Theiles derselben (was allgemein materialer Inhalt derselben genannt wurde), wie auch eine jede formale Eigenschaft, welche sich an dem Gebilde auffinden lässt.

Betrachten wir den allgemeinsten Ausdruck einer Funktion, wobei wir jedesmal nur zwei sog. Variable (sich gegenseitig bestimmende Eigenschaften oder auch Grössen) berücksichtigen; denn hat man ein Gebilde von mehreren Variablen, so muss dasselbe als ein Komplex Vieler von je zwei Variablen betrachtet werden, ähnlich wie ein System von vielen Gleichungen mit mehreren Unbekannten. Aus diesem Grunde, weil bei einer jeden Analyse jedesmal nur zwei Variable betrachtet werden können, kann man sich die ganze Funktion unter dem Bilde einer in der Ebene gezogenen Linie denken, und deren Variable als die einem jeden Punkte derselben zugehörigen Koordinaten, seien dies nun Linien, Winkel, bestimmte Grössenverhältnisse oder sonst welche Bestimmungsstücke. Man kann natürlich auch irgend eine andere Kombination von Denkbegriffen wählen, um den Fortgang der Bestimmungen helfend zu fixiren; die Ebene ist aber das geläufigste Bild. Der allgemeine Ausdruck sei also

$$y = x^{\omega}.$$

Wenn nun y und x entsprechende Veränderungen erleiden

$$(y + \varDelta y) = (x + \varDelta x)^{\omega}$$

so zeigt die Elementararithmetik, dass die rechte Seite des Ausdrucks sich entwickeln lässt als eine im Allgemeinen unbegrenzte Reihe von Gliedern, welche nach ganzen Potenzen von $\varDelta x$ geordnet werden können, also als

$$y + \varDelta y = x^{\omega} + \omega x^{\omega-1} \varDelta x + \omega^{2} x^{\omega-2} \varDelta x^{2} + \ldots\ldots$$

Diese Entwickelung ist allgemein gültig, weil ganz davon abgesehen wird, was die Buchstaben möglicherweise bedeuten können; vielleicht Grössen, vielleicht aber auch ganz andere Sachen, immer aber Setzungen des Denkaktes, und demnach den Gesetzen der Kombinatorik unterworfen.

Hieraus ergibt sich als Ausdruck für das Verhältniss der gegenseitigen Veränderungen $\Delta y : \Delta x$

1) $$\frac{\Delta y}{\Delta x} = \omega x^{\omega-1} + \omega^2 x^{\omega-2} \Delta x + \ldots\ldots..$$

Hier sehen wir, dass die ziffermässige Darstellung des Veränderungsverhältnisses einer jeden Funktion ein Glied enthält, $\omega x^{\omega-1}$, welches ganz **unabhängig** ist von **der Grösse der Veränderungen,** welche stattgefunden haben, denn es enthält weder Δy noch Δx. Ebenso unabhängig ist dieses Glied von **der Stelle** der Funktion, an welcher die Veränderungen stattfinden. Was dieses Glied also aussagt, gilt für den ganzen Umfang, jeden einzelnen ausgedehnten Theil und jede Stelle oder Punkt der Funktion. Dieses Glied ist also der ziffermässige Ausdruck der allgemeinsten Eigenschaft der Funktion, bezeichnet einen Begriff.

Bei den einfachsten Funktionen, welche von dem alltäglichen Denken gebraucht werden, hat die Sprache Wörter für diese Begriffe geprägt. Bei der geraden Linie ist jenes Veränderungsverhältniss

$$\frac{\Delta y}{\Delta x} = a = \text{konstant}$$

und diese Ziffer a heisst in der Sprache konstante Richtung oder gerade.

Bei dem Kreise erhielten wir

$$\frac{\Delta y}{\Delta x} = -\frac{x}{y}$$

und dies $-\frac{x}{y}$ unter dem Verständniss, dass es aus der Kreisgleichung herstammt, heisst „konstante Veränderung der Richtung, regelmässige Krümmung".

Bei der Ellipse ist $\frac{\Delta y}{\Delta x} = -\frac{bx}{ay}$ und dies heisst Krümmung, abhängig von zwei Faktoren, welche ihre Wirkung rechtwinklich zueinander geltend machen.

Auch bei komplizirten Funktionen, welche im Leben häufig vorkommen, hat die Sprache diese Charakteristik durch Worte begrifflich ausgedrückt. Z. B. Ganghöhe bei der Schraube, Abfallen vom Log bei der Schiffsrechnung etc.

Wenn wir beabsichtigen, uns nur mit dieser allgemeinsten Eigenschaft einer Funktion zu beschäftigen, so dürfen wir nur dieses erste Glied der arithmetischen Entwickelung berücksichtigen, alle anderen Glieder sind **indifferent** dieser Betrachtung gegenüber. In dieser qualitativen Betrachtung ist die Formel 1) ebensowenig eine quantitative Gleichung wie die Form $m + n.i = o$. Sie ist ein Aggregat von heterogenen Gliedern, eine Zusammenstellung von verschiedenen Begriffen, die allerdings durch die Konjunktion und aber nicht durch die Summirungszeichen plus und minus verbunden werden können. Die einzelnen Glieder dürfen nicht mehr als quantitative Werthe, sondern müssen als Formenkomplexe betrachtet werden. Sie sind deshalb doch der Rechnung zugänglich; wenn sie aber arithmetisch behandelt werden sollen, so dürfen nur homogene Glieder vereinigt werden; die Formel muss also in so viele Gleichungen zerfällt werden, als sie verschiedene Formbegriffe enthält, und dann erhält man eine Anzahl von arithmetischen Gleichungen, während der Ausdruck 1) eine logische Gleichung genannt werden muss, d. h. eine vollständige Zerlegung des Begriffs $\frac{\Delta y}{\Delta x}$ in seine Unterbegriffe.

Der Ausdruck 1) ist allerdings eine Gleichung, wenn er quantitativ entwickelt werden kann; gegenwärtig aber handelt es sich um die qualitative Deutung der kombinatorischen Entwickelung überhaupt.

Wenn wir dagegen den Ausdruck 1) quantitativ betrachten, so ist er eine richtige Gleichung; und wir können daraus die Ausdehnung der Funktion berechnen, welche einer gewissen Grösse der Veränderungen $\frac{\Delta y}{\Delta x}$ entspricht. Wir haben dann einfach nachzusehen, ob die rechte Seite der Gleichung eine konvergirende Reihe ist, und begnügen uns mit einer solchen Anzahl von Gliedern, wie sie zu dem beabsichtigten Zwecke hinreicht.

Wenn wir die qualitative Betrachtung anwenden, so ist es zweckmässig, dieses symbolisch anzudeuten: wir schreiben demgemäss

$$2) \qquad \frac{dy}{dx} = \omega x^{\omega-1} \quad \text{statt} \quad \frac{\Delta y}{\Delta x} = \ldots\ldots$$

und dies bedeutet, dass die allgemeinste Eigenschaft der Funktion $y = x^{\omega}$ durch den Formalkomplex $\omega x^{\omega-1}$ symbolisirt wird. Derselbe ist weder eine Grösse, noch hat er eine Grösse; sondern ist eine Charakteristik der Funktion, eine **qualitative Einheit** jedem anders gebildeten Formalkomplexe gegenüber. Aber als solche qualitative Einheit kann er in die Rechnung eingeführt, mit seinem vielfachen verglichen werden, und deshalb kann der Komplex $2 . \omega x^{\omega-1}$ als das Doppelte von $\frac{dy}{dx}$ gelten. Allerdings *muss* er nicht als das Doppelte gelten, denn aus einer ganz anderen Funktion kann dieses $2 . \omega x^{\omega-1}$ vielleicht auch als Charakteristik einer anderen Stufe der Ordnung, also eines weniger allgemeinen Begriffs, hervorgehen. Hier keine Unordnung oder Vieldeutigkeit eintreten zu lassen, ist Aufgabe der Integralrechnung.

Man kann deshalb die vorgebliche Gleichung

$$\frac{dy}{dx} = \omega x^{\omega-1}$$

auch folgendermaassen auslegen: Es handelt sich um eine gewisse qualitative Einheit, ein spezifisches Individuum, dessen Visitenkarte lautet $\omega x^{\omega-1}$, um auszudrücken, dass diese Chiffre sich nicht auf eine Körperlänge oder irgend eine Nummer der Statistik bezieht, sondern seinen Charakter symbolisiren soll gemäss den logisch aufzustellenden Regeln einer Symbolik durch arithmetische Formen, deshalb schreiben wir vor die obige Chiffre das Vorzeichen $\left(\frac{dy}{dx} =\right)$, ebenso wie man die Vorzeichen + und — auch zu einer qualitativen Bestimmung der Einheit benutzt.

Man ist gewohnt bei dem geometrischen Bilde den ersten Differenzialkoeffizient einer Funktion sich als die trigonometrische Tangente des durch Tangente und Koordinate gebildeten Winkels vorzustellen. Das ist quantitativ richtig; nur muss man nicht vermeinen, an dieser Tangente ein Ding zu haben, was mit dem hier aufgestellten allgemeinsten Begriff der Natur jener Funktion in Konflikt käme. Jene Tangente ist ein *veränderliches Verhältniss*, keine Grösse. Eine Grösse wird es nur bei Bestimmung eines Punktes der Kurve. Bei der Betrachtung der Kurve als Individualganzes darf man demnach nicht behaupten, dass eine Tangente das Aequivalent ihres Differenzialkoeffizienten sei; sondern dies wahre Aequivalent ist ein Begriff, der alle in der Kurve möglichen Tangenten als Unterbegriffe einschliesst.

Das Resultat also ist:

Die charakteristische Natur einer Funktion, der allgemeine Oberbegriff, welchen sie ausdrückt, hat als arithmetisches Symbol das von der Grösse und Stelle der Veränderungen unabhängige Glied in der

Entwicklungsreihe nach Potenzen dieser Veränderungen; was aus dem logischen Grunde so sein muss, weil ja sonst kein Oberbegriff durch jenes Symbol ausgedrückt wäre. Die Einführung von unendlich kleinen Grössen und ähnlichen mystischen Begriffen ist ebenso logisch falsch wie auch unnöthig, sobald man dazu übergeht in den arithmetischen Formeln, nicht allein den quantitativen Inhalt, sondern auch die formale Gestalt zu betrachten, in welcher dieser Inhalt als analytischer Ausdruck von spezifischer Form gegeben ist. Diese beiden Betrachtungsweisen sind gegeben und nothwendig, weil in einem jeden Gebilde der Kombinatorik (wie in jedem anderen der Logik) Form und Inhalt unterschieden werden müssen, bei einer Deutung also von gleicher Bedeutung (gleich bedeutsam) sind[40]).

Die Entwickelung 1) ist in qualitativer Hinsicht eine Darlegung aller Eigenschaften einer Funktion. Im Falle dieselbe in begrenzter Form stattfinden kann, hat man eine aufsteigende Reihe von Eigenschaftsbegriffen, deren ein jeder Unterbegriff unter dem durch die niedere Potenz ausgedrückten Oberbegriff, und wieder Oberbegriff über die durch die nächst höhere Potenz des Zuwachses dargestellten Unterbegriff ist. In gewöhnlicher Terminologie: ein jedes Differenzial ist Integral seines Differenzials; also eine vollständige (und exakt mathematische) dialektische Analyse. Wenn die Entwickelung nur in unbegrenzter Reihe gegeben werden kann, so verhindert das nicht einen jeden Begriff (Charakteristik einer jeden Stufe) aufzusuchen, welche von Interesse sein sollte; denn ein bestimmtes Gesetz in dem Fortschritt der Reihe muss vorliegen, sonst hat man es überhaupt mit keinem funktionalen d. h. logischen Gebilde zu thun. Der Taylorsche Lehrsatz ist das allgemeine Schema einer solchen Entwickelung, und bedarf in der qualitativen Betrachtung ebensowenig eines Beweises wie etwa die Entwickelung der Potenzen eines Binoms in der quantitativen. Quantitativ kann aber der Taylorsche Satz gar nicht allgemein bewiesen werden, wie dies auch Cauchy ehrlich eingestanden hat.

Werden die Eigenschaften von Funktionen verschiedener Grade verglichen, so ist das Gesetz der Homogenität zu beobachten; aber nicht wie bei der geometrischen Deutung, welche nur die Vergleichung gleicher Potenzen zulässt, sondern es dürfen nur gleiche Stufen der Veränderung also gleiche Differenzialordnungen verglichen werden; denn diese drücken die homogenen Stufen des Veränderungsbegriffes aus, wenn auch ihre arithmetischen Symbole verschiedene Potenzen der Variablen enthalten.

Aus der dialektischen Zerlegung einer Funktion nach dem Begriff der Veränderung in eine Stufenreihe von Gliedern, welche ein jedes eine Eigenschaft der Funktion ausdrückt, die unabhängig ist von der Grösse und der Stelle der Veränderungen, welche in den vorhergehenden Gliedern der Abstufungen möglich sind, folgt:

dass jene Entwickelung uns auch die vollständige Aufzählung aller Eigenschaften gibt, welche in jener Funktion überhaupt zu finden sind, die also hinreichen, um eine jede Frage betreffs jener Funktion zu beantworten; denn diese Eigenschaften liegen nicht heterogen nebeneinander wie weich, sauer, grün etc., sondern folgen stufenweise auseinander.

Bei den Gebilden ersten Grades ist der Differenzialkoeffizient nicht allein Symbol des allgemeinsten Begriffes, sondern auch des einzigen, welcher in jenem Gebilde vorhanden sein kann. Verschiedene Arten der Geradheit, wie etwa die Hypergeometrie will, widersprechen deshalb schon einer allgemein logischen Interpretation der Formen. Wenn wir aber verschiedene Arten der Geradheit anerkennen wollten, so müsste doch dem Gesetz einer jeden logischen Symbolik zufolge das analytische Gebilde ersten Grades mit einem absolut einfachen stets identischen Begriff gedeutet werden. Die entsprechende Umkehrung dieser Forderung s. S. 145.

Im Allgemeinen drückt ein Differenzialkoeffizient beliebiger Ordnung die geometrische Aehnlichkeit der Gebilde aus, deren qualitative Einheit sein Formalkomplex angibt. Deshalb sind alle Kreise ähnliche Gebilde; bei den Ellipsen aber nur solche von gleichem Verhältniss der Axen.

Es ist schon ein geläufiger Ausdruck geworden von der Aehnlichkeit in den unendlich kleinen Theilen zu sprechen. Diese Kleinheit der Theile hat aber gar Nichts mit der Aehnlichkeit zu thun. Zwei Kurven, welche sich in einer grösseren Ausdehnung unähnlich, sind es ebensogut in einer kleineren; wir bedürften dazu nur besserer Mikroskope, um diese Wahrheit auch ziemlich greifen zu können. Aber die Aehnlichkeiten, welche durch die Differenzialkoeffizienten ausgedrückt werden, sind ganz verschiedener Art, je nach der Ordnung jener Differenzialen. Eine Ellipse als Ganzes (Individualgebilde) ist einem Kreise viel ähnlicher als einer Schraubenlinie, obschon man aus der letzteren ein dem Kreise viel ähnlicheres Stück als der Ellipse herausschneiden könnte, wenn man sich nur auf die sinnliche Beobachtung beruft. Diese Aehnlichkeit liegt im Begriffe der Kurve; bei der Schraubenlinie ist der Begriff der räumlichen Ausdehnung nothwendig, welche bei Kreis und Ellipse nicht vorhanden ist; und deshalb sind bei den beiden letzteren auch die Differenzialkoeffizienten einander ähnlicher, verglichen mit dem ersteren. Deutlicher wird es noch, was eigentlich dem alogischen Ausdrucke „Aehnlichkeit in den unendlich kleinen Theilen“ zu Grunde liegt, wenn man diese Vergleichung zwischen der geraden Linie und dem Mittelstück der Lemniskate ausführt. Obgleich dies eine Kurve vierten Grades ist, so wird doch Jeder zugeben, dass die anschauliche Aehnlichkeit zwischen einem ziemlich grossen Stück gerade Linie und dem Mittelstück der Lemniskate viel grösser ist, als zwischen viel kleineren Stücken von Linie und Kreis.

Hat man eine Zusammenstellung mathematischer Symbole, welche einer bestimmten Zerlegung nicht fähig sind, erscheinen gebrochene oder regelmässig fortschreitende Potenzen der Variablen, so zeigt dies, dass eine bestimmte Funktion in logischem Sinne nicht vorliegt. So ist z. B. eine reduktibele Gleichung insofern schon nicht mehr eine logische Funktion, als sie Lösungen zulässt, welche auch schon von einer Gleichung niederen Grades gegeben werden; insofern also in der analytischen Definition des Gebildes ein unnöthiges Zuviel von Bestimmungen, eine zu hohe Qualitätstufe, ein zu allgemeiner Oberbegriff verwendet wurde. In der Riemann'schen Konstruktion als Blätterfigur erscheint deshalb eine solche Gleichung als mehr oder weniger isolirte Gruppen von Blätterfiguren, welche in Einzelpunkten zusammenhängen, aber kein logisches System mehr bilden. Riemann hat im Allgemeinen die Aufgabe gelöst, alles was man in mathematisch-technischem Sinne Funktion nennt, in diejenigen Systeme zu zerlegen, welche man in logischem Sinne Funktion nennen darf; es stellen sich dabei in seinen Blätterfiguren die ersteren dar in den meisten Fällen als ein mehr oder weniger lose zusammenhängendes Konglomerat von geometrischen oder auch imaginären Figuren. Wenn bei den letzteren die Verbindungsweise der imaginären Gebilde geometrisch ist, so kann man sie als logische Funktionen bezeichnen; denn der Name dieser Gebilde, heisse er imaginärer Punkt, Kurve oder Körper, hat keine Bedeutung; er bezeichnet nur eine gewisse, konsequent festgehaltene Einheit von bestimmter Qualität, eine analytische Form zur Einheit gemacht und mit einem ziemlich willkürlichen Worte benannt.

Die alleinige Differenziation der Funktionen hat schon sehr bedeutende Resultate ergeben, z. B. bei dem Tangentenproblem, den Fragen nach Maximum und Minimum, den Untersuchungen über Krümmung etc. Man schrieb dies gewöhnlich der Vereinfachung der Gleichungen zu, welche durch die Differenziation erfolgt; weil man in der vereinfachten Gestalt die Gebilde bequemer analytisch behandeln und ihre Natur studiren könne. Diese rein technische Erklärung des Erfolges verkennt vollständig die logische Ursache desselben. Diese letztere liegt darin begründet, dass durch die Differenziation neue Begriffe entwickelt werden. Wäre ihr Sinn nur die Auflösung der Gebilde in sehr kleine Theile, so könnte man erst von der Integration ein Resultat d. h. die Herstellung eines vernünftigen Objektes erwarten.

In allen gegebenen Deduktionen war es nicht nothwendig, speziell von dem Symbol $\sqrt{-1}$ und seinen Verbindungen zu sprechen, denn die Allziffer blieb überall vorausgesetzt. Die quantitative Auffassung würde jedoch keinen einzigen Schritt hierbei rechtfertigen können, selbst wenn man ihr Beweisverfahren bei Differenziation von Zahlgebilden gelten liesse; denn von einer Konvergenz komplexer Reihen sprechen ist ebensowenig logisch, wie von der Konvergenz der Bäume und Wolken, weil solche in Summationsform zusammengestellte Reihen unsummirbare Glieder enthalten; als technischer Ausdruck ist so etwas zulässig, nicht aber als logische Erklärung. Es ist aber in diesem Falle auch nicht zulässig, die Reihe in zwei Reihen zu spalten, welche homogene Glieder enthalten, weil damit die Funktion als Ganzes zerstört würde.

§ 8.

Forderung der Vorstellbarkeit einer Erklärung.

Man hört häufig, es sei nothwendig bei einer Erklärung aufzuzeigen, wie man sich die Sache vorzustellen habe; z. B. wenn der Begriff der stetigen Veränderung kurrante Münze werden solle, so müsse eine Anweisung gegeben werden, wie man sich den Uebergang des Polygons in den Kreis vorzustellen habe; hierzu gebe es aber kein anderes Mittel als die stetige Verkleinerung der Polygonalseiten, bis sie beim sogenannten Unendlich Kleinen anlangen, wo jede Seite auf einen Punkt reduzirt, alle Katzen grau sind.

Wer durchaus einer ziemlich greifbaren Krücke bedarf, um sich zu einem logischen Schlusse bewegen zu lassen, der mag sie für seine Individualbedürfnisse gebrauchen; dergleichen sollte aber nur für Kinder nothwendig sein, welche erst denken lernen. Nichts kann aber verkehrter sein, als die in obiger pädagogischer Forderung steckende Meinung, als wenn dadurch, dass den Sinnen durch solchen Nebelbilderprozess Etwas plausibel gemacht, auch für den logischen Schluss das Geringste gewonnen worden sei. Die kombinatorische Betrachtung abstrahirt ausdrücklich von allem Sinnlichen; es handelt sich bei ihr um Denken und Begreifen, nicht um Erweckung eines Glaubens für die Sinne. Dem Denken sind qualitativ verschiedene Begriffe, wie Linie und Punkt, absolut heterogen, weil gleich und ungleich kontradiktorische Gegensätze sind; deshalb sind die Begriffe „gerade—krumm, Polygon—Kreis“ durch Vergrösserung und Verkleinerung nicht ineinander überführbar. Dies liegt nicht an unserer Sinnlichkeit, an den Schranken der Erfahrung, auch nicht am menschlichen Intellekt; sondern an der synthetischen Setzung des Denkens, welche weder vom Thier noch Mensch noch Göttern in einer anderen Weise ausgeübt werden kann als nach der Regel $A = A$.

Der grosse Beifall, dessen sich der Begriff der qualitativen Veränderung durch quantitativen Prozess (d. h. der Begriff des Unendlich Kleinen) zu erfreuen gehabt hat, entstammt allerdings der Bequemlichkeit, welche sinnliches Anschauen dem logischen Denken gegenüber gewährt. Die Sinne unterscheiden nicht unterhalb einer gewissen Grenze; unterhalb jener Grenze ist den Sinnen $1 = 2$, Linie = Punkt. Dass dem so ist, liegt aber nicht am menschlichen Intellekt, sondern im menschlichen Blute, seiner organischen Konstitution; und das Denken darf sich ebensowenig bei einem sinnlichen plausibel Machen beruhigen, wie es den Identitätsatz „im Unendlich Kleinen und Unendlich Grossen der metamathematischen Spekulationen“ aufheben darf. Der Begriff „Unendlich Klein“ ist für den logischen Uebergang von gerade zu krumm nicht mehr tauglich als etwa der Begriff Biegsamkeit, vermittelst dessen wir auch aus gerader Linie eine krumme machen können; im Gegentheil, hierbei wäre der Forderung des vorstellig Machens schon viel besser genügt. Man darf sich also nicht einbilden, dass man durch die beliebte Verkleinerung die Symbole dy, dx anschaulich gemacht habe. Dieses auschaulich Machen wird aber auch gar nicht gefordert von der Mathematik; wäre das für einen jeden aufgestellten Begriff in dieser Wissenschaft nothwendig, so wäre zuvörderst geboten, bei dem $\sqrt{-1}$ dies fertig zu bringen; denn dies Symbol wird nicht allein in Geometrie, sondern auch in der Arithmetik gebraucht. Vergleiche B. VI. 11.

§ 9.

Der technische und der logische Werth des Symbols $\frac{dy}{dx}$.

Es wurde gezeigt, wie das Symbol $\left(\frac{dy}{dx}=\right)$ als Vorzeichen eines Formkomplexes $\omega x^{\omega-1}$ betrachtet werden kann, welches dieser derivirten Funktion eine gewisse Qualität als Einheit verleiht, ebenso wie $+$ und $-$ die abstrakte Einheit 1 zu einer qualitativen Einheit stempeln. Man kann aber auch dem durch die Leibnitzsche oder Grenzmethode gewonnenen Differenzialquotienten $L\frac{\Delta y}{\Delta x}$ einen logischen Sinn beilegen.

Wenn zwei voneinander abhängige Bestimmungsweisen korrespondirende Grössen markiren, so kann man sowohl das Verhältniss der markirten Grössen, wie auch das Verhältniss der Bestimmungsweisen [d. h. des Gesetzes der Entwickelung, des Fortschritts] der Betrachtung unterwerfen, d. h.:

$$\frac{y}{x}=\frac{a+a^2+a^3+\ldots\ldots}{b+2b+3b+\ldots\ldots}$$

kann sowohl seinem arithmetischen Werth nach für bestimmte y, x, als auch der Form nach betrachtet werden, welche eine nach Potenzen gegenüber einer nach Vielfachen fortschreitende Reihe besitzt.

Wenn der materiale Inhalt jenes Quotienten berechnet werden soll, so muss man den arithmetischen Werth der Einzelbuchstaben kennen. Soll aber der Formalwerth des Quotienten betrachtet werden, so ist die arithmetische Zahlgrösse der Buchstaben ganz gleichgültig; dieser Formalwerth bleibt derselbe, ob die Buchstaben Millimeter oder Siriusweiten bedeuten. Ebenso gleichgültig für den Formalwerth ist es, ob alle Glieder der Reihe aufgeführt sind; es muss nur eine hinreichende Anzahl vorhanden sein, um das Gesetz ihres Fortschrittes kennen zu lernen. Ebenso gleichgültig ist es, ob die Reihen im arithmetischen Sinne konvergirend oder divergirend sind, weil auch eine divergirende Reihe ein Entwickelungsgesetz repräsentiren kann. Es reduzirt sich nun obiger Quotient nicht auf Null, wenn den Zuwachsen Δy, Δx der Nullwerth beigelegt wird, weil man bei der arithmetischen Manipulation statt eines Quantums in diesem Falle das quantitative Symbol des Verhältnisses der beiden Reihengesetze erhält, wie schon in B. III. 4 nachgewiesen. Das $L.\frac{\Delta y}{\Delta x}=\frac{dy}{dx}$ ist also nicht, wie die Grenzmethode sagt, die Grenze des Verhältnisses oder der Werth des Quotienten der beiden Grössen Δy, Δx, für den Fall, dass Δy, Δx Null werden – (eine alogischere Wortverbindung ist schwerlich fertig zu bringen) — sondern das durch quantitative Symbole ausgedrückte Verhältniss **zweier Veränderungsgesetze**, welche konstante Gesetze der Entwickelung bleiben, einerlei, ob die Gegenstände, worauf sie angewendet werden, klein oder gross sind. Die Grössen der entwickelten Gegenstände sind auf die Gesetze der Entwickelung von keinem Einfluss; diesen Gesetzen gegenüber sind die Grössen indifferent, d. h. arithmetisch Null.

Der grosse Werth, welchen das Symbol $\frac{dy}{dx}$ als Ausdruck obigen logischen Gedankens für die Technik der Analyse hat, liegt in dem Umstande, dass dieser Gedanke in der arithmetischen Form eines Quotienten der zwei Variablen ausgedrückt ist; keine andere Bezeichnung hat mit diesem Symbol zu rivalisiren vermocht.

Das $\frac{dy}{dx}$ lässt sich wie ein Bruch behandeln, zerreissen; der Nenner auf die andere Seite einer Gleichung übertragen, obschon das dy und dx isolirt gar keine Bedeutung haben. Das Zeichen lässt sich auch umkehren und ergibt dadurch unmittelbar Resultate der Umkehrungsfunktion, ohne dass man eine ganz neue Betrachtung der Gebilde wieder durchführen müsste. Auch den weiteren Differenzirungen passt sich das Zeichen sehr leicht an, und obschon dx^2 in dem $\frac{d^2y}{dx^2}$ eigentlich eine ganz andere Bedeutung hat als das Quadrat von dx, so lässt es sich doch in den Formeln gleich jenem behandeln. Der Grund für all dies bequeme Gebahren liegt in dem logischen Konnexe der Begriffe „qualitativ-quantitativ“ bei kombinatorischer Anwendung, und in dem strikten Gegensatze der direkten und indirekten arithmetischen Operationen. Ausserdem kann man in Problemen der Mechanik dem dy, dx etc. die Bedeutung *sehr kleiner* Werthe im Verhältniss zu sinnlichen Wahrnehmungen geben, und man ist in mehreren Fällen berechtigt, diese thatsächlichen Grössen mit dem *Entwickelungsbegriff* zu vertauschen, wodurch die Rechnungen sehr vereinfacht werden. Diese Vertauschung muss allerdings für jeden Spezialfall gerechtfertigt werden; sonst erscheinen jene Paradoxien und sogenannten mathematisch richtigen, aber thatsächlich falschen Resultate, woran die alles berechnen wollende Neuzeit so überaus reich ist; es erscheint kaum mehr eine Idee widersinnig genug, um nicht auch mit Differenzialien und Integralen ausgeschmückt (vulgo berechnet) zu werden.

Man kann sagen, dass mit Aufstellung des Zeichens $\frac{dy}{dx}$ die neue Rechnung erfunden wurde; nicht eher, denn die Versuche, dynamische Begriffe in die Mathematik einzuführen, kann man schon von Galilei oder gar Archimedes her datiren; auch nicht später, denn alles Hinzugefügte war technische Verwendung dieses Zeichens. Dadurch dass die derivirte Funktion, die Variirung einer Funktion nach dem Begriffe der Veränderung, welche als solche alle möglichen Veränderungen in sich schliesst, und demzufolge durch keine andere Funktion ersetzt werden kann, in Form eines Quotienten symbolisirt wurde, dadurch war eine lange gährende Idee, ein instinktiv als nothwendig gefühlter Begriff zu kurrenter Zahlmünze und Rechenmarke ausgeprägt. In diesem Zeichen einten sich alle wahrhaften Bestrebungen, und wenn auf Etwas, so können ihm Eulers Worte gelten:

„Ac si quidem ipsius Analysis praestantiam spectamus, eam praecipue soli idoneo quantitates signis denotandi modo tribuendam esse deprehendimus.“

Oder in der hier gebrauchten Sprache: Wer uns das Mittel gibt, auf die unmittelbarste Weise gewisse Denkkombinationen zu einem Schlussurtheil zu verknüpfen, das ist unser Mann. Sei die Gestalt seiner Instrumente noch so barock, ihre Erklärung noch so mangelhaft, sind sie aber nach dem Satz des Widerspruchs konsequent verwendbar unter allen Verhältnissen, so dienen sie unseren Zwecken, und zeigen wenigstens in den Resultaten, dass sie logisch berechtigt und erklärbar sind.

§ 10.

Die Integration.

Ebensowenig wie die Differentiation ein Berechnen der unendlich kleinen Theilchen einer Funktion, ebensowenig ist die Integration ein Summiren von kleinen Theilchen, sondern sie ist Aufsteigen von einem Komplexe allgemeinerer Eigenschaften zu einem solchen von spezielleren, und dieses Aufsteigen findet auf allen Stufen nach dem einheitlichen Begriff der Veränderung korrespondirender Bestimmungen statt. Aus Nullen, mögen sie relativ oder absolut genannt werden, lässt sich kein

Quantum addiren, ebensowenig wie aus einer Unzahl von Linien eine Fläche. Aber aus dem Begriff einer Richtungsänderung, welche unabhängig ist von Grösse und Stelle der Veränderung von Bestimmungselementen einer Funktion, lässt sich schliessen auf die arithmetische Form oder die geometrische Gestalt der Gebilde, welchen jene Eigenschaft zukommt. Weil nun obiger Begriff der einfachsten Richtungsänderung gemäss seines Charakters als Denkbegriff durch analytische Symbole ausgedrückt werden kann, deshalb kann dasselbe mit den Gebilden geschehen, welchen obige Eigenschaft zukommt; sie heissen arithmetische Formen zweiten Grades, als Symbole der Kegelschnitte.

Eine Funktion ist also ein Denkgebilde, in welchem sehr verschiedene Eigenschaften zu einem Ganzen vereinigt sind. Ihr letztes Differenzial ist das quantitative Symbol der allgemeinsten Eigenschaft dieser Funktion, welche also ausser dieser Funktion noch einer grossen Anzahl anderer zukommen kann. Das nächstgeringere Differenzial gibt schon eine weniger allgemeine Eigenschaft an, und so weiter, bis mit dem ersten Differenzialkoeffizienten die Reihe der Eigenschaften erschöpft ist, und der Funktion durch ihre Konstanten die bestimmte Grösse des Gebildes angegeben wird, in welchem obige Eigenschaften vereinigt sind. Die verschiedenen Differenzialkoeffizienten stehen in einem solchen Zusammenhange, dass ein jeder höherer solche Eigenschaften angibt, die unabhängig sind von der **Grösse** der korrespondirenden Veränderungen, welche in dem nächstniedrigeren Differenzialk., als selbständige Funktion betrachtet, vorgenommen werden können. Hierdurch sind wir gesichert, dass alle Eigenschaften, welche überhaupt in der primären Funktion vorhanden sind, aufgefunden werden. Ebensogut wie man nun eine Funktion als primäre, kann man sie auch als abgeleitete betrachten, und die neue Funktion suchen, deren Charakteristik sie sein soll. Da dieses begriffliche Aufsteigen von einer allgemeineren Eigenschaft zu einer Vielheit von spezielleren aber unbestimmter ist im Vergleich zu der umgekehrten Operation, der Technik des Kalkuls also viel weitläufigere Schwierigkeiten verursacht, so löst der praktische Kalkul obige Aufgabe der Integration dadurch, dass er unter den bekannten Ableitungen der Hauptfunktionen diejenige sucht, welche mit dem zu integrirenden Ausdrucke übereinstimmt. Dass unzählige Kombinationen möglich sind, welche diese Betrachtungsweise überhaupt nicht zulassen, ist leicht ersichtlich. Von einem beliebig zusammengestellten arithmetischen Ausdruck ist ebensowenig zu erwarten, dass er Differenzial einer Funktion, als dass die Seitentitel eines Wörterbuchs einen logischen Satz ergeben. Ist aber eine Kombination nicht Resultat des Zufalls oder Willkür, sondern mathematischer

Ausdruck eines Gedankens, einer funktionalen Bestimmung, so kann dieselbe, wenn auch nicht als vollständiges Differenzial, so doch als Theil eines solchen gelten. Die Kunst der Integration besteht dann darin, den fehlenden Theil ausfindig zu machen. Dieses letztere erfordert eine glückliche Divinationsgabe, wenn auch mit der Zeit die Kenntniss von Analogieen diese Divination leiten und erleichtern kann.

Erstreckung eines Formgesetzes.

Man nennt den Ausdruck x^n kurzweg das Integral von $nx^{n-1}dx$; und den aus der Gleichung $y = f(x)$ gewonnenen Ausdruck $\int y dx$ ein Flächenintegral.

In der quantitativen Deutung stellt man sich nämlich eine Funktion allgemein unter dem Bilde einer Kurve vor und zerlegt eine von ihr und zwei Koordinaten begrenzte Fläche in eine grosse Anzahl Parallelogramme. Ein jedes dieser Parallelogramme stellt man sich vor als bestimmt durch die zwei Seiten y und dx, von denen das y eine redlich messbare, das dx aber eine sogenannte unendlich kleine Grösse sei; durch Summirung solcher Parallelogramme will man die Grösse der Fläche messen. Diese Vorstellung beruht auf folgenden Voraussetzungen:

1) eine Parallelogrammfläche sei bestimmbar durch das arithmetische Produkt zweier Seiten;
2) ein sehr kleines Stück Kurve könne als gerade Linie betrachtet werden;
3) man könne eine endliche Summe bilden aus unendlich vielen Gliedern, deren Grösse zwischen endlichen Grenzen variirt.

Voraussetzung 1) ist richtig, bleibt aber unbewiesen. 2) und 3) sind falsche Behauptungen; die technischen Manipulationen aber, welche diese Behauptungen ausführen sollen, kompensiren ihre gegenseitigen Fehler.

Wenn man die Behauptung, dass ein Parallelogramm der Fläche nach gleich dem Produkte zweier Seiten ist, ohne weiteren Beweis aufstellen darf, so ist man ebenso berechtigt, dies von dem Integral $\int y dx$ für eine jede beliebige Fläche auszusagen, und man kann sich den auf die fehlerhaften Voraussetzungen 2) und 3) gestützten Beweisversuch ersparen. Dies geht aus unserer Betrachtung des Integrals hervor, womit zugleich der logische Beweis des geometrischen Satzes 1) gegeben wird, wie folgt:

Eine Gleichung zwischen Variabeln muss nicht allein

in der Form $ax^m + by^m + c = o$

sondern auch allgemein als $\varphi_z\,[x, y, c\,..]$

betrachtet werden d. h. als ein Gebilde der Kombinatorik, erzeugt durch die Wechselwirkung seiner Elemente; ob ein solches nun geometrisch interpretirt werden kann, bleibt ganz dahingestellt. Wird aber die geometrische Interpretation ausgeführt, so muss man sich doch an die kombinatorische Begriffsverbindung halten; dies letztere wird in der gewöhnlichen Auffassung nicht strenge durchgeführt. Liege z. B. die Kreisgleichung vor

$$x^2 + y^2 = r^2$$

so denkt man gewöhnlich, dass damit die Kreislinie analytisch ausgedrückt sei; das ist aber strenge genommen nicht der Fall. Wird der arithmetischen Einheit in dieser Gleichung die Bedeutung einer räumlichen Ausdehnung gegeben, so besagt sie:

in quantitativer Auffassung, ein Verhältniss von Dreieckseiten, oder auch Bestimmung der Ausdehnung r durch x, y oder umgekehrt;

in qualitativer Auffassung, ein Gebilde φ_z (x, y, r) innerhalb dessen drei Elementarbestimmungen sich gegenseitig zu einem Produkt, einem Gebilde überhaupt, zusammenschliessen. Dieses Gebilde ist aber nicht die Kreislinie, die Bestimmung von Stellen in der Entfernung r von einer festen Stelle aus, sondern dies Gebilde enthält die Elemente x, y, r, ist demnach geometrisch als Kreisfläche zu interpretiren.

Diese qualitative Auffassung, welche bei der algebraischen Gleichung als gleichberechtigt neben der quantitativen steht, ist die einzig berechtigte, wenn die algebraische Gleichung in die Differenzialform umgewandelt worden ist. Denn das

$$\frac{dy}{dx} = -\frac{x}{y}$$

sagt aus, dass in dem Symbol $-\frac{x}{y}$ der Charakter des Gebildes ausgesprochen ist. In dem $-\frac{x}{y}$ wird demnach ein Formalgesetz (Bildungs-Erzeugungsgesetz) ausgesprochen, welches für alle seine Theile, klein oder gross, gültig ist. Das Gebilde wird demnach hergestellt, erzeugt dadurch, dass dies Formalgesetz auf ein bestimmtes Gebiet angewandt wird, über eine bestimmte Ausdehnung erstreckt wird. Demnach ist der Sinn des Symbols $\int f(x)\,dx$

ein Produkt — im allgemein logischen Sinne, nicht im speziell arithmetischen — erzeugt durch die Erstreckung des Formalgesetzes $f(x)$ über ein gewisses Gebiet x.

Dieses Gebiet, worauf ein Formalgesetz angewendet wird, kann sehr verschiedener Art sein; sowohl eine stetige räumliche Ausdehnung, sei dies Linie oder Fläche oder Körper, oder eine zeitliche Ausdehnung, oder eine andere kontinuirliche Reihe von quantitativen oder qualitativen Unterschieden, oder Kombinationen von solchen. Die allgemeinste Form dieser Kombinationen wird uns durch die Allziffer gegeben; durch zwei Allziffern wird also das Gebiet begrenzt werden müssen, über welches das Formalgesetz erstreckt wird. Dies Gebiet ist aber nicht eindeutig bestimmt, wenn nur die zwei Grenzziffern angegeben werden, weil sich durch sehr verschiedene kontinuirliche Reihen von einer Allziffer zur anderen gelangen lässt. Zur eindeutigen Bestimmung wird man also mit dem Symbol $\int f(x)dx$ zugleich die Reihe (Integrationsweg) angeben müssen, welche von der Grenze $x = a$ zur Grenze $x = b$ hinführt; d. h. im geometrischen Bilde die Kurve angeben, welche die Stellen a und b verbindet. Diese Kurve kann ins Unbegrenzte verlaufen und wieder daraus zurückkehren; wenn es nur eine bestimmte Kurve ist, so wird auch das Ausdehnungsgebiet und damit der Integralausdruck ein bestimmter sein.

Es ist aber gar nicht einmal nothwendig, dass obiges Gebiet ein kontinuirliches sei; es kann aus diskreten Stellen bestehen, nur müssen diese durch ein gewisses Gesetz verknüpft sein, sodass sie funktional miteinander zu einem logischen Ganzen verbunden sind. Ueber eine Vielheit solcher diskreter Stellen oder funktional verbundene Einzelgebiete lässt sich ebensogut ein Formalgesetz erstrecken im logischen Sinne, und die Symbolik der Integration muss sich dem anbequemen. Hieraus folgt die Anwendung, welche die Integralformel auf Fragen der Zahltheorie und der Statistik haben kann. Alle Zahlquanta lassen sich als Produkte aus verschiedenen und jenachdem beliebig vielen Faktoren auffassen; diese Produkte gleichfalls als arithmetische Repräsentanten von Bildungsgesetzen, als Integrale und Differenziale von verschiedenen, zuweilen beliebig wählbaren Ordnungen; daher auch die Möglichkeit, Funktionen in Form sogenannter „unendlicher Produkte“ darzustellen. Die Wichtigkeit dieser letzteren liegt in der Verwendung des Produktbegriffes nach einem beliebig wählbaren Gesetz des Fortschrittes. Bei den Zahlen in zahltheoretischem Sinne ist allerdings eine Auflösung nur in bestimmte Faktoren möglich; man kann dieselben aber zwischen zwei Zahlquanta als Grenzen (im allgemeinen irrationale) einschliessen und hierdurch auch die starren Primzahlen dem allgemeinen Schematismus fügbar machen.

Wenden wir nun diese allgemein logischen Bestimmungen der Formgebilde auf den einfacheren Fall der geometrischen Interpretation eines durch zwei Variable bestimmten Gebildes an, so zeigt sich, dass ebensogut wie $\int f(x)dx$ Fläche des Parallelogramms heisst, für den

Fall das Formalgesetz der Erstreckung lautet: „Konstanz des Verhältnisses zwischen x und y“ mit demselben logischen Rechte in dem Falle, wo jenes Formalgesetz durch eine Gleichung höheren Grades, also durch ein veränderliches Verhältniss zwischen x und y, ausgedrückt ist, jenes Integral der arithmetische Ausdruck des Gebildes ist, in welchem alle die möglichen x und y liegen, d. h. der durch Kurve und Koordinaten begrenzten Fläche.

Die sinnliche Vorstellung hält einen Beweis im Falle des Parallelogramms für ganz überflüssig, im Falle der Kurve für nothwendig; aber nicht weil sie logisch überzeugt sein will, sondern weil sie an das Parallelogramm glaubt; sie glaubt eben, weil sie sinnliche Vorstellung ist.

Bei dem hier allgemein behandelten Falle der Kombinatorik kamen aber gar keine sinnlichen Vorstellungen in Betracht, sondern nur logische Schlüsse. Die übrig bleibende Frage konnte also nur die sein: ob das, was wir geometrische Vorstellungen nennen, nichts Anderes enthält, als jene formalen Gebilde der Kombinatorik? in welchem Falle obige logische Bestimmungen für alle geometrischen Vorstellungen bindend sind. Dass dem so ist, wurde bewiesen in A. VII, VIII, IX.

Der oben gebrauchte Satz, dass bei vielen der üblichen geometrischen Beweise der Glaube der Sinnlichkeit mehr ins Spiel kommt, als der Schluss des Denkens, erfordert eine Ausführung.

Wir glauben, dass ein Kreis entstehen könne durch beständiges Verkleinern der Seiten eines Polygons; wir glauben aber in einer diskreten Zahlreihe nur eine Vielheit von diskreten Bestimmungen zu besitzen. Dass nun auf obige Weise niemals ein Kreis fertig werden kann, ebensowenig wie Achilles die Schildkröte erreichen könnte, wenn er seinen Lauf nach der Vorschrift Zeno's regulirte, ist jedem philosophischen Mathematiker klar; ebenso klar muss es bei logischer Betrachtung einer Reihe aber auch sein, dass hierbei nicht allein die diskreten Stellen eine Bestimmung sind, oder ihre unendliche Anzahl — weil das letztere ein Alogismus — sondern dass in der Reihe ein Gesetz des Fortschrittes gegeben, welches schon in wenigen Gliedern derselben konstatirt ist, dass also die Reihe als Statuirung einiger diskreter Glieder und des dieselben verbindenden Gesetzes ein ebenso kontinuirliches Ganze bilde, wie irgend eine Kurve in der Anschauung; denn hier überzeugt nicht der sinnlich anschauende Glaube, sondern das Bewusstsein, ein widerspruchfreies Gebilde logischer Bestimmungen **gesetzt** zu haben.

Es ist ein Irrthum der sinnlichen Anschauung, wenn sie vermeint, durch diskrete Symbole ein Polygon genauer bestimmen zu können als eine Kurve; dass demzufolge bei analytischer Darstellung der Kurve die logische Möglichkeit einer Reihe von unendlich vielen Gliedern vorausgesetzt werden müsse. Wir bestimmen ein Polygon nach einer Anzahl von Punkten und Richtungen; wenn wir aber das ganze Polygon ausdenken wollen, so müssen wir je zwei Punkte verbinden, und dies geschieht durch die logische Forderung „gerade Linie", welche eine ebenso rein logische (d. h. ideale im Gegensatz zu empirisch) Forderung ist wie „Kurve, veränderte Richtung". Alle Stellen einer geraden Linie sind ebensowenig je diskret setzbar wie die Einzelpunkte einer Kurve; bei der einen wie der anderen können wir aber das Ganze beherrschen, logisch überblicken, indem wir bestimmen: „auf die ganze stetige Ausdehnung, begrenzt durch zwei Stellen, soll ein Formalgesetz erstreckt werden;"

im ersten Falle das Gesetz $y = ax$ d. h. konstante Richtung
im zweiten „ „ „ $y = mx^n$ „ veränderte Richtung.

Empirischerweise, durch sinnliche Anschauung oder mechanische Zeichnung, ist es ebensowenig möglich ein genaues Polygon wie eine genaue Kurve zu erzeugen.

Wir denken durch diskrete Setzungen, und deshalb können wir alle Einzelbestimmungen eines kontinuirlichen Gebildes nie ausdenken. Wir können aber den kontradiktorischen Gegensatz von diskret gleichfalls als eine logische Bestimmung (Begriff) setzen, eben aus dem Grunde, weil wir vorerst den Begriff „diskret" gesetzt haben und der Logik der Satz des Widerspruchs zu Dienste steht. Wir können deshalb in diskreten Denkakten Formalgesetze der stetigen Veränderung setzen. Wenn wir nun den logischen Begriff der Stetigkeit setzen, aber seine Kontinuität in einzelnen Denkakten nicht ausdenken (zu Ende denken), so können wir doch die Stetigkeit empfinden, eben weil das Wesen der Empfindung Dauer d. h. Stetigkeit ist; weil momentan, im Sinne von „dauerlose Empfindung" eben gar nicht empfunden werden kann. Es ist hierbei, wie schon anderswo hervorgehoben, von gar keiner Bedeutung, ob ein Organismus Empfindungen für stetig hält, welche der andere als diskrete wahrzunehmen behauptet, denn die diskreten Empfindungen des letzteren müssten doch ihrerseits wieder Dauer haben. Wegen dieser Natur der Empfindung als Dauer kommen wir zur Annahme äusserer Dinge von stetiger Ausdehnung, indem wir unsere Empfindungsweise durch ein Formalgesetz ausdrücken, und demgemäss die diskreten Sinneszeichen zu einem stetigen Ganzen verbinden. s. A. VIII., XI.

Wenn wir die Begrenzung eines Gebildes aufsuchen wollen — also bei der geometrischen Interpretation zweier Variabeln, die Kurve — so kann dies nur aus der Betrachtung des Gebildes $\varphi_z\,(y,\,x,\,c)$ als Fläche gedeutet geschehen. Bei der üblichen Quadratur der Kurve wird umgekehrt verfahren. Die Fläche derselben wird bestimmt als Produkt von den Koordinaten und der als bekannt vorausgesetzten Kurvenlinie, wozu dann der nur anschaulich, nicht logisch bewiesene Pythagoraeische Lehrsatz helfen muss.

Wir dagegen sagen: in dem Gebilde

$\varphi_z\,(y,\,x,\,c)$ oder seinem aequivalenten Symbol $\int f(x)\,dx$

ist die Begrenzung ebenso funktional bestimmt, wie das x und y. Man kann deshalb das ganze Gebilde ebensogut denken als erzeugt durch Erstreckung eines Formalgesetzes über seine Begrenzung s, wie über die Ausdehnung x_0 bis x_1, deren Integrationsweg als kürzeste Ausdehnung zwischen x_0 und x_1 verstanden wird. Es gilt also das neue Formalgesetz, welches der Begrenzung entspricht, aufzufinden. Hierzu führt die einfache in Gleichungsform symbolisirte Aufgabe:

$\varphi_z\,(y,\,x,\,c) = \int f(x)\,dx = \int \varphi(x,y)\,ds =$ bestimmt begrenzte Fläche;

im einfachsten Falle, wo das Formalgesetz „konstante Richtung“ heisst, ergibt sich hieraus

$$s = \sqrt{x^2 + y^2}$$

d. h. der logische, von jeder sinnlichen Anschauung unabhängige Beweis des Pythagoraeischen Satzes.

Aus dem Vorhergehenden ergibt sich, wie es möglich ist, alle Resultate des Infinitesimalkalkuls zu erhalten, ohne sich irgendwie der Differenzial- und Integralzeichen zu bedienen; nur ist dann genau zu beobachten, ob irgend eine arithmetische Form als reine Quantität oder als Qualität zu verstehen ist; in dem letzteren Falle darf man die betreffende arithmetische Form durch quantitative Operationen nie in ihrem formalen Nexus ändern; für die Form $(5 + 4)$ darf man nicht (9) schreiben; irgend ein Faktor, mit welchem diese Form verbunden wird, darf nicht arithmetisch mit den innerhalb der Form stehenden Gliedern vereinigt resp. vereinfacht werden, wenn dadurch die Form als „symmetrische Verbindung zweier Glieder“ verändert wird; ein solcher Faktor muss ausserhalb der Form stehen bleiben, bis es heisst: bei der Schlussform kommt es nur auf den materialen Inhalt, den arithmetischen Werth an. Man begegnet zuweilen in den Lehrbüchern, welche für den Gebrauch der mit der höheren Analysis nicht Vertrauten eingerichtet sind, durch elementare Operationen erzielten Ausführungen, welche die ersten Entdecker dieser Resultate nur mit Hülfe der Infinitesimalrechnung erlangt hatten. Meistens sind es versteckte formale Behandlungen, die jene einfachere Gewinnung der Resultate ermöglicht; logisch haben solche Ausführungen viel höheren Werth, als wenn dazu ein komplizirter technischer Apparat verwendet wird.

Die verschiedenen Ordnungen der d und $\int$ Symbole haben nun den grossen technischen Vortheil, dass sie graphisch neue Arten von (imaginären) Einheiten bilden, wodurch der Rechner einer begrifflichen Unterscheidung arithmetischer Konnexe ihrem Formalwerth nach überhoben wird; dadurch werden die hier spielenden qualitativen Begriffe zu einer Art von Quantität gemacht, ein Mechanismus hergestellt, wodurch alles Denken auf das arithmetische Summiren reduzirt wird. Will man aber die verborgene Feder erkennen, wodurch diese Leistung der Rechnungsmaschine ermöglicht wird, will man logisch begreifen, so genügt es nicht, an dieser Maschine lediglich die Quantitätskugeln zu betrachten und die Drähte, an welchen sie hin und her geschoben werden; sondern man muss das Prinzip studiren, nach welchem sie aufgebaut wurde, das Gesetz, welches alle die an ihr möglichen Stellungen zu einem nach dem logischen Funktionalbegriff bestimmten Ganzen zusammenschliesst, und ihm Ausdruck verleiht.

C.

GEOMETRIE.

C. KAPITEL I.

GRUNDBEGRIFFE DER GEOMETRIE.

§ 1.

φ_z im Nebeneinander.

„Bekanntlich setzt die Geometrie sowohl den Begriff des Raumes als die ersten Grundbegriffe für die Konstruktionen im Raume als etwas Gegebenes voraus. Sie gibt von ihnen nur Nominaldefinitionen, während die wesentlichen Bestimmungen in Form von Axiomen auftreten. Das Verhältniss dieser Voraussetzungen bleibt dabei im Dunkeln. Man sieht weder ein, ob und in wie weit ihre Verbindung nothwendig, noch a priori ob sie möglich ist.“

Riemann G. W. 254.

Besser als in diesen Worten lässt sich die bisherige Lücke in der Geometrie, oder vielmehr — die Lücke zwischen logischen Begriffen und den sogenannten geometrischen Vorstellungen — nicht kennzeichnen. Soll die Geometrie eine rein logische Wissenschaft, eine Erweiterung der Logik sein, so müssen alle unbewiesenen oder unbeweisbaren Axiome aus ihr verschwinden. Sie darf nur von Definitionen ausgehen, und was bei diesen die Hauptsache ist, sie darf nur von solchen Begriffen ausgehen, welche a priori durch die Thätigkeit des Denkaktes konstruirt werden können. Die Geometrie verwendet speziell die Begriffe des Nebeneinander, und unterscheidet sich hierdurch von der allgemeinen Kombinatorik. In der Symbolik erscheint sie deshalb als ein Spezialfall der Kombinatorik; Spezialfall dieser letzteren darf sie aber nicht in logischem Sinne genannt werden, als ob noch ähnliche oder koordinirte Spezialfälle innerhalb einer beliebigen Vielheit möglich wären: sondern ihr logisches Verhältniss ist, wie A. VII. des Weiteren ausgeführt, folgendes:

Das Zusammen — Dasein als Vielheit — kann betrachtet werden

1) genetisch d. h. subjektiv formal als φ_r
2) inhaltlich d. h. objektiv formal als φ_z.

Die Betrachtung des Inhaltes der Gebilde kann nun wiederum die Elemente derselben schlechtweg setzen als

a) gleichwerthige Einheiten, deren Stellung innerhalb der Gebilde absolut gleichgültig, oder denen die Determination als Stelle geradezu abgesprochen wird; dann bleibt nur die relative Grösse der Gebilde, also die äusseren Beziehungen derselben oder der die höheren Komplexe bildenden Einzelgruppen.

Die Betrachtung des Inhaltes der Gebilde kann nun wiederum sich spalten in

a) eine solche, welche nur die **äusseren Beziehungen** derselben als wesentlich gelten lässt, wobei die Gruppen also nur zählen nach der Anzahl von Elementen (Einheiten), welche in dem φ_z vereinigt sind — was identisch ist mit der Betrachtung der reinen **Grösse.**
b) Betrachtung der **inneren Beziehungen,** welche denkmöglich sind zwischen den Elementen eines jeden Komplexes. In diesem Falle sind die Elementareinheiten auch noch gleichwerthig der Grösse oder dem Inhalte nach, beanspruchen aber eine spezifische Stelle innerhalb des Ganzen. Diese Betrachtung ist diejenige des Nebeneinander; und die innere Beziehung, welche zwischen den Elementen des Nebeneinander möglich ist, erhält dieser spezifischen Begriffkombination gemäss den spezifischen Namen **Richtung.**

Die Antwort auf die Frage: Warum bei der in der Analysis gewählten Symbolik das Nebeneinander scheinbar als ein Spezialfall der einseitigen Betrachtungsweise des Grössenbegriffs schlechtweg auftreten muss, ist B. V. bei der qualitativen Betrachtung der Zahlen ausgeführt worden. In dieser Hinsicht ist es unrichtig, die Analysis allgemeine Kombinatorik zu nennen oder allgemeinere Begriffsbildung, welche die Fesseln der Lage abgestreift hat etc. —; sie ist vielmehr eine einseitige Kombinatorik, weil sie nicht alle Begriffe verwendet, welche von dem synthetischen Denken erzeugt werden können, weil sie sich einseitigerweise auf den Grössenbegriff beschränkt vorgibt, und unversehens doch passende Symbole für den Richtungsbegriff findet.

In der Kombinatorik hier, Buch B., ist dieser einseitige Standpunkt nicht behauptet, sondern gezeigt worden für Jeden, der sehen will, wie durch qualitative Betrachtung aus den analytischen Formeln die Begriffe des Nebeneinander herausgelesen werden können. Diese letzteren systematisch aufzustellen, ist die jetzt zunächst vorliegende Aufgabe.

Bei der Wichtigkeit, welche dem Symbol φ_z innewohnt, als Repräsentant zweier komplementärer Begriffe, welche sich zum Umfange der Denkmöglichkeiten ergänzen, also einen dritten gleichberechtigten Begriff nicht zulassen, sei es gestattet, nochmals folgendermaassen zu resumiren:

In der Arithmetik entstand die Funktion φ_z dadurch, dass die in der Zeit gebildeten Reihen φ_r zu einem einheitlichen Denkgebilde vereinigt wurden. Die Einzelelemente eines solchen Gebildes waren also zusammen da; von einer Beziehung zwischen diesen Elementen wurde aber abgesehen und deshalb entstand auch kein objektives Zwischen, d. h. geometrische Ausdehnung. Wurden deshalb, wie bei Betrachtung der Zahlqualitäten, der Deutlichkeit halber die Einzelelemente arithmetischer Gebilde getrennt, graphisch ein Zwischen oder Beziehungsmodus zweier beliebiger Elemente aufeinander hergestellt, so musste dieser Beziehungsmodus als ein und derselbe zwischen allen Elementen — arithmetisch gleich für alle — gelten. Dieses arithmetische Gleichsetzen ist identisch mit der logischen Abstraktion von **inneren** Beziehungen. Dieser Auffassung gegenüber konstruirt der Satz des Widerspruchs eine neue Art der Funktion φ_z, kontradiktorisch entgegengesetzt der vorigen, in welcher also innere Beziehungen zugelassen werden. Die analytische Bestimmung dieser Gegensätze heisst also:

1) φ_z in welcher die inneren Beziehungen der Elemente **gleich** sind, und stets gleich sein müssen.

2) φ_z in welcher die inneren Beziehungen der Elemente **ungleich** sind, oder **sein können.**

Dieser Fall 2) ist das geometrische Zusammen, das logische Nebeneinander.

Die Gleichheit der inneren Beziehungen ist natürlich in dem Falle 2) nicht ausgeschlossen; sie kann als Spezialfall eintreten; aber die Möglichkeit der Ungleichheit erfordert hierbei eine andere

Deutung der Symbole als in dem ersteren Falle, wo die Gleichheit identisch ist (vielmehr das analytische Symbol ist für) mit der logischen Abstraktion von inneren Beziehungen.

Wenn im Falle 2) die Gleichheit der inneren Beziehungen gesetzt wird, so sind ihre Symbole identisch mit denjenigen des Falles 1), und deshalb konnten auch aus den Qualitäten der Zahlen, B. V. die logischen Bestimmungen des Raumes abgeleitet werden.

§ 2.

Entfernung, Richtung.

A. VII. wurde ausgeführt, dass die Denkthätigkeit im Nebeneinander die beiden Begriffe „Entfernung, Richtung" als komplementäre Bestimmung der inneren Beziehung bildet, dass demnach alle Gebilde der Geometrie sich auf Kombinationen dieser beiden Begriffe zurückführen, durch solche Kombinationen synthetisch (a priori) konstruiren lassen müssen. Die Hauptgattungen dieser Kombinationen sind jetzt auszuführen.

§ 3.

Der Punkt.

Eine Elementarsetzung im Nebeneinander in dem Sinne, dass sie weiter keine Bestimmung enthalten soll, als den allgemeinen absolut einfachen Akt des Setzens, heisst in der geometrischen Sprache Punkt. Wir klassifiziren einen Sinneseindruck nach diesem Begriffe, wenn er ein absolut einfacher ist. Der Punkt ist deshalb ebenso Grenze eines jeden geometrischen Gebildes, wie die Einheit Grenze einer jeden arithmetischen Form, und die Null Grenze eines jeden arithmetischen Inhaltes. Zwei Punkte nebeneinander ohne Zwischenraum ist deshalb ein Widerspruch; es wäre ein Nichts, welches trotz seiner Nicht-Existenz zwei wirkliche Grenzen hätte. Diese Bemerkung ist wichtig für manche Deutungsversuche, welche mit dem Unendlich Kleinen an geometrischen Gebilden gemacht worden sind[41]).

Ebensowenig wie die Eins eine Zahl, die Null eine Quantität, kann der Punkt ein geometrisches Element genannt werden; er ist lediglich Grenzbestimmung, und kann nie etwas Anderes werden. Ein Punkt lässt sich auch nicht bewegen, und damit geometrisch Etwas konstruiren wie man häufig glaubt oder wenigstens sagt; Erläuterung hierzu C. II. 4.

Das Elementargebilde im Raume ist

§ 4

Die gerade Linie.

Wir können ein Gebilde setzen

$$\varphi_z = (a_1, a_2, a_3, \ldots.)$$

mit der Bedingung, dass die Beziehung der Elemente der Richtung nach **identisch** zwischen allen ist. A. VII. S. 75. Ein solches Gebilde heisst „gerade Linie“, an welcher gewisse Entfernungen durch die Punkte a_1 a_2 ... bestimmt sind.

Wir können aber auch in jedem beliebigen Gebilde des Nebeneinander zwei beliebige Elemente unmittelbar aufeinander beziehen, d. h. eine gerade Linie zwischen ihnen ziehen, weil wir logisch gar nicht gezwungen werden können, zwischen die Setzung a_3 unmittelbar nach a_1 ein a_2 einzuschalten; womit dann auch der Fall ausgeschlossen ist, dass Richtung a_3 a_2 verschieden wäre von a_2 a_1. Wollte man eine solche logische Nöthigung für gewisse Fälle für möglich halten, so würde die Möglichkeit des Denkens überhaupt negirt, denn dies hiesse mit anderen Worten: in gewissen Fällen können wir nicht a_3 a_1 setzen, d. h. überhaupt nicht synthetisch setzen, nicht denken. Es können empirische Bedingungen vorliegen, z. B. „die empfundenen Sinneszeichen lassen sich nicht in Reihen bringen, welche mehrere Punkte nach identischer Richtung verbinden“, und in diesem Falle sagen wir, der betreffende Gegenstand habe keine geraden Linien; aber das verhindert nicht, dass wir eine unmittelbare Beziehung denken, ideal setzen; diese Möglichkeit des idealen Setzens muss uns zu Gebote stehen, wenn es uns möglich sein soll, äussere Eindrücke als Objekte zu setzen.

Wiederholt wurde ausgeführt, dass die Geometrie sich nicht mit Vorstellungen, sondern mit Begriffen beschäftigt, nach welchen Vorstellungen geordnet werden können. Die naive Auffassung kann sich schwer davon emanzipiren, diese Begriffe wenigstens als haftend an jenen Vorstellungen sich vorzustellen, sodass sie als Grenzen übrig bleiben sollen, wenn der sinnliche Inhalt (Empfindungsinhalt) der Dinge — wie Ton, Farbe, Schwere etc. — weggedacht worden ist. Der geometrische Schemen, welcher alsdann vom Dinge vermeintlich übrig bleibt, wird nur deshalb nicht für reine Kombination von Denkbegriffen gehalten, weil man es gewöhnlich nicht fertig bringt, jene

Sinneszeichen vollständig wegzudenken; es bleibt in unserem Gehirne immer noch ein sinnlicher Rückstand von jenem Dinge — ein Ding konstruirt aus sehr dünnen Drähten, Blättchen, ohne Schwere, sehr blass und farblos, denn die absolute Farblosigkeit ist nicht vorstellbar. Wenn aber auch der menschliche Logiker diese Vorstellungsblässe in seinem Gehirne nicht auf die absolute Null abschwächen kann, so verhindert dies doch gar nicht, dass er seinen Gedanken vorschreibt, von all den Sinneszeichen abzusehen und sich nur mit den Stellungen der Denkpositionen zu beschäftigen. Vorstellbar ist allerdings kein logischer Körper, aber denkbar, logisch postulirbar.

Die gerade Linie ist identisch mit dem Begriff der kürzesten, weil beide Attribute hierbei nichts Anderes besagen als die logische Forderung „zwei Elemente (Punkte) unmittelbar im Denken zu verbinden". Diese unmittelbare Verbindung im Nebeneinander kann nun nach den beiden komplementären Möglichkeiten heissen:

unmittelbare = unvermittelte Richtung
unmittelbare = „ Ausdehnung.

Der Begriff gerade Linie bedeutet also zugleich identische Richtung und kürzeste Entfernung, und diese beiden Begriffe konstruiren ein und dasselbe Gebilde, so lange die kürzeste Entfernung keinen weiteren Bedingungen unterworfen wird. Verschiedene Gerade Linien, wie sie von der Hypergeometrie postulirt werden, sind ebensolche Alogismen wie verschiedene Geradheiten, verschiedene Sätze der Identität.

In einem Gebilde $\varphi_z = (a_1\ a_2\ a_3\ \ldots.)$ wird Nichts dadurch geändert, dass wir zwei Punkte solchergestalt unmittelbar verbunden denken, auch wenn die Beschreibung des Gebildes nichts von jener Verbindungsmöglichkeit aussagt.

Die gerade Linie ist einestheils ein Grössenbegriff, weil sie nach Entfernung ihrer Grenzen, nach der Ausdehnung, gemessen werden kann. Als bestimmte Richtung ist sie aber auch ein qualitativer Begriff; denn „Richtung und Geradheit" kann nicht vermehrt oder vermindert werden. Eine bestimmte Gerade ist demnach eine Grösse von bestimmter Qualität, verschieden von der Qualität einer jeden anderen Richtung. Ebenso wie in der allgemeinen Kombinatorik zeigt sich also auch in der Geometrie, dass schon das einfachste Gebilde die beiden generellen Begriffskategorien „Quantität, Qualität" nicht allein zulassen, sondern peremptorisch fordert.

Betrachten wir die Linie in quantitativer Hinsicht, so erhellt, dass sie durch eine arithmetische Ziffer symbolisirt werden kann; denn in der Zahlreihe kann eine jede Grösse durch Ziffern, seien dies ganze, gebrochene oder irrationale Zahlen, bestimmt werden.

Aus diesem Grunde gibt man der einfachen Ziffer, d. h. der arithmetischen Form, welche nichts weiter ausdrückt als eine Summe von Einheiten, in dem Nebeneinander die Deutung der einfachen Ausdehnung; mit anderen Worten:

„die arithmetische Summirungsform ist Symbol der einfachen Ausdehnung".

Hierbei ist nichts gesagt über die Qualität der Ausdehnung, ob als gerade oder krumme Linie, ob in dieser oder jener Richtung, sondern nur über die Grösse der Ausdehnung, Länge der Linie. Die Symbolisirung solcher Qualitäten wird Aufgabe von C. III. und IV. sein.

§ 5.

Das Dreieck, der Winkel.

$$\varphi_z = (\mathbf{a}_1 \ \mathbf{a}_2 \ \mathbf{a}_3).$$

War die Linie $\varphi_z = (a_1 \ a_2)$ das einfachste Raumgebilde, d. h. Gebilde, an welchem die beiden Begriffe „Ausdehnung, Richtung", betrachtet werden können, so ist das nächst höhere hergestellt durch den Komplex dreier Elementarbestimmungen.

In diesem Komplex $\varphi_z = (a_1 \ a_2 \ a_3)$ können wir unterscheiden ebenso wie im Zahlkörper (3)

die Elemente	a_1	a_2	a_3
die Unterkomplexe	$a_1 \ a_2$	$a_1 \ a_3$	$a_2 \ a_3$
den Gesammtkomplex		$a_1 \ a_2 \ a_3$.	

Die geometrische Betrachtung unterscheidet sich von der arithmetischen, wie ausgeführt, dadurch, dass die homogenen Komplexe nicht konstant als gleichwerthig, sondern auch als ungleichwerthig vorausgesetzt werden dürfen, wodurch eben die Begriffe des Zwischen sowohl der Entfernung wie der Richtung entstehen. Die Vergleichung, resp. Beziehung aufeinander, zweier einfachster Raumgebilde kann natürlich wiederum nach keinen anderen Begriffen, als den beiden genannten stattfinden.

Die Vergleichung der Entfernung (Ausdehnung) nach wird zufolge § 4 durch Zahlen ausgedrückt. Was die Richtung anbelangt, so können zwei Richtungen, wie zwei Qualitäten überhaupt, nicht absolut mit einander verglichen werden, sondern nur dadurch, dass sie auf eine dritte bezogen und das Maas ihrer Unterschiede von dieser dritten verglichen wird; Messung der Richtung erfordert also Bestimmung einer festen Richtung, von wo aus gemessen werden soll. Der einfachste Fall zweier zu vergleichenden Richtungen findet statt, wenn, wie oben bei $\varphi_z = (a_1\ a_2\ a_3)$, zwei Richtungen denselben Ausgangspunkt haben. In diesem Falle kann man die einer von diesen Richtungen kontradiktorisch entgegengesetzte, als die dritte feste Richtung annehmen, von welcher aus die Richtungsunterschiede zu messen sind. Ein Gebilde $(a_1\ a_2 \quad a_1\ a_3)$ dessen Elemente einen gemeinsamen Punkt a_1 haben, wobei aber die Ausdehnungen unbestimmt bleiben, gleichgültig für die jeweilige Betrachtung, nennt man **Winkel;** besser wäre zu schreiben

$$a_2\ a_1 \mid a_1\ a_3.$$

Die Messung der Winkel und die Anzahl der Richtungsverschiedenheiten wurden behandelt A. VII.

Soll die Betrachtung des Komplexes $a_1\ a_2\ a_3$ sich auf alle in ihm möglichen Beziehungen erstrecken, so nennen wir ihn **Dreieck.** Sind in diesem Komplexe nur die Richtungen resp. Winkel bestimmt, so ist das Dreieck nur seiner Qualität nach bestimmt, seiner Art, seiner Gestalt nach; sind in ihm gleichfalls die Ausdehnungen, die Grössen der Unterkomplexe festgestellt, so ist das Dreieck nach Gestalt und Grösse, nach Qualität und Quantität, also vollkommen bestimmt.

§ 6.

Dimensionen

nennt man zu einem System verbundene Richtungen, insofern dieselben tauglich sind, um verschiedene Arten der Ausdehnung, — also qualitativ verschiedene geometrische Gebilde, zu bestimmen. Verschiedene Richtungen können demnach verschiedene Dimensionen markiren; aber eine neue Richtung bezeichnet nicht eine neue Dimension, wenn sie nicht innerhalb des logischen Systems mit den alten Richtungen eine neue Qualität von Gebilden schafft.

Hiermit ist streng definirt, was in dem Riemannschen vagen Ausdrucke „Uebergehen einer Mannigfaltigkeit in eine völlig verschiedene auf bestimmte Art“ logisch berechtigt ist.

Da hier nur vom Nebeneinander gehandelt wird, kann nur diejenige Richtung (oder überhaupt geometrische Bestimmung) in einer neuen Dimension liegen, wenn sie ausserhalb der alten liegt, also innerhalb der alten Gebilde nicht aufgefunden werden kann. Ausserhalb einer bestimmten Ausgangsrichtung liegt eine jede andere Richtung. Zwei Richtungen liegen also in zwei verschiedenen Dimensionen, und geben die Möglichkeit, ein Gebilde zu konstruiren, welches qualitativ verschieden von der Qualität „Richtung oder Gerade“ ist.

Die Anzahl der qualitativen Verschiedenheit geometrischer Gebilde wird bestimmt durch die Anzahl der zu einander senkrechten Richtungen, welche in einem und demselben Punkte logisch möglich sind. Dieser Satz folgte aus A. VII. und wird in den folgenden Paragraphen weiter erläutert. Auch die Anhänger eines n dimensionalen Raumes geben diesen Satz zu.

> „Die vierte Axe des Raumes von 4 Dimensionen steht auf allen aus dem Koordinatenanfang im Raum von 3 Dimensionen gezogenen Geraden senkrecht“.
>
> Drobisch. B. d. S. A. d. W,

Es werden hier also 4 zueinander senkrechte Linien, „begrifflich wenn auch nicht anschaulich“, wie man zu sagen pflegt, postulirt.

Ehe der Beweis geliefert worden war, warum der Raum nur drei Dimensionen haben könne, durfte man allerdings den Zweifel hegen, dass die ihrem Wesen nach noch unerkannte und deshalb undefinirte sinnliche Anschauung nicht darüber entscheiden könne, ob der Begriff eines Raumes von mehr als 3 Dimensionen nicht zulässig, d. h. widerspruchsfrei sei; deshalb konnte man es für einen blossen Wortstreit halten, ob man einem solchen Begriff, welcher denselben gesetzmässigen Zusammenhang für mehr Koordinaten als dreie **forderte**, auch mit dem Namen „Raum“ benennen dürfe. Der Fehler, welchen die Analysten aber begingen, und welcher unabhängig blieb von dem Finden obigen Beweises, war die Meinung, dass die Bildung einer arithmetisch möglichen Formel

$$\omega^2 + x^2 + y^2 + z^2 = r^2$$

als Ausdruck einer Kugel von 4 Dimensionen analog dem Formelschema für eine wirkliche Kugel,

> ein hinreichender Beweis sei für die Widerspruchslosigkeit eines 4dimensionalen Kugelbegriffs; die Meinung, dass in dieser Formel derselbe gesetzmässige Zusammenhang für 4 wie für 3 Bestimmungsstücke vorhanden sei.

In obiger Gleichung ist wohl ein Zusammenhang von 4 unabhängigen Grössen, aber nicht von 4 unabhängigen Richtungen symbolisirt. Dieser Fehler wurde nicht erkannt, weil man nicht die Vieldeutigkeit der Zeichen + und — anerkannte, und die Eindeutigkeit der durch sie symbolisirten Beziehungsbegriffe bei einer gewissen Anwendung unbeachtet liess. Dies war aber die einzige Möglichkeit, um obige Formel auf ihre logische Ausssage, den geforderten Begriff auf seine Wiederspruchslosigkeit, zu prüfen.

§ 7.

Parallele Linien.

Parallele Richtungen nennt man solche, welche zu einer beliebigen anderen Richtung als der ihrigen denselben Richtungsunterschied haben, welche also auf sich selbst bezogen, keinen Richtungsunterschied ergeben. Parallele Richtungen können keinen gemeinsamen Ausgangspunkt haben, weil sie dann nicht verschiedene Richtungen wären, oder aber einen Richtungsunterschied hätten, — was ihrer Definition widerspricht. Anschaulich spricht man dies aus, indem man sagt „Parallele Linien schneiden sich nicht". Parallele Linien darf man deshalb nicht Linien von gleicher Richtung nennen, wenigstens wenn man korrekt sprechen will, sondern: Linien, welche keinen Richtungsunterschied haben, keinen Winkel bilden; denn gleiche und trotzdem verschiedene Richtungen ist ein Widerspruch. Wenn man trotzdem in der Fachsprache sagt: eine jede Linie bildet mit sich selbst einen Winkel von 180 oder 360 Grad, so sind das eben stenoglottische Alogismen, die zuweilen ganz sinnlos sind, zuweilen aber auch einen richtigen Gedanken der genetischen Betrachtung ausdrücken können; und dann bedeuten, dass die Drehung einer Linie um einen solchen Betrag von Richtungsunterschieden die Linie in ihre Anfangsrichtung zurückführt. Der Gebrauch eines alogischen Begriffs wie „unendliche Entfernung", wo die Linien sich etwa schneiden könnten, wird bei diesen logischen Definitionen natürlich überflüssig. Alle Schwierigkeiten, welche man in dem Parallelenaxiom finden wollte, rühren von der unzureichenden Definition der Linie her. Dem Grössendogma zuliebe definirte man sie in der Neuzeit als „das in sich kongruente durch zwei Punkte bestimmbare Gebilde" — eine Definition, welche durch die künstlichen Koordinatensysteme gerechtfertigt schien. Aller Unbestimmtheit wurde aber hiermit Zulass verstattet. Kreislinie, Schraubenlinie, pseudosphärische kürzeste Linie, — alle genügen einer solchen Bestimmung, weil hier kein bestimmter Begriff vorliegt, welcher einem eindeutigen analytischen Symbol entsprechen kann. Die Hauptbestimmung „*Identität der Richtung*“ wurde vergessen, weil man vermeinte, Richtung auf Grösse zurückgeführt zu haben, weil man Richtung nicht als einen ebenso exakten Begriff wie Grösse anerkennen wollte. B. VI. wurde ausgeführt, dass die Definition lauten musste: „einfachstes Bildungselement, analytisch symbolisirt als „Form ersten Grades“.

Die Geometrie wurde bisher betrachtet als konsequentes Gebäude, gegründet auf dem mathematisch unbeweisbaren Parallelenaxiom. Insofern nur *das* für mathematisch bewiesen gilt, was aus synthetischem Setzen des Grössenbegriffs konstruirt werden kann, ist jene Behauptung richtig. Die Logik ergibt aber den Richtungsbegriff als von derselben Denknothwendigkeit (Exaktheit), wie den Grössenbegriff; sobald man dies Resultat anerkennt, verschwinden die vagen pangeometrischen Begriffe, und ein jedes analytische Symbol erhält eine konsequente Deutung.

§ 8.

Die Ebene.

Das durch zwei Dimensionen in unbeschränkter Ausdehnung bestimmte Gebilde heisst **Ebene.**

A. VII., S. 71 wurde ein Gebilde definirt

1) $I, + a \; .... \; I, + a_n \; .... \; I, - a \; .... \; I, - a_n \; .... \; I, + a$

welches in einer geschlossenen Reihe alle Grössen von Richtungsunterschieden enthält. Dieses Gebilde ist unbestimmt, weil verschiedene Richtungen denselben Unterschied zu einer bestimmten Ausgangsrichtung haben können. Diese Unbestimmtheit kann durch verschiedene arithmetisch formulirbare Bedingungen aufgehoben werden. Die Bedingungsgleichung, welche obige geschlossene Reihe zur Ebene macht, ist:

$$(I, + a : I, + a_n) + (I, + a_n : I, + a_m) = (I, + a : I, + a_m)$$

In Worten:

bei drei beliebigen Richtungen innerhalb des Gebildes soll *die Summe zweier* Richtungsunterschiede gleich sein dem *dritten.*

Es ist nicht nothwendig, dass die betrachteten Richtungen als Linien mit gemeinsamem Ausgangspunkte gedacht werden, man kann deshalb die Bedingungsgleichung auch schreiben siehe Figur unten: $(a_1\ a_2 : a_3\ a_4) + (a_3\ a_4 : a_5\ a_6) = (a_1\ a_2 : a_5\ a_6)$ wobei aber der Sinn der Richtung, ob $a_1\ a_2$ oder $a_2\ a_1$ bei dem Additionszeichen beobachtet werden muss.

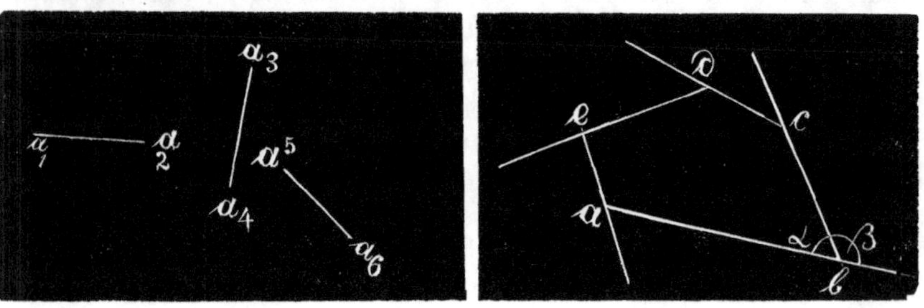

Figuren in der Ebene.

Ein begrenzter Komplex von Elementen bestimmt in der Ebene eine geschlossene Figur; dieselbe ist vollständig definirt durch die Grösse ihrer Seiten und Winkel.

Die Winkelsumme einer solchen Figur ergibt sich aus der Betrachtung, dass je zwei aneinanderstossende Seiten einen Winkel bilden, welcher gleich zwei Rechten ist weniger dem von der Figur abgewendeten Aussenwinkel. Also

$$\text{Winkel } ab \mid bc = \alpha = 2\ R - \beta.$$

Zählen wir alle Aussenwinkel zusammen, so erhalten wir die Summe von 4 R, weil die letzte Seite des letzten Winkels identisch mit der ersten des ersten Winkels ist. Die Winkelsumme einer geschlossenen Figur, welche keine Innenwinkel enthält, ist demnach

$$S = n \,.\, 2\ R - 4\ R.$$

Dies ergibt die Winkelsumme des Dreiecks $S = 2\ R$. Hier ist die Winkelsumme des Dreiecks vollständig unabhängig von dem berüchtigten Parallelenaxiom. Auch der Begriff der Drehung oder Bewegung überhaupt, woran manche Geometer Anstoss nehmen, kommt nicht zur Verwendung, sondern nur die Begriffe Linie, Winkel, Addition. Im Winkel liegt allerdings der Begriff des Richtungsunterschiedes; derselbe liegt aber gleichfalls im Begriff des Sichschneidens zweier Linien, welcher im Euklidischen sowohl wie in allen pangeometrischen Axiomen angewendet wird, wenn auch unter dem Namen von Grenzlinien etc. Alle Schwierigkeiten, welche man bei diesem Problem gefunden, waren keine Schwierigkeiten des Beweises, sondern der Definition; diese sind aber vollständig gehoben, sobald man Vorstellung und Begriff zu unterscheiden gelernt hat. Es ist ebenso nutzlos wie unnöthig bei solchen Problemen technische

Künste zu Hülfe rufen zu wollen; die bestimmte Fassung der Begriffe, die Einsicht in ihre logische Struktur leistet hier Alles und unmittelbar.

Arithmetisches Symbol der ebenen Flächen.

Ebensowenig wie eine Linie aus diskreten Punkten, kann eine Fläche aus Linien summirt werden, weil durch Summation von Grössen einer bestimmten Qualität nicht eine neue (heterogene) Qualität erzeugt werden kann. Wenn demnach eine Linie ihrer Ausdehnung nach durch eine einfache Zahl gemessen oder symbolisirt wird, so kann eine Summe solcher Zahlen nicht das richtige Symbol der neuen Qualität Flächenausdehnung sein. Diese Qualität Fläche ist aber ein Oberbegriff, welcher gewisse Systeme von Linien als Unterbegriffe enthält, geometrisch gesprochen: Fläche ist das Gebilde, innerhalb dessen alle möglichen einem gewissen Gesetze entsprechenden Linien ihren Ort haben. Diese Liniensysteme sind deshalb funktional verbunden, und bestimmen in ihrer Verbindung als Faktoren das Erzeugniss **Fläche**. Geht man also von dem Linienbegriff aus, so ist die Fläche eine Integration, Erstreckung eines Bildungsgesetzes über eine gewisse Ausdehnung, genannt die Basislinie. Das Symbol der Fläche wird demnach die Form eines arithmetischen Produktes haben müssen, weil es das Aufsteigen von der durch eine einfache Zahl symbolisirten Linienausdehnung zu dem neuen Begriff ist, welcher durch die Wechselwirkung zweier solcher Ausdehnungen entsteht; wie ausgeführt B. VI. 10.

Interessant ist ein anderes Symbol, welches aus zahltheoretischen Betrachtungen sich für den Begriff Fläche unbewusst ergeben hat. Man stellte den Satz auf:

„In einer Ebene sei eine vollständig begrenzte Figur F von allenthalben endlichen Dimensionen konstruirt, deren Flächeninhalt durch A bezeichnet werde. Sind X und Y zwei aufeinander senkrechte Axen und konstruirt man parallel mit ihnen zwei Systeme aequidistanter Parallelen, welche ein über die ganze Ebene ausgebreitetes Gitter bilden, so wird, wenn δ der Abstand je zweier benachbarter Parallelen, und T die Anzahl der Gitterpunkte ist, welche innerhalb F liegen, das Produkt $T\delta^2$ mit unendlich abnehmenden δ sich dem Grenzwerthe A nähern.“ Dirichlet, Zahltheorie.

Diese Gleichung $A = T\delta^2$ ist ein Muster für die Verwirrung, welche bei den einfachsten Begriffen entstehen kann, wenn die arithmetischen Formeln ausschliesslich quantitativ gedeutet werden sollen.

Der Beweis obigen Satzes wird mit Hülfe des Begriffs vom Unendlich Kleinen geführt. Nun müsste man nach der gewöhnlichen Terminologie sagen: δ ist ein Unendlich Kleines; also δ^2 auch ein solches, oder gar eins zweiter Ordnung; also auch $T\delta^2$ oder A — was doch unsinnig ist. Aber man kann umgekehrt interpretiren und dann kommt Sinn in die Sache:

A soll nicht allein eine Zahl, eine Grösse, bedeuten, sondern auch die Qualität Fläche; $T\delta^2$ hat also gleichfalls die Qualität Fläche. Das T bedeutet aber eine Anzahl Gitterpunkte, welche in einem gewissen Falle identisch wird mit der Maasszahl der Fläche. Was kann nun unter solchen Verhältnissen δ^2 bedeuten? Nichts anderes als Flächenqualität, das Attribut, welches der Anzahl T gegeben werden muss, damit sie mit der Bedeutung des Symbols A homogen (qualitätgleich) werde. Unter dem Symbol eines alogischen Unendlich Kleinen zweiter Ordnung versteckt sich also ein logischer Begriff. T zeigt die Anzahl der Quadrate an, welche in dem A nach ursprünglicher Normirung enthalten sind. Dass diese Anzahl sich immer mehr der Anzahl der Gitterpunkte nähert, je mehr Parallelen gezogen werden, versteht sich von selbst und bedarf gar keines Beweises, denn $\frac{x-1}{x}$ nähert sich immer mehr der Einheit, je grösser x ist, kann dieselbe aber nie überschreiten.

Andere technische Betrachtungen könnten wohl noch ein anders gestaltetes Symbol für die Flächenqualität ergeben; wenn aber logische Begriffe gebraucht werden, so resultirt stets die einfache Form des arithmetischen Produktes aus zwei Faktoren.

Das Symbol einer Fläche als Produktzahl ist nicht allein ein technisch arithmetisches, sondern auch ein logisches, und muss deshalb nicht seinem blossen quantitativen Inhalte, sondern auch seiner Form nach gedeutet werden. Haben wir z. B. eine Fläche

$$\text{Fläche} = A \times B = 2 \,.\, 3$$

so verwischt sich dessen volle Bedeutung, wenn wir das 2 . 3 durch die 6 ersetzen. Die 6 sagt uns allerdings, dass hier 6 Einheiten vorhanden sind, sagt uns aber gar nichts über die Qualität dieser Einheiten; wollen wir diese kennen, so müssen wir genetisch zurückgehen auf die Form 2 . 3; und diese sagt aus, dass die 6 Bezug hat auf ein Produkt aus 2 Faktoren, welchem die Qualität Fläche beizulegen ist, wenn die einfache Zahl auf lineare Ausdehnung gedeutet wird. Solche Produkte also einfach Maasszahlen der geometrischen Gebilde zu nennen, ist unrichtig. Maasszahlen sind sie allerdings ihrem quantitativen Inhalte nach; ihr spezifischer Formkomplex gibt aber auch ihren qualitativen Charakter an.

Weil dieser qualitative Charakter der arithmetischen Formen bebesteht, deshalb ist auch die Anzahl der Faktoren in einem Produkte betreffs seiner geometrischen Deutung von spezifischer Wichtigkeit. Ebenso wie der Zahlkörper (3) andere Eigenschaften in sich begreift, wie der (2), ebenso wird auch ein Produkt von drei Faktoren eine andere geometrische Qualität repräsentiren wie ein solches von zweien.

§ 9.

Geometrische Körper.

Geometrische Körper nennen wir das Gebilde, welches durch die Wechselwirkung dreier einfacher Ausdehnungen entsteht, also eine Funktion aus drei Bestimmungen der Ausdehnung. Ebenso wie die Fläche aus der Erstreckung eines Formgesetzes über eine Längenausdehnung entsteht der Körper durch eine solche Erstreckung über eine Flächenausdehnung.

Dass logisch kein weiteres Aufsteigen zu neuen Begriffen möglich ist, ergab sich aus A. VII. Dass aber auch die weitere Anwendung des symbolischen Schemas zu höheren Formalprodukten, wie sie in der allgemeinen Kombinatorik zulässig ist, alogisch sein müsse, ist darin begründet, weil wir hier der einfachen Zahl die Bedeutung Ausdehnung geben, während sie in der Kombinatorik nichts weiter als abstrakte Anzahl, nicht aber der Qualität nach spezifizirte Grösse ist.

Durch diese spezifizirte Deutung als Ausdehnung erhalten auch die Beziehungsbegriffe $+ - \times :$ spezifizirte Bedeutungen und werden vieldeutig, unbestimmt oder auch ganz sinnlos, wenn sie auf mehr als drei voneinander unabhängige Ausdehnungen angewendet werden sollen. Sobald man erkannt hat, dass Grösse und Ausdehnung sehr verschiedene Begriffe sind, wird man auch die vermeintliche Berechtigung aufgeben, mit dem Ausdehnungsbegriff ad libitum schematische Kombinationen vorzunehmen.

§ 10.

Kongruenz.

Kongruent heisst der Etymologie nach, was zur Deckung (im geometrischen Sinne) gebracht werden kann. Es wird aber beabsichtigt, mit diesem Worte die geometrische Identität der Gebilde zu bezeichnen. Daher rühren die Ausdrücke: „Unabhängigkeit von der Lage im Raume, Merkmal der Transportirbarkeit etc.“. Alle diese Bestimmungen sind aber noch nicht logisch eindeutig, und deshalb entstanden Paradoxien, an welchen sich der Scharfsinn von Philosophen wie Mathematikern vergeblich abmühte.

Zur Lösung des Problems ist es nothwendig, vorab festzustellen, was Identität in der Zeit und was Identität im Raume sein kann; welchen Bedingungen identische Gebilde genügen müssen.

Wir nennen eine mathematische Formel oder überhaupt einen Begriff identisch, wenn seine Bedeutung dieselbe bleibt, einerlei **wann** oder **wo** wir ihn denken oder die Formel anwenden. Bei einer so einfachen Bestimmung scheint der Satz in eine leere Tautologie auszulaufen. Haben wir statt dessen ein Zeitgebilde von vielen Einzelbestimmungen, etwa eine Melodie, so erklären wir dieselbe für identisch mit einer früher gehörten, wenn alle Einzeltöne derselben um ein und dieselbe Zeitkonstante von den früheren verschieden sind. Formuliren wir die beiden Zeitgebilde nun exakt, so nennen wir

$(M)\ t_1$ = Melodie zur Zeit t_1 gehört

identisch mit $(N)\ t_2$ = Melodie zur Zeit t_2 „

wenn alle Elemente von (M) sich von den homologen der (N) um ein und dieselbe Konstante $t_2 - t_1$ unterscheiden. Vergessen darf aber nicht werden, dass **wir** diese Identität konstatiren, dass sie also gültig ist in Bezug auf **uns**. Eine weitere Annahme ist vorderhand nicht zulässig; die Möglichkeit bleibt allerdings offen, dass jene mathematische Formel, oder jene Melodie, eine selbstständige Existenz wie die seligen Götter haben, einerlei ob sie je gedacht oder gehört worden sind. Wir sind aber einstweilen nur berechtigt, ihre identische Existenz zu behaupten, sofern ein Subjekt, ein Ich sie gesetzt hat.

Wenden wir dieselbe Identitätsbestimmung auf Gebilde des Raumes an, so heisst sie:

Identische Raumgebilde dürfen sich in all ihren homologen Elementen nur um eine und dieselbe Raumkonstante unterscheiden.

Wie messen, wie symbolisiren wir nun diese Raumkonstante?

Das allseitig ausgedehnte Kontinuum kann nicht nach Raumstücken gemessen werden, weil verschiedene gleich grosse Raumausdehnungen nebeneinander (zugleich) möglich sind. Die geforderte Raumkonstante ist deshalb in die einfachsten heterogenen Bestandtheile zu zerlegen, welche in ihr möglich sind; dieselben heissen Richtung und Entfernung.

Identische Raumgebilde werden deshalb solche sein, deren homologe Bestimmungen durch Hinzufügen einer konstanten Grösse der Entfernung und Richtungsverschiedenheiten ineinander verwandelt werden können.

Führen wir diese Bestimmung bei dem Dreieck aus, so bestimmt sich dadurch die Regel für alle möglichen geometrischen Gebilde.

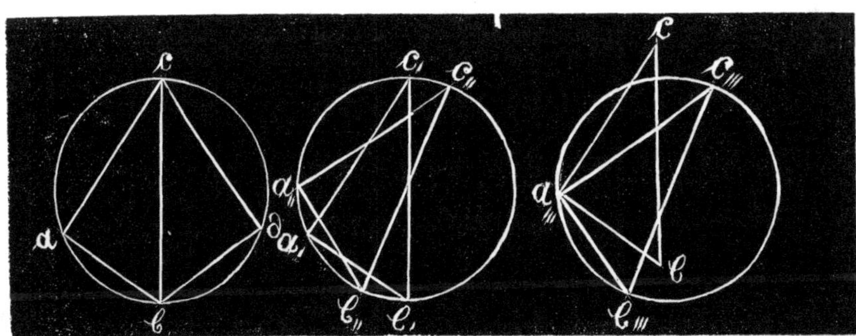

Wenn wir das Dreieck durch Bestimmung der drei Punkte oder zweier Winkel und einer Seite oder zweier Seiten und eines Winkels für vollständig definirt erklären, so müssen zwei Dreiecke, welche diese drei Bestimmungsstücke gleich haben, durch obige Regel ineinander verwandelt werden können.

Bestimmen wir die Dreiecke abc $a_{,,}b_{,,}c_{,,}$ durch die Lage der Ecken, so lässt sich das eine in das andere überführen durch Addition der Konstante, welche die Entfernung ihrer Mittelpunkte der Umschreibungskreise und Addition der Entfernungskonstanten, welche die Grösse der Bogen $a_{,}a_{,,}$ $b_{,}b_{,,}$ $c_{,}c_{,,}$ ausdrückt; diese letztere ist dasselbe wie die Drehungsgrösse oder Konstante des Richtungsunterschiedes.

Wird dagegen das Dreieck definirt durch:

$$ab = a_{,,,}b_{,,,};\ ac = a_{,,,}c_{,,,};\ \angle\ cab = ca_{,,,}b = c_{,,,}a_{,,,}b_{,,,}$$

so werden dem einen die Konstanten

$$\text{Entfernung} = aa_{,,,};\ \text{Drehung}\ ca_{,,,}b_{,} = c_{,,,}a_{,,,}b_{,,,}$$

hinzugefügt, um das eine in das andere zu verwandeln.

Diese Verwandlung ist aber unmöglich bei den Dreiecken abc, dbc obschon obige drei Bestimmungsstücke bei ihnen gleich sind; denn bei einer Drehung würde der Schenkel *cb* unverändert bleiben, während *bd* einen Winkel von 180^0 durchlaufen müsste; eine Drehungskonstante kann diese Verwandlung also nicht zuwege bringen, eine Entfernungskonstante noch viel weniger. Solche symmetrische Dreiecke sind demnach verschiedene nicht identische Gebilde, und die Geometrie würde wohl thuen dies anzuerkennen, indem sie ihnen den Charakter der logischen Kongruenz abspräche[44]).

Hieraus ergibt sich, dass die Definirung eines Dreiecks aus obigen drei Bestimmungsstücken unvollständig ist. Der logische Grund dieser Unvollständigkeit liegt darin, dass man den Charakter dieser Gebilde als Produkte des Denkens verkannte, dass man vergass, dass Wir die Dreiecke beschreiben, und dass bei jeder logischen Beschreibung der Modus des Beschreibens ein und derselbe sein muss, wenn wir im Stande sein sollen, ein Urtheil über die Identität der Gebilde zu fällen. Wenn wir dieser logischen Forderung eines identischen Modus der Beschreibung nachkommen wollen, so ist es falsch zu sagen

$$ab = bd; \quad ac = cd.$$

Nur die Gleichung $cb = cb$ ist richtig; denn wir, als Subjekt des logischen Setzens, sind mit dabei und beschreiben jene Seiten relativ zu einem einheitlichen System von logischen Unterscheidungsmöglichkeiten, welches sich A. VII. herausstellte als System dreier Koordinaten. Beschreibung kombinatorischer Gebilde ist Erzeugung derselben; die Figuren existiren dabei nur in unserer Synthesis, nicht in einer Aussenwelt.

Die vollständige Beschreibung muss demgemäss lauten:

Dreieck *abc* bestimmt als $+ (ac) \quad o\ (cb) \quad - (ba)$
Dreieck *bdc* bestimmt als $- (dc) \quad o\ (cb) \quad + (bd)$.

Hierbei ist das Zeichen o aufzufassen als der Beziehungsbegriff, welcher in mittlerem Verhältniss zu den kontradiktorisch entgegengesetzten Begriffen „vorwärts, rückwärts" steht; an Stelle desselben könnte man in gewissen Fällen auch das Symbol i setzen. Näheres hierüber s. C. III. 2.

Kants geometrische Paradoxie.

Jahrtausende wissenschaftlichen Lebens waren verflossen, ehe Jemand auf diese Unvollkommenheit der geometrischen Definition aufmerksam wurde. Kant fand, dass nach der Methode des Kongruenzenbeweises auch die symmetrischen Körper für kongruent erklärt werden müssten. Aber hier wird doch die Verschiedenheit gar zu handgreiflich.

Die Lösung dieser geometrischen Paradoxie fand er nicht, obschon sie in seinen Prinzipien der Kritik enthalten war, weil ihm die rein logische Natur des Raumes dunkel blieb.

Kant findet als eine Thatsache, dass symmetrische Körper (der rechte und linke Handschuh) verschieden sind, obschon wir gar keine Verschiedenheit an ihnen anzugeben vermögen. Wenn es nun bis zu Kants Zeit nicht gelungen war, Verschiedenheiten der symmetrischen Körper anzugeben, die Thatsache aber feststand, dass sie verschieden seien, so war eben jenes historische Nichtfinden noch kein Beweis für eine logische Unmöglichkeit solchen Findens. Vielleicht konnte noch ein solcher Unterschied gefunden werden, oder aber die Verschiedenheit lag eben nicht darin, was er innere Unterschiede nannte. Kant glaubte dieses historische Nichtfinden unserer intellektualen Beschränkung, unserer Gebundenheit an gewisse psychische Organisationen zuschreiben zu müssen. Er sagt:

„Was ist nun die Auflösung? Diese Gegenstände sind nicht etwa Vorstellungen der Dinge, wie sie an sich selbst sind und wie sie der pure Verstand erkennen würde, sondern es sind sinnliche Anschauungen d. i. Erscheinungen, deren Möglichkeit auf dem Verhältnisse gewisser an sich unbekannter Dinge zu etwas Anderem, nämlich unserer Sinnlichkeit beruht.“

Aus dieser Gegenüberstellung eines puren Verstandes zu sinnlichen Raumanschauungen geht hervor, dass Kant nicht an eine rein logische Auflösung des Raumproblems dachte; dass er vielmehr den menschlichen Intellekt für eine Verdunkelung oder Beschränkung des puren Verstandes durch eine Sinnlichkeit hielt. Der pure Verstand sollte fähig sein, die Dinge an sich zu erkennen. Die Dinge an sich bezeichnen bei Kant ziemlich allgemein den irreduziblen Rest; sie werden jetzt Grenzbegriffe genannt, ein viel gebrauchtes und missbrauchtes Wort. Bei dem hier vorliegenden Problem der symmetrischen Körper lässt sich aber ganz genau sagen, was das Ding an sich ist, und wird daraus hervorgehen, dass es Nichts weniger als ein Grenzbegriff ist. Dieses Ding an sich ist eben die logische Wiedersinnigkeit an die Existenz eines Körpers, in diesen oder jenen Formen zu glauben, ohne dass zugleich ein synthetisch setzendes, also denkendes Wesen, grammatisches Subjekt gedacht werden dürfe, welches jenes Dreieck anschaut; die logische Wiedersinnigkeit, die Existenz eines Objektes mit dem Charakter Objekt zu denken, ohne zugleich ein Subjekt, welches denkt, zulassen zu wollen.

Die Handschuhe existiren als Handschuhe nur insofern wir Menschen sie betrachten und gebrauchen. Was sie ausserdem noch sein mögen, wenn sie anderen bösen oder guten Geistern erscheinen, oder wofür sie sich erklären, wenn sie sich selbst anschauen, geht uns Nichts ar Die Form der Handschuhe, wie jede rein geometrische Figur, ist abei nur ein Erzeugniss des synthetischen Setzens, und existirt nicht, sobald alles Denken inkl. Kants purer Verstand nicht mehr da ist. Die symmetrischen Körper sind deshalb nicht vollständig beschrieben, solange wir nur ihre sogenannten inneren Verschiedenheiten betrachten; sondern sie sind erst vollständig beschrieben durch die Formeln

$$+ \; (ab) \; o \; (bc) \; — \; ba) \; \ldots .$$
$$+ \; (cd) \; + . — . — \ldots \ldots \ldots$$

d. h. dadurch dass hinzugefügt wird: sie werden beschrieben durch einheitliche Synthesis.

Das Ding an sich ist in diesem Falle also nicht das (Dreieck *abc*) Objekt noch das Subjekt (*Ich*), sondern die logische Nothwendigkeit eines Zusammenseins (Koexistenz) von Objekt und Subjekt, von Dreieck und Ich, ohne welches weder von einem anschaubaren noch denkbaren Dreieck die Rede sein kann.

Geometrisch bedeutet die Existenz eines einheitlich zusammenfassenden Subjekts gleichzeitig mit einer Raumfigur, die Beziehung dieser Raumfigur auf drei Koordinatenaxen, welche sich in einem Punkte schneiden; denn wie A. VII. ausgeführt, kann das synthetische Denken drei Koordinaten entsprechende Unterschiede setzen.

Demselben Grunde wie obige geometrische Paradoxie Kants entsprangen die Widersprüche, welche C. Neumann in dem Begriff der relativen Bewegung gefunden haben will. Ihre Lösung wird in Buch D bei Feststellung des Begriffs der Bewegung erfolgen.

C. KAPITEL II.

METHODEN DER BESTIMMUNG.

---

§ 1.

Synthesis und Analysis.

Den beiden Elementarbegriffen des Nebeneinander entsprechend haben schon ältere Mathematiker eine Geometrie der Lage und eine solche der Grösse unterschieden. Auffallend ist es deshalb, das man in der Neuzeit geglaubt hat alles auf den Grössenbegriff reduziren zu können; es war dies eine Folge der analytischen Behandlungsweise geometrischer Fragen, und des metaphysischen Dunkels, welches über der Bedeutung analytischer Symbole schwebte. Um dieses Dunkel zu verscheuchen, dekretirte der Empirismus, „es solle keine Metaphysik sein“ — konstruirte aber trotzdem seine eigene Metaphysik unter dem Namen imaginärer oder höherer geometrischer Gebilde.

Die Bestimmung im Nebeneinander oder die Lösung geometrischer Probleme kann auf zwei logisch und methodisch verschiedenen Wegen erfolgen.

1) Synthetisch; durch Setzung der qualitativ verschiedenen Gebilde, Linie, Fläche etc. und ihre Verbindung durch Beziehungsbegriffe, welche sich unter dem allgemeinen Begriff der Bewegung zusammenfassen lassen.
2) Analytisch, durch Berechnung; durch arithmetische Symbolisirung jener Gebilde und ihrer Kombinationen nach dem Satz des Widerspruchs.

Die geometrische Synthesis ist natürlich ganz unabhängig von allen und jeden empirischen Bedingungen; sofern ihre Forderungen keinen

Widerspruch enthalten, sind sie geometrisch konstruirbar, einerlei ob uns je die mechanischen Mittel zu Gebote stehen jene Forderungen auszuführen, die wirkliche Modellirung jener Gebilde fertig zu bringen.

Die Möglichkeit einer analytischen Behandlung geometrischer Gebilde ergibt sich aus der in B. I., B. II. 2, B. III. nachgewiesenen Symbolisirung aller geometrischen Qualitäten durch Ziffern. Ihre Kombinationen durch die Beziehungsbegriffe $+ - \times :$ geschehen strikte nach dem Satz des Widerspruchs und entsprechen deshalb allen Veränderungen, welchen geometrische Gebilde unterworfen werden können. Ein falsches Resultat kann deshalb nicht entstehen; wohl aber eine geometrisch undeutbare Formel, weil das arithmetisch einfachste Symbol „Setzung und Wiederholung der denkenden Setzung" bedeutet, diesem Setzen aber in der Geometrie die spezifische Bedeutung der Setzung einer Ausdehnung gegeben wird.

Hieraus ergibt sich schon der logische Fehler, welcher begangen wird, wenn man die Geometrie einen Spezialfall der Analysis nennt. Analysis könnte man die allgemeine Beschreibung der Denkbewegungen nennen; analytische Geometrie ist demnach Beschreibung einer gewissen Art von Denkbewegungen, Produkten denkender Setzung. Die Geometrie ist deshalb aber ebensowenig ein Spezialfall der Analysis, als die Mathematik überhaupt ein Spezialfall der allgemeinen Schriftstellerei, der logischen Methode der Beschreibung. Wohl aber nennen wir Mathematik einen Spezialfall der Wissenschaften und Geometrie einen Spezialfall von Wissenschaft der Denkbegriffe. Die Analysis steht zur Geometrie vielmehr im koordinirten Verhältniss eines anderen Spezialfalles unter den Wissenschaften der Denkbegriffe; nämlich wobei dem Element nur die Bedeutung der abstrakten Einheit gegeben wird; in diesem Falle ist sie Arithmethik, Algebra etc., also wohl zu unterscheiden von der analytischen Darstellungsmethode einer allgemeinen Kombinatorik der Denkbegriffe.

Treten während der analytischen Berechnungen geometrisch undeutbare Formeln auf, so bilden diese kein Hinderniss die Rechnung fortzusetzen, weil hierzu nur die logische Kombination der Elementarsymbole erforderlich ist. Dies ist der Hauptvortheil der analytischen Methode. Die synthetische Methode kann nur mit ganzen Begriffsgebilden operiren; sie muss abbrechen, wenn es nothwendig ist ein solches in die Elemente des Denkens aufzulösen; sie führt einen Bau mit fertig zugeschnittenem Material auf, während die analytische Methode sich aus kleineren Steinen von einheitlicher Qualität ein jedes Maass und eine jede Gestalt aufbauen kann. So ist z. B. bei der

Geometrie die Linie ein Individualganzes, welches nicht in weitere Elemente zerlegt werden kann. Die Analysis setzt aber statt ihrer das Symbol $\int ds$, welches die ganze mannigfache Geschichte erzählt von den Denkprozessen, aus welchen jene Linie als Produkt hervorging, und zugleich die Mittel angibt, wie durch Veränderungen in jenen Prozessen verschiedene Produkte erzeugt werden können. Jene qualitativ verschiedenen Gestalten der Synthesis werden durch die analytische Symbolik auf eine einheitliche Qualität reduzirt, wodurch die Aufgabe auf ein Additionsproblem gebracht wird, auf die Behandlung eines einzigen, oder einer sehr kleinen Anzahl von Begriffen wenigstens der Form nach; es wird also die Forderung an die synthetische Denkthätigkeit durch die analytische Methode bedeutend erleichtert. Allerdings kann durch alle Analysis jene synthetische Thätigkeit nie vollständig überflüssig gemacht werden, ebensowenig wie durch reine Induktion mit Ausschluss aller deduktiven Phantasie je ein wahrhaft wissenschaftliches Resultat erzielt werden kann.

Eine Formel kann nur Lösung einer geometrischen Aufgabe genannt werden, wenn sie konstruirbar, geometrisch deutbar ist; ausgenommen den Fall, wenn die Lösung die Aufgabe selbst als eine unlösbare unrichtig gestellte kennzeichnen soll. Die Ueberschätzung des puren Schematismus und die Verkennung der Mehr- und Theildeutigkeit vieler hier entstehender Formeln hat zwar auch die undeutbaren Symbolkonglomerate Lösungen genannt, zu deren Verständniss aber auf eine höhere Logik, höhere Sinnesfähigkeiten oder dergleichen — verwiesen werde musste. Die theilweise Vieldeutigkeit der analytischen Formeln hat aber auch, wie an anderen Stellen schon hervorgehoben, den grossen Vortheil, dass durch die Schlussformel einer einzigen Rechnung alle die verschiedenen Lösungen angegeben werden, welche einer Aufgabe, einem Komplex von Forderungen und Bedingungen entsprechen. Es liegt dies begründet (nach B. III. 7) in der dialektischen Vollständigkeit, in welcher gewisse Obergriffe durch jene Formeln ausgedrückt werden, womit gewissen Symbolen alle korrelativen Begriffe entsprechen, welche einem gewissen Oberbegriffe gegenüber gleichwerthig sind.

§ 2.

Koordinatensysteme.

Hat man irgend einen Begriff oder Sache oder Vorgang nach Merkmalen (Elementarbegriffen) bestimmt, so können diese Bestimmungen einer mathematischen Behandlung unterworfen werden, wenn dieselben nach Unterscheidungsstufen messbar sind, seien dies nun Stufen der Dauer, der Ausdehnung, der Zahl, der Intensität etc. Die einzelnen Bestimmungsmerkmale können je nach der Natur der Aufgabe abhängig oder unabhängig von einander sein. Spricht man z. B. von einem Körper überhaupt, und bestimmt denselben nach seiner Temperatur, Dichte, Grösse, Geschwindigkeit, so können diese Bestimmungsstücke (in der Analysis Variabele genannt) ganz unabhängig von einander sein, ohne dass deshalb der Körper seinem Begriffe nach unmöglich gemacht würde. Spricht man aber von einem seiner Natur nach bestimmten Körper, etwa dem Wasser, so dürfen diese Variablen nur in gegenseitig abhängigen Verhältnissen variiren, wenn es nicht aufhören sollte flüssiges Wasser zu sein. Diese Abhängigkeit mag sich auf die Grösse der einzelnen Variabeln erstrecken, sie kann aber auch nur auf das ganze System des Zusammenhanges Bezug haben, von der Grösse unabhängig sein, wenn nur der systematische Zusammenhang derselben gewahrt bleibt. Ein Gas bleibt Gas, mag seine Temperatur noch so stark erhöht, seine Verdünnung noch so weit fortgesetzt werden; wird aber ein gewisses Verhältniss zwischen Druck und Temperatur überschritten, so hört es auf Gas zu sein, weil durch die willkürliche arithmetische Veränderung das System „Gasigkeit“ zerstört wird.

Oder, wenn wir die Arbeit zweier Massen in Wechselwirkung berechnen wollen, so sind diese nebst ihrer Entfernung die unabhängigen Variabeln der Aufgabe. Dieselben stehen aber trotz ihrer Variationsmöglichkeit in einem solchen systematischen Zusammenhange, dass die Aufgabe ganz sinnlos werden würde, wenn eine von ihnen den arithmetischen Werth 0 erhalten sollte. Als Rechnungsresultat erhält man dann zwar noch ein analytisches Symbolaggregat, welches aber entweder ganz sinnlos, oder vieldeutig interpretirt werden muss.

Man kann demgemäss Variabele unterscheiden, jenachdem sie nur der Grösse nach, oder der Grösse und einem jeden systematischen Zusammenhange nach von einander unabhängig sind. In dem ersteren Falle, wo die Variabeln einen gewissen Zusammenhang wahren müssen, sind dieselben koordinirte Variabele zu nennen.

Die Bestimmung einer Raumgestalt geschieht nach den beiden Begriffen — Entfernung, Richtung; und jenachdem die Gestalt allgemein oder speziell bestimmt wird, sind eine verschiedene Anzahl von Variabeln arithmetisch nothwendig, um diese Bestimmung eindeutig zu machen. Dieselben dürfen in allen Verhältnissen variiren, ohne deshalb aufzuhören auf den allgemeinen Begriff des Raumes gedeutet werden zu können. Man hat sie deshalb schlechtweg voneinander unabhängige Variabele genannt, eine Benennung, welche verhängnissvoll für Spekulationen über den Raumbegriff geworden ist.

Von dieser vermeintlich absoluten Unabhängigkeit der Raumvariabeln ausgehend, kam Rieman dazu für den allgemeinen Begriff der Distanz das Symbol $F\,(\Sigma\ \sqrt{dx})$ aufzustellen, dessen alogische Konsequenzen in A. XII. gezeigt wurden.

Der Ausdruck ist fehlerhaft, weil er den systematischen Zusammenhang der Raumvariabeln ignorirt, obschon die ganz zutreffende Benennung „Raumkoordinaten“ hierauf aufmerksam hätte machen können. Welches ist nun das Systemverhältniss (die Abhängigkeit dem Systeme nach) dieser Raumvariabelen?

§ 3.

Natürliche Koordinaten.

Bei einer jeden messenden Bestimmung muss ein Ausgangspunkt (ein Anfang des Maassstocks) festgesetzt werden; eine bestimmte Stufe der Empfindung, von welchem die Anwendung der Denkbegriffe beginnt. Man bezeichnet diesen Ausgangspunkt folgerichtig mit dem arithmetischen Symbol 0.

Da nun im Raume Entfernung und Richtung die einzigen Bestimmungsbegriffe sind, so muss ein jeder andere Punkt sowohl seiner Entfernung *s* nach, von dem Ausgangspunkte wie die Richtung *s* von einer Ausgangsrichtung bestimmt werden. Das einfachste ist die feste Ausgangsrichtung von dem Punkte *o* aus zu bestimmen. Weil aber sehr viele Richtungen denselben Richtungsunterschied zu einer festen haben können, so müssen so viele feste Richtungen bestimmt werden, dass eine beliebige durch alleinige Grössen des Richtungsunterschiedes zu den festen eindeutig bestimmt werden kann. Aus A. VII. folgte, dass drei solcher fester Richtungen zu diesem Zwecke nothwendig sind. Lässt man diese Richtungen der Einfachheit halber sich in dem Nullpunkt treffen, so erhalten wir 3 Bestimmungsstücke als nothwendige Merkmale eines Ortes im Raume; eine Entfernung und zwei Richtungsunterschiede, oder drei Entfernungen, die nach bestimmten Richtungen zu messen sind. Dies sind die natürlichen Koordinaten, weil sie auf die einfachste Weise, ein jedes Symbol, eindeutig einem Elementarbegriffe entsprechend, die wahre Lage eines Ortes bezeichnen.

Das Systemverhältniss, in welchem diese drei koordinirten Begriffe stehen, ist nun dieses:

Sie sind gleichwerthige Unterbegriffe des Oberbegriffs, „allseitige Ausdehnung, allgemeines Kontinuum, Raum"; sie können ihre Ausdehnung ändern von Null bis zu einer beliebigen Grösse ohne aufzuhören im Raume zu sein; sie müssen aber durch stetige Unterschiede eine jede in jede andere übergehen können, weil keine Lücken im Kontinuum existiren können, und keine Koordinate vor einer anderen ein Vorrecht, einen begrifflichen Unterschied hat. Diese Systemforderung des kontinuirlichen Uebergangs einer Entfernung in die andere kann arithmetisch ausgedrückt werden.

Der Ausdruck ist

$$x_1 = m\sqrt{-x_n^2}$$

und bedeutet: nicht eine imaginäre Grösse, sondern — das logisch konstruirte Symbol des realen Richtungsbegriffes. Es besagt, dass eine bestimmte Richtung diesem Richtungsbegriffe nach die mittlere Proportionale zwischen gewissen kontradiktorisch entgegengesetzten Richtungspaaren ist, und dass diese letzteren Richtungspaare eine geschlossene Reihe bilden; das ist aber in Verbindung mit der stetigen Veränderlichkeit der Koordinatengrösse nichts weiter als eine Auslegung des Begriffs „Kontinuum der Ausdehnung."

Der algebraische Schematismus sieht von solchen Systemverhältnissen ganz ab, er häuft die Zahlen und Variabelen aufeinander, und erst die Produkte, welche ihm dabei unwillkürlich entstehen, erinnern ihn durch ihre verschiedenen Formen (binär, ternär, quaternär . . .) daran, dass noch etwas Anderes als reine Zahlgrössen damit ausgedrückt werden, dass die Einzelzahlen auch wohl einen spezifischen Charakter haben könnten. Es ist also schon ganz verkehrt, ein Schema, welches prinzipiell jede Berücksichtigung eines systematischen Verhältnisses ignorirt, zum Symbol eines allgemeinen Systembegriffes verwenden zu wollen; noch viel verkehrter, den absolut systematischen Zusammenhang des Kontinuums dadurch ausdrücken zu wollen; oder Unterschiede des Kontinuums hypostasiren zu wollen, sogenannte Räume von verschiedenem Krümmungsmaass, während der Begriff des absoluten Kontinuums einen jeden begrifflichen Unterschied negirt. Verschiedene Arten der Unterschiedslosigkeit setzen zu wollen, ist eine contradictio in adjecto.

Alle jene Formelgebilde der Pangeometrie, welche nicht den durch die natürlichen Koordinaten ausgedrückten Bedingungen genügen, haben mit dem Raumbegriffe nichts zu thun; ob jene Symbolagregate in Einzelfällen einem anderen logischen Begriffe entsprechen können, bleibt dahingestellt. s. B. V.[42])

§ 4.

Künstliche Koordinaten.

Für viele Fragen der Geometrie hat es sich als vortheilhaft gezeigt, nicht jene einfachsten natürlichen Koordinaten, sondern ein anderes System von Bestimmungsverhältnissen zu verwenden; hauptsächlich geschah dies zum Zwecke einer allgemeineren Verwendung analytischer Symbole oder Operationsmethoden. Wenn eine solche einfachere Berechnung durch Anwendung eines anderen Systems von Bestimmungen eintritt, so kann man wegen der Korrespondenz logischer Kombinationen mit analytischen Operationen allerdings sicher sein, dass dem auch eine neue logische Betrachtungsweise entspricht; diese letztere bei einigen hervorragenden Fällen zu entwickeln, muss Aufgabe der Philosophie sein.

Wenn man bei einer Geraden, deren Gleichung in natürlichen Koordinaten

1) $$Ax + By + C = o$$

die negativen reziproken Werthe der Längen, welche diese Linie auf den Koordinatenaxen abschneidet, als Variable einer Gleichung betrachtet, und diese Werthe

2) $$u = -\frac{C}{A} \qquad v = -\frac{C}{B}$$

variirt; so erhält man den Ausdruck eines Büschels von Linien, welche sich alle in einem durch ein x, y der obigen Linie 1) bestimmten Punkte schneiden.

Durch Verbindung der Ausdrücke 1) und 2) entsteht die Gleichung

3) $$ux + vy + 1 = o$$

welche die Vereinigung des Punktes x, y mit der Geraden u, v anzeigt, d. h. Bestimmungen, welche den beiden Gebilden

$$f(x, y) = o \qquad \varphi(u, v) = o$$

gemeinsam sind. Dieselben bedeuten einen Punkt x, y, welcher auf der Geraden u, v liegt, und auch die Gerade u, v, welche durch einen bestimmten Punkt x, y geht. Nach Belieben kann man in 3) die Bestimmungen der Geraden und des Punktes veränderlich denken. Wenn

x, y veränderlich, u, v konstant gedacht werden, so symbolisirt 3) alle auf einer bestimmten Geraden liegenden Punkte; wenn u, v veränderlich, x, y konstant sind, so ist 3) der Ausdruck aller Geraden, welche sich in dem einen bestimmten Punkte x, y schneiden können, also der Ausdruck eines sog. Strahlbüschels. Die Gleichung ändert ihre Form (ihren formalen Charakter, ihre Qualität) nicht, wenn u, v mit x, y vertauscht werden, weil diese Elemente symmetrisch in 3) auftreten. Man kann deshalb die Deutung dieser Gleichung beliebig wechseln, und hat einen analytischen Angelpunkt erlangt, um beliebig von einer Interpretation der Symbole zu einer anderen überzugehen.

Prinzip der Dualität.

Der philosophische Werth dieses analytischen Kunstgriffs liegt darin, dass er zwei logisch komplementäre Begriffe in einem arithmetisch einheitlichen Komplexe repräsentirt; nämlich zwei verschiedene Generationsweisen geometrischer Gebilde; dazu die zwei einzig möglichen Generationsweisen.

B. VI. wurde ausgeführt, dass korrelative Begriffe ebensogut durch negative wie durch positive Bestimmungen definirt werden können. Zu solchen Begriffen gehören die geometrischen Bestimmungen

a) Bereich eines bestimmten Gebildes,

b) Bereich des Raumes, welcher nicht zu diesem bestimmten Gebilde gehört.

Diese beiden Begriffe zusammen bilden den Raum überhaupt, den Gesammtraum.

Dieselben werden konstruirt durch Veränderung (Bewegung) der Elementarbegriffe „Entfernung, Richtung,“ deren Vereinigung geometrisch dargestellt ist durch die gerade Linie.

Gewöhnlich wird zwar auch gesagt „man beschreibe ein Gebilde, etwa eine Kurve, durch Bewegung eines Punktes im Raume“. Dies ist eine irrige Behauptung. Ein Punkt lässt sich gar nicht im Raume bewegen, denn der Punkt ist nur Bezeichnung eines bestimmten Ortes, als Gebilde ein Nichts C_1 I. Der Punkt ist reine Grenze, und eine Grenze lässt sich nicht bewegen ohne Etwas, an dem sie Grenze ist. Die Linie ist zwar auch Grenze der Fläche; ausserdem ist sie aber selbständiges Gebilde, Vereinigung zweier positiver Bestimmungen, welche sich eine jede verändern können; der Punkt lässt sich aber nicht verändern ohne aufzuhören reiner Punkt zu sein. Wenn man vermeint eine Kurve durch Bewegung eines Punktes im Raume zu beschreiben, so hat man stillschweigend jene Bahn schon vorgezeichnet und rückt den Punkt in derselben, besser gesagt „betrachtet verschiedene Punkte auf derselben". Der Punkt kann sich nicht bewegen ohne in einer bestimmten Richtung bewegt zu werden; dies ist aber nur ein anderer Ausdruck für „Bewegung der geraden Linie".

Konstruiren wir jetzt ein bestimmtes Gebilde durch Bewegung der Geraden, so geschieht dies in positiver Definition a) durch die Bewegung derselben innerhalb, in negativer Definition b) durch Bewegung ausserhalb des Gebildes. Reduziren wir die möglichen Bewegungen auf den einfachsten Modus, das heisst den logischen, wobei alles Zuviel ein Fehler ist, so entsteht das Gebilde

a) in positiver Weise durch Bewegung einer nach Richtung und Länge veränderlichen Linie, als Radius vector, welcher sich um einen Punkt dreht;
b) in negativer Weise, durch Bewegung einer unbegrenzten Linie nach einem gewissen Gesetze, wobei der Gesammtraum beschrieben wird mit Ausnahme des zu bestimmenden Gebildes; die unbegrenzten Linien sind die Einhüllungstangenten desselben.

Die Gleichung 3) ist der einfachste Gesammtausdruck dieser beiden Generationsweisen, also sozusagen ein analytisches Symbol des Oberbegriffs „geometrische Erzeugung der Gestalt", aus welchem man nach Belieben einen der komplementären Unterbegriffe zur weiteren Betrachtung auswählen kann. Dieser Unterschied der beiden Generationsweisen ist von höchster Bedeutung bei der demnächst folgenden logischen Analyse des geometrisch Imaginären C. IV.

So wichtig nun auch diese Gleichung ist, so darf man in ihr doch nichts Anderes sehen wollen als was sie ist, nämlich ein Symbol, welches wie andere analytische Symbole auch die Mängel der Viel- und Theildeutigkeit haben kann, also untauglich ist zur direkten Ableitung weiterer philosophischer Spekulationen.

Beschränkt man sich nämlich zuvörderst auf Gebilde der Ebene, so sagt die Grundformel aus, dass es in der Ebene doppelt unendlich viele Punkte und Gerade gibt. Die Wahrheit davon ist, dass stets zwei verschiedene Symbole korrespondiren und trotz ihrer analytischen Verschiedenheit ein und dasselbe aussagen. Eine andere Unvollkommenheit des Symbols 3) liegt darin, dass nur Bestimmungen der Lage bei seiner Bildung maassgebend waren, dasselbe also über Grösse (metrische Bestimmungen) direkt nichts aussagt. Es ist aber möglich auch solche metrische Bestimmungen aus der Gleichung 3) abzulesen, insofern durch den logischen Konnex der gebrauchten Symbole gefordert wird, dass ein jeder Grössenwerth, welcher ihnen beigelegt wird, im Allgemeinen der Bestimmung einer Entfernung entsprechen muss; hiermit ist aber gar nicht gefordert, dass die Grössenverhältnisse in der Gleichung den geometrischen Distanzen in direkter einfacher Proportion entsprechen, d. h. die wirklichen Distanzen direkt angeben, wie beim Gebrauch der natürlichen Koordinaten.

Sucht man das Verhältniss auf, in welchem die Gleichung 3) die geometrischen Längen ausdrückt, so ergibt sich eine merkwürdige Verzerrung der thatsächlichen Verhältnisse.

Bei den natürlichen Koordinaten ist die Einheit der Grösse eine bestimmte Längenausdehnung.

Bei
$$ux + vy + 1 = 0$$
oder
$$1 = -\frac{G}{A}x - \frac{C}{B}y$$
ist die Einheit aber ein Quotient von Längenausdehnungen, welche arithmetische Form nach B. III. 4 die bekannten Vieldeutigkeiten in gewissen Fällen ausser der obigen Verzerrung noch in die Formeln einführt. Verfolgen wir den Ausdruck einer Längenausdehnung durch das Symbol eines Quotienten aus zwei Längen so ergibt sich Folgendes:

Die arithmetische Einheit kann nur Werth eines Quotienten sein, wenn Zähler und Nenner gleich sind; soll derselbe also zum Ausdruck einer Länge verwendet werden, so müssen die Entfernungen des Punktes x, y von zwei festen Punkten gemessen werden, deren gegenseitige Entfernung selbst die Längeneinheit ist. Die wahren Entfernungen und die Quotientensymbole, welche dieselben in der Gleichung 3) repräsentiren, sind in folgendem Schema dargestellt.

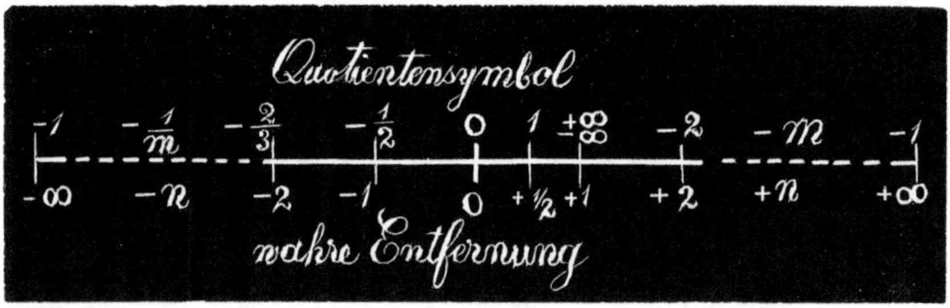

Die Vortheile und Nachtheile solcher Symbolik ergeben sich aus dieser Skala. Man erhält für jeden Ort ein bestimmtes Quotientensymbol mit Ausnahme der Entfernung $+ 1$, welche sowohl durch $+ \infty$ als $- \infty$ bezeichnet wird; und umgekehrt erhalten die entgegengesetzt gemessenen Entfernungen $+ \infty$ und $- \infty$ ein und dasselbe Symbol $- 1$. Es ist dies eine schwere Unvollkommenheit des Systems, sofern adäquate Darstellung logischer Begriffe gefordert wird; für spezielle Zwecke mag sie aber gerechtfertigt sein.

Es findet sich nämlich ein Gebiet der Betrachtungsweise, Auffassung geometrischer Gestalten von einem gewissen Standpunkte aus, bei welcher die Verzerrung der wirklichen Verhältnisse genau so geschieht, wie sie in der Gleichung 3) angegeben wird. Diese Auffassungsweise heisst die Zentralprojektion, und wir versetzen uns auf jenen Standpunkt, wenn wir die äusseren Gegenstände nicht messen, objektiv beurtheilen, sondern wenn wir dieselben mit einem im Raume festgestellten Auge besehen, perspektivisch als auf eine Ebene bezogene Bilder beurtheilen. Besehen wir durch eine Glassplatte äussere Gegenstände, so schneiden die den Distanzen jener entsprechenden Sehlinien auf der Glassplatte Linienstücke ab, welche obigen Quotientensymbolen adäquat entsprechen. Lässt man jetzt noch die Sehlinien in einer bestimmten Richtung sich fortbewegen, also in einer Ebene sich drehen mit dem Auge als Centrum, und führt diese Drehung für einen vollen Kreisumfang durch, — ohne Rücksicht darauf, dass bei der Drehungshälfte hinter der Glassplatte die ganze Prozedur alogisch wird, die gebrauchten Begriffe nicht mehr existiren, sondern nur noch die Kontinuität analytischer Symbolik aufrecht erhalten wird — so erhalten auch die Symbole $+ \infty$ $- \infty$ eine formale Stellung in jener kontinuirlichen Reihe.

Man sieht hieraus wie grade diese perspektivische Anschauungsweise geeignet ist, das Prinzip der Dualität zu gebrauchen; denn das Fortrücken der Punkte, die Vergrösserung der Entfernungen ist hier in unmittelbarste Verbindung mit der Richtungsänderung des Sehstrahles gebracht. Man ersieht hieraus aber auch wie gefährlich es ist, aus einer zweckmässigen Symbolik, und selbst wenn sie der Analysis die ausserordentlichsten Dienste leistet, metaphysische Schlüsse ziehen zu wollen. Denn Symbol bleibt Symbol; eine neue Kombination derselben hat keinen philosophischen Werth, wenn es nicht die logische Probe bestehen kann. Auch dieses künstliche Koordinatensystem hat Veranlassung zu den absonderlichsten spekulativen Verirrungen gegeben [43]).

Dreieckskoordinaten.

Bei Aufgaben, welche eine Transformation des Koordinatensystems, d. h. das Uebergehen der festen Bestimmungsstücke aus einer Lage in die andere, nothwendig machen, zeigt sich, dass die geometrische Symbolik des Dualitätsprinzips mit Zugrundelegung der Winkelkoordinaten Schwerfälligkeiten verursacht. Um diese zu vermeiden, hat man Dreieckskoordinaten ersonnen, d. h. man bestimmt einen Punkt nach seinen Abständen von den Seiten eines Fundamentaldreiecks. Hierdurch wird erreicht, dass ebensoviele unbestimmte Koeffizienten wie Variabele in den Gleichungen auftreten, und diese dadurch stets homogene und symmetrische Formen erhalten; was natürlich das zweckmässigste für eine leichte, algebraische Behandlung derselben ist. So ändert sich die Gleichung der vereinigten Lage von Punkt und Gerade

$ux + vy + 1 = 0$ in Winkelkoordinaten,

in $u_1\ x_1 + u_2\ x_2 + u_3\ x_3 = 0$ in Dreieckskoordinaten.

Das Hülfsmittel der Determinanten, welches bei allen Fragen, wo nicht Maass, sondern Lageverhältnisse betrachtet werden, von so grosser Anwendbarkeit ist, wird dadurch ungemein häufig brauchbar. Algebristen haben deshalb die Winkelkoordinaten ein willkürlich gewähltes System genannt, welches ein undualistisch partikularisirter Fall eines allgemeineren sei[42]). Eine solche Bezeichnung trifft aber rückwärts die einseitige Auffassung des algebraischen Schematismus und nicht den logischen Werth der Systeme. Der Raum als bestimmter Begriff erfordert allerdings eine bestimmte analytische Behandlung, einen Einzelfall des allgemeinen kombinirenden Schema's; deshalb bleiben aber doch die Winkelkoordinaten das natürliche System des Raumes. In jenem sogenannten allgemeinen Koordinatensystem sind gar keine Raumkoordinaten mehr vorhanden, sondern nur voneinander schlechtweg unabhängige Variabele; soll aber wirklich etwas Geometrisches aus diesem Variabelenkonglomerat herauskommen, so finden sich jene verleugneten Raumkoordinaten in den **speziellen Formen** der analytischen Kombinationen wieder vor; nur in Verkennung dieses formal logischen Werthes glaubte man auf einen höheren Standpunkt der Uebersicht gelangt zu sein. Diese Allgemeinheit lässt Schaaren von imaginären Gebilden entstehen, ein Zeichen dafür, dass sie logisch unvereinbare Standpunkte formell zusammenbringt, ein Zuviel der Bestimmungen anhäuft, und dann häufig in Verlegenheit geräth, was mit den Produkten anfangen, wenn sie nicht lediglich für algebraische Gymnastik erklärt werden sollen.

C. KAPITEL III.

DIE ALLZIFFER IN DER GEOMETRIE.

---

§ 1.

Die Allziffer als zweidimensionaler Begriff.

Die Allziffer ergab sich nach B. III. 6; V. 2 als ein zweidimensionaler Begriff, d. h. sie ist ein Oberbegriff, welcher durch die komplementäre Bestimmung zweier als Einheitsqualitäten gleichwerthiger Unterbegriffe gebildet wird.

Diese logische Bestimmung lautet in algebraischer Sprache: Es sind zwei Reihen (stetig oder diskret gedacht) möglich, welche einen gemeinsamen Ausgangspunkt haben, und welche eine jede durch wiederholte Setzungen einer Einheit von spezifischer Qualität gebildet werden. Diese Einheitsqualitäten, deren Symbole 1 und i seien, stehen aber in dem logischen Konnex

$$+ m.1 : \pm n.i = \pm n.i : - m.1$$

das heisst: die beiden Reihen können beliebig vertauscht werden, ohne ihr gegenseitiges Verhältniss oder ihren Oberbegriff zu verändern. Die Allziffern unterscheiden sich demnach wie die Orte in dem geometrischen Gebilde Ebene. Statt diese Orte durch Winkelkoordinaten zu bestimmen, kann man also auch Allziffern verwenden.

Aus demselben Grunde — weil die Allziffer ein zweidimensionaler Begriff ist — kann man aber auch umgekehrt verfahren, und die Allziffern durch die Koordinaten x, y ausdrücken; d. h. dieselben interpretiren als:

Bestimmungen einer wesentlich positiven homogenen Funktion zweiten Grades von zwei Variabelen

$$f(x, y) = ax^2 + 2bxy + cy^2$$

Je zwei konjugirte Allziffern sind die sog. Faktoren ersten Grades, in welche obige Funktion zerlegt werden kann.

Ganss hat hiervon Anwendung gemacht bei der Betrachtung von Zahlsystemen. Die ganze Funktion $f(x, y)$, in welcher a, b, c gegebene ganze Zahlen, x, y aber beliebige ganze Zahlen bedeuten, kann dabei dargestellt werden als ein Zahlsystem, dessen Stellen (ganze Zahlen) auf den Ecken einer in gleiche Parallelogramme getheilten Ebene liegen, deren Parallelogrammseiten durch $x \sqrt{a}$ und $y \sqrt{c}$ gemessen werden. Die Funktion selbst ist ihrem materialen Inhalte nach repräsentirt durch das Quadrat der Diagonale des Parallelogramms vom Ausgangspunkte.

In der Ebene oder überhaupt bei einem zweidimensionalen Oberbegriff, kann demnach die Allziffer oder auch ihre einzelnen Bestandtheile eine eindeutige logische Bestimmung ausdrücken, die stets real ist, während jene Symbole auf Zahlen oder überhaupt eindimensionale Begriffe gedeutet, unlösbare Forderungen, virtuelle Kombinationen, anzeigen, welche aber analytisch als Durchgangsstufe zur Bildung realer Kombinationen benutzt werden können.

Ganss stellte den Satz auf:

„eine jede algebraische Gleichung kann in Faktoren ersten oder zweiten Grades zerlegt werden."

Riemann:

„Die Verhältnisse der zweifach ausgedehnten Mannigfaltigkeiten lassen sich geometrisch durch Flächen darstellen, und die der mehrfach ausgedehnten auf die der in ihnen enthaltenen Flächen zurückführen."

Beide Sätze sagen dasselbe. Sie wurden gewonnen aus der Betrachtung des konsequenten kombinatorischen Schematismus, welchen Riemann durch die imaginäre Konstruktion einer $n$fach ausgedehnten Mannigfaltigkeit mit der Geometrie in Zusammenhang zu bringen suchte. Der Riemann'sche Satz ist richtig, aber die Folgerung, welche die Pangeometrie daraus zog, dass jene Flächen sich zu einem Produkt von beliebig viel Faktoren kombiniren lassen könnten, ohne den logischen Flächenbegriff zu zerstören, war falsch. Man kann also sagen: „Der Riemann'sche Satz lässt sich nicht umkehren."

Die logische Deutung dieser beiden technischen Sätze ist oben gegeben worden, wobei sich herausstellte, dass die vermeintliche Grösse $\sqrt{-1}$ nur deshalb bei den Flächen den Zusammenhang mit der Arithmetik zu Wege brachte, weil sie in Wahrheit Symbol eines der Grösse ganz heterogenen Begriffs ist, bei dem geometrischen Gebrauche Symbol des Richtungsbegriffes.

§ 2.

i als Richtungskoeffizient.

Suchen wir aus der Definition der Richtung A. VII. ein adäquates Symbol für die Kombinatorik zu konstruiren, so können wir folgendermaassen verfahren:

Die Richtung einer Linie a kann zufolge der Eindimensionalität des Linienbegriffs symbolisirt werden durch

1) $\quad -a \quad o \quad +a$

d. h. durch Verbindung des Grössensymbols mit den Beziehungsbegriffen + und —.

Eine zweite Linie würde gleicherweise dargestellt durch

2) $\quad -b \quad o \quad +b$

Zur Verbindung der beiden verschiedenen Richtungen muss ausserdem noch die Grösse des Richtungsunterschiedes der beiden Linien angegeben werden. Wir haben demzufolge ein drittes Symbol zur vollständigen Bestimmung nothwendig; dasselbe sei

3) Richtungsunterschied zwischen a und $b = \frac{1}{n}$.

Diese Symbolik wäre sehr umständlich; wir müssen versuchen, in einem einheitlichen Symbole die Aufgabe zu lösen, also durch eine kombinatorische Funktion der Zahlen. Insofern die kontradiktorischen Gegensatzrichtungen durch + und — ausgedrückt werden können, erscheint eine Lösung der Aufgabe schon als möglich.

Wird eine Bestimmung der Linie ihrer Richtung nach gefordert, so heisst dies: nicht die Grösse der Linie kommt in Betracht, sondern irgend eine andere Eigenschaft, Merkmal derselben als spezifisch diese oder jene Linie. Eine Linie muss also sich verändern können, ohne aufzuhören Linie, und auch Linie von einer bestimmten Grösse, zu sein. Weiterhin sagt der Begriff „Veränderung“ schon, dass viele Stufen der Veränderung möglich sind; diese Stufen werden nach Stellen der Zahlreihe zu ordnen sein, d. h. Stufe 1 verhält sich zu Stufe 2, wie Stufe 2 zu Stufe 3. Dies logische Verhältniss ist regulativ für alle möglichen Veränderungen, beziehe dieselbe sich auf irgend eine Eigenschaft „schwer — glänzend — krumm etc. — Werden der Linie“, wobei hier nicht die Aufgabe vorliegt, zu untersuchen, ob eine oder die andere dieser Qualitäten mit dem Linienbegriff logisch verbindbar ist; im Falle ein analytisches Symbol für jene Stufen der qualitativen Veränderung konstruirbar, muss auch diese logische Verbindbarkeit zulässig sein.

Es ergibt sich also, dass das zu suchende Symbol, im Falle es überhaupt möglich, die Richtungsunterschiede als eine qualitative Reihe darstellen muss

$$\text{also} \quad \ldots\ldots x^{n-1} : x^n : x^{n+1} \ldots\ldots$$

oder da nach A. VII. diese Stufen Theile eines Ganzen, Theile einer Einheit sind, nach der diesem Gedanken entsprechenden Symbolik

$$\ldots\ldots x^{\frac{1}{n}} : x^{\frac{2}{n}} : x^{\frac{3}{n}} \ldots\ldots\ldots$$

Wir haben aber schon die Stufen 0 und 1 dieser Reihe in der Geometrie bestimmt, wie vorhin als $+ a$ und $- a$; oder indem man von der Grösse der Linie absieht als $+ 1$ und $- 1$; das heisst: die gesuchte qualitative Reihe muss eine solche sein, dass

ihr x^0 dem arithmetischen Werthe nach gleich $+ 1$ ist,
ihr x^1 „ „ „ „ „ $- 1$ ist.

Das arithmetische Symbol, welches dieser Bedingung genügt, ist $(- 1)$ als Basis der gesuchten Reihe, und das kombinatorische Symbol irgend einer Richtung von einem einheitlichen Ausgangspunkte in der Ebene demnach $(- 1)^{\frac{1}{n}}$.

Für die geometrischen Zwecke ist es vortheilhaft, das Ganze der Richtungsunterschiede, also die Einheit des Richtungssatzes, durch die Zahl π zu bezeichnen, wodurch das Längenverhältniss der geraden zur regelmässig gekrümmten Linie ausgedrückt wird. Dadurch wird obiges Symbol ersetzt durch

$$(- 1)^{\frac{n}{\pi}} \text{ oder auch } e^{n\sqrt{-1}}$$

weil hierdurch die arithmetischen Reihen sinus (n) cosinus (n) in Verbindung mit dem Richtungsbegriffe gebracht werden, d. h. weil jene rein arithmetischen Reihen auf den Begriff der Richtung gedeutet werden können.

Der Pythagoraeische Lehrsatz ergibt sich hieraus als ein einfaches Korollar

$$\sin^2 n + \cos^2 n = 1$$

und kann demzufolge diese Deduktion gleichfalls wie die B. VI. gegebene logischer Beweis dieses Fundamentalsatzes der Geometrie genannt werden.

Hierbei kommt wiederum die psychologische Ursache zum Vorschein, warum der erwähnte Riemann'sche Satz zu der irrigen Folgerung einer Pangeometrie veranlasste; sie ist

weil das Richtungsverhältniss zweier Koordinaten arithmetisch symbolisirt werden konnte, deshalb entstand die Meinung, dass Richtungsunterschiede sich auf Grössenverhältnisse zurückführen liessen.

Für die Gesammtrichtungen des Raumes lassen sich aber keine einheitlichen Ausdrücke aufstellen, weil nur Richtungsunterschiede arithmetisch symbolisirt werden können, nicht die speziellen Richtungen; alle Richtungsunterschiede sind aber in der Ebene vorhanden, auf diese muss sich also auch die gestellte Aufgabe beschränken. Man könnte allerdings ein neues Symbol konstruiren, um die dritte Raumdimension zu bezeichnen, aber ein solches, etwa $i + i.j$, wäre rein willkürlich, nicht entsprungen dem logischen Konnex, und deshalb auch nicht beliebig in den kombinatorischen Operationen verwandelbar. Für Probleme der Kinematik könnte ein solches Symbol theilweise Brauchbarkeit haben.

§ 3.

i als Distanzkoeffizient.

Die natürliche Symbolik der Entfernung durch die quantitative Reihe der Zahlen, der Richtung durch die qualitative Reihe $(-1)^{\frac{1}{n}}$ oder $e^{n\sqrt{-1}}$ kann man auch umkehren, weil in beiden Reihen die Stellen der Einzelglieder einen und denselben logischen Fortschritt haben. Durch eine solche Umkehrung erhält man Distanzen, welche auf gleich abgemessenen Strecken eines Kreises liegen, also wegen der Geschlossenheit der Kreislinie periodisch übereinander fortlaufend abgesteckt werden müssen, um Raum für die unbegrenzt fortschreitende Zahlreihe zu erlangen. Die Distanz eines Punktes in der Ebene von dem Fundamentalkreise stellt sich dabei dar als ein Produkt, welches den Faktor $e^{n\sqrt{-1}}$ enthält. Ein theoretisches Hinderniss zu dieser Verdrehung der Symbolik liegt nicht vor. Handelt es sich zwar um eine rein geometrische Aufgabe, so wird Niemand auf eine solche Verdrehung der natürlichen Ausdrucksweise verfallen; handelt es sich aber um Interpretation eines analytischen Ausdrucks, welcher einer natürlichen Deutung widersteht, so kann man dies Mittel immerhin anwenden, um in einem geometrischen Bilde die Veränderungen jenes Ausdrucks zu verfolgen; in Wahrheit, um dem Gedächtnisse ein einigermaassen anschauliches Mittel zu geben, die Veränderungen solcher Ausdrücke stetig aneinanderzureihen. Es können jedoch auch Aufgaben der Mechanik vorliegen, wobei eine solche Symbolik wiederum natürlich wird. Handelt es sich z. B. um periodische Ereignisse, so kann man die betreffende Zeitperiode regelmässig auf den Fundamentalkreis ausbreiten und die Distanzen von diesem Kreise können die Art des Ereignisses — Entfernung eines Planeten vom Zentralkörper, Temperaturgrad, elektrische Spannung an einem Orte etc. — durch den Ausdruck $m.e^{ni}$ angeben. In solchen Fällen würde das Symbol i wiederum eine ebenso reale Bestimmung wie Grösse oder Richtung ausdrücken.

Das erwähnte geometrische Bild kann auf mannigfache Weise variirt werden, je nach dem speziellen Zwecke, den man verfolgt. Sucht man die Punkte einer Ebene durch obige Koordinatenausdrücke zu bestimmen, so müsste bei einem ebenen Fundamentalkreise $m.e^{ni}$

für die Kreispunkte $= 0$
für das Zentrum $= -\infty$
für unbegrenzte Distanz $= +\infty$

werden. Man kann auch den Fundamentalkreis durch eine Schraubenlinie ersetzen von beliebig gewählter Ganghöhe; oder durch einen festen Punkt, für welchen die reelle Zahlkoordinate den Winkel des Radius vector $\pm\infty.e^{ni}$ mit der Ausgangsrichtung angibt. Diese Linie $\pm\infty.e^{n.i}$ kann man auch dualistisch als sog. unendlich grossen Kreis auffassen, und es ergäbe sich durch die aufeinander folgenden Drehungen eine Art Riemann'scher Blätterfigur; dieselbe ergibt sich hier aus der logischen Umkehrung der Symbolik, während Riemann eine solche ersann, um eine Harmonie zwischen den empirisch vorgefundenen Produkten der Analysis herzustellen. Wie gesagt, die fiktive Konstruktion solcher geometrisch ganz unmöglicher Gebilde ist insofern von Werth, als sie unserem Gedächtniss ein helfendes Bild der logischen Verknüpfung kombinatorischer Elemente zeichnet, einer inneren Verbindung, welche aus der Struktur der analytischen Formeln nicht unmittelbar herauszulesen ist.

Es wird dadurch sozusagen eine lange Beschreibung eines Gegenstandes oder Ereignisses in ein Bild konzentrirt, welches, wenn auch des gewählten Standpunktes (der Perspektive) halber mit manchen Verzerrungen behaftet, doch eine momentane Gesammtauffassung ermöglicht.

Ganz kann die Aufgabe aber erst gelöst werden, wenn man die ihren Grundrissen nach in B. VI. 5 vorgezeichnete Methode verfolgt, den qualitativen Charakter arithmetischer Formen studirt, und aus der verschiedenen Struktur der Formeln ihren Charakter als Individual-Ganze direkt zu erkennen lernt. Die Aufstellung der Determinantenformen ist ein bedeutender Schritt auf diesem Wege; es muss aber mehr gesucht werden, direkt aus ihrer Form herauszulesen was sie sagen, ohne dass es nöthig wäre sie erst wieder in Gleichungen aufzulösen.

§ 4.

Kombinationen der Allziffern als Richtungs- und Distanzbestimmung.

Die Rechnungseinheiten *1*, *i* können nun auch kombinirt angewendet oder gedeutet werden, wenn sie nicht mehr ausschliesslich einen der beiden Begriffe Richtung—Entfernung, sondern eine Kombination beider repräsentiren sollen. Dies geschieht, indem weder die gerade Linie noch der Drehungswinkelpunkt (der sog. unendlich kleine Fundamentalkreis) durch die Realzahlen ausgedrückt, sondern indem diese letzteren als Längenstücke auf irgend einer geschlossenen oder offenen Kurve gezählt werden. Die *i* Zahlen werden dadurch Längenstücke auf anderen Kurven, welche zu den ersteren in irgend einem konjugirten Verhältnisse stehen; man erhält so ein System von Längen und Breitenkurven, welche einer real oder imaginär geometrischen Fläche angehören. Hier ist das Feld der Geometrieen auf Kurven resp. die geometrische Interpretation der Abel'schen Integrale.

C. KAPITEL IV.

DIE KRUMME LINIE.

§ 1.

Erzeugung der krummen Linie.

Die krumme Linie entsteht durch kontinuirliche Setzung (Bewegung) mit stetiger Richtungsänderung. Bei Entstehung der Kurve wirkt also ein Element (der Faktor Richtungsänderung), welches bei Erzeugung der Geraden nicht vorhanden ist. Da nun verschiedene Dinge oder Begriffe nur in Betracht der in ihnen vorhandenen gleichen Faktoren verglichen werden können, so werden im Allgemeinen gerade Linien durch gerade, Kurven durch gekrümmte messbar sein. Absolut gilt dies Argument für die Kurve konstant regelmässiger Krümmung, den Kreis; denn bei diesem stehen die beiden Faktoren „konstante Richtung — konstant geänderte Richtung“ unvermittelt einander gegenüber. Anders kann das Resultat sein, wenn eine Kurve das Produkt aus zwei Bewegungen auf verschieden gekrümmten Kurven ist, wie z. B. bei den Evoluten. In diesem Falle kommen die Gesetze der irrationalen Zahlen in Anwendung s. B. II. 4, deren Produkt von niedrigerer Irrationalitätsstufe sein kann als einer der Faktoren; wobei sogar rationale Verhältnisse entstehen können.

Insofern gerade wie krumme Linien den Begriff der Längenausdehnung gemeinsam haben, müssen sie vergleichbar der Länge nach sein, wenigstens annähernd; genau nur in dem Falle, wo die Längenausdehnungen derselben in gleiche Elementarfaktoren zerlegbar sind. In dieser vergleichenden Messung dient der Pythagoraeische Lehrsatz, oder vielmehr die Funktion $e^{n.i}$, als Reduktionsinstrument für die Ueberführung der Begriffe „Richtungsänderung in Entfernung“, und umgekehrt.

Hieraus ergibt sich nun auch die Zweckmässigkeit in der Analysis die Gerade Linie als eine Kurve von der Krümmung Null zu fingiren.

Ein jedes kombinatorische Gebilde ensteht durch die Bewegung, werde sie nun mechanische oder Denkbewegung genannt; die Bewegung ermöglicht aber die beiden Begriffe Entfernung oder Grösse, und Richtung. Wollen wir nun eine überallgültige Rechnungsschablone aufstellen, eine allgemeine Methode, so muss dieselbe jene beiden Begriffe enthalten, wobei dann je nach Bedürfniss der eine oder andere ausser Betracht kommt, d. h. arithmetisch Null werden darf. Die Gerade wird demnach das allgemeine Längengebilde von der Krümmung 0, der Punkt von der Krümmung ∞. In der Begriffsprache heisst dies: Linie ohne Krümmung; Gebilde ohne Krümmung und Ausdehnung — Grenze jedes möglichen Gebildes. Es wird kein Fehler begangen, wenn die Gerade symbolisirt wird als

$$\text{Kurve von der Krümmung } \frac{1}{r = \infty}$$

denn der Zweck dieses Symbols ist einheitliche Gestalt mit den Symbolen anderer Begriffe, ohne welche Gestalteinheit der kombinatorische Fortschritt nach Satz und Gegensatz nicht möglich wäre. Ein logischer Fehler ist es aber, wenn wir das Symbol als höheres instruirendes Wesen betrachten, statt als ein Mittel zu gewissen Zwecken, und obiges Symbol in der Begriffsprache lesen: „Kreis von unendlich grossem Radius".

§ 2.

Tangente.

Tangenten sind die Linien der Einhüllungsschaar der Kurve. Das Element der negativen Generationsweise eines Gebildes. s. C. II. 4.

Zu jedem Punkte der Kurve gehört demnach eine bestimmte Tangente. Ein jeder Punkt der Kurve ist eine Bestimmung sowohl der Kurve wie der Tangente; der Punkt ist gemeinsamer Ort beider Gebilde. Ein Schnittpunkt kann dieser Ort nur in dem Falle sein, dass die Kurve ihre Drehungsrichtung an demselben ändert, denn wegen dieser Aenderung erhält die generirende Tangente verschiedene Bestimmungen, je nach den entgegengesetzten Richtungen ihrer Ausdehnung.

Tangente wird auch definirt als Richtung der Kurve an einem Punkte. Ein Punkt hat aber gar keine Richtung. Diese Definition ist ebenso fehlerhaft wie die Beschreibung einer Kurve durch Bewegung eines Punktes. Dadurch, dass man sich die Tangente vorstellte als entstanden durch das Zusammenrücken der beiden Schnittpunkte einer Sekante, kam man zu der Definition einer Tangente als: Linie, welche zwei aufeinander folgende Punkte mit der Kurve gemeinsam habe. Zwei Punkte bestimmen aber eine gerade Linie; eine Kurve wäre demnach zusammengesetzt aus Geraden — was ihrem Begriffe widerspricht. Aehnliche Widersprüche häufen sich bei den entsprechenden Definitionen der Oskulation, zeichnen sich also als falsche. Eine solche war Gauss' Auffassung einer Fläche als eines Körpers, dessen dritte Dimension unendlich klein geworden. So unschuldig dergleichen Definitionen sich am Anfange geberden, so verhängnissvoll können sie bei weiteren Ausführungen werden [45].

§ 3.

Krümmungsmaass.

Um das Maass der Krümmung zu bestimmen, muss man die Drehung der Generationslinie — Radius vector oder Tangente — mit der Länge des Kurvenstücks, innerhalb dessen jene Drehung beschrieben wurde, zu einem Ausdrucke vereinigen. Die hierzu erforderliche Normaleinheit kann nur von der gleichmässig gekrümmten Kurve, dem Kreise, entnommen werden; denn nur bei diesem, wie auch bei der Geraden, stehen die beiden Begriffe „Ausdehnung, Richtungsänderung" in einem konstanten Zusammenhang, nämlich Drehungswinkel und Kurvenlänge im Verhältniss der Radien.

Die totale Krümmung einer Kurve für eine gewisse Länge ist gemessen durch den Winkel der beiden Tangenten an den Endpunkten. Da wir es stärkere Krümmung nennen, wenn ein grösserer Drehungswinkel in verhältnissmässig kleinerer Ausdehnung, also bei kleinerem Radius vector, beschrieben wird, so ergibt sich als Symbol der Krümmung der reziproke Werth des Radius eines durch obige zwei Tangenten bestimmten Kreises.

Man spricht auch von Krümmung der Kurve an einem Punkte, welche durch den Ausdruck $\frac{1}{r}$ angegeben werde. Dieser Begriff ist ebenso unzulässig wie die Richtung der Kurve an jenem Punkte; diese Krümmung und Richtung der Kurve an einem Punkte wollen dasselbe besagen, zeigen aber schon durch die Anwendung zweier verschiedener Begriffe für dieselbe Sache, dass beide falsch sind. Richtig ist es zu sagen: an jedem Punkte der Kurve sind ihre Eigenschaften in Bezug auf Krümmung, also ihre Tangenten, Normalen, Evoluten, Evolventen etc. durch das Längenmaass $\frac{1}{r}$ symbolisirbar; und gleicherweise der Wechsel dieser Eigenschaften innerhalb einer bestimmten Strecke der Kurve durch die Aenderung dieses Längenmaases in Quotientenform.

Wenn die Vorzeichen + — mit dem Krümmungsmaass $\frac{1}{r}$ verbunden werden, so bedeuten sie eine Qualität der Krümmung, weil sie Vorzeichen eines Quotienten im Sinne von Verhältniss sind. Die Qualität der Krümmung kann sich ihrerseits nur auf Richtung derselben beziehen, weil Krümmung keinen anderen Begriff enthält als „Veränderung der Richtung". Hieraus ergibt sich die Bedeutung jener Zeichen als „konvex, konkav".

Die gerade fortschreitende Bewegung der Kurven im Raume erzeugt einfach gekrümmte Flächen. Diese Gebilde sind nach C. 1. 8. symbolisirt durch das Produkt zweier Faktoren; von denselben enthält in dem vorliegenden Falle nur einer eine Bestimmung der Krümmung; also auch das Produkt.

Aendert aber der eine Faktor (welchen wir Generationslinie zum Unterschiede vom anderen als Fortschrittslinie nennen wollen) seine Bewegungsrichtung, so wird der Fortschrittsfaktor mit derselben Krümmungsbestimmung behaftet wie der Generationsfaktor. Wir erhalten also ein doppelt gekrümmtes Gebilde mit der Krümmungsbestimmung $\frac{1}{r_1} \times \frac{1}{r_2}$. Dasselbe Produkt entsteht, wenn wir die gekrümmte Fläche entstehen lassen durch Krümmungsänderung der Generationskurve, während ihrer fortschreitenden Bewegung auf einer anderen Kurve; denn die Aenderung der Krümmung der Generationskurve kann nur ein plus oder minus ihrer Krümmung bewirken, also ein kleiner oder grösser werden des Nenners im Quotienten $\frac{1}{r}$, nicht aber ein neues Produkt aus diesem und einem anderen Quotienten: weil, wie schon S. 305 bemerkt, nur Richtungsunterschiede arithmetisch bestimmt werden können, nicht aber Richtungsarten — Vorhandensein des Richtungsunterschiedes bei Linien dieser oder jener Ebene. Die Bestimmung der Allziffer als eines zweidimensionalen Begriffs, ihre vollständige Repräsentation in der Ebene, erweist sich demnach als logischer Grund der Unmöglichkeit eines Gebildes der Flächenausdehnung von drei verschiedenen Krümmungen.

Als Normaleinheit für die Vergleichung der Krümmungsverhältnisse doppelt gekrümmter Flächen ist aus demselben Grunde wie vorhin bei den Kurven der Kreis, bei den Flächen die Kugelfläche zu adoptiren.

Der uniforme analytische Schematismus hat dazu verleitet, den Quotienten $\frac{1}{r}$ auch auf andere Gebilde, wie Linie und Fläche, in der Bedeutung Krümmungsmaass auszudehnen, und sich hierzu formal berechtigt gefühlt durch die Behauptung, dass der Unterschied eines Gebildes von 2, 3 oder 4 Variabelen nur ein Unterschied der Zahl oder der Grösse sei. In Bezug auf das graphische Aussehen der Formeln ist das wahr; in Bezug aber auf eine logische Deutung, welche diesen Symbolen gegeben werden kann, ist es falsch, wie in der mannichfachsten Art hier bewiesen wurde. Ohne die prinzipiellen Sätze zu wiederholen, welche den Unterschied von schlechtweg unabhängigen und der Grösse nach unabhängigen Variabelen, von Zahlgrösse und Ausdehnung, von Richtung und Addition etc. darlegten, auf Verkennung welcher Unterschiede jene Formelkonstruktionen beruhen, sei nur der Alogismus direkt gekennzeichnet, dessen die annalytische Verbindung des Quotienten $\frac{1}{r}$ in der Bedeutung Krümmung mit dem Produkt $x. y. z.$ in der Bedeutung eines Gebildes der Ausdehnung, sich schuldig macht. s. S. 142 u. 135. Es zeigt sich hier wie sorgfältig man sich hüten muss ein Gebiet der Wissenschaft zu überschätzen, dessen Umfang oder Inhaltsbestimmung einer **Methode** unterworfen ist; es kann dann geschehen, wie in diesem Falle, dass die Methode für **Realinhalt** einer Wissenschaft, einer Erkenntniss gehalten wird; es wird dann ein Chaos von Symbolen, ein Formelwust erzeugt, welcher die Fähigkeit philosophischen Begreifens abstumpft.

Oskulationen.

Nach Analogie der Tangente, welche einen Differenzialkoeffizienten mit der Kurve gemeinsam hat, was man interpretirt „zwei Punkte gemeinsam mit der Kurve", spricht man von Kurven, welche eine noch innigere Berührung miteinander haben sollen als die Tangente. Man nennt dieselben oskulirende Kurven mit 3 oder mehreren aufeinander folgenden Berührungspunkten; demgemäss Oskulationen zweiten oder höheren Grades. Nach dem gegebenen logischen Prinzip können nun weder Gerade noch Kurven mehr als **einen** gemeinsamen Punkt haben, wenn sie nicht aufhören sollen verschiedene Linien zu sein. Punkt ist nur Ort, Grenze eines Gebildes, aber nicht ein Gebilde selbst. Eine Berührung an 2, 3 oder mehr aufeinander folgenden Punkten wäre die Konstruktion eines Gebildes aus Grenzen; das reale Loch, welches übrig bleibt, wenn man Metall herumgiesst und die Kanone wegnimmt. Die Ursache dieser Auslegung der Oskulation liegt in der Grenzmethode, welche verschiedene Punkte konvergiren lassen muss, um ihre anschaulichen Vorstellungen zu Stande bringen zu können. Richtig aber ist, dass die Entfernungen gleich langer Kurvenstrecken um so kleiner sind, je höher der Grad ihrer Oskulation ist.

Die logische Definition der Oskulationen wird uns gegeben durch die Zerlegung der Kurvengleichungen nach ihren Differenzialkoeffizienten und ihrer Deutung nach B. VI.

Eine Kurve, deren Differenzialgleichung von der Ordnung m ist, kann dergestalt gezogen werden, dass sie m voneinander unabhängigen Bestimmungen genügt, und zwei Kurven, deren m erste Differenziale gleich sind, haben nach B. VI. 9. m gemeinsame Charaktereigenschaften. Zwei solcher Kurven können also m solchen Bestimmungen an einem und demselben Orte genügen; dies ist der „Kontakt oder Oskulation“ m^{ter} Ordnung.

Es wurde aber auch ausgeführt, dass die durch die aufeinander folgenden Differenziale bezeichneten Charaktereigenschaften eines Formalgebildes eine Gliederung derselben nach einheitlichem Modus der Ueberordnung ist, welche bei Gebilden der Ausdehnung „geometrische Aehnlichkeit genannt wird.

Oskulation ist demnach kurzweg

geometrische Aehnlichkeit von einer bestimmten Stufe

— **Grad** der Aehnlichkeit —

und aus dieser logischen Bestimmung folgen alle weiteren Sätze über Oskulation unmittelbar.

C. KAPITEL V.

DAS IMAGINÄRE IN DER GEOMETRIE.

---

§ 1.

Das Imaginäre bei natürlichen Koordinaten.

Bei den Methoden der neueren Geometrie entstehen Imaginärformen unter sehr verschiedenen Umständen; zuweilen sind jene Formen konstruirbar, bedeuten also Realitäten, zuweilen aber auch nicht. Vergeblich hat man versucht, dieselben in ihrer Gesammtheit unter einem allgemeinen Gesichtspunkt mit dem arithmetisch Imaginären zusammenzufassen; es will das immer nur für bestimmte Gebiete gelingen und deshalb bleibt die Deutung solcher Formen, wenn sie auf dem Gebiete der Mechanik auftreten, dem rein subjektiven Ermessen überlassen, wodurch dann von einer Sicherheit oder Exaktheit der Resultate keine Rede mehr sein kann. Dieses negative Resultat legt uns aber eine Antwort auf die gestellte Frage nahe und dieselbe wird sich als kongruirend ausweisen mit derjenigen Antwort, welche sich aus der logischen Bestimmung des Virtuellen überhaupt, und seiner analytischen Definition B. III. 6.

$$+ \Pi = (+ a.i)(- b.i)$$
$$- \Pi = (+ a.i)(+ b.i)$$

direkt geben lässt.

Die Verschiedenheiten des geometrisch Imaginären zeigen nämlich an, dass dieses neben der arithmetischen Virtualität noch andere Begriffe enthalten muss, kombinirt mit jenem logischen Widerspruch im Produktbegriff; denn ohne solche neue Faktoren könnten nach dem Identitätsatze keine Verschiedenheiten entstehen. Dies ist wieder ein Beweis für das Auftreten anderer Begriffe als desjenigen der Grösse, oder der einfach logischen Setzung. Es ist aber C. II. gezeigt worden, welcher Art diese neuen Begriffe sind, und dass sie sich verändern mit der Wahl des Koordinatensystems; die direkte Folge davon ist, dass ein jedes Koordinatensystem seine speziellen Imaginärformen haben wird, wobei nicht ausgeschlossen ist, dass dieselben in Einzelfällen identisch sind, in allen Fällen aber korrespondiren, in einem bestimmten logischen Nexus stehen.

Wir werden zunächst die Formen zu behandeln haben, welche bei dem natürlichen Koordinatensystem auftreten.

Die reale Bedeutung, welche das $m.i$ hat, wenn die Einheit als Unterbegriff eines zweidimensionalen Oberbegriffs aufgefasst wird, ist schon in C. III. behandelt worden. Wenn aber der zweidimensionale Begriff durch Koordinaten der Ebene ausgedrückt wird, so ist diese Deutungsmöglichkeit des $\sqrt{-1}$ ausgeschlossen; was also damit anfangen, wenn es im logischen Fortschritt der Kombinatorik entsteht?

Ehe wir diese Möglichkeiten aus der logischen Definition des virtuellen Produktes entwickeln, wird es gut sein, die auftauchenden Fragen an einem konkreten Beispiele zu beleuchten. Es werde dazu das Beispiel von den Schnittpunkten zweier Kreise gewählt.

Wenn wir zur Lösung dieser Aufgabe aus zwei Kreisgleichungen, deren Struktur dargestellt wird durch

1) $$x^2 + y^2 = r^2$$

die gemeinschaftlichen Orte suchen, so erhalten wir diese in der Form einer Liniengleichung

2) $$y = ax + c$$

auf welcher diese Orte liegen.

Die stillschweigende Bedingung bei obiger Gleichung 1) ist, dass

3) $$x \overset{=}{<} r \overset{=}{>} y.$$

Wird diese Bedingungsgleichung aber ignorirt und arithmetische Lösungen der Gleichungen 1) 2) berechnet für den Fall

4) $$x \overset{=}{>} r \overset{=}{<} y,$$

so erhält man trotzdem Wurzelausdrücke, welche aber keine Kreispunkte mehr sein können, weil die Kreise sich in dem Falle nicht mehr schneiden; man sagt dann: die Kreise schneiden sich in imaginären Punkten. Diese Benennung hat vorab nur insofern einen Sinn, als damit ausgedrückt werden kann, dass die Struktur der Gleichungen 1) 2) in einem logischen Nexus bleibt, einerlei, ob den Einheiten der x, y, r noch eine Bedeutung als Grösse gegeben wird oder nicht. Wir haben es also hier mit der Qualität einer arithmetischen Form, nicht mit einem materialen Inhalte derselben zu thun. Diese allgemeine Struktur $x^2 + y^2 = r^2$ kommt uns nun in zwei Spezialfällen vor

$$5) \qquad y_1 = \sqrt{r_1^2 - x_1^2} \qquad\qquad y_2 = \sqrt{r_2^2 - x_2^2}$$

welche ihrerseits wiederum zwei verschiedene Qualitäten bezeichnen, zwei verschiedene Kreise. Diese Kreise bleiben aber ihrer qualitativen Bestimmung nach das, was sie sind, einerlei ob sie einander so nahe liegen, dass sie einander schneiden oder nicht. Wenn die Kreise einander schneiden, so wird das Verhältniss ihrer Bestimmung der Grösse und gegenseitigen Lage nach — also ihrer vollständigen Qualität nach — durch eine gewisse Linie angegeben, welche ihrerseits natürlich wiederum eine bestimmte Länge und eine bestimmte Lage zu den beiden Kreisen haben muss. Der arithmetische Werth dieser Linie,

welche ein $\qquad y_1 = y_2 = ab \qquad$ enthält,

ist das quantitative Symbol des qualitativen Verhältnisses der beiden Kreise, d. h. der Strukturformen

$$6) \qquad \sqrt{r_1^2 - x_1^2} = \sqrt{r_2^2 - x_2^2}$$

Wenn die Kreise auch soweit auseinanderrücken, dass sie einander nicht mehr schneiden, so behalten sie doch ein gegenseitiges Verhältniss, weil sie ja nicht aufhören bestimmte Qualitäten, d. h. die bestimmten Kreise r_1 und r_2 zu sein; und dieses ihr qualitatives Verhältniss wird nach wie vor durch ein quantitatives Symbol repräsentirt werden können.

Dieses quantitative Symbol muss aber eine andere Einheit erhalten als diejenige, welche der Bedingung 3) entspricht, denn ihm liegt die kontradiktorisch entgegengesetzte Bedingung 4) zu Grunde. Da wir nun hier mit Gebilden, d. h. Produkten (Gewordenem) zu thun haben, nicht aber mit Elementen, so muss die kontradiktorisch entgegengesetzte Einheit das i sein, im Sinne von B. III. S. 195. Die Stufenfolge dieser geometrisch entstandenen i Symbole wird aber ebenso dem Zahlbegriff gemäss vor sich gehen, wie diejenige der arithmetischen i überhaupt; diese Stufenfolge muss also auch konstruirbar sein.

Um nun diese Konstruktion wirklich auszuführen, haben wir zu beobachten

a) Die Bedingungsgleichungen 3) und 4) zerfällen die Ebene in zwei getrennte Gebiete, welche einander kontradiktorisch entgegengesetzte Bestimmungen einschliessen;

b) der Nullpunkt der i Reihe für $y = \sqrt{r^2 - x^2}$ beginnt für einen jeden Kreis an dem Orte $x = r$ und werden die imaginären y

rechtwinklig zu beiden Seiten der x Achse zu messen sein, ebenso wie die realen;

c) das Längenmaass der i Einheit ist die struktive Einheit aus der arithmetischen Form $y^2 + x^2 = r^2$, d. h. der Parameter dieser Form; die qualitative Einheit der geometrischen Aehnlichkeit, die Basis der qualitativen Aehnlichkeits(Potenz)reihe, wie aus dem in der Formenrechnung Entwickelten B. VI. 5 hervorgeht.

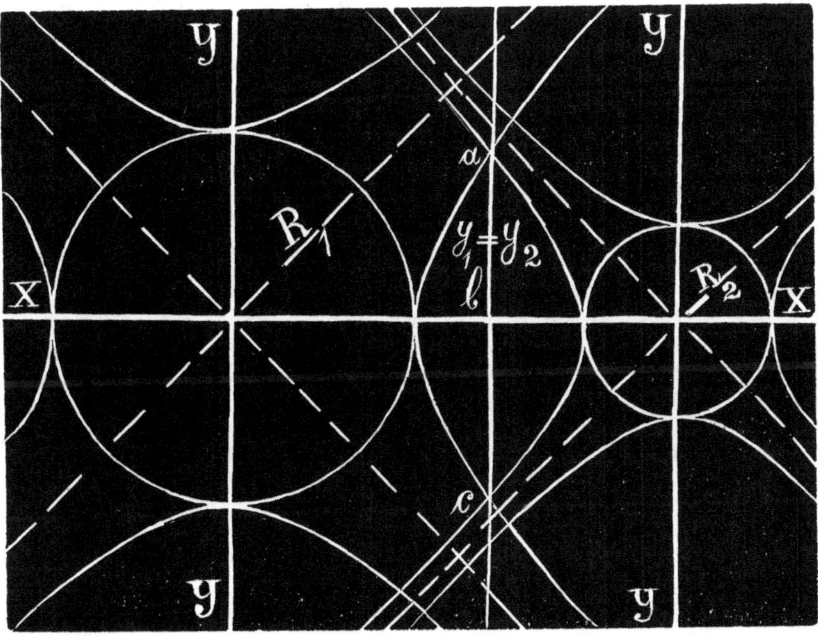

Die i Werthe der arithmetischen Form 1) können also konstruirt werden' auf vier Kurven ausserhalb des Kreises, welche mit ihren Scheiteln die xy Axen berühren. Die i Kurven zweier beliebigen Kreise werden also stets in zwei Punkten einander schneiden und die korrespondirenden y_1 y_2 oder x_1 x_2 beider Kreise sind in diesen Punkten gleich lang. Zieht man von einem Punkte einer solchen Schnittlinie Tangenten an die Kreise, so werden dieselben gleich lang sein, wie sich durch Vergleichung der rechtwinkligen Dreiecke gebildet aus Tangenten, Kreisradien und Distanzlinien der Kreismittelpunkte ergibt; die konstruirte Schnittlinie ist also identisch mit der Chordale der Kreise.

Macht man die Gleichung der *i* Kurve real, d. h. bestimmt man die Kurve von dem ihr zugehörigen Gebiete aus, so erhält man

$$y^2 = x^2 - 1$$

also eine equilaterale Hyperbel mit dem Kreiszentrum als Mittelpunkt.

Man sieht aber auch, dass umgekehrt die Kreislinie die *i* Kurve der Equilateralhyperbel ist.

Nach diesen Betrachtungen werden die logischen Folgerungen durchsichtiger werden, welche man direkt aus dem in A. gegebenen Begriff des Raumes und der in B. gegebenen Definition des virtuellen Produktes $\pm \Pi$ ziehen kann.

Zu diesem Zwecke erinnern wir uns, dass nach B. VI. 6 die analytische Formel einer ebenen Kurve nicht die Linie, sondern ein abgegrenztes Flächengebilde repräsentirt, welches nach C. II. 4 sowohl positiv wie negativ definirt werden kann, d. h. in diesem Falle sowohl real wie virtuell. Hieraus ergibt sich unmittelbar, dass irgend einer realen Bestimmung innerhalb des Gebildes eine *i* Bestimmung ausserhalb des Gebildes entsprechen muss; dass, wenn demnach die stillschweigende Bedingungsgleichung eines Gebildes ignorirt wird, und alle Allziffern als Lösung der analytischen Gleichung eines Gebildes zugelassen werden, dann die *i* Werthe der Wurzeln gewisse Bestimmungen ausserhalb des Gebildes korrespondirend repräsentiren; und umgekehrt dass, wenn die realen Einheiten die Bestimmungen eines negativ definirten Gebildes ausdrücken, dann die virtuellen Einheiten sich auf das eingeschlossene Gebiet beziehen.

Vorhin ergab sich der Gegensatz von Kreis oder Ellipse der Hyperbel gegenüber; daher der Nexus zwischen den hyperbolischen, elliptischen und goniometrischen Funktionen.

Die *i* Kurve der Parabel ergibt sich als eine kongruente und am Scheitel der realen entgegengerichtete Parabel; also dieselbe Mittelstellung zwischen Ellipse und Hyperbel wie bei den realen Kurven. Hieraus ersieht man, wie der Name „parabolische Geometrie“, welchen man aus Betrachtungen über das Krümmungsmaass den Euklidischen Gebilden gegeben hat im Gegensatze zu der Liniengeometrie auf konstant gekrümmten Flächen, von philosophischer Anschauungsweise allgemein gerechtfertigt werden kann. Denn die Struktur der Parabel ist das reale einfache Produkt, welches in jeder Beziehung einem wirklichen und vollständigen Quadrate gleichgesetzt werden kann; und in einer solchen Strukturform können nur kongruente Gebilde einander entsprechen; dies ist aber nur ein anderer Ausdruck für das sogenannte Merkmal des Euklidischen Raumes, in welchem der identische Begriff an jedem Orte konstruirbar sein muss — was gemeiniglich Merkmal oder Bedingung der Transportirbarkeit genannt wird.

Führt man diese Idee allgemein durch, so ist allerdings darauf zu achten, dass man nur mit solchen Raumgebieten oder Kurven operiren darf, welche sich als begrenzte Gebiete bestimmen lassen, also wirkliche logisch vollständige Funktionen sind; sobald man hier Unbestimmtheiten mit in den Kauf nimmt, erhält man nur vieldeutige oder auch ganz bedeutungslose Formeln, sogenannte transcendente Gleichungen ohne Wurzeln d. h. willkürliche Symbolkonglomerate.

Diese Auffassung des Imaginären lässt sich auf Kurven beliebigen Grades anwenden. Auch ist sie nicht auf die Ebene beschränkt, denn ein Raumvolum kann gleichfalls sowohl positiv wie negativ definirt werden. Der begrenzenden Fläche eines Raumvolums in einer analytischen Form von realen Einheiten werden demnach, wenn die Fläche eine geschlossene ist, je sechs i Flächen im äusseren Raume entsprechen — nicht zu vergessen, dass hier immer das natürliche Koordinatensystem vorausgesetzt wird.

Es können nun auch geometrische Bestimmungen von zwei Veränderlichen stattfinden, welche sich nicht auf ein bestimmtes Gebilde beschränken, sondern sich auf die unbegrenzte Ebene erstrecken und es fragt sich, was in diesem Falle die i Bestimmungen bedeuten. Der allgemeine Gegensatz von **Innerhalb und Ausserhalb** findet auch hier Statt; die i Bestimmungen werden eben ausserhalb der Ebene liegen und den korrespondirenden Werthen derselben entsprechen. Hier ist nun zu unterscheiden, dass eine absolute Heterogenität der $\pm i$ und der ± 1 Werthe möglich ist, aber auch eine relative. Absolut heterogen ist, wenn die i Ebene senkrecht auf der 1 Ebene steht, denn dann korrespondirt einer jeden Flächenbestimmung der einen nur eine Linienbestimmung der anderen, also eine qualitative Heterogenität in jeder Beziehung. Sind die beiden Ebenen aber geneigt gegeneinander, so hat man es mit Projektionsbeziehungen zu thun, die aber jedesmal in zwei Faktoren absoluter Heterogenität zerlegt werden können. In diesem Sinne ist es also strenger zu sagen: nur die senkrechte Ebene ist das ausserhalb zu einer gegebenen Ebene; wenn man auch zwei beliebige Ebenen ausserhalb einander nennt, so ist das nicht in dem hier präzisirten Sinne gesprochen, weil man hierbei den Volumbegriff einführt und vermittelst desselben die beiden Ebenen in ein Projektionsverhältniss bringt, in ein Verhältniss zweier Flächen, welche zu einander in einem Grössenverhältnisse stehen; dagegen stehen Linie und Fläche in keinem Grössenverhältniss.

Ebenso hat die Zahl, als eindimensionales Gebilde geometrisch konstruirt, ihren virtuellen Gegensatz, ihr Aussen, in der zu ihr senkrechten Linie, denn eine jede Senkrechte bildet nur einen Punkt auf ihr.

Ein erläuterndes Beispiel hierzu bietet die Mechanik.

Nach der Undulationstheorie findet man, dass ein Lichtstrahl unter gewissen Verhältnissen nicht aus einem dichteren in ein dünneres Mittel austreten kann; es tritt dann totale Reflexion auf der Trennungsfläche der beiden Mittel ein. Diese totale Reflexion findet aber nicht für einen bestimmten Einfallswinkel statt, sondern dieser Winkel kann sich in gewissen Grenzen verändern. Fresnels Formeln ergeben bei diesen Veränderungen die Summe der Lichtintensität des reflektirten Strahles als bestehend aus einem realen und einem imaginären Theile. Eine imaginäre Intensität hat aber keinen Sinn; den imaginären Theil durfte man aber auch nicht kurzweg als eine Null behandeln, wie das zuweilen fehlerhafterweise geschieht, weil man nicht weiss, was damit anfangen; denn der reale Theil der Formel gibt nicht die ganze Summe der Intensität. Fresnel kam nun auf den Gedanken, jenen imaginären Theil auf eine trotz aller totalen Reflexion stattfindende Brechungswelle zu deuten. Eine logische Theorie des mathematisch Imaginären gab es nicht, und so blieb es dem subjektiven Ermessen eines Jeden überlassen, dergleichen Ausdrücke zu deuten, wie es ihm gut schien. Dazu hatte man ein wirkliches Eindringen des Lichtes in das dünnere Mittel bis zu einer wenige Wellenlängen betragenden Tiefe beobachtet; und fand deshalb jene Deutung des Imaginären eine Zustimmung in dem gleichen Maasse, wie jene Beobachtung wohl auch Fresnel zu seiner Erklärungsweise geführt hatte, obschon eine andere Deutungsmöglichkeit zur Zeit nicht ausgeschlossen blieb.

Nach dem Vorherigen lassen sich aber auch die Fresnelschen Formeln logisch gar nicht anders deuten. Dieselben drücken die Grösse der Amplitude der beiden senkrecht zueinander polarisirt reflektirten Strahlen aus in Bezug auf die Reflexionsebene. Wenn aber die Summe der ganzen Lichtbewegung nicht in dieser Ebene liegt, so muss eben ein Theil derselben ausserhalb derselben liegen, und diese reale Bewegung ausserhalb der Ebene muss in einer von richtiger Hypothese gebildeten Formel als eine Summe von $\pm i$ Einheiten sich darstellen, weil diese eben ihrer logischen Natur nach das Ausserhalb zu den ± 1 Einheiten angeben. Jene i Einheiten bezeichnen Etwas ebenso Reales, wie die realen Richtungen $e^{n \cdot i}$. Die

Lichtbewegung ist bei dieser Formulirung als ein zweidimensionaler Begriff eingeführt; eine dieser Dimensionen ist die Längsstrecke auf der Lichtwelle, die andere die Ausweichung der Amplitude (die Phase der Lichtschwingung; deshalb korrespondirt dem Begriff senkrecht in der zweidimensionalen Ebene der Begriff Verzögerung um $\frac{1}{4}$ Lichtwelle in der zweidimensionalen Aetherbewegung. Ob nun die Lichtgeschwindigkeit resp. Fortschritt des Lichtstrahls bei der Reflexion, oder ob der Phasendifferenz die reale Einheit zugeordnet wird, ist gleichgültig; ist aber für eine von beiden Dimensionen die $+1$ Einheit festgesetzt, so muss $\pm i$ dem anderen Unterbegriffe in der Lichtbewegung zugetheilt werden. Als Zahlen sind jene letzteren Einheiten imaginär, als Repräsentanten eines Unterbegriffs in einem zweidimensionalen Begriffe sind sie aber real.

Dass nun das Ausserhalb der Reflexionsebene sich auf den Theil der zu ihr senkrechten Ebene bezieht, welcher unterhalb des einfallenden und reflektirten Strahles liegt, ist gleicherweise dadurch nothwendig geworden, weil der obere Theil als Bereich der realen Einheiten bei Aufstellung der Formeln benutzt worden ist.

Zu demselben Ergebnisse gelangt man, wenn man den Satz: „dass eine Lichtwelle in demselben Mittel nie reflektirt wird, oder wie man auch sagt, dass an der Trennungsfläche zweier Mittel von gleicher Dichte und Elastizität keine Reflexion stattfindet“ zum Ausgangspunkt der Formeln nimmt. Wie man an dem vorliegenden Beispiele sieht, ist der Satz in solcher Allgemeinheit nicht richtig, insofern durch Interferenzen der Wellen, welche sehr nahe an einem dichteren Mittel liegen, diese Bewegung rückläufig werden kann. Diese letztere Bewegung wird dann durch i Einheiten gemessen, weil diese das Real Geschehende ausserhalb des durch jenen Satz von einem begrenzten Standpunkte aus Beurtheilten ausdrücken.

Das mechanische Ausserhalb einer einseitig begrenzten Hypothese wird dann ebensogut durch eine arithmetische Imaginärzahl verrechnet, wie das geometrische Ausserhalb eines einseitig begrenzten Standpunktes. Wollte man die Lichtbewegung durch Raumkoordinaten, d. h. 3 Variabele ausdrücken, so würden alle Imaginärausdrücke überflüssig werden. Eine solche Rechnung dürfte aber sehr komplizirt ausfallen, und deshalb gewinnt man technische Vortheile, wenn man die Imaginärformen logisch deuten gelernt hat und sich auf ein Gebiet von 2 Variabelen beschränkt.

§ 2.

Das Imaginäre bei künstlichen Koordinaten.

Reale und imaginäre ∞ ferne Gebilde.

Wenden wir uns jetzt zur Deutung der Imaginärformen bei Anwendung künstlicher Koordinaten, so können wir auch hier im Allgemeinen die realen Deutungen auf ein Innen und ein Aussen verfolgen.

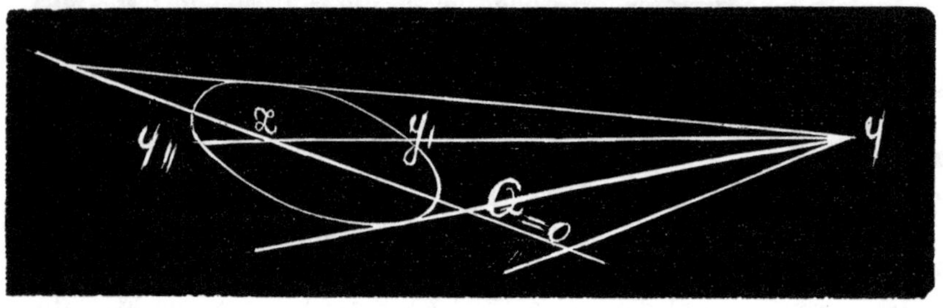

In der Polarentheorie sucht man den vierten harmonischen Punkt auf einer Linie zu drei gegebenen; einem beliebigen Punkt y und den beiden Schnittpunkten $y,$ $y,,$ der Linie mit einem Kegelschnitt. Benutzt man zur Lösung dieses Problems die Kegelschnittgleichung

$$(a_1\, x_1 + a_2\, x_2 + a_3\, x_3)^2 = o$$

und die Liniengleichung

$$\begin{aligned} x_1 &= y_1 + \lambda z_1 \\ x_2 &= y_2 + \lambda z_2 \\ x_3 &= y_3 + \lambda z_3 \end{aligned}$$

so gebraucht man nicht eine adäquate Symbolik, sondern eine theildeutige; es lassen sich aus diesen Gleichungen Formen finden, welche gar nicht auf einen die Kurve aus y treffenden Strahl gedeutet werden können, was der Sinn des Ausdrucks ist „der betreffende Strahl treffe die Kurve in zwei imaginären Punkten". Zwei solcher konjugirt imaginären Formen sind aber bei obigem Koordinatensystem das richtige Symbol eines realen Punktes, welcher ausserhalb des Kegelschnittes liegt; und alle die solcher weise bestimmten Oerter bilden die Verlängerung nach Aussen der in dem Kegelschnitte real bestimmten Geraden $Q = o$. Aus denselben Formeln erhält man reale Tangenten für äussere Punkte des Gebildes, imaginäre für innere; reale Radien für innere, imaginäre für äussere Punkte etc. Ueberall findet sich also der logische Gegensatz, dass die Bestimmungen eines Gebildes von dem negativen Standpunkte aus, dem Aussengebiete, welches zugleich virtuelles Innengebiet ist, auch virtuelle analytische Ausdrücke liefern müssen und umgekehrt.

Man sieht also, wie im Allgemeinen das Studium der imaginären Formen ebensogut uns über die geometrischen Gebilde unterrichten kann, wie das der realen, denn Imaginär- und Realformen haben stets ein kombinatorisches, logisch koordinirtes Verhältniss zu einander. Man sieht zugleich, wie viele qualitative Bestimmungen häufig eine einfachere Form erhalten können, wenn sie von dem virtuellen Aussenstandpunkte aufgefasst werden. Das Folgende wird hierzu Beispiele liefern.

Ein Beispiel, wie die Theildeutigkeit der Formeln sich durch Gebrauch künstlicher Koordinaten vergrössert, bietet das schon behandelte Problem der Kreisschneidepunkte. Bei Verwendung homogener Koordinaten erhält man zur Bestimmung derselben eine Gleichung vierten Grades, also zwei Lösungen mehr als nothwendig ist, um die wirklichen Verhältnisse zu bestimmen. Jene zwei überflüssigen Lösungen kennzeichnen eine gewisse Verzerrung, welchen die Gebilde durch Anwendung solcher Koordinaten erleiden. Diese Verzerrung bringt eine Art des Imaginären zu Stande, welche in der neueren Geometrie auftritt. Werde dies an einigen Beispielen erläutert.

Im Allgemeinen wird durch eine jede Gleichung ersten Grades in Dreieckskoordinaten eine Linie dargestellt. Ein analytischer Spezialfall dieser Gleichung ergibt jedoch für jede Individualbestimmung in dieser Form — deren Aequivalent in natürlichen Koordinaten ein bestimmtes $x_1\ y_1$ also ein bestimmter Punkt der Ebene ist — das Symbol ∞. Um nun die einheitliche Benennung nicht zu stören, nennt man diesen an sich bedeutungslosen Fall der Linearform in Dreieckskoordinaten „die zu der Koordinatenebene $x\ y$ zugehörige unendlich ferne Gerade, welche alle unendlich fernen Punkte der $x\ y$ Ebene enthält“. Weil dieser Spezialfall entstand aus der logischen Durchführung eines willkürlich gewählten Systems, so sind hieraus richtige Resultate ableitbar, wenn jenes System auch den thatsächlichen Verhältnissen nicht adäquat entsprach, sondern dieselbe konsequent verzerrt ausdrückte; so wird es nothwendig, nicht bei jener imaginären ∞ fernen Geraden stehen zu bleiben, sondern dieselbe lediglich als Durchgangsstufe zu benutzen, um mit Anwendung derselben Verzerrung wieder aus dem Imaginären zum Realen zurückzukehren; die Anwendung zweier entgegengesetzter Transformationen muss die ursprüngliche Deutung ermöglichen. Die Fruchtbarkeit einer solchen Methode liegt darin, dass ein solches willkürliches System ersonnen werden kann, welches den technischen Bedürfnissen des Analytikers am Besten entspricht; und die Zweckmässigkeit der Verwendung der o und ∞ Stellen als Durchgangstufen liegt darin, dass die analytischen Formeln an diesen Stellen jede individuelle Bestimmtheit abstreifen und sich dadurch als Ausgangspunkt für genetische Betrachtungen vorzugsweise eignen.

Mit dieser analytischen Form „∞ ferne Gerade“ kann wie mit einem geometrischen Element operirt werden, weil sie den Gegensatz zu jener anderen Verzerrung bildet, zufolge welcher die beiden entgegengesetzten Punkte der unbegrenzten Geraden das identische Distanzsymbol ∞ erhielten. Dem logischen Gesetze gemäss muss also die Kombination der beiden Imaginärformen realgültige Sätze erzeugen. Es resultirt der Satz, dass jede Gerade von jeder anderen nur in einem Punkte geschnitten wird, und dieser Satz leidet in seinem schematischen Ausdruck keine Ausnahme für den geometrisch bedeutungslosen oder besser gesagt: für den logisch ganz undiskutirbaren und in Wirklichkeit ganz unmöglichen Fall

$$x,\ y = \infty = x_1,\ y_1.$$

Für die Linien höherer Ordnung gelten dann ebenfalls die schematischen Ausdrücke ausnahmelos. Diese Ausnahmslosigkeit hat aber nur für die Symbolik Bedeutung; die Sätze der natürlichen Koordinaten sind ebenso logisch ausnahmelos, denn obiger Fall ist eben ein alogischer.

Wollen wir aber in logischer Sprache sagen, was der technologische Satz

„zu jeder Ebene gehört eine unendlich ferne Gerade“

bedeutet, so ist dies Folgendes:

In jeder Ebene sind alle Richtungsunterschiede möglich, eine jede Richtung der Ebene wird symbolisirt durch eine Stelle in der geschlossenen analytischen Form, welche „∞ ferne Gerade“ genannt wird; parallele Linien haben deshalb denselben ∞ fernen Punkt; der Richtungsunterschied zweier Ebenen wird nach demselben Modus symbolisirt durch zwei verschiedene ∞ ferne Linien.

Was wir ausserdem noch von einem künstlichen, analytischen Bequemlichkeiten, angepassten Koordinatensystem zu erwarten haben, lässt sich an einem einzigen beliebigen Beispiele zeigen.

In homogenen Koordinaten ergibt sich für die Kreisschneidepunkte eine biquadratische Gleichung; also vier Lösungen, während nur zweie davon eine geometrische Bedeutung haben; was können die beiden anderen aussagen? Nach dem Dargelegten nichts Anderes als Bestimmungen über das Verhältniss, in welchem sich das Kreisgebilde als qualitatives Individuum überhaupt in dem künstlichen System verzerren wird. Diese überflüssigen Wurzeln sind:

die Produkte aus den Verzerrungsmoduln des betreffenden Koordinatensystems in die Qualität der Gebilde. Beim Kreise werden diese Produkte genannt: „die imaginären Kreispunkte auf der ∞ fernen Geraden".

Je nach dem gewählten Standpunkt mag aus dem Kreise eine Linie, eine Ellipse oder gar ein Punkt werden und für alle Transformationen in solche qualitativ verschiedenen Gebilde werden die zwei restirenden Wurzeln die betreffenden Anhaltepunkte liefern. Stellen wir die Sätze auf, welche sich für die Kreisgebilde aus jener Gleichung vierten Grades ergeben; die hauptsächlichsten werden gesprochen:

1) Alle Kreise der Ebene gehen durch dieselben beiden imaginären Punkte, die der unendlich fernen Geraden angehören; sie werden genannt „imaginäre Kreispunkte".

2) Die Richtungen nach diesen Punkten, d. h. die Kreisasymptoten sind bestimmt durch

$$tg\ \alpha = \pm \sqrt{-1}.$$

3) Die Asymptoten aller Kreise sind parallel; sie bilden mit allen anderen Richtungen denselben unendlich grossen Winkel.

4) Während die Punkte, deren Entfernung von einem beliebigen Punkte unendlich gross ist, auf einer Geraden (der ∞ fernen Geraden) liegen, umhüllen die Linien, welche mit einer beliebigen anderen Linie einen unendlich grossen Winkel bilden — die man deshalb als Linien von unendlich grosser Richtungsverschiedenheit bezeichnen könnte — ein Punktepaar, die imaginären Kreispunkte.

5) Konzentrische Kreise haben gemeinsame Asymptoten, berühren sich also in den beiden Kreispunkten, können sich also nicht mehr schneiden. Konzentrische Kugeln schneiden sich (oder berühren sich) in einem unendlich fernen Kreise.

Um diese Ergebnisse der Analysis in logische Sprache zu übersetzen, brauchen wir nur das vorher gefundene Prinzip anzuwenden, nach welchem ein unendlich ferner Punkt Richtung ist, und reale vs. imaginäre Bestimmungen sich verhalten, wie Bestimmung aus den realen inneren Elementen zu solchen des Ausserhalb. Bei der projektivischen Auffassung wird nun ein Raumgebilde als real bestimmt, wenn es möglich ist, ein reales Bild desselben auf eine Bildfläche zu erzeugen. Alles was aber nach dem gewählten Modus der Projektion ausserhalb der Bildfläche fällt, wird dadurch nach unserem Prinzip analytisch imaginär. Diese imaginären Werthe der virtuellen Bestimmungen eines Gebildes sind deshalb in den Raum ausserhalb der Bildfläche zu konstruiren; abzumessen auf Ebenen, welche zu dieser Bildfläche senkrecht stehen.

Die Asymptoten des Kreises ergeben sich dadurch als Linien, welche in naher Beziehung zu den Asymptoten der Equilateralhyperbel, als i Kurve des Kreises, stehen. Für jeden Kreis haben wir zwei Asymptoten, und ihre Richtung zu den Kreisaxen ist gegeben durch

$$tg\ \alpha = \pm \sqrt{-1}; \text{ oder } arc.tg\ \alpha = \int_0^\alpha \frac{dx}{1+x^2}$$

Man nennt des Integralausdrucks wegen diesen Winkel unendlich gross; und mit dieser Deutung ist nichts anzufangen, weil sie keinen Sinn hat. Diese Deutung muss aber überhaupt fehlerhaft genannt werden, weil ihre Konstruktion als goniometrische Funktion nur unter der Bedingung gewonnen wird, dass α eine reale Grösse ist. Bei der hier aufgestellten Betrachtung qualitativ verschiedener Einheiten erweitert sich jedoch jene Bedingung dahin, das arcus und tangente sich auf dieselbe qualitative Einheit beziehen müssen, sei diese nun real oder imaginär, oder sonst etwas. Wir müssen deshalb hier sagen:

„Der Winkel, welcher einer imaginären Tangente entspricht, ist selbst ein imaginärer.“

Die Korrespondenz solcher imaginärer Tangenten und Winkel hat aber dieselbe arithmetische Stufenfolge wie bei den realen Bestimmungen; deshalb ist $\sqrt{-1}$ die struktive Einheit, gleich dem Radius des jenen Funktionen zu Grunde liegenden (imaginären) Kreises. $tg\ \alpha = i$ entspricht demnach einem Winkel von 45^0, dessen Anwendung jedoch nur in oem Aussengebiete des Gebildes erfolgen darf, von welchem ausgegangen wurde. Ist dies Gebilde ein in der Ebene begrenztes — wie im vorliegenden Falle der Kreis, dessen imaginäre ∞ ferne Punkte gesucht werden sollen — so bestimmen zwei vom Kreiszentrum aus unter 45^0 mit einer Koordinatenaxe gezogene Linien die sog. Asymptoten des Kreises; und deren Berührungspunkte mit der ∞ fernen Geraden der Ebene, welche identisch sind mit den zwei ∞ fernen Punkten der i Kurve des Kreises, bilden die gesuchten imaginären Kreispunkte. Die ∞ fernen Punkte des entgegengesetzten Zweiges der i Kurve sind identisch mit den ersteren, weil die Punkte jener ∞ fernen Geraden Richtungen bedeuten, und nicht wie ihr Name sagt geometrische Punkte. Nimmt das reale Ausgangsgebilde dagegen die ganze Ebene in Anspruch, so sind die ∞ fernen Bestimmungen ebensogut wie alle imaginären in der zur Fundamentalebene senkrechten zu suchen.

Hierdurch werden die angeführten barocken Sätze unmittelbar verständlich und erweisen sich als richtig.

Konzentrische Kreise haben alle dieselben Asymptoten, weil sie alle denselben Mittelpunkt haben. Nicht konzentrische Kreise haben parallele Asymptoten, und deshalb dieselben imaginären Kreispunkte, weil die ganze Ebene auf ein festgelegtes Koordinatensystem bezogen wird. Konzentrische Kugeln haben einen ∞ fernen Kreis gemeinsam, weil der die Kugelflächen bestimmende um seine Axe sich drehende Meridiankreis zu jeder seiner verschiedenen Lagen ein neues Paar ∞ ferne Punkte bestimmt, welche insgesammt einen Kreis bilden. Besser wäre es, diesen letzteren Satz auszusprechen: Konzentrische Kugeln nach virtuellen Asymptoten bestimmt, haben deren Richtungen gemeinsam.

Diese ganze Theorie erleidet keine Ausnahmen, eben weil sie aus dem logischen Begriff des Virtuellen entsprungen ist. Alle Imaginärtheorien, welche bis jetzt aufgestellt worden sind, lassen sich insoweit sie brauchbare Resultate ergaben, als Spezialfälle dieser allgemeinen Theorie nachweisen[46]).

Man sieht nun, wie jedes neue Koordinatensystem neue und anders zu deutende Imaginärformen liefern kann. Es werden gerade Linien zu finden sein, welche in der realen Ebene liegen und trotzdem theilweise real, theilweise imaginär sind; reale Linien, auf welchen imaginäre Punkte, und imaginäre Linien, auf welchen reale Punkte liegen; imaginäre Ebenen, welche die reale Ebene in einer realen Linie schneiden; imaginäre Linien, welche viele, oder auch nur einen oder auch gar keinen Punkt mit der realen Ebene gemein haben etc.; Gebilde, wovon mehrere bei der Konstruktion des Imaginären v. Staudt's auftreten.

Rationeller würde es aber sein, statt der jetzt üblichen, meist durch projektivische Betrachtungen hervorgerufenen Terminologie eine solche einzuführen, welche auf die qualitative Betrachtung der Struktur kombinatorischer Formen gegründet ist; denn zeigt sich einmal ein anderes künstliches Koordinatensystem als vortheilhaft zu anderen Zwecken, so müsste der ganze Sprachbau wieder geändert werden. So könnte man z. B. für die physiologische Optik ein bipolares Koordinatensystem aufstellen, oder auch eine Spaltenprojektion.

Man könnte aber sogar qualitative Koordinaten erfinden; solche, welche sich nur auf Gestaltveränderung der Kurven beziehen, welche in gegenseitiger durch Wechselwirkung hervorgerufener Bewegung befindliche Körper beschreiben. Bei Fragen der Molekularmechanik, vielleicht auch schon bei dem astronomischen Problem der drei Körper dürfte ein solches System Verwendung finden. Solche Koordinaten, würden wiederum ein Imaginärsystem ganz anderer Art bedingen, obschon denselben logischen Grundsätzen folgend.

D.

MECHANIK.

D. KAPITEL I.

GRUNDBEGRIFFE DER MECHANIK.

---

§ 1.

Die funktionale Verbindung der Gebilde φ_z im Nacheinander $\varphi_r(\varphi_z)$.

In der Arithmetik wurden die zu Komplexen verbundenen Elemente als Zahlgrössen, in der Geometrie als Ausdehnungen betrachtet. Obschon irgend welche Gebilde der Kombinatorik nur in der Zeit, durch Setzung nacheinander, entstehen, so blieb doch die Betrachtung der Gebilde als ein Zusammen φ_z, Hauptgegenstand jener Disziplinen; die Genesis jener Funktionen als φ_r wurde mehr als ein Mittel der Aufklärung in zweifelhaften Fällen erörtert. Die abstrakt logische Betrachtung kann aber jetzt in ihren Kombinationen fortschreiten und eine Vielheit der Existenz zugleich als φ_z und φ_r zusammenfassen, also Komplexe bilden, welche sowohl der Zeit wie dem Raume nach funktional verbunden sind; dies ist die Aufgabe der Mechanik. Hiermit wird aber auch der ganze Umfang logischer Kombinationen erschöpft sein, weil nur die beiden Denkformen „Nacheinander, Nebeneinander" möglich, weil nur der Satz der Identität eine Regel der Kombination sein kann, der Zusammenfassung des Vielen durch funktionale Bestimmung des Einzelnen im Ganzen.

Die Anfänge dieser Betrachtungen werden der Natur der Sache gemäss schon durch das reine Empfindungsleben angeregt; eine jede Bewegung oder Veränderung des eigenen wie fremder Körper stellte Probleme der Mechanik. Deshalb wurden vor allem logischen Bewusstwerden dem Empfindungsleben entnommene Wörter für die hier nothwendig auftretenden Begriffe geprägt, wie „Masse, Trägheit, Kraft,

Widerstand etc.", ehe man sich Rechenschaft darüber zu geben veranlasst fand, ob reine Denkbegriffe oder aber Empfindungsbegriffe vorlagen; forderte doch die Sprache schon Wörter hierfür, ehe überhaupt ein wissenschaftlich ordnendes, geschweige denn ein logisch kritisirendes Bewusstsein auftrat; und hierin liegt eine der Hauptursachen, dass durch die Etymologie verleitet, in heutiger Zeit noch so viele jener Begriffe für empirische, d. h. der Sphäre des Empfindungsleben zugehörige, angesehen werden.

Hier dagegen wurde durch dialektische Entwickelung der Denkthätigkeit zum Generalproblem der Mechanik aufgestiegen, ohne darauf Rücksicht zu nehmen, ob die entstehenden Gebilde oder Begriffe irgendwie einer äusseren (uns fremdartig aufgedrungenen) Welt korrespondiren; diese letzte Frage wird erst bei Betrachtung physikalischer Hypothesen zum Austrag kommen. Es wird jedoch vor weiterem Eingehen auf Fragen der Mechanik zweckmässig sein, die kurrenten Grundbegriffe dieser Disziplin nach ihrer Genesis aus dem Empfindungsleben gegenüberzustellen ihrer Bedeutung in rein logischer Auffassung.

§ 2.

Masse.

Wenn wir einen Komplex von Zahlgrössen — im einfachsten Falle einen Zahlkörper — mit einem solchen von Ausdehnungsgrössen verbinden, so erhalten wir ein kombinirtes Gebilde, in welchem wir die Anzahl des ersten Komplexes beliebig über die Ausdehnungen des zweiten vertheilen können, weil uns die beiden verschiedenen Begriffe „Ausdehnung, Zahl" gar keine Regel vorschreiben, nach welcher dieselben zu verbinden sein müssten. Denken wir uns die Zahlen gleichmässig über das Ausdehnungsgebilde vertheilt, so erhalten wir vorläufig einen imaginirten (logisch zusammengesetzten) Gegenstand von gleichmässiger Beschaffenheit in allen seinen Theilen; werde derselbe Massenkörper genannt, im Gegensatze zu dem geometrischen Volumkörper, welcher nur Ausdehnungen enthält, und im Gegensatz zu dem Zahlkörper der Arithmetik, welcher nur Zahlen enthält; ausserdem zur Bezeichnung, dass es sich hierbei um Körper handelt, welche sowohl im Nacheinander wie Nebeneinander betrachtet werden, wodurch ihr Beziehungsbegriff von der zeitlosen mathematischen Funktion zum Kraftbegriff umgewandelt wird, was im nächsten Paragraphen zu erläutern ist. Hiermit ist der logische Begriff des Massenkörpers gebildet, wie ihn die Mechanik gebraucht; Zahlgrösse (oder hier Masse) und Ausdehnungsgrösse stehen demselben als Unterbegriffe zugeordnet. Ob dieser logische Körper zur Erklärung irgend welcher Vorgänge in der Natur brauchbar ist, bleibt vorderhand ganz dahingestellt; genug, dass kein innerer Widerspruch seine Bildung (Fiktion) untersagt. Hierdurch sind zugleich alle möglichen Verschiedenheiten solcher Körper und die Regeln ihrer Verbindung zu funktional bestimmten Ganzen festgestellt.

Punkt- vs. Ausdehnungs-Massenkörper.

Weil die Zahl selbst keine Ausdehnung hat, so steht es uns frei, dieselbe auf zwei verschiedene Weisen mit dem Volum zu verbinden; entweder stetig oder diskret, um einen Massenkörper zu erzeugen, welcher homogen ist in den Grenzen, wie die Mechanik ihn gebraucht. Ordnen wir die Einheiten der Zahl aequidistanten oder auch nach irgend einer konstanten Regel vertheilten Punkten eines Volums zu, so erhalten wir Punktmassenkörper, dessen sich die atomistische Theorie in der Physik bedient; ordnen wir die Einheiten den Ausdehnungen selbst zu, seien dies nun Linien, Flächen oder Volumina, so entsteht der Massenkörper der dynamischen Auffassung. Es kommt ganz auf den Begriff an, welchen man bei physikalischen Hypothesen jener Zahl substituirt — „Wirkungsfähigkeit, Widerstand, Kraft etc.“ — ob in einem von diesen Körperbegriffen ein Widerspruch entsteht; solange wir bei der abstrakten Zahl bleiben, ist keiner vorhanden, und können wir deshalb alle mathematischen Kombinationen mit beiden vornehmen. Bei Punktsystemen werden Summenfunktionen, bei Ausdehnungssystemen Integralfunktionen auftreten; die letzteren natürlich auch als abgekürzter Ausdruck für Punktsysteme in Einzelfällen verwendbar.

Arithmetisches Symbol des Massenkörpers.

Es ist jetzt nothwendig für den Massenkörper, ein adäquates Symbol zu konstruiren, um ihn in die Rechnung einführen zu können.

Sei der Zahlkörper M, der Volumkörper V, so müssen wir in dem kombinirten Gebilde

$$\text{Massenkörper} = f\,(M,\ V)$$

die arithmetische Funktion f aufsuchen, welche der begrifflichen Verbindung, also dem zwischen M und V stattfindenden Beziehungsbegriffe entspricht. Hierzu dient folgende Betrachtung:

Wir können Massenkörper bilden

von verschiedenem Volum $f(M, 1V)$ $f(M, 2V)$ $f(M, 3V)$

und von verschiedener Zahl $f(1M, V)$ $f(2M, V)$ $f(3M, V)$

Wir werden die ersteren also von gleicher Masse und verschiedenem Volum, die zweiten von gleichem Volum und verschiedener Masse nennen; und nach B. VI. 5 Körper, welche in der Volumeinheit gleiche Masse, oder der Masseneinheit gleiche Volumina enthalten, von gleicher Qualität; weil die Struktur der Funktion dieselbe bleibt, ihre Vergrösserung durch eine Multiplikationszahl ausserhalb des Funktionszeichens angezeigt werden muss, in der Form

$$n[f(M, V)]$$

Weil nun diese Funktionen f, d. h. die Qualität der Körper, sich durch gar nichts Anderes unterscheiden, als durch die direkte Grösse der Unterbegriffe M und V, und uns kein fremder Maassstab zur Abmessung dieser Grösse aufgedrängt wird, wir deshalb den arithmetischen (direkt logischen) hierzu anwenden, deshalb ist jene Funktion nichts Anderes als ein einfaches Produkt, bestimmt durch die beiden Unterbegriffe M und V als Faktoren. Wir erhalten das Symbol

die Qualität „Massenkörper“ $= M \, . \, V$

Was also nicht heisst, dass die zwei heterogenen Begriffe M und V miteinander multiplizirt werden sollen, sondern dass M und V in einem Oberbegriffe funktional verbunden und verschiedene arithmetische Abstufungen dieser qualitativen Verbindung möglich sind.

Einer dieser beiden Begriffe kann nun wieder als Einheit der Grösse gesetzt werden, und bleibt dadurch der andere als Bestimmung der Qualität reservirt. Weil wir gewohnt sind, dass Attribut „Gross“ bei Vergleichungen der Aussenwelt vorzugsweise der Qualität „Ausdehnung“ beizulegen, so nennen wir die Körper von homogener Beschaffenheit, wenn sie sich nur der Ausdehnung nach unterscheiden; es bleibt dadurch die auf die Volumeinheit bezogene Anzahl der Zahlkörper (deshalb Dichte genannt), als qualitative Bestimmung des Massenkörpers übereinstimmend mit dem Sprachgebrauche des gewöhnlichen Lebens.

Der empirische Massenbegriff.

Der Massenbegriff des praktischen Lebens ist natürlich empirischen Ursprungs. Es sind die Empfindungen des Tastgefühls, welche wir bei einer gewissen Intensität „Druck, Widerstand etc.“ nennen. Die räumlichen Veränderungen (Bewegungen der Körper) welche wir in Begleitung dieses Gefühls wahrnehmen, können wir bewältigen durch andere körperliche Bewegungen, welche einem spontanen Befehle unseres Ich, unseres Willens, oder was immer sonst es sein mag, zu gehorchen scheinen; dieses Gefühl, welches wir als eigene innere Kraft zu erzeugen glauben, nennen wir Muskelkraft. Mit der Grösse der zu bewegenden Körper, oder mit einer qualitativen Beschaffenheit derselben, welche wir „Dichte, Gewicht“ nennen, wächst der Widerstand, welchen sie unserer Muskelkraft oder unserem Willen entgegensetzen; das Maass der aufzuwendenden Kraft, um jenem Widerstande zu begegnen, übertragen wir als eine Eigenschaft auf den äusseren Körper, benennen es „Masse des Körpers“.

In dem Maasse, wie verschiedene Empfindungen zur Bildung des Massenbegriffes mitwirkten, oder derselbe zu verschiedenen Anwendungen gemodelt, vieldeutiger oder einfacher gestaltet werden musste, ging der Sprachgeist und das logische Bewusstwerden seines Thuns viele Entwickelungsstufen durch, von der vielgestaltigen inhaltreichen des Poeten und des Kindes bis zu dem logisch einfachen des Mathematikers, bei welchem nur noch die historische Entwickelungsgeschichte seinen rein logischen Charakter zweifelhaft macht; aber die Thatsache, dass der Mensch erst geboren und erzogen werden, Empfindungen haben und vergleichen lernen muss, ehe er zu der Erkenntniss gelangen kann, dass er gewisse Begriffe unabhängig von aller Spezialerfahrung bilden kann, ändert nichts an der anderen Thatsache, dass dieses Letztere stattfindet; und weiter, dass gar keine anderen Begriffe sich der mathematischen Behandlung ausnahmelos zu fügen fähig sind, als solche, welche auf rein logischem Wege — hier „Denkbegriffe“ genannt — erzeugt werden können.

§ 3.

Bewegung, Geschwindigkeit.

„Es existirt eine Welt, eine Vielheit in Veränderung“ war der A. I. gewonnene Satz, dessen abstrakt logischer Gehalt sich zur Aufgabe der Mechanik gestaltete. Diese Vielheit wurde D. I. 1 näher präzisirt als eine Vielheit von mechanischen Körpern *(M. V)*. Es bleibt übrig den zweiten im obigem Satze gewonnenen Begriff, die V e r ä n d e r u n g, analytisch zu formuliren.

Die subjektive Veränderung wurde in A. Denkthätigkeit oder Denkbewegung genannt; die objektiv aufgefasste Veränderung, die Beziehungen jener Denkgebilde, welche wir ausserhalb unser setzen müssen, um sie betrachten, kombiniren zu können, welche wir demgemäss in einer objektiven Zeit- und Raum-Existenz vorhanden voraussetzen, diesen mechanischen Begriff nennen wir in der gewöhnlichen Sprache „Bewegung". Die Mechanik, die allgemeinste Zusammenfassung der Denkgebilde, muss die ganze Welt als ein funktional verbundenes Ganze auffassen, in welchem eine jede Einzelheit sowohl dem Raum wie der Zeit nach bestimmt, ein integrirender Faktor in dem ganzen Weltprodukte ist. Man abstrahirt allerdings häufig von dem einen dieser Begriffe, spricht von dem Ablaufen einer von Vorgängen nicht erfüllten Zeit, oder aber von konstanten Dingen, die ganz unabhängig von einer verlaufenden Zeit existiren; dergleichen Abstraktionen sind aber rein künstliche, zum Zwecke einer einfacheren Uebersicht, zur bequemeren Behandlung eines Problems fingirt. Die wirkliche Existenz solcher Abstraktionen muss in dem mechanischen Problem negirt werden, weil dann nur eine Theilbetrachtung der Arithmetik oder Geometrie stattfindet. Dass noch ausdrücklicher in der Natur die Existenz solcher Abstraktionen negirt werden muss, dass man nicht von einer objektiven, isolirt zu ihrem eigenen Zwecke oder Vergnügen verlaufenden Zeit, und ebensowenig von einem objektiven Ding an sich oder Raum an sich, sondern nur von Vorgängen in der Natur zu sprechen berechtigt ist, wurde bewiesen A. IX.

Der mechanische Bewegungsbegriff drückt demnach die Veränderung aus, welche irgend ein Körper MV oder auch die absolute Position M als Massenpunkt während einer gewissen Zeit im Raume erlitten hat; sie ist also zu messen

1) nach der Grösse der räumlichen Veränderung, nach der Entfernung zweier Raumpositionen; heisse dies **Transport;**
2) nach der Grösse der Zeit, welche während dieser Veränderung verfloss; dem **Zeitaufwand.**

Aus diesen „Transport und Zeitaufwand" als Unterbegriffen bilden wir den Oberbegriff **Geschwindigkeit,** als Ausdruck der räumlich-zeitlichen Veränderung. Das arithmetische Symbol dieses Begriffs wird demnach sein

$$\text{velocitas} = f\,(\text{spatium, tempus}) \text{ oder } v = f\,(s,\ t).$$

Die Funktion f wird bestimmt durch dieselbe Argumentation wie in § 1 der mechanische Körper; wobei nur zu beobachten, dass dem Sprachgebrauche gemäss die Geschwindigkeit grösser genannt wird, wenn derselbe Raum in kürzerer Zeit durchlaufen wird. Deshalb ist die Funktion als einfaches Quotientenverhältniss zu setzen

$$v = f\,(s,\ t) = \frac{s}{t}.$$

Relativität des Bewegungsbegriffes.

Wenn wir bedenken, dass der Begriff der Veränderung in Raum und Zeit nur durch Vergleichung verschiedener Positionen nach ihrem Raum- und Zeit-**Unterschiede** entstand, dass gar keine Voraussetzung über einen festen Ausgangspunkt des Raum- und Zeitmaasses stattfand oder nothwendig war, dass der Raumunterschied derselbe bleibt, ob er gemessen wird durch Bewegung von *a* nach *b* oder *b* nach *a*, oder auch durch Addition dieser nach einem beliebigen Verhältniss zwischen den beweglichen Punkten *a* und *b* vertheilten Distanz oder Geschwindigkeit *ab*, so erhellt, dass der Bewegungsbegriff ein ganz relativer ist; dass es uns bei seinem Gebrauche absolut anheimgestellt bleibt, bei irgend einem mechanischen Problem beliebig einen Punkt oder Körper als ruhend zu betrachten und alle Bewegung den übrigen zuzuschreiben.

Dass diese Relativität bei dem logischen Begriff der Bewegung, und den fingirten Körpern der abstrakten Mechanik vorhanden sein muss, das konnte erst in der Neuzeit bezweifelt werden von denjenigen, welche die Logik für eine empirische Wissenschaft hielten. Anderer Art ist jedoch der Zweifel, welcher sich geltend machte, ob dieser logische Begriff auf Vorgänge der Natur anwendbar sei. Die Paradoxien, welche diese Skepsis konstruirte, sind aber sämmtlich geeignet diese Anwendung zu beweisen, und damit zugleich einen neuen Beleg für die subjektive Genesis der Begriffe „Raum, Zeit" zu liefern.

Die Analyse einer Paradoxie der Neuzeit, welche die Fehlerhaftigkeit eines relativen Bewegungsbegriffes darlegen sollte, und deren Argumentation zahlreiche Anhänger gefunden hat, soll dies zeigen[47]).

„Nehmen wir an, dass unter den Sternen sich einer befinde, der aus flüssiger Masse besteht, und der wie etwa unsere Erdkugel in rotirender Bewegung begriffen ist um eine durch seinen Mittelpunkt gehende Axe. In Folge einer solchen Bewegung, in Folge der durch sie entstehenden Zentrifugalkräfte wird alsdann jener Stern die Form eines abgeplatteten Ellipsoids besitzen. Welche Form, fragen wir nun, wird der Stern annehmen, falls plötzlich alle übrigen Himmelskörper vernichtet würden? Jene Zentrifugalkräfte hängen nur ab von dem Zustande des Sternes selber; sie sind völlig unabhängig von den übrigen Himmelskörpern. Folglich werden, so lautet unsere Antwort, jene Zentrifugalkräfte und die durch sie bedingte ellipsoidische Gestalt ungeändert fortbestehen. Wir können aber, falls die Bewegung als etwas nur Relatives, nur als eine relative Ortsveränderung zweier Punkte gegeneinander definirt wird, zu einer ganz entgegengesetzten Antwort gelangen. Denken wir uns nämlich sämmtliche übrigen Weltkörper vernichtet, so sind jetzt im Universum nur noch diejenigen materiellen Punkte vorhanden, aus denen der Stern selbst besteht. Diese aber besitzen keine relative Ortsveränderung, befinden sich also (auf Grund der für den Augenblick acceptirten Definition) in Ruhe. Folglich wird der Stern — so lautet unsere gegenwärtige Antwort — von dem Augenblicke an, wo die übrigen Weltkörper vernichtet sind, sich im Zustande der Ruhe befinden, mithin die diesem Zustande entsprechende Kugelgestalt annehmen. Ein so unleidlicher Widerspruch kann nur dadurch vermieden werden, dass man jene Definition, die Bewegung sei etwas Relatives, fallen lässt; also nur dadurch, dass man die Bewegung eines materiellen Punktes als etwas Absolutes auffasst."

Ein Widerspruch existirt gar nicht bei Zugrundelegen des Bewegungsbegriffes als eines relativen, sobald man k e i n e s der logischen Elemente vergisst, welche nothwendig waren, um jene Kombination des rotirenden flüssigen Ellipsoids zu bilden. Dieses mechanische Gebilde ist ein Produkt der logischen Setzung, einerlei ob wir zu dieser Setzung durch Empfindungen oder durch welche besondere Art von Empfindungen (Wahrnehmung der Sterne etc.) bewogen worden sind; denn jenes Gebilde kann ebensogut rein apriori durch Kombination der Denkbegriffe entstehen. Jenes rotirende Ellipsoid existirt also gar nicht i s o l i r t, kann auch nicht isolirt gedacht werden, weil immer ein Subjekt da sein muss (wir), die es denken oder vorstellen; ob ausserdem noch andere Himmelskörper existiren oder nicht, ist ganz gleichgültig. Das denkende Subjekt, das logische Bewusstsein, bringt aber mit sich zu der Anschauung jenes rotirenden Ellipsoids, alle die Unterschiede der logischen Setzungsmöglichkeit des Ausgedehnten, d. h. e i n K o o r d i n a t e n s y s t e m, und von diesem festen Koordinatensystem aus wird das Ellipsoid betrachtet und beurtheilt. Will man mit den Sternen aber auch dieses logische Urtheil und die Bedingungen eines logischen Urtheils über Ausdehnungsbegriffe überhaupt aus der Welt schaffen, so hat es ja keinen Sinn mehr von Ellipsoid oder irgend etwas Anderem noch zu sprechen; denn mit diesem Urtheil verschwindet auch der Begriff einer G e s t a l t ü b e r h a u p t.

Wer nicht die subjektive Genesis des Raumes anerkennt, könnte glauben jenes Ellipsoid dürfe fortbestehen, auch wenn alle denkenden Wesen vernichtet seien. Bis zu diesem Punkte der Darstellung ist auch hier die absolute Existenz einer äusseren Welt mit Ausschluss alles subjektiven Denkens weder zugegeben noch zurückgewiesen worden; ihre Erörterung wird später erst folgen, weil es für die hier vorliegende Frage ganz irrelevant ist. Aber es muss auf das Entschiedenste als Denkfehler gezeichnet werden, dass, wie in obiger Paradoxie, etwas über jene äussere Welt, weder ihre Form noch ihren Inhalt, ausgesagt werden kann, wenn das subjektive Denken nicht mehr zugleich mit jenen Formen existiren soll. Es ist doch zu einfach, dass es nicht mehr angeht, über jenes absolut einsame X, welches, sobald ein subjektives Denken mit da ist, ein rotirendes Ellipsoid wird, über dieses hypothetische X etwas auszusagen, zu behaupten, dasselbe zu beurtheilen, wenn gleich vorher die Bedingung gestellt worden ist: es solle kein Sagen, Behaupten, Beurtheilen mehr existiren, sondern nur noch Punkte in relativer Ruhe. Nach solchen Bedingungstellungen überhaupt noch etwas fragen wollen, ist ebenso wie die Frage: was ist der Schall, wenn Nichts in der Welt Schall macht?

Interessant ist noch die Bestimmung jener Absolutheit von Bewegung, wozu der Erfinder obiger Paradoxie durch die mathematische Methode gelangt.

Er findet nämlich, dass alle Widersprüche aufhören, sobald folgende Hypothesen zugegeben werden.

1) Es muss irgendwo im Weltall ein absolut unbeweglicher Körper Alpha existiren, von dem aus die Bewegung messbar ist.

2) Der Körper Alpha ist ein System von mindestens drei starr verbundenen Punkten.

3) Der Körper Alpha kann ersetzt werden durch die Hauptträgheitsaxen eines nicht starren materiellen Körpers — oder auch durch die Hauptträgheitsaxen des Weltalls.

Die Hypothese 1) 2) wäre ziemlich identisch mit der indischen Schildkröte worauf das Weltall ruht. Dieser Körper entstand, weil die geradlinige Bewegung erklärt werden sollte, weil der Begriff „Geradheit“ nicht definirt war; statt dieses Begriffes wurde die sinnlich leichter fassliche Anschauung des starren Körpers substituirt. Logisch ist hiermit allerdings nichts geleistet, denn das Attribut starrer Körper, oder, starre Verbindung von Punkten, ist nur ein anderes Wort für gerade; die sinnliche Vorstellung beruhigt sich aber leichter bei dem starren Körper und fragt nicht weiter, aus welchen Begriffen er gebildet sei.

Satz 3) dagegen ist bedeutsam, insofern er zeigt, wie auch der Mathematiker zur Einsicht kommt, dass ein rein ideeller Begriff für das mechanische Problem dasselbe leistet, wie ein sinnliches Ding; oder vielmehr: dass jenes sinnliche Ding nur insofern etwas zur Lösung des Problems zu leisten vermag, als in seiner Maske ein rein ideeller

Begriff „das System der Trägheitsaxen“ gedacht wird; man kann deshalb auch die Krücke der Anschauung, jenes sinnliche Ding Alpha ganz wegwerfen, sobald man erkannt hat, dass logische Begriffe selbständig zu schreiten vermögen.

Es ist ausserdem unrichtig, dass die Trägheitsaxen eines Körpers oder des Weltalls irgendwie von Bedeutung für diesen Begriff sind. C. N. kam zu dieser Auffassung dadurch, weil er die T r ä g h e i t für eine unerklärbare Eigenschaft der Dinge hielt, welche demgemäss in allen weiteren Definitionen als bestimmendes Element mitzuwirken oder zu figuriren habe. Deshalb schlägt er auch äusserst komplizirte Rechnungen vor, um jene Axen zu bestimmen. Dieselben sind ebenso unausführbar wie überflüssig für den beabsichtigten Zweck.

Scheiden wir demnach die einzige richtige und wesentliche Bestimmung aus den Hypothesen 1) 2) 3) aus und sagen: „die Bewegung ist als etwas Absolutes aufzufassen in Bezug auf das logische Koordinatensystem der Ausdehnung, dessen Ausgangspunkt und Lage der drei Bestimmungselemente beliebig gewählt werden darf, eben weil nur ein logisches Koordinatensystem überhaupt in Frage kommt“ — so stimmt dies sowohl mit der von uns gegebenen Lösung der gestellten Paradoxie, als es auch eine gegen die Absicht eines Mathematikers gewonnene Bestätigung des Satzes ist, dass Bewegung sowohl wie räumliche Gestalt nur eine Existenz haben, sofern ein Denken, ein Bewusstsein mitexistirt, welches diese Begriffe subjektiv produzirt und nach ihren Unterschieden zu einem geregelten Ganzen gruppirt.

Der Eleat Zeno erklärte die Bewegung für einen widerspruchsvollen Begriff überhaupt. Die Paradoxien, welche er konstruirte, um dies zu beweisen, gingen aber von einer falschen Auffassung der Bewegung aus. Der fliegende Pfeil, welcher trotzdem in jedem Augenblicke ruhen sollte, beruhte auf der irrigen Zerlegung des stetigen Raumes und der Zeit in eine unendliche Zahl diskreter Theile, deren Name „Punkte, Augenblicke“ die sinnliche Vorstellung irre führt, und sie nicht zum Bewusstsein kommen lässt, dass es sich hierbei nicht um Vorstellungen sondern um reine Denkbegriffe handelt. Zeno beging also denselben Fehler wie die Erklärer des Infinitesimalkalkuls, welche sich lediglich auf den Begriff der Grösse stützen wollen.

Eine wesentlich andere Fehlerquelle liegt der Paradoxie des Schnellläufers zu Grunde, welcher die Schildkröte niemals erreichen soll. Es wird hierbei unbewusst eine begrenzte Zeit vorgeschrieben, auf welche sich die Betrachtung beschränken soll. Das Resultat ist ganz richtig, dass der Schnellläufer während dieser Zeit die Schildkröte nicht erreichen kann. Seien die Geschwindigkeiten 10 und 1 Fuss pro Sekunde, so ist das Maass der betrachteten Zeit, wenn die Schildkröte 10 Fuss Vorsprung hat, gleich $(1 + \frac{1}{10} + \frac{1}{100} + \frac{1}{1000} \ldots.)$ Sekunde, eine ganz bestimmte endliche Zeit, obgleich ihr arithmetischer Ausdruck hier die Form einer unbegrenzten Reihe hat. Diese Reihe lässt sich summiren, und ihre Summe gibt genau den Zeitpunkt an, in welchem die Schildkröte eingeholt wird. Der Fehler liegt also nicht am Begriff der Bewegung, sondern an der falschen Beurtheilung eines bestimmten Inhaltes in Form einer Summe von unbegrenzt vielen Theilen.

§ 4.

Der Funktionalbegriff in der Mechanik.

Unsere logische Welt wurde bestimmt als eine Vielheit von Körpern MV in zeitlich räumlicher Veränderung. Wenn ein solches Ganzes überhaupt zugänglich sein soll einer logischen Betrachtung, die sich der Wahrnehmungen erinnert, das Gleiche vom Ungleichen unterscheidet, so muss dasselbe gleichwie ein jedes kombinatorische Gebilde, ein solches Ganzes sein, in dem alle Elemente oder Einzelfaktoren funktional bestimmbar, zu diesem Ganzen verbunden sind; Willkürlichkeiten müssen demnach in einer verständlichen Welt ausgeschlossen sein. Die konstituirenden Begriffe dieser Welt, die Einzelfaktoren dieses logischen Produktes sind:

Masse (Zahl), Ausdehnung, Ort, Zeit.

Es handelt sich also darum die Funktion, oder die Funktionen, wenn mehrere möglich sind, zu bestimmen, nach welchen jene Einzelfaktoren verbunden sein müssen, damit das Ganze als ein bestimmtes Ganzes (der Weltbegriff) identisch bleibt.

Konstanz der Materie.

Die erste Frage ist, ob die Masse der Körper, also die Vielheit, bestimmt als ΣM, sich verändern kann.

Die Masse isolirt betrachtet können wir veränderlich denken, ebensogut wie wir verschiedene Zahlen denken können. Diese Veränderung der Masse können wir gleichfalls als einem bestimmten Gesetze folgend denken, also gleichmässig abnehmend oder zunehmend in korrespondirenden Zeiträumen. In dem Ganzen der Welt müsste dann aber ein anderer Faktor existiren, welcher als zureichender Grund diese Veränderung der Masse in der Zeit bewirkt. Wir haben aber keine anderen Faktoren als Masse und Zeit — die Raumverhältnisse werden einstweilen als konstant gedacht —. Der zureichende Grund müsste also in der Zeit gesucht werden, d. h. die Zeit würde bei dieser Hypothese als wirkend, und auch verschiedentlich wirkend gedacht; dies widerspricht aber dem Zeitbegriff als reiner Denkform, in Folge dessen sie absolut gleichartig ist, und weiter nichts besagt als das gleichgültige Nacheinanderstellen vieler Setzungen des Denkens.

Nehmen wir jetzt die Zeit als konstant an, und setzen die Hypothese verschiedener Massen, die grösser oder kleiner werden dadurch, dass sie von einem Orte des Raumes an einen anderen versetzt gedacht würden. Wir kommen hierbei zu demselben Widerspruch gegen die Definition des Raumes als einfacher Denkform. Ein Raum, welcher w i r k t, wäre eben kein reiner Raum mehr, sondern ein mit Masse erfüllter Raum. Machen wir irgend eine Beobachtung, nach welcher scheinbar eine Masse sich verändert, jenachdem sie an dieser oder jener Stelle des Raumes hinversetzt wird, so müssen wir zur Wahrung des logischen Konnexes jenen Raum wiederum in ein Wirkendes (Masse) und Raum zerlegen.

Zu demselben Resultate gelangen wir auch wenn wir beobachten, dass weder im Raum- noch Zeitbegriffe ein fester Ausgangspunkt statuirt wird, auf welchen alle Veränderungen bezogen werden müssten. Weil ein solcher Zeit- oder Raumanfang nicht existirt, deshalb kann auch keinem Theile der Zeit oder Orte des Raumes ein spezifisches Vermögen zugesprochen werden.

Das Resultat ist demnach:

In der logischen Welt als Vielheit in Veränderung ist der Faktor M a s s e absolut konstant. Ohne Setzung dieser Konstanz ist keine logische Verbindung der Einzelzustände, keine Welt möglich.

Die Veränderungen der Vielheit haben wir also zu denken, wenn wir die Weltzustände auf Zeitmomente (ausdehnungslose Zeitpositionen) beziehen, als Veränderung der räumlichen Lage der Massen, als eine Folge verschiedener Positionen; dagegen als eine Folge verschiedener Bewegungszustände (Geschwindigkeiten) dieser Massen an verschiedenen ausgedehnten Raumbereichen, wenn wir die Weltzustände auf Zeiten (in Grenzen eingeschlossene Zeitausdehnungen) beziehen. Die erstere Betrachtung kann man M o m e n t a n z u s t ä n d e, die zweite Weltzustände überhaupt, besser V o r g ä n g e nennen.

Jene Momentanzustände sind logische Fiktionen, denen man jede Existenz als objektive Wirklichkeit absprechen kann, denn sie sind gar nicht wahrnehmbar; wahrnehmbar ist nur das Ausgedehnte sowohl der Zeit wie dem Raume nach. Ebensowenig lässt sich auch das Weltganze in eine Vielheit von Momentanzuständen zerlegen, denn dies wäre Summirung des Weltgeschehens aus einer Vielheit von Nullen des Geschehens. Die Logik bildet aber jene Momentanzustände als Durchgangsstufen, oder als Grenzen, um die Betrachtung eines Vorgangs zu fixiren, aus dem Weltganzen abzugrenzen.

Wir stehen jetzt an der Aufgabe die Funktion zu suchen, nach welcher sowohl der Momentanzustand eines Einzelkörpers, als auch ein nach Zeitgrenzen bestimmter Vorgang eines Komplexes von Körpern mit allen übrigen verbunden werden muss, um ein bestimmtes d. h. identisches Ganze zu wahren.

Setzen wir eine ruhende unveränderliche Welt, so bestimmt sich der Funktionalbegriff wie bei den arithmetischen und geometrischen Körpern, ist nicht von der geometrischen Ruhe, der kongruenten Bestimmtheit verschieden, und kann deshalb nie den als Ruhe bestimmten Zustand verlassen. Dasselbe hat für einen Komplex von Körpern zu gelten, den wir als so konstruirt hypostasiren, dass er zu einer beliebigen Zeit in relativer Ruhe ist. Der ruhende oder starre Körper der Mechanik kann deshalb nie selbst den zureichenden Grund liefern, dass sein Bewegungszustand verändert wird; denn da die Bewegung ein relativer Begriff ist, so gilt für jeden konstanten Bewegungszustand dasselbe, wie für die Unveränderlichkeit (Ruhe) des Körpers sich selbst gegenüber.

Das beste Wort um den Funktionalbegriff zwischen Körperzuständen oder Vorgängen auszudrücken, ist W e c h s e l w i r k u n g; denn es besagt, dass die Veränderung eines Theilkomplexes ebenso abhängig ist von allen übrigen, wie diese Letzteren von dem Ersteren, eben weil sie alle sich zu einem funktional durch seine Einzelfaktoren bestimmten Ganzen zusammenschliessen müssen.

Die zu suchende Funktion ist nun zu bestimmen aus der Bedingung, dass bei Zerlegung des Ganzen in zwei Theile, welche ein jeder für sich vorderhand als konstant betrachtet werden, der eine Theil den zureichenden Grund für alle Veränderungen des anderen enthalten muss; denn nur durch diese Bedingung kann die Identität des Ganzen gewahrt werden. Die einfachste Methode um einer solchen Fiktion der Konstanz beider Theile zu genügen, besteht darin, dass man dieselben auf zwei Massenpunkte reduzirt, und deren Veränderungen dem logischen Koordinatensystem mit festem Ausgangspunkte gegenüber betrachtet. Den zureichenden Grund der Veränderung subjektivirt man durch das Wort „Kraft“, welche man als subjektives Vermögen dem Massenpunkt beilegt im Verhältniss zu seiner Bestimmungsgrösse in dem Produkt „Weltganzes". Diese Kraft ist also ein und dasselbe mit dem Beziehungsbegriff (Funktionalbegriff), vermittelst welches die Einzelnen zum Ganzen der mechanischen Betrachtung verbunden werden. Die Bestimmung dieses Begriffs je nach den verschiedenen Verhältnissen von Ort, Zeit und Masse der aufeinander zu beziehenden Körperkomplexe, also die Art ihrer Wechselwirkung, wird uns ein Kraftgesetz oder Kräftegesetze ergeben, welche nichts anderes sind als die logischen Gesetze des Denkens innerhalb der logisch konstruirten Körperwelt.

Analytisches Symbol des Kraftgesetzes.

Zur Bestimmung des analytischen Ausdrucks für die Wechselwirkung oder das Kraftgesetz, haben wir zuerst zu bemerken, dass dieser Ausdruck unabhängig sein muss von dem Orte im Raume oder der Stelle in der Zeit, eben weil in diesen Begriffen kein absoluter Ausgangspunkt statuirt wird. Sodann haben wir die subjektiv wirkende gedachte Kraft proportional der objektiv gedachten Masse zu setzen, eben weil es nur subjektiv oder objektiv formulirte Wörter für ein und denselben Begriff sind, weil wir die Masse nach ihrer Wirkungsfähigkeit als Kraft beurtheilen, und umgekehrt die beobachtete Wirkung einer wirkenden Masse zuschreiben. Die Wirkungen verschiedener Massen aufeinander haben wir aus demselben Grunde proportional zu setzen dem Produkte aus den Zahlen, welche wir diesen Massen beilegen, weil wir dieselben zählen nach Masseneinheiten, und eine jede Einheit allen übrigen gegenüber eine Masseneinheit ist, oder wie wir sagen: weil eine jede Einheit auf alle übrigen wirkt. Es bleibt nur noch zu bestimmen, ob oder inwiefern die Wirkungsfähigkeit der konstant bleibenden Massen sich ändert, wenn sie in verschiedenen Entfernungen von einander sich befinden. Das einzige Mittel zur Entscheidung dieser Frage ist wie überall in der Logik, der Identitätsatz. Diesem zufolge ist, was einmal als eine bestimmte Masse bezeichnet worden, immer und überall dasselbe seiner Wirkungsfähigkeit nach. Dazu ist zu beobachten, dass ebenso wie Raum und Zeit keinen absoluten Anfangspunkt, so auch kein absolutes Maass haben, nach welchem wir sie bestimmen müssten, sondern dass wir nur Verhältnissbestimmungen ihrer Unterschiede machen, eben weil wir sie subjektiv setzen. Dasselbe gilt für den Kraftbegriff. Es wird uns kein absolutes Maass der Kraft oder Masseneinheit von einer äusseren Welt aufgedrungen, nach welchem wir zu beurtheilen hätten, sondern wir vergleichen nur die V e r h ä l t n i s s e der Wirkung in unserer eigenen Welt, und wählen eine Einheit dieser Verhältnisse je nach Gutdünken.

Aus dieser Konstanz der gebrauchten Begriffe „Masse, Zeit, Raum“, der Nichtexistenz eines für sie geltenden Anfangs, und der Relativität ihres Maasses (ihrer Beurtheilung durch uns) ergibt sich nun — dass, wenn dieselben Massenpunkte in geometrisch homolog gebauten Systemen auftreten, alle Veränderungen der Zeit wie dem Raume nach homolog sein müssen; denn sind diese verschiedenen Systeme auch verschieden nach einem absoluten Maasse gemessen, so sind sie doch gleich ihren inneren Verhältnissen nach, müssen für qualitativ gleiche Systeme erklärt werden, in welchen alle Bewegungs- und Kraftgesetze identisch sind. Es gibt aber nur einen einzigen analytischen Ausdruck, welcher dieser Bedingung genügt, oder vielmehr welcher diese Bedingung ausspricht, und sagt, dass die Kraftwirkung der Massen gerechnet werden muss nach dem umgekehrten Quadrate ihrer Entfernungen. Es ergibt sich hiernach der analytische Ausdruck der Kraftwirkung eines Massenpunktes m_1 auf einen anderen m_2 als

$$K = \frac{m_1 m_2}{d^2}$$

keine andere arithmetische Funktion der Massen oder der Entfernung ist möglich für den hier definirten Beziehungsbegriff Kraft.

Obiger Ausdruck sagt nichts Anderes als das m_1, m_2 in der allgemeinen Kombinatorik, unmittelbare Verbindung zweier Denkpositionen; als arithmetische Elemente die unmittelbare Folge einer Permutation, in der Geometrie Verbindung durch eine gerade Linie, in der Mechanik Wirkung in gerader Linie und verhältnissmässig zum betrachteten Raume, d. h. im Verhältniss der nach der Entfernung (qualitativ gleichen) ähnlichen Fläche, welche verbunden dem wirkenden Massenpunkte die Verhältnissbestimmung des betrachteten Raumvolums ist.

Newton gelangte induktiv zu obiger Formel, als eines allgemeingültigen Ausdrucks, um die Bewegungen des Sonnensystems schematisch zusammenzufassen; er nannte es Gesetz der Gravitation. Möglicherweise folgt aber die Erscheinung, welche wir Gravitation nennen, nicht genau dieser Formel, weil sie vielleicht nicht die unmittelbare Wirkung von Zentralkräften ist. s. E. II. 5.

Wollten wir Betrachtungen machen über Massenkörper, deren Masse stetig über ihre Ausdehnung verbreitet ist, so würde obige Formel nicht mehr gültig sein; da aber aus später darzulegenden Gründen eine solche Konstruktion von Körpern kein Interesse hat, wird nicht weiter darauf eingegangen. s. E. II. 1.

Obige Formel wird das logische Kraftgesetz genannt werden und im Folgenden dargelegt, dass alles, was man sonst noch Kraft genannt hat, wesentlich davon verschieden ist; dass eine Verallgemeinerung des Kraftbegriffs in den mathematischen Wissenschaften aber unzulässig ist, weil es sich hierbei um einen Denkbegriff und nicht um den Empfindungsbegriff des folgenden Paragraphen handelt.

Der empirische Kraftbegriff.

Unter den Wahrnehmungen, welche wir als Veränderung der Aussenwelt erklären, giebt es solche (die Bewegungen unseres Körpers), welche gleichzeitig oder unmittelbar nach einem Willensgefühle folgen; wir benennen dieselben „erfolgt durch unseren Willensimpuls“. Ob diese Meinung nun auf Wahrheit oder Täuschung beruht, ist gleichgültig, — genug ist zur empirischen Bildung eines hier nothwendigen Begriffs, dass wir psychologisch uns veranlasst fühlen zu behaupten, dass wir als wirkende Individualitäten jene Bewegungen schöpferisch verursachen, uns Kräfte beilegen, welche jene Bewegungen bewirken; es ist die Kategorie der Kausalität, welche auf die Gefühlsphäre angewendet einen empirischen Begriff gestaltet. Diese psychische Genesis des empirischen Kraftbegriffs veranlasst eine jede Bewegung als Wirkung einer Ursache (Kraft) zuzuschreiben, wodurch dann eine sogenannte Verallgemeinerung des Begriffes „Kraft“ entsteht, dessen Spezialfälle gleicherweise rein empirische Begriffe sind, obgleich die daraus abgeleiteten Schlüsse zuweilen mit den logischen korrespondiren. Daraus entsteht aber ein vager Gebrauch des Wortes „Kraft“ und eine Unklarheit über seine verschiedentliche Bedeutung, welche sich in den philosophischen Versuchen selbst derjenigen rächt, die am allermeisten auf den Gebrauch dieses Wortes angewiesen sind. Ueberall findet man, dass das wissenschaftliche Denken sich nicht von der Auffassung des Sprachgebrauchs losringen kann, welcher getreu der Sphäre wo er entstand, beliebige Veränderungen als Ursache und Wirkung verbindet, nicht zu der Einsicht durchdringt, dass im Gebiete der Denkbegriffe die Kraft ein eindeutiger und jede Verallgemeinerung ausschliessender abstrakter Beziehungsbegriff ist. Einige Beispiele mögen dies erhärten.

> „Was nun jenes Band betrifft, welches die Molekel aneinander fesselt, so kann dasselbe entweder in abstrakten Kräften bestehen, die in die Ferne wirken, oder es ist Folge der Einwirkung eines Mittels. Die erste Erklärung ist mir durchaus unverständlich, denn auch die Kleinheit der Zwischenräume hebt nicht den Widerspruch, den sie enthält; es bleibt also nur die zweite übrig.“
>
> Secchi, Einheit der Naturkräfte.

Hier zeigt sich eine Opposition gegen den Begriff „in die Ferne wirkende Kraft“, weil das naive Bewusstsein die anschauliche Vorstellung von dem räumlichen Zusammenhang des wirkenden Körpers und des in Bewegung gesetzten fordert, weil ihm auf diese Weise zuerst eine Anwendung des Kraftbegriffs deutlich wurde; anschaulich und greifbar vorstellen kann man sich allerdings nicht, wie Etwas dort wirkt wo es nicht ist; aber bei mechanischen Problemen handelt es sich nicht um Vorstellungen, sondern um logisches Zusammenfassen (Begreifen). In einem funktional bestimmten Ganzen ist aber Alles zusammen, gerade wie auch in einem geometrischen Gebilde alles zusammen da ist, Begrenzung, Abscissen, Ordinaten, Radien etc. und wie alle anderen möglichen Bestimmungselemente heissen mögen; in dem $f(x, y)$ ist all dies vorhanden, sei es hingezeichnet oder nicht; das Ganze wäre ein anderes, wenn einer seiner möglichen Bestimmungen fehlte. Es handelt sich nicht darum, ob eine psychologische Wirkung, eine Vorstellung zu Stande kommt, sondern um das Band „Funktionalbegriff“; dieses ist es, welches die Molekel aneinander fesselt, und dasselbe kennt keine Entfernungen[48]).

„Unter dem Worte Kraft verstehe ich einen Druck, welcher eine Wirkung auf die Bewegung freier Körper hervorbringt.“

Airy, six lectures on astronomy at Ipswich.

In mehr philosophischer Fassung erscheint dieser Gedanke bei Riemann.

„Das Bewegungsgesetz der Trägheit kann nicht aus dem Prinzip des zureichenden Grundes erklärt werden. Dass der Körper seine Bewegung fortsetzt, muss eine Ursache haben, welche nur in dem inneren Zustand der Materie gesucht werden kann.“ G. W. S. 496.

Die Definition der Kraft als Ursache der Bewegung überhaupt ist unrichtig, weil der Begriff eines isolirten bewegten Körpers gesetzt werden kann, „Ursache“ aber erst einen Sinn bekommt, wenn ein Vieles existirt. Ein isolirter Körper als ruhend bestimmt, fordert ebensowenig eine Ursache dieser Ruhe, wie der isolirte bewegte Körper eine Ursache der Bewegung. Das naive Bewusstsein geht allerdings bei solchen Fragen seinen historischen Entwickelungsgang durch, repetirt sich die Beobachtung, dass ein ruhender Körper durch eine empirische Kraft in Bewegung gesetzt wird, und betrachtet deshalb die Ruhe als den primären Zustand des Körpers, welche erst durch Hinzukommen einer Ursache in Bewegung umgeändert werden könne. In der Logik gibt es aber keine primären und sekundären Zustände; ihre Bewegung ist ein relativer Begriff, welchen man beliebig auf ruhende Körper übertragen kann, sobald man nur den dem subjektiven Ermessen gänzlich anheimgegebenen Standpunkt wechselt. Die genaueste astronomische Berechnung vermag nicht unsere anschauliche Vorstellung von der Bewegung der Sonne zu ändern; will man aber Astronom sein, so muss man diese Vorstellung als unwissenschaftlich bei Seite legen, und statt ihrer den Begriff der relativen Bewegung adoptiren; denn nur mit diesem kann mathematisch operirt werden.

Ebenso muss auch der Begriff des ruhenden Körpers, der Begriff Trägheit, sich von der Anschauung emanzipiren, wenn man Logiker sein will. Die Trägheit verlangt keinen zureichenden Grund, sondern es wäre einfach ein Fehler gegen den Identitätsatz, wenn das, was jetzt als Masse in Bewegung begrifflich bestimmt worden, zu einer anderen Zeit etwas Anderes, Masse in Ruhe, sein sollte; denn das mv ist nicht ein selbthätiges Gespenst, welches Unordnung in der Natur je nach seinen persönlichen Launen, dem Zustand der Materie, anrichten könnte, sondern es ist reines Produkt unserer Begriffbestimmung. Sobald ein Körper dieser logischen Bestimmung mv nicht genügt, z. B. wie eine flüchtige Flüssigkeit verschwindet, so sagen wir: jenem Körper kommt nicht die einfache Bestimmung m zu, sondern er muss aus einer Vielheit von Elementen in Wechselwirkung bestehen; und nun verändern wir so lange unsere Beschreibung jenes Körpers, bis wir einfache konstante Elemente übrig behalten; oder wenn wir keine solche anschaulich finden, dann imaginiren wir dergleichen. Ebenso wenn wir einen Körper im Raume seine Geschwindigkeit ändern sehen, sagen wir nicht, „jener Stern muss eine andersartige Natur wie die gewöhnlichen haben, sondern, er muss einem Hindernisse begegnen. Durch die Bildung des Begriffs der Trägheit wird es uns möglich alle diese verschiedenen Hindernisse oder Ursachen der veränderten Bewegung, wenn es durchaus nicht möglich ist äussere zu entdecken, in einen logischen Konnex zu bringen, die innere Konstitution des Körpers auf gleichartige Faktoren mit seinen Mitkörpern zurückzuführen und das vage Gespenst einer unerklärbaren inneren Natur zu eliminiren.

„Es ist wahrscheinlich, dass eine Menge von Eigenschaften der Körper ihre Erklärung finden können mit Zugrundelegung der Anschauung, nach welcher dieselben aus einem System von Kräftezentren bestehen; aber keine noch so komplizirte Anordnung der Kraftzentren kann über die Thatsache Rechenschaft geben, dass ein Körper eine gewisse Kraft in Anspruch nimmt, damit in ihm eine Aenderung des Bewegungszustandes eintrete; und diese Thatsache drücken wir aus, indem wir sagen, dass der Körper eine gewisse messbare Masse hat. Kein Theil dieser Masse kann der Existenz jener angenommenen Kraftzentren zugeschrieben werden."

Maxwell, Theorie der Wärme.

Richtig ist in diesem Satze die Zurückführung der Kraft auf die Aenderung des Bewegungszustandes, an Stelle der so häufigen Definition von Kraft als „Ursache der Bewegung". Lässt man sich nun nicht durch die zwei verschiedenen Wörter „Kraft, Masse", welche dasselbe besagen, irre machen, so gelangt man zu dem entgegengesetzten Schlusse. Denn wenn der Körper, d. h. Masse in einem gewissen relativ bestimmten Bewegungszustande $= Mv$, nichts Anderes ist als ein Komplex von Kräftezentren, so kann eine Aenderung in diesem Mv nur hervorgebracht werden durch einen diesem homogenen Faktor $M'v'$, durch dessen Einwirkung das erstere Mv eine andere Geschwindigkeit erlangt, weil das M zufolge seiner Definition identisch bleiben muss. Das Verhältniss der Einwirkung zweier solcher Komplexe aufeinander ist nun eben, was wir Masse nennen; ihr Begriff ist also identisch mit demjenigen der Anzahl der Kraftzentren, im Falle wir diese letzteren als gleich in ihrer Wirkungsfähigkeit annehmen, oder in irgend einem bestimmten Zahlverhältniss zu dieser Anzahl, im Falle wir uns veranlasst sehen dieses Vermögen der einheitlichen Kraftzentren als von verschiedener Grösse anzunehmen.

Es ist nur eine Reminiszenz an die naive Vorstellung des Kraftbegriffs, welche sich unter „Masse" einen todten, indifferenten, aber doch greifbaren und deshalb gar keiner weiteren Erklärung bedürftigen Stoff vorstellt, dagegen die Kraft als ein jenem ganz heterogenes ätherisches Wesen. Ist das Denken gezwungen mit solchen Vorstellungen zu operiren, dann allerdings ist es unbegreiflich wie dergleichen ganz heterogene Faktoren aufeinander wirken sollen. Die einzige Hülfe hiergegen, die aber auch ganz radikal ist, besteht darin, die empirischen Vorstellungen dem praktischen Leben zu überlassen, aber statt dessen logische Begriffe zu bilden, wenn man sich die Aufgabe stellt logische Fragen lösen zu wollen.

Ueberall wo die naive Auffassung der Aussenwelt zwei Erscheinungen mit Recht oder Unrecht als Ursache und Wirkung verbindet, gebraucht sie den Kraftbegriff. Hieraus entstanden die wesentlich verschiedenen Kräfte, als Druck-, Feder-, Centripetal-, Centrifugal-, Momentan-, kontinuirliche, beschleunigende etc. Kräfte. Diese Verallgemeinerung des Kraftbegriffs ist der Logik nicht gestattet; überall wo sie zum Gebrauche der exakten Wissenschaften versucht wird, stiftet sie Verwirrung. Es entstand daraus die Meinung, dass auch für den rein logischen Begriff der Wechselwirkung von Massenpunkten, verschiedene Arten solcher Wechselwirkung, Kraftgesetze nach verschiedenen Funktionen der Entfernung, oder die von der Koexistenz einer gewissen Anzahl von Massenpunkten oder gar von der Zeit und Geschwindigkeit abhängig, Kräfte ohne Potential etc. möglich d. h. logisch zulässig seien; salonfähiger wurden noch solche Meinungen, wenn sie in einer eleganten mathematischen Formel dargestellt werden konnten. Bei allen diesen empirischen Beobachtungen wird immer nur ein Theil des Geschehens betrachtet, dasjenige was grade am augenfälligsten ist, statt dessen der logische Gebrauch des Kraftbegriffs die funktionale Verbindung der Gesammterscheinung fordert. So zum Beispiel kann eine Feder so konstruirt werden, dass ihre Zurückpressung auf eine bestimmte Ausdehnung in sehr verschiedenen Verhältnissen zu der einem Körper ertheilten Bewegung zu stehen scheint; und man glaubt dabei ein Beispiel zu haben von einer anderen Kraft (Federkraft), welche ganz anderen Gesetzen folgt wie die Massenanziehung. Die Täuschung liegt darin, dass man nur die Wirkung an zwei isolirten Punkten betrachtet, anstatt dass die Analyse aller Einzelbewegungen ihrer Molekel erforderlich wäre, um das Kräftegesetz zu bestimmen.

Die Druckkraft, bei welcher keine Bewegung beobachtet wird, sobald das pressende System ein gewisses Bewegungsmoment nicht überschreitet, ist gleichfalls nur die Betrachtung eines Theiles von dem wirklichen Geschehen; alle Molekularbewegungen werden dabei ignorirt. Die Centripetal- und Centrifugalkräfte sind nur bestimmte Zustände des Gleichgewichts, welche zerstört werden, sobald ihre Bedingungen nicht mehr erfüllt sind; dann natürlich wird eine neue Bewegung anschaubar, und es wird gesagt „es hat eine Kraft in jenem drehenden Körper gesessen". Ganz dasselbe sitzt aber in jedem ruhenden Körper, wir finden uns nur nicht veranlasst demselben im gewöhnlichen Leben eine diesen ruhenden Zustand bewirkende Kraft anzudichten.

Die meiste logische Verwirrung richtet die den Schein von Exaktheit tragende Unterscheidung von momentanen und kontinuirlichen, bewegenden und beschleunigenden Kräften an. Eine Momentankraft ist ganz unmöglich; was nicht eine gewisse Zeit wirkt, leistet überhaupt Nichts; was dagegen wirkliche Kraft ist, wirkt beständig, denn Kraft heisst nichts Anderes als Bestehen (Kontinuität) der Leistungsfähigkeit. Was man in den Formeln mit Momentankraft bezeichnet ist keine Kraft, sondern additive Uebertragung des Bewegungszustandes $M'v$, von einem Komplex auf den anderen; eine solche Uebertragung ist durch den Wechsel des subjektiven Standpunktes gerechtfertigt. Ausserdem werden diese Momentankräfte in den Lehrbüchern der Mechanik benutzt, um den Differentialausdruck für den Kraftbegriff der empirischen Anschauung plausibel zu machen. Es werden dazu dieselben zwei fehlerhaften Hypothesen, wie in der Geometrie bei Rektifikation der Kurven benutzt, welche hier wie dort ihre Fehler gegenseitig kompensiren. Von dem Druck als einer verständlichen Vorstellung, weil er empfunden und der Zusammenhang des Drückenden und Gedrückten gesehen wird, geht man aus, legt ihm als Momentankraft ein gewisses konstantes Bewegungsmoment Mv als Wirkung bei. Der logische Fehler dieses Kraftbegriffes wird kompensirt durch Zerlegung der kontinuirlichen Zeit in eine Anzahl diskreter Theile, in einem jeden welcher eine neue Quantität Druck hinzuspringen soll, um das Bewegungsmoment zu vergrössern. Die Vorstellung beruhigt sich allerdings psychologisch bei der Vorführung solcher Prozeduren; zum logischen Beweise sind aber widerspruchfreie Begriffe nothwendig.

Das Resultat des Vorhergehenden lässt sich folgendermaassen zusammenfassen:

Wird das Wort „Kraft“ gebraucht, um eine Erklärung von Vorgängen der objektiven Welt zu geben, so ist darunter der logische Beziehungsbegriff zu verstehen, die Kategorie der funktionalen Verbindung des Einzelnen im und zum Ganzen. In unserer vorgedachten logischen Welt, reduzirt auf eine Vielheit von Massenpunkten, die einzige welche aus später zu erörternden Gründen einer physikalischen Erklärung dienlich ist, gibt es nur eine einzige Art solcher Kraft, eben weil sie hier den rein logischen Funktionalbegriff bezeichnet. Ihr analytisches Symbol ist gegeben durch den Ausdruck $\frac{m_1 m_2}{d^2}$

Der empirische Kraftbegriff entsteht gleichfalls durch Anwendung der Kategorie „Kausalität“ zur gesetzmässigen Verbindung auf Erscheinungen der Aussenwelt. Der Kraftbegriff bleibt aber hier unbestimmt, weil er nicht auf Denkbegriffe wie „Massenpunkt, unmittelbare räumliche oder zeitliche Verbindung, Wechselwirkung etc.“, sondern auf Vorstellungen angewendet wird, welche mehr oder weniger der naiven Beobachtung, nicht der Auflösung des Weltganzen in letzte Elemente, entstammen; oder es werden aus dem Ganzen des Weltgeschehens einzelne unser Interesse besonders ansprechende Erscheinungen miteinander verbunden, der Rest des Geschehens aber ignorirt; z. B. bei den Bewegungen eines Körpers in einem widerstehenden Mittel wird alles ignorirt, was in diesem Mittel vorgeht; die Veränderungen des Mittels, welche verschieden sein müssen jenachdem ein fester Körper eine verschiedene Geschwindigkeit innerhalb des Mittels hat. Weil es bis jetzt nicht gelungen ist, solche Mittel analytisch zu definiren, und deshalb die theoretischen Formeln bei dergleichen Gelegenheiten unbestimmt bleiben, sagt man: „es wirken hier Kräfte, die kein Potential haben; wir wissen nicht ob der Körper nach der Hypothese des Massenpunktsystems konstituirt ist; es gibt also wohl noch andere Kräfte etc." Oder wir lassen uns verleiten, zeitlos wirkende Kräfte, oder Kräfte ohne Wirkung — wie beim Steine, welcher auf der Erde ruht — zu imaginiren, durch welche Redensarten wir den logischen Fehler verdecken, den wir begehen durch die Ignorirung alles dessen, was bei der scheinbaren Ruhe von Stein und Erde in diesen beiden vorgeht. Es ist ein Fehler dieses zu ignoriren, wenn man ein generelles Gesetz des Geschehens, Wirkung der Kraft, aus einer solchen unvollkommenen Beobachtung ableiten will.

Der empirische Kraftbegriff ist demnach ein vager und vieldeutiger; sein analytischer Ausdruck ist abhängig von jedem Einzelfall. Ganz andere Ausdrücke als das Obige $\frac{m_1 m_2}{d^2}$ mögen also gültig sein für die Beschreibung der Einzelheiten, welche uns bei solchen Einzelfällen interessiren; sie bilden aber nicht ein logisches Kraftgesetz, sondern nur eine in gewissen Grenzen genaue analytische Beschreibung gewisser Bewegungen empirischer Körper, nicht logischer Massenpunkte. s. E. II. 1.

Das Parallelogramm der Kräfte.

Einen Beweis für diesen Satz fordert die Logik ebensowenig, wie einen solchen für das sich Nichtschneiden paralleler Linien; denn die Kräfte sind keine geheimnissvollen Wesenheiten, deren Natur wir auszuforschen hätten, von denen es zweifelhaft wäre ob sie sich arithmetisch vermehren oder aber theilweise vertilgen. Die hier definirte Kraft, als Ausdruck gegenseitiger Beziehung von Massenelementen, hat ebensowenig eine separate Existenz wie der Theilstrich im arithmetischen Quotienten. Ebenso wie eine Zahl als Summe vieler Zahlen, ebensogut kann eine Geschwindigkeit oder Bewegungsmoment oder Beschleunigungsursache oder eine Wirkung (Arbeit) als Summe vieler homogener Begriffsbestimmungen betrachtet werden. Für die Arithmetik gilt dabei das einfache Summiren der Zahl; für die Veränderung im Raume das Summiren der geometrisch beschriebenen Einzelveränderungen. In der Arithmetik trägt man kein Bedenken, die sog. komplexen Zahlen zu addiren; dass man bei Addition der Kräfte solche Bedenken hegte, lag an der vermeintlich geheimnissvollen Natur derselben. Sie sind aber auf eine Linie mit jenen Zahlgebilden zu stellen, als logisch gerechtfertigte Komplexe mehrerer Begriffe, der Zeit, des Raumes und der funktionalen Beziehung.

Insofern wir nicht isolirte Kräfte, sondern Wirkungen in der Natur beobachten, vollführt der empirische Mechaniker vorerst eine Dekomposition der Wirkung (der Kräfteresultante) und konstruirt sich daraus erst ein Gesetz für die Komposition der Kräfte; ist es da zu verwundern, dass dies Gesetz nichts Anderes sein kann als der umgekehrte logische Prozess, den er vorerst selbst gemacht? Es ist nur die unvollkommene Emanzipation von der naiven Vorstellung, welche nicht erkennen lässt, dass man hier seinen eigenen logischen Prozess der Dekomposition vorfindet; man will ihn als Komposition fremder, isolirt für sich bestehender Kraftwesen, geheimnissvoller Individualitäten, durchaus einer äusseren Natur, als eine Eigenschaft der Dinge aufbürden; und deshalb schliesst die naive Auffassung, es könnte auch anders sein. Für eine thatsächlich stattfindende Komposition der Naturkräfte hat man allerdings keinen anderen Beweis als die beobachtete Bewegung eines Gegenstandes, auf welchen von mehreren muskelkräftigen Individualitäten gleichzeitig eingewirkt wird. Diese Wahrnehmung ist der naiven Auffassung hinreichend, um eine jede andere Bewegung als analog bewirkt zu behaupten, und sich jeder weiteren logischen Analyse der Wahrnehmung selbst für überhoben zu erachten. Der Mathematiker, welcher ein Gesetz der Mechanik aufstellen will, wird allerdings etwas anderes vorgeben; etwa die Bewegungen dreier Gewichte beobachten, welche an Fäden wirken, die in verschiedenen Richtungen gespannt sind. Wenn er nun sagt, die Resultante von zweien dieser Gewichte bringt die Bewegung des dritten hervor, so thut er das doch nur, weil er sich logisch für befugt hält, eine gewisse Richtung in zwei andere zu dekomponiren, und weil er zu dieser Dekomposition bei einem jeden Gewichte das gleiche logische Recht beansprucht. Der Satz vom Parallelogramm ist also weiter nichts als unsere apriorische logische Prozedur rückwärts gelesen.

D. KAPITEL II.

DAS GRUNDGESETZ DER MECHANIK.

§ 1.

Logische Form des Grundgesetzes.

Der ewige Grundsatz der Logik heisst:

Was ist, das ist; das Existirende beharrt, sonst wäre es ja nicht das Existirende, kann sich nicht verändern als mehr oder weniger Daseiendes, sonst wäre es eben keine logische Bestimmung als identisches Ganzes.

Unser Weltbegriff ist „Vielheit in Veränderung", die trotz dieser Veränderungen ein identisches Ganzes bleibt. Aus diesem Oberbegriffe sind alle seine Unterbegriffe, die Faktoren im Weltprodukte, abzuleiten.

Diese Vielheit wurde vorhin bestimmt als eine Vielheit von Elementen als Massenpunkte, deren Anzahl oder Gewicht d. h. ihre Bedeutung als materialer Inhalt des Weltbegriffs, identisch (konstant nach mathematischer Terminologie) bleiben muss. Diese Anzahl allein konstituirt aber nicht den ganzen Weltbegriff, sondern weil dieser eine Vielheit in räumlich zeitlicher Veränderung besagt, so liegen in ihm die weiteren Unterbegriffe von Bewegungszustand der Einzelelemente und Lage der Einzelelemente zu verschiedenen Zeiten. Unsere logische Welt der Massenpunkte wird also zu verschiedenen Zeitmomenten eine verschiedene verhältnissmässige Vertheilung der Elemente im Raume aufweisen. Verschiedene Weltpositionen in Zeitmomenten betrachtet, sind aber nicht identisch; um also die Identität des Weltganzen zu wahren, muss der Bewegungszustand der Einzelelemente abhängig sein von ihrer Lage im geometrisch betrachteten Weltzustande; und weiterhin muss diese Abhängigkeit eine absolute sein, d. h. Position der Elemente und Bewegungszustand derselben müssen sich vollständig gegenseitig zu dem Weltgeschehen, dem Weltbegriff, bestimmen, weil Position und Bewegung, Existenz einer Vielheit und Veränderung dieser Existenz nach Raum und Zeit, die einzigen funktional zu verbindenden Begriffe waren, welche den Weltbegriff unserer logischen Mechanik bildeten.

Nun scheinen die Begriffe „Position und Bewegung" einander heterogen, und deshalb sieht man nicht, wie sie in funktionaler Verbindung stehen können. Diese scheinbare Heterogenität liegt aber nur im Sprachgebrauche des praktischen Lebens, nicht in ihrer logischen Bedeutung. Es handelt sich ja hier nicht um rein geometrische Oerter, sondern um Positionen der Massenelemente, welche als Massenelemente Veränderungen des Bewegungszustandes anderer Massenelemente bewirken. In dem Beziehungsbegriff „Kraft" liegt also das Band, welches die beiden Funktionen „Position des Massenelementes und Aenderung des Bewegungszustandes derselben" zu homogenen Faktoren in der Weltformel macht. Dieselbe heisst:

Das Massenelement als Kraftpunkt bewirkt Aenderung des Bewegungszustandes.

Ein Kraftpunkt in relativer Bewegung verändert die Bewegung eines anderen Kraftpunktes.

In dieser Formel ist der Kraftbegriff das Verbum, welches das Subjekt Massenpunkt mit dem Objekt Aenderung des Bewegungszustandes verbindet. Wir werden demnach die Weltformel analytisch darstellen, wenn wir die Kraft das einemal subjektiv, das anderemal objektiv formulirt als die beiden Seiten einer Gleichung gegenüberstellen, und dann sagen: der materiale Inhalt dieser Gleichung muss bei allen formalen Veränderungen identisch bleiben, oder die Summe der solchergestalt repräsentirten Kräfte ist der Inhalt des Weltbegriffs, welcher als solcher identisch bleiben muss.

§ 2.

Analytischer Ausdruck der Kraft.

Wir haben zuvörderst einen Ausdruck zu suchen für die Kraft eines Massenpunktes, die Bedeutung, welche er hat für andere Massenpunkte. Diese seine Bedeutung oder seine Wirkung auf die anderen wird zu messen sein nach der Aenderung, welche er auf den Bewegungszustand der anderen ausübt, also durch den Unterschied dieser Bewegungszustände, wenn er da ist und wenn er nicht da ist. Sei der Einfachheit halber die Betrachtung auf 2 Massen beschränkt m' und m''. Das m'' habe eine gewisse Geschwindigkeit v von einem festen Koordinatensystem aus beurtheilt. Wenn wir jetzt m' an den Anfangspunkt dieses Koordinatensystems versetzen, also aus der $m''v$ Welt eine solche von $(m', m''v)$ wird, so muss sich die Geschwindigkeit des m'' ändern. Die Grösse dieser Aenderung entsprechend einer gewissen Zeit Δt wird gegeben durch den Differenzenausdruck

$$\frac{v + \Delta v}{t + \Delta t} - \frac{v}{t} \qquad \text{a)}$$

Die Bedeutung des Faktors m' in dem Komplexe m', m'' d. h. also die Kraft f, mit welcher er auf m'' wirkt, bleibt beständig dieselbe, so lange er mit m'' zusammen in der Welt ist, weil dieses f als wesentliche Bestimmung des m' identisch bleiben muss. Diese seine Identität ist demnach der bestimmende konstante Faktor für alle Formen, welche obiger Ausdruck erhalten mag, werde nun die Veränderung der Geschwindigkeit während langer oder kurzer Zeit, an diesem oder jenem Orte des Raumes, bei Einwirkung einer kleinen oder grossen Kraft betrachtet. Oder, nach der Sprache der Formenrechnung: jener Faktor f muss das von der Grösse der betrachteten Differenzen Δv, Δt, unabhängige Glied in obigem Ausdrucke sein, die Charakteristik der Geschwindigkeitsänderung; in Symbolen

$$f = \frac{dv}{dt} \qquad \text{b)}$$

Sobald also in einem bestimmten Falle die Veränderungen der Bewegung durch einen spezifischen Ausdruck gegeben sind, hat man das von den Grössen Δv, Δt in diesem Ausdrucke unabhängige Glied als quantitatives Symbol für die Bedeutung des Faktors m' in dem Gesammtkomplexe, also für quantitativ gleich (oder vielmehr proportional) seiner Kraft zu setzen.

Für viele Zwecke der analytischen Behandlung ist es nothwendig, dem Ausdrucke b) eine andere Form zu geben. Die Bewegung wird nämlich meistens nach Veränderung der Raumkoordinaten bestimmt, welche die Lage des bewegten Körpers angeben. Hierzu dient die Gleichung

$$v = \frac{s}{t} = \frac{\sqrt{x^2 + y^2 + z^2}}{t}$$

in welcher die Begriffe „durchlaufene Entfernung und Zeit“ funktional verbunden, den Begriff der Geschwindigkeit bilden. Hieraus erhellt, dass die Geschwindigkeit als Charakteristik aller möglichen Verhältnisse von s und t aufzufassen ist; sie ist der konstante Faktor bei allen Positionsveränderungen, mögen dieselben sich auf grosse oder kleine Räume und Zeiten beziehen; demnach kann sie analytisch geschrieben werden

$$v = \frac{ds}{dt}$$

Hieraus folgt, dass b) geschrieben werden kann

$$f = \frac{d^2 s}{dt^2} \qquad \text{c)}$$

oder wenn man durch den Zahlfaktor m die Grösse der Kraft in Bezug auf eine bestimmte Krafteinheit bezeichnen will

$$f = m \frac{d^2 s}{dt^2} \qquad \text{d)}$$

welcher Ausdruck die im Kraftpunkte vereinigten Begriffe des praktischen Lebens von Masse und Wirkungsfähigkeit anschaulich verbindet; dadurch aber auch Veranlassung zu logischen Fehlschlüssen gibt.

Dass nun bei Anwendung der Differenzialzeichen auf Begriffe der Mechanik diesen ebensowenig die Bedeutung von kleinen Zeit-, Raum- und Geschwindigkeitstheilchen beizulegen ist wie bei der Anwendung dieser Zeichen in der geometrischen Ausdehnung, braucht wohl nicht nochmals hervorgehoben zu werden; dagegen müssen die mannichfachen Versuche, in weiteren Differenzirungen neue Kräftearten entdecken zu wollen, etwas beleuchtet werden.

Die Thatsache, dass in dem zweiten Differenzialquotienten von Distanz nach Zeit ein adäquater Ausdruck für den Kraftbegriff zu finden sei, war ziemlich überraschend, und bei der unerklärten Natur des Kraftwesens und der Mystik des Unendlich Kleinen lag es nahe, in neuen Differenziationen neue Kräftearten suchen zu wollen; korrespondirte doch schon der erste Differenzialkoeffizient mit dem, was man Momentankraft zu nennen beliebte, was aber, wie im Vorhergehenden gezeigt, der sprachlich fehlerhafte Ausdruck für etwas ganz Anderes als Kraft ist. Wie verfehlt aber eine jede solche Idee ist, in den verschiedenen Ordnungen der Differenzialien verschiedene Unterarten eines logischen Begriffes zu suchen, wozu gar keine andere Veranlassung als die mathematische Terminolgie vorliegt, welche qualitativ heterogene Ausdrücke unter dem Allgemeinnamen „Differenzialquotienten" bezeichnet, geht aus unserer Definition dieser Koeffizienten als Charakteristik einer Funktion hervor; es geht daraus hervor, dass, wenn ein Differenzialquotient adäquater Ausdruck des Kraftbegriffes ist, dann sicher alle Differenzialquotienten anderer Ordnung aus demselben analytischen Ausdrucke auf etwas dem Kraftbegriffe durchaus Heterogenes zu deuten sind; denn die qualitative Natur eines jeden solchen ist verschieden von allen übrigen, sonst könnte er eben nicht die qualitative Charakteristik einer bestimmten Funktion, eines bestimmten Oberbegriffs sein.

§ 3.

Analytischer Ausdruck für die Kraftleistung.

Im vorigen § wurde das Subjekt unseres Satzes:

die Kraft (der Massenpunkt) bewirkt eine Leistung

analytisch formulirt. Wir haben jetzt dasselbe mit dem Objekte „Wirkung, Leistung" auszuführen.

Alle Wirkungen in unserer logisch konstruirten Welt sind zeitlich räumliche Veränderungen unserer Vielheit, demnach Massentransporte ausgeführt in kleineren oder grösseren Zeiträumen. Die Wirkung der Kraft, ihre Leistung, besteht in zeitlich räumlicher Veränderung der Massenelemente. Jenachdem man eine spezielle Betrachtung wählt, kann diese Veränderung nun sein, Transport der Massen oder Veränderung ihrer Bewegungszustände. Die allgemeinste Betrachtung wird sich auf alle Veränderungen beziehen, welche ein Bewegungsmoment mv während einer bestimmten Zeit, in welcher es einen bestimmten Weg im Raume zurücklegt, erleidet. Dies ist, was man speziell mit dem Worte Arbeit in der Mechanik bezeichnet. Bezieht man eine solche Arbeit auf eine einheitliche Kraft und die Zeiteinheit, so wird diese Arbeit zu bezeichnen sein als ein Produkt, welches erzeugt wird dadurch, dass die Kraft f als beständiger Faktor auf die Masse m, oder das relative Bewegungsmoment mv wirkt, während die Masse m mit verschiedenen Geschwindigkeiten den Weg s zurücklegt. Sei diese Geschwindigkeit v_0 am Anfange, v_s am Ende des Weges. Das Gesetz dieser Aenderungen wird gegeben durch die Kraft f, weil dieselbe die einzige Ursache dieser Aenderungen des Faktors v innerhalb der zu suchenden Funktion ist; diese konstante Ursache f ist demnach die Charakteristik jener Funktion, ihr Formalgesetz, welches über den Weg s sich erstreckt, wie dies ja auch schon in der früher gefundenen Formel

$$f = \frac{dv}{dt}$$

ausgesprochen ist. Diese Arbeit ist demnach das Integral von $f(ds)$ nach den Sätzen der Formenrechnung. Um dieses Integral in Funktion der Geschwindigkeit zu erhalten, verbinden wir die Bestimmung

$$\text{Arbeit} = \int f(ds)$$

mit den früheren Formeln und finden

$$\text{Arbeit} = \int f(ds) = m \frac{dv}{dt}\, ds = m \int v\, dv$$

$$\text{Arbeit} = \tfrac{1}{2} m v_s^2 - \tfrac{1}{2} m v_0^2$$

Der Ausdruck $\frac{1}{2} m v^2$ verhält sich also zu unserem Kraftbegriff $m \frac{d^2 s}{dt^2}$ wie Integral zu seinem Differential. Eben dieses Verhältniss wird aber auch durch unsere Definition der Begriffe „Kraft und Kraftleistung" gefordert, da ja die Kraft als konstant wirkende in der Leistung ist, der charakteristische bildende Faktor (Formalgesetz) in dem Oberbegriffe **Arbeit**, der Funktion, in welcher sich Bewegungsmoment und Weg als Unterbegriffe gegenseitig bestimmen nach dem Formgesetze **Kraft**.

§ 4.

Analytische Formulirung des Grundgesetzes der Mechanik.

Nach diesen Vorbereitungen können wir den analytischen Ausdruck des Weltbegriffes aufstellen, also des Satzes

„Die Vielheit in Veränderung bleibt identisch bestimmt nach Kraftpunkten und Bewegungszustand derselben."

Denn die Bewegungszustände können wir nach dem Vorigen ausdrücken als proportional einer Summe von Kräften; Kraftpunkte und Bewegungszustände sind also in homogenen Formen darstellbar, man kann eine arithmetische Gleichung aus ihnen bilden. Dass diese Zusammenstellung heterogener Begriffe in einer Gleichung möglich, ist aber nicht lediglich ein analytisches Taschenspielerstückchen, sondern hat eine logische Begründung; im anderen Falle hätte diese Weltformel nur einen schematischen, nicht aber einen Werth für die Erkenntnisstheorie. Dieser logische Grund liegt in der Relativität des Begriffs „Bewegungszustand", korrespondirend dem relativen Bewegungsbegriffe. Inwiefern ein Kraftpunkt ein grösseres oder geringeres Bewegungsmoment hat (lebendige Kraft hat, Arbeit liefert), hängt ganz von dem subjektiven Standpunkte ab, den wir zur Beurtheilung derselben wählen; liefert ein Kraftpunkt Arbeit, beurtheilt von einem äusseren Standpunkte, so verliert er diese vollständig, ist in der Formel auf nichts weiter denn Kraftzentrum zu reduziren, sobald wir unseren Standpunkt in ihn selbst verlegen.

Die allgemeine Formel der Mechanik, ihr Grundgesetz, kann nach dem Vorigen zwei Gestalten haben, eine subjektive und eine objektive.

Subjektive Form des Grundgesetzes.

In der subjektiven Gestalt heisst sie:

„Die Summe der Kräfte, d. h. die Summe der Massenpunkte als Kraftzentren definirt, vermehrt um die Summe der Kräfte, welche das Aequivalent der geleisteten Arbeit repräsentiren, ist konstant.“

Dieser Satz wird gewöhnlich ausgesprochen: „die Summe der Spannkräfte und lebendigen Kräfte, oder, die Summe der potentiellen und aktuellen Energie ist konstant.“

Beide Ausdrücke haben den Fehler, dass sie unter einen Allgemeinbegriff „Kraft oder Energie“ zwei heterogene Begriffe subsumiren. Dieser Allgemeinbegriff entstand dadurch, dass man das schematische Symbol $\frac{d^2 s}{dt^2}$ der richtig gefundenen Weltformel beidemale auf dieselbe Weise interpretiren zu müssen glaubte; man wählte also ein Hauptwort, welches je nach dem beigefügten Adjektiv zwei verschiedene Begriffe ausdrückt und kam, durch die Sprachbildung verleitet, zu der Meinung, dass hier ein Allgemeinbegriff von zwei Spezialfällen vorliege; das schloss sich wieder der üblichen empirischen Ansicht von verschiedenartigen Kraftwesen an. Die vielfach empfundene Schwierigkeit jedoch, welche sich bei den hervorragendsten Mathematikern seit dem Streite zwischen Descartes und Leibnitz über lebendige und todte Kräfte bemerklich machte, und welche fortwährend zu einer neuen Modelung des sprachlichen Ausdrucks allgemein anerkannter Formeln aufforderte, zeigt hinlänglich, dass das logische Problem nicht gelöst war; hauptsächlich deshalb, weil man nicht merkte, dass es ein rein logisches sei [49]).

Objektive Form des Grundgesetzes.

Stellen wir nun den objektiven Ausdruck der Weltformel auf, so wird derselbe heissen:

„Die Summe der von den Massenpunkten geleisteten Arbeit vermehrt um die Summe der Arbeiten, welche das Aequivalent der Massenpunkte als Kraftzentren repräsentirt, ist konstant.“

Um die hier vorliegenden Aufgaben abzuschliessen, haben wir also das Arbeitsaequivalent der Massenpunkte (der sog. Spannkräfte) aufzustellen und den betreffenden Ausdruck logisch zu interpretiren.

Wenn wir zwei Massenpunkte m' und m'', abgesehen von ihrer Bewegung, der Betrachtung unterziehen, dieselben also als ruhende Massen fingiren, in welchen Kräfte residiren und sich in der Distanz d voneinander befinden, so wirken dieselben dem Denkgesetz zufolge mit einer

$$\text{Kraft} = \frac{m' m''}{d^2}$$

aufeinander. Wenn diese Kraft nun durch Veränderung unseres Beurtheilungsstandpunktes als Arbeit erscheint, oder nach gewöhnlicher Terminologie auf andere Massen übertragen werden könnte, so würden diese, in eine gewisse Bewegung versetzt, ein Quantum Arbeit ausführen, dabei aber die Massen m' m'' mitsammt ihren Kräften sich in Nichts auflösen müssen. Da die Existenz von m' und m'' nach den festgestellten Begriffen nicht aus dem Weltganzen ausgestrichen werden darf, so muss bei obiger fingirt übertragenen Arbeit zur Wahrung des analytischen Zusammenhanges der gebrauchten Formeln eine solche zeitlich räumliche Veränderung mit jenen Massen vorgenommen werden, dass ein analytisches Aequivalent dieser Nichtexistenz, d. h. der Nichtwirkung von m' auf m'', nach vollständiger Umwandlung ihrer Kraft in Arbeit resultirt. Die einzige Möglichkeit dies auszuführen, besteht in einer Versetzung dieser beiden Massenpunkte in die gegenseitige Entfernung ∞; in dieser Distanz wirken sie nach dem Kontinuitätsgesetze der Analysis nicht aufeinander; dieses $d = \infty$ ist Symbol ihrer Nichtexistenz für einander in der Welt.

Wenn nun m' m'' verschiedene Entfernungen haben, oder nach veränderlicher Entfernung in ihrem Daseinswerthe für die Welt bemessen werden, also alle Stadien ihres möglichen Daseinswerthes von der Nichtexistenz $d = \infty$ bis $d = r$ durchlaufen, so ist es beständig das Denkgesetz $\frac{m'\ m''}{d^2}$, welches ihren Daseinswerth, die Grösse ihrer Wechselwirkung, bestimmt. Dies Denkgesetz ist also ein Formalgesetz, welches sich über das ganze Gebiet der Kraftleistung erstreckt, ist Charakteristik der Funktion, welche die Arbeitsgrösse ausdrückt, also ein Differenzialkoeffizient, dessen Integral gesucht wird, gerade wie im § 3; und der Weg, über welchen das Formgesetz $\frac{m'\ m''}{d^2}$ zu erstrecken ist, ist eben der Weg von $d = \infty$ bis $d = r$ nach real arithmetischer Stufenfolge. Das gesuchte Integral, ein Arbeitsquantum, welches der Bedeutung der Zentralkräfte m' m'' in den Formeln aequivalent (eigentlich proportional) gesetzt werden darf, ist

$$\text{Arbeit} = -\frac{m' \, m''}{r}$$

Mit einer etwas tropischen aber deshalb nicht minder exakten Redeweise darf man sagen:

„Wenn zwei Massen m' m'' mit der Entfernung r in den Raum gesetzt werden, so war die zu dieser Schöpfung aufgewendete Arbeit ihrer Grösse nach $= \frac{m' \, m''}{r}$, wenn man die gegenseitige Wirkung dieser Massen als ihre Individualität behauptend, d. h. mechanisch repulsiv wirkend, auffasst. Diese Arbeit mag man als eine Schöpfungskraft, als ein durch Schöpferkraft in m' m'' niedergelegtes Vermögen ansehen; alles, was sie demgemäss empfangen haben, können sie auch wiederum leisten, wenn sie dieser Leistung gemäss in ihr früheres Nichts zurückkehren. Die Potential genannte mathematische Funktion ist also die Arbeit, welche nach logischem Gesetze nothwendig wäre, um sie aus dem Nichts in das Dasein in jener bestimmten Lage hervorzubringen."

Aehnlich wie hier für zwei Massenpunkte, kann nun der ganze Daseinswerth eines Komplexes von Kraftpunkten, also seine geometrische Komplexion in einem bestimmten Zeitpunkte des Weltgeschehens dargestellt werden, als eine Summe von Schöpferkraft, oder aufgewendeter Arbeit; und hieraus ergibt sich in Verbindung mit dem Bewegungsmoment der Massen in jenem selbigen Zeitpunkte die objektiv dargestellte Weltformel: Die Welt ist Leistung einer Kraft.

§ 5.

Rückblick und Konsequenzen.

Alle weiteren Sätze der Mechanik ergeben sich als unmittelbare Folgerungen aus dem Vorigen; andere komplizirte Beweise sind nicht nothwendig, um ihre logische Wahrheit zu festigen.

Die Massenpunkte des logisch mechanischen Systems sind die räumlich fixirten (subjektivirten) Faktoren dieses funktional bestimmten Ganzen; weil die Einzelmomente dieses Ganzen als Veränderungen im Ganzen aufgefasst werden, deshalb muss jenen Faktoren der Funktionalbegriff in der Gestalt von wirkender Ursache subjektiv zugetheilt werden. In der Vereinzelung betrachtet, sind diese Kraftpunkte ebenso wirkungs- und bedeutungslos wie ein jedes Subjekt ohne Objekt; in Bezug auf diese Einzelbetrachtung werden sie Massenelemente, Träger der Kräfte, genannt. Diese gegenseitige Isolirtheit, in welcher sie Kraftnullen sind, kann symbolisirt werden, indem ihnen die gegenseitige Entfernung ∞ zugeschrieben wird. Steht ein solches Punktsystem in realen Entfernungen (wozu also jenes $d = \infty$ nicht gezählt werden darf), so stehen sie in Wechselwirkung, wirken als Kräfte, oder sind aus der begrifflichen Abstraktion „indifferente Materie" Kraftelemente geworden; und diese Wechselwirkung ist logischerweise desto intensiver, je intensiver ihr Zusammensein, je geringer ihre Entfernung ist.

Die gegenseitige räumliche Konstitution eines Systems giebt uns seinen Daseinswerth, genannt „potentielle Energie" einem jeden subjektiven Standpunkte gegenüber; derselbe wird bestimmt als mathematisches Potential des Systems, als die Arbeit, welche aufgewendet werden musste, um seine Elemente aus der gegenseitigen Entfernung ∞, dem Null der Wechselwirkung, in jene bestimmte Lage zu bringen, in welcher sie das System als solches bilden.

Das Potential ist demnach nur abhängig von dieser räumlichen Bestimmung, nicht aber von einer Zeitbestimmung, denn wir anerkennen dieses System als identisch seinem Lagenbegriff, seiner Körpergestalt nach, einerlei ob es heute oder morgen in jener bestimmten Lage existirt, ob lange oder kurze Zeit darauf verwendet worden ist, um einen Körper von dieser bestimmten Gestalt und chemischen Beschaffenheit herzustellen. Ist ein solches logisches System seiner Lage und seiner Bewegung nach zu einer bestimmten Zeit gegeben, so ist dasselbe allen seinen Begriffselementen nach gegeben und ein jeder Zustand desselben zu einer anderen Zeit muss sich deshalb finden lassen.

Ebensowenig wie die Wechselwirkung also ihrem Begriffe nach abhängig sein kann von der Zeit wann, und der Stelle des Raumes wo sie stattfindet, kann dieselbe abhängig sein von einer Kombination des Zeit- und Raumbegriffes. Die Fiktion von Kräften, die abhängig sind von der relativen oder absoluten Geschwindigkeit der Massenpunkte, ist deshalb alogisch.

Betrachtet man die Wechselwirkung zweier Systeme, so folgt, dass wenn die Lage des einen Systems konstant bleibt, seine Bewegung aber, als sog. aktuelle Energie gemessen, sich verändert hat, diese Veränderung der Einwirkung des anderen Systems, dem einzigen noch vorhandenen Faktor als zureichender Grund der Veränderung zugeschrieben werden muss; aus dieser Grösse der Veränderung kann dann wiederum die Konstitution des unbekannten Systems abgeleitet werden. Werden verschiedene Zustände eines isolirten Systems betrachtet, so muss jedesmal die Abnahme seiner potentiellen Energie einer aequivalenten Veränderung der aktuellen korrespondiren, weil die Summe beider konstant bleiben muss, wenn das System bleiben soll, was es ist.

Diese Scheidung aller Veränderungen in solche, welche durch eigene (innere) und fremde (äussere) Einwirkungen hervorgebracht werden, ist der Hauptkunstgriff in der analytischen Behandlung mechanischer Probleme; er hat vorzugsweise gedient zur Aufstellung mechanischer Prinzipien.

D. KAPITEL III.

DIE SOG. PRINZIPIEN DER MECHANIK.

§ 1.

Definitionen und Prinzipien.

Ebenso wie man in der Geometrie Axiome aufstellte, welche die Lücke zwischen Nominaldefinitionen und positiven Sätzen über geometrische Gebilde auszumerzen bestimmt waren, — was nach unserer Entwickelung nur nothwendig wurde, weil die betreffenden Nominaldefinitionen Mängel enthielten, nicht aus dem reinen formalen Denkakte, dem Urelemente aller Kombinatorik, logisch aufgebaut wurden — ebenso fand man sich in der Mechanik genöthigt, prinzipielle Sätze aufzustellen, mit Hülfe derer die mangelhaften Nominaldefinitionen der Grundbegriffe erst einer Anwendung zur Lösung mechanischer Probleme fähig wurden. Es waren gewisse Beobachtungen bei sehr einfachen in der Natur beobachteten Bewegungen, welche zum Aufstellen solcher Prinzipiensätze der Mechanik führten, und deshalb blieb es in Ermangelung einer exakten und vollständigen Erkenntnisstheorie dahingestellt, inwiefern der Nerv solcher Sätze der Erfahrung, den zur Zeit uns zugänglichen Wahrnehmungen, oder aber dem logischen Schlusse seine Existenz und seinen Werth verdankt. Jenachdem ein solches Prinzip aus einer einfacheren oder komplizirteren Beobachtung hervorging, oder auch jenachdem die zur mathematischen Formulirung eines solchen Prinzips nothwendigen Begriffe der *sinnlichen Vorstellung* mehr oder weniger sich anschmiegten, der üblichen Darstellungsweise mehr oder minder geläufig waren, hat man denselben einen grösseren oder kleineren absoluten Werth zugesprochen. Der mathematische Erfolg, die Erzielung analytisch identischer Resultate, gleichviel welches Prinzip als Ausgangspunkt diente, hätte aber schon auf einen identischen logischen Werth oder Unwerth schliessen lassen müssen. Dass dies nicht geschah, war Folge einer nicht hinreichend ausgebildeten Erkenntnisstheorie.

Von dem in D. II. entwickelten Grundgesetz, welches eine Zusammenfassung der aus dem Denkgesetz entwickelten Definitionen aller kombinatorischen Grundbegriffe enthält, sind weitere Prinzipien unnöthig. Es soll in Gegenüberstellung zu diesem Grundgesetze nun dargelegt werden, dass auch alle in der bisherigen Mechanik anerkannten Prinzipien den logischen Wahrheiten zugezählt werden müssen; dass sie abgesehen von allen Umständen, welche zu ihrer historischen Entdeckung und allmäligen Vervollkommnung in sprachlichem oder analytischem Ausdrucke führten, direkt aus dem Denkgesetz erschlossen werden können.

§ 2.

Prinzip der virtuellen Geschwindigkeiten.

Die Beobachtung, dass zwei an den Endpunkten einer einfachen Maschine (Hebel, Flaschenzug, schiefe Ebene) wirkende Gewichte, denen der Charakter einfacher oder einheitlich wirkender Kräfte zugesprochen wurde, im Gleichgewichte stehen, wenn bei einer durch äussere Einwirkung hervorgerufenen Verschiebung jener Endpunkte die von diesen durchlaufenen Wege im umgekehrten Verhältniss jener Gewichte stehen, führte zur Aufstellung dieses Prinzips [50]).

Sieht man die zur Formulirung dieses Prinzips nothwendigen Begriffe „Kraft, Gewicht, Gleichgewicht, Angriffspunkt, Weg, äussere Einwirkung" für empirische an, so ist es unmöglich, dass irgend eine Erfahrung oder unbegrenzte Anzahl von Beobachtungen uns die Richtigkeit des Satzes verbürgen können. Wir wissen ja gar nicht, inwiefern unsere Instrumente genaue Beobachtungen ermöglichen, ebensowenig ob mit der Zeit eine langsame Veränderung unserer Sinne vorgeht, ob also zwei zu verschiedenen Zeiten gemachte Beobachtungen korrespondiren.

Man kann aber die Aufgabe stellen zu untersuchen, ob ein logisches System (nach empiristischer Terminologie ein „ideales, fingirtes, imaginäres, illusorisches") konstruirbar ist, welches jenem Prinzip widerspruchsfrei entspricht; und dann nachsehen, ob die Vorgänge der Natur einem solchen System gemäss klassifizirbar sind. Man kann demgemäss fragen:

Liegt kein Widerspruch in der Fiktion eines Systems von ruhenden Kräftepunkten oder geometrisch starren Massegebilden, in welchem, wenn die Lage seiner Bestimmungspunkte durch die Einwirkung äusserer Kräfte verändert wird, alle Bewegungsmomente, oder um den allgemeinsten Begriff der Mechanik anzuwenden, alle Arbeiten dieser Massenpunkte sich gegenseitig aufheben, eine arithmetische Summe gleich Null liefern? Die Formel dieses Satzes ist:

$$\Sigma\,(X\delta x + Y\delta y + Z\delta z) = o$$

Ein solches System steht im Gleichgewicht, relativer Ruhe. Das Bemühen, diese Formel und die in ihr gebrauchten Differenzialzeichen wörtlich nach quantitativen Begriffen als Verhältnisse sog. unendlich kleiner virtueller Verschiebungen, Geschwindigkeiten oder Arbeiten auszudrücken, wie dies gewöhnlich geschieht, macht die logische Bedeutung des Satzes unverständlich, wenn es auch der Anschaulichkeit zu helfen scheint.

In obiger Bedingungsgleichung liegt kein logischer Widerspruch, denn jede mögliche Summe kann man durch Hinzufügen neuer Glieder der arithmetischen Null gleich machen. Die gewählte Verbindung der in dieser Formel gebrauchten Begriffe ist also logisch unbedenklich. Die zweite bei jedem Satze philosophisch zu erörternde Frage bleibt uns übrig; nämlich die Prüfung der gebrauchten Begriffe „Gleichgewicht, Angriffspunkt der Kräfte“ auf ihre Widerspruchsfreiheit.

Das Gleichgewicht

nennen wir einen solchen Zustand des Systems, in welchem seine konstituirenden Elemente keine Veränderung der gegenseitigen Lage erleiden. Beim starren geometrischen System liegt diese Zustandsbedingung in dem Begriff der Starrheit. Ob das System sich andern gegenüber bewegt, bleibt gleichgültig, weil Bewegung ein relativer Begriff ist. Sobald also dieser Begriff der Starrheit und gleicherweise derjenige des Angriffspunktes bestimmt definirt ist, wird der Satz ein rein kombinatorischer, und ebenso logisch unbedenklich, wie die Definition irgend einer geometrischen Figur.

Mit einem solchen System ist aber in der Natur sehr wenig anzufangen. Man reduzirt diese Fiktion deshalb auch gewöhnlich auf ein System starrer Linien oder starrer Flächen, auf welchen sich die Systempunkte bewegen. Eine generelle Anwendung erfordert aber die Elimination auch dieser imaginären Elemente, die Reduktion des Systems auf das einfachst mögliche Element, den Massen- oder Kraftpunkt. Die Frage ist also: Kann ein System von Kraftpunkten im

Gleichgewichte stehen, und können die identischen Kraftpunkte eines solchen Systems in verschiedener gegenseitiger Lage im Gleichgewichte stehen?

Der Begriff eines solchen Systems widerspricht sich im Allgemeinen, weil er die Veränderung einer Vielheit, das Existirende negirt. Der absolute Stillstand ist gleichbedeutend mit „Nichtexistenz"; der geometrische Körper ist starr in Ruhe, der mechanische aber in steter Veränderung. Die starre mechanische Linie ist nichts Einfaches, weil sie Theile hat, sie ist nicht konstruirbar aus den Elementen Kraft und Ort, den **einzigen**, welche die Logik als Elementarbegriffe der Mechanik anzuerkennen vermag, weil nur bei diesen die begriffliche Analyse an einer absoluten Position anlangt. Diese absolute Position ist aber nicht als eine Schranke der Erkenntniss, oder eine Beschränktheit unseres undefinirten und deshalb mystisch verschwommenen Intellekts, aufzufassen, wie dies häufig in der unbestimmten Phrase geschieht; denn diese vermeintliche Schranke ist der absolute Denkakt, die einzige Möglichkeit eines synthetischen Denkens. Eine starre Linie könnte nur konstruirt werden aus einer Vielheit von Kraftpunkten; wie intensiv diese Kräfte aber auch angenommen würden, sie müssten doch beeinflusst werden durch andere Kräfte, denn die Hypostase sogenannt unendlich grosser Kräfte, um die absolute Starrheit zu konstruiren, ist ein wiederholt gekennzeichneter Alogismus. Hierin liegt die Ursache, warum in letzter Analyse kein anderes System als ein solches von Massenpunkten für die Erklärung etwas leisten kann, mag immerhin die Fiktion von absolut starren Gebilden als Hülfsbegriff für annähernde Rechnungen grosse Dienste gewähren.

Die Möglichkeit bleibt allerdings offen, dass in einer Vielheit in Veränderung eine Anzahl von Kraftpunkten ihre relative Lage beibehalten, und man könnte dieselben zu einem relativen System innerhalb des Allgemeinen zusammenfassen. Ein solches System müsste aber im Allgemeinen eine solche Lage haben, dass sowohl innerhalb wie ausserhalb desselben Kräftepunkte des allgemeinen Systems liegen, welche ihren Ort und Bewegung verändern. Das betreffende Gleichgewichtssystem müsste man sich also vorstellen wie eine Anzahl von Kräftepunkten, welche in gegenseitig unveränderter Lage in einer Flüssigkeit schwimmen. Das wäre kein System, welches wir Körper zu nennen pflegen, denn hier wäre ja ein Körper von einem anderen durchdrungen. In letzter Instanz wird sich allerdings zeigen, dass wir trotz dieser Widersprüche gegen die naive Auffassung solche Systeme doch Körper nennen, dass die gegenseitige Durchdringung von Kraftpunkten zwar ein Widerspruch ist, aber nicht die Durchdringung von Systemen, welche wir Körper nennen.

Soll das Gleichgewichtssystem eine Gruppe von Punkten darstellen, welche innerhalb ihrer keine fremden Kräftepunkte enthält, so ist dies nur in dem speziellen Falle möglich, wenn dasselbe in der Symmetrieebene zwischen paarigen Systemen homolog im Raume vertheilter Kräftepunkte liegt. Da nun dieser Fall wohl nie und nirgends in der Natur anzutreffen ist, so wäre das aufgestellte Prinzip für die Erklärung der Natur werthlos. Werthvoll wird dasselbe aber dadurch, dass in einer grossen Anzahl von Fällen, und hauptsächlich denjenigen, welche sich auf das praktische Leben beziehen, annähernd jene Bedingungen des absoluten Gleichgewichts erfüllt sind, indem alle Kräftepunkte, welche der homologen Lage nicht entsprechen, relativ in so grossen Entfernungen zu dem betrachteten System liegen, dass ihre Einwirkung die Gleichgewichtslage des sog. freien Systems wenig stört, und dieses deshalb annähernd als ein geometrisch starrer Körper betrachtet werden kann.

Es erhält besagtes Prinzip jetzt aber auch einen absoluten Werth für die Gesammtheit der Naturerklärung, weil die vorläufige Annäherung, welche erreicht wird durch die Fiktion starrer Körper, dazu dienen kann, Schlüsse auf die wirkliche Konstitution der Körper zu ziehen; denn alle Abweichungen, welche die Beobachtung der Körper und die Beurtheilung ihrer Bewegung ergeben, werden eben nichts Anderem als der nur annähernd stattfindenden Starrheit des Körpers zugeschrieben werden müssen. Aus dem vermeintlichen Fehler des Prinzips ist also die wirkliche Konstitution des Körpers abzuleiten.

Der Angriffspunkt

war der zweite zu prüfende Begriff. Im logischen System existirt so etwas nicht, denn jeder Kräftepunkt wirkt auf alle anderen, greift alle anderen an. Dass die Summe der Bewegungen eines Systems auf den Massenmittelpunkt geometrisch bezogen werden kann, verhindert nicht eine verschiedenartige Einwirkung aller Paare von Kräftepunkten. Als vorläufiger Hülfsbegriff ist dieser Angriffspunkt aber ebenso dienlich, wie die starre Linie. Der gewählte gemeinsame Angriffspunkt äusserer Kräfte dient nach dem aufgestellten Prinzip zu einer Annäherungsrechnung, und alle von dem so gefundenen Resultate abweichenden Beobachtungen dienen zur Auflösung des gemeinsamen Angriffspunktes in eine Vielheit solcher, d. h. wiederum zu einem Schluss auf die von der naiven Beobachtung abweichende wirkliche Konstitution des Systems.

Das ganze Prinzip ist also eine Definition des Gleichgewichts aus den als bekannt vorausgesetzten Begriffen von Geschwindigkeit, Kraft, Arbeit; oder auch umgekehrt.

§ 3.

Prinzip der verlorenen und gewonnenen Kräfte.

Zur Aufstellung dieses Satzes führte die folgende Aufgabe:

Sei gegeben ein System von Körpern, die gegenseitig aufeinander wirken, und werde jedem derselben eine besondere Bewegung ertheilt, der er nicht folgen kann wegen der Wirkung der anderen Körper, so soll die Bewegung jedes einzelnen gesucht werden.

Zerlegt man die jedem einzelnen Körper mitgetheilte Bewegung A, B, C ..... in zwei andere a, α — b, β — c, γ, sodass, wenn nur die eine a, b, c beibehalten wird, die Körper sich so bewegen würden, als wenn sie unbeeinflusst von den anderen wären (frei, keinen Systembedingungen unterworfen) und wenn die anderen α, β, γ .... beibehalten würden, die Körper in Folge der Verbindung unter einander in Ruhe blieben (ein Gleichgewichtssystem darstellten), so ist klar, dass die Körper wirklich die erstere Bewegung a, b, c ... annehmen, wegen ihrer gegenseitigen Wirkung, es müssen also die α, β, γ sich das Gleichgewicht halten.

In dieser Fassung ist das Prinzip ein rein logischer Satz, welcher zu analytischen Zwecken so formulirt ist, dass die Systembedingungen als homogene Begriffe mit den äusseren Kräften auftreten, also beliebig ineinander verwandelt, gegenseitig ausgetauscht werden können. Gleiche Ursachen nach entgegengesetztem Sinne heben einander auf, oder auch: Bei allen Bewegungen eines Punktes, welche als Wirkung einer oder mehrerer Kräfte aufgefasst werden, können wir noch eine beliebige Anzahl anderer solcher Kräfte als wirkend auf jenen Punkt fingiren; wenn diese letzteren Kräfte einander aufheben, so wird an der Bewegung des Punktes nichts geändert; wir erlangen dann für analytische Zwecke den grossen Vortheil, nach Belieben eine Anzahl sich gegenseitig aufhebender Kräfte aus der ganzen Summe derselben ausscheiden zu dürfen.

Aus den Bewegungen, oder den Wirkungen äusserer Kräfte, wird dann auf die innere Konstitution des Systems geschlossen, gerade wie im vorigen Prinzip. Wird der Satz auf die Bewegungen empirischer Körper angewendet, welche durch Drähte, Stangen, Ketten, Gleitflächen etc. verbunden sind, so lassen sich die Formeln des allgemein logischen Systems sehr vereinfachen, weil dann die imaginären Gebilde der starren Linien und Flächen mit hinlänglicher Genauigkeit eingeführt werden können. Das Prinzip wird also nach empirischer Terminologie in dem Grade richtig sein, als es gelingt, den sinnlich wahrgenommenen Objekten logisch entsprechende Punktsysteme zu substituiren.

§ 4.

Prinzip des kleinsten Zwanges.

Interessant insofern der logische Schluss in anderer Form zum Ausdruck gelangt als bei den zwei vorhergehenden Prinzipien, ist der von Gauss aufgestellte Satz, welcher in einfachster Fassung aussagt:

„Die Bewegung eines Körpersystems geschieht in möglichst grösster Uebereinstimmung mit der freien Bewegung, oder unter möglichst kleinem Zwange".

In diesem vernünftigen Satz haben die Mathematiker Anstoss an dem Begriff „Zwang" genommen und that dies wahrscheinlich Gauss selbst zuerst. Er gab deshalb dem Begriffe „Zwang" eine mathematische Form, oder vielmehr substituirte diesem Begriffe eine mathematische Formel, welche in jedem Zeitelemente arithmetisch gleich ist der Summe der Produkte aus dem Quadrate der Ablenkung von der freien Bewegung in die Masse für einen jeden Punkt. Mit dieser mathematischen Formulirung verschwindet aber die logische Evidenz, denn Zeitelemente gibt es nicht, und die Produkte aus Ablenkungen in die Massen fallen nicht unter den logischen Kraftbegriff. In dieser Fassung ist der Satz eine Methode der Wahrscheinlichkeitsrechnung, aber kein mechanisches Prinzip; er ist beschränkt auf die statische Abstraktion, gestattet aber keine unmittelbare Anwendung bei dynamischen Fragen.

Der Opposition gegen Verwendung des Begriffes „Zwang" muss bemerkt werden, dass derselbe Tadel auch gegen den Begriff der Kraft statthaft wäre, solange dieser Begriff nur als Empfindungsbegriff aus der Erfahrung aufgenommen und nicht als eindeutiger Beziehungsbegriff des logischen Kombinirens festgehalten wird. Aber ebenso wie diesem logischen Kraftbegriffe das eindeutige Symbol $\frac{d^2 s}{d t^2}$ zugetheilt wird, kann auch bei dem Zwange Aehnliches geschehen. Um diese Umwandlung des Zwanges aus einem Empfindungs- in einen Denkbegriff auszuführen, können wir ihn bestimmen als den A r b e i t s a u f w a n d, welcher nothwendig ist, um die Systempunkte aus den Lagen, welche sie bei freier Bewegung unter Einwirkung äusserer Kräfte erhalten hätten, in jene Lagen überzuführen, welche sie unter Mitwirkung der inneren Kräfte des Systems (durch die Systembedingungen) thatsächlich erhalten haben. Die unlogischen Zeitelemente und Momentankräfte sind hier unnöthig und der Gauss'sche Satz wird ein reiner Schluss von Denkbegriffen. Die Grösse der Arbeit als ein Minimum bestimmt, wird der zureichende Grund dieses Schlusses. Der „möglichst kleinste Zwang" nach Gauss ist die blosse Umkehrung der zureichenden Ursache, indem die freie Bewegung als das anzustrebende Ziel gedacht wird, deshalb das wirklich erreichte Resultat, die Ablenkung von jenem Ziele, als Zwang empfunden oder bezeichnet wird.

Wenn nun Gauss sagt: „Es ist merkwürdig, dass die freien Bewegungen, wenn sie mit den nothwendigen Systembedingungen nicht bestehen können, von der Natur gerade auf dieselbe Art modifizirt werden, wie der rechnende Mathematiker nach der Methode der kleinsten Quadrate Erfahrungen ausgleicht, die sich auf durch nothwendige Abhängigkeit verknüpfte Grössen beziehen", so ist nach dem Vorherigen der innere Grund dieser Merkwürdigkeit klar gelegt. Es ist nicht das einemal der Mathematiker, das anderemal die Natur, welche handelt, sondern in beiden Fällen ist der Mathematiker thätiges Subjekt. Zuerst führt er die logische Methode der kleinsten Quadrate aus, das anderemal konstruirt er ein mathematisches Körpersystem, dessen Bedingungsgleichungen seiner Methode genügen; und er modelt so lange an diesen Bedingungen, bis er seinen Beobachtungen, dem objektiven Dinge des naiven Bewusstseins, jenen fingirten Körper substituiren kann. Es ist derselbe Prozess wie bei dem Parallelogramm der Kräfte. Ursprünglich wurde hierbei eine wahrgenommene Bewegung als Wirkung einer Ursache entgegengesetzt, und diese wahrgenommene Bewegung nach dem Summationsgesetz in mehrere fingirte Bewegungen, oder Ursachen derselben, zerlegt; wird dann der Begriff einer solchen Komponentenkraft einer neuen Summation zu Grunde gelegt, so muss natürlich nach demselben Gesetz eine Resultante zum Vorschein kommen.

§ 5.

Prinzip der kleinsten Wirkung.

Im engsten Zusammenhange mit dem Vorigen steht dieses Prinzip; es ist als seine Umkehrung aufzufassen.

„Die Natur erreicht ihre Wirkungen mit dem kleinsten Kraftaufwand, oder: die Veränderung einer Bewegung, welche durch einen bestimmten Kraftaufwand hervorgebracht wird, ist die grösstmögliche, welche jener Kraftaufwand überhaupt erzielen kann."

Das Prinzip sagt eigentlich nichts weiter, als dass bei der Summation von Naturgrössen auch wirklich die ganze Summe herauskommt. Kein Prinzip hat so viele Anfechtungen zu erleiden gehabt wie dieses, und doch ist in keinem anderen der logische Kern aus den gebrauchten Begriffen so leicht herauszuschälen. Man darf dabei allerdings nicht in den Fehler verfallen, die Wirkungen der vermeintlich objektiven und fremden Natur nach teleologischen Ansichten beurtheilen zu wollen, wie dies so mannigfach geschehen ist; z. B. dass man den vom Lichte bei der Brechung durchlaufenen Weg zwischen zwei Positionen für eine Kraftvergeudung dem geraden Wege gegenüber definirt. Alle Wirkungen in der Mechanik dürfen sich nur auf zeitlich räumliche Veränderungen beziehen, und ist es hierbei selbstverständlich, dass nur solche Positionen nach dem knappen Ausdruck des vorliegenden Prinzips verglichen werden dürfen, welche innerhalb der Grenzen durchaus gleicher Bedingungen liegen; ändern sich diese Bedingungen, finden Bewegungen in aufeinanderfolgenden verschiedenen Mitteln statt, so ist es Aufgabe der Analysis, eine Gesammtformel aufzustellen, die diesen verschiedenen Bedingungen Rechnung trägt. Dies ist die Antwort auf die vermeintlich nothwendige Beschränkung des Prinzips auf hinreichend nahe liegende Positionen.

Der Satz ist eine Definition des unmittelbaren (direktesten) Verbindungsbegriffes zweier Positionen, seien dies nun räumlich zeitliche Orte, Bewegungszustände, Thätigkeitsmengen etc.; er definirt was wir Maass der Veränderung nennen, nämlich Differenz in arithmetischem Sinne, gerade Linie in geometrischem, Wirkung der Kraft in gerader Linie in mechanischem. Es ist der in Folge des Gebrauchs von Empfindungsbegriffen undeutliche Ausdruck des erkenntnisstheoretischen Satzes:

Wir konstruiren die geraden Linien der Natur nach den kleinsten Kraftmengen, welche nothwendig sind, um von einer Wahrnehmung zu einer anderen überzugehen, nicht aber nach einem der Natur heterogenen Maassstabe, welcher uns von irgend woher aufgedrängt wird. Deshalb leiten wir unser Maass der Kraft ebenso wie das der Ausdehnung, von dem zureichenden Grunde, dem Minimum wahrgenommener oder gedachter Wirkung ab. Wenn dem nicht so wäre, wenn uns eine Alternative in der Bestimmung bliebe, oder je nach der Zeit und dem Orte wo wir uns befinden, von der Natur oder irgend einem Fremden aufgeschwätzt würde, so wäre die Wahrnehmung einer gemeinsamen Natur unmöglich, das Chaos oder die Welt der Wunder wäre hereingebrochen.

Die mathematischen Ausstellungen, welche man gegen den Satz geltend gemacht hat, berühren den Werth des Prinzips gar nicht, sondern nur die Unvollkommenheit der mathematischen Formulirung; man gelangte dabei zu Betrachtungen über Eigenschaften gewisser Gleichungen in der Meinung, man habe es mit den Konsequenzen eines mechanischen Prinzips zu thun. Wenn z. B. der Satz in der Form $mv.ds = o$ symbolisirt wird, so ist es ganz gleichgültig, ob dieser Ausdruck auch ein Integralmaximum zulässt, denn eben nur das Integralminimum entspricht dem geforderten Begriffe. Ebenso irrelevant für die Beurtheilung des Prinzips ist es, ob die Variation mv^2dt verschwinden kann für Fälle, wo weder ein Maximum noch Minimum eintritt. Dergleichen kann aber ein Fingerzeig sein für die richtige Aufstellung der Bedingungsgleichungen. Werden aber die vollständigen Bedingungen aufgestellt, so wird sich zeigen, dass kein Maximum existirt, sobald eine eindeutig bestimmte Aufgabe vorliegt. Wenn Euler den Widerstand eines Mediums nicht unter diesen Satz einzureihen vermochte, so liegt dies an der Schwierigkeit ein widerstehendes Medium seinem Begriff nach zu concipiren und einen adäquaten analytischen Ausdruck dafür aufzustellen.

Alle Schwierigkeiten, welche man bei diesem Prinzipe gefunden hat, sind also nur erkenntnisstheoretischer Natur; sie haben ihren Sitz in der mangelhaften Definition der Begriffe, Kraftaufwand, Thätigkeitsmenge, Wirkung d. h. unserer Entwickelung zufolge, letztinstanzlich in Definition der Kraft. Solange diese logische Definition nicht eindeutig feststand, war auch kein Kriterium zu finden, welches über den Werth der analytischen Definitionen entscheiden hätte können.

§ 6.

Werth und Anwendung dieser Prinzipiensätze.

Man spricht gewöhnlich diesen Sätzen einen verschiedenen relativen Werth zu, insofern der eine besser als der andere zur Naturerklärung dienlich, oder auch weil der Grad ihrer Exaktheit ein verschiedener sei. Nach dem Vorigen muss ihnen allen, wenn auch nicht die gleiche anschauliche Evidenz, so doch der gleiche logische Werth zugesprochen werden, weil sie eben nichts Anderes als logische Sätze sind. Ihr Inhalt ist derselbe wie derjenige des Satzes, welcher D. II. als Grundgesetz der Mechanik hingestellt wurde. Ein jeder allgemeiner Prinzipiensatz der Mechanik kann keinen anderen Inhalt haben, als eine Verbindung der Begriffe, welche in dieser Wissenschaft wesentlich sind; demnach der Begriffe „Zeit, Raum, Masse, Kraft, Geschwindigkeit, Arbeit". Dieselben sind in einem Satze so zu verbinden, dass jeder Begriff durch die anderen definirt wird, sie also zusammen als Einzelfaktoren (Unterbegriffe) ein funktional bestimmtes Gebilde, den Oberbegriff „Weltexistenz, Vielheit in Veränderung" ausdrücken. Sieht man von der mehr oder weniger gelungenen Form ab, sowohl derjenigen des sprachlichen Ausdrucks als der Form einer nicht immer bestimmten und eindeutigen analytischen Symbolik, so leistet ein jeder der obigen Sätze das Geforderte. Je nach der speziellen Natur des Problems, welches man zu behandeln hat, ist allerdings der eine Satz als Ausgangspunkt passender als der andere. Im Allgemeinen wird eine solche analytische Form die zweckmässigste sein, welche ein Uebergehen von einer Betrachtung zur anderen, von statischen zu dynamischen oder umgekehrt, die Eliminirung oder Einführung des einen oder anderen nothwendigen oder nicht in Betracht kommenden Grundbegriffs, und den gleichen Wechsel neuer Variabeln und Bedingungsgleichungen, am bequemsten für die Operationen der Analysis zulässt. Diese im Allgemeinen passendste Form ist Hamiltons Formel

$$o = \int_{t_0}^{t_1} dt \ (\delta T + U)$$

wobei $T = \frac{1}{2} \Sigma mv^2$; $U = \Sigma (X\delta x + Y\delta y + Z\delta z)$

dessen Aussage vollkommen gleichbedeutend mit dem Lagrange'schen und d'Alembert'schen Prinzipe ist.

Der generelle Kunstgriff, um diese analytischen Formulirungen zu Stande zu bringen, besteht darin, dass man ein beobachtetes Geschehen (eine Wirkung) auf verschiedene Ursachen bezieht, welche diese Wirkung hervorgebracht haben sollen. Hierbei ist es durch die Art der einfachsten Beobachtungen nahe gelegt, vornehmlich zwei Sorten von Ursachen zu wählen, nämlich sog. innere, welche sich auf ein dem Raume nach verhältnissmässig ziemlich abgesondertes System beziehen (korrespondirend einem objektiven Dinge, welches als solches Ding seinen Einzeltheilen Bedingungen der Bewegungsfähigkeit vorschreibt), und äussere Ursachen, welchen der ganze übrige Theil der Wirkung zuzuschreiben ist. Jenachdem nun entweder die inneren oder äusseren Kräfte einer anderen Kontrole oder unmittelbarer Beobachtung zugänglich sind, gestaltet sich die Wahl der Ausgangsformel. Ist das Ding annähernd vertauschbar mit dem starren geometrischen Ding, so ist ein statischer Zustand als Angelpunkt der Betrachtung vorzuziehen; ist es eine Bewegungsbahn, welche der Beobachtung unmittelbarer zugänglich ist, so wird die dynamische Formel d'Alemberts als Definitionsgleichung entstehen.

E.

METAPHYSISCHE KONKLUSIONEN.

E. KAPITEL I.

PHYSIK UND METAPHYSIK.

Sobald die Denkthätigkeit hinausgeht über die Stufe, welche wir dem animalischen Leben zuschreiben, nach der gewöhnlichen Ansicht bestimmt als Beginn des eigentlichen (menschlichen) Denkens, macht sich neben der sinnlichen Anschauung das Bedürfniss geltend, die Verschiedenheit und Veränderung der Dinge aus einem Grunde zu erklären; denn es ist ja eben dieser logische Prozess, als ein psychisches Bedürfniss empfunden, welcher eine vergleichende Anschauung, ein Wissen von einer Vielheit der Objekte möglich macht; wenn dies auch vorab ein Wissen von allernaivster Form bleibt, über dessen Zustandekommen als logischen Prozess man sich gar keine Rechenschaft gibt. Der sinnlich angeschauten Aussenwelt als dem unmittelbar Gegebenen wurde deshalb schon mit dem Beginne wissenschaftlichen Denkens ein verborgenes nur durch die denkende Thätigkeit erschliessbares Sein oder Wesen gegenübergestellt, dem vermeintlich so klaren Naturbilde ein dunkler Hintergrund; die Natur als Erscheinung sollte hinweisen auf ein erscheinendes Wesen, welches den Erkenntniss- und Realgrund der Erscheinung enthalte. Die Wissenschaft theilte sich demzufolge in Physik und Metaphysik. Entstand nun das letzte Wort aus Zufall oder Missverständniss, wie man gewöhnlich annimmt, so kann es nichtsdestoweniger für zweckentsprechend und richtig gebildet gelten [51]).

In mannigfachster Abstufung wurde im Laufe der Zeiten dieses Wesen verständlich zu machen gesucht, von den „Ideen“ des Platon bis zu „Kraft und Stoff“ der modernen Materialisten; denn über die Bestimmung dessen, was der metaphysische Grund leisten sollte, war man wohl einig, nicht aber darüber, ob die Ausführungen dieses oder jenes Systems der beanspruchten Leistung genügten. Im Allgemeinen stellte man die Forderung, dass der Inhalt der Erfahrung sich aus dem metaphysischen Grunde ableiten lassen solle, aber selbst keine der im Inhalte der Erfahrungen auftretenden Bestimmungen enthalten dürfe, weil ja sonst nur eine Tautologie zu Stande käme. In erster Linie war hiermit eine Theorie der Begriffe und das Wesen des Begriffs im Gegensatz zu Alledem, was durch Begriffe bestimmt wird, gefordert. Eine solche unzweideutige Theorie kann aber nicht urplötzlich entstehen, sondern musste sich dem Gange alles Lebens gemäss entwickeln. Solange sie nicht als exakte Wissenschaft vorlag, war es für die Kritik nicht schwer, in jedem umfassenden metaphysischen System, mochte es noch so viel Wahres enthalten, Punkte aufzufinden, wo irgend ein Verhältniss der Wirklichkeit aus seiner konkreten Erscheinung nur in eine abstrakte Fassung gebracht worden war, und in diesem Gewande den Erfinder selbst über seine wahre Abstammung und innere Bedeutung täuschte. Häufig aber wurde auch die Bedeutung eines Ausdrucks oder Begriffs von der Mitwelt anders aufgefasst; denn es spricht ein jeder seine eigene Sprache, sobald Empfindungsbegriffe verwendet werden; nur in den Denkbegriffen ist eine gemeinsame Sprache möglich.

In der Verzweiflung über die unzureichenden Versuche einiger weniger Jahrtausende erklärten dann die Empiristen, dass alles Suchen nach einem metaphysischen Grunde unvernünftig, dass Metaphysik keine Wissenschaft sei, dass es eben nur Erfahrungsobjekte gebe. Dieselben müssten um konsequent zu bleiben dann aber auch zugeben, dass alles Erklären Wollen überhaupt sinnlos sei, dass der vernünftige Mensch nur beschreiben dürfe. Zu dieser Resignation verstehen sich aber die Gegner metaphysischer Spekulation nicht einmal, sondern sie suchen ihrerseits doch wieder aus den Wirkungen von Kraft und Stoff zu erklären; denn diese Kraftwesen und Stoffsubstanzen sind wiederum metaphysische Produkte, die durchaus nichts gemein haben mit der Materie und Kraft des sinnlich interessirten Anschauens der Aussenwelt. Man mag noch so sehr und mit Recht den Versuch des Einzelnen als misslungen bezeichnen, der es unternimmt den ganzen dunklen Hintergrund der Welt dem Menschengeiste zugänglich zu machen; ohne jenen Hintergrund würden die Erscheinungen der Aussenwelt in ein Chaos von Heterogenitäten zerfallen; und wenn der Menschengeist in einem titanenhaften Ringen gegen das grosse Unbekannte nicht seine Kräfte üben, seine Fragen stellen lernen dürfte, so würde es bald vorbei sein mit dem Fortschritt der Erkenntniss. Glücklicherweise für die Wissenschaft sind jene Empiristen mehr

Metaphysiker, werden häufiger durch Deduktion inspirirt als sie glauben.

Die beschreibende Naturforschung gebraucht meist empirische Begriffe, d. h. solche, welche darauf abzielen, in der Erinnerung denselben Vorstellungsinhalt wie in der unmittelbaren Wahrnehmung zu erwecken. Ihr ist das Feuer ein wärmendes, brennendes, rothgelbes, nach oben zuckendes — Etwas. Das Subjekt ist eben Subjekt, und interessirt weiter nicht; die blosse Empfindung hat genug an den Attributen. Aber der ganze Mensch fragt nach mehr. Wenn der Urmensch das Feuer eine Art von Schlange nennt, und seine Nachfolger es bezeichnen als Lebensluft, Feuerstoff, glühendes Gas — dessen Bedeutung wir von dem Erfinder dieses Wortes erklärt erhalten als „spiritum incognitum hactenus voco gas, a verbo chaos“ — und wenn diese Beschreibung in der Neuzeit lautet: stark bewegte kleine Körperchen von gewisser noch unbestimmter Art etc., so sind dies alles Stufen metaphysischen Erklären Wollens, von denen auch die letzte dem exakten Metaphysiker noch ebenso unzureichend erscheinen muss wie die erste, obschon eine jede Erklärungsstufe mit gewisser Vornehmheit auf die frühere, als einer in den Fesseln abgethaner Metaphysik schmachtend, niederblickt.

Was demgegenüber die exakte Metaphysik leisten soll, ist definirt worden A. VI. Sie darf nur Denkbegriffe verwenden, welche aus dem Element aller Denkthätigkeit synthetisch konstruirt werden können, und diese mit den uns unmittelbar bekannten Empfindungsbegriffen verbinden. Sie ist es, welche den mathematischen Begriffen ihre Bedeutung, den Methoden ihre Rechtfertigung gibt. Sie bestimmt aber auch die Grenzen des vernünftigen Erklärens und weist die Frage nach einem metaphysischen Grunde des Denkens und Empfindens, einem logischen Grunde der Weltexistenz als Alogismus zurück; womit nicht ausgeschlossen bleibt, dass in der Sphäre des Gefühls ein ähnlicher Satz von anderem Standpunkte aus betrachtet einen gewissen Sinn haben kann.

Anwendbarkeit der Denkbegriffe zur Erklärung der Naturvorgänge.

In D. wurden die Gesetze einer Mechanik aufgestellt, welche unverbrüchlich für eine aus Denkbegriffen konstruirte sog. logische Welt zu gelten hätten. Bei Aufstellung dieser Gesetze wurde ganz davon abgesehen, ob jene Konstruktionen mit dem korrespondiren, was wir objektive Welt, Natur nennen. Gehen wir jetzt zur Erklärung der Natur über, so stellt sich die Frage, ob jene Konstruktionen auf die

Aussenwelt anwendbar sind. Die Antwort auf diese Frage ist sowohl in A. als auch in begleitenden Ausführungen der Sätze von B. C. D. gegeben worden; sie heisst:

Wenn die Natur etwas unserem Denken und Begriffebilden ganz Heterogenes ist, dann bleibt es vergeblich irgend ein Erklären derselben versuchen zu wollen. Eine Erklärung kann nur in Begriffen stattfinden, Erklärung zeitlich räumlicher Veränderungen nur in Denkbegriffen; deshalb muss eine erklärbare, eine wissenschaftlicher Erfahrung zugängliche Natur den Gesetzen einer logischen Kombination der Begriffe folgen; wir konstruiren die Form der Dinge und die Veränderungen dieser Form in Raum und Zeit nach logischen Kombinationen; wenigstens alles, was wir von der Natur zu wissen vorgeben, bewegt sich in — und besteht aus — solchen Kombinationen.

Man könnte nur noch die Möglichkeit aufwerfen, dass noch weitere Begriffe als die von uns aufgestellten verwendbar seien. Solche könnten aber nur aus weiteren Kombinationen der gefundenen bestehen, weil auf die Elemente und die elementarste Verbindung aller Begriffsbildung zurückgegangen wurde.

Ein sehr häufiger Fehler wird bei dem Versuche neuer Begriffsbildungen begangen dadurch, dass man aus Unkenntniss des Wesens der Begriffe die instinktiv und richtig gefundenen Elementarbegriffe wie „Raum, Zeit, und vornehmlich den Kraftbegriff“ generalisiren zu dürfen glaubt, ebenso wie man aus einem Hauptworte mit verschiedenen zugefügten Adjektiven allgemeine Arten von Dingen, und diesen korrespondirend generalisirte empirische Begriffe produzirt. Ein jeder Denkbegriff ist aber ein Unicum, bestimmt in sich, und sobald er verändert wird, einerlei ob durch eine sog. Generalisation, ist er nicht mehr was er war. Ein krummer Raum, eine heisse Zeit, ein grünes Wachsthum, sind keine Denkbegriffe; aber dergleichen Wortkombinationen mögen immerhin in der Umgangssprache gerechtfertigt sein, um gewisse Vorstellungen darzustellen. Ebenso einzigartig wie „Raum und Zeit“ ist der Kraftbegriff der exakten Metaphysik, als logischer Funktionalbegriff zeitlich räumlicher Veränderungen. Andere Arten von Kräften, welche nach einem anderen Gesetz als $\frac{m_1\ m_2}{r^2}$ wirken sollen, — vielleicht abhängig von einer gebrochenen oder imaginären Potenz der Entfernung, oder von einer Potenz einer imaginären Entfernung, oder Kräfte, denen kein Potential zukommt, momentan ausserhalb der Zeit wirken, abhängig sein sollen von der Anzahl vorhandener Massenpunkte, oder wie immer sonst die Phantasmen eines symbolischen Schematismus heissen mögen, der den realen Boden einer vernünftigen Deutungsmöglichkeit verlassen hat — alles dies sind Abarten des vagen empirischen Kraftbegriffes, welche ebensowenig eine metaphysische Erklärung zu Stande bringen können wie die vom Urmenschen entdeckte Feuerschlange. Sollten Erscheinungen übrig bleiben, welche nicht durch das logische Kraftgesetz erklärt werden können, so ist keinenfalls ein Ersatz oder Aushülfe mit solchen Kraftarten zu leisten. Hierdurch wird aber nicht ausgeschlossen, dass auch andere analytische Formeln als solche, in welchen der Ausdruck $\frac{m_1 m_2}{r^2}$ ostensibel auftritt, Erscheinungen in gewissen Begrenzungen zusammenfassen können; nur können sich solche nicht auf das Element Kraftpunkt beziehen. Sie werden sich beziehen auf Gruppen von Kraftpunkten oder aber auf ausgedehnte geometrische Gebilde, Körperelemente, der Infinitesimalmethode zuliebe Punkte genannt, welche sich drehen, ein Oben und Unten haben, wie deren von vielen Mathematikern je nach Bedürfniss acceptirt werden.

Dass aber dergleichen Kraftelemente, abgesehenvon dem Gebrauche eines der geometrischen Bestimmung widersprechenden Begriffs, von einer exakten Metaphysik nicht acceptirt werden dürfen, möge das Folgende noch etwas eingehender zeigen.

E. KAPITEL II.

THEORIE DER ATOMISTISCHEN KONSTITUTION DER KÖRPER.

---

§ 1.

Der Kraftpunkt.

Es wurden im Vorherigen schon verschiedene Gründe aufgeführt, weshalb es für die logische Analyse nothwendig ist, in letzter Instanz auf Punkte als Elemente einer jeden physikalischen Konstruktion zurückzugehen. Der zuerst hervorgehobene technische Grund war, weil es nur dadurch, dass man den Punkt als geometrischen Träger des Funktionalbegriffs annimmt, möglich wird, den ganzen Raum für die räumlich zeitlichen Veränderungen zugänglich zu machen. Wird diese unbeschränkte Dispositionsstellung für gewisse Erscheinungen nicht erforderlich, so liegt eben ein Spezialfall vor; das Ausgangsprinzip muss sich aber diese Unbeschränktheit sichern.

Dieser technische Grund steht in engster Verbindung mit dem logischen, ist vielmehr nur der handwerksmässige Ausdruck des logischen Satzes, dass der Gebrauch der Denkformen keine räumliche oder zeitliche Beschränkung duldet, weil sie dem Begriff des unbegrenzten Fortschritts der Denkbewegung zuwider ist. Wir können demselben Gedanken auch eine speziell metaphysische Form geben, folgenderweise:

Es ist sehr gut möglich durch die Hypothese von ausgedehnten Kraftelementen viele Erscheinungen funktional zu verbinden, zu erklären; also nach einem früheren Ausdrucke durch speziell gebildete Volum-Massenkörper, deren Massenzahl (Gewicht, Kraftintensität) gleichmässig über das geometrische Volum ausgebreitet gedacht wird. Aber solche ausgedehnte Kraftelemente enthalten immer wieder die neue Frage, wodurch sie denn eigentlich hergestellt worden sind; denn sie enthalten wiederum Theile, die also der eine auf den anderen wirken müssen. Diese gegenseitige Wirkung müsste aber aufs Neue Veränderungen innerhalb ihrer hervorbringen; oder aber es müssen neue Kräfte erfunden werden, um diese Wirkungen zu paralysiren, einen Gleichgewichtszustand hervorzurufen. Dadurch erhalten wir aber einen Komplex, eine Vielheit, statt eines vermeintlichen Elementes, mit der Aufforderung zu einer neuen Analyse. Die logische Bewegung kommt erst bei dem letzten möglichen Elemente, der absolut einfachen Setzung, dem Kraftpunkte bei mechanischen Betrachtungen, zur Ruhe, wo jede weitere Frage logisch ausgeschlossen ist.

Auch der Kraftbegriff in seinem analytischen Ausdrucke $\frac{m_1 \, m_2}{r^2}$ verlangt peremtorisch seine Beziehung auf geometrische Punkte. Die gleichmässige Ausbreitung einer Massenzahl auf eine Ausdehnung ist eine Verschmelzung zweier heterogener Begriffe, als solche logisch nicht erlaubt; nur dadurch, dass die Zahl geometrischen Punkten koordinirt wird, bleibt sie metaphysisch von der Ausdehnung getrennt, die beiden Begriffe bleiben nebeneinander bestehen in ihrem logischen Werthe. Die Vereinigung beider Begriffe zu dem analytischen Produkte MV ist unbedenklich, weil dieses Produkt sich auf eine arithmetische Einheit bezieht, und nicht den Anspruch erhebt, die logische Verschmelzung von M und V hervorgebracht zu haben.

Derselbe Gedanke kann noch einen anderen Ausdruck erhalten. Die Einzelkraft darf im Raume nur als wirkend in gerader Linie gedacht werden, weil sie sonst nicht die einzelne, die einfache Ursache der Veränderung wäre; denn die Bewegung in krummer Linie ist eine verschiedenartige in Bezug auf einen festen Ausgangspunkt. Die Bewegung des Körpers muss aber nicht allein geradlinig, sondern auch in der Richtung auf die wirkende Raumstelle gedacht werden, weil sonst die beschriebene gerade Linie in Bezug auf den wirkenden Ort wiederum eine verschiedenartige, also nicht die geforderte einfache, absolut elementare wäre. Hypostasiren wir nun ein ausgedehntes Element, etwa eine gerade Linie, welche durch ihre Wirkung auf den Punkt diesen in gerader Linie nach einem ihrer Punkte hinbewegt, so wirken doch alle ihre anderen Punkte in anderer Weise; die gerade Linie ist also nicht das gesuchte letzte Element, sondern eine Vielheit solcher. Der logische Funktionalbegriff fordert also seine Beziehung auf geometrische Punkte, wenn er widerspruchsfrei in der metaphysischen Erklärung verwendet werden soll.

Zu bemerken ist noch für diejenigen, welche vorziehen mit Vorstellungen zu operiren, anstatt wie hier mit Begriffen, und die deshalb die Vorstellung von gesonderten Kraftpunkten, zwischen welchen also ein leerer Raum liegen muss, für unstatthaft erklären, dass, wenn man die hier postulirte Begriffswelt in eine anschauliche Vorstellungswelt überträgt, diese letztere sich in gar Nichts von einem mit Materie kontinuirlich erfüllten Raume unterscheidet, welche Materie an den verschiedenen Stellen des Raumes eine verschiedene Dichte hat; denn für einen jeden Punkt des begrifflich leeren Raumes kann die Resultante aller Kraftpunkte gefunden werden, und deren Grösse bestimmt die Dichte der sinnlichen Vorstellung „Materie“. Dies wäre die Weltkonstruktion der dynamischen Hypothese.

§ 2.

Anziehende und abstossende Kräfte.

Bei Aufstellung der Bewegungsgesetze blieb es ganz dahingestellt, ob man sich die Wirkung des Kraftpunktes als anziehend oder abstossend denken wolle, weil diese zwei möglichen Arten der Wirkung die abstrakte Form des Gesetzes nicht beeinflussen. Beide Arten der Wirkung sind deshalb auch in den verschiedenen atomistischen Hypothesen verwendet worden; denn die Erklärungsversuche mussten durch Zulassung zweier Wirkungsarten offenbar bequemer ausfallen; auch schien es unmöglich mit einer einzigen auszukommen. Aber diese zwei Kräftearten reichten noch nicht aus, um die Konstitution und Wirkungsweise der Körper auch nur in ihren Hauptzügen zu erklären. Man sah sich veranlasst, noch wenigstens zwei verschiedene Arten von Materie zu hypostasiren, welche ihrer Masse nach sehr verschieden sein mussten. Mit Hinsicht auf einige hervorragende allgemeine Beobachtungen legte man sodann der gröberen Materie anziehende, der feineren (Aethermaterie) abstossende Kräfte bei. Nun kam aber die Frage, in welcher Weise denn diese abstossenden und anziehenden Kräfte oder ihre respektiven heterogenen Materien aufeinander wirken sollten? Man entschied sich bei dieser Frage entweder für repulsiv oder attraktiv; und jeder Autor konnte für seine Meinung Gründe vorbringen, weil bei der entgegengesetzten Annahme die von ihm selbst konstruirten Formeln falsch wurden. Eine logische Untersuchung, ob denn überhaupt die Verbindung solcher heterogener Begriffe zulässig sei, hielt man umsomehr für überflüssig, als ja selbst Kant beide Kräftearten verwendet hatte. (Ausg. Hartenstein IV. 400.) Diese logische Untersuchung muss aber einmal ausgeführt werden, trotz aller vermeintlichen Selbstverständlichkeit, dass dergleichen zulässig sei.

Wenn es wirklich zugleich abstossende und anziehende Massen gäbe, so muss einem jeden logischen Urtheile zufolge im Falle gleicher Masse die Wechselwirkung der beiden weder attraktiv noch repulsiv, sondern **Null** sein, und bei ungleichen Massen gleich der Differenz der beiden. Wenn man eine hiervon verschiedene Annahme macht, dann versetzt man in die Atome neue teleologische Fähigkeiten, mit Hülfe welcher dieselben es fertig bringen sollen, das ihnen Gleichartige von dem Ungleichartigen zu unterscheiden. Man gibt dabei zugleich den Begriff des Einfachen auf; denn ein Atom, welches hier anzieht, dort abstosst, ist bei verschiedenen Gelegenheiten ein verschiedenes, also nicht mehr das konstante Element, der identische Begriff, welcher allein zu einer metaphysischen Erklärung tauglich ist.

Ebensowenig hilft die Berufung auf eine *verschiedene Qualität* der Masse. Die logische Masse hat *keine* Qualität, ebensowenig wie die arithmetische Eins; sie sagt blos aus, dass man eine gewisse Grösse der Wirkungsfähigkeit denken soll. Gelingt es nicht, mit einem einheitlichen Massen- und Kraftbegriff auszureichen, dann ist eine atomistische Konstruktion der Welt im Sinne einer zureichenden metaphysischen Erklärung unmöglich. Untersuchen wir also zuvörderst, ob weder abstossende noch anziehende Kräfte einzeln genommen zu Widersprüchen führen, ob also beide gleichberechtigt als Ausgangspunkt einer atomistischen Konstruktion dienen können.

Anziehende Kraftpunkte.

Der gewöhnlichen Auffassung zufolge sind alle sicht- und tastbaren Körper der Gravitation unterworfen. Dies führte zur Annahme anziehender Kräfte bei sog. ponderabler Materie. Setzen wir Systeme von anziehenden Kraftpunkten, so erscheint in den Betrachtungen und Formeln kein Widerspruch, solange dieselben sich getrennt von einander bewegen. Der Fall aber, dass einmal zwei solcher Kraftpunkte aufeinander treffen, kann logischerweise gar nicht ausgeschlossen werden, wenn man nicht wieder neue Kräfte einführen will, die dies verhindern sollen; diesen Fehler begeht die Annahme absolut harter undurchdringlicher Atome. Glaubt man den Atombegriff überhaupt wahren zu können, indem man dem geometrischen Punkte physikalische Undurchdringlichkeit beilegt, so erzeugt man den geometrischen Widersinn eines Gebildes, welches aus zwei nebeneinanderliegenden Punkten besteht; ein Ding bestehend aus zwei Grenzen, ohne jedoch, dass etwas existirt, was zu begrenzen wäre.

Viele Mathematiker gehen jedoch über diesen Einwand hinweg, weil wie sie behaupten, die Formeln blieben trotz alledem richtig; man brauche nur anzunehmen, dass die Punkte von einander abprallen oder durch einander hindurchgehen. Das ist aber keine andere Forderung als diejenige: der Begriff des geometrischen Punktes müsse sich nach den Anforderungen einer empirisch abgeleiteten Formel ändern. Lassen wir aber einen solchen Rechtfertigungsversuch vorläufig gelten, so wird uns das Gesetz von der Erhaltung der Kraft weitere Widersprüche in den Konsequenzen dieser Annahme aufzeigen.

Die Bewegungsenergie zweier zusammenstossender Elemente muss vor wie nach dem Zusammenstoss gleich bleiben; die beiden Kraftpunkte müssen also mit unveränderter Geschwindigkeit auf ihrer Bahn zurück oder vorwärts gehen. Das Abprallen der Atome ist uns nun eine glaubliche Vorstellung, weil wir an den Abprall elastischer Körper denken. Hier ist aber von Körpern nicht die Rede. Der Abprall der Atome ist ein Widerspruch gegen das Gesetz der Kontinuität, weil dieselbe Ursache hier plötzlich eine entgegengesetzte Wirkung hervorbringen müsste. Der Alogismus in dieser Anwendung des Gesetzes von der Erhaltung der Kraft zeigt sich aber auch darin, dass diese Konsequenz einem anderen logischen Begriff, demjenigen von der Summirung der Bewegungsmomente widerspricht. Dieser Summation zufolge müssten die zusammenstossenden Atome in Ruhe verbleiben. Deshalb ist auch der Zusammenstoss absolut harter undurchdringlicher Körper ein kontinuirliches Kreuz für die Mathematiker geblieben, aus dem einfachen Grunde, weil diese Attribute einander widersprechen, wenn sie den Merkmalen des Körpers zugeordnet werden sollen. In der praktischen Mechanik wird dieser Widerspruch gelöst durch die Annahme innerer Veränderungen der Körper, eine Hilfe, welche bei dem Atombegriff ausgeschlossen ist.

Die Annahme des Durcheinandergehens der Atome hat viele der obigen Fehler nicht; dafür enthält sie den neuen, dass man in einem gewissen Zeitmomente die beiden Kraftpunkte in *einen* untheilbaren zusammenfallend denken soll, was ein Widerspruch gegen die Existenz *beider* ist. Es hilft nichts, dass man bei dieser Gelegenheit sich mit dem missverstandenen Begriff des Unendlich Kleinen auszureden versucht, denn auch die quantitative Auffassung unterscheidet $2.dm$ von $1.dm$, und ihr dt ist ein bestimmter Zeitmoment, wenn ein bestimmter Fall gegeben ist. Auch physikalisch wäre nicht einzusehen, warum beim Zusammenstosse zweier Körper nicht jedesmal ein Theil des einen durch den anderen hindurchgehen sollte; ein Fall, der doch noch niemals beobachtet worden ist, und woraus gerade das Attribut der Undurchdringlichkeit kleinster Körperelemente als physikalisches Axiom entstanden ist.

Hiermit fällt die Annahme von anziehenden Kraftpunkten als Elementen der Körper, als Element derjenigen metaphysischen Konstruktion, welche das physische Verhalten der Körper erklären soll.

Abstossende Kraftpunkte.

Dem allgemein metaphysischen Gedanken nach hat die Annahme repulsiv wirkender Kräfte schon insofern etwas Empfehlendes, als dadurch dem nun einmal nothwendigen Atom die Selbständigkeit und Unzerstörbarkeit zugesprochen wird. Diese letzteren Attribute des Atoms sind eine Repetition des Satzes: was einmal gegeben, daseiend ist, das bleibt daseiend; die Betrachtung des Daseienden von einem wechselnden Standpunkte der Zeit aus hat keine Bedeutung für seine Existenz.

Ein Zusammenstoss zwischen solchen Atomen kann niemals stattfinden, und dadurch fallen alle die Widersprüche weg, welche hieraus für das attraktiv wirkende Atom entstanden. Bewegen sich zwei solche Atome gegeneinander mit einem bestimmten Bewegungsmoment, so erfolgt die rückläufige Bewegung nach dem Gesetz der absoluten Elastizität; werden sie unter dem konstanten Einfluss von Kräften gegeneinander getrieben, so verwandeln sich ihre Bewegungsmomente in Leistung und das Grundgesetz der Mechanik sammt allen anderen Begriffen wird nirgendwo verletzt.

Aber fliegt bei einer solchen Annahme die ganze Welt nicht auseinander, und würde dieselbe sich zu unserer Zeit nicht schon in unbegrenzte Verdünnung, vulgo Nichts, aufgelöst haben? Dieser Einwand war einer der hervorragendsten, welche Philosophen und Naturforscher bei den angeblich durch die Thatsache der Gravitation demonstrirten anziehenden Kräften verharren liessen. Auch Kant glaubte nur mit Hilfe dieser letzteren und sog. Flächenkräften den stabilen Körper konstruiren zu können. Da wir nun aus logischen Gründen die Annahme von gleichzeitig vorhandenen verschiedenen

Kräftearten negiren mussten, ist dem obigen Einwande der Weltauflösung zu begegnen.

Von einem absolut stabilen Körper wissen wir nichts und können nie etwas von einem solchen wissen, weil uns kein absoluter Maassstab gegeben ist. Die logische Behandlung der Probleme fordert aber auch keine absolut stabilen Körper, sondern nur konstante Elemente zur Konstruktion eines relativ stabilen Körpers, d. h. von Körpern, welche qualitativ dieselben, geometrisch sich ähnlich bleiben. Wenn wir also, von einem absoluten Standpunkte und Maasseinheit aus betrachtet, uns beständig ändern, mitsammt aller Welt auseinanderfliegen, so ist es für die Möglichkeit einer logischen Konstruktion nur nothwendig, dass die Grundgesetze der Natur solche seien, dass die gegenseitigen Verhältnisse von Körpermaass, Zeitmaass und Veränderungen derselben, identisch bleiben. Findet dies statt, so wird die objektive Welt uns stets als eine und dieselbe erscheinen, und es ist ganz gleichgültig, ob von jenem absoluten Standpunkte aus die Welt sich vergrössert oder verkleinert. Diese Bestimmung der relativen Identität wurde aber bei Konstruktion des Kraftgesetzes $\frac{m_1 \ m_2}{r^2}$ zu Grunde gelegt; musste zu Grunde gelegt werden, weil die Begriffe „Bewegung, Grösse der Zeit, Grösse der Ausdehnung, Grösse der Masse", relative waren. Also genügt unsere logische Welt dieser Bedingung, und der repulsive Kraftpunkt ist zulässig.

Will man, um die Sache plausibler zu machen, diese Relativität der Begriffe wiederum in sinnliche Vorstellungen übertragen, so kann man sich mit der mathematisch beglaubigten Versicherung trösten, wir seien nun einmal so organisirt, dass von dem thatsächlich stattfindenden Auseinanderfliegen der Welt gar nichts gemerkt wird. Die mathematische Form dieses Satzes wurde schon von Newton gefunden, und wird als reiner Ausdruck eines logischen Gesetzes ewigen Werth haben, wenn auch sein Gravitationsgesetz sich als ungenau erweisen sollte.

Wenn nun eine Beobachtung von uns die Annahme fordert, dass ein bestimmtes Atom (repulsiv wirkend gedacht) in Ruhe verbleibe, obgleich nach der einen Seite desselben eine grosse Anzahl anderer repulsiver Atome liegen, so ist die logische Konstruktion durch Nichts gehindert, auf der anderen Seite in beliebiger Entfernung eine solche Kräftezahl (Masse) zu setzen, dass jenes erstere Atom in Gleichgewicht verharre, trotz alles sein sollenden Auseinanderfliegens dieser Atome. Aus diesem Grunde kann man sich die Vorstellung der Weltkonstitution bei repulsiven Atomen sehr vereinfachen — wenn man fürchtet durch das Festhalten der relativen Begriffe schwindlig zu werden, und deshalb vorzieht wie vorher zu konkreten Vorstellungen überzugehen.

Wenn man nämlich ein bestimmtes Problem behandelt, so liegt immer nur eine räumlich begrenzte Anzahl von Atomen der Betrachtung vor, sonst wäre eben die Aufgabe keine bestimmte. In der Mechanik wird zwar häufig die Redensart gebraucht: „eine unendlich ausgedehnte Flüssigkeit, die in der Unendlichkeit ruht“; dieselbe sagt aber durchaus nichts anderes aus als „räumliche Begrenzung“, wobei die Begrenzung gewissen Bedingungen unterworfen ist; die Wörter „unendlich ausgedehnt, Ruhe in der Unendlichkeit“ sind keine logischen Begriffe, sondern den analytischen Symbolen angepasste Ausdrücke, deren wahre Bedeutung in B, C, D gegeben worden ist. Um nun nicht durch die Relativität des Bewegungsbegriffs in der analytischen Formulirung gestört zu werden, kann man sich obige begrenzte Anzahl von Atomen vorstellen als eingeschlossen zwischen undurchdringliche Wände, welche gebildet werden durch die Grenzen des zu behandelnden Raumes; diesen Wänden muss sodann dieselbe Eigenschaft der absoluten Elastizität wie den Atomen gegeben werden. Hierdurch ist die logische Relativität der mechanischen Maasseinheiten durch eine konkrete Vorstellung ersetzt. Will man aber durchaus das Wort „unendlicher Raum“ beibehalten, nun so darf demselben auch nicht die Möglichkeit abgesprochen werden, bis in die sogenannte Unendlichkeit hinein Kräftepunkte zu beherbergen, deren Wirkung die Veränderungen der im obigen bestimmten Problem enthaltenen Atome begrenzt. Diese sogenannte Unendlichkeit der Masse im unendlichen Raume liefert demnach dieselbe konkrete Vorstellung wie die undurchdringlichen Wände, kann als Ersatz dienen für die logisch allein zulässige Relativität der Maass-Einheiten.

Man darf nun nicht vermeinen, dass mit diesen Thesen und Antithesen von Unendlichkeit oder Endlichkeit des Raumes, Zeit, Masse, wie sie in Kants Antinomien, und heutzutage etwas verändert in dem sog. kosmologischen Problem auftreten, irgend etwas Absolutes behauptet oder Thatsächliches ergründet werden könne. Dergleichen bleiben ewig unfruchtbare Spielereien, wenn sie als Erörterung des absolut Daseienden gelten sollen; sie sind nur gut dazu, um uns über die widerspruchsvollen Begriffsbildungen bei Anwendung des unendlich aufzuklären und vor deren Verwendung zu warnen. Die Logik darf nur von begrenzten Räumen, Zeiten, Massen sprechen, ohne sich jedoch eine Schranke zu setzen, diese Grenzen beliebig weit hinausrücken zu können. Wollen wir diese logische Fähigkeit grenzlos nennen, nun gut; aber ein unendlicher, d. h. grenzenloser und doch bestimmter Raum, als objektives Ding, absolute Substanz, oder dergleichen — ist eine Negation des vernünftig und bestimmt Denken Wollens.

Allen direkten Einwürfen gegenüber hat sich der repulsive Kraftpunkt als zulässig erwiesen; es ist jetzt zu sehen, inwieweit er zur metaphysischen Erklärung physikalischer Vorgänge tauglich ist.

§ 3.

Der Aether.

Wenn wir abstossende Kraftpunkte im Raume vertheilt denken, seien dieselben zu einer gewissen Zeit in Ruhe oder mit eigener Bewegung ausgestattet, so werden dieselben im Allgemeinen ihre gegenseitigen Bewegungen ausgleichen und in einen Gleichgewichtszustand übergehen, oder vielmehr in einen solchen Zustand, wo ein jeder Kraftpunkt regelmässige Schwingungen um ein bestimmtes Gleichgewichtszentrum ausführt. Diese Gleichgewichtszentren werden schliesslich die Lage grösstmöglicher Stabilität annehmen; dieselbe wird angegeben durch die möglichst homologe Vertheilung der Zentra im Raume. Eine absolut gleichmässige Vertheilung derselben, wobei also ein jedes von seinen nächsten Nachbaren gleiche Distanzen hat, ist unmöglich, weil der Raum von dem absolut regelmässigen Körper (Tetraeder) nicht stetig erfüllt werden kann. Die der absoluten Regelmässigkeit genäherteste Form, welche den Raum stetig ausfüllen kann, ist die Vertheilung nach den Ecken des Würfels. Eine solche sei für das Folgende zu Grunde gelegt. Eine solche regelmässige Anordnung von Kraftpunkten im Raume werde „Aether“ genannt. Andere Gleichgewichtszustände des Aethers, also andere Arten von Aether würden entstehen durch homologe Vertheilung der Kraftpunkte in verschiedenen Richtungen. Diejenigen, welche unsere irdische Physik interessiren, werden angegeben durch die Gestalten kristallisirter Körper. Wegen der verschiedenen Entfernung der Kraftpunkte von einander muss im Allgemeinen die Reaktion des Aethers gegen Störungen, also seine Elastizität, eine verschiedene sein in den verschiedenen Richtungen.

§ 4.

Das Körperatom.

Um in einer solchergestalt konstituirten Welt Unterschiede entstehen zu lassen, die mit dem korrespondiren, was wir Körper nennen, gibt es kein anderes Mittel als verschiedene Gruppirungen der Kraftpunkte anzunehmen. Die Chemie lehrt uns nun, dass es, wenigstens in der uns bekannten Welt, stabile Körperbestandtheile gibt, oder vielmehr: wir nennen diejenigen Gruppirungen, welche sich als unveränderlich in dem uns bekannten Zeitablaufe erweisen, „chemische Elemente", welche zur Bildung eines physikalischen Körpers nothwendig sind. Es kommt jetzt also darauf an diejenigen Gruppirungen von Kraftpunkten ausfindig zu machen, welche einer solchen Unveränderlichkeit genügen.

Nach einem früher gefundenen Satze würde dieser Stabilität, sofern die Kraftpunkte oder Gruppen derselben in relativer Ruhe vorausgesetzt werden, nur der eine Fall genügen, wenn alle Gruppen in Symmetrieebenen homolog vertheilter Systeme liegen; ein Fall, welcher schon gleich von der Betrachtung auszuschliessen ist, weil dann keine Veränderung in der Welt stattfände, also das, was wir jetzt Welt nennen, nicht existirte.

Um der Stabilität der Existenz von Atomgruppen zu genügen, müssen dieselben demnach nothwendig als *bewegt* gedacht werden. Die *Art der Bewegung*, welche ihre Auflösung durch die übrigen Kraftzentra verhindert, ist jetzt zu bestimmen.

Den beiden Denkformen „innere—äussere Beziehung" entsprechend kann es nur zwei Arten von Bewegung geben, wenn von einem Einzelkomplexe einer Gesammtheit gegenüber die Rede ist. Diese beiden Arten sind innere Bewegung des Komplexes, bei welcher er der Gesammtheit gegenüber in Ruhe verbleibt, und äussere Bewegung, bei welcher er der Aussenwelt gegenüber Veränderungen durchmacht, eine Bahn beschreibt. Von allen inneren Bewegungen eines Gesammtkomplexes sind es nur diejenigen der Rotation, welche unter allen Umständen die relative Ruhe der Aussenwelt gegenüber behalten. Die Drehung ist also diejenige Bewegung, welche eine Gruppe von Kraftpunkten zu einem *stabilen Komplexe* machen kann.

Beleuchten wir dies Resultat mit den Sätzen, welche die analytische Mechanik aufgestellt hat, so sind darauf zunächst die von Dirichlet und Clebsch gefundenen anzuwenden, deren Hauptsache folgendermaassen ausgesprochen werden kann:

Kugelförmige Körper bewegen sich in einem inkompressibelen absolut flüssigen Medium, welches seinen Bewegungszustand nicht ändert, so, als ob das Medium gar nicht vorhanden wäre; ändert sich jedoch die Bewegung des Körpers oder Mediums, so hängt der Widerstand, den das eine oder andere (je nach dem Standpunkte der Betrachtung) erleidet, von dieser Aenderung des Bewegungszustandes ab. Rotationskörper verhalten sich gleicherweise in der Richtung senkrecht zur Rotationsachse.

Wir besitzen nämlich in dem oben konstituirten Aether ein Medium, welches der Anwendbarkeit hydrodynamischer Gleichungen vollkommen entspricht, welches absolute Flüssigkeit und Inkompressibilität in mathematischem (nicht in dem wörtlich zu nehmenden) Sinne besitzt. In dieser Flüssigkeit schwimmen oder bewegen sich rotirende Gruppen von Kraftpunkten, welchen letzteren keine andere Qualität als den übrigen Kraftpunkten des Aethers beigelegt zu werden braucht; im logischen Sinne ja auch nicht kann, weil sonst eine Welt von Heterogenitäten postulirt würde.

Das Körperelement (Atom) besteht also aus einer als Rotationskörper geordneten Gruppe von Kraftpunkten, welche, einige später zu erörternde Spezialfälle ausgenommen, in relativem Gleichgewichtszustande stehen. Wegen der Rotation einer solchen Gruppe muss die Dichtigkeit derselben im Allgemeinen geringer sein als die Dichtigkeit (nach der Anzahl der Kraftpunkte in einem bestimmten Volum gemessen) des umgebenden Aethers. Die Gestalt dieser Elementargruppen werden wir im Allgemeinen als Rotationsellipsoide zu denken haben, wobei aber andere Formen nicht prinzipiell auszuschliessen sind. Bei einer gewissen Grösse und Rotationsgeschwindigkeit wird z. B. ihr Querschnitt nach der Rotationsaxe verschiedene lemniskatenähnliche Linien bilden. Ist die Dicke der Gruppe, welche wir hinfort Körperatom nennen, d. h. die Länge der Rotationsaxe im Verhältniss zur mittleren Distanz der Aetherpunkte sehr gross, so wird seine Form übergehen in die eines Ringes von verschiedenartigem Querschnitt. Ein solcher Ring kann schon eine stabile Form bilden, wenn seine Kraftpunkte im Querschnitt rotiren; er kann aber ausserdem auch noch eine Rotation im Sinne der Ringfläche haben. Es würde in diesem Falle der Ring einen Querschnitt in Eilinie mit nach Aussen gerichteter Spitze haben, und seine Kraftpunkte würden spiralförmige Linien in dem Ringe beschreiben. Besteht das Körperatom aus mehreren schalig geordneten Schichten von Kraftpunkten, so wird seine Dichte an verschiedenen Stellen verschieden sein. Auch der Aether wird in nächster Umgebung des Körperatoms etwas dichter als im Mittel des körperleeren Raumes sein. Alle diese näheren Bestimmungen, welche von höchster Bedeutung bei den

Molekularvorgängen sind, müssen einer wohl nicht sehr einfachen analytischen Behandlung vorbehalten bleiben; sie wurden hier nur erwähnt, um die Verschiedenheit der Möglichkeiten anzudeuten, welche sich aufstellen lassen.

Ein solches Körperatom bewegt sich nach dem Dirichletschen Satze im Aether so als wenn derselbe nicht vorhanden wäre. Für die Beschleunigung der Umlaufzeiten der Kometen müsste also eine andere Ursache als ein wiederstehendes Mittel gesucht werden. Zwei Körperatomé können nicht zur unmittelbaren Berührung gebracht werden. Sobald ihre Entfernung bedeutend unter die der mittleren Distanz der Aetherpunkte sinkt, schnellen sie wie zwei absolut elastische rotirende Räder von einander. Für ihre chemische Konstanz ist also nichts zu fürchten.

§ 5.

Gravitation.

Zwei Körperatome bewegen sich in dem Aether, dessen Kraftpunkte nach dem Gesetz $\frac{m_1 m_2}{r^2}$ aufeinanderwirken, im direkten Verhältniss ihrer Aetherverdünnung (Körperdichte) und im umgekehrten des Quadrats ihrer Entfernung, wie sich durch eine einfache geometrische Betrachtung ergibt. Hiernach würde der Ausdruck: „ponderable Körper bewegen sich zueinander hin, weil sie sich anziehen“ — auf derselben metaphysischen Stufe stehen wie die Erklärung: „der Luftballon steigt in die Höhe, weil er als leicht zur Höhe strebt“. Ebenso wie man jetzt sagt: der Ballon steigt, weil er durch die dichtere Luft zur dünneren hingedrängt wird, müsste nach unserer Konstruktion gesagt werden: der Körper wird durch den an Kraftpunkten dichteren Aether nach dünneren Aetherräumen hingedrängt.

Zu bemerken ist jedoch, dass nach obigen Voraussetzungen die Gravitationserscheinungen nur in dem speziellen Falle, dass die gravitirenden Körper in relativer Ruhe gegeneinander stehen, genau nach der Formel des logischen Kraftgesetzes erfolgen würden. Denn da dieselben nicht unmittelbare Folge einer Anziehung, sondern mittelbare Wirkung einer Abstossung sind, so findet hier keine instantane Fernewirkung statt, sondern die Wirkung erfolgt nach Maassgabe der Geschwindigkeit, mit welcher die Aetherbewegung sich fortpflanzt. Ist auch die Fernewirkung eines Aetheratoms auf das andere instantan, so gebraucht doch dasselbe

Zeit, um diese Kraft durch eine Bewegung zum Ausdrucke kommen zu lassen. Die Bewegung eines Aetheratoms findet aber nicht statt durch die direkte Fernewirkung von der Quelle der Bewegung aus, weil diese ja schon in grosser Nähe unmerklich wird, sondern durch die fortgepflanzte Bewegung jener Quelle. Wir werden deshalb bei den Gravitationserscheinungen zu berücksichtigen haben, ob die gravitirenden Massen sich einander nähern oder entfernen. Wenn wir dies in die Formel

$$\frac{m_1 \ m_2}{r^2}$$ introduziren, so erhalten wir

$$\frac{m_1 \,.\, m_2}{r^2}\left(1 \pm \frac{v^2}{l^2}\right)$$ als Gravitationsformel,

wobei v die gegenseitige Geschwindigkeit der Annäherung oder Entfernung der beiden gravitirenden Massen, l die Geschwindigkeit der Fortpflanzung der Aetherbewegung ist, für welche letztere die Lichtgeschwindigkeit zu setzen ist.

Dass eine solche Abweichung von der jetzigen Gravitationsformel aus astronomischen Beobachtungen bestätigt oder negirt werden könnte, ist wohl sehr fraglich; denn wir haben keine Planeten, die ihre gegenseitige Geschwindigkeit so ändern, dass $\frac{v}{l}$ eine merkliche Grösse werden könnte. Bei Molekularbewegungen jedoch, welche durch das gegenseitige Gravitiren der einfachsten Körperatome erzeugt werden, und die zugleich von einer Bewegung des umgebenden Aethers beeinflusst werden, dürften sich Beispiele für die Anwendung und Kontrole obiger Formel finden.

§ 6.

Körperzustände.

Gase.

Die jetzt ziemlich allgemein angenommene Krönig-Clausius'sche Gastheorie wird durch das hier konstruirte Körperatom verständlich; d. h. das jener Theorie nothwendige Substrat „absolut elastisches Gasatom und absolut elastische Gefässwand“ wird hier in widerspruchsfreier Konstruktion hergestellt. Geräth der Aether, in welchem die Gasatome in fortschreitender Bewegung schwimmen, in Schwingungen, so kann, weil die Schwingung eine veränderliche Bewegung ist, ein Theil seiner Energie nach dem Dirichletschen Satze auf die Gasatome übertragen werden. Umgekehrt können auch schwingende Körperatome ihre Bewegung auf den Aether übertragen. Dieser unmittelbare Bewegungsaustausch zwischen Körper und Aether ist das Licht, die Uebertragung der Bewegung eines Körperatoms auf das andere durch Vermittelung des Aethers strahlende Wärme, Uebertragung dieser Bewegung durch die kombinirte Wirkung von Aetherschwingung und Gravitation (hauptsächlich durch die letztere) die leitende Wärme.

Flüssige Körper.

Bewegen die Gasatome sich in fortschreitender Bahn, so wird diese letztere bei den Flüssigkeiten sehr gering sein; bei den nicht verdampfenden Null. Die Molekel der Flüssigkeiten können also ausser der jedem Atom zukommenden Rotation nur noch Schwingungen um bestimmte Mittelpunkte ausführen, deren Lage jedoch stetig veränderlich sein mag. Ihre Molekel werden sich in ziemlich gleichen Entfernungen befinden und die Trägheitsaxen ihrer Gleichgewichtslagen haben alle möglichen Richtungen, wodurch mit wenig Kraftaufwand eine Verschiebung der Molekel vollführt werden kann. Eine fadenförmige Struktur der Flüssigkeiten ist nicht absolut ausgeschlossen; solche Fäden können aber nur als knäuelartiges Gewirre, nicht als regelmässige Schichtung gedacht werden; der Grund davon wird sich bei Besprechung der Kohäsion herausstellen.

Feste Körper

haben im Allgemeinen kristallinische oder auch beliebige Fadenstruktur.

Verringert man die Bewegungsenergie zweier Atome, sodass schliesslich ihre ganze Bewegung auf die unzerstörbare Rotation reduzirt ist, so werden dieselben durch die Gravitation allmählich in die stabilste gegenseitige Lage gebracht. Mitwirkungen des nicht in allen Richtungen gleich elastischen Aethers sind dabei nicht ausgeschlossen. Mehrere an Grösse und Rotationsgeschwindigkeit gleiche ellipsoidische oder Ringatome werden sich deshalb mit ihrem breitesten Querschnitt möglichst nahe aneinanderlegen und als Ganzes einen geldrollenähnlichen Faden bilden; mehrere solcher Fäden legen sich seitwärts aneinander und bilden einen Körper, dessen Elastizitätsaxen oder Kristallisationsform von der Gestalt und dem Rotationsmoment der Atome abhängt. Sind mehrere Atome zu einem Molekel vereinigt, so entscheiden die Trägheits- und Rotationsaxen des Molekel.

§ 7.

Molekularerscheinungen.

Eine der grössten Schwierigkeiten für die bisherigen Hypothesen bilden die Erscheinungen, welche bei sehr kleinen Distanzen der Körper beobachtet werden. Man fand sich deshalb veranlasst, neue Kräfte zu erfinden, sog. Molekularkräfte, die wiederum verschieden unter sich, in ihrer Wirkung auf kleine Distanzen beschränkt sein sollten. Nominell hatte man damit wenigstens eine Erklärung für die Thatsachen, denn das Wort „Kraft" gilt gewöhnlich für eine Erklärung. Nach unserem Prinzipe ist dies nur in dem Falle zulässig, wo „Kraft" den logischen Beziehungsbegriff bedeutet; soll also eine wahrhaft metaphysische Erklärung hier stattfinden, so müssen auch diese widerspenstigen Molekularkräfte auf den Funktionalbegriff, $\frac{m_1 \ m_2}{r^2}$ zurückgeführt werden.

Kohäsion.

Wenn man sich die Masse als gleichförmig und ruhend in dem Körper vertheilt denkt, so kann eine andere Festigkeit als diejenige, welche durch die Gravitation der Atome hervorgebracht wird, nicht erzeugt werden. Berechnet man nun nach der bekannten Intensität der Gravitation die Anziehung, welche zwei Eisenwürfel aufeinander ausüben würden, so erhält man einen Betrag, welcher noch nicht den billionten Theil der Festigkeit des Eisens ausmacht. Die Struktur des Eisens muss demnach eine andere sein als eine solche von gleichmässiger Vertheilung ruhender Atome. Die uns zu einer Erklärung der Kohäsion zu Gebote stehenden Mittel sind aber keine andern als „ungleichmässige Vertheilung der Eisenatome und Bewegung derselben".

Sucht man die Festigkeit durch ungleichmässige Vertheilung zu erklären, so lässt sich die dazu erforderliche Struktur des Eisens berechnen. Alle Atome müssten dann in Fäden liegen, etwa nach den Kristallisationskanten des Eisens geordnet, in welchen die mittlere Entfernung der Atome zu derjenigen der Fäden sich ungefähr verhielte wie 1 zu 10^{15}. Je nachdem die Kohäsion gegen Zug und Druck gleich oder verschieden, müssten diese Fäden in gleichen oder ungleichen mittleren Abständen liegen.

Es liegt nun in einer solchen Struktur an und für sich weder etwas Unmögliches noch Widersinniges, wenn es auch unserem Gefühle widerstrebt anzunehmen, dass unsere festesten und überall dicht aussehenden Körper aus solchen Spinneweben aufgebaut sein sollen. Unsere

Sinne ermöglichen uns nur Verhältnissbestimmungen, keine absoluten. Sind die Sinne so gestaltet, dass sie dergleichen Fadengebilde aufzufassen vermögen, so halten wir ein solches für dicht und undurchdringlich im Verhältniss zu anderen, obschon ein anders organisirter Sinn unsere dichtesten Körper vielleicht seinerseits für Spinnewebe, und unsere Spinnewebe für gar nicht existirend erklären würde.

Es gibt aber gewichtigere Einwände gegen eine solche Struktur von anderer Seite. Vorerst ist nicht ersichtlich, wie es bei einer solchen Konzentration der Körperatome, wobei das weitaus grösste Volum innerhalb des Körpers von freiem Aether eingenommen würde, erklärbar wäre, dass es undurchsichtige Körper gäbe, was doch gerade bei unseren dichtesten der Fall ist. Sodann müsste aber auch den Flüssigkeiten eine Fadenstruktur zugesprochen werden, weil auch diese eine weit grössere Kohäsion haben als durch Gravitation erklärlich ist. Eine solche Fadenstruktur würde aber bei dünnflüssigen Körpern die grosse Beweglichkeit kaum erklärbar lassen; warum, wird aus der folgenden Strukturmöglichkeit hervorgehen.

Lässt uns die Gravitation bei Erklärung der Festigkeit im Stich, so bleibt nur das Bewegungsmoment der Körperatome noch übrig; dieses reicht aber auch vollständig als Grund jeder Festigkeit aus.

Nimmt man einen der bekannten Wunderkreisel (eine Bleischeibe, welche in einem Ringe rotirt), so kann man ohne grosse Kraftanstrengung denselben in eine solche Drehung versetzen, welche die Wirkung der Schwere aufhebt, sodass die an ihrem Endpunkte unterstützte und horizontal gerichtete Rotationsaxe durch die Schwerkraft in ihrer Lage nicht geändert wird. Nach einer annähernden Schätzung würde es eine Rotationsgeschwindigkeit erfordern, welche nicht einmal die Lichtgeschwindigkeit erreicht, um eine Stabilität der Rotationsaxe hervorzubringen, welche der Festigkeit des Eisens aequivalent ist[52]). Hierdurch erhalten wir die Möglichkeit, eine jede Kohäsion je nach Bedürfniss durch das Rotationsträgheitsmoment oder durch verschiedene Vertheilung der Atome, oder durch Beides zu erklären. Zugleich leuchtet aber auch ein, warum die Flüssigkeiten trotz leichter Verschiebbarkeit ihrer Theile Kohäsion besitzen. Denn ihre Verschiebbarkeit ist ermöglicht durch die nach allen Richtungen gelegenen Rotationsaxen. Die Verschiebung der Rotationsaxen in paralleler Richtung, also ohne Veränderung der Richtung erfordert keine andere Kraft als diejenige zur Bewegung des Massenmomentes. Wenn aber eine Schicht derselben abgerissen werden soll, so würden immer viele Rotationsaxen der Trennungsfläche nicht in paralleler Richtung bewegt werden müssen, weil die Bildung des Meniskus eine Veränderung der Rotationsaxen erfordert, wie folgt:

Adhäsion, Kapillarität.

Auch Flüssigkeiten können eine grosse Kohäsion besitzen wie z. B. das Quecksilber; es ist dann vorauszusetzen, dass ihre Atome eine grosse Rotationsgeschwindigkeit haben, wodurch dieselben eine grosse Verdünnung dem Aether gegenüber erhalten, also einen desto dichteren Körper konstituiren. Dies stimmt mit der Thatsache, dass die flüssigen Metalle grosse Kohäsion besitzen.

Wenn zwei Körper sehr nahe zusammenkommen, und der eine davon hat in allen Richtungen rotirende Atome, so werden die gleichgerichteten beider Körper in nähere Distanz rücken können als die ungleich gerichteten; die Gravitation wird sich bei den ersteren also stärker bemerklich machen, und die betreffenden Atome werden scheinbar von dem Körper mit einer Kraft angezogen, welche viel rascher zunimmt als nach dem umgekehrten quadratischen Verhältniss der Entfernung. So würde z. B. ein Kraftpunkt, welcher sich im Inneren eines von 4 Kraftpunkten gebildeten Tetraeders bewegt, und deren Wechselwirkung nach dem logischen Gesetz $\frac{m_1 \; m_2}{r^2}$ stattfindet, sich so bewegen als wenn er von dem Zentrum des Tetraeders im umgekehrten Verhältniss der vierten oder fünften Potenz der Entfernung angezogen würde. Durch das Zusammenrücken derselben werden die von dem festen Körper verschieden rotirenden Atome des flüssigen bei Seite geschoben, und diese ihrerseits schieben wiederum gleichgerichtete Atome an der festen Körperwand vorwärts. Eine netzende Flüssigkeit, welche durch Atomgestalt, Rotationsmoment etc. die Eigenschaft erhält, in sehr nahe Entfernung von dem benetzten Körper gelangen zu können, wird sich demnach an dem benetzten Körper ausbreiten. Ausserdem tritt bei so nahe zusammenrückenden Atomen noch eine andere Erscheinung auf, welche unter Elektrizität betrachtet wird, die darin besteht, dass bis zu einer gewissen Entfernung voneinander befindliche rotirende Atome mit verschiedener Rotationsgeschwindigkeit einander beeinflussen müssen; eine Wechselwirkung, welche sich je nach dem Sinne der Rotationen als anziehende oder abstossende Bewegung kundgibt. In dieser kombinirten Wirkung der nächsten Flüssigkeitsschicht, welche durch die Gravitation viel stärker zu dem festen Körper hingezogen wird als nach dem Mittelwerth der Gravitation, und der Störung des Aethers durch die verschiedene Rotationsgeschwindigkeit der Atome, sind hinlänglich Ursachen zur Erklärung der Adhäsion und damit auch der Kapillarität gegeben, ohne dass man gezwungen wäre Kräftewesen hypostasiren zu müssen.

Bei den nicht netzenden Flüssigkeiten ist anzunehmen, dass die Gestalt der Atome oder Sinn ihrer Rotation die Annäherung bis zu einem gewissen Grade verhindert; der Sinn der Rotation kann sogar abstossend wirken.

Die Diffusion der Flüssigkeiten kann gleichfalls ihre Erklärung aus den hier besprochenen Ursachen herleiten.

Reibung.

Sobald die Körper einander so nahe kommen, dass ihre verschiedenen Theile aufeinander verschiedene Wirkung ausüben, bleibt ihre Totalbewegung nicht mehr dieselbe, weil ein Theil der Bewegungsenergie zur Aenderung der inneren Konstitution verwendet wird. Bei den Berührungen, welche die Technik in Betracht zieht, nennen wir dies Reibung. Prinzipiell sind mehrere astronomische Phänomene wie Fluth, Retardirung der Rotation des Mondes, hiervon nicht verschieden. Auch die Uebertragung der Bewegung des schwingenden Aethers auf das Körperatom kann man Reibung nennen.

Reibung wird gleichfalls stattfinden bei jeder Verschiebung der Flüssigkeitstheilchen, und in diesem Falle Widerstand des Mediums genannt. Nicht allein das Gleiten der Körper übereinander, sondern ein jeder Kontakt erzeugt, wie oben hervorgehoben, Reibung. Die Adhäsion ist demnach in nächste Verbindung mit der Kontaktelektrizität zu bringen [53]).

Chemische Verbindung.

Die Chemie betrachtet die zusammengesetzten Körper als gebildet durch Molekel, welche die einfachsten Atome in unverändertem Zustande enthalten; dieselben müssten sich demnach in bestimmten durch Gravitation und Rotationszustand bedingten Bahnen umeinander bewegen. Eine annähernde Vorstellung eines solchen Molekel kann man sich durch eine Kombination von Springbrunnturbinen verschaffen, deren Wasserzufluss man so regulirt, dass die Strahlen in einzelne Tropfen zerfallen, als Repräsentanten der Atome oder jenachdem auch der das Atom bildenden Kraftpunkte. Supponirt man Ringatome, so ist es möglich, hieraus relativ feste Molekelgestalten zu bilden. Eine Veränderung kann in dem Molekel nur stattfinden mit gleichzeitiger Störung des umgebenden Aetherzustandes, also durch Wirkung von Licht, Wärme und Elektrizität; oder umgekehrt, je nach dem zur Anwendung des Funktionalbegriffs gewählten Standpunkte.

§ 8.

Wärme und Licht

werden unterschieden je nach den Organen oder Instrumenten, welche zu ihrer Wahrnehmung und Messung dienen. Der Aether der Undulationstheorie ist identisch mit dem hier postulirten. Wenn die meisten Physiker glaubten den Aetheratomen ein anderes Kraftgesetz als das logische zuschreiben zu müssen, so lag dies nur in der Annahme einer räumlich nicht homologen Vertheilung derselben. Cauchy konstruirte sich den Aether stets in konzentrischen Schichten um den der Untersuchung unterworfenen Ort. Er wurde hierzu verleitet durch die elegante Form der Integralausdrücke, welche dabei aufgestellt werden konnte. Die Natur kehrt sich aber nicht an eine solche technische Eleganz der Rechnung, und die Logik muss Cauchy's Annahme schon deshalb für unzulässig erklären, weil dann jede Raumstelle ihr eigenes Aethersystem haben müsste. Die Formeln der Undulationstheorie lassen sich aus dem logischen Kraftgesetz ebensogut wie aus einem jener schematischen Ausdrücke ableiten, und Fresnel besass hier einen divinatorischen Blick, welcher ihn davor bewahrte in den Formeln mehr zu suchen als eine Hülfe für logische Kombinationen.

§ 9.

Elektrizität und Magnetismus.

Werden zwei Körperatome von verschiedener Rotationsgeschwindigkeit oder Volum, also im Allgemeinen verschiedenen Körpern zugehörig, in eine gewisse Nähe zueinander gebracht, so bewirkt der durch die verschiedene Rotation entstehende Wechsel in der Distanz ihrer Kraftpunkte einestheils eine Störung der Rotation und damit des umgebenden Aetherzustandes, anderntheils eine Anziehung oder Abstossung der Körperatome. Positive und negative Elektrizität unterscheiden sich nach dem gegenwärtigen Sinne der Atomrotationen, oder auch je nach der Differenz der Rotationsgeschwindigkeit, wenn diese einmal von den zurückbleibenden, das anderemal von den voreilenden Kraftpunkten aus beurtheilt wird.

Eine Ausführung dieser Theorie ersparen wir uns hier, weil eine solche von Hankel (Berichte der sächs. Akademie d. W. 1865/66) schon gegeben worden ist auf Grund der Hypothese:

„dass die Elektrizität fortpflanzende Materie aus Scheibchen besteht, welche durch eine grössere Anzahl von Molekeln des Aethers und Molekeln der ponderablen Substanz gebildet sind, welche alle eine gemeinsame Rotation besitzen.“

Ein solcher Träger der elektrischen Erscheinungen ist nun durch unsere Körperkonstruktion widerspruchsfrei gegeben.

Da die elektrische Erscheinung von einer Störung des Aethers begleitet ist, oder vielmehr da sie als eine gewisse Reaktion der Kraftpunkte zu betrachten ist, so muss, abgesehen von anderen begleitenden Umständen, die Fortpflanzung der elektrischen Störung mit der Geschwindigkeit des Lichtes erfolgen.

Zu bemerken ist noch, dass Hankel zu einem von Ampère's Gesetz abweichenden Ausdruck der Induktionswirkung gelangt; das Hankel-Grassmann'sche Gesetz aber die meisten Erscheinungen eben so gut erklärt, wie Ampère's Ausdruck. Sollte der Letztere für Einzelnes exakter sein, so würde dessen Umwandelung in Differentialzeichen, wie sie in der Weber'schen Formel ausgeführt ist, keineswegs den Schluss auf ein neues Kraftgesetz rechtfertigen, sondern, wie es die Logik erfordert, einen Schluss auf die Konstitution des wirkenden Körperatoms, welches kein Kraftpunkt ist; nur für diesen gilt das logische Gesetz der Fernewirkung.

Es treten bei einer solchen Rotationsbeeinflussung noch sehr viele Umstände ein, welche berücksichtigt werden müssen. Hätte man es z. B. mit einem aus Ringatomen konstruirten Körper zu thun, dessen Einzelatome nur um wenige Kraftpunktdistanzen entfernt stehen, so kann innerhalb eines solchen Ringfadens eine strömende Bewegung des Aethers stattfinden, weil die Ringe ihm gegenüber eine feste Wand bilden. Die Stromgeschwindigkeit dieses inneren Aethers müsste aber wiederum durch Aenderung der Ringrotationen geändert werden, und auf diese Weise würde ein neues Glied entstehen, welches die Fortpflanzungsgeschwindigkeit der elektrischen Störung beeinflusst.

§ 10.

Rückblick.

Eine Ausführung der atomistischen Theorie liegt nicht im Rahmen dieser Arbeit.

Ob dieselbe bei der heutigen Entwickelungsstufe der Analyse überhaupt möglich ist, mag dahingestellt bleiben. Aber bändereiche Werke, welche hierüber mit Aufwand grösster technischer Virtuosität und analytischer Gewandtheit geschrieben worden, sich bei einer schliesslichen philosophischen Zusammenfassung aber doch nur als subtile mathematische Spielereien erweisen, mahnen hier zu grösster Vorsicht. Will man eine Titelwahl Cauchy's einem philosophischen Gedanken zuschreiben, so wäre es ihm hoch anzurechnen, dass er die Mehrzahl seiner Untersuchungen über Molekularerscheinungen benannt hat „Exercices d'analyse".

Hier sollte aber gezeigt werden, dass ein Substrat ohne inneren Widerspruch konstruirt werden kann, welches die bisherigen physikalischen Erklärungen unter einem einheitlichen Gesichtspunkte zu vereinigen vermag, und dabei noch eine grosse Anzahl von möglichen Konstruktionen offen lässt, die je nach Bedürfniss zur Erklärung neuer Beobachtungen dienen können, ohne dass man seine Zuflucht zu neuen der Logik fremden Wesen zu nehmen braucht.

E. KAPITEL III.

IDEALITÄT UND REALITÄT DER AUSSENWELT.

Die ganze bisherige Untersuchung zeigte, dass die Aussenwelt subjektiv erzeugt wird durch die Verwendung der Denkbegriffe zur Gruppirung unserer Empfindungen. Die Frage, ob der so entstandenen Welt, kurzweg genannt „wahrgenommene Aussenwelt“, noch eine andere Bedeutung denn als „Produkt unserer Denkthätigkeit“ zugesprochen werden müsse, etwa als selbständige Existenz, blieb unerörtert. Auf diese Frage sind drei Hauptantworten möglich, welche auch in den bisherigen philosophischen Systemen vertreten wurden.

1) Die Aussenwelt existirt als selbständige, durchaus von dem Dasein eines Denkens oder sonstigen Bewusstseins unabhängige Realität in Raum und Zeit, wie sie von dem gesunden Menschenverstand — oder aber mit kleinen Abänderungen je nach der feineren Erfahrung der Naturforscher!! — wahrgenommen wird.
2) Die Welt ist nur unsere Vorstellung — subjektives Produkt eines Ichwesens — oder auch die Erscheinung eines realen Dinges an sich, welches aber einem anders organisirten Intellekt anders erscheinen mag.
3) Die Welt ist allerdings zuvörderst unsere Vorstellung, wird subjektiv erzeugt; aber es existirt auch eine reale, von allem Denken und Vorstellen unabhängige Aussenwelt, und zwar genau in denselben Formen, wie sie nachträglich durch unser Vorstellen subjektiv reproduzirt wird.

1) ist die Antwort der naiven Auffassung, die populäre Metaphysik des Materialismus, das Dogma, welches naturnothwendig am Anfange

auftreten muss, weil es so viel bequemer ist, anzuschauen als zu denken; weil es gar keine neue Anstrengung erfordert, die im Kindesalter gewonnene instinktive Zusammenfassung sinnlicher Eindrücke als Kategorien des Urtheils auch im reiferen Alter zu verwenden; während die kritische Untersuchung des Entstehens und des logischen Werthes jener kindlichen Begriffe ja zuweilen an der Werthschätzung des lieben eigenen Ich zweifeln machen könnte. Deshalb musste auch in konsequenter Ausbeutung dieses metaphysischen Prinzips der psychische Vorgang selbst wieder zu etwas Materiellem gemacht werden; erlangte man doch hierdurch etwas Greifbares, und das lästige Denken war bei Seite geschoben. Auf eine Widerlegung dieser Antwort braucht heutzutage nicht mehr eingegangen zu werden.

2) ist eine richtige, aber unvollständige Antwort, und diese Unvollständigkeit bot einen Spielraum für die Ableitung absurder Folgerungen aus ihrem richtigen Theile.

Ein anders gearteter Intellekt als der logische ist im Früheren als paralogischer Begriff zurückgewiesen worden; von ihm kann keine Hülfe kommen. Es liegt nun die Thatsache vor, dass die Aussenwelt einem jeden bewussten Individuum annähernd als dasselbe Objekt erscheint, obschon wir uns für sehr verschiedenartige Individuen halten, welche demnach auch verschiedene Welten subjektiv produziren müssten. Sodann können wir uns von den Wirkungen dieses Objekts abschliessen und ihm zugänglich machen; es muss also wohl ein von uns Verschiedenes auf uns einwirken. Der Realist argumentirt: Mein Bewusstsein trat erst zu einer gewissen Zeit auf, und ich habe das Zeugniss der mir gleichartigen Organismen, dass auch früher schon eine Aussenwelt bestand, also unabhängig von dem Dasein meines Bewusstseins. Wenn aber die Welt mit dem Auftreten eines Bewusstseins erst entstehen und mit seinem Verschwinden vergehen müsste, so hätten wir ja eine Entstehung aus Nichts erlebt, weil die feuerflüssige Erde keine Organismen beherbergen konnte, und sähen einer Auflösung in Nichts entgegen nach den Formeln der Naturforscher, welche die Ausgleichung aller Bewegung und demgemäss die totale Erstarrung der Welt prophezeien. Der erste Einwand zeigt jedoch nur, dass das Bewusstsein von diesem oder jenem Individuum nicht der Grund der Weltgestaltung in der uns geläufigen Form ist; lässt aber den Satz bestehen, dass ohne ein dem unsrigen gleichartiges Bewusstsein nicht über Sein oder Nichtsein der Welt diskutirt werden kann; denn auch von jener feuerflüssigen Erde, vorläufig zugegeben, dass sie nicht der Wohnsitz eines Menschengehirnes sein darf, kann nur deshalb gesprochen werden, weil wir in unserer Rede zu der Vorstellung von einer feurigen Erde ein Menschengehirn mit seinen Urtheilen hinzubringen, also im grammatischen Satze möglich machen, was wir im Begriff des Subjektes negiren. Auch ist richtig, dass Entstehen und Vergehen dessen, was wir zum Zwecke einer Urtheilsverknüpfung mit dem Subjekt- und Substanzbegriffe postuliren, weder entstehen noch vergehen darf, ohne die Logik unmöglich zu machen. Die Welt als ein Geschehen, Vielheit in Veränderung, deren Dasein einmal konstatirt ist, kann also in jener abstrakten Bestimmung weder angefangen haben, noch wird sie je aufhören. Aber eine gänzlich unbewiesene Behauptung ist oben stillschweigend eingeflochten; dass nämlich mit dem Vertilgen alles Dessen, was wir heutzutage Organismen nennen, alles Bewusstsein ausgelöscht wäre. Eine kritiklose Illusion ist der Glaube, dass man sich eine solche Aussenwelt, etwa das Kantische Dampfchaos, vorstellen könne. Immer und ewig gehört dazu unser vorstellendes Bewusstsein; soll das nicht mehr dabei sein, so dürfen wir nicht mehr fragen, was dann noch da wäre, geschweige denn eine Antwort geben wollen. Möglicherweise ist jene hypostasirte bewusstlose Aussenwelt eine Absurdität; jedenfalls aber ein imaginäres Objekt, welches logische Beurtheilung zurückweist. Dass Kant trotzdem die Kategorien auf jenes absolute Dunkel anwendete, zeigt schon, dass die Frage nicht vollständig gelöst war; und diese Anwendung brachte ihrerseits den gelösten Theil wiederum in's Wanken.

Werde nun die jetzt geläufig gewordene Vorstellung eines Dampfchaos und einer demnächst zu einem Klumpen zusammengefrorenen, oder auch in gleichmässige Stoffvertheilung (identisch mit dem Unterschiedslosen und deshalb gleich dem **Nichts**) etwas kritischer betrachtet.

Noch vor Kurzem behaupteten die Physiologen, dass ohne eiweiss- und phosphorhaltiges Gehirn kein Bewusstsein möglich sei, und man verlangte den Nachweis eines solchen Gehirns am Himmel, ehe man sich zur Annahme anderer verständiger Wesen als der Menschen bewogen fühlen könnte. Heute ist man schon so freundlich geworden, auch den gehirnlosen Thieren Empfindung zuzugestehen; aber wer noch einen Schritt weitergeht und der Einzelzelle von Thier oder Pflanze eine ähnliche Möglichkeit zumuthet, gilt schon als der Unexaktheit verdächtig. Aber alles Eiweiss soll doch aus Atomen bestehen, Bewegungen von Massenelementen. Hiernach bleibt dann doch als letztinstanzliches Charakteristikon des zum Auftreten eines Bewusstseins nothwendigen Trägers eine räumlich und zeitlich getrennte Gruppe von Atomen, welche ein solches System bilden, dass sie auf jede Einwirkung reagirt, und im beständigen Austausche ihrer Einzelelemente mit ähnlichen der Aussenwelt bleiben. Diesen selben Charakter mögen aber unzählige andere Systeme haben, und wir befinden uns nur in der Unmöglichkeit heutzutage, oder auch überhaupt, das Empfindungsleben jener Gruppen wahrnehmen zu können. Woran das liegen mag bleibt einerlei; vielleicht wird es einmal nachgewiesen, dass nur ähnlich konstituirte Gruppen einander aufzufassen vermögen, und dass deshalb Menschen nur die Aeusserungen eiweissartiger Organismen zu beurtheilen fähig sind. Die heutige exakte Naturforschung darf aber nicht mehr in die Fehler des Kindesalters zurückfallen und aus dieser möglichen Unfähigkeit einen spekulativen Schluss auf das Nichtvorhandensein von bewussten Organismen ziehen wollen, weil wahrscheinlich einmal die klimatischen Verhältnisse das Bestehen von Eiweissorganismen unmöglich gemacht haben.

Während bei der Ansicht von der zeitlichen Entstehung der Organismen ein physiologischer Fehler gemacht wird, enthält das Schreckbild von einer kommenden allgemeinen Erstarrung der Welt einen mathematischen.

Alle Wärmeausstrahlung und Ausgleichung der Bewegungen, und wenn sie noch so lange fortdauern, können nie einen Stillstand herbeiführen; denn diese Ausgleichung nimmt in geometrischer Progression ab, eine geometrische fallende Reihe kann aber nie die Null erreichen. Sind zwei Körper von einem gewissen Temperaturunterschiede vorhanden, so kann durch Wärmeausstrahlung ihre Temperatur nie die gleiche werden; um dies hervorzubringen, ist die Einführung eines dritten Körpers nothwendig. Bei drei Körpern können zwei eine gleiche Temperatur annehmen, aber nie alle drei — u. s. w; nie kann die Bewegung aller Körper gleich werden, wenn sie überhaupt einmal verschieden war. Wenn dagegen die naive Auffassung einwendet, dass mit der Zeit unser Weltaufenthalt doch zu kalt für uns werden möchte, nun so haben wir den Trost, dass die Organisation der dann lebenden Wesen so abgeändert sein mag, dass es ihnen nicht kalt vorkommt. Wenn der unbegrenzte Raum nur eine begrenzte Quantität Stoff enthalten sollte, unsere Welt sich also thatsächlich von einem absoluten Standpunkte der Betrachtung aus im Stadium des dauernden Auseinanderfliegens befinden sollte, so wäre das schon ein gutes Korrektiv für den in Progression stattfindenden Ausgleich der Energien; die von den Atomen durchlaufenen Raumstrecken könnten dann sogar absolut gemessen identisch bleiben. Aber diese tröstende Perspektive können wir, wie oben gesagt, vollständig entbehren, wenn wir uns nur bescheiden wollen einzugestehen, dass wir keine absoluten Wesen sind, sondern nur logische Verhältnissbestimmungen unserer Wahrnehmungen ausführen können; und dass deshalb unsere Empfindlichkeiten in demselben Maasse möglicherweise zu- oder abnehmen, wie die Bewegungsenergien der Atome einer bösen, beständig Wärme ausstrahlenden Welt nach der Formel der Entropie zu- oder abnehmen.

3) Das Problem schien nun durch die von Kant angeblich übersehene Alternative gelöst werden zu können, nach welcher eine reale Aussenwelt genau in den Formen, wie sie auch von jeder Subjektivität produzirt werden muss, existirt. Diese Ansicht ist vorherrschend in der Neuzeit und wird unterstützt von dem Begriff des Erkennens in seiner Anwendung auf den allgemein acceptirten Gegensatz von Denken und Sein. Man hält dafür, dass von einem Erkennen nicht die Rede sein könne, wenn das Letzte und Ursprüngliche dem Denken und Sein nicht gemeinsam wäre. Denken und Sein fordere sich in einer gegenseitigen Vermittelung, und so verwirkliche sich der Gedanke jener Harmonie, in welcher das Subjektive, vom Leben mit bedingt und mit erzeugt, mit dem Leben stehen müsse.

Bringt man diese allgemeinen Gedanken, Hoffnungen und Wünsche in bestimmte Fassung, so zeigen sich alsbald bedenkliche Schwierigkeiten. Es wird eine dualistische Welt vorausgesetzt, eine materiale und eine geistige; eine selbständig existirende Aussenwelt, ein Sein als objektive Substanz soll wirken auf einen subjektiven Faktor und mit diesem ein Produkt erzeugen, dessen Form identisch sei mit derjenigen der Substanz. Das ist aber nur möglich in dem Falle, wo beide wechselwirkende Faktoren homogen sind, und insofern ist der Materialismus konsequenter als dieser Lösungsversuch, denn er macht den subjektiven Faktor zu Stoff, wie den Rest der Welt. Es muss also ein Fehler in den Prämissen dieser Ansicht 3) liegen, d. h. in dem Begriffsinhalt von „Erkennen, Sein, Denken". Der logische Werth des Begriffes Sein als Gegensatz zu Denken ist schon in Buch A. bestritten worden, und damit auch derjenige von Erkennen in der hier geforderten Verbindung. Dieses Sein, als selbständige Substanz, werde dies nun auf ein Einzelding oder das Weltganze bezogen, löst sich bei eindringender Betrachtung in lauter Qualitäten auf, denen vereinzelt gar keine Form, weder zeitliche noch räumliche Ausdehnung zugesprochen werden kann. Diese Substanzen sind nur die grammatischen Träger von Qualitäten, wie der Kraftpunkt derjenige der mechanischen Bestimmungen. Werden die Qualitäten, die Produkte der Wechselwirkung von Objekt und Subjekt, weggenommen, so verschwinden ihre Träger ins Nichts; hört die denkende Gruppirung der Qualitäten auf, so verschwindet auch die Ausdehnung jener Träger, ihre Existenz als Aussenwelt. Der grammatische Zwang ist der Schöpfer jenes substantiellen Seins, und die Erhebung der grammatischen Nothwendigkeit zu einer metaphysischen, die Adoptirung sprachlicher Metaphysik, schuf das Substanzwesen. Die reine Substanzialität ist eine Forderung ohne Sinn; sie ist gleichwerthig dem isolirten selbständigen einfachen Atom, der geometrische Punkt, an dem prädikative Wirklichkeiten aufgehängt werden sollen.

Unser Ausgangspunkt konstatirte nur das Dasein von „Empfinden und Denken", ein Geschehen überhaupt. Entschlägt man sich nun dieser Begriffsaufstellung eines Gegensatzes von Denken und Sein, so zeigt sich eine Möglichkeit, das vorliegende Problem zu lösen.

Von den Substanzen, und damit auch von den in Ranm und Zeit wesenhaft existirenden Dingen, ist ganz abzusehen, da dieser Begriff entweder zu Widersprüchen führt, oder aber zur vollständigen Bedeutungslosigkeit herabsinkt. Das vielgesuchte Sein besteht nicht aus Substanzen, sondern aus „Empfinden und Denken". Deshalb besteht die gesuchte Realität, objektive wie subjektive, nicht allein aus daseienden Empfindungen, sondern aus Empfinden und Denken, Empfindungen und Denkakten; keine Empfindungen können auftreten, ohne dass sie in Denkakten synthetisch gruppirt würden. Wenn nun dieses Dasein, Weltgeschehen, auf Subjekte und Objekte bezogen wird, so muss es nicht allein empfindende und denkende Subjekte geben, sondern diese Subjekte ordnen auch alle ihre Empfindungen nach den nur einzig möglichen Denkformen „Zeit und Raum". Diese denkende Setzung muss stattfinden, sobald von Empfindungen (im Plural) die Rede ist, wie bewiesen in Buch A. und diese Setzung ist allgemein nothwendig für alle Subjekte, auf welche das Weltgeschehen bezogen wird. Weil nun diese O r d n u n g d e r E m p f i n d u n g e n ebensogut zum Weltgeschehen gehört wie die E m p f i n d u n g e n s e l b s t, deshalb ist diese Ordnung auch Form der Welt überhaupt, ebenso gut, wenn wir dieselbe objektiv (als Aussenwelt), als wenn wir sie subjektiv (subjektive Reproduktion der Weltform) beurtheilen. Wo immer also ein Subjekt auftritt, wird es mit demselben Rechte behaupten müssen: ich konstruire die Welt in Zeit- und Raumform, wie auch: die Aussenwelt existirt in Zeit und Raum; beide Urtheile sind gleich wahr. Oder kürzer: Die Welt existirt in der Form von Zeit und Raum, sowohl subjektiv wie objektiv, weil das Weltgeschehen für uns in Empfinden und Denken besteht.

Eine andere Welt, etwa von reinen Substanzen oder — bewusstloser Materie — oder von Sensationen, zu welchen erst irgend ein Philosoph etwas Denken hinzubringt, oder aber auch nicht — oder durch welch andere Wortkombinationen man das Vedische

Ich weiss es nicht, der Herr des Himmels mag es wissen,
oder weiss auch Er's nicht?

wiedergeben will, ist eine einseitig gebildete Abstraktion, die jeder logischen Diskussion fern bleiben muss.

Will man dieses Resultat der Vorstellung zugänglich machen, so mag man sich immerhin die Welt als ein Produkt der Wechselwirkung von Individualitäten (natürlich bewussten) vorstellen; in dieser Wechselwirkung homogener Faktoren hat es dann auch Sinn, dass die Form des Produktes mit der Form der Faktoren übereinstimmt, denn Aussenwelt und Individuum stehen zu einander im Verhältniss einer arithmetischen Vielheit zur Einheit.

Den Allgemeinbegriff der Welt haben wir bestimmt als ein Geschehen, Ereignisse, Vorgänge, zerlegt in die beiden Unterbegriffe Empfinden und Denken. Diese verbale Bestimmung kann nun betrachtet werden, wie eine jede allgemein logische Bestimmung, qualitativ und quantitativ. Der obige verbale Ausdruck ist vorab ein qualitativer, weil das Weltgeschehen als eine Einheit, nicht der möglichen Trennung in eine Vielheit nach, gefasst wird.

Drücken wir nun diese verbale Bestimmung subjektiv aus, wie vorhin, und sagen: „Das Weltgeschehen besteht in der Wechselwirkung einer Vielheit von Individuen, charakterisirt als empfindende und denkende Wesen, so ist zu beobachten, dass auch diese Bestimmung wesentlich qualitativ ist; denn von einem Quantum von Empfindungen und Denkakten kann nicht gesprochen werden. Jene Individuen können deshalb nur als psychische Theilganze aufgefasst werden, deren Bestimmung als Einzelheiten durchaus von dem Standpunkte der Auffassung abhängt. Je nach den Qualitäten des beurtheilenden Individuums wird einer Gruppe von Vorgängen Individualität beigelegt werden oder auch nicht; oder, materialistisch gesprochen, je nach der atomistischen Konstitution eines urtheilenden Subjektes wird einem kleineren oder grösseren Theil des Weltgeschehens Individualität zugesprochen werden; — ein Resultat, welches nicht anders zu erwarten war, weil die von dem urtheilenden grammatischen Subjekte gebrauchten Begriffe „Grösse der zeitlichen räumlichen Ausdehnung, der Bewegung, der Kraft" rein relative Begriffe sind, zu deren Abmessung uns kein absolutes Maass zu Gebote steht. Wir dürfen deshalb das Weltgeschehen nicht auf eine abgezählte Vielheit von Ich, Persönlichkeiten, zurückführen wollen, sondern müssen beständig eingedenk bleiben, dass diese bestimmte Vielheit nur in Bezug auf die Qualitätstufe unserer urtheilenden zählenden Persönlichkeit Geltung hat;

denn dieser Begriff bezieht sich nicht auf ein Quantum, sondern auf eine qualitative Einheit. Diese qualitative Einheit kann einen grösseren oder geringeren Theil des Weltgeschehens umfassen. Im praktischen Leben fühlen wir uns veranlasst, dem Kinde, dem noch leeren Gehäuse, die identische Persönlichkeit wie dem Manne, welcher einen Gehalt verschiedenster Vorstellungen und Begriffe in diesem Gehäuse angesammelt hat, zuzusprechen; was sowohl empirisch vollkommen berechtigt ist, wie auch logisch; denn der Ichcharakter bezieht sich auf kein Quantum, sondern auf die qualitative grammatische Einheit. Die Persönlichkeit ist also gleichfalls ein relativer Begriff, und wir dürfen dieselbe absolut weder Dem zuschreiben, was uns heute als Mensch, Thier oder Zelle erscheint, noch dem physikalischen Atom. Das Letztere dient lediglich als elementarer Baustein, um das **logische Gerippe** aufzuführen, wenn wir uns auf die quantitative Auffassung beschränken wollen. Dasselbe kann schon deshalb von keinem Standpunkte aus als empfindende denkende Monas angesehen werden, weil auf das unveränderliche einfache Atom keine Wirkung von dem Weltganzen aus möglich ist; es kann sich nicht verändern; erst eine Gruppe als qualitativ bestimmte Einheit ist Veränderungen zugänglich; dem Unveränderlichen kann weder Empfinden noch Denken zugesprochen werden[54].

Wenden wir dagegen die Kategorie Quantität auf den Verbalausdruck „Empfinden, Denken" an, so heisst das: wir fassen die Welt als ein Objekt auf, als ein Produkt von Subjekten, oder auch als die Ursachen, welche das Weltgeschehen „Empfinden und Denken" hervorbringen. Diese Ursachen müssen bestimmte sein, wie die Welt eine bestimmte ist; und soll es möglich sein, zwischen ihnen einen logischen Konnex herzustellen, so müssen sie eben als konstant, als perdurabel aufgefasst werden. Nur hierdurch ist es möglich eine bestimmte quantitative Gliederung des Weltgeschehens zu erlangen, und deshalb das Gesetz von der Konstanz der Kraft und Materie, d. h. das Gesetz von der regelmässigen Bestimmung der einzelnen Empfindungs- und Denkakte ist ein rein logisches. Hieraus folgt, dass die solcherweise bestimmte objektive Welt die Summe aller Möglichkeiten enthalten muss, welche subjektiv denkbar sind; denn die Welt wäre nicht vollständig ihrem Inhalte nach gedacht, wenn subjektive Möglichkeiten (wohl bemerkt logische Möglichkeiten, nicht Phantasmen oder in Sätzen zusammengeschriebene Widersprüche) ausgeschlossen blieben.

Die Welt nach Ausdehnung und Qualität hängt demnach gar nicht von den Wahrnehmungen ab, die wir zur Zeit haben, ebensowenig wie das einzelne Individuum jedesmal die ganze Welt subjektiv reproduzirt; sondern sie ist der Inbegriff alles dessen, was wahrgenommen, empfunden, denkend geordnet, in Summe subjektiv erfahren werden **kann**, und muss demnach bei einer atomistischen Konstruktion Raum, Zeit, Kraft und Materie genug enthalten, um allen Möglichkeiten zu genügen, welche im Lauf der Zeiten gedacht oder auch von diesen und jenen Organismen nicht gedacht werden. Die Ausdehnung der Welt nach Raum, Zeit, Masse etc. muss also als unbegrenzt gedacht werden; das Denken darf sich keine Schranken setzen, um mögliche Empfindungen einordnen zu können.

Man muss nur im Auge behalten, dass wir nur von einem Bewusstsein und einem grammatischen Ich aus logisch bestimmen können, und eine jede Realität Prädikat gemacht wird, damit sie existire. Das einzelne Subjekt kann verschwinden, ohne dass am Weltganzen das Geringste geändert wird; soll aber die qualitative Verbalbestimmung Empfinden und Denken, das Bewusstsein überhaupt, aufgehoben werden, so ist die Existenz überhaupt negirt. Der Glaube, so etwas fertig bringen, eine leblose Welt sich vorstellen zu können, ist eben ein Ueberbleibsel des kindlichen Lebens; nicht eine angeborene Idee, sondern eine Vorstellung, welche in einem jeden Organismus *anerzogen* wird, bevor er zu einer Kritik seiner Vorstellungen reif ist.

Wenn wir nun ausgeführt haben, dass auch der Idealismus die Existenz einer wirklichen Aussenwelt anzuerkennen hat, weil stets Empfindungen und deshalb zu *objektiven Gruppen* nach den Denkformen *geordnete Empfindungen* da sind, so hat der Idealismus dieser objektiven Welt noch einen viel *grösseren* Inhalt zuzusprechen, als einen solchen von quantitativ messbaren Gestalten, womit der Materialismus sich begnügt. Denn die Empfindungen begreifen nicht allein diejenigen objektiven Merkmale, welche wir Sinneszeichen nannten, aus welchen speziell das Denken die physikalischen Dinge der Aussenwelt konstruirt, sondern sie enthalten auch den Ausdruck des *qualitativen Werthes* dieser Empfindungen für das Dasein des Individuums, ihren Werth als Gefühl von Lust und Schmerz. Dieser ethische Gehalt der Welt ist ebenso *wirklich daseiend*, wie irgend ein körperliches Ding, wenn er auch nicht messbar, sondern nur schätzbar ist. Weil dieser Werth nicht der quantitativen Vergleichung zugänglich ist, deshalb sind mathematische Bestimmungen auf ihn nicht anwendbar; zu seiner Beurtheilung gehören neue Kategorien, deren Einheiten in der *Qualität* des Individuums aufzusuchen sind; man nennt sie **Ideen.** Der blosse Realismus glaubte sie in das Reich der Phantasie mit der

Bedeutung des „Phantastischen, Illusorischen, Unwirklichen“ verweisen zu müssen, weil sie so ganz von der subjektiven Auffassung abhängig seien. Aber die liebe greifbare Körperwelt ist ebenso abhängig von der subjektiven Auffassung. Die Auster, der Vogel, der wilde Mensch und der heutige Physiker, haben ganz verschiedene Ansichten von der Körperwelt und ihren Eigenschaften. In der atomistischen Konstruktion der Aussenwelt wird versucht, den Rahmen zu geben, innerhalb dessen alle Möglichkeiten subjektivistischer Auffassungen Raum haben; aber damit verschwindet die lebendige Empfindung, die Dinge verlieren ihre Eigenschaften, und der Normalmensch, der nicht allein mathematisch denken, sondern auch empfinden will, wird sich nie bereden lassen, dass jener farblose Schemen beweglicher Nichtse die wirkliche objektive Welt sei. Da weiss er sich im unmittelbaren Gefühl seiner Ideen, in einem weit sichereren realeren Besitze. Das Wahre, Gute, Schöne sind ihm ewige Wesenheiten; denn es kommt gar nicht darauf an, ob von dem einen Organismus diese, von dem anderen jene That als wahr, gut, schön, beurtheilt wird. Dies hängt von seiner Organisation, von alle dem ab, was ihn bis zur Stunde seines Urtheils zu dem macht, was er ist. Aber das Gefühl, was mit jenen Wörtern ausgesprochen wird, ist etwas Bestimmtes, ist die wahre und wirkliche Werthschätzung des einzelnen Vorgangs nach jenen im Gefühle sich kundgebenden Kategorien, oder des Weltganzen für sein Dasein als „dieses qualitativ bestimmte Individuum“. Die mathematische Bestimmbarkeit hört auf bei der Welt der Ideen, denn diese Welt des Gefühls hat keine äussere Form, wenn sie auch in äussere Formen hinein, und wiederum aus ihnen heraus empfunden werden kann; aber das **werthvollere** Reich der **Wirklichkeit** beginnt erst hier.

Auch der abstrakteste Forscher lebt sein wahrhaftes Leben in einer dieser ewigen Ideen; denn auch die Idee der Wahrheit gibt sich im Gefühle kund, bereitet dem Denken im Streben nach Erkenntniss Freude und Leid, und beweist damit, dass ihre Wirklichkeit es ist, die ihn über den todten Mechanismus seiner Formeln und Atome emporheht — mag er noch so hartnäckig versichern, dass er nur an die Existenz dieser letzeren glaubt. **Geist** nennen wir diese Summe des Lebens, wie sie im subjektiven Bewusstsein aufleuchtet, und demgemäss dürfen wir die ganze Wirklichkeit des Daseienden ein Reich der Geister nennen; einem jeden aufrichtigen Streben, welche Richtung immer es bekenne, gilt hier — das

aus dem Kelche dieses Geisterreiches
schäumt ihm seine Unendlichkeit.

ANMERKUNGEN.

1) Seite 1. Dass diese von Leibnitz eingeführte, und in der formalen Logik noch übliche Behauptung fehlerhaft ist, wird nachgewiesen A. V.

2) Seite 12. Dies ist sogar schon fertig gebracht worden. Der Physiker W. Thomson hat als Resultat seiner mathematisch berechneten metaphysischen Spekulationen die Schwere eines Lichtquantums von dem Volum der Erde gleich 250 Pfund gefunden. Es wäre nicht dem heutigen Geiste der Naturforschung zuwider, dass diese Rechnung einmal „Thatsache der Erfahrung" genannt werden dürfte. Dem gegenüber ergibt hier E. II. als eine andere metaphysische Ausführung ohne Gebrauch von Ziffern, dass die Erscheinungen des Lichtes und der Schwere einander heterogene Bewegungsarten sind, also nicht attributiv verbunden werden dürfen.

3) Seite 13. „Die Mechanik ist die Wissenschaft von der Bewegung; als ihre Aufgabe bezeichnen wir: die in der Natur vor sich gehenden Bewegungen vollständig und auf die einfachste Weise zu beschreiben". G. Kirchhoff, Mathematische Physik 1876. Seite 1.

4) Seite 14. Descartes wird als der Erste betrachtet, der die Nothwendigkeit eines solchen Ausgangspunktes alles Philosophirens empfand. In seinem Satze „cogito ergo sum" wurde aber das unzweifelhaft Sichere, die Urthatsache, einseitig als Denken bestimmt. Dieser Bestimmung gegenüber ist mit Recht hervorgehoben worden, dass einem jeden Denken eine Wahrnehmung irgend welcher Art vorhergehen müsse, dass „Denken" demnach nicht das erste gewisse sei; dass deshalb dieser Ausgangssatz ersetzt werden müsse durch: „ich stelle vor". Wie jedoch aus dem Folgenden hervorgehen wird, wäre dieser Einwand gegen die

Tauglichkeit des „ich denke daher bin ich“ von keiner essentiellen Bedeutung, wenn hierin nicht eine einseitige Bestimmung des Etwas überhaupt stattfände; welcher Fehler dem „ich stelle vor“ gleichfalls anhaftet, ganz abgesehen von der Unbestimmtheit, welche in der bisherigen Philosophie den Begriff „Vorstellen“ begleitet, woran das „Denken“ nicht in gleichem Maasse leidet. Diese Unbestimmtheit gibt leider Gelegenheit die Fehler des Satzes zu verdecken. Der zweite Fehler dieser beiden Sätze ist, dass „Denken“ oder „Vorstellen“ sofort zu einem Schlusse auf ein „Ich“ benutzt wird, welches undefinirt bleibt und in der verschiedenartigsten Weise zu träumerischen Spekulationen benutzt wurde. Descartes z. B. setzte sein „cogito“ sofort um in „sum res cogitans = dubitans, affirmans, intelligens = mens sive animus sive intellectus sive ratio“. Sein „Denken“ bezeichnet also nicht die reine Thätigkeit eines Bewusstseins, sondern ist Eigenschaft einer Substanz. Kant erst vertrieb die in dieses „Ich“ hineinbugsirten Geister, und erkannte seine lediglich grammatische Bedeutung. Leibnitz war schon auf dem richtigen Wege, als er dem sensualistischen „nihil est in intellectu quod antea non fuerit in sensu“ hinzufügte „nisi intellectus ipse“. Aber die ungelöste Aufgabe der begrifflichen Trennung von „Denken und Vorstellen“ brachte ihn um die Resultate seines Fortschrittes. Gleich nachher erklärt er: „Denken ist von sinnlichen Wahrnehmungen nur verschieden durch ein deutlicheres Vorstellen.“ Bewusstsein als Apperception wird allerdings gesondert von der Vorstellung schlechthin (perception), aber es kommt kein geschlossenes Ganze zu Stande. Bei „Wahrnehmungen, die gemacht werden“, bleibt es dagegen gänzlich dahingestellt ob diese sich in der Folge als etwas Subjektives oder Objektives, oder Produkt von diesen, oder was immer sonst, herausstellen werden.

5) Seite 23. Die ganze Unbestimmtheit in der heutigen Lehre vom Begriffe ist unwillkürlich und treffend dargestellt in: Trendelenburg, Logische Untersuchungen 1870. Kap. II. Die formale Logik.

6) Seite 26. s. H. Lotze, Logik 1874. S. 28. Aus der betreffenden Stelle dieses geistreichen Philosophen ist nicht zu ersehen, ob er diese barocken Sätze für wirklich diskutirbar hält, oder ob er sie nur als eine Knacknuss für haarspaltende Wortfechtereien aufgestellt hat. Viele andere Stellen des Buches widersprechen der ersteren Ansicht. Diese unvergleichliche Welt ist aber von den Empiristen begierig aufgegriffen worden; denn hier schien sich ja ein ebenso schönes Feld von neuen Erfahrungsthatsachen in unendlicher Perspektive zu eröffnen wie in den Räumen von x Dimensionen.

7) Seite 37. Zur Vergleichung mit diesen Tafeln folgen hier die Aufstellungen von

Aristoteles.

1. Substanz	5. Thun
2. Quantum	6. Leiden
3. Quale	7. Liegen (intransitiv)
4. Das Relative	8. Haben
	9. Wo
	10. Wann.

Alle Arten der Kategorien können der Potenz und dem Actus nach ausgesagt werden.

Kant.

Quantität:
Einheit,
Vielheit,
Allheit.

Qualität:	Relation:
Realität,	Inhärenz und Subsistenz,
Negation,	Kausalität und Dependenz,
Limitation.	Gemeinschaft (Wechselwirkung)

Modalität:
Möglichkeit — Unmöglichkeit,
Dasein — Nichtsein,
Nothwendigkeit — Zufälligkeit.

Hegel.

A. Das Sein.

I. Qualität:
1) Sein, 2) Dasein, 3) Fürsichsein.

II. Quantität:
1) Quantität, 2) Quantum, 3) quantitatives Verhältniss.

III. Maass:
1) spezifische Quantität, 2) reales Maas, 3) Werden des Wesens.

B. Das Wesen.

I. Das Wesen als Grund der Existenz:
  1) Der Schein, 2) die Existenz, 3) das Ding.
II. Die Erscheinung:
  1) Die Welt der Erscheinung, 2) Inhalt und Form, 3) Verhältniss.
III. Die Wirklichkeit:
  1) Substantialitätsverhältniss, 2) Kausalitätsverhältniss, 3) Wechselwirkung.

C. Der Begriff (als Resultat von Sein und Wesen).

I. Subjektivität:
  1) Der Begriff, 2) das Urtheil, 3) der Schluss.
II. Die Objektivität:
  1) Mechanismus, 2) Chemismus, 3) Teleologie.
III. Die Idee:
  1) Das Leben, 2) Erkennen, 3) absolute Idee.

C. F. Krause.

Tafel der Begriffe.

I.

Nach dem Gegenstande:

1. Wesen (substantia).
2. Wesenheit (Eigenschaft, accidens, inhaerens),
   a) gehaltige Wesenheit (accidens materiale),
   b) formliche Wesenheit (accidens formale).
3. Wesen vereint mit Wesenheit
   a) ein Wesen nach seiner Beziehung zu einer Eigenschaft,
   b) eine Eigenschaft nach ihrer Beziehung zu einem Wesen,
   c) ein Wesen nach seiner Beziehung zu einem Wesen.
   d) eine Wesenheit nach ihrer Beziehung zu einer Wesenheit.

II.

Nach der Seinheit der Wesenheit als:

1. Wesenschauung (terminus absolutus et infinitus).
2. Urwesenschauung (terminus superessentialis).
3. Allgemeinschauung (als Begriff im gewöhnlichen Sinne, terminus generalis s. idealis).
4. Eigenlebschauung (als individuelle Anschauung, terminus realis).
5. Zeitewigschauung (terminus ideali-realis).

8) Seite 38—40. Phantasie nennen wir das Vermögen oder die Thätigkeit vermittelst welcher wir eine subjektive Welt von Gefühlen und Vorstellungen spontan erzeugen. Irgend ein Gefühl, Zustand unseres Gemüthes, ist es, was zu einer solchen Schöpfung den Anstoss gibt; dies Gefühl will sich zu einer Welt verkörpern, um sich in dieser Verkörperung selbst wieder und vollständiger empfinden zu können. Das Material dieser Verkörperung können nur wieder Vorstellungen und Begriffe, Produkte des Empfindens und Denkens, sein; denn ist auch das Gefühl selbst als Ausdruck der eigenen Werthempfindung einer Persönlichkeit etwas rein Subjektives, und wollte man zugeben, dass die Persönlichkeit neue nie erlebte Gefühle selbstthätig erzeugen kann, so ist es doch nicht möglich denselben einen anderen Ausdruck zu geben als durch das Material der in uns gesammelten (von der Aussenwelt entlehnten) Vorstellungen. Die Phantasie kann deshalb keine neuen Sinnesbilder erzeugen, wohl aber neue Kombinationen aus den Bildern, welche die Aussenwelt (besser gesagt: „das Leben“) geliefert hat. Die Produktivität der Phantasie ist also wesentlich abhängig von dem Vorstellungsmaterial, welches man angesammelt hat, weil uns kein Mittel bekannt ist innere Gefühle auf andere Persönlichkeiten zu übertragen, in ihnen zu erregen, als durch das Medium der Begriffe und Vorstellungen. Man kann allerdings die Möglichkeit einer solchen unmittelbaren Uebertragung nicht absolut abstreiten; es wäre dazu eben ein neuer Sinn nothwendig. Mystiker behaupten bekanntlich einen solchen Sinn zu besitzen. Ist also auch ein anderer Intellekt als der unsrige, ein andere Methode logischer Synthesis, ein Paralogismus, so ist doch anderen Sinnen, anderen Modi der sinnlichen Auffassung, ein unbegrenzter Spielraum von Möglichkeiten zuzugestehen, welche so grosse Unterschiede zulassen, dass sie dem naiven Bewusstsein wie andere Arten von Vernunft vorkommen mögen. Der Möglichkeit von Organismen, welche die Vorgänge auf den entferntesten Fixsternen empfinden, steht ebensowenig ein logisches Hinderniss im Wege, wie solchen, die andere Farben sehen, über ganz unvorstellbare Sinnesempfindungen verfügen; oder auch solchen, welche befähigt sind zeitlich weit auseinanderliegende Vorgänge in einem einheitlichen Sinnesakte wahrzunehmen, während unsere Sinne nur Vorgänge einheitlich auffassen, welche Bruchtheile von Sekunden auseinanderliegen.

Der Elementarakt der Phantasie besteht demnach in der Fähigkeit ohne direkte Einwirkung der Aussenwelt Wahrnehmungen zu reproduziren (Vorstellungen zu bilden) und miteinander zu verbinden; also nichts anderes als die Fähigkeit der synthetischen Setzung. Insofern ist Phantasie eng verknüpft mit der Erinnerungsfähigkeit, und deshalb werden phantasielose Köpfe nie etwas Grosses leisten, selbst nicht in der Mathematik; der phantasielose Mathematiker ist pure Rechenmaschine. Man könnte allerdings unterscheiden die synthetische Setzung des Dichters, welcher ein Gefühl, von der Synthesis des Logikers, welcher einen Gedanken in Begriffen verkörpern will. Im Grossen und Ganzen wird diese Unterscheidung aber alle möglichen Stufen und Grade eines mitwirkenden, zugleich vorhandenen Gefühls zulassen; und so ist auch der abstrakteste Gedanke nicht allen Gefühles baar, entsteht nicht ohne die treibende Idee des Wahren. Vergleiche Seite 42.

9) Seite 42. Der Realismus setzt gewöhnlich seine Welt der Wirklichkeit, worunter er die objektive Welt in der Gestalt seiner Auffassungsfähigkeit versteht, einer unwirklichen Idealwelt entgegen, deren Behandlung er Dichtern, idealistischen Philosophen und Phantasten überlässt. Auch die gewöhnliche Sprache, also die populäre Metaphysik, unterscheidet eine solche *wirkliche* im Gegensatz zu einer *idealen* Welt. Der exakte Physiker von materialistischer Persuasion hält nun wiederum den grössten Theil von der wirklichen Welt des gewöhnlichen Normalmenschen für subjektive Illusion, und findet das allein wirkliche in gewissen imaginären Kreaturen der Atomistik. Dass die Phantasie Phantasmen erzeugen kann ist gewiss; aber eben so richtig ist der Ausspruch, dass eine Dichtung wahrer sein kann als die Wirklichkeit, insofern eine Dichtung eher fähig sein kann den Inhalt der Welt durch eine Verdichtung und zweckmässige Gruppirung dem Gemüthe zu überliefern, als eine mikroskopische Beschreibung eines Theiles des Weltgeschehens, aus welchem die Individualität doch wiederum nur mit Hülfe ihrer Phantasiethätigkeit das wesentliche herausscheiden und für die Kategorien ihres Werthes als Individuum zurechtlegen kann. Wenn das Individuum weiter nichts wäre als ein Registririnstrument, dann allerdings wäre die Wirklichkeit seiner Welt auf Linien, Punkte und Bewegungen beschränkt. Da dem aber nun einmal nicht so ist, da unser Hauptinteresse an der Welt sich auf den Zustand und den Wechsel unserer Gefühle bezieht, auf ihre Beeinflussung durch die sogenannte Aussenwelt, da unsere Persönlichkeit nicht allein mit dabei ist als *Theil* der Welt, sondern als das Hauptstück derselben (wenn auch nicht nach Kubikmeter messbar), deshalb wird auch ein Jeder, so lange er nicht zum selbthätigen Registririnstrument geworden, zugeben müssen, dass die ideale Gestaltung ebensogut wie die sinnliche Wahrnehmung und die logisch atomistische Reduktion derselben zur Welt gehören, dass nur die Gesammtheit dieser Auffassungen die *wahre wirkliche* Welt bilde.

10) Seite 45. Das Wort „frei" wird in zwei Bedeutungen gebraucht. Als aequivalent dem willkürlich kann es nicht auf irgend ein Objekt oder Vorgang in der Welt angewendet werden, weil es dem unverbrüchlich festzuhaltenden Kausalnexus widersprechen würde. Das „frei" muss sich deshalb in dieser Bedeutung auf einen subjektiven Standpunkt der Beurtheilung beziehen, von dem aus die Willkürlichkeit möglich **scheint**. Die andere Bedeutung ist dieselbe wie sie auch von der Mechanik in dem Ausdruck „freie Bewegung eines Systems" gebraucht wird. Also ein Objekt oder Person, welche keinem Zwange, keinen äusseren Bestimmungen unterworfen ist. Als solche wird das Individuum sich äussern seiner Natur gemäss; alles, was in seinem Wesen liegt, wird möglicherweise ungehindert zur Aeusserung kommen. Die Moral und Gesetzgebung gebraucht beide Deutungen, uns **muss** beide gebrauchen um überhaupt Maximen des Lebens feststellen zu können. Die Menschheit, — oder vielmehr die Gesammtheit bewusster Wesen, welche Gesammtheit als eine Resultante alles zeitlich und räumlich auseinanderliegenden Daseins aufzufassen ist, welcher sich die Einzelperioden der Existenz mehr oder weniger nähern, — wird das einemal als frei behauptet, weil ihr die vollständige Aeusserung ihrer Natur zukommen soll, oder wenigstens angestrebt wird. Das Einzelindividuum wird aber im Allgemeinen nicht korrespondiren mit dem Typus der Gesammtheit, wird nicht dieselbe Resultante der freien Bewegung haben wie die ganze Menschheit. Damit nun aber die freie Bewegung der Gesammtheit sich äussern könne, muss dieselbe von ihrem subjektiven Standpunkte aus das Einzelindividuum betrachten als wenn es willkürlich frei handeln könnte, als seine Handlungen der Gesammtresultante gemäss bestimmend. Sofern das nicht geschieht, bethätigt die Gesammtheit ihre Freiheit dadurch, dass sie die Störungen ausmerzt, das ihrer Freiheit entgegen handelnde Individuum unschädlich macht. Die sittliche Freiheit des Individuums liegt also in der **möglichen** Identität seiner Natur mit derjenigen der Gesammtheit. Die Natur dieser Gesammtheit wird nicht durch die Ansichten einer beschränkten Zeitperiode bestimmt, sondern nur durch ewig gültige Ideen. Diese aufzufinden, zu empfinden und ihnen Ausdruck zu verleihen ist das beständige Ziel vernünftigen Lebens.

11) Seite 52. Das Einzige, was an dergleichen Erörterungen einen Schein von Berechtigung haben könnte, wäre, dass in dem Identitätssatze ein Schluss vom Denken auf das Sein liege, Für die Entwickelung hier entfällt eine jede Bedeutung dieser Einwendung, weil der Gegensatz von Denken und Sein von vornherein als eine sowohl unbestimmte wie unnöthige Begriffbildung abgelehnt worden ist. Das

Identitätsprinzip in unserer Welt „Empfinden und Denken“ sagt: die denkende Setzung ebenso wie die Bestimmung einer Empfindung als solcher muss eindeutig verstanden werden.

12) Seite 54. Der Satz des zureichenden Grundes ist das Identitätsprinzip auf eine Vielheit angewendet. Insofern unsere Welt als eine Vielheit bestimmt wurde, kann man den Satz des Grundes als das Denkgesetz aufstellen, und ist der Identitätssatz sodann seine Formulirung einer Einzelheit gegenüber, welche Abstraktion als Ausgangspunkt der logischen Kombination häufig zweckmässiger ist. Dem Inhalt nach sagen aber beide Sätze ein und dasselbe. Nur muss man im Auge behalten, dass man die Formel der Vielheit, also den Satz vom Grunde, den Begriff der Verbindung überhaupt, nicht anwenden darf, wenn nicht von einer Vielheit die Rede ist; wenn z. B. von der Welt als Ganzes gesprochen wird. Weil einer solchen Welt ein Anderes gegenüberzustellen dem vorher gebildeten Weltbegriff widerspräche, ist es sinnlos nach einem Grunde der Welt fragen zu wollen, ist es sinnlos in dem Satz vom Grunde eine metaphysische Wahrheit aufspüren zu wollen. Und gleicherweise alogisch ist es, wenn die Welt als ein Geschehen, als eine Vielheit in Veränderung bestimmt wird, dann dieses Weltgeschehen in eine Summe absolut stabiler Identitäten zerfällen zu wollen; denn hiermit wäre ihre denknothwendige Verbindung zu einem Ganzen negirt. Diese vermeintliche metaphysische Wahrheit, welche aus dem Identitätsprinzip gezogen wurde und den falschen Substanzenbegriff erzeugte, entspringt der Verkennung des Denkgesetzes als des rein formalen Verbindungsmodus, welcher keinen weiteren Zweck hat als die absolute Regel der Synthesis anzugeben. Man muss im Gegentheil die negative metaphysische Wahrheit aus ihm ableiten, dass der absolute Substanzbegriff und die causa sui, der Grund der Existenz, Paralogismen sind.

13) Seite 56. Vieles, was in der gewöhnlichen Sprache mit dem vagen Worte „Vorstellung“ in Verbindung gebracht wird, geschieht unbewusst; so die Ideenassoziation, (genauer „die synthetische unwillkürliche Verbindung der Vorstellungen“, sowohl ihrer Sinnesbilder als der dieselben begleitenden Gefühle. Ebenso ist die Logik der Sprache, das Urtheil des gewöhnlichen Lebens, das Zustandekommen der Raum- und Zeitanschauung, ein unbewusst ausgeführter logischer Prozess; was natürlich nicht ausschliesst, dass sich im wissenschaftlichen Leben die Aufmerksamkeit diesem Processe zuwendet, und seine Phasen mit Bewusstsein verfolgt. Nach unserer eindeutigen Definition von „Vorstellung“ ist jedoch seine Verbindung mit dem „unbewusst“ unzulässig, weil sie selbst als sinnliche Reproduktion einen spezifischen Zustand

des Bewusstseins bezeichnet. Solange diese Vorstellung wie eine potenzielle Energie des Nervensystems gedacht wird, ist sie eben nicht Vorstellung, sondern lediglich eine solche Struktur des Gehirnes, welche das Zustandekommen der Vorstellung ermöglicht. Gleichfalls ist der Wille stets etwas Bewusstes, weil er ein Zustand des Gefühles ist; der Gegenstand des Strebens mag dabei immerhin unbekannt sein. Richtig ist daher, dass man häufig nicht weiss was man will, obschon das Streben des Willens gefühlt wird, also bewusst da ist. Deshalb mögen aber immerhin die Wortverbindungen „unbewusste Vorstellung und Wille" als termini technici für eine gewisse Periode der wissenschaftlichen Entwickelung brauchbar sein; ihre Aufnahme in die Populärmetaphysik der Sprache scheint dies zu bestätigen, und ist ihre absolute Verwerfung keinenfalls gerechtfertigt, solange die strenge Definition von Vorstellung fehlt. Das Absolute mit einem bestimmten Prädikat als „das Unbewusste" zu bezeichnen ist in wissenschaftlicher Sprache schon deshalb misslich, weil damit etwas spezifisch Bestimmtes von einem X ausgesagt wird, welches doch Alles, also mehr als jene Spezifikation, enthalten soll. Die gewöhnliche Sprache anerkennt aber dergleichen Argumentationen nicht, weil es ihr nur auf die Erweckung eines gewissen Gefühlinhaltes ankommt, und sie zu diesem Zwecke die Mittelstufe der intellektuellen Entwickelung zu berücksichtigen hat. Der Vorstellungs- und Gefühlsinhalt, welcher mit dem Worte „Das Unbewusste" erregt wird, mag deshalb für eine gewisse Periode werthvoller sein als andere Wortkombinationen, welche zu demselben Zweck konstruirt wurden; z. B. Ding an sich, Subjekt Objekt, unbeschränkte Persönlichkeit, Allsubstanz, Nirwana, Brahma, *νοῦς* etc. Denn Populärphilosophien können trotz all ihrer logischen Fehler befruchtender und anregender auf das Denken wirken als tadellos richtige Systeme, die aber grade deshalb und wegen ihrer nothwendigen Beschränkung auf Einzelheiten nur einem engen Kreise schmackhaft sind.

14) Seite 60. Zuweilen wird das Wort „Erkennen" gebraucht werden um von dem gewöhnlichen Sprachgebrauche nicht allzustark abzuweichen; seine schliessliche Rechtfertigung ist dabei E. III zu finden. Es sei darauf aufmerksam gemacht, dass in den hier aufgestellten Entwickelungen die folgenden von Kant und seiner Schule bei Behandlung derselben Probleme gebrauchten Begriffe resp. Unterscheidungen sich zum Theil als unnöthig, zum Theil als paralogisch herausstellten. Neue Begriffe werden dagegen nicht eingeführt.

äusserer Sinn, innerer Sinn; desgl. Wahrnehmung;
reine Anschauung, Form der Sinnlichkeit, Anschauung a priori;
unendliche Grössen;

Erscheinung, Wesen, Ding an sich, Substanz;
abstrakte Verselbständigung;
transcendentale Idealität; der transcendentale Gegenstand;
Einbildungskraft;
Gemüthszustand — in dem Sinne: „Verknüpfung der Wahrnehmungen in meinem Gemüthszustande";
empirische Apperception, reine Apperception;
Sein — Denken.
Gattungsbegriff — Einzelanschauung;
Geist — Seele, Vernunft, Verstand, menschlicher — reiner Intellekt
Erkennen = anschaulich vorstellen;
Intelligibel, transcendent, transcendental, immanent etc.

15) Seite 72. Es könnte hier der Einwand erhoben werden, dass zwei Setzungen I, + b und I, — b in einer beliebigen dieser Reihen nicht kontradiktorisch zu sein brauchen. Ohne eine neue Distinktion aufzustellen von absolut und relativ kontradiktorisch, durch welche man diesen Einwand allgemein heben kann, wird dieser bei dem vorliegenden Problem schon dadurch bedeutungslos, dass man eine I, b Reihe betrachtet, welche den Unterschied 1 zur I, a Reihe hat. Die Betrachtung dieser Reihe ist hinreichend zur Raumkonstruktion und enthält absolut kontradiktorische Setzungen.

17) Seite 91. Der Gehörsinn wurde zur Konstruktion des Raumes schematisch gewählt, weil er die Annahme einer spezifischen Art der Sinne zur Wahrnehmung des Raumdinges ausschliesst, und nur die Wahrnehmung von Intensitätstufen der Empfindung zulässt. Wenn man in der Nähe sich bewegende schallerzeugende Gegenstände beobachtet, überzeugt man sich bald, dass ein richtiges Urtheil über deren Bewegung im Raume möglich ist. Viel leichter wird dies Urtheil bei dem Gesicht und Getast, weil diese statt zweier Ohren, eine sehr grosse Anzahl von Instrumenten der Sinneswahrnehmung (die verschiedenen Nerven der Innervationsempfindung) vereinigen; also in einem sehr kurzen Zeitraume ein grosses Material von verschiedenen auf denselben Gegenstand bezogenen Empfindungen liefern, sodass eine sich gegenseitig bestimmende eindeutige Gruppirung dieser Empfindungen schnell möglich wird. Die übliche Bezeichnung des Gesichtssinnes als eines solchen, der zwei Dimensionen unmittelbar wahrnehmen lässt, ist unkorrekt. Wird dem hinzugefügt, dass die dritte Dimension ein Schluss ist, welcher zu den unmittelbar vorhandenen zweien hinzugefügt wird, so ist diese ganze Erklärungsweise falsch. Entweder muss man sagen, dass alle drei Dimensionen gedacht werden; Resultat eines Schlusses sind — und dies ist die exakte Darlegung des Vorgangs, — oder wenn man

der physiologischen Terminologie folgt, so muss man zugeben, dass die dritte Dimension ebensogut wahrgenommen wird wie die beiden ersten. Die Netzhaut ist kein zwei-, sondern ein dreidimensionales Gebilde, schon wegen ihrer gekrümmten Fläche. Der isolirte Lichteindruck sagt uns gar nichts von Ausdehnung, sondern nur von Art und Intensität der Farbe. Wenn wir nun zwei Lichtpunkte zugleich wahrnehmen, so haben wir Lichtempfindung und zwei verschiedene Innervationsempfindungen, korrespondirend den zwei gereizten Stellen der Netzhaut. Hieraus ist Ausdehnung zu konstruiren möglich, ebensogut wie aus den zwei verschiedenen Schällen, von denen wir voraussetzen, dass sie derselben Ursache entstammen. Bei dem Urtheil des Gesichtes oder Getastes werden uns zwei oder mehrere verschiedene Wahrnehmungen **simultan** gegeben; bei dem Gehör dagegen müssen wir diese Schälle in der Erinnerung festhalten, weil sie durch die Zeit getrennt sind, und deshalb ist das Urtheil über deren eindeutige Gruppirung so viel schwieriger, braucht **Zeit** um festgestellt zu werden.

18) Seite 92. Der Subindex a_1 a_2 . . . wird gebraucht, wenn schlechthin Empfindungsunterschiede bezeichnet werden sollen, der Potenzindex a^1 a^2 . . . . wenn diese Unterschiede Stufen der Intensität bezeichnen.

19) Seite 95. Die Nothwendigkeit eines Kontinuums der Ordnung, der Möglichkeit kontinuirlichen Aneinanderreihens, kurz das Gesetz der Kontinuität, ist identisch mit dem Denkgesetz, speziell in der Form des zureichenden Grundes. Irgend eine Diskontinuität in dem Zusammenhang der Erscheinungen auch nur als möglich zu setzen, wäre Läugnung des Funktionalnexus überhaupt.

20) Seite 97. Die eingehende Definition von Dimension s. G. I. 6.

21) Seite 98. s. 17. Eine eingehende und anschauliche Ausführung dieses Gedankens hat E. v. Baer gegeben, in einem Aufsatze über die Abhängigkeit der Raumesanschauungen von der Lebensgeschwindigkeit.

22) Seite 104. Zuweilen urtheilt der Sprachgeist aber auch richtiger als die Dialektik eines Hume. Schopenhauer entgegnete demselben schon, dass der Tag nicht die Ursache der Nacht genannt werde. Diesem Beispiele könnte man zwar vorwerfen, dass dann auch Nacht Ursache des Tages genannt werden müsse, und nur um ein und dieselbe Erscheinung nicht zugleich Ursache und Wirkung nennen zu müssen, unterlasse die Sprachmetaphysik eine kategoriale Bestimmung von Tag und Nacht überhaupt. Es gibt aber bessere Beispiele. Der Frühling wird nicht Ursache des Sommers genannt, die Blume nicht Ursache der Frucht, und dergl. mehr. Die blosse zeitliche Folge ist

also auch der allgemeinen Metaphysik nicht hinreichend zur kausalen Verbindung, wohl aber ist sie ein beständiger Begleiter derselben.

23) Seite 104. Insofern Hume's Kritik das Wahnbild angeborener in der Seele fertig liegender Ideen, welche den Dingen übergezogen werden sollten, zerstörte, hat sie Bedeutendes geleistet. Sein Fehler war aber, dass er hernach die Kausalität, Form oder Regel der Synthesis, für eine theologische Idee hielt; dass er die genetische Entwickelung dieses Begriffes im wissenschaftlichen Bewusstsein für identisch hielt mit der unbewussten Anwendung einer Regel (dem logischen Prozesse), ohne welche konstante Regel auch nicht die einfachste Erfahrung zu Stande kommen kann. In einem arithmetischen Bilde könnte man sagen: diese Erfahrungstheorie hält die Verbindungszeichen des Satzes $2 + 2 = 4$ für Zahlen, wobei dann aus der Erfahrung der Zahlwerth von $+$ und $=$ abzuleiten wäre. Um sich solchen Widersinnigkeiten gegenüber mit Worten durchzuwinden geben die neueren Anhänger des sog. Positivismus dem Begriffe „Erfahrung" dem Sprachgebrauche zuwider einen solchen Umfang, dass Alles darin vorhanden sein kann, wenigstens hineininterpretirt wird. Damit ist man dann wieder beim Hegel'schen allgemeinsten und deshalb absolut leeren „Sein" angelangt, und man kann solchen Positivisten das letzte Wort lassen. Einen Werth hat dieser Erfahrungsbegriff nicht mehr, weil er nichts Bestimmtes aussagt.

24) Seite 110. Der erste Freudenrausch über den vermeintlich von Darwin gefundenen passe-par-tout zur mechanischen Erklärung der Entwickelung ist vorüber; man erkennt jetzt, dass Darwin einige wenige der hierbei wirkenden Faktoren gefunden hat, dass aber die Hauptfaktoren noch unbekannt sind. In Goethe's Darstellung fühlt man überall den Gedanken heraus, dass in jeder Periode der Entwickelung auch Formen dagewesen, dass auch dass hypothetische Planetendampfchaos seine Elemente zu einer gewissen Form gruppirt enthalten haben muss. Deshalb kann man auch bei einer jeden Entwickelungsstufe die Gefühlsbegriffe „Plan Zweck" mit derselben Berechtigung anwenden, wie die mechanischen (Anschauungsbegriffe) Ursache, Wirkung, nur darf man nicht in den Fehler verfallen mit Gefühlsbegriffen mechanisch, oder mit Anschauungsbegriffen Zwecke erklären zu wollen.

25) Seite 115. s. E. I, III. Auf den Tafeln der Begriffe S. 36 werden durch Auflösung der Dinge in Vorgänge die Abtheilungen a) und b) sowohl unter A. wie B. zusammenfallen, und resultirt daraus eine dreigliedrige Aufstellung, korrespondirend den logischen Positionen des Satzes.

26) Seite 121. Nicht metageometrisch wie O. Liebmann (Analysis der Wirklichkeit. 1875) will; denn die hiermit angestrebte Erhebung des Schematismus zu einem metaphysischen Prinzip könnte weder auf die Geometrie beschränkt werden, noch haben hierhin zu zählende Spekulationen sich thatsächlich auf dieses Gebiet beschränkt. Aus der Thatsache, dass man alternirende Funktionen, springende Reihen etc. bilden kann, haben Arithmetiker jenem Prinzip gemäss die Folgerung gezogen, dass der Summenbegriff unseres Zählens ein empirischer sei. Aus dem schematischen Ausdruck der Kraft $\frac{d^2s}{dt^2}$ und dem Kraftgesetz $\frac{1}{r^2}$ hat man sich berechtigt gefühlt, neue Kräfte zu er-erfinden, welche durch andere Differenzialordnungen dargestellt, oder nach anderen Potenzen der Entfernung wirken sollten. Dann wurden Kräfte hypostasirt, deren Wirkungsgesetz abhängig von der Anzahl wirkender Elemente seien. Aber noch mehr; positive und negative Materien wurden erfunden — weil man ja ebensogut $-m$ wie $+m$ schreiben könne. In demselben Geiste wurden sprungweise nach einem Schema vorwärts rückende, oder in sich zurücklaufende (also woh konstant gekrümmte) Zeiten projektirt. Die Früchte, welche von diesem vermeintlich höheren generalisirenden Standpunkte aus gezeitigt wurden, sind schon auf allen Gebieten zu finden.

27) Seite 122. Ich habe diese Frage in „Bedeutung der Pangeometrie 1876" gestellt und ist die Inhaltschwere derselben von Mathematikern anerkannt worden. Alle mir bekannten philosophischen Behandlungen des Thema's ignoriren diese Frage.

Im Anschluss hieran finde eine Erörterung der Einwände statt, welche meiner Raumtheorie in „Vierteljahrsschrift für wissenschaftliche Philosophie" I. S. 299 gemacht werden. Es heisst dort S. 302:

„Der Verfasser betrachtet nicht blos einen Raum von mehr als drei Dimensionen, sondern sogar den allgemeinen Begriff einer mehr als dreifach ausgedehnten Mannichfaltigkeit im Sinne Riemanns für denkunmöglich .... er hält die Construction der Zahlreihen für die abstrakteste Construction, die überhaupt möglich ist. Der Nerv seines Beweises liegt nämlich in dem Satze, dass zu jeder Zahl nur zwei, nicht aber drei oder gar *n* verschiedene andere Zahlen gefunden werden können, welche von ihr denselben Unterschied haben. Nun ist aber die Construction rein begrifflicher Merkmale zu einem innerlich mannichfaltigen Ganzen von den besonderen Bedingungen der Construction der Zahlengrösse, auch der allgemeinen, unabhängig. Jeder Begriff von mehr als drei Merkmalen ist ein Beispiel einer mehr als dreifach bestimmbaren Mannichfaltigkeit. Und zwar kann diese Mannichfaltigkeit, abgesehen von den empirischen Anwendungen des Begriffs, sogar als eine stetige gedacht werden und wird es auch im rein logischen Sinne. Wundt z. B. zeigt, dass der Begriff: Farbe, eine stetige Mannichfaltigkeit von vier Dimensionen bilde, sobald wir statt der empirischen Sättigungsgrade die überhaupt möglichen in denselben einführen, was wir offenbar denken können. Es war ein grosses Verdienst, das Boole um die Erkenntnisstheorie sich erwarb, dadurch, dass er die Unabhängigkeit der logischen Gleichungen von der Natur des Grössenbegriffs nachwies. Der Begriff einer n-fach ausgedehnten Mannichfaltigkeit ist also kein Widerspruch gegen das Denkgesetz, vielmehr ein Ausdruck der abstract betrachtet grösseren Tragweite des Denkens und seiner Unabhängigkeit von besonderen Bedingungen der Anschauung."

Den Nerv des Beweises hat Recensent aus der betreffenden Schrift richtig herausgefunden. Die Form der Deduktion ist in vorliegender Arbeit S. 70 und 216—220 verbessert worden. Dazu der Nachweis geliefert S. 276 u. a., dass der Begriff „Dimension" nicht ähnlich wie „Merkmal" oder das ganz unbestimmte „Mannichfaltigkeit" gebraucht werden darf. Was nun Boole's angeblichen Beweis betrifft, so ist die ganze Ausführung von B. C. D. ein indirekter Gegenbeweis, indem dieselbe darlegt, dass alle logischen Gleichungen durch die Natur der Begriffe „Grösse und Richtung" determinirt werden, dass logische und arithmetische Operationen identisch sind, und demzufolge auch geometrische; dass aber von Boole Verschiedenes „logische Gleichung" genannt wird, dem dieser Titel nicht im Entferntesten zukommt. Insofern die Boole'schen Gedanken in der Neuzeit zahlreiche Anhänger gefunden und sogar zur Aufstellung eines „Calculus of reasoning" geführt haben, möge eine direkte Kritik dieses letzteren hier Stelle finden. Ich folge dabei der Schrift von E. Schröder: Der Operationskreis des Logikkalkuls, Leipzig 1877.

Das Wesentliche des ganzen Kalkuls liegt in folgenden Sätzen, welche auf den 8 ersten Seiten dieser Schrift zu finden sind.

> Den ersten Theil des Logikkalkuls bildet die Rechnung mit Begriffen[α]) .... der zweite Theil das Rechnen mit Urtheilen[β]) ....
>
> Indem wir zunächst nur dem ersten Theil unsere Aufmerksamkeit zuwenden, werden wir finden, dass der andere Theil durch eine einfache Bemerkung sich miterledigt, die nämlich, dass man unter den Buchstaben, welche die Urtheile vorstellen, statt dieser lediglich die Zeiten (oder „Klassen von Zeittheilen") zu setzen braucht, während welcher sie bezüglich wahr sind[γ]), um sofort die

Untersuchung zu einer dem ersten Theile des Logikkalkuls angehörigen zu stempeln .... Gegenstand der logischen Operationen sind Buchstaben, welche in dem genannten ersten Theile als Klassensymbole zu bezeichnen sind[δ]).

Unter einem Buchstaben, wie a, verstehen wir hier stets eine Klasse oder Gattung von Objekten des Denkens. Der sprachliche Ausdruck einer solchen ist in der Regel ein Gemeinname und gibt zugleich Veranlassung zur Bildung eines Begriffs, in welchem wir uns die wesentlichen Merkmale, die allen zu der Gattung gehörigen Individuen gemeinsam sind, zusammengefasst denken[ε]). Im Gegensatz zu diesen Merkmalen, dem sogenannten „Inhalte" des erwähnten Begriffs, stellt dann die Klasse selbst dessen „Umfang" vor, sodass wir in Gestalt dieser Klassensymbole in der That mit den hinsichtlich ihres Umfanges dargestellten Begriffen rechnen werden[ζ]).

Die Individuen einer solchen Gattung können übrigens auch ganz beliebig aus der Mannichfaltigkeit des Denkmöglichen herausgegriffen werden und ausser dem Zufall, der unsere Wahl auf sie fallen lässt, keine übereinstimmende Merkmale verrathen[η]). Die Zahl der in der Klasse enthaltenen Individuen kann begrenzt und unbegrenzt sein[ϑ])....

In dem Kalkul der Logik gibt es Grundrechnungsarten .... Nichts hindert diese Grundoperationen mit denselben Namen zu benennen und mittelst derselben Rechnungszeichen auszudrücken, wie sie in der Arithmetik gebräuchlich sind[ι]).... Ist doch der Gegenstand der Operationen beidemal ein ganz anderer — dort sind es Zahlen, hier aber beliebige Begriffe[κ]).

Es wird demnach in Philosophie und Grammatik:

Multiplikation	wird	genannt	Determination[λ])
Division	„	„	Abstraktion
Addition	„	„	kollektive Zusammenfassung
Subtraktion	„	„	Ausschliessung.

Die Klassensymbole sollen einander gleich heissen, wenn die von ihnen vorgestellten Klassen identisch die nämlichen Individuen umfassen, wenn jene also nur Namen für ein und dieselbe Klasse sind[μ]).

Unter $a \times b$ ist zu verstehen die Gesammtheit oder Klasse, die ganze Gattung der Individuen, welche sowohl zur Klasse a als auch zur Klasse b gehören; es stellt also $a \times b$ das Gebiet vor, in welchem die Gebiete a und b einander gegenseitig durchdringen[ν]).

$a + b$ bedeutet die Gesammtheit der Individuen, welche zur Klasse a oder auch zur Klasse b gehören; $a + b$ stellt das Gebiet vor, zu welchem a und b einander gegenseitig ergänzen[ξ]).

Bei der geometrischen Veranschaulichung der Klassen a und b durch die Punkte zweier Kreisflächen stellt ab das beiden gemeinsame Stück Fläche vor, welches begrenzt wird durch zwei sich schneidende Kreise, $a + b$ dagegen das ganze Gebiet, welches gebildet wird, durch das gemeinsame und die beiden Separatstücke der sich schneidenden Kreise[ο]).

Die Symbole 0 und 1 sind darnach die Grenzen, die entgegengesetzten Extreme der Klassensymbole, indem keine Klasse weniger als keines, und keine mehr als alle Individuen umfassen kann[ρ]).

$ab = 0$ heisst: a und b sind disjunkte Klassen, ohne gemeinsame Individuen.

$a + b = 1$ heisst: a und b sind komplementäre Klassen, umfassen alles Denkbare.

Zu bemerken ist noch, dass weder der Urheber dieser Rechnungsart Boole, noch Jevons, sondern erst spätere Versuche die Gedanken dieser beiden konsequent zu verwerthen, zu den vorliegenden Sätzen geführt haben. Wir haben zuerst das Material, sodann die Operationen der Rechnung zu betrachten.

α) Vorgeblich bilden Begriffe dieses Material. Was ein Begriff sei, wird nicht definirt, sondern nur gesagt, bei welcher Veranlassung sie gewöhnlich enstehen. Bald soll ein solcher Begriff aus vielen Merkmalen bestehen (in welcher Verbindung wird nicht untersucht), bald soll auch eine Begriffsklasse nur wenige oder gar nur ein einziges Individuum enthalten dürfen, z. B. Eigennamen. Dann müssten aber auch die Einzelzahlen Zwei, Drei etc. als solche verwendbar sein; die folgenden Operationen schliessen aber die Zahlen aus ($\varkappa$). Der Mangel einer Definition des Begriffs, der Mangel einer Untersuchung der verschiedenen Begriffarten, woraus erst erschlossen werden könnte, ob sie gemeinsamen Operationen zugänglich sind, bringt ein heterogenes Material unter dem Namen „Denkobjekte" zusammen (richtiger wäre zu sagen: Wörter), aus welchem aller logischen Regel zuwider homogene Produkte gebildet werden sollen. Aber für einzelne Gebiete mag der gewählte Operationsmodus etwas Brauchbares liefern; so scheint Jevons an die Klassifikationsweisen naturhistorischer Museen gedacht zu haben, wo es nach heutiger Spezifikation nicht genau darauf ankommt, ob einmal etwas als: Begriff, Merkmal, Vorstellung, Ding etc. besehen oder besprochen wird.

Es werden sodann sog. logische Gleichungen gebildet (μ) und diese als Identitätsaufstellungen später den Urtheilen gleich gesetzt. Der erste Fehler liegt hier darin, dass die algebraische Gleichung für eine reine Identität angesehen wird. Vergl. B. IV. 1. Im Urtheile ist zwar auch eine Identität statuirt; dieselbe bildet aber nur einen Formtheil des ganzen Urtheils, und dieser Theil ist eine spezifische Art des korrespondirenden Formtheiles der algebraischen Gleichung.

Es werden Grundoperationen mit den Begriffen vorgenommen, und dabei die algebraischen Zeichen verwendet (ι). Das ist ein böses Beginnen. Neue Wörter und Zeichen zu erfinden, ist doch nicht schwer; aber es sollen auf irgend einem Wege die absolut sichern Kombinationszeichen der Arithmetik zur Verbindung von Heterogenitäten gebraucht werden, um die Sache in ein anerkanntes Gewand zu kleiden. Eben der Grund ($\varkappa$), wenn er ebenso richtig wäre wie er falsch ist, — weil die Zahlen doch auch zu den beliebigen Begriffen zählen müssen, oder was sind sie denn sonst? — müsste ganz entschieden ein solches Vorgehen verbieten.

λ. Jetzt wird frischweg Multiplikation für Determination auf logischem Gebiete erklärt. Ohne dergleichen Gewaltstreiche wäre allerdings an kein Vorwärtskommen zu denken. s. dagegen B. III. 3. Multiplikation ist ein ganz spezieller Fall der Determination neben unzählig vielen anderen; in diesem speziellen Falle wird das allgemeine Funktionalverhältniss $f\,(a,\ b,\ \ldots.)$ als $a \times b \ldots.$ bestimmt. Zudem liegt hier eine gänzliche Verkennung der Natur algebraischer Vorzeichen und Operationssymbole vor. Dieselben vertreten ebensogut B e g r i f f e wie die Buchstaben; weil sie aber in der Arithmetik, in ein strenges System gebracht, gegenseitige Umwandlungen zulassen und nur in einer begrenzten Anzahl vorhanden sind, so bedient man sich zu ihrer Andeutung der Striche und Punkte. In einem Logikkalkul müssten sie aber durch Buchstaben ersetzt werden, wie jeder andere Begriff. Die Erfinder des Logikkalkuls scheinen aber Begriffe und Operationen für ganz heterogene Sachen anzusehen, dabei aber die Untersuchung, inwiefern ihre Wechselwirkung zulässig ist, für ganz unwesentlich zu halten.

Aus demselben Grunde sind die übrigen Gleichstellungen logischer und arithmetischer Kategorien im Allgemeinen unzulässig. Warum wird aber mit diesen vier Operationen Halt gemacht? Die Logik kennt deren noch einige andere. Die ν) ξ) gegebenen Regeln verstossen gegen jede systematische Symbolik, weil v e r s c h i e d e n e Begriffsklassen dadurch als d e m s e l b e n geometrischen Gebiet zugehörig bestimmt werden. Man sieht aber, dass die Klassifikation der Individuen in

Sammlungen, nicht eine solche von Begriffen, zu dieser Regel geführt haben. Ebenso fehlerhaft gegen eine jede konsequente Symbolik sind die S. 9 gegebenen Regeln

$$a \,.\, a \,.\, a \ldots = 0;\ a + a + a \ldots\ldots = 0$$

Wenn man das Verschiedene nicht verschieden bezeichnen kann, so soll man keine Symbolik versuchen wollen. s. B. I. 1. Auf S. 8 kommt die Regel vor: Der Satz, wenn $a = b$, dann ist auch $a + c = b + c$ dürfe nicht umgekehrt werden. Auch hier ist nicht zu sehen, was eine Symbolik nach kombinatorischem Modus überhaupt noch soll, wenn dergleichen Ausnahmen in der Umkehrung als Regel gelten müssen. Zur Entschuldigung dachte man vielleicht an den logischen Satz: partikuläre Urtheile dürfen nicht umgekehrt werden. Aber ein partikuläres Urtheil ist kein vollständiges Gebilde, und deshalb per se ausgeschlossen von rechnender Kontrole.

Die geometrische Darstellung der Begriffsverbindungen ist reine Spielerei, welche nur die böse Folge hat, dass — ebenso wie aus den obigen Formeln in arithmetischem Kleide — man sich für berechtigt hält, logische Wahrheiten daraus ablesen zu dürfen. Sie wurde veranlasst durch die Bestimmung vieler Begriffe in der Logik nach Inhalt und Umfang. Dafür glaubte man direkte geometrische Repräsentanten in Flächen von bestimmtem Umfange zu haben. Die generelle Bestimmung der Begriffe ist aber nicht nach „Inhalt und Umfang“ — das ist nur ausreichend bei einigen Einzelgebieten, etwa der Vertheilung der bekannten Thiere in Klassen, Gattungen etc. — sondern **„Inhalt und Form“.** Ein Begriff, und auch das ihm korrespondirende Ding, kommt nicht dadurch zu Stande, dass eine gewisse Anzahl von Merkmalen in ihm zu einem Umfang von Zahl oder Individuenanzahl oder Ausdehnung zusammengehäuft sind, sondern dadurch, dass diese Merkmale (Unterbegriffe) in gewissen Beziehungen zueinander stehen. Der Baum

ist nicht Σ (Stamm, Ast, Blatt, grün, braun, hart ....)

sondern ein jedes Einzelmerkmal hat seine bestimmte Stelle im Ganzen des Begriffes „Baum“ bis zu den Elementarbegriffen des Denkens und Empfindens. Die Formel des Baumbegriffes würde also eine Gestalt erhalten

$$f\left[f'\left(f''\left(\ldots(a, b, c, \ldots\ldots)\ldots g, h, s\right)\ldots t, v\right)\ldots x, g\right]$$

und eine viel zartere und eingehendere Behandlung erfordern, als die grobe Manier, welche dem Etikettenschreiber genügt.

Die Sätze ϱ) wurden in etwas anderer Gestalt aus den Denkformen A. VII. entwickelt, und ihrer Anwendung verdankt Boole einige seiner Resultate. Mir waren Boole's Gedanken unbekannt bei Aufstellung derselben. Mehrere Nachfolger Boole's wollen jedoch diese Sätze wieder ausmerzen, weil in ihnen die Korrespondenz der Denkgesetze und des Zahlbegriffs liegt, ein Gedanke, welchen die Skepsis um jeden Preis, die Behauptung der Logik als einer empirischen Wissenschaft, nicht anerkennen darf.

Ich vermag deshalb in diesem Logikkalkul nur einen kühnen unglücklichen Ikarusflug zu sehen, wozu man dem Vogel Arithmetik die Flügel entlehnte, deren Bewegungsmodus „auf und ab" man sich gemerkt hatte; aber man hielt es für unnöthig, das logische Prinzip zu studiren, welches diese Bewegung hervorbrachte, und ebenso unnöthig sich über die Beschaffenheit des Mediums zu erkundigen, in dem geflogen werden sollte. Nach dem Sprachgebrauch war Alles „Denkobjekt, Begriff" — also homogene Luft vorhanden; bei dem Flugversuch zeigte es sich aber, dass man bald im leeren Raume trotz allen Flatterns herunterfällt, bald die Flügel an einem widerstehenden Medium zerschlägt.

Soll Leibnitzen's Gedanke ausgeführt werden, so genügt es nicht einige Kategorien, welche Aehnlichkeit mit arithmetischen Operationen haben, aufzuschnappen und dann drauf los zu rechnen; zu solchem Unternehmen sind ganz andere Vorarbeiten nothwendig. Die erste unumgängliche wäre eine vollständige Kategorientafel, welche jeder Feuerprobe genügt; oder aber, man muss sich jedesmal auf ein solches Gebiet beschränken, für welche seine Spezialausführung möglich ist. Für das Gebiet der Denkbegriffe ist dies möglich; für diese braucht man aber auch nicht nach einem höheren Standpunkte allgemeinerer Logik auszuspähen, sondern man steht hier auf der Grundbasis aller Kombinatorik, und der Funktionalbegriff ist der allgemein gültige, welcher der Determination, Multiplikation, Abstraktion, Division etc. ihre ganz bestimmte Stelle und Regel vorschreibt, die nie und nirgends Ausnahmen, weder der Bedeutung noch des Symbols, zulassen. Alle Objekte, welche eine genaue Beschreibung ermöglichen, sind dieser logischen Behandlung zugänglich; ihr Schema wurde gegeben S. 76, 331, 432. Will man andere Gebiete des Denkens versuchen, dann heisst es vorerst die dort nothwendigen Beziehungsbegriffe studiren, die Art ihrer Wechselwirkung, ihrer Abhängigkeit feststellen, und denen korrespondirende neue Grundoperationen des Kalkuls — wenn dergleichen nicht schon durch die betreffenden Begriffe unmöglich gemacht wird — erfinden. Meine Meinung ist allerdings, dass alle Symbolik, welche andere als die Begriffe der allgemeinen Kombinatorik verwendet, sich als unnützer Ballast herausstellen wird. Gleichwohl könnten Versuche auf diesem Felde in anderer Hinsicht lehrreich werden.

28) Seite 129. Ueber die Drei- resp. Vierdeutigkeit der Zeichen + — s. B. III. 7.

29) S. 131. s. S. 56, 287.

30) Seite 145. Da diese Argumentation so ziemlich in allen dies Thema behandelnden Schriften Aufnahme gefunden und voraussichtlich noch in vielen zukünftigen finden wird, so sei hier wiederholt, was ich an anderer Stelle dagegen sagte, worauf eine Antwort bis jetzt nicht erfolgt ist.

„Bezeichnend für die Ausgangspunkte dieser pangeometrischen Raumanschauungen ist es, dass fast in jeder neuen Schrift ihrer Vertheidiger das merkwürdige Unternehmen Lobatschewky's wiederholt wird, wodurch dieser die Form des Raumes experimental auffinden zu können geglaubt hat. Die Winkel eines Dreiecks, gebildet durch einen Durchmesser der Erdbahn und einen Stern mit verschwindender Parallaxe, sollten gemessen und mit der Winkelsumme des Euklidischen Dreiecks verglichen werden. Eine Differenz der ersteren und letzteren Summe sollte Beweis eines mit Krümmungsmaass behafteten Raumes sein. Nun abgesehen davon, dass das ganze Experiment der skeptischen Methode jener Anschauungen zuwider ist, nach der man gar keinen Schluss ziehen sollte, ehe man den Winkel von jenem Stern aus nicht thatsächlich gemessen hat (man demnach auch über eine wirkliche oder scheinbar verschwindende Parallaxe gar nichts aussagen kann), so scheint auch Niemandem das unentrinnbare Dilemma aufgefallen zu sein, in welches die Schlussfolgerung verfällt, und welche die Nichtigkeit des Versuchs sowohl als des Schlusses darlegt.

Angenommen, es wird eine Differenz der Winkelsumme dieses Sterndreiecks von 2 Rechten Winkeln konstatirt, so kann man zur Erklärung dieser Beobachtungen sagen:

a) Entweder die Sehlinien, die Lichtstrahlen, pflanzen sich fort nach geodätischen Linien eines analytischen Raumes mit einem von Null verschiedenen Krümmungsmaass (ähnlich wie bei der atmosphärischen Brechung der von den Sternen ausgehenden Strahlen) und dann haben wir einfach den Unterschied solcher empirischer geodätischer Linien von der absolut geraden d. h. der ideellen Euklidischen Linie konstatirt; oder

b) wir nehmen an, dass unsere geometrischen Linien, auf welche wir unser Messen beziehen, jene geodätischen Linien seien (zum Zwecke der einfacheren Gestaltung unserer analytischen Formeln), und müssen dann, um jene Differenz der Winkelsummen zu erklären, sagen, dass die Fortpflanzung des Lichtes sich nicht an jene analytische Fiktion stört, sondern in gerader Euklidischer Linie vor sich geht; die beiden Linienbegriffe sind dann einfach miteinander getauscht.

Anstatt also aus einer solchen Beobachtung, wenn sie jemals stattfinden könnte, einen Schluss zu Gunsten obiger Raumansicht machen zu dürfen, wäre einfach die Konstanz zweier verschiedener geometrischer Anschauungsweisen ausgesprochen, die natürlich ohne jenes Experiment auch schon in jedem logischen Satze stattfinden kann. Trotzdem ist das ganze Experiment in Formeln gesetzt, die Formeln werden beständig repetirt; dieselben sind auch algebraisch ganz richtig aufgebaut, sie sagen aber absolut gar nichts aus. Es ist dies ein Beispiel dafür, wie der beständige Gebrauch von graphischen Formeln, woran das Denken gewohnt wird sich anzulehnen, bei seinen unbestreitbaren Vortheilen und seiner Unersetzlichkeit in den mathematischen Wissenschaften, zugleich die Fähigkeit abschwächt ohne Formeln zu denken; ausserdem aber auch zu der Meinung verleitet, in jeder analytischen Formel sei ein Gedanke ausgesprochen.

Als scheinbar dritten Fall könnte man noch sagen: Jene Lichtstrahlen und auch unsere Dreieckskonstruktion laufen in geodätischen Linien, die aber nur von anderen Organisationen als solche geodätische d. h. nur relativ kürzeste erkannt werden, uns jedoch als absolut kürzeste erscheinen.

In diesem Falle, den ich wiederum als hypothetisch in der Diskussion zulässig gelten lasse, würde natürlich das obige Experiment zu gar nichts führen, denn es könnte keine Differenz der Winkelsummen gefunden werden. Dagegen ist klar, dass beide verschieden geartete Organisationen die gleiche Vorstellung des ideellen Euklidischen Dreiecks und des geodätischen, ihren Mitteln der Beobachtung gemäss, verwenden. Die ideelle Vorstellung der geraden Linie ist also bei beiden dieselbe, einerlei ob die empirisch ausgeführte Zeichnung oder Beobachtung verschieden ausfällt. Mit Hülfe des Mikroskops wird man manche Linie als krumm erkennen, welche das unbewaffnete Auge für gerade ansieht; und ebenso, wenn ein Käferauge tausend Linien dort sieht, wo wir nur eine einzige sehen, oder wenn einem Kugelflächenwesen die Linie als gerade erscheint, die wir für das Stück eines grössten Kreises ansehen, so ist doch die ideelle Vorstellung (gerade, absolut kürzeste) Linie bei allen logisch denkenden Wesen derselbe Begriff.

Wir können diese Betrachtung fortführen und uns Wesen denken, die dort, wo wir nur Atome oder unausgedehnte Punkte wahrnehmen, noch Unterschiede — etwa in Linienform — wahrzunehmen vermögen. Der Schluss wäre jedoch ganz falsch, dass diese Wesen deshalb zu unseren drei Dimensionen noch eine vierte, welche in unserem Punkte enthalten sei, beobachten und vorstellen; sondern dieselben würden die Begriffe „Punkt und Linie“ nur auf eine andere Klasse von Naturerscheinungen anwenden, ebenso wie der Astronom am Sternenhimmel Räume beobachtet, wo die naive Vorstellung nur eine Fläche wahrnimmt; deshalb stellt aber der Astronom zu den drei Dimensionen des naiven Bewusstseins nicht noch eine vierte nachträglich vor.“

Bedeutung der Pangeometrie 1876.

Im Anschlusse sei Kants Idee von einer höchsten Geometrie erwähnt, welche von den Anhängern pangeometrischer Spekulation zur Zeit so häufig angeführt wird. Auf diesen Jugendgedanken ist Kant in der Folge nie mehr zurückgekommen. Wenn er später in den Prolegomenen sagt: „die Gründe, weshalb der Raum drei Dimensionen hat, sind uns unbekannt; es scheint mir, dass dies eine Folge der unsere Welt beherrschenden Naturkräfte ist“, so zeigt dies, dass die betreffende geometrische Beziehung zwischen dem Kraftgesetze $\frac{m_1 \, m_2}{r^2}$ und einer dreidimensionalen Ausdehnung ihm durchaus noch nicht hinreichend für eine kausale Verknüpfung erschien. Das war auch ganz richtig; denn der Begriff „Kraft“ war für Kant durchaus noch kein einfacher, von rein logischem Werthe. Nahm er doch nicht allein anziehende und abstossende, sondern auch Flächenkräfte an. So hoch man also auch sonst Kants Ansichten in zweifelhaften Fällen schätzen mag, diesem seinem Jugendgedanken fehlt jede logische Bedeutung schon deshalb, weil sein Kraftbegriff nichts Bestimmtes war.

31) Seite 151. Hier eine Zusammenstellung von Bildungen der Zahlwörter.

Zahlen.	Bedeutung der Zahlwörter.
1 .	Mann, Dieser, Faust, Deutfinger, peyak (Arapaho) = er ist allein, *n*-ingat (Algonquin) = Hand.
2 .	entzwei, getrennt, oel (Chinesisch) = Ohren.
3 .	Kleeblatt (Chinesische und Tartarische Sprachen).
4 .	Kikik (Pima) = zweizwei, walwal (Mosquito) = zweizwei.
5 .	ambo (Brasil) = Hand, po-petei (Guarani) = eine Hand.

Zahlen.	Bedeutung der Zahlwörter.
6	nasuto (Shyenne) = eins drüber, arfinak atensek (Eskimo) = eins an der anderen Hand, lu (Chines) = Salz — also wohl die sechs Seiten des Salzkrystalls?
8	tube (Ainos) = zwei von zehn; in vielen Sprachen = 2 mal 4.
9.	Kieu (Chines) = Zwiebel; schne-be-schnan (Ainos) = eins von zehn.
10.	zwei Hände (Eskimo, Malayisch, Brasil).
11.	arkanek atansek (Eskimo) = eins am ersten Fuss.
16.	arfersonek atansek (Eskimo) = eins am andern Fuss.
18.	triuec'h (Breton) = 3 mal 6, deunaw (Welsh) = 2 mal 9.
20.	is-elu-janon (Lule) = Hand-Fuss-alle; cani-puma (Jarura) = eins-Mensch; che po che peg (Brasil) = mein Hände-mein Füsse; inak nadlugo (Eskimo) = Mensch zu Ende.
21.	ungnissut (Eskimo) = eins am anderen Menschen.
15.	tangah duä pulu (Dajak) = ein halb vom zweiten zehn.
35.	tangah äzat pulu (Dajak) = einhalb vom vierten zehn; ähnlich im Deutschen; viertehalb—hundert etc.

Das Französische ist gleichfalls ein Beispiel dafür wie verschiedene Zahlsysteme und arithmetische Operationen angewendet wurden, wo eine einzige ausgereicht hätte. Dass eine Sprache diese Verschiedenheiten als Bruchstücke aus schon vorhandenen Sprachen entlehnte, ändert nichts an der logischen Systemlosigkeit ihrer Begriffbildung, oder Verwendung von Wörtern.

32) Seite 168. Dass die Quaternionen eine logische Bedeutung haben, dass nämlich eine Raumbestimmung im Allgemeinen durch vier irreduzible Elemente eindeutig gegeben ist, oder, dass ein Komplex von vier unabhängigen Bestimmungen den Begriff des allseitigen Kontinuums enthält, wird dargelegt in der Betrachtung über die Qualität der Zahl 4; B. V. Auch wird dort die philosophische Basis mehrerer Sätze dieses Kalkuls klar; z. B. warum das Quadrat jeder rektangulären Quaternion gleich — 1 sein muss, vergl. S. 219 und 304; dass i nach Willkür Ausdruck der Linie Eins nach Richtung der Axe x oder als eine Rotation um 90^0 um dieselbe Axe angesehen werden kann. Die Ausnahmen des Kalkuls bestehen nicht, wenn man dazu übergeht, die Struktur der Formeln mit in Rechnung zu ziehen B. VI. 5. Gleicherweise ist die Möglichkeit eine Geometrie der Lage auf das Doppelverhältniss zu begründen, eine Konsequenz des zahltheoretischen

Charakters der Zahl (4); der Zahl, welche den Raumgegriff implizirt. s. S. 218 u. ff.

33) Seite 170. Will man von Leibnitz absehen, so ist Hegel der Erste, welcher die Nothwendigkeit herausfand den Begriff der Qualität auch in den mathematischen Wissenschaften anzuwenden. Einzelne Irrthümer die Hegel auf diesem ihm fremden Gebiete begeht, und die ihm von seinen Kritikern als Kapitalverbrechen vorgehalten werden, vermindern nicht den Werth vieler von ihm angeregter Gedanken. Sein logischer Hauptfehler ist es aber, dass er erst im Potenzverhältniss ein qualitatives anerkennen will. Hier ist die qualitative Betrachtung allerdings am einleuchtendsten. Wäre sie aber auf dieses Gebiet beschränkt, so müsste sie abgelehnt werden; denn ein Grundbegriff der Logik kann nicht auf einer spezifizirten Stufe der denkenden Kombination entstehen. Auch Hegels schwankende Anwendung des Wortes „Begriff" macht es schwierig zu entscheiden, ob er auf diesem Gebiete klar und bestimmt gedacht hat; eindeutig zu interpretiren sind seine Ausführungen gewiss nicht, selbst für denjenigen der sich in seine Sprache hineinzufinden vermocht hat.

35) Seite 199. Diese Bezeichnung als Wunder, unvereinbar mit dem allgemeinen Kausalnexus, bezieht sich natürlich nur auf diese Formel wenn sie als Ausdruck einer elementaren Kraftwirkung gelten soll, s. D. I. 4. Diese Formel mag ganz richtig eine Reihe von Erscheinungen zusammenfassen, nur kann sie sich nicht auf absolut letzte Positionen des Gedankens (Kraftpunkte) beziehen. Darüber, dass wenn eine solche Formel der exakte Ausdruck einer Erscheinungsreihe ist, das vermeintliche Kraftgesetz arithmetisch imaginäre Werthe ergeben muss, welche eine reale Deutung zulassen, vergl. S. 321 „Das mechanische Ausserhalb etc."

36) Seite 208. Gauss führt aus, dass die gewöhnliche unbewiesene Annahme, eine jede Gleichung habe Wurzeln, identisch sei mit einem Axiom:

> „Cuivis aequationi satisfieri potest aut per valorem realem incognitae, aut per valorem imaginariam sub forma $a + b \sqrt{-1}$ contentum, aut per valorem, qui sub nulla omnino forma continetur. Sed quomodo hujusmodi quantitates, de quibus ne ideam quidem fingere potes — vere umbrae umbra — summari aut multiplicare possint, hoc ea perspicuitate, quae in mathesi semper postulatur, certe non intelligitur."

Dieses Urtheil ist durchaus berechtigt, und wäre von Allen zu beherzigen, welche glauben, dass die logische Frage des Infinitesimalkalkuls von der Grenzmethode erledigt worden sei; jene Grenzausdrücke

$\frac{0}{0}$ sind solche Schatten, die durchaus nicht selbstverständlich die Berechtigung tragen nach arithmetischen Operationen behandelt werden zu dürfen.

„In eadem commentatione Euler theorema nostrum adhuc alia via confirmare annixus est, cujus summa continetur in his: Proposita aequatione $x^n + Ax^{n-1} \ldots = 0$, hujusque quidem expressio analytica quae ipsius radices exprimat, inveniri non potuit, si exponens $n > 4$; attamen certum esse videtur (uti asserit E) illam nihil aliud continere posse, quam operationes arithmeticas et extractiones radicum eo magis complicatas, quo major sit n. Si hoc conceditur, E. optime ostendit, quantumvis inter se complicata sint signa radicalia, tamen formulae valorem semper per formam $M + N\sqrt{-1}$ repraesentabilem fore, ita ut M. N. sint quantitates reales. „Contra hoc ratiocinium objici potest . . . . talem resolutionem omnino esse impossibilem et contradictoriam".

Dieser Einwand ist wiederum richtig, wenigstens insofern die Widerspruchslosigkeit eines solchen Komplexes, d. h. ihre Möglichkeit als Gleichung, in obiger Form $x^m + \ldots\ldots$, dem Inhalte nach gleich Null nachgewiesen werden muss. Das ist aber grade was in den Anführungen B speziell IV. 3 geleistet wird. Ausserdem gehört als wesentlicher Bestandtheil zu diesem Beweise der Nachweis, dass es nur 4 irreduzible Einheiten, absolut einfache und eindeutige Elemente der kombinatorischen Setzung geben kann (B. III. 6), und dass alle arithmetischen Komplexe, mögen sie Symbole haben wie immer, nur durch Setzungen dieser Einheiten nach dem Summirungsbegriff entstehen können; dass demnach eine jede algebraische Gleichung auf zwei reine Gleichungen zurückgeführt werden kann. Wenn aber Gauss als weiteren Einwand anführt, dass die Gleichungen auch faktisch lösbar sein müssten wenn Eulers Annahme als Beweis zulässig sein solle, so ist das nicht richtig. Denn eine Gleichung kann wegen der Unvollständigkeit ihrer Data unlösbar sein ohne deshalb einen inneren Widerspruch zu enthalten; z. B. eine einzige Gleichung mit zwei Unbekannten, oder eine solche von höherem Grade als $n = 4$ mit unbestimmten Koeffizienten. Solche Gleichungen haben mögliche Wurzeln oder vielmehr Systeme von Wurzeln, wenn auch die einzelnen Wurzeln wegen der Unbestimmtheit der durch die Koeffizienten gegebenen Anweisungen nicht in eindeutiger Form aufgestellt werden können.

Gauss fährt fort:

„. . . . . impossibilem et contradictoriam. Hoc eo minus paradoxum videri debet, quum id, quod vulgo resolutio aequationis dicitur, proprie nihil aliud sit quam ipsius reductio ad aequationes puras. Nam aequationum purarum solutio hinc non docetur sed supponitur, et si radicem aequationis $x^m = H$ per $\sqrt[m]{H}$ exprimis, illam neutiquam solvisti, neque plus fecisti, quum si ad denotandam radicem aequationis $x^n \ldots = 0$ signum aliquod excogitares, radicemque huic aequalem poneres. Verum est, aequationes puras propter facilitatem ipsarum radices per approximationem inveniendi, et propter nexum elegantem, quem omnes radices inter se habent prae omnibus reliquis multum praestare, adeoque neutiquam vituperandum esse, quod analystae harum radices per signum peculiare denotaverunt: attamen ex eo, quod hoc signum perinde ut signa arithmetica additionis, subtactionis, multiplicationis, divisionis et evectionis ad dignitatem sub nomine expressionum analyticarum complexi sunt, minime sequitur cujusvis aequationis solutionem ad solutionem aequationum purarum reduci posse. Forsan non ita difficile foret impossibilitatem jam pro quinto gradu omni rigore demonstrare . . . . . Hic sufficit, resolubilitatem generalem aequationem, in illo sensu acceptam, adhuc valde dubiam esse, adeoque demonstrationem, cujus tota vis ab illa suppositione pendet, in praesenti rei statu nihil ponderis habere."

Was Gauss hier über das Zeichen $\sqrt{\ }$ sagt ist wiederum sehr beherzigenswerth für alle, welche vermeinen, mit einem Symbol etwas geleistet zu haben. Dass die Wurzeln einer reinen Gleichung in einem eleganten Formelnexus stehen, hat für logische Fragen gar keine Bedeutung, ausgenommen wenn dieser Formelnexus einem Nexus der Begriffe entspricht. Dieses ist aber bei reinen Gleichungen der Fall, und wenn das Zeichen $\sqrt[m]{M}$ ausdrückt, dass ein gesuchter Komplex durch die alleinige m fach widerholte Multiplikatinn einen gegeben erzeugen soll, so ist damit das Gesuchte jedenfalls schon ausserordentlich viel einfacher bestimmt als durch eine allgemeine Gleichung. Ebensowenig hat die grössere oder mindere Leichtigkeit, Wurzelwerthe annähernd zu finden einen logischen Werth; sondern nur der Nachweis, dass solche Wurzelwerthe existiren, wenn sie auch nicht in Zahlen angegeben werden können. Trotzdem solche Gleichungen in Zahlen nicht gelöst werden können — weil es meist Irrationalzahlen sind — so müssen wir sie logisch gelöst nennen, sobald wir in eindeutiger Weise das Gesetz angeben können, welches die Bildung der Wurzel aus der Gleichung, oder der Gleichung aus der Wurzel durch Kombination nach dem Satze des Widerspruchs aus Elementarsetzungen des Denkaktes (absoluten

Einheiten) ausdrückt. Dass diese letzte logische Frage auch bei Gaussens Behandlung des Thema's noch immer als dunkler Hintergrund stehen blieb, dass mit dem Ausdruck „Wurzel oder Faktoren ersten oder zweiten Grades" die Sache noch nicht erledigt sei, war ihm wohl bewusst, im Unterschiede von so vielen Analysten, welche über dergleichen in suffisanter Manier hinwegschreiten. Er sagt:

„Ceterum ex eo tempore, quo analystae comperti sunt, infinite multas aequationes esse, quae nullam omnino radicem haberent, nisi quantitates forma $a + b \sqrt{-1}$ admittantur, tales quantitates fictitiae tamquam peculiare quantitatum genus, quas imagenarias dixerunt, ut a realibus distinguerentur, consideratae et in totam analysin introductae sunt; quonam jure? hoc loco non disputo. Demonstrationem meam absque omni quantitatum imaginariarum subsidio absolvam, etsi eadem libertate, qua omnes recentiores analystae usi sunt, etiam mihi uti liceret."

Dieses Recht zu begründen war die Hauptaufgabe von B. III. 6.

Man darf diese beiden Gleichungsarten in dem vorliegenden Problem also durchaus nicht auf eine Linie stellen wollen. Nun ist es bei dem vorliegenden Problem aber wiederum durchaus nicht nothwendig die Gleichung $\sqrt[m]{M} = 0$ vollständig zu lösen, wie Gauss von Euler zu fordern scheint, sondern es ist nur nachzuweisen, dass dieselbe überhaupt eine Wurzel habe. Dass dies der Fall ist ergab B. III. 5.

38) Seite 226. Man findet häufig auch in mathematischen Schriften die unkorrekte Angabe, dass die allgemeine Gleichung fünften Grades durch elliptische Funktionen gelöst worden sei. Das kann sich natürlich nur auf speziell bestimmte Fälle beziehen. Fünf gleiche Linien oder Flächen etc. können kein Gebilde allseitig abgrenzen. Nimmt man aber eine neue Bestimmung hinzu, etwa ein regelmässiges Fünfeck, so können im Verein mit diesem fünf kongruente Dreiecke ein solches formal bestimmtes Gebilde (eine fünfseitige Pyramide) konstituiren.

39) Seite 227. (siehe 27).

40) Seite 227. Aus der Definition der transcendenten Zahl Seite 166 erhält man die Sätze:

Durch Summirung von Irrationalzahlen kann die Stufe der Irrationalität nie erniedrigt werden.

Durch Potenzirung muss die Irrationalstufe, durch Multiplikation kann aber muss sie nicht erniedrigt werden.

Wenn es nun möglich ist die Zahl π in eine solche unbegrenzte Reihe zu bringen deren Einzelglieder aufsteigende Wurzelausdrücke sind, unter deren Wurzelzeichen wiederum ein Summenausdruck stände (also mindestens zwei Glieder), oder aber ein Produktausdruck, welcher die höhere Stufe des Wurzelzeichens nicht paralysirt, so wäre die Transcendentalität dieser Zahl π arithmetisch nachgewiesen.

41) Seite 272. Gauss hat selbst vor derartigen Abenteuern zuweilen gewarnt; so gegen d'Alembert.

„Quantitatibus infinite parvis liberius utitur quam cum geometrico rigore consistere potest aut saltem nostra aetate ab analysta scrupuloso concederetur, neque etiam saltum a valore infinite parvo ad finitum satis luculenter explicavit."

Sodann in seinen Briefen an Schumacher:

„Unsere Lehrbücher der Analysis haben ja ein eigenes Kapitel über den Werth $\frac{x}{y}$ für den Fall dass x, u. y zugleich verschwinden. Nach der Strenge ist es Unsinn hier einen bestimmten Werth zu suchen . . . ,, allein ein denkender Mathematiker weiss schon wie er jene Phrase zu verstehen hat."

Dieser treffliche Satz ist aber noch dahin auszuführen, dass auch Gauss uns nie zu sagen vermocht hat, was unter jener Phrase streng zu denken ist; dass aber ein denkender Mathematiker zufolge seines richtigen Instinktes trotz der bisheran ungelösten logischen Frage sich nicht dazu verleiten lässt die unsinnigen Konsequenzen abzuleiten, welche der sprachliche Ausdruck dieser analytischen Methode zu rechtfertigen scheint.

„Was aber ihren Beweis betrifft so protestire ich zuvörderst gegen den Gebrauch einer unendlichen Grösse als **einer vollendeten**, welcher in der Mathematik **niemals** erlaubt ist. Das Unendliche ist nur eine façon de parler, indem man eigentlich von Grenzen spricht, denen gewisse Verhältnisse so nahe kommen als man will, während anderen ohne Einschränkung zu wachsen verstattet ist" . . . .

Leider hat sich Gauss späterhin verleiten lassen diese logischen Prinzipien stellenweise zu missachten. Es war dies eine Folge davon, dass es ihm wohl gelungen war negative Sätze gegen das Unendliche aufzustellen, aber der positiven Erklärung einer thatsächlich in der Mathematik nothwendigen (also positiven) Methode ermangelte. Was Gauss vorhin der Mathematik niemals gestatten wollte, davon glaubte er später eine Ausnahme machen zu dürfen; oder man müsste annehmen dass er die Pangeometrie nicht für Mathematik ansah.

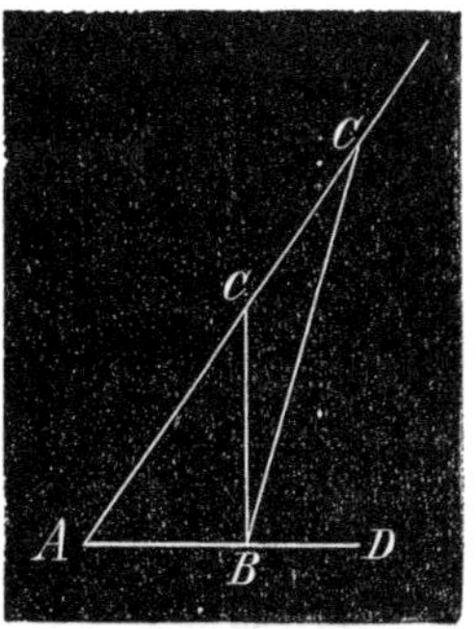

„In der Euklidischen Geometrie gibt es nichts ablolut Grosses, wohl aber in der Nicht Euklidischen .... Für den fraglichen Fall ist nun durchaus nichts Widersprechendes darin, dass man, wenn die Punkte A, B und die Richtung AC gegeben sind, während C ohne Beschränkung wachsen kann, dass dann, obgleich DBC dem DAC immer näher kommt, doch der Unterschied nie unter eine endliche Differenz heruntergebracht werden könne.“

Den Beweis für diese kühne Behauptung ist uns Gauss schuldig geblieben; sie ist unrichtig, und liegt ihr derselbe Fehler zu Grunde welcher Seite 199 dargelegt wurde. Man kann sich sehr wohl zwei voneinander unabhängige Reihen denken von denen in gleichen Zeiträumen die eine unbegrenzt wächst, während die andere nach einer bestimmten Grenze konvergirt. Wenn dieser Gedanke in analytische Form gebracht wird so resultirt eine Formel, in welcher die beiden Reihen nur durch den Summirungsbegriff (die Symbole + —) verbunden sind. Ganz anders aber gestaltet sich die Sache, wenn beide Reihen funktional zu einem Ganzen verbunden sind, wenn sie wie hier das bestimmte Gebilde „Dreieck“ symbolisiren sollen. In diesem Falle sind sie nicht mehr durch das indifferente Summirungssymbol, sondern als Faktoren in einem Produkte in gegenseitige Beziehung zu setzen; und dabei müssen die Winkel DBC und DAC als Grenze des Unterschiedes ebenso die Null zur Bestimmung erhalten wie die Richtungsunterschiede CB und CA, oder was dasselbe ist die Bestimmung ∞ für die Ausdehnung AC, oder auch $AB = 0$. Wenn eine diesem widersprechende Bedingung in die Formeln eingeführt wird, so ist das Gesetz der Kontinuität, der logische Nexus, verletzt; dieser logische Widerspruch wird nicht dadurch aufgehoben, dass es graphisch möglich ist solche Widersprüche in Formeln zusammenzuschreiben, ebensowenig wie die Widersprüche „schwarz ist weiss“, eine Welt kann aus absolut unvergleichbaren Positionen bestehend gedacht werden — es ist nur eine gute Einrichtung, aber nicht absolut nothwendig, dass das Identitätsprinzip in der Welt gilt — etc. — durch das Hinschreiben solcher Sätze möglich gemacht werden. Gauss hat bei obigem Satze vielleicht an gewisse Kurven gedacht; aber hier handelt es sich um gerade Linien, ein total heterogener Begriff zu „krummer Linie“ obschon er bloss ein verschiedenes Adjektiv bei demselben Substantiv präsentirt.

Obigem Zitat folgt:

„In der Bildersprache des Unendlichen würde man also sagen müssen, dass die Peripherie zweier unendlicher Kreise, deren Halbmesser um eine endliche Grösse verschieden sind, selbst um eine Grösse verschieden sind, die zu ihnen ein endliches Verhältniss hat. Hierin ist aber nichts Widersprechendes wenn der endliche Mensch sich nicht vermisst etwas Unendliches als etwas Gegebenes und von ihm mit seiner gewohnten Anschauung zu Umspannendes betrachten zu wollen. Sie sehen dass hier in der That der Fragepunkt unmittelbar an die Metaphysik streift.“

Dass der erste Satz Unsinn ist fühlt Gauss deutlich, aber er macht der Bildersprache des Unendlichen einige Konzessionen um überhaupt über die Sache in Ermangelung richtig gebildeter Begriffe und Wörter sprechen zu können, Aber das folgende „Hierin ist nichts Widersprechendes“ . . . ist wieder ein lapsus. Im Gegentheil, der endliche d. h. der bestimmt und deshalb endlich denkende Mensch darf sich nicht vermessen den Widerspruch in obigen Unendlichkeitsbegriffen bestreiten zu wollen; denn jene Begriffe sind vage Gestalten, die er in Ermangelung einer exakten Metaphysik vorläufig durch mystische Wörter repräsentirt.

Der Schlusssatz ist wiederum durchaus zutreffend; die Frage ist eine lediglich logische (metaphysische, ontologische) und aus den analytischen Zeichen darf man durchaus kein Argument herauslesen wollen.

42) Seite 300. Selbst der im Allgemeinen so vorsichtige Clebsch, welcher häufig dagegen protestirt, dass aus der analytischen Formel eines Gebildes ein Schluss auf seine metaphysische Bedeutung gezogen werden dürfe, wie das jetzt bei der jüngeren Generation empiristischer Schule Mode ist, nennt die Cartesianischen Koordinaten ein willkürlich gewähltes Werkzeug zur Behandlung von Aufgaben. Ebenso richtig wie dies für analytische Aufgaben im allgemeinsten Sinne, ebenso unrichtig ist diese Charakterisirung wenn es sich um geometrische Aufgaben handelt. Es gab eine Zeit wo Tabakrauchen und Kaffetrinken für reine Modethorheiten gehalten wurden; aber ein dreihundertjähriges Festhalten und Ausbreiten dieser angeblichen blosen Moden haben die Physiologen zu einer andern Ansicht gebracht. Ebensowenig lässt sich der dreihundertjährige Gebrauch der Cartesianischen Koordinaten aus der willkürlichen Laune eines Mathematikers erklären; vielmehr wird es vielleicht einmal für eine Modethorheit erklärt werden, wenn heutige Mathematiker rein geometrische Aufgaben mit solchen künstlichen Koordinatensystemen behandeln, deren einziges Verdienst in der Herstellung sog. eleganter Formeln liegt; denn diese Eleganz, wenn sie nicht Ausdruck eines logischen Gedankens ist, sondern irgend einen

zum metaphysischen Prinzip erhobenen Schematismus äusserlich befriedigt, ist eben weiter nichts als ein Geschmack der Mode.

43) Seite 299. Hierzu einige Belege: Baltzer. Elemente der Mathematik. 2. Band Seite 13. „Den Parallelen entsprechend werden einer Geraden entweder zwei getrennte unendlich ferne Punkte (real oder nicht real) oder ein unendlich ferner Punkt zugeschrieben", hiergegen ist nichts einzuwenden, wenn man von dem logischen Parallelenbegriff absehen will, und statt dessen irgend eine hypergeometrische Formel mit dem Worte „Parallelismus" bezeichnet. Aber es folgt der Nachsatz: „Welcher von den drei möglichen Fällen stattfindet kann weder empirisch (durch Beobachtung) noch theoretisch (spekulativ) entschieden werden."!!

W. Fiedler. Darstellende Geometrie. Seite 3. „Man macht die Projektionsgesetze durch gewisse Voraussetzungen über das Unendlich ferne im Raume, welche widerspruchsfrei sind, ohne Ausnahme gültig ..... Wenn die Punkte einer Geraden durch gerade Strahlen vom Zentrum der Projektion aus auf die Bildebene projizirt werden, so gibt es unter diesen einen der zu ihr selbst, und einen anderen der zur Bildebene parallel ist. Der erstere liefert ein bestimmtes Bild von dem — wir wollen sagen — uneigentlichen Punkt der Geraden, den der Parallelstrahl projizirt, und den Manche als gar nicht existirend, Andere als aus einer Vielheit von Punkten bestehend ansehen wollen. Der zweite liefert ebenso zu einem bestimmten Original ein uneigentliches Bild. Ueber die Zweckmässigkeit oder den Vorzug der einen oder anderen Auffassungsweise muss das Ganze der Wissenschaft als entscheidend angesehen werden; und dies hat für den ganzen Bereich der Geometrie den man als projektivische Geometrie bezeichnen kann, und dem die Elementargeometrie unbedingt angehört, die Entscheidung dahingegeben, dass es nothwendig ist anzunehmen, jede Gerade habe einen einzigen und bestimmten unendlich fernen Punkt."

Eine Wissenschaft, welche sich in ihren Grundbegriffen aus Zweckmässigkeitsrücksichten (besser gesagt: Bequemlichkeitsrücksichten) bestimmen lässt, charakterisirt sich dadurch als eine willkürliche Formalistik, womit die wirkliche Geometrie gar nichts zu schaffen hat, einerlei ob eine Spezialabtheilung jenes Formelwustes zur Symbolik dieser wirklichen Geometrie tauglich ist. Die ausnahmsfreie Gültigkeit gewisser Sätze z. B. des: „zwei Gerade in derselben Ebene schneiden sich in einem Punkte", worauf eine solche Formalistik so hohen Werth legt, bezieht sich nur auf den gewählten Sprachjargon, nicht aber auf die logische Begriffsverbindung; denn diese macht stets eine Ausnahme in ihrer formalen Verbindung, wenn ihr das Alogische (der unendlich ferne Punkt) zugemuthet wird. Aber alle dergleichen Alogismen kann man definiren als innerlich leere Hülfsbegriffe, welche dazu dienen um die Unvollkommenheiten einer aus analytischen Bequemlichkeitsrücksichten gewählten Symbolik zu verdecken. Das letzte Kriterium geometrischer Realitäten ist deshalb nicht irgend eine elegante analytische Formel, sondern die (geometrische) Anschauung; denn diese letztere ist die unbewusst ausgeübte logische Thätigkeit, welche in der **Möglichkeit** ihrer synthetischen Setzungen das beständige Kriterium der geometrischen **Wahrheit** enthält. Alles was logisch zugleich (im Nebeneinander) sein kann, das ist auch anschaulich darstellbar; ein jeder Alogismus, welcher begangen wird durch irgend eine willkürliche Forderung in solchen Setzungen, wird sofort dadurch angezeigt, dass die Anschaulichkeit des betreffenden Gebildes unmöglich ist.

44) Seite 286. Es werde hier gleich einem Einwande gegen diese Theorie begegnet, der plausibel erscheinen kann, wenn man sich nicht über die zureichenden Elemente einer logischen Bestimmung genau Rechenschaft gibt. Man könnte glauben, sagen zu dürfen: werde das Dreieck *abc* bestimmt durch die beiden Seiten *ab* und *ac* und die beiden als fest anzusehenden Punkte *c*, *b*, so wird durch Hinzufügen der Drehungskonstante von 180°, *ab* zu *db* und *ac* zu *dc*; also müsste das Dreieck *abc* kongruent dem Dreieck *bdc* sein, denn den Punkten *c* und *b* kann doch keine Drehung zugemuthet werden. Der Fehler einer solchen Argumentation liegt darin, dass in dem Satze der Bestimmung eines Dreiecks durch zwei Seiten der Form nach allerdings nur von zwei Seiten die Rede ist, in Wirklichkeit aber die dritte Seite implizirt wird, weil die Punkte *c* und *d* in einer gegenseitig bestimmten Lage mitverstanden werden. Einem Punkte kann allerdings keine Drehung (homologes Hinzufügen der Raumkonstante) zugemuthet werden, wohl aber dem Zusammensein von Zwei Punkten; denn „zwei Punkte" ist nur eine andere Benennung für die dritte Dreieckseite, die dritte homologe Bestimmung ohne welche die Definition des Dreiecks nicht möglich ist, werde sie nun implicite oder explicite angeführt. Bei dem Umklappen würde also die Raumkonstante für die Seite *bc* weggelassen; deshalb sind die Dreiecke *abc* und *dbc* nicht kongruent.

Bei der Kongruenzbestimmung $a, b, c, = a_{,,} b_{,,} c_{,,}$ findet diese Zweideutigkeit der impliciten Bestimmung nicht statt, weil die Elemente derselben strikte homogen sind. Wollte man das Dreieck *abc* bestimmen durch die beiden Seiten *ab*, *ac* und den Winkel *bac*, so hat man keine homogene Bestimmungselemente, mit welchen die Raumkonstante homogen verbunden werden könnte.

Dem jetzt üblichen Kongruenzbegriff klebt noch ein Rest von Empirismus an; die philosophische Mathematik muss sich dessen entledigen, selbst wenn die Formeln dadurch etwas unbequemer werden sollten. Aber man kann auch die alten Formeln beibehalten, wenn man sich nur ein für allemal warnen lässt gegen den Versuch ontologische Bestimmungen nach analytischen Formeln zurechtrücken zu wollen.

45) Seite 310. So haben neuere Mathematiker auf Grund von Gaussens Definition der Fläche als Raum dessen eine Dimension unendlich klein sei, Betrachtungen über Umwindungslinien in solchen Flächen aufgestellt, bei welchen an den Kreuzungen der Schlingen mehrere Punkte hintereinander in derselben unendlich dünnen Dimension liegen sollen. Bei den Riemann'schen Flächen sind dergleichen Definitionen der alogische Ausdruck einer ganz berechtigten Methode, nach welcher auf sich kreuzenden Kurven die Zahlreihe in einem gewissen bestimmten Sinne auf jenen Kurven fortschreiten soll. Aber jene alogischen Redensarten sind wiederum benutzt worden um die Betrachtungen der nur in zwei Dimensionen ausgedehnten Linien auf reale Körperverhältnisse anzuwenden, und dann entstand trotz aller Fehlerlosigkeit analytischer Formeln realer Unsinn.

46) Als einzig konsequent durchgeführte Verbindung der Imaginärformen in der Geometrie gilt heute die von Staudt auf Betrachtung der Involutionen gegründete. Nach dem hier Entwickelten ist dieselbe ein Spezialfall unter vielen anderen möglichen. Dass die Involutionen sich hierzu vorzugsweise eignen liegt einmal in der Charakterisirung der geometrischen Lage durch ein Doppelverhältniss, d. h. zufolge 32) durch Anwendung desjenigen arithmetischen Komplexes, welcher den Begriff des Raumes, der allseitig begrenzten, bestimmt gestalteten Ausdehnung repräsentirt. Durch die involutorische Verbindung der Doppelverhältnisse wird nun das Innerhalb und Ausserhalb der geometrischen Gebilde — also der Raum überhaupt — in symmetrische Theile zerfällt, wodurch es möglich wird den konjugirten Imaginärformen korrespondirende Gestalten und Lagen zuzuweisen. Diesen Involutionen muss aber ein Sinn des Elementarverbindens beigelegt werden, weil sonst ein Komplex von 4 Elementen nicht eindeutig wäre, weil dieser Komplex nicht beliebig permutabel ist, wie ein solcher von 2 und 3 Elementen; s. S. 216.

Schüler (Sitzungsberichte der Naturforscherversammlung in München 1877) hat die sechs Zahlbestimmungen eines Ortes im Raume auf fünf reelle und eine imaginäre Form gebracht, welche letztere er Potenz des Punktes nennt. Eine logische Bedeutung vermag ich nicht in dieser

Potenz zu finden. Immerhin mag diese Methode zu einer irgendwie brauchbaren Klassifikation der Formen führen.

47) Seite 337. C. Neumann. Ueber die Prinzipien der Galilei-Newtonschen Theorie. 1870.

48) Seite 347. Ein sehr interessantes Kapitel sowohl für die Psychologie wie Geschichte der Philosophie ist die historische Entwickelung des Kraftbegriffes und der Fernewirkung. Zöllner hat in verschiedenen Schriften hierzu schätzenswerthes Material zusammengebracht. Den vorherrschenden Ansichten zuwider hat Zöllner die konsequente Auffassung einer Wirkung in die Ferne schon Newton vindiziren zu müssen geglaubt. Ich kann mich dieser Ansicht nicht anschliessen; die Stellen aus Newton's Briefen, welche er zur Begründung anführt, sind mindestens zweideutig. Das indirekte Argument, welches er gebraucht: „man dürfe bei Newton keine |Widersprüche annehmen“ ist aber jedenfalls ganz unzulässig. Sucht man sich aus der Gesammtheit von Newtons Schriften in seinen Geisteszustand hineinzudenken, so überkommt einen jedenfalls das Gefühl, dass Newton vielfach in solchen Fragen schwankte, wie in allem, was einer unmittelbaren Rechnung nicht unterworfen werden konnte. Dabei hatte er wohl theologische Ansichten, aber keine metaphysischen. Ihm galt die Körperwelt für nichts weiter als eine Vielheit todter Dinge (brute matter) die von Gottes Arm bewegt werde. Dass er sich in Cotes Gedanken heimisch zu fühlen vermochte, mag wohl mehr als fraglich sein. Aber weil er 'jene Bescheidenheit besass, welche bei jedem wahrhaft bedeutenden Menschen gefunden wird, wenn er auch nur auf einem Einzelgebiete vollständig zu Hause ist, erkannte er die Superiorität von Cotes in dieser Beziehung an, und mag ihn Vorreden zu seinen Werken haben schreiben lassen, ohne dass er deren Tragweite vollständig würdigen konnte. In dem Zusatze Newtons zur zweiten Ausgabe seiner Principia (s. Zöllner, Wissenschaftliche Abhandlungen I. Leipzig, 1878). „Es würde hier der Ort sein etwas über das geistige Wesen (spiritus) hinzuzufügen, welches alle festen Körper durchdringt“ . . . . vermag ich keine metaphysische Klarheit, keine Ursache der Fernewirkungen ausgedrückt zu finden; sondern nur den etwas breiter ausgeführten dualistischen Gedanken jener Zeit, der schon kürzer von Seneca ausgesprochen worden ist: „spiritum esse qui moveat et plurimis et maximis auctoribus placet.“ Seneca quaestiones de natura VI. 12.

49) Seite 360. Die jetzt allgemein gebräuchlichen Bezeichnungen aktuelle und potentielle Energie haben wenigstens das Gute, dass in diesen Fremdwörtern der logische Fehler in der Wortbildung nicht so unmittelbar zu falschen Konsequenzen bei Ableitung weiterer Begriffe

verleitet. Man könnte auch die etwas verständlicheren Wörter „Bewegungsenergie — Strukturenergie“ „Daseinswerth auf Grund (nach Verhältniss) der Bewegung resp. Struktur“ gebrauchen.

50) Seite 366. Zuweilen werden Kontroversen darüber geführt, ob „Gewicht“ eine Kraft oder Masse sei. So heisst es bei

Thomson, theoretische Physik pag. 185: „Man darf nicht glauben, dass das Gewicht eine Kraft ist, sondern es ist nur Masse; denn ein Kaufmann würde bei Anwendung einer gewöhnlichen Waage und einer Reihe von Gewichtstücken seinen Kunden dieselbe Quantität derselben Stoffart geben, wie auch immer die Anziehungskraft der Erde sich ändern möchte, da seine Messung von Massen abhängig ist. Ein anderer dagegen, der sich einer Federwaage bediente, würde in hohen Breiten seine Kunden und in niedrigen Breitegraden sich selbst betrügen, wenn sein Instrument, welches auf Kräften und nicht auf Massen beruht, irgendwo adjustirt wäre.

Diese Auslegung ist einseitig. Gewicht ist ebensogut Kraft wie Masse d. h. Anzahl von Krafteinheiten. Dem Kaufmann kommt es allerdings nur darauf an, dass die Anzahl der Krafteinheiten in seinem Gewicht und seiner abgewägten Waare dieselbe sei; um die Qualität Kraft, welche durch das Gewicht gezählt wird, kümmert er sich nicht. Um diese letztere kümmert sich aber der Physiker, wenn er Gewichte zur Bestimmung von Kräften benutzt, und er findet dann, dass diese Kraft sich mit verschiedener Intensität bemerklich macht, je nach den Umständen unter welchen er das Gewicht benutzt, sei es im Wasser oder in der Luft, am Aequator oder Pol etc, weil diese Kraft eine Beziehung zwischen Gewicht und anderen Sachen bezeichnet.

51) Seite 379. Wenn in der Neuzeit Lewes die Metaphysik als eine Reihe verfehlter Versuche definirt, A. Comte sie für „des puerilités“ erklärt, und selbst einige jüngere deutsche Philosophen sich von der Terminologie der Naturforscher so imponiren lassen, dass sie nach jedem neuen spekulativen Resultate der Metaphysik das Gebiet des noch übrig gebliebenen dunkeln Hintergrundes vager Träumereien zuweisen wollen, so richtet ein solches Gebahren nur die Stufe der Auffassung derer die solcherweise definiren; weder die Etymologie des Wortes noch der Sprachgebrauch verflossener Jahrhunderte rechtfertigt dies. Einem Naturforscher ist es zu verzeihen, wenn er in dem Gefühle der noch nicht vergessenen Irrwege auf welchen seine Wissenschaft unter dem Namen der Naturphilosophie zweck- und sinnlos herumgeführt wurde, nichts von Naturphilosophie und Metaphysik wissen will; wer aber auf den Namen eines Philosophen Anspruch macht, darf sich von solchen periodischen Abneigungen nicht beeinflussen lassen;

am wenigsten wenn er sich tauglich dünkt eine Geschichte der Philosophie zu schreiben.

Die Ueberschätzung, welche A. Comte als Denker heutzutage bei einem Theile der empirischen Schule geniesst, rechtfertigt wohl eine kurze Zürückweisung seiner Meinung von Metaphysik. A. Comte stellt mit seinem ganzen System der „Philosophie positive" nur ein Beispiel grosser metaphysischer Verirrungen dar. Die geometrischen Figuren hält er für dünne Drähte und Blättchen. Nicht eine einzige neue Auffassung, oder auch nur zweckmässigere Ausdrucksweise hat er in dieser seiner Spezialwissenschaft aufgestellt; die Register der üblichen Handbücher enthalten Alles und meist besser, als was seine Bände über exakte Wissenschaften sagen. Ueberall wo eine wirklich metaphysische Frage in diesen Wissenschaften vorliegt, erklärt er sie für gar nicht vorhanden für seinen positiven Standpnnkt, und erledigt sie mit dem konstanten Argument: Ce sont des puerilités. Sein angebliches Gesetz über die drei Entwickelungsstufen der Menschheit, die theologische, metaphysische und positive, mag sich auf einen Kreis jener Leute beziehen, die mit seinen Definitionen jener termini einverstanden sind. Im Osten Asiens hat nie eine theologische Periode stattgefunden, sondern nur das was Comte als metaphysisch zu tituliren beliebt. Die positive Stufe Comte's als vorgeblicher Höhepunkt aller rationellen Entwickelung, wird heute sogar von dem wahrhaften Naturforscher als eine einseitige Auffassung der Thatsachen bei Seite gelegt. Das soll nicht eine Herabsetzung vieler guter Gedanken sein, welche in Comte's Werken zu finden sind; aber wenn man mit dem Anspruch auftritt endlich einmal die ganze Welt und alle denkenden Köpfe zurechtrücken zu können, so gehören dazu ganz andere Erfordernisse; — oder vielmehr, ein solches Unternehmen verurtheilt sich selbst, heisse der Unternehmer Comte oder Hegel oder Schelling etc. Ein absolutes Prophetenthum lässt man sich schon gefallen, denn ein solches appellirt nicht an die Logik; aber eine absolute Philosophie kann es erst dann geben, wenn die Weltexistenz keinen Zweck mehr hat. Soll aber positive Philosophie die Maxime bedeuten, „sich von allen Illusionen, tendenziösen Bestimmungen, unbegründeten Behauptungen etc. fernzuhalten, und nach bestem Gewissen und Vermögen logische Urtheile zu bilden" nun dann haben von jeher alle wahrhaften Philosophen auf dieser Stufe gestanden, Ob ihre Mittel ihnen den absoluten Ausschluss alles Irrthums ermöglichten, sie das alleinig Thatsächliche (positive) erkennen liessen, das kann uns weder die Zeit „post Comte" noch die „ante Comte" verbürgen; denn den absoluten Maassstab, die absoluten Sinne und das Spezimen eines positiven Atoms hat er uns nicht hinterlassen. Dagegen aber eine grosse Selbstgenügsamkeit mit der einseitigen realistischen Betrachtungsweise und die Titulirung „des questions pueriles“ an alle diejenigen, welche erkannten, dass das Wirkliche der Welt viel weiter reicht als das Comte'sche Positive.

52) Seite 399. Es hat keinen Zweck hierüber Rechnungen anstellen zu wollen, so lange nicht die hierzu nothwendigen Erfahrungskonstanten vorliegen. Billi und Secchi benutzten hierzu die bekannte Konstante der absoluten Fertigkeit gegen Zug und Druck; was aber offenbar falsch ist, und weshalb ihre langen und komplizirten Rechnungen gar keinen Werth haben. Es ist zu der fraglichen Bestimmung nothwendig die Arbeitsgrösse auszufinden, welche die Kohäsion der Körper aufhebt. Ob solche Versuche gemacht worden sind, ist mir unbekannt. Jene Arbeitsgrösse wird, wenn die entwickelte Theorie richtig ist, verschieden sein, jenachdem das Zerreissen oder Zermalmen oder Bruch des Körpers, in kleinerer oder grösserer Zeit ausgeführt wird. Dass bei obigen Annahmen ein jeder Körper Elastizitätsgrenzen und auch dauernde Veränderungen zulässt, ist ersichtlich.

53) Seite 401. Wenn Flächen übereinandergleiten und so gestaltet sind, dass von mechanischen Unebenheiten als Ursache der Reibung abgesehen werden kann, dieselben auch eine messbare Ausdehnung haben, so dass die Verschiedenheiten der Gravitation ihrer Molekel sich ausgleichen, so bleibt nur noch die elektrische Beeinflussung s. S. 403 als Ursache der Reibung übrig. Zöllner glaubt die Richtigkeit dieses Satzes experimentell nachgewiesen zu haben. s. Berichte d. Sächs. Ak. d. W. 1876.

54) Seite 412. Ebensowenig wie dem mathematischen Atom kann dem chemischen Körpermolekel Bewusstsein irgend welcher Art zugeschrieben werden; denn wiewohl seine Atome in Bewegung, also in räumlichzeitlicher Veränderung, gedacht werden, so bleibt es doch der ganzen übrigen Welt gegenüber ein unveränderlicher Komplex. Gleicherweise muss jedem Quantum von solchen Molekeln, also den sog. unorganischen Gegenständen, todten Organismen, Fabrikaten aus pflanzlichen oder thierischen Stoffen etc. Empfindungsfähigkeit abgesprochen werden. Dagegen können wir nicht wissen, ob dergleichen Gegenstände nicht wieder in einem anderen Organismus dieselbe Stelle einnehmen, wie in dem unsrigen die Kohlenstoff-, Stickstoff- etc. Molekel.

Bei dieser Auffassungsweise fällt schliesslich auch aller Dualismus fort, mitsammt der Frage, wie es denn zugehe oder überhaupt möglich sei, dass Atome durch ihre Bewegung, die so total von diesem Bewegungsprodukte verschiedenen Empfindungen erzeugen. Die Atome sind nichts weniger als Ursache der Empfindungen, weil sie eben keine selbständigen Substanzen, keine an sich möglichen Realitäten sind, sondern nur die Kreaturen unserer logischen Synthesis. Deshalb erzeugen die Atome keine Empfindungen, sondern sie werden gebildet durch die denkende Synthesis der Empfindungen, zum Zwecke der absolut regelmässigen Verknüpfung (Beurtheilung) dieser Empfindungen, also zum Zwecke um Erfahrung möglich zu machen. Die Empfindungen sind das **wahrhaft Wirkliche;** um uns mit ihnen vertraut zu machen, sie zu verkörpern, gebrauchen wir den Subjekt- und Substanzbegriff, und erfinden Atome. Dabei ergeht es nun Vielen wie dem guten Pygmalion, dass sie sich dermaassen in ihre exakte Konstruktion verlieben, dass sie dieselbe für die Quelle des lebendigen All's halten. Das Kausalverhältniss benutzen zu wollen zur Verbindung der Begriffe von Atombewegung und Empfindung ist also ganz verkehrt; ebensowenig wie dieses die beiden Begriffe „Denken — Empfinden“ verbinden kann; sondern nur die verschiedenen Empfindungen sind kausal verknüpfbar, und die verschiedenen Kombinationen des Denkens funktional gegenseitig bestimmbar.

Aber die Atombewegung, die Welt in Raum und Zeit, diese Kreatur der logischen Synthesis, ist deshalb doch keine imaginäre Fiktion, sondern: weil Empfindungen ohne denkende Gruppirung derselben unmöglich sind, deshalb hat diese denkende Gruppirung zugleich mit den Empfindungen eine reale Existenz, deshalb existirt eine Welt in Zeit und Raum, wo immer es Empfindungen gibt. Nur ist und bleibt es ein logischer Fehler, wenn man die logische Form einer Welt zu einem selbständigen Ding machen will. Gibt es eine Welt ohne Empfindungen, so kann wenigstens unsere Sprache, unsere Logik gar nichts von einer solchen aussagen; ja schon das Aufstellen einer solchen Welt als hypothetisch existirend, ist ein Alogismus.

Es ist deshalb in jeder Beziehung richtig zu sagen: es exisirt eine objektive Welt, Körper von diesen und jenen Eigenschaften, welche sich bewegen und verändern; denn dies ist eine Beschreibung des Daseienden, des Geschehens, welches wir logisch nach dem Begriffspaar „Empfinden, Denken“ zerlegen. Falsch dagegen ist die Behauptung: die ganze objektive Welt besteht aus Atombewegungen. Denn in diesem Satze behaupten wir die selbständige Existenz des einen Faktors, welcher aus den Thatsachen, der Wirklichkeit, durch eine einseitige logische Absraktion ausgesondert wurde. Eine solche Welt wäre das physikalische Abbild des Hegel'schen Versuchs Alles aus dem reinen Denken konstruiren zu wollen, die materialistische Ausdrucksweise jenes Gedankens der absoluten Philosophie.

Pierer'sche Hofbuchdruckerei. Stephan Geibel & Co. in Altenburg.

Von demselben Verfasser sind erschienen:

ZEIT UND RAUM.

LEIPZIG,

VERLAG VON E. KOSCHNY.

1875.

DIE

BEDEUTUNG DER PANGEOMETRIE.

LEIPZIG,

VERLAG VON E. KOSCHNY.

1877.

Pierer'sche Hofbuchdruckerei. Stephan Geibel & Co. in Altenburg.

www.ingramcontent.com/pod-product-compliance
Lightning Source LLC
LaVergne TN
LVHW020552110826
845149LV00002B/238

* 9 7 8 1 4 1 8 1 8 4 5 1 3 *